F. Brünnow

Lehrbuch der sphärischen Astronomie

Literaricon

F. Brünnow

Lehrbuch der sphärischen Astronomie

ISBN/EAN: 9783959132763

Auflage: 1

Erscheinungsjahr: 2015

Erscheinungsort: Treuchtlingen, Deutschland

Literaricon

LEHRBUCH

DER

SPHÄRISCHEN ASTRONOMIE

VON

Dr. F. BRÜNNOW.

MIT EINEM VORWORT

VON

J. F. ENCKE,
DIRECTOR DER BERLINER STERNWARTE.

Schon seit längerer Zeit ward der Mangel eines Lehrbuches der sphärischen Astronomie, wie der Stand der neueren Wissenschaft es verlangt, schmerzlich empfunden. Die Instrume· ·e, die Art sie zu behandeln, die Probleme die man sich stellt, die Methoden nach welchen man sie zu lösen sich bestrebt, sind sämmtlich von denen der früheren Zeit so gänzlich verschieden, daſs man das für seine Zeit und für die Geschichte der Astronomie hochwichtige vortreffliche Lehrbuch der Astronomie von Lalande, nicht mehr für ein Lehrbuch unserer Zeit ansehen kann, und die neuerdings erschienenen Lehrbücher von Piazzi, Santini, Bohnenberger, Littrow und Andern mehr, so vorzüglich sie, von dem Standpunkte auf den ihre Verfasser sich stellten aus betrachtet, auch sein mögen, geben doch theils für den Zweck der sphärischen Astronomie zu viel, indem sie die ganze Astronomie umfassen, theils zu wenig, indem sie gerade da, wo besonders der, welcher auf das Selbststudium angewiesen ist, eine Aufklärung wünscht, oder die Mittel kennen lernen will, wie man etwas gefunden, nur historisch oder auf erzählende Weise das Resultat anführen. Auſserdem sind, wenngleich Bohnenberger's Astronomie für seine Zeit musterhaft in der Angabe der genauesten Zahlenbestimmungen ist, so viele neue Bestimmungen in unserer Zeit gemacht worden, daſs man fast bei allen Werken, welche diesen Gegenstand behandeln, Den welcher sie benutzen will, darauf aufmerksam zu machen genöthigt ist, dafs er für den wirklichen Gebrauch nach den neuesten Angaben sich jedesmal umsehen müsse. Unsere neuere sphärische Astronomie war bisher im Grunde nur aus dem Studium der Zeitschriften, von der monatlichen Correspondenz an bis zu den astronomischen Nachrichten, und aus den Einleitungen zu den Beobachtungs-Werken, besonders den Königsbergern zu erlernen, und wenn auch Der, welcher die schöne Blüthenzeit der Astronomie seit dem Beginne dieses Jahrhunderts wenigstens zum gröfseren Theile mit durch gelebt hatte, wufste wo er über die einzelnen Abschnitte etwas finden werde, so ward doch eben deshalb dem neu Eintretenden der Zugang sehr erschwert.

Das Bedürfnifs eines astronomischen Lehrbuchs bildete fast immer, seit ich das Glück hatte mit Bessel persönlich bekannt zu werden, den Gegenstand unseres Gespräches, und sehr dringend bat ich ihn zu wiederholten Malen er möge die Lücke ausfüllen. Wenngleich er früher wenigstens es nicht ganz ablehnte, so war doch später, bei den überhäuften Arbeiten, durch welche er alle Theile der Astronomie so unendlich bereichert hat, an die Ausführung nicht zu denken und in der That würde Bessel, wenn er es sich vorgesetzt hätte, gewifs ein Werk für unsere Zeit, wie das Lalandesche für das vorige Jahrhundert, an Vollständigkeit und Gründlichkeit mit der ihm eigenen Eleganz geliefert haben, aber fast glaube ich, dafs er das Bedürfnifs der Lernenden, die sich den Eintritt in die Wissenschaft erst erwerben wollen, und daher die einzelnen Untersuchungen nur bis zu einem gewissen Grade der Erschöpfung des Gegenstandes fortgeführt zu sehen wünschen, nicht so vollständig befriedigt haben als sie erwartet hätten. Er würde ihnen zu viel geboten haben. Für ein Lehrbuch in diesem Sinne eignet sich als

Verfasser weit mehr ein jüngerer Mann, dem es noch vorschwebt, welche Hülfsmittel zu entbehren ihm am schmerzlichsten war, und der sich auf das beschränkt, was ihm als das dem Standpunkte der Eintretenden in die Wissenschaft Angemessenste, noch in lebhafter Erinnerung ist.

Am schmerzlichsten mufste Der den Mangel eines Lehrbuches empfinden, der wie ich seit länger als zwanzig Jahren es mir zur Pflicht gemacht hatte, jährlich in einem Semester Vorlesungen über sphärische Astronomie hielt, nicht in der Absicht die Wissenschaft in gröfseren Kreisen zu verbreiten, sondern mit dem Wunsche nach und nach einige jüngere Kräfte ihr zu gewinnen, welche nicht blofs die äufsere Annehmlichkeit der Bekanntschaft mit den Himmelserscheinungen durch Benutzung der gröfseren Instrumente zu geniefsen hofften, als vielmehr auch mit den eigentlichen Arbeiten sich bekannt zu machen und daran Theil zu nehmen, Neigung hätten; Arbeiten, welche diese Wissenschaft vermöge ihrer Verbindung der Praxis mit der Theorie mehr wie manche andere auszuführen genöthigt ist, wenn sie den eingenommenen Standpunkt behaupten will. Bei der Kürze eines Semesters, bei der häufig nicht grofsen Vorbereitung in den Hülfswissenschaften, bei der Unbekanntschaft mit den Instrumenten und ihrem Gebrauch, bei der kaum zu vermeidenden Unsicherheit von meiner Seite, welche der vielen verschiedenen Theile dem kleinen Kreise gerade am meisten Interesse einflöfsen würde, war es immer unmöglich auch nur einige Vollständigkeit zu erzielen, und indem ich in dem einen Semester, bald das Fernrohr, bald die Correctionen der Refraction, Aberration und Parallaxe, bald die Beobachtungen an den Meridianinstrumenten, oder mit dem Spiegelsextanten, bald die nautischen Probleme mehr hervorhob, fühlte ich doch immer, dafs den Theilnehmern mehr Einzelnheiten als ein geschlossenes Ganze geboten ward. Ein einigermafsen vollständiges Lehrbuch würde diesen Mangel an Befriedigung beseitigt haben, da es bei kürzerer Erwähnung wichtigerer Theile möglich gewesen wäre, darauf zu verweisen, während es jetzt nicht verlangt werden konnte, daſs aus den einzelnen Abhandlungen die Lücken ergänzt werden sollten.

Ungeachtet dieser von mir sehr offen eingestandenen Lückenhaftigkeit des Vertrages, wie sie kaum bei dem Reichthum des Gegenstandes zu vermeiden war, ist es mir durch die eigenthümlichen Verhältnisse von Berlin doch fast jedes Jahr gelungen, einen oder den andern Theilnehmer an den Vorlesungen zu kürzerer oder längerer Beschäftigung mit der Wissenschaft der Astronomie zu gewinnen und zu manchen zum Theil sehr gelungenen Arbeiten zu veranlassen. Vielleicht ist eine Ursache dieses Erfolges, welcher mir die nicht angenehme Empfindung erträglich machte, von dem groſsen Ganzen immer nur Bruchstücke zu geben, darin zu suchen, daſs wie mein Wunsch bei dem eigenen Studium immer dahin geht, nicht bloſs Sachen in das Gedächtniſs aufzunehmen, sondern lieber einen einzelnen Theil mir wo möglich ganz anzueignen und die Form zu suchen, unter welcher er mir mit meinem Ideengange am besten in Einklang zu bringen ist, ohne dabei diese Form als die absolut beste anzusehen, sondern nur als die welche meiner Individualität am besten entspricht: so auch bei denen welche mir näher bekannt werden, mein Streben immer dahin gerichtet ist, ihrer selbstständigen Entwickelung nicht hinderlich zu werden. Es gab selbst Zeiten wo ein besonders thätiger Wetteifer bei meinen jüngeren Freunden, ein sehr erfreuliches Leben auf der Sternwarte hervorrief, und zu einer dieser Zeiten rechne ich auch die Periode, in welcher der Verfasser dieses Werkes, in Verbindung mit dem jetzigen Observator auf der Leipziger Sternwarte Herrn d'Arrest, aus eigenem freiem Antriebe längere Zeit hindurch an den Arbeiten auf der Sternwarte einen lebhaften Antheil nahm und durch unmittelbare Anwendung mit den verschiedenen Theilen der Astronomie sich bekannt machte.

Die Erwähnung dieser Veranlassung zu der Bekanntschaft mit dem Verfasser dieses Werkes habe ich für nöthig gehalten, um die Worte, welche er in seiner Vorrede über die Benutzung meiner Vorlesungen äufsert, in ihrem wahren Sinne erscheinen zu lassen. So viel ich aus dem Buche zu meiner grofsen Freude ersehen habe, hat der Verfasser überall sich bemüht, die verschiedenen Theile selbständig zu bearbeiten. Sind ihm dabei hin und wieder die Gesichtspunkte, aus welchen ich einzelne Abschnitte zu betrachten pflegte, als die ihm ansprechendsten erschienen, so ist dabei von meiner Seite so wenig daran zu denken, ihm auch nur im mindesten die eigene Bearbeitung streitig zu machen, als ich ihm auch nicht den leisesten Vorwurf machen dürfte, wenn er in andern Abschnitten, und bei weitem den meisten, seinen eigenen Weg verfolgt hat, verschieden von dem meinigen. Der Verfasser eines Werkes dieser Art, bei dem die Auswahl des ihm als des vorzüglichsten erscheinenden Weges die Hauptsache ist, (etwas ganz Neues wird man bei einem solchen Lehrbuche gewifs nicht erwarten, wohl aber eigenes Nachdenken im Anordnen und Auswählen fordern) soll die ganze Verantwortung tragen, dafür aber auch die Belohnung, wenn sein Streben sich als erfolgreich beweist, eben so ungetheilt in Anspruch nehmen.

Es ist hier nicht der Ort, über das Ganze oder Einzelne ein Urtheil zu fällen, wozu auch die Kürze der Zeit, in welcher mir die Druckbogen mitgetheilt wurden, mich nicht berechtigen würde. So wie ich indessen mit lebhafter Freude die erste Nachricht aufnahm, dafs der Verfasser seine astronomische Mufse in Bilk zu der Ausarbeitung dieses Lehrbuches verwandt habe, so möchte ich auch es als ein günstiges Zeichen für die wissenschaftliche Richtung in unserm Vaterlande ansehen, wenn neben den vielen populären Schriften über Astronomie, auch dieses Buch, welches die ernstere Theilnahme an dieser Wissenschaft in Anspruch nimmt, die Anerkennung finden sollte, welche den Verfasser ermuthigen könnte auf dem begonnenen Pfade mit Freudigkeit fortzuschreiten.

Berlin, im November 1851.

J. F. Encke.

Vorwort.

Die Herausgabe eines Lehrbuchs der sphärischen Astronomie bedarf wohl kaum einer Rechtfertigung, da die vorhandenen älteren Werke über diesen Theil der Astronomie, wenn auch zu ihrer Zeit zum Theil vortrefflich, nicht mehr dem gegenwärtigen Standpuncte der Wissenschaft entsprechen. In neuester Zeit wurde zwar durch das Erscheinen von Sawitsch's trefflicher practischer Astronomie diese lange gefühlte Lücke in der astronomischen Litteratur zum Theil ausgefüllt; immer fehlte es aber noch an einem Lehrbuche, in welchem alle Hauptprobleme der sphärischen Astronomie behandelt wurden und woraus namentlich Diejenigen, welche sich einem gründlichen Studium dieser Wissenschaft widmen wollen, die verschiedenen Methoden kennen lernten, deren man sich jetzt bedient, um die oft schwierige Lösung der verschiedenen Probleme in einer eleganten und für die Anwendung bequemen Weise möglich zu machen. Der Verfasser hofft durch die Herausgabe des vorliegenden Lehrbuchs diesem Bedürfnisse einigermaaſsen entsprochen zu haben. Man wird in demselben keines der Hauptprobleme der sphärischen Astronomie vermissen und durch das Studium desselben die Mittel finden, auch solche Aufgaben, welche grade nicht in demselben behandelt sind, mit Leichtigkeit selbst aufzulösen. Da das Buch hauptsächlich für den Selbstunterricht bestimmt ist, so hat sich der Verfasser bemüht, alle Probleme möglichst deutlich zu behandeln und nirgends eine Schwierigkeit übrig zu lassen; daher sind an einzelnen Stellen auch rein mathematische Entwickelungen eingeschaltet, die man in den gewöhnlichen mathematischen Lehrbüchern wenigstens nicht in der Weise, als es grade hier nöthig war, vorfindet. Aus demselben Grunde wurde in der Einleitung eine Ableitung der sphärisch-trigonometrischen Formeln und der Interpolationsformeln gegeben, weil später grade auf diese am häufigsten hingewiesen werden mufste. Sehr gern wäre hier auch eine Darstellung der Methode der kleinsten Quadrate aufgenommen worden, um auf diese Weise in der Einleitung alles beisammen zu haben, was später häufiger Anwendung findet, wenn nicht dadurch die Einleitung selbst über Gebühr verlängert worden wäre. Der Verfasser hat sich darauf beschränken müssen, diese Methode da wo dieselbe Anwendung findet, kurz zu erwähnen.

Im Ganzen ist in der Darstellung eine synthetische Methode befolgt und der Stoff möglichst systematisch geordnet worden, theils um so wenig als möglich im Vortrage einer Materie auf später Vorkommendes hinweisen zu müssen, theils um für den Lernenden das Aufsuchen der einzelnen Probleme in dem Buche zu erleichtern. Der Verfasser hofft, dafs die hiernach gewählte Aufeinanderfolge der einzelnen Materien nicht unpassend sein wird. Etwas abweichend von früheren Darstellungen hat sich der Verfasser bei der Aufstellung der Grundgleichungen der Probleme nicht wie gewöhnlich der Formeln der sphärischen Trigonometrie, sondern fast durchgängig der Transformation der Coordinaten bedient, um der lästigen Betrachtung einzelner Fälle je nach den verschiedenen Werthen, welche die Winkel eines Dreiecks in verschiedenen Lagen haben können, überhoben zu sein. Für Diejenigen, bei welchen diese Art der Darstellung weniger Beifall finden dürfte, ist indessen fast immer auf die Herleitung der Formeln aus den sphärischen Dreiecken hingewiesen, überdies auch in der Einleitung der Zusammenhang zwischen den sphärisch-trigonometrischen Formeln und den Formeln für die Transformation der Coordinaten gegeben worden.

Was die Ausarbeitung dieses Lehrbuchs besonders erleichterte, war der Umstand, daſs der Verfasser das Glück gehabt hatte, die Vorlesungen seines hochverehrten Lehrers, des Herrn Professor Encke, grade über den vorliegenden Gegenstand zu hören und die Anordnung des Ganzen sowie die Art und Weise der Entwickelung der einzelnen Probleme ist auch einigermaaſsen derjenigen ähnlich, welche von Herrn Professor Encke in seinen Vorlesungen pflegte beobachtet zu werden. Indeſs ist diese Aehnlichkeit nur ganz im Allgemeinen zu verstehen, da die hier gewählte streng systematische Form einen sehr abweichenden Gang in der Darstellung des Ganzen bedingte und auch vielfach bei einzelnen Problemen ein andrer Weg eingeschlagen werden muſste, wie er grade für die hier gewählte Behandlung des Gegenstandes angemessen schien.

Von Schriften, welche der Verfasser bei der Bearbeitung des Buches benutzt hat, sind besonders die von Bessel zu nennen, namentlich dessen „Astronomische Untersuchungen II Bde. Königsberg 1841 und 42“, die Tabulae Regiomontanae, sowie verschiedene Aufsätze von demselben in v. Zach's monatlicher Correspondenz und in den astronomischen Nachrichten. Ebenso wurden verschiedene Aufsätze von Herrn Geheimrath Gauſs, Herrn Hofrath Hansen und Herrn Professor Enke theils in den genannten Zeitschriften, theils auch von dem Letzteren in den Anhängen zu den astronomischen Jahrbüchern benutzt. In den meisten Fällen sind übrigens die Quellen bei den einzelnen Abschnitten noch besonders aufgeführt.

Die Correctur des Buches ist hauptsächlich von Herrn Vogel in Berlin besorgt und dem Verfasser wegen der Entfernung des Druckorts nur eine einzige gestattet gewesen. Herr Vogel hat eine besondre Sorgfalt auf die Correctheit der Formeln verwandt, sodaſs diese wenig zu wünschen übrig läſst, dagegen sind im Texte auf den ersten Bogen verschiedene, leicht in die Augen fallende Druckfehler stehen geblieben, die der Verfasser zu entschuldigen bittet. Auf den spätern Bogen, wo häufig auch zwei Correcturen vom Verfasser selbst gelesen wurden, wird man dergleichen Fehler selten finden.

Der Verfasser empfiehlt das vorliegende Werk dem nachsichtigen Urtheile der Astronomen. Es sollte ihn unendlich freuen, wenn dasselbe seinem Zwecke einigermaaſsen entsprechend befunden und dadurch das Studium der sphärischen Astronomie erleichtert würde.

Bilk im November 1851.

Der Verfasser.

INHALTSVERZEICHNISS.

Einleitung.

A. Die Transformation der Coordinaten. Die Formeln der sphärischen Trigonometrie.

B. Die Interpolationsrechnung.

Sphärische Astronomie.

ERSTER ABSCHNITT.

ZWEITER ABSCHNITT.

DRITTER ABSCHNITT.

III. Mittlere und scheinbare Oerter der Fixsterne.

VIERTER ABSCHNITT.

I. Bestimmung der Richtung des Meridians oder eines absoluten Azimuts.

II. Bestimmung der Zeit oder der Polhöhe aus der Beobachtung einer einzelnen Höhe.

III. Bestimmung der Zeit und der Polhöhe durch die Combination mehrerer Höhen.

SECHSTER ABSCHNITT.

V. Das Passageninstrument im ersten Verticale.

VI. Höheninstrumente.

VII. Instrumente, welche zur Messung des relativen Ortes nahe stehender Gestirne dienen. (Micrometer und Heliometer).

VIII. Verbesserung der Micrometerbeobachtungen wegen der Refraction.

EINLEITUNG.

A. Die Transformation der Coordinaten. Die Formeln der sphärischen Trigonometrie.

1. In der sphärischen Astronomie betrachtet man die Örter der Gestirne an der scheinbaren Himmelskugel, indem man dieselben vermittelst sphärischer Coordinaten auf gewisse gröſste Kreise der Himmelskugel bezieht und die Relationen zwischen den auf verschiedene gröſste Kreise bezogenen Coordinaten aufsucht. Statt durch die sphärischen Coordinaten kann man den Ort eines Gestirns auch durch Polarcoordinaten im Raume angeben, nämlich durch die Winkel welche die von ihm nach dem Mittelpunkte der scheinbaren Himmelskugel gezogenen geraden Linien mit gewissen Ebenen bilden und durch die Entfernung von diesem Mittelpunkte selbst, die hier als Radius der scheinbaren Himmelskugel immer gleich der Einheit gesetzt wird. Diese Polarcoordinaten lassen sich endlich leicht durch rechtwinklige Coordinaten ausdrücken. Die ganze sphärische Astronomie wird daher auf die Transformation rechtwinkliger Coordinaten zurück kommen, wofür zuerst die allgemeinen Ausdrücke gesucht werden sollen.

Denkt man sich in einer Ebene ein rechtwinkliges Axenkreuz, für welches die Abscisse und Ordinate irgend eines Punktes mit x und y bezeichnet werden mögen und ausserdem ein andres in derselben Ebene, für welches u und v die Abscisse und Ordinate des betrachteten Punktes sein mögen und welches so gelegen ist, daſs sein Durchschnittspunkt mit dem des erstern zusammenfällt und dafs die Axe der Abscissen u mit der Axe des Abscissen x den Winkel w bildet, so wird man x und y als Functionen von u, v und dem Winkel w darstellen können, so dafs:

$$x = \varphi\,(u, v, w)$$
$$\text{und } y = \psi\,(u, v, w)$$

Bezeichnet man die Coordinaten eines zweiten Punctes mit $x \pm x'$ und $y \pm y'$ und die diesen entsprechenden, auf das andre Axenkreuz bezogenen Coordinaten mit $u \pm u'$ und $v \pm v'$, so wird:

$$x \pm x' = \varphi\,(u \pm u', v \pm v', w)$$
$$y \pm y' = \psi\,(u \pm u', v \pm v', w)$$

Man hat aber auch, wie man leicht sieht, wenn man sich durch den erstern Punkt neue, den vorigen parallele Axenkreuze gelegt denkt:

$$x \pm x' = \varphi\,(u, v, w) \pm \varphi\,(u'\ v', w)$$
$$y \pm y' = \psi\,(u, v, w, \pm \psi\,(u'\ v', w)$$

Aus diesen Gleichungen folgt, dafs x und y lineare Functionen von u und v sind und da für $u = o$ und $v = o$ auch $x = o$ und $y = o$ werden, so müssen x und y von der Form sein:

$$\left.\begin{aligned} x &= \alpha u + \beta v \\ y &= \gamma u + \delta v \end{aligned}\right\} \quad (a)$$

wo α, β, γ und δ Functionen von w allein sein werden.

Um diese Functionen zu bestimmen, dient die Gleichung:

$$x^2 + y^2 = u^2 + v^2$$

aus der man mit Hülfe der Gleichungen (a) die Bedingungsgleichung erhält:

$$\left\{\alpha^2+\gamma^2-1\right\} u^2 + \left\{\beta^2 + \delta^2 - 1\right\} v^2 + 2\left\{\alpha\beta + \gamma\delta\right\} uv = 0$$

eine Gleichung, der nur allgemein genügt werden kann, wenn man setzt:

$$\alpha^2+\gamma^2 = 1 \quad (b)$$
$$\beta^2+\delta^2 = 1\,. \quad (c)$$
$$\alpha\beta+\gamma\delta = 0 \quad (d)$$

Aus der Gleichung (b) erhält man:

$$\alpha \frac{d\alpha}{dw} + \gamma \frac{d\gamma}{dw} = 0$$

eine Gleichung, der wieder allgemein genügt wird, wenn man zu gleicher Zeit setzt:

$$\alpha = c\,\frac{d\gamma}{dw} \text{ und } \gamma = -c\,\frac{d\alpha}{dw}$$

$$\text{oder } \alpha = -c\frac{d\gamma}{dw} \text{ und } \gamma = c\,\frac{d\alpha}{dw}$$

Aus der erstern Gleichung folgt $\frac{d\gamma}{dw} = \frac{1}{c}\sqrt{1-\gamma^2}$ oder $dw = \frac{c\,d\gamma}{\sqrt{1-\gamma^2}}$, also $\gamma = \sin\left(\frac{w}{c} - C\right)$ und $\alpha = \cos\left(\frac{w}{c} - C\right)$. Aus den andern beiden Gleichungen hätte man erhalten $\alpha = \sin\left(\frac{w}{c} - C\right)$ und $\gamma = \cos\left(\frac{w}{c} - C\right)$. Ebenso folgt aus der Gleichung (c), daſs β und δ die Sinus und Cosinus des Winkels $\frac{w}{c} - C$ sind.

Da nun für $w = o$ $x = u$ und $y = v$ wird, so muſs die Constante C gleich Null und $\alpha = \cos\frac{w}{c}$ also $\gamma = \sin\frac{w}{c}$ sein. Da ferner für $w = 90^0$ $y = u$ und $x = -v$ wird, wenn man den Winkel w von der positiven Seite der Axe der x nach der positiven Seite der Axe der y herum zählt, so folgt, daſs die Constante $c=1$ und $\beta = -\sin w$, also $\delta = \cos w$ sein muss.*)

Man hat also für die Transformation der rechtwinkligen Coordinaten die Formeln:

$$\begin{aligned} x &= u\cos w - v\sin w \\ y &= u\sin w + v\cos w \end{aligned} \qquad (1)$$

oder:

$$\begin{aligned} u &= x\cos w + y\sin w \\ v &= -x\sin w + y\cos w \end{aligned} \qquad (1_a)$$

Diese Formeln gelten nach dem vorigen allgemein für alle positiven oder negativen Werthe von x und y und für alle Werthe von w von 0^0 bis 360^0.

---

*) Man hätte die Constanten auch dadurch bestimmen können, daſs für $w = 180^0$

$$x = -u \quad \text{und} \quad y = -v$$

oder für $w = 270^0$

$$x = +v \quad \text{und} \quad y = -u$$

wird, wo man dieselben Werthe erhalten hätte

2. Es seien die Coordinaten eines Punktes O auf beliebige, auf einander senkrechte Axen bezogen x, y und z, es sei ferner a' der Winkel, welchen der Radius vector mit seiner Projection auf die Ebene der $x\,y$, B' der Winkel, den diese Projection mit der Axe der x macht (d. h. also der Winkel, welchen die durch den Punkt O und die positive Axe der z gelegte Ebene mit der durch die positiven Axen der x und z gelegten Ebene macht, von der positiven Seite der Axe der x nach der positiven Seite der Axe der y von von 0° bis 360° herum gezählt, so ist, wenn man die Entfernung des Punktes vom Anfangspunkte der Coordinaten gleich eins setzt:

$$x = \cos B' \cos a',\ y = \sin B' \cos a',\ z = \sin a'$$

Nennt man dagegen a den Winkel, den der Radius vector mit der positiven Axe der z macht und zählt denselben von der positiven Seite der Axe der z nach der positiven Seite der Axen der x und y von 0° bis 360° herum, so hat man:

$$x = \sin a \cos B',\ y = \sin a \sin B',\ z = \cos a.$$

Denkt man sich nun ein zweites Coordinatensystem und zwar so, dass die Axe der v mit der Axe der y zusammenfällt und die Axen der u und w mit den Axen der x und z den Winkel c machen, nennt man b den Winkel, welchen der Radius vector mit der positiven Axe der w macht, A' dagegen den Winkel, welchen die durch O und die positive Axe der w gelegte Ebene mit der Ebene macht, welche durch die positiven Axen der x und z geht, beide Winkel in demselben Sinne wie a und B' gezählt, so hat man:

$$u = \sin b \cos A,\ v = \sin b \sin A,\ w = \cos b$$

und da man auch nach den Formeln für die Transformation der Coordinaten:

$$z = u \sin c + w \cos c$$
$$y = v$$
$$x = u \cos c - w \sin c$$

so erhält man:

$$\cos a = \sin b \sin c \cos A' + \cos b \cos c$$
$$\sin a \sin B' = \sin b \sin A'$$
$$\sin a \cos B' = \sin b \cos c \cos A' - \cos b \sin c$$

3. Denkt man sich nun um den Anfangspunkt der Coordinaten eine Kugel mit beliebigem Halbmesser (der hier gleich eins genommen wird) beschrieben und die Durchschnittspunkte der Axen der z und w mit der Oberfläche der Kugel unter einander und mit dem eben betrachteten Punkte O durch Bogen grösster Kreise verbunden, so werden diese Bogen ein sphärisches Dreieck bilden, wenn man nämlich dasselbe in seiner allgemeinsten Bedeutung auffasst, wo also Winkel sowohl als Seiten grösser als 180° sein können. Die drei Seiten OZ, OW und WZ dieses sphärischen Dreiecks werden respective gleich a, b und c sein. Der sphärische Winkel A am Punkte W wird als Winkel zwischen der durch O und W und der durch W und Z und dem Mittelpunkte der Kugel gelegten Ebene gleich A′ sein, dagegen der Winkel B am Punkte z allgemein gleich $180-B'$. Führt man also A und B statt A' und B' in die in № 2 gefundenen Gleichungen ein, so erhält man die für jedes sphärische Dreieck geltenden Formeln:

$$\cos a = \cos b \cos c + \sin b \sin c \cos A$$
$$\sin a \sin B = \sin b \sin A$$
$$\sin a \cos B = \cos b \sin c - \sin b \cos c \cos A$$

Dies sind die drei Hauptformeln der sphärischen Trigonometrie, die also nichts weiter als eine einfache Transformation der Coordinaten ausdrücken.

Da man jede Ecke des sphärischen Dreiecks als die Projection des Punktes O auf die Kugeloberfläche und die beiden andern als die Durchschnittspunkte der Axen der z und w mit derselben ansehen kann, so müssen die vorstehenden Formeln auch für jede andre Seite und den anliegenden Winkel gelten, wenn man nur die übrigen Seiten und Winkel gehörig mit einander vertauscht. Man erhält so, wenn man alle Fälle umfasst:

$$\begin{aligned}\cos a &= \cos b \cos c + \sin b \sin c \cos A\\ \cos b &= \cos a \cos c + \sin a \sin c \cos B \qquad (2)\\ \cos c &= \cos a \cos b + \sin a \sin b \cos C\end{aligned}$$

$$\begin{aligned} \sin a \sin B &= \sin b \sin A \\ \sin a \sin C &= \sin c \sin A \\ \sin b \sin C &= \sin c \sin B \end{aligned} \quad (3)$$

$$\begin{aligned} \sin a \cos B &= \cos b \sin c - \sin b \cos c \cos A \\ \sin a \cos C &= \cos c \sin b - \sin c \cos b \cos A \\ \sin b \cos A &= \cos a \sin c - \sin a \cos c \cos B \\ \sin b \cos C &= \cos c \sin a - \sin c \cos a \cos \dot{B} \\ \sin c \cos A &= \cos a \sin b - \sin a \cos b \cos C \\ \sin c \cos B &= \cos b \sin a - \sin b \cos a \cos C \end{aligned} \quad (4)$$

4. Aus diesen Formeln lassen sich nun die übrigen Formeln der sphärischen Trigonometrie leicht herleiten. Dividirt man die Formeln (4) durch die entsprechenden Formeln (3), so erhält man:

$$\begin{aligned} \sin A \operatorname{cotang} B &= \operatorname{cotang} b \sin c - \cos c \cos A \\ \sin A \operatorname{cotang} C &= \operatorname{cotang} c \sin b - \cos b \cos A \\ \sin B \operatorname{cotang} A &= \operatorname{cotang} a \sin c - \cos c \cos B \\ \sin B \operatorname{cotang} C &= \operatorname{cotang} c \sin a - \cos a \cos B \\ \sin C \operatorname{cotang} A &= \operatorname{cotang} a \sin b - \cos b \cos C \\ \sin C \operatorname{cotang} B &= \operatorname{cotang} b \sin a - \cos a \cos C \end{aligned} \quad (5)$$

Schreibt man die letzte dieser Gleichungen so:

$$\sin C \cos B = \frac{\cos b \sin a \sin B}{\sin b} - \cos a \sin B \cos C$$

so erhält man:

$$\sin C \cos B = \cos b \sin A - \cos a \sin B \cos C$$

oder:

$$\sin A \cos b = \cos B \sin C + \sin B \cos C \cos a$$

eine Gleichung, welche der ersten der Gleichungen (4) entspricht und nur Winkel statt der Seiten und umgekehrt enthällt. Durch Vertauschung der Buchstaben erhält man die sechs Gleichungen:

$$\begin{aligned} \sin A \cos b &= \cos B \sin C + \sin B \cos C \cos a \\ \sin A \cos c &= \cos C \sin B + \sin C \cos B \cos a \\ \sin B \cos a &= \cos A \sin C + \sin A \cos C \cos b \\ \sin B \cos c &= \cos C \sin A + \sin C \cos A \cos b \\ \sin C \cos a &= \cos A \sin B + \sin A \cos B \cos c \\ \sin C \cos b &= \cos B \sin A + \sin B \cos A \cos c \end{aligned} \quad (6)$$

und durch Division dieser Gleichungen durch die entsprechenden der Gleichungen (3):

$$\begin{aligned}
\sin a \operatorname{cotang} b &= \operatorname{cotang} B \sin C + \cos C \cos a \\
\sin a \operatorname{cotang} c &= \operatorname{cotang} C \sin B + \cos B \cos a \\
\sin b \operatorname{cotang} a &= \operatorname{cotang} A \sin C + \cos C \cos b \\
\sin b \operatorname{cotang} c &= \operatorname{cotang} C \sin A + \cos A \cos b \\
\sin c \operatorname{cotang} a &= \operatorname{cotang} A \sin B + \cos B \cos c \\
\sin c \operatorname{cotang} b &= \operatorname{cotang} B \sin A + \cos A \cos c
\end{aligned} \qquad (7)$$

Die Gleichungen (6) geben ferner:

$$\begin{aligned}
\cos A \sin C &= \sin B \cos a - \sin A \cos C \cos b \\
\cos B \sin C &= \sin A \cos b - \sin B \cos C \cos a
\end{aligned}$$

Multiplicirt man beide Gleichungen mit $\sin C$, und substituirt den Werth von $\sin A \sin C \cos b$ aus der zweiten Gleichung in die erstere, so erhält man:

$$\cos A = \sin B \sin C \cos a - \cos B \cos C$$

und durch Vertauschung der Buchstaben die drei den Formeln (2) entsprechenden Gleichungen, in denen wieder Winkel statt der Seiten und umgekehrt vorkommen:

$$\begin{aligned}
\cos A &= \sin B \sin C \cos a - \cos B \cos C \\
\cos B &= \sin A \sin C \cos b - \cos A \cos C \\
\cos C &= \sin A \sin B \cos c - \cos A \cos B
\end{aligned} \qquad (8)$$

5. Addirt man die beiden ersten der Formeln (3), so erhält man:

$$\sin a \left\{\sin B + \sin C\right\} = \sin A \left\{\sin b + \sin c\right\}$$

oder:

$$\sin \tfrac{1}{2}a \cos \frac{B-C}{2} . \cos \tfrac{1}{2}a \sin \frac{B+C}{2} = \sin \tfrac{1}{2}A \sin \frac{b+c}{2} . \cos \tfrac{1}{2}A \cos \frac{b-c}{2}$$

und, wenn man dieselben Gleichungen subtrahirt:

$$\sin \tfrac{1}{2}a \sin \frac{B-C}{2} . \cos \tfrac{1}{2}a \cos \frac{B+C}{2} = \sin \tfrac{1}{2}A \cos \frac{b+c}{2} . \cos \tfrac{1}{2}A \sin \frac{b-c}{2}$$

Ebenso erhält man, wenn man die beiden ersten der Formeln (4) addirt und subtrahirt:

$$\sin \tfrac{1}{2}a \cos \frac{B-C}{2} . \cos \tfrac{1}{2}a . \cos \frac{B+C}{2} = \sin \tfrac{1}{2}A \sin \frac{b+c}{2} . \sin \tfrac{1}{2}A \cos \frac{b+c}{2}$$

$$\sin \tfrac{1}{2}a \sin \frac{B-C}{2} . \cos \tfrac{1}{2}a . \sin \frac{B+C}{2} - \cos \tfrac{1}{2}A \sin \frac{b-c}{2} \cos \tfrac{1}{2}A \cos \frac{b-c}{2}$$

Diese vier Formeln enthalten je zwei der Gaufsischen Gleichungen in einander multiplicirt; man kann indessen die einzelnen Gleichungen durch die Verbindung dieser vier Formeln nicht trennen, sondern mufs sich zu dem Ende noch eine solche Formel verschaffen, in der eine andere Combination dieser Gleichungen vorkommt. Dazu dient die folgende:

$$\cos\tfrac{1}{2}a\cos\frac{B+C}{2}\cdot\cos\tfrac{1}{2}a\sin\frac{B+C}{2}=\sin\tfrac{1}{2}A\cos\frac{b+c}{2}\cdot\cos\tfrac{1}{2}A\cos\frac{b-c}{2}$$

welche man erhält, wenn man die beiden ersten der Gleichungen (6) zu einander addirt.

Setzt man nun:

$$\sin\tfrac{1}{2}A\sin\frac{b+c}{2}=\alpha$$

$$\sin\tfrac{1}{2}A\cos\frac{b+c}{2}=\beta$$

$$\cos\tfrac{1}{2}A\sin\frac{b-c}{2}=\gamma$$

$$\cos\tfrac{1}{2}A\cos\frac{b-c}{2}=\delta$$

und:

$$\sin\tfrac{1}{2}a\cos\frac{B-C}{2}=\alpha'$$

$$\cos\tfrac{1}{2}a\cos\frac{B+C}{2}=\beta'$$

$$\sin\tfrac{1}{2}a\sin\frac{B-C}{2}=\gamma'$$

$$\cos\tfrac{1}{2}a\sin\frac{B+C}{2}=\delta'$$

so hat man die fünf Gleichungen:

$$\alpha'\delta'=\alpha\delta,\ \gamma'\beta'=\gamma\beta,\ \alpha'\beta'=\alpha\beta,\ \gamma'\delta'=\gamma\delta,\ \beta'\delta'=\beta\delta$$

aus denen man die folgenden findet:

$$\alpha'=\alpha,\quad \beta'=\beta,\quad \gamma'=\gamma,\quad \delta'=\delta$$

oder:

$$\alpha'=-\alpha,\quad \beta'=-\beta,\quad \gamma'=-\gamma,\quad \delta'=-\delta$$

Man erhält mithin zwischen den Winkeln und Seiten eines sphärischen Dreiecks die folgenden Relationen:

$$\sin \tfrac{1}{2}A . \sin \frac{b+c}{2} = \sin \tfrac{1}{2}a . \cos \frac{B-C}{2}$$
$$\sin \tfrac{1}{2}A . \cos \frac{b+c}{2} = \cos \tfrac{1}{2}a . \cos \frac{B+C}{2}$$
$$\cos \tfrac{1}{2}A . \sin \frac{b-c}{2} = \sin \tfrac{1}{2}a . \sin \frac{B-C}{2} \qquad (9)$$
$$\cos \tfrac{1}{2}A . \cos \frac{b-c}{2} = \cos \tfrac{1}{2}a . \sin \frac{B+C}{2}$$

oder auch:

$$\sin \tfrac{1}{2}A . \sin \frac{b+c}{2} = -\sin \tfrac{1}{2}a . \cos \frac{B-C}{2}$$
$$\sin \tfrac{1}{2}A . \cos \frac{b+c}{2} = -\cos \tfrac{1}{2}a . \cos \frac{B+C}{2}$$
$$\cos \tfrac{1}{2}A . \sin \frac{b-c}{2} = -\sin \tfrac{1}{2}a . \sin \frac{B-C}{2}$$
$$\cos \tfrac{1}{2}A . \cos \frac{b-c}{2} = -\cos \tfrac{1}{2}a . \sin \frac{B+C}{2}$$

Aus beiden Systemen von Gleichungen erhält man aber für die gesuchten Grössen, sei es, dass diese zwei Seiten und der eingeschlossene Winkel oder zwei Winkel und die anliegende Seite sind, dieselben oder wenigstens nur um 360° verschiedene Werthe. Sucht man z. B. A, b und c, so würde man aus dem zweiten Systeme von Gleichungen entweder für $\frac{b+c}{2}$ und $\frac{b-c}{2}$ dieselben Werthe finden, wie aus dem ersteren Systeme, dagegen für $\frac{1}{2}A$ einen um 180° verschiedenen Werth oder aber auch für $\frac{b+c}{2}$ und $\frac{b-c}{2}$ um 180° verschiedene Werthe, dagegen für $\frac{1}{2}A$ denselben Werth. Immer würden also A oder b nur um 360° von den aus dem ersteren Systeme gefundenen Werthen verschieden sein. Die 4 Formeln (9) gelten daher ganz allgemein und es ist gleichgültig, ob man bei der Berechnung von A, b und c die Werthe a, B C anwendet oder zu beliebigen dieser Werthe $\pm$ 360° addirt. *)

---

*) Gauss, Theoria motus corporum coelestium pag. 50 seq.

Die vier Gleichungen (9) sind unter dem Namen der Gaufsischen Gleichungen bekannt und werden angewandt, wenn eine Seite und die beiden anliegenden Winkel eines sphärischen Dreiecks oder zwei Seiten und der eingeschlossene Winkel gegeben und daraus die drei übrigen Stücke zu finden sind. Man bedient sich derselben am bequemsten auf folgende Weise. Wenn a, B und C gegeben sind, so suche man zuerst:

(1) $\cos\frac{B-C}{2}$ (4) $\cos\frac{B+C}{2}$

(2) $\sin\frac{1}{2}a$ (5) $\cos\frac{1}{2}a$

(3) $\sin\frac{B-C}{2}$ (6) $\sin\frac{B+C}{2}$

und daraus:

(7) $\sin\frac{1}{2}a.\cos\frac{B-C}{2}$ (9) $\sin\frac{1}{2}a.\sin\frac{B-C}{2}$

(8) $\cos\frac{1}{2}a.\cos\frac{B+C}{2}$ (10) $\cos\frac{1}{2}a.\sin\frac{B+C}{2}$

Durch Division dieser unter einander stehenden Zahlen erhält man tang $\frac{1}{2}(b+c)$ und tang $\frac{1}{2}(b-c)$, woraus man b und c findet. Dann sucht man cos $\frac{1}{2}(b+c)$ oder sin $\frac{1}{2}(b+c)$ und cos $\frac{1}{2}(b-c)$ oder sin $\frac{1}{2}(b-c)$, je nachdem der Cosinus oder Sinus gröfser ist und zieht den ersteren vom gröfseren der beiden Logarithmen (7) oder (8), den andern vom gröfseren der Logarithmen (9) oder (10) ab und erhält dann sin $\frac{1}{2}A$ und cos $\frac{1}{2}A$. Beide verbindet man zur Tangente und findet daraus A. Da sin $\frac{1}{2}A$ und cos $\frac{1}{2}A$ denselben Winkel geben müfsen, als tang $\frac{1}{2}A$, so hat man hierin eine Prüfung der Richtigkeit der Rechnung.

Beispiel.

Es sei

$a = 11^\circ\ 25'\ 56.''8$

$B = 184\ \ 6\ \ 55.\ 4$

$C = 11\ \ 18\ \ 40.\ 3$

so hat man:

$\frac{1}{2}(B+C) =$	$97^\circ\, 42'\, 47.''85$	$\frac{1}{2}(B-C) =$	$86^\circ\, 24'\, 7.''55$
$\cos\frac{1}{2}(B-C) =$	8.7976413	$\cos\frac{1}{2}(B+C)$	9.1278046_n
$\sin\frac{1}{2}a =$	8.9982605	$\cos\frac{1}{2}a$	9.9978351
$\sin\frac{1}{2}(B-C) =$	9.9991432	$\sin\frac{1}{2}(B+C)$	9.9960526
$\sin\frac{1}{2}a\cos\frac{1}{2}(B-C)$	7.7959018	$\sin\frac{1}{2}a.\ \sin\frac{1}{2}(B-C)$	8.9974037
$\cos\frac{1}{2}a\cos\frac{1}{2}(B+C)$	9.1256397_n	$\cos\frac{1}{2}a.\ \sin\frac{1}{2}(B+C)$	9.9938877
$\frac{1}{2}(b+c)$	$177\ 19\ 13.49$	$\frac{1}{2}(b-c)$	$5\ 45\ 24.13$
$\cos\frac{1}{2}(b+c)$	9.9995248_n	$\cos\frac{1}{2}(b-c)$	9.9978042
$\sin\frac{1}{2}A$	9.1261149	$b =$	$183^\circ\ 4'\ 37.''62$
$\cos\frac{1}{2}A$	9.9960835	$c =$	$171\ 33\ 49.\ 36$
$\frac{1}{2}A$	$7^\circ\, 40'\, 59.''38$	$A =$	$15\ 21\ 58.\ 76$

Hätte man hier $B = -175^\circ\, 53'\, 4''.6$ genommen, also:

$$\frac{1}{2}(B+C) = -82^\circ\, 17'\, 12.''15$$
$$\frac{1}{2}(B-C) = -93\ \ 35\ \ 52.\ 45$$

so hätte man erhalten:

$$\frac{1}{2}(b+c) = -2^\circ\, 40'\, 46.''51$$
$$\frac{1}{2}(b-c) = 185\ \ 45\ \ 24.\ 13$$

also $b = 183^\circ\, 4'\, 37.''62$ und $c = -188^\circ\, 26'\, 10.''64$.

Durch Division der Gaufsischen Gleichungen in einander erhält man die Neperschen Analogien. Schreibt man A, B, C an die Stelle von B, C, A und a, b, c an die Stelle von b, c, a so findet man aus den Gleichungen (9):

$$\left.\begin{aligned}
\tang\frac{A+B}{2} &= \frac{\cos\frac{a-b}{2}}{\cos\frac{a+b}{2}}\operatorname{cotang}\frac{C}{2}\\
\tang\frac{A-B}{2} &= \frac{\sin\frac{a-b}{2}}{\sin\frac{a+b}{2}}\operatorname{cotang}\frac{C}{2}\\
\tang\frac{a+b}{2} &= \frac{\cos\frac{A-B}{2}}{\cos\frac{A+B}{2}}\tang\frac{c}{2}\\
\tang\frac{a-b}{2} &= \frac{\sin\frac{A-B}{2}}{\sin\frac{A+B}{2}}\tang\frac{c}{2}
\end{aligned}\right\}\quad (9a)$$

6. Da fast alle in № 3 und 4 aufgeführten Formeln aus zwei Gliedern bestehen, also für logarithmische Rechnung unbequem sind, so mufs man dieselben in eingliedrige Ausdrücke zu verwandeln suchen, was durch die Einführung von Hülfswinkeln erreicht wird. Irgend je zwei mögliche Gröfsen x uud y, sie seien positiv oder negativ, kann man nämlich immer einem Sinus oder Cosinus proportinal setzen, so dafs:

$$x = m \sin M \quad \text{und} \quad y = m \cos M$$

denn man findet sogleich:

$$\operatorname{tang} M = \frac{x}{y} \quad \text{und} \quad m = \sqrt{x^2 + y^2}$$

also M und m durch lauter mögliche Gröfsen ausgedrückt. Nun enthalten alle früheren Formeln in jedem ihrer beiden Glieder einen Sinus oder Cosinus eines und desselben Winkels. Setzt man also die übrigen Factoren des einen Gliedes dem Sinus, die des andern dem Cosinus eines beliebigen Winkels proportional, so kann man die Formeln für den Sinus oder Cosinus einer zweigliedrigen Gröfse anwenden und auf diese Weise eine für logarithmische Rechnung bequeme Form erhalten.

Sind z. B. die drei Formeln zu berechnen:

$$\cos a = \cos b \cos c + \sin b \sin c \cos A$$
$$\sin a \sin B = \sin b \sin A$$
$$\sin a \cos B = \cos b \sin c - \sin b \cos c \cos A$$

so setze man:

$$\sin b \cos A = m \sin M$$
$$\cos b = m \cos M$$

Dann wird:

$$\cos a = m \cos (c - M)$$
$$\sin a \sin B = \sin b \sin A$$
$$\sin a \cos B = m \sin (c - M)$$

Weifs man den Quadranten, in welchem B liegt, so kann man die Formeln noch auf folgende Weise schreiben, wenn man für m seinen Werth $\frac{\sin b \cos A}{\sin M}$ setzt. Man berechnet zuerst:

$$\operatorname{tang} M = \operatorname{tang} b \cos A$$

und findet dann:

$$\tang B = \frac{\tang A \sin M}{\sin (c - M)}$$

$$\tang a = \frac{\tang (c - M)}{\cos B}$$

Man kann mit den drei Gleichungen

$$\cos a = \cos b \cos c + \sin b \sin c \cos A \quad (a)$$
$$\sin a \sin B = \sin b \sin A \quad (b)$$
$$\sin a \cos B = \cos b \sin c - \sin b \cos c \cos A \quad (c)$$

noch eine andere Transformation vornehmen, welche auch in der Folge angewandt wird.*) Bezeichnet man mit B_0 und b_0 die Werthe von B und b, welche in die vorstehenden Gleichungen gesetzt, $a = 90^0$ geben, so hat man noch die drei folgenden Gleichungen:

$$0 = \cos b_0 \cos c + \sin b_0 \sin c \cos A \quad (d)$$
$$\sin B_0 = \sin b_0 \sin A \quad (e)$$
$$\cos B_0 = \cos b_0 \sin c - \sin b_0 \cos c \cos A \quad (f)$$

Multiplicirt man (f) mit cos c und subtrahirt davon die Gleichung (d), nachdem man dieselbe mit sin c multiplicirt hat, multiplicirt man ferner die Gleichung (f) mit sin c und addirt dazu die Gleichung (d), nachdem man dieselbe mit cos c multiplicirt hat, so erhält man daraus:

$$\cos c \cos B_0 = - \sin b_0 \cos A$$
$$\sin c \cos B_0 = \cos b_0 \quad (A)$$
$$\sin B_0 = \sin b_0 \sin A$$

Setzt man dann:

$$\cos c = \sin \gamma \cos G$$
$$\sin c \cos A = \sin \gamma \sin G \quad (B)$$
$$\sin c \sin A = \cos \gamma$$

so erhält man aus (d):

$$0 = \sin \gamma \cos (b_0 - G)$$

also

$$b_0 = 90 + G$$

und aus (a):

$$\cos a = \sin \gamma \cos (G - b)$$

*) Encke, Jahrbuch für 1831.

Ferner erhält man, wenn man vom Produkte der Gleichungen (b) und (f) das Produkt der Gleichungen (e) und (c) abzieht:

$$\begin{aligned}\sin a \sin (B - B_0) &= \sin c \sin A \sin (b - b_0)\\ &= -\cos \gamma \cos (G - b)\end{aligned}$$

und ebenso, wenn man zum Produkte der Gleichungen (c) und (f) das Produkt der Gleichungen (b) und (e) und das der Gleichungen (a) und (b) addirt:

$$\begin{aligned}\sin a \cos(B - B_0) &= \sin b \sin b_0 \sin A^2 + \cos b \cos b_0 + \sin b \sin b_0 \cos A^2\\ &= \cos(b - b_0) = -\sin(G - b)\end{aligned}$$

Das vollständige System der Formeln zur Berechnung von a und B ist also das folgende:

$$\begin{aligned}\sin \gamma \cos G &= \cos c\\ \sin \gamma \sin G &= \sin c \cos A\\ \cos \gamma &= \sin c \sin A\\ \cos B_0 \sin c &= -\sin G\\ \cos B_0 \cos c &= -\cos G \cos A\\ \sin B_0 &= \cos G \sin A\\ \cos a &= \sin \gamma \cos (G - b)\\ \sin a \sin (B - B_0) &= -\cos \gamma \cos (G - b)\\ \sin a \cos (B - B_0) &= -\sin (G - b)\end{aligned}$$

7. Im Allgemeinen hat man immer darauf zu sehen, daſs man die Winkel, welche man sucht, durch die Tangenten findet; denn da diese sich am schnellsten ändern, so kann der Werth der Winkel durch dieselben am genauesten gefunden werden.

Bezeichnet Δx eine sehr kleine Änderung eines Winkels, so hat man:

$$\Delta (\log \operatorname{tang} x) = \frac{2 \Delta x}{\sin 2x}$$

Man ist nun gewohnt, die Änderungen der Winkel in Secunden auszudrücken; da nun aber die Tangente den Radius zur Einheit hat, so muſs man die Änderung Δx ebenfalls in Theilen des Radius ausdrücken, also durch die Zahl

206264,8 dividiren.*) Ferner sind hier unter den Logarithmen natürliche oder hyperbolische verstanden; will man indefs Briggische Logarithmen einführen, so mufs man die natürlichen mit dem Modulus 0. 4342945 = M multipliciren. Verlangt man endlich Δ (log tang x) in Einheiten der letzten Decimale der Logarithmen, welche man anwendet, ausgedrückt, so hat man bei siebenstelligen Logarithmen den Ausdruck mit 10000000 zu multipliciren. Man erhält also:

$$\Delta\,(\log\tan x) = \frac{2M}{\sin 2x}\;\frac{\Delta x''}{206264.8}\;10000000$$

$$= \frac{42.1}{\sin 2x}\,\Delta x''$$

oder

$$\Delta x'' = \frac{\sin 2x}{42.1}\,\Delta\,(\log\tan x)$$

Aus dieser Gleichung sieht man nun, wie genau man den Werth eines Winkels durch die Tangente finden kann.

Gesetzt man hätte Logarithmen von fünf Decimalen, so ist, da die Rechnung in der Regel höchstens auf zwei Einheiten der letzten Decimale unsicher ist, Δ (log tang x) = 200, also der daraus für den Winkel erwachsende Fehler:

$$\Delta x'' = \frac{200''}{42.1}\sin 2x = 5''\sin 2x$$

Bei fünf Decimalen wird also der Fehler nicht gröfser sein, als $5''$ sin $2x$ oder da sin $2x$ im Maximum gleich

---

*) Die Zahl 206264.8, deren Logarithmus 5.3144251 ist, wird immer gebraucht, wenn man Gröfsen, die in Theilen des Radius ausgedrückt sind, in Bogensecunden verwandeln will und umgekehrt. Die Anzahl der Secunden im Kreisumfange ist 1296000, dagegen ist der Kreisumfang in Theilen des Radius gleich 2π = 6.2831853. Beide Zahlen verhalten sich zu einander wie 206264,8 1. Will man also Gröfsen, die in Theilen des Radius ausgedrückt sind, in Bogen verwandeln, so hat man dieselben mit dieser Zahl zu multipliciren; umgekehrt, will man Gröfsen, die in Bogensecunden gegeben sind, in Theilen des Radius ausdrücken, so hat man dieselben mit dieser Zahl zu dividiren. Die Zahl selbst ist die Anzahl der Secunden die auf den Radius gehen, ihr Complement aber der Sinus oder die Tangente einer Secunde.

eins ist, so kann der gröſste Fehler 5″ betragen, man wird indeſsen einen solchen Fehler nur begehen, wenn der Winkel in der Nähe von 45° liegt. Bei siebenstelligen Logarithmen muſs der Fehler 100 mal kleiner sein, also werden dann die Winkel, wenn man dieselben durch die Tangenten sucht, höchstens auf 0″.05 unsicher sein können.

Wäre nun ein Winkel durch den Sinus oder Cosinus gegeben, so erhielte man in der Formel für Δ (log sin x) oder Δ (log cos x) statt des Factors sin $2x$ jetzt tang x oder cotang x, die jeden möglichen Werth, selbst einen unendlich groſsen, haben können. Man sieht also, daſs kleine Fehler in dem Logarithmus des Sinus oder Cosinus eines Winkels sehr groſse Fehler in dem dadurch gesuchten Winkel hervorbringen können und es ist daher immer vorzuziehen, die Winkel durch die Tangenten zu finden.

8. Setzt man in den Formeln für die schiefwinkligen sphärischen Dreiecke einen der Winkel gleich 90°, so erhält man die Formeln für die rechtwinkligen Dreiecke. Im Folgenden wird die Hypotenuse immer mit h, dagegen werden die beiden Catheten mit c und c' und die diesen gegenüberliegenden Winkel mit C und C' bezeichnet. Aus der ersten der Formeln (2) erhält man dann, wenn man $A = 90^0$ setzt:

$$\cos h = \cos c \cos c'$$

ferner aus der ersten der Formeln (3) unter derselben Voraussetzung:

$$\sin h \sin C = \sin c$$

und aus der ersten der Formeln (4):

$$\sin h \cos C = \cos c \sin c'$$

oder, wenn man diese Formel durch die für cos h dividirt:

$$\tang h \cos C = \tang c'$$

Dividirt man die Formel dagegen durch die für sin h sin C, so wird:

$$\operatorname{cotang} C = \operatorname{cotang} c \sin c'$$

oder

$$\tang c = \tang C \sin c'$$

Beide Formeln hätte man auch aus der ersten der Gleichungen (5) und der dritten der Gleichungen (7) erhalten können, wenn man wieder $A = 90^0$ gesetzt hätte.

Aus der ersten der Gleichungen (8) folgt:

$$o = \cos h \sin C \sin C' - \cos C \cos C'$$

$$\text{oder: } \cos h = \text{cotang } C \text{ cotang } C'$$

Verbindet man endlich die beiden Gleichungen:

$$\sin h \sin C' = \sin c'$$

$$\text{und } \sin h \cos C = \cos c \sin c'$$

so erhält man:

$$\cos C = \sin C' \cos c$$

Man hat mithin die folgenden sechs Formeln für die rechtwinkligen Dreiecke:

$$\left.\begin{aligned} \cos h &= \cos c \cos c' \\ \sin c &= \sin h \sin C \\ \text{tang } c &= \text{tang } h \cos C' \\ \text{tang } c &= \text{tang } C \sin c' \\ \cos h &= \text{cotang } C \text{ cotang } C' \\ \cos C &= \cos c \sin C' \end{aligned}\right\} \quad (10)$$

vermittelst welcher man aus je zwei gegebenen Stücken eines rechtwinkligen Dreiecks die übrigen finden kann.

9. In der Astronomie mufs man immer zur Berechnung von Gröfsen gewifse Data aus den Beobachtungen entlehnen. Da man aber bei keinem von diesen absolute Sicherheit verbürgen kann, sondern bei einem jeden Datum einen kleinen Fehler als möglich annehmen mufs, so ist bei allen Aufgaben zu untersuchen, ob eine kleine Änderung der beobachteten Gröfsen auch keine grofse Änderung der zu findenden Gröfsen hervorbringen kann. Um dies immer leicht beurtheilen zu können, mufs man die Formeln der sphärischen Trigonometrie differenziren, indem man, um alle Fälle zu umfafsen, alle Gröfsen als variabel annimmt.

Differenzirt man die erste der Gleichungen (2), so erhält man:

$$\begin{aligned} -\sin a\, da = {} & db\,[-\sin b \cos c + \cos b \sin c \cos A] \\ & + dc\,[-\cos b \sin c + \sin b \cos c \cos A] \\ & - \sin b \sin c \sin A . dA \end{aligned}$$

Der Factor von db ist gleich $-\sin a \cos C$, der von dc gleich $-\sin a \cos B$; schreibt man dann noch $-\sin a \sin c \sin B$ statt des Factors von A, so erhält man die Differentialformel:

$$da = \cos C db + \cos B dc + \sin c \sin B dA$$

Schreibt man die erste der Gleichungen (3) logarithmisch, so erhält man:

$$\log \sin a + \log \sin B = \log \sin b + \log \sin A$$

und wenn man differenzirt:

$$\operatorname{cotang} a da + \operatorname{cotang} B dB = \operatorname{cotang} b db + \operatorname{cotang} A dA$$

Statt der ersten der Formeln (4) differenzire man die erste der Formeln (5), die aus der Verbindung von (3) und (4) hervorgegangen sind; dann erhält man:

$$-\frac{\sin A}{\sin B^2} dB + dA\,[\operatorname{cotang} B \cos A - \sin A \cos c]$$

$$= -\frac{\sin c}{\sin b^2}\, db + dc\,[\operatorname{cotang} b \cos c + \cos A \sin c]$$

oder:

$$-\frac{\sin A}{\sin B^2}\, dB - \frac{\cos C}{\sin B}\, dA = -\frac{\sin c}{\sin b^2}\, db + \frac{\cos a}{\sin b}\, dc$$

Multiplicirt man diese Gleichung mit $\sin B$, so findet man:

$$-\frac{\sin a}{\sin b}\, dB - \cos C dA = -\frac{\sin C}{\sin b}\, db + \frac{\cos a \sin B}{\sin b}\, dc$$

oder endlich:

$$\sin a dB = \sin C db - \sin B \cos a dc - \sin b \cos C dA$$

Aus der ersten der Formeln (8) erhält man dann noch ganz so wie aus (2):

$$dA = -\cos c dB - \cos b dC + \sin b \sin C da$$

Man hat also die folgenden Differentialgleichungen der sphärischen Trigonometrie:

$$\left.\begin{aligned} da &= \cos C db + \cos B dc + \sin b \sin C dA \\ \operatorname{cotang} a da + \operatorname{cotang} B dB &= \operatorname{cotang} b db + \operatorname{cotang} A dA \\ \sin a dB &= \sin C db - \sin B \cos a dc - \sin b \cos C dA \\ dA &= -\cos c dB - \cos b dC + \sin b \sin C da \end{aligned}\right\} \quad (11)$$

10. Bei kleinen Winkeln kann man sich erlauben, den Cosinus gleich eins zu setzen und den Bogen statt des Sinus oder der Tangente zu nehmen, also, wenn man den Bogen in Secunden ausgedrückt haben will, 206265 a statt sin a oder tang a zu setzen. Sind die Winkel nicht klein genug, um das zweite Glied der Sinusreihe schon vernachlässigen zu können, so kann man auf folgende Weise verfahren:

Es ist:

$$\frac{\sin a}{a} = 1 - \frac{1}{6} a^2 + \frac{1}{120} a^4 -$$

und:

$$\cos a = 1 - \frac{1}{2} a^2 + \frac{1}{24} a^4 -$$

also:

$$\sqrt[3]{\cos a} = 1 - \frac{1}{6} a^2 +$$

Man erhält daher bis auf die dritten Potenzen inclusive:

$$\frac{\sin a}{a} = \sqrt[3]{\cos a}$$

oder:

$$a = \sin a \sqrt[3]{\sec a}$$

eine Formel, welche so genau ist, daſs man bei einem Winkel von 10 Graden noch nicht einen Fehler von einer Secunde durch die Anwendung derselben begeht. Es ist nämlich:

$$\log \sin 10^\circ \sqrt[3]{\sec 10^\circ} = 9.2418864$$

und wenn man hierzu den Logmarithen 5.3144251 addirt und die dazu gehörige Zahl aufschlägt, so erhält man 36000″.74 oder:

$$10^\circ\ 0'\ 0''.74$$

11. Sehr häufig macht man in der sphärischen Astronomie von Reihenentwickelungen Gebrauch, von denen die wichtigsten hier abgeleitet werden sollen.

Hat man einen Ausdruck von der Form:

$$\tan y = \frac{a \sin x}{1 - a \cos x}$$

so kann man leicht y in eine Reihe entwickeln, die nach den Sinus der Vielfachen des Winkels x fortschreitet. Es ist nämlich, wenn $\tang z = \frac{m}{n}$ ist, $dz = \frac{n\,dm - m\,dn}{m^2 + n^2}$. Betrachtet man also in der Formel für $\tang y$ sowohl a als auch y als veränderlich, so erhält man:

$$\frac{dy}{da} = \frac{\sin x}{1 - 2\,a \cos x + a^2}$$

und, wenn man diesen Ausdruck nach der Methode der unbestimmten Coefficienten in eine Reihe entwickelt, die nach Potenzen von a fortschreitet:

$$\frac{dy}{da} = \sin x + a \sin 2\,x + a^2 \sin 3\,x + \ldots\ *)$$

Integrirt man diese Gleichung und bemerkt, dass für $x = o$ auch $y = o$ ist, so erhält man für y die folgende Reihe:

$$y = a \sin x + \tfrac{1}{2}\, a^2 \sin 2\,x + \tfrac{1}{3}\, a^3 \sin 3\,x + \ldots \qquad (12)$$

Häufig hat man zwei Gleichungen von der Form:

$$A \sin B = a \sin x$$
$$A \cos B = 1 - a \cos x$$

aus denen man B und $\log A$ in eine nach den Sinus und Cosinus der Vielfachen von x fortlaufende Reihe entwickeln will. Da hier:

$$\tang B = \frac{a \sin x}{1 - a \cos x}$$

so findet man für B durch die Formel (12) eine nach den Sinus der Vielfachen von x fortschreitende Reihe. Um nun auch $\log A$ in eine ähnliche Reihe zu entwickeln, hat man zuerst:

$$A = \sqrt{1 - 2\,a \cos x + a^2}$$

---

*) Man sieht leicht daſs das erste Glied $\sin x$ ist und dass der Coefficient von a^n gefunden wird durch die Gleichung:

$$A_n = 2\,A_{n-1} \cos x - A_{n-2}$$

Durch die Methode der unbestimmten Coefficienten findet man aber die folgende Reihe:

$$\frac{a \cos x - a^2}{1 - 2a \cos x + a^2} = a \cos x + a^2 \cos 2x + a^3 \cos 3x + \ldots \text{*)}$$

Multiplicirt man diesen Ausdruck mit $-\frac{da}{a}$ und integrirt denselben nach a, so wird, weil die linke Seite gleich

$$\tfrac{1}{2}\,\frac{d. \log(1 - 2a \cos x + a^2)}{da}$$

und für $a = o$ auch $\log A = o$ ist:

$$\log \sqrt{1 - 2a \cos x + a^2} = \log A = -\left[a \cos x + \tfrac{1}{2} a^2 \cos 2x + \tfrac{1}{3} a^3 \cos 3x + \ldots\right] \quad (13)$$

Ebenso erhält man, wenn man die beiden Gleichungen hat:

$$A \sin B = a \sin x$$
$$A \cos B = 1 + a \cos x$$

indem man in (12) und (13) $180 - x$ statt x setzt:

$$B = a \sin x - \tfrac{1}{2} a^2 \sin 2x + \tfrac{1}{3} a^3 \sin 3x - \ldots. \quad (14)$$

$$\log \sqrt{1 + 2ax + a^2} = \log A = a \cos x - \tfrac{1}{2} a^2 \cos 2x + \tfrac{1}{3} a^3 \cos 3x - \ldots. \quad (15)$$

Hat man einen Ausdrnck von der Form:

$$\text{tang}\, y = n\, \text{tang}\, x$$

so kann man denselben leicht auf die Form $\text{tang}\, y = \frac{a \sin x}{1 - a \cos x}$ bringen. Es ist nämlich:

$$\text{tang}(y - x) = \frac{\text{tang}\, y - \text{tang}\, x}{1 + \text{tang}\, y\, \text{tang}\, x} = \frac{(n-1)\, \text{tang}\, x}{1 + n\, \text{tang}\, x^2}$$

$$= \frac{(n-1) \sin x \cos x}{\cos x^2 + n \sin x^2} = \frac{(n-1) \sin x \cos x}{\frac{1}{2} + \frac{1}{2} \cos 2x + \frac{n}{2} - \frac{n}{2} \cos 2x}$$

$$= \frac{(n-1) \sin 2x}{(n+1) - (n-1) \cos 2x} = \frac{\frac{n-1}{n+1} \sin 2x}{1 - \frac{n-1}{n+1} \cos 2x}$$

---

*) Man sieht sogleich wieder, dass der Coefficient von a gleich $\cos x$ ist und dass der Coefficient von a^n gefunden wird durch die Gleichung:

$$A_n = 2 A_{n-1} \cos x - A_{n-2}$$

Ist also die Gleichung $\operatorname{tang} y = n \operatorname{tang} x$ gegeben, so erhält man:

$$(16) \quad y = x + \frac{n-1}{n+1} \sin 2x + \frac{1}{2}\left(\frac{n-1}{n+1}\right)^2 \sin 4x + \frac{1}{3}\left(\frac{n-1}{n+1}\right)^3 \sin 6x + \ldots$$

Setzt man hierin zuerst

$$n = \cos \alpha,$$

so ist

$$\frac{n-1}{n+1} = -\operatorname{tang} \tfrac{1}{2} \alpha^2$$

Die Gleichung

$$\operatorname{tang} y = \cos \alpha \operatorname{tang} x$$

giebt also:

$$(17) \quad y = x - \operatorname{tang} \tfrac{1}{2} \alpha^2 \sin 2x + \tfrac{1}{2} \operatorname{tang} \tfrac{1}{2} \alpha^4 \sin 4x - \tfrac{1}{3} \operatorname{tang} \tfrac{1}{2} \alpha^6 \sin 6x + \ldots$$

Ist

$$n = \sec \alpha,$$

so ist

$$\frac{n-1}{n+1} = \operatorname{tang} \tfrac{1}{2} \alpha^2,$$

und man erhält also, wenn:

$$\operatorname{tang} y = \sec \alpha \operatorname{tang} x \text{ oder } \operatorname{tang} x = \cos \alpha \operatorname{tang} y$$

$$(18) \quad y = x + \operatorname{tang} \tfrac{1}{2} \alpha^2 \sin 2x + \tfrac{1}{2} \operatorname{tang} \tfrac{1}{2} \alpha^4 \sin 4x + \tfrac{1}{3} \operatorname{tang} \tfrac{1}{2} \alpha^6 \sin 6x + \ldots$$

Da

$$\frac{\cos \alpha - \cos \beta}{\cos \alpha + \cos \beta} = \operatorname{tang} \tfrac{1}{2} (\beta - \alpha) \operatorname{tang} \tfrac{1}{2} (\beta + \alpha)$$

und

$$\frac{\sin \alpha - \sin \beta}{\cos \alpha + \cos \beta} = \operatorname{tang} \tfrac{1}{2} (\alpha - \beta) \operatorname{cotang} \tfrac{1}{2} (\alpha + \beta)$$

so erhält man auch, wenn:

$$\operatorname{tang} y = \frac{\cos \alpha}{\cos \beta} \operatorname{tang} x$$

$$y = x - \operatorname{tang} \tfrac{1}{2} (\alpha - \beta) \operatorname{tang} \tfrac{1}{2} (\alpha + \beta) \sin 2x$$
$$+ \tfrac{1}{2} \operatorname{tang} \tfrac{1}{2} (\alpha - \beta)^2 \operatorname{tang} \tfrac{1}{2} (\alpha + \beta)^2 \sin 4x + \ldots$$

und wenn:

$$\operatorname{tang} y = \frac{\sin \alpha}{\sin \beta} \operatorname{tang} x$$

$$y = x + \operatorname{tang} \tfrac{1}{2} (\alpha - \beta) \operatorname{cotang} \tfrac{1}{2} (\alpha + \beta) \sin 2x$$
$$+ \tfrac{1}{2} \operatorname{tang} \tfrac{1}{2} (\alpha - \beta)^2 \operatorname{cotang} \tfrac{1}{2} (\alpha + \beta)^2 \sin 4x + \ldots$$

Vermittelst der beiden letzten Formeln kann man die Neperschen Analogien in Reihen entwickeln. Aus der Gleichung:

$$\operatorname{tang}\frac{a-b}{2}=\frac{\sin\frac{A-B}{2}}{\sin\frac{A+B}{2}}\operatorname{tang}\frac{c}{2}$$

erhält man nämlich:

$$\frac{a-b}{2}=\frac{c}{2}-\operatorname{tang}\frac{B}{2}\operatorname{cotang}\frac{A}{2}\sin c+\tfrac{1}{2}\operatorname{tang}\frac{B^2}{2}\operatorname{cotang}\frac{A^2}{2}\sin 2c-\ldots.$$

oder

$$\frac{c}{2}=\frac{a-b}{2}+\operatorname{tang}\frac{B}{2}\operatorname{cotang}\frac{A}{2}\sin(a-b)+\tfrac{1}{2}\operatorname{tang}\frac{B^2}{2}\operatorname{cotang}\frac{A^2}{2}\sin 2(a-b)+\ldots$$

und ebenso aus der Gleichung:

$$\operatorname{tang}\frac{a+b}{2}=\frac{\cos\frac{A-B}{2}}{\cos\frac{A+B}{2}}\operatorname{tang}\frac{c}{2}$$

die folgenden Reihen:

$$\frac{a+b}{2}=\frac{c}{2}+\operatorname{tang}\frac{A}{2}\operatorname{tang}\frac{B}{2}\sin c+\tfrac{1}{2}\operatorname{tang}\frac{A^2}{2}\operatorname{tang}\frac{B^2}{2}\sin 2c+\ldots$$

$$\frac{c}{2}=\frac{a+b}{2}-\operatorname{tang}\frac{A}{2}\operatorname{tang}\frac{B}{2}\sin(a+b)+\tfrac{1}{2}\operatorname{tang}\frac{A^2}{2}\operatorname{tang}\frac{B^2}{2}\sin 2(a+b)-\ldots$$

Ganz ähnliche Reihen erhält man aus den beiden andern Analogien:

$$\operatorname{tang}\frac{A-B}{2}=\frac{\sin\frac{a-b}{2}}{\sin\frac{a+b}{2}}\operatorname{tang}\frac{180-C}{2}$$

$$\operatorname{tang}\frac{A+B}{2}=\frac{\cos\frac{a-b}{2}}{\cos\frac{a+b}{2}}\operatorname{tang}\frac{180-C}{2}$$

Häufig kommt auch der Fall vor, daſs man eine Gröſse y, die durch eine Gleichung von der Form:

$$\cos y=\cos x+b$$

gegeben ist, in eine nach Potenzen von b fortschreitende Reihe verwandeln soll. Zu dem Ende entwickelt man die Gleichung:

$$y = arc\ \cos\,[\cos x + b]$$

nach dem Taylorschen Lehrsatze. Setzt man nämlich

$$\cos x = z \text{ und } y = f(z + b)$$

so hat man:

$$y = f(z) + \frac{df}{dz}\,b + \tfrac{1}{2}\,\frac{d^2f}{dz^2}\,b^2 + \tfrac{1}{6}\,\frac{d^3f}{dz^3}\,b^3 + \ldots$$

oder da

$$f(z) = x\,,\quad \frac{df}{dz} = \frac{dx}{d\,.\cos x} = -\frac{1}{\sin x}$$

$$\frac{d^2f}{dz^2} = \frac{d\,.-\dfrac{1}{\sin x}}{dx}\,.\,\frac{dx}{d\,.\cos x} = -\frac{\cos x}{\sin x^3}$$

$$\frac{d^3f}{dz^3} = \frac{d\,.-\dfrac{\cos x}{\sin x^3}}{dx}\;\frac{dx}{d\,.\cos x} = -\frac{1}{6}\,\frac{[1 + 3\ \mathrm{cotang}\ x^2]}{\sin x^3}$$

$$y = x - \frac{b}{\sin x} - \tfrac{1}{2}\ \mathrm{cotang}\ x\,\frac{b^2}{\sin x^2} - \frac{1}{6}[1 + 3\ \mathrm{cotang}\ x^2]\,\frac{b^3}{\sin x^3} \ldots. \quad (19)$$

Ganz auf dieselbe Weise erhält man aus der Gleichung:

$$\sin y = \sin x + b$$

$$y = x + \frac{b}{\cos x} + \tfrac{1}{2}\ \mathrm{tang}\ x\,\frac{b^2}{\cos x^2} + \frac{1}{6}[1 + 3\ \mathrm{tang}\, x^2]\,\frac{b^3}{\cos x^3} + \ldots \quad (20)$$

Anm. Ueber die Reihenentwickelungen vergleiche: Encke, einige Reihenentwickelungen aus der sphärischen Astronomie. Astronomische Nachrichten Nr. 562.

B. Die Interpolationsrechnung.

12. In der Astronomie bedient man sich fortwährend der Tafeln, in denen die numerischen Werthe gewifser Functionen für einzelne numerische Werthe der Variabeln angegeben sind. Da man nun in der Anwendung die Werthe der Function auch für solche Werthe der Variabeln braucht, die grade nicht in den Tafeln angegeben sind, so muſs man Mittel haben, um aus gegebenen numerischen Werthen einer Function dieselben für jeden beliebigen Werth der Variabeln oder des Arguments der Function berechnen zu können. Hierzu dient die Interpolationsrechnung. Sie hat den Zweck, an die Stelle einer Function, deren analytischer Ausdruck entweder ganz unbekannt, oder doch zur numerischen Berechnung unbequem ist, eine andre einfachere, aus gegebenen numerischen Werthen gebildete zu setzen, die sich innerhalb der Grenzen der Anwendung mit jener vertauschen läſst.

Nach dem Taylorschen Lehrsatze kann man jede Function in eine Reihe, die nach den ganzen Potenzen der Variabeln fortschreitet, entwickeln; nur in dem Falle, daſs für einen bestimmten Werth der Variabeln einer der Differentialquotienten unendlich groſs wird, daſs aber die Function in der Nähe dieses Werthes keinen stetigen Gang hat, erleidet dieser Satz eine Ausnahme. Indem sich die Interpolationsrechnung auf diese Entwickelung der Functionen in Reihen, die nach ganzen Potenzen der Variabeln fortschreiten, gründet, setzt sie also voraus, daſs die Function innerhalb der betrachteten Grenzen stetig ist, und ist nur unter dieser Voraussetzung anwendbar.

Nennt man w das Intervall oder die Differenz zweier auf einander folgenden Argumente (welches hier immer als constant betrachtet wird), so kann man jedes beliebige Argument durch $a + nw$ bezeichnen, wo n die variable Gröſse ist, und die zu diesem Argumente gehörige Function durch $f(a + nw)$. Die Differenz zweier auf einander folgenden Functionenwerthe $f(a + nw)$ und $f(a + (n+1)w)$ soll durch $f'(a + n + \frac{1}{2})$ bezeichnet werden, indem man, um anzugeben, zu welchen Functionenwerthen die Differenz gehört, unter das Functionenzeichen das arithmetische Mittel beider Argumente setzt und dabei den Factor w wegläfst. *) So drückt $f'(a+\frac{1}{2})$ die Differenz von $f(a)$ und $f(a+w)$, $f'(a+\frac{3}{2})$ die Differenz von $f(a+w)$ und $f(a+2w)$ aus. Dafselbe gilt auch von den höheren Differenzen, deren Ordnung durch den Accent angedeutet wird. So ist z. B. $f''(a+2)$ die Differenz der beiden ersten Differenzen $f'(a+\frac{1}{2})$ und $f'(a+{}_{,})$.

Das Schema der Argumente und der dazu gehörigen Functionenwerthe und deren Differenzen, ist also das folgende:

Argument	Function	I. Diff.	II. Diff.	III. Diff.	IV. Diff.	V. Diff.
$a-3w$	$f(a-3w)$					
		$f'(a-\frac{5}{2})$				
$a-2w$	$f(a-2w)$		$f''(a-2)$			
		$f'(a-\frac{3}{2})$		$f'''(a-\frac{3}{2})$		
$a-w$	$f(a-w)$		$f''(a-1)$		$f^{IV}(a-1)$	
		$f'(a-\frac{1}{2})$		$f'''(a-\frac{1}{2})$		$f^{V}(a-\frac{1}{2})$
a	$f(a)$		$f''(a)$		$f^{IV}(a)$	
		$f'(a+\frac{1}{2})$		$f'''(a+\frac{1}{2})$		$f^{V}(a+\frac{1}{2})$
$a+w$	$f(a+w)$		$f''(a+1)$		$f^{IV}(a+1)$	
		$f'(a+\frac{3}{2})$		$f'''(a+\frac{3}{2})$		
$a+2w$	$f(a+2w)$		$f''(a+2)$			
		$f'(a+\frac{5}{2})$				
$a+3w$	$f(a+3w)$					

Alle Differenzen, welche dieselbe Gröfse unter dem Functionenzeichen haben, stehen hier auf derselben horizontalen Linie. Die Differenzen der ungeraden Ordnungen haben alle als Gröfsen unter dem Functionenzeichen $a+$ einem Bruche mit dem Nenner 2.

13. Da man nach dem Taylorschen Lehrsatze eine jede Function in eine nach ganzen Potenzen der Variabeln fortschreitende Reihe entwickeln kann, so kann man setzen:

$$f(a+nw) = \alpha + \beta . nw + \gamma n^2 w^2 + \delta n^3 w^3 + \dots \quad (a)$$

Wäre der analytische Ausdruck der Function $f(a+nw)$ bekannt, so könnte man die Gröfsen α, β, γ, δ etc. berechnen, indem

$$\alpha = f(a),\ \beta = \frac{d . f(a)}{da} \text{ etc.}$$

ist. Es wird aber angenommen, dafs dieser analytische Ausdruck nicht gegeben ist oder wenigstens, wenn derselbe auch bekannt ist, nicht angewendet werden soll, und dafs man nur für bestimmte Werthe des Arguments $a+nw$ die numerischen

---

*) Es ist dies die sehr bequeme, von Enke in seinem Aufsatze: Ueber mechanische Quadratur im Jahrbuche für 1837 eingeführte Bezeichnungsart.

Werthe der Function $f(a+nw)$ kennt. Setzt man aber in die obige Gleichung nach einander die verschiedenen Werthe der Variablen n, so erhält man so viele Gleichungen als man Werthe der Function kennt und kann aus diesen ebenso viele der Coefficienten α, β, γ, δ etc. bestimmen.

Es seien nun vier numerische Werthe der Function $f(a+nw)$ gegeben, nämlich $f(a)$, $f(a+w)$, $f(a+2w)$ und $f(a+3w)$; dann hat man die vier Gleichungen:

$$\begin{aligned} f(a) &= \alpha \\ f(a+w) &= \alpha + \beta w + \gamma w^2 + \delta w^3 \\ f(a+2w) &= \alpha + 2\beta w + 4\gamma w^2 + 8\delta w^3 \\ f(a+3w) &= \alpha + 3\beta w + 9\gamma w^2 + 27\delta w^3 \end{aligned}$$

Da aber:

$$\begin{aligned} f(a+w) &= f(a) + f'(a+\tfrac{1}{2}) \\ f(a+2w) &= f(a) + f'(a+\tfrac{1}{2}) + f'(a+\tfrac{3}{2}) \\ &= f(a) + 2f'(a+\tfrac{1}{2}) + f''(a+1) \\ f(a+3w) &= f(a+2w) + f'(a+\tfrac{5}{2}) \\ &= f(a) + 3f'(a+\tfrac{1}{2}) + 3f''(a+1) + f'''(a+\tfrac{3}{2}) \end{aligned}$$

so erhält man:

$$\begin{aligned} f(a) &= \alpha \\ f'(a+\tfrac{1}{2}) &= \beta w + \gamma w^2 + \delta w^3 \\ 2f'(a+\tfrac{1}{2}) + f''(a+1) &= 2\beta w + 4\gamma w^2 + 8\delta w^3 \\ 3f'(a+\tfrac{1}{2}) + 3f''(a+1) + f'''(a+\tfrac{3}{2}) &= 3\beta w + 9\gamma w^2 + 27\delta w^3 \end{aligned}$$

und daraus:

$$\begin{aligned} \tfrac{1}{6}f'''(a+\tfrac{3}{2}) &= \delta w^3 \\ \tfrac{1}{2}[f''(a) - f'''(a+\tfrac{3}{2})] &= \gamma w^2 \\ f'(a+\tfrac{1}{2}) - \tfrac{1}{2}f''(a) + \tfrac{1}{3}f'''(a+\tfrac{3}{2}) &= \beta w \end{aligned}$$

also, wenn man diese Werthe in die Gleichung (a) für $f(a+nw)$ substituirt und dieselben nach den Differenzen ordnet:

$$f(a+nw) = f(a) + nf'(a+\tfrac{1}{2}) + \frac{n^2-n}{2}f''(a+1) + \frac{n^3-3n^2+2n}{6}f'''(a+\tfrac{3}{2})$$

oder:

$$f(a+nw) = f(a) + nf'(a+\tfrac{1}{2}) + \frac{n(n-1)}{1.2}f''(a+1) + \frac{n(n-1)(n-2)}{1.2.3}f'''(a+\tfrac{3}{2}) + \ldots \quad (1)$$

Diese Formel ist unter dem Namen der Newtonschen Interpolationsformel bekannt. Der Coefficient der Differenz von der Ordnung n ist der Coefficient von x^n in der Entwickelung von $(1 + x^n)$. Den hier nur für vier Werthe gegebenen Beweis kann man leicht auf beliebig viele Werthe ausdehnen.

Beispiel. Nach dem Berliner Jahrbuche für 1850 hat man für den mittleren Mittag die folgenden heliocentrischen Längen des Mercur:

		I. Diff.	II. Diff.	III. Diff.	
Jan. 0	303° 25′ 1″.5				
		+ 6″ 41′ 50″.0			
2	310 6 51.5		+ 18′ 48″.0		
		7 0 38.0		+ 2′ 44″.4	
4	317 7 29.5		21 32.4		+ 10″.1
		7 22 10.4		2 54.5	
6	324 29 39.9		24 26.9		4.7
		7 46 37.3		2 59.2	
8	332 16 17.2		27 26.1		
		8 14 3.4			
10	340 30 20.6				

Sucht man daraus die Länge des Mercur für den mittleren Mittag von Jan. 1, so hat man

$$f(a) = 303^\circ\, 25'\, 1''.5 \text{ und } n = \tfrac{1}{2}$$

ferner

$$f'(a + \tfrac{1}{2}) = +\,6^\circ\, 41'\, 50''.0 \quad n = \tfrac{1}{2} \qquad \text{Product:} \quad +\,3^\circ\, 20'\, 55''.0$$

$$f''(a + 1) = +\,18\;\; 48.0 \quad \frac{n(n-1)}{1.2} = -\tfrac{1}{8}\;'' \qquad -\,2\;\; 21.0$$

$$f'''(a + \tfrac{3}{2}) = +\,2\;\; 44.4 \quad \frac{n(n-1)(n-2)}{1.2.3} = +\tfrac{1}{16} \qquad +\,10.3$$

$$f^{IV}(a + 2) = +\,10.1 \quad \frac{n(n-1)(n-2)(n-3)}{1.2.3.4} = -\tfrac{5}{128}\;'' \qquad -\,0.4$$

Man hat demnach zu $f(a)$ hinzuzufügen

$$+\,3^\circ\, 18'\, 43''.9$$

und erhält für die Länge des Merkur Jan 1.0

$$306^\circ\, 43'\, 45''.4$$

Die Newtonsche Formel läſst sich noch bequemer auf

folgende Weise schreiben, die den Vortheil gewährt, daſs man immer nur mit kleinen Brüchen zu multipliciren hat:

$$(1a) \quad f(a+nw) = f(a) + n\,[f'(a+\tfrac{1}{2}) + \frac{n-1}{2}\,[f''(a+1) + \frac{n-2}{3}$$
$$[f'''(a+\tfrac{3}{4}) + \frac{n-3}{4}\,[f^{IV}(a+2)]$$

Ist n wieder $\frac{1}{2}$, so ist $\frac{n-3}{4} = -\frac{5}{8}$, also $\frac{n-3}{4}\,f^{IV}(a+2) = -6''.4$. Dies zu $f'''(a+\frac{3}{2})$ hinzugelegt und die Summe mit $\frac{n-2}{3} = -\frac{1}{2}$multiplicirt giebt $-1'\,19''.0$. Legt man dies wieder zu $f''(a+1)$ und multiplicirt die Summe mit $\frac{n-1}{2} = -\frac{1}{4}$, so erhält man $-4'\,22''.2$ und wenn man dies endlich zu $f'(a+\frac{1}{2})$ addirt und mit $n = \frac{1}{2}$ multiplicirt, so hat man $3^{\circ}\,18'\,43''\,9$ zu $f(a)$ hinzuzulegen und erhält also denselben Werth wie vorher $306^{\circ}\,43'\,45''.4$.

14. Bequemere Formeln für die Interpolation erhält man, wenn man die Newtonsche Interpolationsformel so umformt, daſs darin blos Differenzen vorkommen, die auf einer horizontalen Linie stehen, so daſs man, wenn man von dem Werthe $f(a)$ ausgeht, die Differenzen $f(a+\frac{1}{2})$, $f''(a)$ und $f'''(a+\frac{1}{2})$ etc. anzuwenden hat. Die beiden ersten Glieder der Newtonschen Formel können dann beibehalten werden.

Es ist aber:

$$\begin{aligned}
f''(a+1) &= f''(a) + f'''(a+\tfrac{1}{2}) \\
f'''(a+\tfrac{3}{2}) &= f'''(a+\tfrac{1}{2}) + f^{IV}(a+1) \\
&= f'''(a+\tfrac{1}{2}) + f^{IV}(a) + f^{V}(a+\tfrac{1}{2}) \\
f^{IV}(a+2) &= f^{IV}(a+1) + f^{V}(a+\tfrac{3}{2}) \\
&= f^{IV}(a) + 2\,f^{V}(a+\tfrac{1}{2}) + f^{VI}(a+1) \\
f^{V}(a+\tfrac{5}{2}) &= f^{V}(a+\tfrac{3}{2}) + f^{VI}(a+2) \\
&= f^{V}(a+\tfrac{1}{2}) + f^{VI}(a+1) + f^{VI}(a+2)
\end{aligned}$$

etc.

Man erhält also als Coefficienten von $f''(a)$:

$$\frac{n\,(n-1)}{1.\,2}$$

als Coeffienten von $f'''(a+\frac{1}{2})$:

$$\frac{n(n-1)}{1.2}+\frac{n(n-1)(n-2)}{1.2.3}=\frac{(n+1)n(n-1)}{1.2.3}$$

als Coefficienten von $f^{IV}(a)$:

$$\frac{n(n-1)(n-2)}{1.2.3}+\frac{n(n-1)(n-2)(n-3)}{1.2.3.4}=\frac{(n+1)n(n-1)(n-2)}{1.2.3.4}$$

endlich als Coefficienten von $f^{V}(a+\frac{1}{2})$:

$$\frac{n(n-1)(n-2)}{1.2.3}+2.\frac{n(n-1)(n-2)(n-3)}{1.2.3.4}+\frac{n(n-1)(n-2)(n-3)(n-4)}{1.2.3.4.5}$$
$$=\frac{(n+2)(n+1)n(n-1)(n-2)}{1.2.3.4.5}$$

wo das Gesetz der Fortschreitung klar ist. Die vollständige Formel ist daher:

$$f(a+nw)=f(a)+nf'(a+\tfrac{1}{2})+\frac{n(n-1)}{1.2}f''(a)+\frac{(n+1)n(n-1)}{1.2.3}f'''(a+\tfrac{1}{2})$$
$$+\frac{(n+1)n(n-1)(n-2)}{1.2.3.4}f^{IV}(a)+\frac{(n+2)(n+1)n(n-1)(n-2)}{1.2.3.4.5}f^{V}(a+\tfrac{1}{2})+\ldots \quad (2)$$

Führt man statt der Differenzen, welche $a+\frac{1}{2}$ unter dem Functionenzeichen haben, diejenigen ein, welche $a-\frac{1}{2}$ enthalten, so hat man:

$$f'(a+\tfrac{1}{2})=f'(a-\tfrac{1}{2})+f''(a)$$
$$f'''(a+\tfrac{1}{2})=f'''(a-\tfrac{1}{2})+f^{IV}(a)$$
$$f^{V}(a+\tfrac{1}{2})=f^{V}(a-\tfrac{1}{2})+f^{VI}(a)$$

Es bleiben also dann die Coeffiicienten der Differenzen von einer ungeraden Ordnung dieselben, dagegen ist der Coefficient von $f''(a)$:

$$n+\frac{n(n-1)}{1\ 2}=\frac{n(n+1)}{1.2}$$

und der von $f^{IV}(a)$:

$$\frac{(n+1)n(n-1)}{1.2.3}+\frac{(n+1)n(n-1)(n-2)}{1.2.3.4}=\frac{(n-1)n(n+1)(n+2)}{1.2.3.4}$$

Man erhält daher:

$$f(a+nw)=f(a)+nf'(a-\tfrac{1}{2})+\frac{n(n+1)}{1.2}f''(a)+\frac{(n-1)n(n+1)}{1.2.3}f'''(a-\tfrac{1}{2})$$
$$+\frac{(n-1)n(n+1)(n+2)}{1.2.3.4}f^{IV}(a)+\frac{(n-2)(n-1)n(n+1)(n+2)}{1.2.3.4.5}f^{V}(a-\tfrac{1}{2})+\ldots$$

wo das Gesetz der Fortschreitung wieder klar ist.

Nimmt man nun an, dafs man einen Werth interpoliren soll, dessen Argument zwischen a und $a-w$ liegt, so ist n negativ. Soll aber n immer eine positive Zahl bezeichnen, so mufs man $-n$ statt n in der Formel anwenden und die letztere wird daher für diesen Fall:

$$(3) \quad f(a-nw) = f(a) - nf'(a-\tfrac{1}{2}) + \frac{n(n-1)}{1.2} f''(a) - \frac{(n-1)n(n+1)}{1.2.3} f'''(a-\tfrac{1}{2}) + \frac{(n+1)n(n-1)(n-2)}{1.2.3.4} f^{IV}(a) - \frac{(n+2)(n+1)n(n-1)(n-2)}{1.2.3.4.5} f^{V}(a-\tfrac{1}{2}) + \ldots$$

Diese Formel hat man also anzuwenden, wenn man rückwärts interpolirt. Schreibt man die beiden Formeln (2) und (3) wieder so um, wie es vorher mit der Newtonschen Formel geschehen ist, so erhält man:

$$f(a+nw) = f(a) + n\Big[f'(a+\tfrac{1}{2}) + \frac{n-1}{2}\Big[f''(a) + \frac{n+1}{3}\Big[f'''(a+\tfrac{1}{2}) + \frac{n-2}{4}\Big[f^{IV}(a) + \ldots \qquad (2a)$$

$$f(a-nw) = f(a) - n\Big[f'(a-\tfrac{1}{2}) - \frac{n-1}{2}\Big[f''(a) - \frac{n+1}{3}\Big[f'''(a-\tfrac{1}{2}) - \frac{n-2}{4}\Big[f^{IV}(a) - \ldots \qquad (3a)$$

Denkt man sich durch das Schema der Functionen und Differenzen in der Gegend, wo der zu interpolirende Functionenwerth ungefähr liegt, eine horizontale Linie gezogen, so hat man, indem man die erstere Formel anwendet, wenn $a+nw$ näher an a als an $a+w$, die andre, wenn $a-nw$ näher an a als an $a-w$ liegt, immer diejenigen Differenzen zu benutzen, die zu beiden Seiten der horizontalen Linie zunächst derselben liegen. Auf das Zeichen der Differenzen hat man weiter gar nicht zu achten, sondern jede Differenz so zu verbessern, dafs sich dieselbe der auf der andern Seite der horizontalen Linie stehenden nähert. Wendet man z. B. die erstere Formel an, liegt also das Argument zwischen a und $a+\tfrac{1}{2}w$, so würde der horizontale Strich zwischen $f''(a)$ und $f''(a+1)$ fallen. Man hat dann zu $f''(a)$ hinzuzuthun:

$$+\frac{n+1}{3}f'''(a+\tfrac{1}{2}) = +\frac{n+1}{3}[f''(a+1)-f''(a)]$$

Ist also $f''(a)$ $\binom{\text{kleiner}}{\text{größer}}$ als $f''(a+1)$, so wird das verbesserte $f''(a)$ $\binom{\text{größer}}{\text{kleiner}}$ werden, also sich immer $f''(a+1)$ nähern.

Man erlangt übrigens noch eine etwas größere Genauigkeit, wenn man als letzte Differenz, wo man abschließt, das arithmetische Mittel der beiden zunächst der Horizontalen stehenden Differenzen nimmt. Das arithmetische Mittel zweier Differenzen soll bezeichnet werden durch das Zeichen der Differenzfunction und das arithmetische Mittel der beiden Argumente, die darunter stehen, sodaß:

$$f'(a+n) = \frac{f'(a+n-\frac{1}{2}) + f'(a+n+\frac{1}{2})}{2}$$

ist. Dann kommen grade umgekehrt wie früher bei den Differenzzeichen der geraden Ordnungen Brüche vor, bei den ungeraden dagegen ganze Zahlen, sodaß keine Zweideutigkeit entstehen kann. Schließt man nun z. B. mit der zweiten Differenz ab, so nehme man beim Vorwärtsinterpoliren das arithmetische Mittel von $f''(a)$ und $f''(a+1)$ d. h. $f''(a+\frac{1}{2})$. Dann benutzt man statt des Gliedes

$$\frac{n(n-1)}{1.2}f''(a)$$

jetzt das Glied

$$\frac{n(n-1)}{1.2}f''(a+\tfrac{1}{2}) \text{ d. h. } \frac{n(n-1)}{1.2}[f''(a)+\tfrac{1}{2}f'''(a+\tfrac{1}{2})]$$

Während man also, wenn man blos $f''(a)$ nähme, um das ganze dritte Glied fehlte, so fehlt man jetzt nur noch um:

$$\left(\frac{n(n-1)(n+1)}{1.2.3} - \frac{n(n-1)}{1.2.3}\right)f'''(a+\tfrac{1}{2}) = \frac{n(n-1)(n-\frac{1}{2})}{1.2.3}f'''(a+\tfrac{1}{2})$$

Für $n=\frac{1}{2}$ würde also der Fehler, soweit derselbe von den dritten Differenzen abhängt, völlig Null.

Für diesen Fall, daſs n gleich $\frac{1}{2}$ ist, daſs man also in die Mitte interpoliren will, ist es gleichgültig, welcher der beiden Formeln (2) oder (3) man sich bedient, da man entweder von dem Argumente a ausgehen und vorwärts interpoliren oder von dem Argumente $a + w$ ausgehen und rückwärts interpoliren kann. Die für diesen Fall bequemste Formel erhält man aber aus der Verbindung beider. Für $n = \frac{1}{2}$ geht die Formel (2) über in:

$$f(a+\tfrac{1}{2}w) = f(a) + \tfrac{1}{2} f'(a+\tfrac{1}{2}) + \frac{\frac{1}{2} \cdot -\frac{1}{2}}{1 \cdot 2} f''(a) + \frac{\frac{3}{2} \cdot \frac{1}{2} \cdot -\frac{1}{2}}{1 \cdot 2 \cdot 3} f'''(a+\tfrac{1}{2})$$
$$+ \frac{\frac{3}{2} \cdot \frac{1}{2} \cdot -\frac{1}{2} \cdot -\frac{3}{2}}{1 \cdot 2 \cdot 3 \cdot 4} f^{IV}(a) + $$

Die Formel (3) wird dagegen, wenn man von dem Argumente $a + w$ ausgeht:

$$f(a+\tfrac{1}{2}) = f(a+w) - \tfrac{1}{2} f'(a+\tfrac{1}{2}) + \frac{\frac{1}{2} \cdot -\frac{1}{2}}{1 \cdot 2} f''(a+1)$$
$$- \frac{-\frac{1}{2} \cdot \frac{1}{2} \cdot \frac{3}{2}}{1 \cdot 2 \cdot 3} f'''(a+\tfrac{1}{2}) + \frac{\frac{3}{2} \cdot \frac{1}{2} \cdot -\frac{1}{2} \cdot -\frac{3}{2}}{1 \cdot 2 \cdot 3 \cdot 4} f^{IV}(a+1)$$

Nimmt man aus beiden Formeln das arithmetische Mittel, so fallen alle Glieder, in denen Differenzen einer ungeraden Ordnung vorkommen, weg und man erhält dann für die Interpolation in die Mitte die folgende sehr bequeme Formel, in der nur arithmetische Mittel von geraden Differenzen vorkommen:

$$f(a+\tfrac{1}{2}w) = f(a+\tfrac{1}{2}) - \frac{1}{8} f''(a+\tfrac{1}{2}) + \frac{3}{128} f^{IV}(a+\tfrac{1}{2}) - \frac{5}{1024} f^{VI}(a+\tfrac{1}{2}) + .. \quad (4)$$

oder:

$$f(a+\tfrac{1}{2}w) = f(a+\tfrac{1}{2}) - \frac{1}{8}[f''(a+\tfrac{1}{2}) - \frac{3}{16}[f^{IV}(a+\tfrac{1}{2}) - \frac{5}{24}[f^{VI}(a+\tfrac{1}{2}) + \ldots \quad (4a)$$

wo das Gesetz der Fortschreitung deutlich ist.

Beispiel. Man suche die Länge des Mercur für Jan. 4 12[h], dann hat man die Formel (2a) anzuwenden. Die hier zu benutzenden Differenzen wären die folgenden:

		I. Diff.	II. Diff.	III. Diff.	IV. Diff.
		7° 0′ 38″.0 +		2′ 44″.3 +	
Jan 4	317° 7′ 29″.5 +		21′ 32″.4 +		10″.1
		7 22 10.4		2 54.5	
6	324 29 39.9		24 26.9		4.7

Hier ist nun $n = \frac{1}{4}$, also

$$\frac{n-1}{2} = \frac{3}{8},\ \frac{n+1}{3} = \frac{5}{12},\ \frac{n-2}{4} = \frac{7}{16}$$

wenn man auf die Zeichen weiter keine Rücksicht nimmt, und man erhält:

Arithmetisches Mittel der 4ten Differenzen		$\times \frac{7}{16} =$	3″. 2
Verbesserte dritte Differenz	2′ 51″. 3	$\times \frac{5}{12} =$	1′ 11″. 4
Verbesserte zweite Differenz	22′ 43″. 8	$\times \frac{3}{8} =$	8′ 31″. 4
Verbesserte erste Differenz	7° 13′ 39″. 0	$\times \frac{1}{4} =$	1° 48′ 24″. 7

also die Länge für

Jan 4 . 5 = 318° 55′ 54″. 2

Sucht man die Länge für Jan 5 . 5, so hat man die Formel (3*a*) anzuwenden und die Differenzen zu nehmen, die auf beiden Seiten des unteren horizontalen Striches stehen. Man findet dann die Länge für

Jan 5 . 5 = 322° 36′ 56″. 7

Um die Formel (4*a*) anzuwenden, suche man die Länge für Jan 5 . 0. Man erhält dann:

Arithmetisches Mittel der 4ten Differenzen	$\times - \frac{3}{16} =$	− 1″. 4
Verbessert. arith. Mittel der 2ten Differenzen	$\times - \frac{1}{8} =$	− 2′ 52″. 3
Arithmetisches Mittel der Functionen		− 320° 48′ 34″. 7

mithin die Länge für

Jan 5 . 0 = 320° 45′ 42″. 4

Bildet man jetzt die Differenzen der interpolirten Werthe, so erhält man:

		I. Diff.	II. Diff.	III. Diff.
Jan 4 . 0	317° 7′ 29″. 5			
		+ 1° 48′ 24″. 7		
4 . 5	318 55 54 . 2		+ 1′ 23″. 5	
		1 49 48 . 2		+ 2″. 6
5 . 0	320 45 42 . 4		1 26 . 1	
		1 51 14 . 3		+ 2″. 8
5 . 5	322 36 56 . 7		1 28 9	
		1 52 43 . 2		
6 . 0	324 29 39 . 9			

Der regelmäſsige Gang der Differenzen zeigt die Richtigkeit der Interpolation. Dieser Prüfung durch die Differenzen bedient man sich übrigens bei allen Rechnungen, wo man für gewisse, in gleichen Intervallen fortschreitende Argumente eine Reihe von Functionenwerthen berechnet hat. Ist nämlich bei einem Werthe z. B. $f(a)$ ein Fehler x vorgekommen, so wird das Schema der Differenzen jetzt das folgende:

$$
\begin{array}{lllll}
f(a-3w) & & & & \\
 & f'(a-\frac{5}{2}) & & & \\
f(a-2w) & & f''(a-2) & & \\
 & f'(a-\frac{3}{2}) & & f'''(a-\frac{3}{2})+x & \\
f(a-w) & & f''(a-1)+x & & f^{IV}(a-1)-4x \\
 & f'(a-\frac{1}{2})+x & & f'''(a-\frac{1}{2})-3x & \\
f(a)+x & & f''(a)-2x & & f^{IV}(a)+6x \\
 & f'(a+\frac{1}{2})-x & & f'''(a+\frac{1}{2})+3x & \\
f(a+w) & & f''(a+1)+x & & f^{IV}(a+1)-4x \\
 & f'(a+\frac{3}{2}) & & f'''(a+\frac{3}{2})-x & \\
f(a+2w) & & f''(a+2) & & \\
 & f'(a+\frac{5}{2}) & & & \\
f(a+3w) & & & &
\end{array}
$$

Ein Fehler in dem Werthe einer Function wird sich also in den Differenzen sehr vergrößert zeigen und zwar werden die stärksten Sprünge in der horizontalen Linie vorkommen, in welcher der fehlerhafte Werth der Function steht.

15. Häufig kommt der Fall vor, daſs man die numerischen Werthe der Differentialquotienten einer Function braucht, deren analytischen Ausdruck man nicht kennt, sondern von der nur eine Reihe von numerischen Werthen, die in gleichen Intervallen auf einander folgen, gegeben ist. In diesem Falle muſs man sich zur Berechnung der numerischen Werthe der Differenzialquotienten der Interpolationsformeln bedienen.

Substituirt man in die ursprüngliche Formel a für $f(a+nw)$ in Nr. 13. die für α, β, γ, δ gefundenen Werthe oder, was dasselbe ist, entwickelt man die Newtonsche Interpolationsformel nach Potenzen von n, so ist:

$$
\begin{aligned}
f(a+nw) = f(a) + \quad & n[f'(a+\tfrac{1}{2}) - \tfrac{1}{2}f''(a+1) + \tfrac{1}{3}f'''(a+\tfrac{3}{2}) + \ldots \\
& + \frac{n^2}{1.2}[f''(a+1) - f'''(a+\tfrac{3}{2}) + \ldots] \\
& + \frac{n^3}{1.2.3}[f'''(a+\tfrac{3}{2}) + \ldots
\end{aligned}
$$

Da nun aber auch nach dem Taylorschen Lehrsatze:

$$
f(a+nw) = f(a) + \frac{df(a)}{da}nw + \frac{d^2f(a)}{da^2}\frac{n^2w^2}{n^2} + \frac{d^3f(a)}{da^3}\frac{n^3w^3}{1.2.3} + \ldots
$$

so erhält man durch die Vergleichung beider Reihen:

$$\frac{df(a)}{da} = \frac{1}{w}\left[f'(a+\tfrac{1}{2}) - \tfrac{1}{2}f''(a+1) + \tfrac{1}{3}f'''(a+\tfrac{3}{2}) - \ldots\right]$$

$$\frac{d^2f(a)}{da^2} = \frac{1}{w^2}\left[f''(a+1) - f'''(a+\tfrac{3}{2}) + \ldots\right]$$

Bequemere Werthe für die Differentialquotienten findet man aus der Formel 2 in Nr. 14. Führt man in diese Formel die arithmetischen Mittel der ungeraden Differenzen ein, indem man setzt:

$$f'(a+\tfrac{1}{2}) = f'(a) + \tfrac{1}{2}f''(a)$$

$$f'''(a+\tfrac{1}{2}) = f'''(a) + \tfrac{1}{2}f^{IV}(a)$$

etc.

so erhält man:

$$f(a+nw) = f(a) + nf'(a) + \frac{n^2}{1.2}f''(a) + \frac{(n+1)\,n(n-1)}{1.2.3}f'''(a) + \frac{(n+1)\,n^2(n-1)}{1.2.3.4}f^{IV}(a)$$

eine Formel, welche die geraden Differenzen, welche mit $f(a)$ auf einer Horizontalen stehen, enthält, dagegen die arithmetischen Mittel der ungeraden Differenzen, die zu beiden Seiten der Horizontalen liegen. Entwickelt man dieselbe nach Potenzen von n, so hat man:

$$\begin{aligned} f(a+nw) = f(a) &+ n\left[f'(a) - \tfrac{1}{6}f'''(a) + \tfrac{1}{30}f^{V}(a) - \tfrac{1}{140}f^{VII}(a) + \ldots\right] \\ &+ \frac{n^2}{1.2}\left[f''(a) - \tfrac{1}{12}f^{IV}(a) + \tfrac{1}{90}f^{VI}(a) - \ldots\right] \\ &+ \frac{n^3}{1.2.3}\left[f'''(a) - \tfrac{1}{4}f^{V}(a) + \tfrac{7}{120}f^{VII}(a) - \ldots\right] \\ &+ \frac{n^4}{1.2.3.4}\left[f^{IV}(a) - \tfrac{1}{6}f^{VI}(a) + \ldots\right] \\ &+ \frac{n^5}{1.2.3.4.5}\left[f^{V}(a) - \tfrac{1}{3}f^{VII}(a) + \ldots\right] \end{aligned}$$

und daraus:

$$\left.\begin{aligned} \frac{df(a)}{da} &= \frac{1}{w}\left[f'(a) - \tfrac{1}{6}f'''(a) + \tfrac{1}{30}f^{V}(a) - \tfrac{1}{140}f^{VII}(a) + \ldots\right] \\ \frac{d^2f(a)}{da^2} &= \frac{1}{w^2}\left[f''(a) - \tfrac{1}{12}f^{IV}(a) + \tfrac{1}{90}f^{VI}(a) - \ldots\right] \\ \frac{d^3f(a)}{da^3} &= \frac{1}{w^3}\left[f'''(a) - \tfrac{1}{4}f^{V}(a) + \tfrac{7}{120}f^{VII}(a) - \ldots\right] \end{aligned}\right\} \quad (5)$$

etc.

Hat man die Differentialquotienten für eine Function zu suchen, die nicht unter den gegebenen vorkommt z. B, für $f(a+nw)$, so hat man in diesen Formeln $a+n$ statt a zu setzen, sodaſs:

$$\begin{aligned} \frac{df(a+nw)}{da} &= \frac{1}{w}\left[f'(a+n) - \tfrac{1}{6}f'''(a+n) + \tfrac{1}{30}f^{V}(a+n) + \ldots\right] \\ \frac{d^2f(a+nw)}{da^2} &= \frac{1}{w^2}\left[f''(a+n) - \tfrac{1}{12}f^{IV}(a+n) + \ldots\right] \end{aligned} \tag{6}$$

etc.

Die jetzt anzuwendenden Differenzen kommen in dem Schema derselben nicht vor, sondern müssen erst berechnet werden. Für die geraden Differenzen z. B. $f''(a+n)$ ist dies leicht, da dieselben durch die gewöhnlichen Interpolationsformeln erhalten werden, indem man jetzt $f''(a)$, $f''(a+n)$ etc. als die Functionen, die dritten Differenzen als deren erste etc. betrachtet. Die ungeraden Differenzen sind aber arithmetische Mittel und man muſs also zuerst noch eine Formel für die Interpolation arithmetischer Mittel entwickeln. Es ist aber:

$$f'(a+n) = \frac{f'(a+n-\frac{1}{2}) + f'(a+n+\frac{1}{2})}{2}$$

und nach der Interpolationsformel 2 in Nr. 14:

$$f'(a-\tfrac{1}{2}+n) = f'(a-\tfrac{1}{2}) + nf''(a) + \frac{n(n-1)}{1\,.\,2}f'''(a-\tfrac{1}{2}) + \frac{(n+1)n(n-1)}{1\,.\,2\,.\,3}f^{IV}(a) + \ldots$$

$$f'(a+\tfrac{1}{2}+n) = f'(a+\tfrac{1}{2}) + nf''(a) + \frac{n(n+1)}{1\,.\,2}f'''(a+\tfrac{1}{2}) + \frac{(n+1)n(n-1)}{1\,.\,2\,.\,3}f^{IV}(a) + \ldots$$

also erhält man, wenn man das arithmetische Mittel aus beiden Formeln nimmt, die Formel für die Interpolation eines arithmetischen Mittels:

$$f'(a+n) = f'(a) + nf''(a) + \frac{n^2}{1\,.\,2}f'''(a) + \tfrac{1}{4}nf^{IV}(a) + \frac{(n+1)\,n\,(n-1)}{1\,.\,2\,.\,3}f^{IV}(a) + \ldots$$

Die beiden Glieder

$$\frac{n^2}{1.2} f'''(a) + \frac{1}{4} n f^{IV}(a)$$

sind aus dem arithmetischen Mittel der Glieder

$$\frac{n(n-1)}{1.2} f'''(a-\tfrac{1}{2})$$

und

$$\frac{n(n+1)}{1.2} f'''(a+\tfrac{1}{2})$$

entstanden, welches

$$\frac{n^2}{1.2} f'''(a) + \frac{n}{4}[f'''(a+\tfrac{1}{2}) - f'''(a-\tfrac{1}{2})]$$

giebt. Verbindet man die beiden Glieder, welche $f^{IV}(a)$ enthalten, so kann man die obige Formel auch so schreiben:

$$f'(a+n) = f'(a) + nf''(a) + \frac{n^2}{2} f'''(a) + \frac{2n^3+n}{12} f^{IV}(a) + \ldots \tag{7}$$

Vermittelst der Formeln 5, 6 und 7 kann man also die numerischen Werthe der Differentialquotienten einer Function für jedes beliebige Argument aus den geraden Differenzen und den arithmetischen Mitteln der ungeraden Differenzen berechnen, wenn eine Reihe von numerischen, in gleichen Intervallen auf einander folgenden Werthen der Function gegeben ist.

Man kann nun aber auch noch andere Formeln für die Differentialquotienten entwickeln, in denen die einfachen ungeraden Differenzen dagegen die arithmetischen Mittel der geraden vorkommen.

Führt man nämlich in die Interpolationsformel (3) die arithmetischen Mittel der geraden Differenzen ein, indem man setzt:

$$\begin{aligned} f(a) &= f(a+\tfrac{1}{2}) - \tfrac{1}{2} f'(a+\tfrac{1}{2}) \\ f''(a) &= f''(a+\tfrac{1}{2}) - \tfrac{1}{2} f'''(a+\tfrac{1}{2}) \\ f^{IV}(a) &= f^{IV}(a+\tfrac{1}{2}) - \tfrac{1}{2} f^{IV}(a+\tfrac{1}{2}) \end{aligned}$$

etc.

so erhält man, da:

$$\frac{(n+1)\,n\,(n-1)}{1\,.\,2\,.\,3} - \tfrac{1}{2}\,\frac{n(n-1)}{1\,.\,2} = \frac{n(n-1)\,(n-\frac{1}{2})}{1\,.\,2\,.\,3}$$

etc.

$$f(a+nw) = f(a+\tfrac{1}{2}) + (n-\tfrac{1}{2})\,f'(a+\tfrac{1}{2}) + \frac{n(n-1)}{1\,.\,2}f''(a+\tfrac{1}{2})$$

$$+\frac{n(n-1)(n-\frac{1}{2})}{1\,.\,2\,.\,3}f'''(a+\tfrac{1}{2}) + \frac{(n+1)n\,(n-1)\,(n-2)}{1\,.\,2\,.\,3\,.\,4}f^{\mathrm{IV}}(a+\tfrac{1}{2}) + \ldots$$

Schreibt man hier $n+\frac{1}{2}$ statt n, so wird das Gesetz der Coefficienten einfacher, indem man erhält:

$$f[a+(n+\tfrac{1}{2})w] = f(a+\tfrac{1}{2}) + nf'(a+\tfrac{1}{2}) + \frac{(n+\frac{1}{2})(n-\frac{1}{2})}{1\,.\,2}\,f''(a+\tfrac{1}{2})$$

$$+\frac{(n+\frac{1}{2})n(n-\frac{1}{2})}{1\,.\,2\,.\,3}\,f'''(a+\tfrac{1}{2}) + \frac{(n+\frac{3}{2})(n+\frac{1}{2})(n-\frac{1}{2})(n-\frac{3}{2})}{1\,.\,2\,.\,3\,.\,4}f^{\mathrm{IV}}(a+\tfrac{1}{2}) + \ldots$$

Entwickelt man diese Formel nach Potenzen von n, so erhält man, weil die von n unabhängigen Glieder:

$$f(a+\tfrac{1}{2}) - \frac{1}{8}f''(a+\tfrac{1}{2}) + \frac{3}{8\,.\,16}f^{\mathrm{IV}}(a+\tfrac{1}{2}) - \ldots = f(a+\tfrac{1}{2}w)$$

sind

$$\begin{aligned} f[a+(n+\tfrac{1}{2})w] &= f(a+\tfrac{1}{2}w) \\ &+ n\left[f'(a+\tfrac{1}{2}) - \frac{1}{24}f'''(a+\tfrac{1}{2}) + \frac{3}{640}f^{\mathrm{V}}(a+\tfrac{1}{2}) - \ldots\right] \\ &+ \frac{n^2}{1.2}\left[f''(a+\tfrac{1}{2}) - \frac{5}{24}f^{\mathrm{IV}}(a+\tfrac{1}{2}) + \frac{259}{5760}f^{\mathrm{VI}}(a+\tfrac{1}{2}) - \ldots\right] \\ &+ \frac{n^3}{1.2.3}\left[f'''(a+\tfrac{1}{2}) - \frac{1}{8}f^{\mathrm{V}}(a+\tfrac{1}{2}) + \frac{37}{1920}f^{\mathrm{VII}}(a+\tfrac{1}{2}) - \ldots\right] \\ &+ \frac{n^4}{1.2.3.4}\left[f^{\mathrm{IV}}(a+\tfrac{1}{2}) - \frac{7}{24}f^{\mathrm{VI}}(a+\tfrac{1}{2}) + \ldots\right] \end{aligned}$$

Vergleicht man dann diese Formel mit der Entwickelung von $f(a+\frac{1}{2}w+nw)$ nach dem Taylorschen Lehrsatze, so findet man:

$$\frac{df(a+\frac{1}{2}w)}{da} = \frac{1}{w}\left[f'(a+\tfrac{1}{2}) - \frac{1}{24}f'''(a+\tfrac{1}{2}) + \frac{3}{640}f^{\mathrm{V}}(a+\tfrac{1}{2}) - \ldots\right]$$

$$(8)\qquad \frac{d^2f(a+\frac{1}{2}w)}{da^2} = \frac{1}{w^2}\left[f''(a+\tfrac{1}{2}) - \frac{5}{24}f^{\mathrm{IV}}(a+\tfrac{1}{2}) + \frac{259}{5760}f^{\mathrm{VI}}(a+\tfrac{1}{2}) - \ldots\right]$$

etc.

Dieser Formeln wird man sich am bequemsten dann bedienen, wenn man die Differentialquotienten einer Function für ein Argument zu berechnen hat, welches das arithmetische Mittel zweier auf einander folgenden Argumente ist. Für andere Argumente z. B. $a+(n+\frac{1}{2})w$, hat man wieder:

$$\frac{df[a+(n+\frac{1}{2})w)}{da}=f'(a+\tfrac{1}{2}+n)-\frac{1}{24}f'''(a+\tfrac{1}{2}+n)$$

$$+\frac{3}{640}f^{V}(a+\tfrac{1}{2}+n)+ \tag{9}$$

etc.

und hier wird man wieder die Differenz $f'(a+\frac{1}{2}+n)$ sowie überhaupt alle ungeraden Differenzen durch die gewöhnlichen Interpolationsformeln berechnen. Da aber die geraden Differenzen arithmetische Mittel sind, so erhält man die für diese anzuwendende Formel aus der Formel (7) für die Interpolation eines arithmetischen Mittels aus ungeraden Differenzen, wenn man $a+\frac{1}{2}$ statt a setzt und, um $f''(a+\frac{1}{2}+n)$ zu finden, alle Accente um eins vermehrt etc., sodafs z. B.;

$$f''(a+\tfrac{1}{2}+n)=f''(a+\tfrac{1}{2})+nf'''(a+\tfrac{1}{2})+\frac{n^2}{2}f^{IV}(a+\tfrac{1}{2})$$

$$+\frac{2n^3+n}{12}f^{V}(a+\tfrac{1}{2})+\ldots$$

Beispiel. Nach dem Berliner Jahrbuche für 1848 hat man die folgenden Rectascensionen des Mondes:

			I. Diff.	II. Diff.	III. Diff.	IV. Diff.
Juli 12	0^h	$16^h\,14'\,26''.38$				
			$+25'\;3''.99$			
	12^h	39 30.32		$+23''.75$		
			25 27.74		$-1''.39$	
13	0^h	17 4 58.06		22.36		$-0''.85$
			25 50.10		2.24	
	12^h	30 48.16		20.12		0.79
			26 10.22		3.03	
14	0^h	56 58.38		17.09		0.67
			26 27.31		3.70	
	12^h	18 23 25.69		13.39		
			26 40.70			
15	0^h	50 6.39				

Sucht man hieraus die ersten Differentialquotienten für Juli 13 10^h, 11^h und 12^h und wendet dazu die Formel (9) an, so mufs man zuerst die ersten und dritten Differenzen für diese Zeiten berechnen. Die dritte der ersten Differenzen entspricht dem Argumente Juli 13 6^h und ist $f'(a+\frac{1}{2})$, also ist für 10^h, 11^h, 12 n respective $\frac{1}{3}$, $\frac{5}{12}$ und $\frac{1}{2}$. Wenn man also auf die gewöhnliche Weise interpolirt, so erhält man:

	$f'(a+\frac{1}{2}+n)$	$f'''(a+\frac{1}{2}+n)$
10^h	+ 25′ 57″. 11	− 2″. 51
11^h	25 58 . 81	2 . 58
12^h	26 0 . 49	1 . 64

Daraus erhält man also die Differentialquotienten

für 10^h	+ 25′ 57″. 21
11^h	25 58 . 92
12^h	26 0 . 60

bei denen das Intervall $w = 12$ Stunden zum Grunde liegt. Will man dieselben für eine Stunde haben, so muſs man also durch 12 dividiren und erhält dann die folgenden Werthe:

10^h	+ 2′ 9″. 77
11^h	9 . 91
12^h	10 . 05

die die stündlichen Geschwindigkeiten des Mondes in Rectascension für diese Zeiten ausdrücken.

Hätte man Formel 6 anwenden wollen, wo arithmetische Mittel der ungeraden Differenzen vorkommen, so hätte man, wenn man $a =$ Juli 13 12^h nimmt, für 10^h z. B., wo $n = -\frac{1}{6}$ ist, nach Formel (7) erhalten:

$$f'(a-\tfrac{1}{6}) = +\ 25'\ 56''.\ 77 \text{ und } f'''(a-\tfrac{1}{6}) = -\ 2''.51$$

und daraus nach Formel (6) für den Differentialquotienten + 2′ 9″. 77.

Die zweiten Differenzen sind:

für 10^h	+ 20″. 55
11^h	20 . 34
12^h	20 . 12

Legt man dazu $-\frac{1}{12}$ der 4ten Differenzen und dividirt durch 144, so erhält man die zweiten Differentialquotienten für die Einheit der Stunde:

für 10^h	$+ 0''.1432$
11^h	0.1417
12^h	0.1402

Anm. Vergl. über Interpolationsrechnung den hierüber handelnden Aufsatz von Encke im Jahrbuche für 1830 und den vorher angeführten Aufsatz über mechanische Quadratur im Jahrbuche für 1837.

SPHÄRISHE ASTRONOMIE.

Erster Abschnitt.

Die scheinbare Himmelskugel und deren tägliche Bewegung.

In der sphärischen Astronomie betrachtet man die Oerter der Gestirne an der scheinbaren Himmelskugel, indem man dieselben mittelst sphärischer Coordinaten auf gewisse an der Himmelskugel erdachte gröſste Kreise bezieht. Die sphärische Astronomie giebt dann die Mittel an die Hand, sowohl den Ort der Himmelskörper in Bezug auf diese gröſsten Kreise, als auch die Lage dieser letzteren gegen einander zu bestimmen. Man muſs daher zuerst diese gröſsten Kreise, deren Ebenen die Grundebenen der verschiedenen Coordinatensysteme sind, kennen lernen und zugleich die Mittel, die man anzuwenden hat, um den Ort eines Himmelskörpers, der für eine dieser Grundebenen gegeben ist, auf ein anderes Coordinatensystem zu reduciren.

Einige dieser Coordinaten sind unabhängig von der täglichen Bewegung der Himmelskugel, andere sind dagegen auf Ebenen bezogen, welche an der täglichen Bewegung nicht Theil nehmen. Die Gestirne werden daher, wenn sie auf letztere Ebenen bezogen werden, ihren Ort beständig ändern uns es wird von Wichtigkeit sein, diese Veränderungen und die dadurch hervorgebrachten Erscheinungen kennen zu lernen. Da die Gestirne auſser dieser allen gemeinschaftlichen Bewegung noch andre, wenn auch viel langsamere zeigen, vermöge welcher dieselben ihren Ort auch in Bezug auf die von der täglichen Bewegung unabhängigen Coordinatensysteme verändern, so wird es nie genügen, den Ort eines Himmelskörpers allein zu bestimmen, sondern man bedarf noch immer der Angabe der Zeit, für welche dieser Ort gilt. Es ist daher nothwendig, kennen zu lernen, auf welche Weise man sich der täglichen Bewegung der Himmelskugel theils allein, theils in Verbindung mit der Bewegung der Sonne an derselben als Maſs der Zeit bedient.

I. Die verschiedenen Systeme von Ebenen und Kreisen an der scheinbaren Himmelskugel.

1. Der Himmel erscheint uns als eine hohle Kugelfläche, auf welcher wir die Gestirne projicirt sehen und in deren Mittelpuncte wir uns befinden. Um den Ort der Gestirne an dieser scheinbaren Himmelskugel zu bestimmen, hat man an derselben verschiedene Systeme von sphärischen Coordinaten erdacht. Das erste dieser Systeme ist das der Azimute und Höhen. Die Grundebene desselben bildet die Ebene des Horizonts, welche durch die Oberfläche einer ruhig stehenden Flüssigkeit gegeben ist, in so fern man sich dieselbe unendlich verlängert denkt. Diese Ebene schneidet die scheinbare Himmelskugel in einem gröſsten Kreise, welcher der Horizont heiſst. Man kann die Ebene des Horizonts auch definiren als die Ebene, welche senkrecht auf der Lothlinie d. h. der Richtung der Schwere an der Oberfläche der Erde steht. Die Lothlinie selbst trifft die scheinbare Himmelskugel in zwei Puncten, welche die Pole des Horizonts sind und von denen man den über dem Horizonte liegenden das Zenith, den gegenüberstehenden das Nadir nennt.

Vermittelst des Zenithpuncts und des Horizonts kann man nun die Lage eines Gestirns an der Himmelskugel bestimmen. Man legt nämlich durch das Zenith und das Gestirn, dessen Ort man angeben will, einen gröfsten Kreis, der dann auf dem Horizonte senkrecht steht. Bestimmt man nun den Durchschnittspunct dieses Kreises mit dem Horizonte, zählt dann von hier aus in dem gröfsten Kreise aufwärts die Anzahl von Graden zwischen dem Horizonte und dem Gestirne, und ebenso im Horizonte die Anzahl der Grade bis zu einem gewissen Anfangspuncte, so hat man zwei sphärische Coordinaten, durch welche der Ort des Gestirns bestimmt ist. Den durch das Zenith und das Gestirn gehenden gröfsten Kreis nennt man einen Verticalkreis, der Bogen dieses Kreises zwischen dem Horizonte und Gestirne heifst die Höhe des Gestirns, dagegen der Bogen zwischen dem Gestirne und dem Zenith die Zenithdistanz desselben. Höhe und Zenithdistanz ergänzen also einander immer zu 90 Graden. Der Bogen des Horizonts zwischen dem Verticalkreise des Gestirns und einem beliebig gewählten Anfangspuncte heifst das Azimut des Gestirns. Dieser Anfangspunct ist willkührlich, der Einfachheit wegen nimmt man denselben aber so an, dafs er mit dem Anfangspuncte des zweiten, sogleich zu betrachtenden Coordinatensystems zusammenfällt. Die Richtung, in welcher man die Azimute zählt, ist ebenfalls gleichgültig; man nimmt dafür, wie bei dem zweiten Coordinatensystem, die Richtung der täglichen Bewegung, indem man dieselben von links nach rechts herum von 0 bis 360° zählt. Kleine Kreise, welche dem Horizonte parallel sind, nennt man noch Horizontalkreise oder Almucantarats.

Statt durch diese sphärischen Coordinaten kann man den Ort eines Gestirns auch durch rechtwinklige Coordinaten angeben, bezogen auf ein Axensystem, von denen die Axe der z senkrecht auf der Ebene des Horizonts steht, während die Axen der x und y in der Ebene desselben liegen und zwar so, dafs die Axe der x nach dem Anfangspuncte der Azimute die positive Axe der y nach dem Azimute 90° gerichtet ist. Bezeichnet man dann das Azimut durch A, die Höhe durch h, so hat man:

$$x = \cos h \cos A,\ y = \cos h \sin A,\ z = \sin h.$$

Anm. Um diese Coordinaten beobachten zu können, hat man ein diesem Coordinatensysteme vollständig entsprechendes Instrument, den Höhen- und Azimutalkreis. Dieser besteht im Wesentlichen aus einem horizontalen, getheilten Kreise, welcher auf drei Fuſsschrauben steht und mittelst einer Wasserwage horizontal gestellt werden kann. Dieser Kreis stellt die Ebene des Horizonts vor. Im Mittelpuncte desselben steht eine lothrechte, also nach dem Zenith gerichtete Säule, die einen zweiten Kreis, parallel mit der Säule also senkrecht auf dem Horizonte stehend, trägt. Um den Mittelpunct dieses senkrechten Kreises bewegt sich ein Diopterlineal oder Fernrohr, welches mit einem Index verbunden ist, vermittelst dessen man auf dem Kreise die Richtung des Fernrohrs angeben kann. Die verticale Säule trägt ebenso einen auf ihr senkrechten Index, welcher auf dem horizontalen Kreise die Azimute angiebt. Weiſs man nun, welche Puncte auf den Kreisen dem Anfangspuncte der Azimute und dem Zenithpuncte entsprechen, so kann man durch ein solches Instrument, wenn man das Fernrohr auf einem Stern richtet, das Azimut und die Höhe oder Zenithdistanz desselben finden.

Auſserdem hat man noch andere Instrumente, mit denen man nur Höhen beobachten kann. Sie heiſsen Höheninstrumente und sind entweder Quadranten, Sextanten oder ganze Kreise. Instrumente, mit denen man nur Azimute beobachtet, heiſsen Theodolithen.

2. Die Gestirne verändern ihren Ort an der scheinbaren Himmelskugel und zwar beschreibt ein jedes Gestirn vermöge der täglichen Bewegung der Erde in einer Zeit, die man Sterntag nennt, einen Kreis am Himmel, welcher in der Regel ein kleiner Kreis ist. Da die Ebenen aller dieser Kreise einander parallel sind, so heiſsen dieselben Parallelkreise. Die Axe, um welche die tägliche Bewegung geschieht, heiſst die Weltaxe. Sie schneidet die scheinbare Himmelskugel in zwei Puncten, von welchen der auf der nördlichen Halbkugel der Erde sichtbare der Nordpol, der andre der Südpol heiſst. Den gröſsten Kreis, dessen Pole diesen beiden Weltpole sind, nennt man den Aequator. Die Lage der Weltaxe kann man durch das erste Coordinatensystem bestimmen, indem man das Azimut des Pols und die Höhe desselben über dem Horizonte angiebt. Letztere nennt man die Polhöhe des Beobaahtungsortes; sie ist gleich dem Winkel zwischen dem Aequator und dem Zenith des Ortes oder gleich der geographischen Breite. Das Complement der Pol-

höhe zu 90° ist die Höhe des Aequators über dem Horizonte oder die Aequatorhöhe des Beobachtungsortes.

Die tägliche Bewegung der Gestirne dient nun zur Annahme eines zweiten Coordinatensystems. Gröſste Kreise, welche durch die Gestirne und die Weltpole gelegt sind, also auf dem Aequator senkrecht stehen, heiſsen Declinations-, Abweichungs- oder Stundenkreise. Der Bogen eines solchen gröſsten Kreises, der zwischen dem Aequator und dem Gestirne enthalten ist, heiſst des Gestirnes Abweichung oder Declination, dagegen der Bogen zwischen dem Nordpole und dem Gestirn die Polardistanz desselben. Die Declination nennt man positiv, wenn das Gestirn in dem Theile des Declinationskreises liegt, der zwischen dem Aequator und dem Nordpole enthalten ist, negativ, wenn das Gestirn sich in dem Theile zwischen dem Aequator und dem Südpole befindet.

Declination und Polardistanz ergänzen einander immer zu 90° und entsprechen der Höhe und Zenithdistanz im ersten Coordinatensystem. Analog dem Azimute hat man den Stundenwinkel d. h. den Winkel, welcher von dem durch das Gestirn gehenden Stundenkreise und einem bestimmten, den man als Anfang nimmt, gebildet und im Sinne der täglichen Bewegung von 0° bis 360° herum gezählt wird. Für den ersten Stundenkreis hat man denjenigen angenommen, welcher durch das Zenith geht und Meridian genannt wird. Derselbe schneidet den Horizont in zwei Puncten, von welchen der auf der Seite des Pols liegende der Nordpunct, der andre der Südpunct heiſst. Letzterer ist der Anfangspunct, von welchem aus die Azimute gezählt werden. Neunzig Grade vom Süd- und Nordpuncte liegen der West- und Ostpunct welche zugleich die Durchschnittspuncte des Horizonts und Aequators sind.

Statt durch die beiden sphärischen Coordinaten, Declination und Stundenwinkel, kann man den Ort der Gestirne auch durch rechtwinklige Coordinaten angeben, indem man denselben auf drei Coordinatenaxen bezieht, von denen die positive Axe der z auf dem Aequator senkrecht und nach dem Nordpole gerichtet ist, während die Axen der x und y in der Ebene des Aequators liegen und zwar so, dafs die positive Axe der x nach dem Nullpuncte, die positive Axe der y dagegen nach dem neunzigsten Grade der Stundenwinkel gerichtet ist. Bezeichnet man dann die Declination mit δ, die Stundenwinkel mit t, so hat man:

$$x' = \cos\delta\cos t,\ y' = \cos\delta\sin t,\ z' = \sin\delta$$

Anm. Diesem zweiten Coordinatensysteme der Declinationen und Stundenwinkel entsprechend, hat man eine zweite Gattung von Instrumenten, die man parallactische Instrumente oder Aequatoreale nennt. Bei diesen steht der Kreis, welcher bei der ersten Gattung von Instrumenten dem Horizonte parallel liegt, dem Aequator parallel, sodafs die darauf senkrechte Säule sich in der Richtung der Weltaxe befindet. Dann ist der Kreis, welcher dieser Säule parallel ist, ein Stundenkreis und die Winkel, welche auf dem ersten, dem Aequator parallelen Kreise abgelesen werden, sind Stundenwinkel. Kennt man also diejenigen Puncte der Kreise, welche dem Anfangspuncte der Stundenwinkel und dem Pole entsprechen, so kann man durch ein solches Instrument die Declinationen und Stundenwinkel der Gestirne finden.

3. In diesem zweiten Systeme ist die eine der sphärischen Coordinaten, nämlich die Declination, constant, der Stundenwinkel ändert sich dagegen in jedem Augenblicke, weil man denselben von einem Puncte des Himmels zu zählen anfängt, der die tägliche Bewegung desselben nicht theilt. Um nun auch die zweite Coordinate constant zu haben, wählt man als Anfangspunct einen bestimmten Punct des Aequators und zwar denjenigen, in welchem der Aequator von der Grundebene des folgenden Coordinatensystems, der Ecliptic, geschnitten wird. Vermöge der jährlichen Bewegung der Erde um die Sonne beschreibt nämlich scheinbar der Mittelpunct der Sonne im Laufe eines Jahres einen gröfsten Kreis am Himmel, welcher die Ecliptic oder Sonnenbahn genannt wird. Dieser gröfste Kreis ist gegen den Aequator unter einem Winkel von nahe $23\frac{1}{2}°$, welcher die Schiefe der Ecliptic genannt wird, geneigt. Die Durchschnittspuncte der Ecliptic mit dem Aequator heifsen der Frühlings- und der Herbst-Tag- und Nachtgleichenpunct, weil auf der ganzen Erde Tag und Nacht gleich sind, wenn die Sonne

am 21. März und 23. September jeden Jahres in diesen Puncten steht *) Die Puncte der Ecliptic, welche 90° von den Tag- und Nachtgleichenpuncten abstehen, heifsen die Sonnenwendepuncte.

Die neu eingeführte Coordinate wird also im Aequator vom Frühlings-Tag- und Nachtgleichenpuncte an gezählt und heifst die gerade Aufsteigung oder die Rectascension des Gestirns. Man zählt dieselbe von Westen nach Osten von 0° bis 360° herum, also entgegengesetzt der Richtung der täglichen Bewegung. Statt der sphärischen Coordinaten der Rectascension und Declination kann man wieder ebenso wie früher rechtwinklige Coordinaten einführen, indem man den Ort der Sterne auf drei auf einander senkrechte Axen bezieht, von denen die positive Axe der z senkrecht auf dem Aequater und nach dem Nordpole gerichtet ist, während die Axe der x und y in der Ebene des Aequators liegen und zwar so, dafs die positive Axe der x nach dem Anfangspuncte, die positive Axe der y nach dem 90st. Grade der Rectascensionen gerichtetet ist. Bezeichnet man dann die Rectascension mit α, so hat man:

$$x'' = \cos\delta\cos\alpha,\; y'' = \cos\delta\sin\alpha,\; z'' = \sin\delta$$

Die Coordinaten α und δ sind also für jeden Stern constant, um aber daraus den Ort eines Gestirns an der scheinbaren Himmelskugel für einen bestimmten Augenblick zu erhalten, mufs man noch die Lage des Frühlingspunctes am Himmel für diesen Augenblick kennen. Den Ort dieses Frühlingspunctes bestimmt die Sternzeit, welche gleich dem Stundenwinkel desselben ist und von welcher 24 Stunden auf einen Sterntag gehen. Es ist 0^h Sternzeit, wenn der Stundenwinkel des Frühlingspunctes gleich Null, also der Frühlingspunct im Meridiam ist, 1^h Sternzeit, wenn der Stundenwinkel des Frühlingspunctes den 24st. Theil vom Umfange

*) Da nämlich die Sonne dann im Aequator steht, Aequator und Horizont aber als gröfste Kreise einander halbiren, so verweilt die Sonne an diesen Tagen ebenso lange über als unter dem Horizonte.

oder 15° beträgt etc. Dies ist der Grund, wefshalb der Aequator aufser in 360° auch noch in 24 Stunden getheilt wird. Bezeichnet man die Sternzeit mit Θ, so ist immer:

$$\Theta - t = \alpha$$

$$\text{also} \quad t = \Theta - \alpha$$

Ist also z. B. die Rectascension = 190° 20′, die Sternzeit $\Theta = 4^h$, so ist t = 229° 40′.

Aus der Gleichung für t folgt, dafs für $t = 0$ $\Theta = \alpha$ ist. Jedes Gestirn kommt also in den Meridian oder culminirt zu einer Sternzeit, welche gleich seiner Rectascension in Zeit ausgedrückt ist. *) Kennt man daher die gerade Aufsteigung eines Sterns, welcher in einem bestimmten Augenblicke im Meridian ist, so hat man dadurch auch die Sternzeit dieses Augenblicks.

Anm. Die Coordinaten des dritten Systems kann man durch Instrumente der zweiten Gattung finden, wenn man die Sternzeit kennt.

---

*) Die Verwandlung von Bogen in Zeit und umgekehrt, mufs man sehr häufig machen. Hat man Bogen in Zeit zu verwandeln, so mufs man mit 15 dividiren; hat man also:

$$15a + b \text{ Grade}, \ 15c + d \text{ Minuten}, \ 15e + f \text{ Secunden}$$

so ist dies in Zeit:

$$a \text{ Stunden}, \ 4b + c \text{ Minuten}, \ 4d + e \text{ und } \frac{f}{15} \text{ Secunden}$$

z. B. 239° 18′ 46″. 75 = 15^h, 14 × 4 + 1 Minuten, 3 × 4 + 3 Secunden und 0″. 117

= 15^h 57′ 15″. 117

Hat man umgekehrt Zeit in Bogen zu verwandeln, so mufs man mit 15 multipliciren und nachher die Minuten und Secunden mit 60 dividiren. Hat man also:

$$a \text{ Stunden}, \ 4b + c \text{ Minuten}, \ 4d + e \text{ Secunden}$$

in Bogen zu verwandeln, so ist dies gleich:

$$15a + b \text{ Graden}, \ 15c + d \text{ Minuten und } 15e \text{ Secunden.}$$

also 15^h 57′ 15″.117 = 225 + 14 Graden, 15 + 3 Minuten und 46.75 Sec.

= 239° 18′ 46″. 75

In einem bestimmten Falle lassen sich die Coordinaten auch durch Instrumente der ersten Gattung finden, nämlich beim Durchgange der Sterne durch den Meridian, da man die Rectascensionen durch die Beobachtung der Durchgangszeiten, die Declinationen durch die Beobachtung der Höhen der Sterne im Meridian erhält, wenn die Aequator- oder Polhöhe des Beobachtungsortes bekannt ist. Zu diesen Beobachtungen dient der Meridiankreis, ein Höhenkreis, welcher in der Ebene des Meridians aufgestellt ist. Soll das Instrument nicht zum Höhenmessen, sondern blos zur Beobachtung der Durchgangszeiten der Sterne durch den Meridian dienen, ist dasselbe also ein reines Azimutalinstrument, welches in der Ebene des Meridians aufgestellt ist, so heifst es Passageninstrument. Beobachtet man an einem solchen Instrumente nach einer guten Uhr die Durchgangszeiten der Sterne durch den Meridian, so findet man ihre Rectascensionsunterschiede. Dafs der Anfangspunct der Rectascensionen nicht unmittelbar zu beobachten ist, macht es etwas schwieriger die absoluten Rectascensionen zu finden.

4. Das vierte Coordinatensystem ist nun dasjenige, dessen Grundebene die Ecliptic ist. Gröfste Kreise, welche durch die Pole der Ecliptic gehen, also senkrecht auf derselben stehen, heifsen Breitenkreise und der Bogen eines solchen Breitenkreises, welcher zwischen der Ecliptic und dem Gestirne enthalten ist, heifst die Breite des Gestirns. Dieselbe ist positiv, wenn das Gestirn in der nördlichen der beiden von der Ecliptic gebildeten Halbkugeln liegt, negativ, wenn das Gestirn auf der südlichen Halbkugel liegt. Die andre Coordinate, die Länge, wird in der Ecliptic gezählt und ist der Bogen zwischen dem Breitenkreise des Gestirns und dem Frühlingspuncte. Sie wird von 0 bis 360° herum in demselben Sinne wie die Rectascension gezählt, also der täglichen Bewegung des Himmels entgegengesetzt. *) Der Breitenkreis, dessen Länge Null ist, heifst der Colur der Nachtgleichen, derjenige dagegen, dessen Länge 90° ist, der Colur der Sonnenwenden. Der Bogen dieses Colurs, welcher zwischen dem

---

*) Die Längen der Gestirne werden oft auch in Zeichen angegeben, deren jedes 30 Grade enthält. So ist 6 Zeichen 15 Grade = 195° Länge.

Aequator und der Ecliptic enthalten ist, ist gleich der Schiefe der Ecliptic; dieselbe ist auch gleich dem Bogen des gröfsten Kreises zwischen dem Pole des Aequators und der Ecliptic.

Die Länge wird im Folgenden immer durch λ, die Breite durch β, die Schiefe der Ecliptic durch ε bezeichnet.

Drückt man die sphärischen Coordinaten β und λ durch rechtwinklige aus, bezogen auf drei auf einander senkrechte Axen, von denen die positive Axe der z auf der Ecliptic senkrecht und nach dem Nordpole derselben gerichtet ist, während die Axen der x und y in der Ebene der Ecliptic liegen und zwar so, dafs die positive Axe der x nach dem Nullpuncte, die positive Axe der y nach dem neunzigsten Grade der Längen gerichtet ist, so hat man:

$$x''' = \cos\beta\cos\lambda,\ y''' = \cos\beta\sin\lambda,\ z''' = \sin\beta$$

Anm. In früherer Zeit hatte man Instrumente, an denen man die sphärischen Coordinaten der verschiedenen Systeme, also auch die Längen und Breiten beobachten konnte. Jest sind dieselben nicht mehr im Gebrauch. Die Coordinaten der Länge und Breite werden nie durch directe Beobachtungen, sondern immer nur durch Rechnung aus den Coordinaten der andern Systeme gefunden.

II. Die Verwandlung der verschiedenen Systeme von Coordinaten in einander.

5. Um den Ort eines Gestirns, der auf das Coordinatensystem der Azimute und Höhen bezogen ist auf das Coordinatensystem der Stundenwinkel und Declinationen zu reduciren, hat man nur die Axe der z im ersten Systeme in der Ebene der x und z nach der Richtung von der positiven Axe der x nach der positiven Axe der z zu um den Winkel $90-\varphi$ (wo φ die Polhöhe bezeichnet) zu drehen, da die Axen der y in beiden Systemen zusammenfallen, und erhält dann nach der Formel (1a) für die Transformation der Coordinaten oder auch nach den Formeln der sphärischen Trigo-

nometrie, wenn man das Dreieck zwischen dem Zenith, dem Pole und dem Sterne betrachtet *):

$$\sin \delta = \sin \varphi \sin h - \cos \varphi \cos h \cos A$$
$$\cos \delta \sin t = \cos h \sin A$$
$$\cos \delta \cos t = \sin h \cos \varphi + \cos h \sin \varphi \cos A$$

Will man die Formeln in einer zur logarithmischen Berechnung bequemeren Form haben, so setze man:

$$\sin h = m \cos M$$
$$\cos h \cos A = m \sin M$$

wodurch man erhält:

$$\sin \delta = m \sin (\varphi - M)$$
$$\cos \delta \sin t = \cos h \sin A$$
$$\cos \delta \cos t = m \cos (\varphi - M)$$

Diese Formeln geben die gesuchten Gröſsen ohne alle Zweideutigkeit. Denn da alle Stücke durch den Sinus und Cosinus gefunden werden, so hat man nur auf die Zeichen gehörig zu achten, um für die gesuchten Stücke immer die rechten Quadranten zu nehmen. Die Hülfswinkel, welche man zur Umformung solcher Formeln einführt, haben immer eine geometrische Bedeutung, die sich in jedem Falle leicht finden läſst. Geometrisch betrachtet beruht nämlich die Einführung der Hülfswinkel darauf, daſs man das schiefwinklige sphärische Dreieck entweder in zwei rechtwinklige Dreiecke theilt oder aus zwei rechtwinkligen zusammensetzt. Im gegenwärtigen Falle muſs man sich von dem Stern auf die gegenüberliegende Seite $90 - \varphi$ oder deren Verlängerung ein Perpendikel gefällt denken und da:

$$\tang h = \cos A \operatorname{cotang} M$$

so ist nach der dritten der Formeln (10) in Nr. 8 der Einleitung M der Bogen zwischen dem Zenith und dem Fuſspuncte

*) Die drei Seiten dieses Dreiecks sind respective:

$$90 - h,\ 90 - \delta \text{ und } 90 - \varphi$$

und die denselben gegenüberstehenden Winkel:

$$t,\ 180 - A \text{ und der Winkel am Stern.}$$

des Perpendikels; ferner ist nach der ersten der Formeln (10) m der Cosinus des Perpendikels selbst, da:

$$\sin h = \cos P \cos M$$

wenn man das Perpendikel durch P bezeichnet:

Es sei für die Polhöhe $\varphi = 52^\circ\, 30'\, 16''.0$ gegeben:

$$h = 16^\circ\, 11'\, 44''.0 \qquad A = 202^\circ\, 4'\, 15''.5$$

Dann ist die Rechnung die folgende:

$\cos A$	9.9669481 n	$m \sin M$	9.9493620 n
$\cos h$	9.9824139	$m \cos M$	9.4454744
$\sin A$	9.5749045 n	$M =$	$- 72^\circ 35' 54''.61$
		$\sin M$	9.9796542 n

$$\varphi - M = 125^\circ 6' 10''.61$$

$\sin(\varphi - M)$	9.9128171	$\cos\delta \sin t$	9.5573184 n	$\sin\delta$	9.8825249
m	9.9697078	$\cos\delta \cos t$	9.7284114 n	$\cos\delta$	9.8104999
$\cos(\varphi - M)$	9.7597036 n	$t =$	223 56 2.22	$\delta =$	+ 49 43 46.00
		$\cos t$	9.9189115 n		

6. Bei weitem häufiger wird der umgekehrte Fall angewandt, wo man einen Ort, der auf das Coordinatensystem der Stundenwinkel und Declinationen bezogen ist, auf das Coordinatensystem der Azimute und Höhen reduciren will. Man hat dann wieder nach Formel (1) für die Transformation der Coordinaten folgende Gleichungen:

$$\sin h = \sin \varphi \sin \delta + \cos \varphi \,\text{hos}\, \delta \cos t$$
$$\cos h \sin A = \cos \delta \sin t$$
$$\cos h \cos A = - \cos \varphi \sin \delta + \sin \varphi \cos \delta \cos t$$

denen man wieder leicht durch Einführung von Hülfswinkeln eine bequemere Form geben kann. Setzt man nämlich:

$$\cos \delta \cos t = m \cos M$$
$$\sin \delta \quad = m \sin M$$

so ist:

$$\sin h = m \cos(\varphi - M)$$
$$\cos h \sin A = \cos \delta \sin t$$
$$\cos h \cos A = m \sin(\varphi - M)$$

oder auch:

$$\tang A = \frac{\cos M \tang t}{\sin(\varphi - M)}$$

$$\tang h = \frac{\cos A}{\tang(\varphi - M)} \text{ *)}$$

Sucht man die Zenithdistanz allein, so sind die folgenden Formeln bequem. Aus der ersten Formel für sin h erhält man:

$$\cos z = \cos(\varphi - \delta) - 2 \cos\varphi \cos\delta \sin \tfrac{1}{2}t^2$$

oder:

$$\sin \tfrac{1}{2}z^2 = \sin \tfrac{1}{2}(\varphi - \delta)^2 + \cos\varphi \cos\delta \sin \tfrac{1}{2}t^2$$

Setzt man nun:

$$n = \sin \tfrac{1}{2}(\varphi - \delta)$$

$$m = \sqrt{\cos\varphi \cos\delta}$$

so ist:

$$\sin \tfrac{1}{2}z^2 = n^2 \left[1 + \frac{m^2}{n^2} \sin \tfrac{1}{2}t^2\right]$$

oder, wenn man setzt:

$$\frac{m}{n} \sin \tfrac{1}{2}t = \tang \lambda$$

$$\sin \tfrac{1}{2}z = \frac{n}{\cos\lambda}$$

Ist sin λ gröfser als cos λ so ist es vortheilhafter die Formel:

$$\sin \tfrac{1}{2}z = \frac{m}{\sin\lambda} \sin \tfrac{1}{2}t$$

zu berechnen. Man mufs hier übrigens, wie man später sehen wird, für Sterne, welche südlich vom Zenith culminiren $\varphi - \delta$, für Sterne dagegen, die nördlich vom Zenith culminiren $\delta - \varphi$ in der Formel zur Berechnung von n brauchen.

---

*) Da das Azimut immer auf derselben Seite des Meridians liegt wie der Stundenwinkel, so kann man auch bei Anwendung dieser letzteren Formeln niemals über den Quadranten im Zweifel sein, in welchem man dasselbe zu nehmen hat.

Wendet man auf das Dreieck zwischen dem Zenith, dem Pole und dem Sterne die Gaufsischen Formeln an, so erhält man, wenn man den Winkel am Sterne mit p bezeichnet:

$$\cos\tfrac{1}{2}z \,.\, \sin\tfrac{1}{2}(A-p) = \sin\tfrac{1}{2}t \,.\, \sin\tfrac{1}{2}(\varphi+\delta)$$
$$\cos\tfrac{1}{2}z \,.\, \cos\tfrac{1}{2}(A-p) = \cos\tfrac{1}{2}t \,.\, \cos\tfrac{1}{2}(\varphi-\delta)$$
$$\sin\tfrac{1}{2}z \,.\, \sin\tfrac{1}{2}(A+p) = \sin\tfrac{1}{2}t \,.\, \cos\tfrac{1}{2}(\varphi+\delta)$$
$$\sin\tfrac{1}{2}z \,.\, \cos\tfrac{1}{2}(A+p) = \cos\tfrac{1}{2}t \,.\, \sin\tfrac{1}{2}(\varphi-\delta)$$

Rechnet man das Azimut vom Nordpuncte aus, wie man es für den Polarstern wohl thut, so hat man $180 - A$ statt A in diese Formeln einzuführen und erhält:

$$\cos\tfrac{1}{2}z \,.\, \sin\tfrac{1}{2}(p+A) = \cos\tfrac{1}{2}t \,.\, \cos\tfrac{1}{2}(\delta-\varphi)$$
$$\cos\tfrac{1}{2}z \,.\, \cos\tfrac{1}{2}(p+A) = \sin\tfrac{1}{2}t \,.\, \sin\tfrac{1}{2}(\delta+\varphi)$$
$$\sin\tfrac{1}{2}z \,.\, \sin\tfrac{1}{2}(p-A) = \cos\tfrac{1}{2}t \,.\, \sin\tfrac{1}{2}(\delta-\varphi)$$
$$\sin\tfrac{1}{2}z \,.\, \cos\tfrac{1}{2}(p-A) = \sin\tfrac{1}{2}t \,.\, \cos\tfrac{1}{2}(\delta+\varphi)$$

Häufig kommt der Fall vor, dafs man für eine bestimmte Polhöhe eine grofse Menge solcher Verwandlungen zu machen hat*), für welche man der bequemeren Rechnung wegen im voraus Tafeln berechnen will. Für diesen Fall ist die zweite Transformation, welche in Nr. 6 der Einleitung für die drei Grundgleichungen gegeben ist, besonders bequem. Man erhält die für den jetzigen Fall geltenden Formeln leicht, wenn man in den dort gegebenen Gleichungen beziehlich

$$90-h,\ 90-\delta,\ 90-\varphi,\ 180-A \text{ und } t$$

statt

$$a,\quad b,\quad c,\quad B \text{ und } A$$

setzt. Der Deutlichkeit wegen soll indefs diese Transformation mit den jetzigen Gleichungen wiederholt werden. Es war:

$$(a) \qquad \sin h = \sin\varphi \sin\delta + \cos\varphi \cos\delta \cos t$$
$$(b) \qquad \cos h \sin A = \cos\delta \sin t$$
$$(c) \qquad \cos h \cos A = -\cos\varphi \sin\delta + \sin\varphi \cos\delta \cos t$$

---

*) Wenn man z. B. Sterne, deren Ort durch Rectascension und Declination gegeben ist, an einem Instrumente einstellen will, an dem man nur Höhen und Azimute ablesen kann. Man mufs dann vorher aus der Rectascension und Sternzeit den Stundenwinkel berechnen.

Bezeichnet man mit A_0 und δ_0 diejenigen Werthe von A und δ, die wenn man sie in die vorstehenden Gleichungen setz, $h = 0$ geben, so hat man:

$$(d) \qquad 0 = \sin\varphi \sin\delta_0 + \cos\varphi \cos\delta_0 \cos t$$
$$(e) \qquad \sin A_0 = \cos\delta_0 \sin t$$
$$(f) \qquad \cos A_0 = -\cos\varphi \sin\delta_0 + \sin\varphi \cos\delta_0 \cos t$$

Multiplicirt man (f) mit $\cos\varphi$ und subtrahirt davon die Gleichung (d), nachdem man dieselbe mit $\sin\varphi$ multiplicirt hat, multiplicirt man ferner die Gleichung (f) mit $\sin\varphi$ und addirt dazu die Gleichung (d), nachdem man dieselbe mit $\cos\varphi$ multiplicirt hat, so erhält man:

$$\begin{aligned} \cos A_0 \cos\varphi &= -\sin\delta_0 \\ \cos A_0 \sin\varphi &= \cos\delta_0 \cos t \qquad (A) \\ \sin A_0 &= \cos\delta_0 \sin t \end{aligned}$$

Setzt man dann:

$$\begin{aligned} \sin\varphi &= \sin\gamma \cos B \\ \cos\varphi \cos t &= \sin\gamma \sin B \qquad (B) \\ \cos\varphi \sin t &= \cos\gamma \end{aligned}$$

so erhält man aus der Gleichung (d):

$$0 = \sin\gamma \sin(\delta_0 + B)$$

oder:

$$\delta_0 = -B$$

und aus (a):

$$\sin h = \sin\gamma \sin(\delta + B)$$

Ferner erhält man, wenn man vom Producte der Gleichungen (b) und (f) das Product der Gleichungen (c) und (e) abzieht:

$$\cos h \sin(A - A_0) = \cos\varphi \sin t \sin(\delta - \delta_0) = \cos\gamma \sin(\delta + B)$$

und ebenso, wenn man zum Producte der Gleichungen (c) und (f) das Product der Gleichungen (b) und (e) und das der Gleichungen (a) und (d) addirt:

$$\begin{aligned} \cos h \cos(A - A_0) &= \cos\delta \cos\delta_0 \sin t^2 + \sin\delta \sin\delta_0 + \cos\delta \cos\delta_0 \cos t^2 \\ &= \cos(\delta - \delta_0) = \cos(\delta + B) \end{aligned}$$

Das System der Formeln ist also vollständig:

$$\left.\begin{aligned} \sin\varphi &= \sin\gamma\cos B \\ \cos\varphi\cos t &= \sin\gamma\sin B \\ \cos\varphi\sin t &= \cos\gamma \end{aligned}\right\} \quad (1)$$

$$\left.\begin{aligned} \sin B &= \cos A_0\cos\varphi \\ \cos B\cos t &= \cos A_0\sin\varphi \\ \cos B\sin t &= \sin A_0 \end{aligned}\right\} \quad (2)$$

$$\left.\begin{aligned} \sin h &= \sin\gamma\sin(\delta+B) \\ \cos h\cos(A-A_0) &= \cos(\delta+B) \\ \cos h\sin(A-A_0) &= \cos\gamma\sin(\delta+B) \end{aligned}\right\} \quad (3)$$

Setzt man $D = \sin\gamma$, $C = \cos\gamma$, $A - A_0 = u$, so gehen diese Formeln in die folgenden über:

$$\begin{aligned} \operatorname{tang} B &= \operatorname{cotg}\varphi\cos t \\ \operatorname{tang} A_0 &= \sin\varphi\operatorname{tang} t \\ \sin h &= D\sin(B+\delta) \\ \operatorname{tang} u &= C\operatorname{tang}(B+\delta) \\ A &= A_0 + u \end{aligned}$$

und D und C sind dann der Sinus und Cosinus eines Winkels γ, der gegeben ist durch die Gleichung:

$$\operatorname{cotang}\gamma = \sin B\operatorname{tang} t = \operatorname{cotang}\varphi\sin A_0 \text{ *)}$$

Dies sind die von Gaufs in „Schumachers Hülfstafeln, neu herausgegeben von Warnstorff pag. 135 ff.“ mitgetheilten Formeln. Bringt man nun die Gröfsen D, C, B und A_0 in Tafeln, deren Argument t ist, so ist also die Berechnung der Höhe und des Azimuts aus dem Stundenwinkel und der Declination auf die Berechnung der vorigen Formeln:

$$\begin{aligned} \sin h &= D\sin(B+\delta) \\ \operatorname{tang} u &= C\operatorname{tang}(B+\delta) \\ A &= A_0 + u \end{aligned}$$

zurückgeführt. In Warnstorffs Hülfstafeln findet man eine solche Tafel für die Polhöhe der Altonaer Sternwarte berechnet. Man hat übrigens nur nöthig, diese Tafeln von

---

*) Es ist nämlich:

$$\operatorname{cotang}\varphi\sin A_0 = -\sin\delta_0\operatorname{tang} t = \sin B\operatorname{tang} t$$

$t = 0$ bis $t = 6_h$ zu berechnen. Denn aus der Gleichung $\tang A_0 = \sin \varphi \tang t$ folgt, dafs A_0 und t immer in demselben Quadranten liegen, dafs man also für einen Stundenwinkel $= 12^h - t$ nur $180 - A$ zu nehmen hat. Ferner folgt aus den Gleichungen für B, dafs dieser Winkel negativ wird, wenn $t > 6^h$ oder $> 90°$ ist und dafs man für einen Stundenwinkel $12^h - t$ den Werth $-B$ anzuwenden hat. Die Gröfsen

$$C = \cos \varphi \sin t \text{ und } D^2 = \sin \varphi^2 + \cos \varphi^2 \cos t^2$$

werden dagegen gar nicht geändert. wenn man $180 - t$ statt t in diese Ausdrücke setzt. Liegt t zwischen 12^h und 24^h, so hat man nur die Rechnung mit dem Complement von t zu 24^h durchzuführen und nacher für das gefundene A sein Complement zu $360°$ zu nehmen.

Es ist nun leicht, die geometrische Bedeutung der Hülfswinkel zu finden. Da δ_0 derjenige Werth von δ ist, der in die erste der ursprünglichen Gleichungen gesetzt, $h = 0$ macht, so ist δ_0 die Declination desjenigen Punctes, in welchem der durch den Stern gelegte Stundenkreis den Horizont schneidet und ebenso ist A_0 das Azimut dieses Punctes. Da ferner $B = -\delta_0$, so ist $B + \delta$ der Bogen SF Fig. 1.*) des bis zum Horizonte verlängerten Stundenkreises. Betrachtet man dann das rechtwinklige Dreieck FOK, welches vom Horizonte, dem Aequator und der Seite $FK = B$ gebildet wird, so hat man nach der sechsten der Formeln (10) der Einleitung, weil der Winkel an O gleich $90 - \varphi$ ist:

$$\sin \varphi = \cos B \sin OFK$$

Da aber auch $\sin \varphi = D \cos B$ ist, so ist D der Sinus, mithin C der Cosinus des Winkels OFK. Endlich ist, wie leicht zu sehen, der Bogen $FH = A_0$ und der Bogen $FG = u$.

---

*) In dieser Figur ist P der Pol, z das Zenith, OH der Horizont. OA der Aequator und S der Stern.

Man findet also die vorher gegebenen Formeln durch die Betrachtung der drei rechtwinkligen Dreiecke *PFH*, *OFK* und *SFG*. Das erste Dreieck giebt:

$$\tang A_0 = \tang t \sin \varphi$$

das zweite:

$$\tang B = \cotang \varphi \cos t$$
$$\cotang \gamma = \sin B \tang t = \cotg \varphi \sin A_0$$

und endlich das dritte:

$$\sin h = \sin \gamma . \sin (B + \delta)$$
$$\tang u = \cos \gamma . \tang (B + \delta)$$

Derselben Hülfsgröfsen kann man sich nun auch für die Auflösung der umgekehrten in Nr. 5 betrachteten Aufgabe bedienen, aus der Höhe und dem Azimute eines Sterns seinen Stundenwinkel und seine Declination zu berechnen. Man hat nämlich in dem rechtwinkligen Dreiecke *SLK*, wenn man *LG* mit *B*, *LK* mit *u*, *AL* mit A_0 und den Cosinus des Winkels *SLK* mit *C*, den Sinus mit *D* bezeichnet:

$$C \tang (h - B) = \tang u$$
$$D \sin (h - B) = \sin \delta$$
$$\text{und} \quad t = A_0 - u$$

wo jetzt:

$$\tang B = \cotang \varphi \cos A$$
$$\tang A_0 = \sin \varphi \tang A$$

und *D* und *C* die Sinus und Cosinus eines Winkels sind, der gegeben ist durch die Gleichung:

$$\cotang \gamma = \sin B \tang A$$

Man hat also für die Berechnung der Hülfsgröfsen dieselben Formeln wie früher, nur mit dem Unterschiede, dafs überall *A* statt *t* vorkommt, und man kann sich daher derselben Hülfstafeln wie vorher bedienen, wenn man nur jetzt als Argument das in Zeit verwandelte Azimut nimmt.

7. Die Tangente des Winkels Θ, welche Gauſs mit E bezeichnet, kann dazu dienen, den Winkel am Stern in dem Dreiecke zwischen Pol, Zenith und Stern zu berechnen. Dieser von dem Vertical- und dem Declinationskreise gebildete Winkel, welche der parallactische Winkel heiſst, wird sehr häufig gebraucht. Hat man die vorher erwähnten Hülfstafeln, in denen auch die Gröſse E aufgeführt ist, so erhält man diesen Winkel, der mit p bezeichnet werden soll, durch die bequeme Formel:

$$\operatorname{tang} p = \frac{E}{\cos(B+\delta)}$$

wie man sogleich sieht, wenn man auf das rechtwinklige Dreieck SGF Fig. 1 die fünfte der Formeln (10) in Nr. 8 der Einleitung anwendet. Hat man dagegen die Tafeln nicht, so erhält man durch die Formeln der sphärischen Trigonometrie aus dem Dreiecke SPZ:

$$\cos h \sin p = \cos\varphi \sin t$$
$$\cos h \cos p = \cos\delta \sin\varphi - \sin\delta \cos\varphi \cos t$$

oder, wenn man setzt:

$$\cos\varphi \cos t = n \sin N$$
$$\sin\varphi = n \cos N$$

für logarithmische Rechnung bequemer:

$$\cos h \sin p = \cos\varphi \sin t$$
$$\cos h \cos p = n \cos(\delta + N)$$

Der parallactische Winkel wird unter anderm gebraucht, wenn man den Einfluſs berechnen will, den eine kleine Aenderung in dem Azimut und der Höhe auf den Stundenwinkel und die Declination hat. Man erhält nämlich, wenn man auf das Dreieck zwischen Pol, Zenith und Sterne die erste und dritte der Formeln (11) in Nr. 9 der Einleitung anwendet:

$$d\delta = \cos p\, dh + \cos t\, d\varphi + \cos h \sin p . dA$$
$$\cos\delta\, dt = -\sin p\, dh + \sin t \sin\delta . d\varphi + \cos h \cos p . dA$$

und ebenso:

$$dh = \cos p\,d\delta - \cos A\,d\varphi - \cos\delta \sin p\,.\,dt$$
$$\cos h\,dA = \sin p\,d\delta - \sin A \sin h\,d\varphi + \cos\delta \cos p\,dt$$

8. Um die Coordinaten der Rectascension und Declination in Coordinaten der Länge und Breite zu verwandeln, hat man nur die Axe der z'' *) in der Ebene der $y''\,z''$ nach der Richtung von der positiven Axe der y'' nach der positiven Axe der z'' um den Winkel ε, der gleich der Schiefe der Ecliptic ist, zu drehen. Dann erhält man nach den Formeln (1a) in Nr. 1 der Einleitung, da die Axen der x'' und x''' in beiden Systemen zusammenfallen:

$$\cos\beta \cos\lambda = \cos\delta \cos\alpha$$
$$\cos\beta \sin\lambda = \cos\delta \sin\alpha \cos\varepsilon + \sin\delta \sin\varepsilon$$
$$\sin\beta = -\cos\delta \sin\alpha \sin\varepsilon + \sin\delta \cos\varepsilon$$

Diese Formeln kann man auch wieder ableiten, indem man das Dreieck zwischen dem Pole des Aequators, dem Pole der Ecliptic und dem Sterne betrachtet, in welchem die drei Seiten $90-\delta$, $90-\beta$ und ε, die denselben gegenüberstehenden Winkel respective $90-\lambda$, $90+\alpha$ und der Winkel am Stern sind.

Um die obigen Formeln für logarithmische Rechnung bequem einzurichten, führe man die Hülfsgrößen ein:

$$\left.\begin{aligned} M \sin N &= \sin\delta \\ M \cos N &= \cos\delta \sin\alpha \end{aligned}\right\} \quad (a)$$

wodurch die drei Gleichungen in die folgenden übergehen:

$$\cos\beta \cos\lambda = \cos\delta \cos\alpha$$
$$\cos\beta \sin\lambda = M \cos(N-\varepsilon)$$
$$\sin\beta = M \sin(N-\varepsilon)$$

---

*) S. Nr. 3 dieses Abschnitts.

oder, wenn man alle Gröfsen durch Tangenten sucht und für M seinen Werth

$$\frac{\cos\delta \sin\alpha}{\cos N}$$

substituirt, in die folgenden:

$$\left.\begin{aligned} \tang N &= \frac{\tang\delta}{\sin\alpha} \\ \tang\lambda &= \frac{\cos(N-\varepsilon)}{\cos N}\,.\,\tang\alpha \\ \tang\beta &= \tang(N-\varepsilon)\sin\lambda \end{aligned}\right\} \qquad (b)$$

Die ursprünglichen Formeln geben α und δ ohne alle Zweideutigkeit; braucht man aber die Formeln (b) zur Rechnung, so kann es zweifelhaft sein, in welchem Quadranten man den Winkel λ zu nehmen hat. Aus der Gleichung

$$\cos\beta\cos\lambda = \cos\delta\cos\alpha$$

folgt aber, dafs man den Winkel λ immer in denjenigen Quadranten zu nehmen hat, der einmal dem Zeichen von $\tang\lambda$ Genüge leistet und dann die Bedingung erfüllt, dafs $\cos\alpha$ und $\cos\lambda$ dasselbe Zeichen haben.

Als Controlle der Rechnung kann man noch die Gleichung anwenden:

$$\frac{\cos(N-\varepsilon)}{\cos N} = \frac{\cos\beta\sin\lambda}{\cos\delta\sin\alpha} \qquad (c)$$

die durch Division der Gleichungen:

$$\cos\beta\sin\lambda = M\cos(N-\varepsilon)$$

und:

$$\cos\delta\sin\alpha = M\cos N$$

entsteht.

Die geometrische Bedeutung der Hülfsgröfsen läfst sich leicht finden. N ist der Winkel, welchen der den Frühlingspunct mit dem Sterne verbindende gröfste Kreis mit dem Aequator bildet und N der Sinus dieses Bogens des gröfsten Kreises.

Beispiel. Es sei:

$$\alpha = 6^\circ\,33'\,29''.30 \qquad \delta = -\,16^\circ\,22'\,35''.45$$
$$\varepsilon = 22^\circ\,27'\,31''.72$$

dann giebt die Berechnung der Formeln (b) und (c):

$\cos\delta$	9.9820131	$\operatorname{tang}\alpha$	9.0605604
$\operatorname{tang}\delta$	9.4681562n	$\dfrac{\cos(N-\varepsilon)}{\cos N}$	9.0292017n
$\sin\alpha$	9.0577098	$\lambda =$	359°17′43″.91
$N =$	− 68°45′41″.88	$\operatorname{tang}(N-\varepsilon)$	1.4114653
$\varepsilon =$	+ 22 27 31 .72	$\sin\lambda$	8.0897293n
$N-\varepsilon =$	− 92 13 13 .60	$\beta =$	− 17°35′37″.53
$\cos(N-\varepsilon)$	8.5882086n	$\cos\beta =$	9.9791948
$\cos N$	9.5590069		

$$\cos\beta\sin\lambda = 8.0689241\,n$$
$$\cos\delta\sin\alpha = 9.0397224$$
$$9.0292017\,n$$

Wendet man auf das Dreieck zwischen dem Sterne, dem Pole des Äquators und dem Pole der Ecliptic die Gaufsischen Formeln an, so erhält man, wenn man den Winkel am Stern mit $90-E$ bezeichnet:*)

$$\sin(45-\tfrac{1}{2}\beta)\sin\tfrac{1}{2}(E-\lambda) = \cos(45+\tfrac{1}{2}\alpha)\sin[45-\tfrac{1}{2}(\varepsilon+\delta)]$$
$$\sin(45-\tfrac{1}{2}\beta)\cos\tfrac{1}{2}(E-\lambda) = \sin(45+\tfrac{1}{2}\alpha)\cos[45-\tfrac{1}{2}(\varepsilon-\delta)]$$
$$\cos(45-\tfrac{1}{2}\beta)\sin\tfrac{1}{2}(E+\lambda) = \sin(45+\tfrac{1}{2}\alpha)\sin[45-\tfrac{1}{2}(\varepsilon-\delta)]$$
$$\cos(45-\tfrac{1}{2}\beta)\cos\tfrac{1}{2}(E+\lambda) = \cos(45+\tfrac{1}{2}\alpha)\cos[45-\tfrac{1}{2}(\varepsilon+\delta)]$$

Formeln, die besonders bequem sind, wenn man zugleich mit den Gröfsen λ und β auch die Kenntnifs des Winkels $90-E$ verlangt.

Anm. Encke hat im Jahrbuche für 1831 noch Tafeln gegeben, die für eine genäherte Berechnung der Länge und Breite aus der Rectascension und Declination äufserst bequem sind. Sie beruhen auf der zweiten der in Nr. 6 der Einleitung gegebenen Transformationen der drei Grundgleichungen, ähnlich wie die in Nr. 6 dieses Abschnitts erwähnten Tafeln.

---

*) Gaufs Theoria motus pag. 64.

9. Für den umgekehrten Fall, wenn man die Coordinaten eines Sternes in Bezug auf die Ecliptic in Coordinaten in Bezug auf den Aequator verwandeln will, werden die Formeln ganz ähnlich. Man erhält dann durch die Formeln (1) für die Transformation der Coordinaten oder auch aus dem vorher betrachteten sphärischen Dreiecke:

$$\cos\delta\cos\alpha = \cos\beta\cos\lambda$$
$$\cos\delta\sin\alpha = \cos\beta\sin\lambda\cos\varepsilon - \sin\beta\sin\varepsilon$$
$$\sin\delta = \cos\beta\sin\lambda\sin\varepsilon + \sin\beta\cos\varepsilon$$

Dieselben Gleichungen erhält man auch, wenn man in den drei ursprünglichen Gleichungen in Nr. 8 β und λ mit δ und α vertauscht und den Winkel ε negativ nimmt. Auf dieselbe Weise findet man dann auch aus den Formeln (b):

$$\text{tang}\, N = \frac{\text{tang}\,\beta}{\sin\lambda}$$
$$\text{tang}\,\alpha = \frac{\cos(N+\varepsilon)}{\cos N}\,\text{tang}\,\lambda$$
$$\text{tang}\,\delta = \text{tang}\,(N+\varepsilon)\sin\alpha$$

und aus (c) die Prüfungsgleichung:

$$\frac{\cos(N+\varepsilon)}{\cos N} = \frac{\cos\delta}{\cos\beta}\,\frac{\sin\alpha}{\sin\lambda}$$

wo jetzt N den Winkel bedeutet, welchen der den Stern mit dem Frühlingspuncte verbindende gröfste Kreis mit der Ecliptic macht.

Die Gaufsischen Gleichungen geben endlich für diesen Fall:

$$\sin(45 - \tfrac{1}{2}\delta)\sin\tfrac{1}{2}(E+\alpha) = \sin(45+\tfrac{1}{2}\lambda)\sin[45 - \tfrac{1}{2}(\varepsilon+\beta)]$$
$$\sin(45 - \tfrac{1}{2}\delta)\cos\tfrac{1}{2}(E+\alpha) = \cos(45+\tfrac{1}{2}\lambda)\cos[45 - \tfrac{1}{2}(\varepsilon-\beta)]$$
$$\cos(45 - \tfrac{1}{2}\delta)\sin\tfrac{1}{2}(E-\alpha) = \cos(45+\tfrac{1}{2}\lambda)\sin[45 - \tfrac{1}{2}(\varepsilon-\beta)]$$
$$\cos(45 - \tfrac{1}{2}\delta)\cos\tfrac{1}{2}(E-\alpha) = \sin(45+\tfrac{1}{2}\lambda)\cos[45 - \tfrac{1}{2}(\varepsilon+\beta)]$$

Ein Beispiel für diesen Fall anzuführen ist nicht weiter nöthig, da die Formeln den früheren ganz ähnlich sind.

Anm. Für die Sonne, welche sich immer in der Ebene der Ecliptik bewegt, werden diese Ausdrücke einfacher. Bezeichnet man nämlich die Länge der Sonne durch L, ihre Rectascension und Declination durch A und D, so erhält man:

$$\tang A = \tang L \cos \varepsilon$$
$$\sin D = \sin L \sin \varepsilon$$

oder auch:

$$\tang D = \tang \varepsilon \sin A$$

10. Den Winkel am Sterne in dem Dreiecke zwischen dem Pole des Aequators, dem Pole der Ecliptic und dem Sterne, welcher von dem Declinations- und Breitenkreise gebildet wird, findet man zugleich mit λ und β oder α und δ, wenn man die Gaufsischen Formeln zur Berechnung dieser Gröfsen anwendet, indem, wenn man diesen Winkel mit η bezeichnet, $\eta = 90 - E$ ist. Braucht man aber diesen Winkel, ohne die Gaufsischen Formeln berechnet zu haben, so findet man denselben durch die Gleichungen;

$$\cos \beta \sin \eta = \cos \alpha \sin \varepsilon$$
$$\cos \beta \cos \eta = \cos \varepsilon \cos \delta + \sin \varepsilon \sin \delta \sin \alpha$$

oder:

$$\cos \delta \sin \eta = \cos \lambda \sin \varepsilon$$
$$\cos \delta \cos \eta = \cos \varepsilon \cos \beta - \sin \varepsilon \sin \beta \sin \lambda$$

oder, wenn man setzt:

$$\cos \varepsilon = m \cos M$$
$$\sin \varepsilon \sin \alpha = m \sin M$$

oder:

$$\cos \varepsilon = n \cos N$$
$$\sin \varepsilon \sin \lambda = n \sin N$$

durch die Gleichungen:

$$\cos \beta \sin \eta = \cos \alpha \sin \varepsilon$$
$$\cos \beta \cos \eta = m \cos (M - \delta)$$

oder:

$$\cos \delta \sin \eta = \cos \lambda \sin \varepsilon$$
$$\cos \delta \cos \eta = n \cos (N + \beta)$$

Man braucht diesen Winkel wieder, wenn man den Einfluſs untersuchen will, den kleine Aenderungen in den Gröſsen λ, β und ε auf α und δ und umgekehrt haben. Man erhält nämlich wenn man auf das betrachtete Dreieck die erste und dritte der Formeln (11) in Nr. 9 der Einleitung anwendet:

$$d\beta = \cos\eta\, d\delta - \cos\delta \sin\eta . d\alpha - \sin\lambda\, d\varepsilon$$
$$\cos\beta\, d\lambda = \sin\eta\, d\delta + \cos\delta \cos\eta . d\alpha + \cos\lambda . \sin\beta\, d\varepsilon$$

und umgekehrt:

$$d\delta = \cos\eta\, d\beta + \cos\beta \sin\eta\, d\lambda + \sin\alpha\, d\varepsilon$$
$$\cos\delta\, d\alpha = -\sin\eta\, d\beta + \cos\beta \cos\eta . d\lambda - \cos\alpha \sin\delta . d\varepsilon$$

11. Der Vollständigkeit wegen sollen jetzt noch die Formeln für die Transformation des ersten Coordinatensystems in das vierte gegeben werden, wiewohl dieselbe nie angewandt wird.

Man hat zuerst in Bezug auf die Ebene des Horizonts:

$$x = \cos A \cos h$$
$$y = \sin A \cos h$$
$$z = \sin h$$

Dreht man die Axe der x in der Ebene der xz nach der positiven Seite der Axe der z zu um den Winkel $90-\varphi$, so erhält man die neuen Coordinaten:

$$x' = x \sin\varphi + z \cos\varphi$$
$$y' = y$$
$$z' = z \sin\varphi - x \cos\varphi$$

Dreht man dann die Axe der x' in der Ebene der x', y', die die Ebene des Aequators ist, um den Winkel Θ, sodaſs die Axe der x'' jetzt mit dem Frühlingspuncte zusammenfällt, so erhält man, wenn man bedenkt, daſs die positive Axe der y'' nach dem neunzigsten Grade der Rectascensionen gerichtet sein muſs und daſs Stundenwinkel und Rectascensionen in entgegengesetztem Sinne gezählt werden:

$$x'' = x' \cos\Theta + y' \sin\Theta$$
$$-y'' = y' \cos\Theta - x' \sin\Theta$$
$$z'' =$$

Dreht man endlich die Axe der y'' in der Ebene der $y''z''$ nach der positiven Axe der z'' zu um den Winkel ε, so erhält man:

$$\begin{aligned} x''' &= x'' \\ y''' &= y'' \cos\varepsilon + z'' \sin\varepsilon \\ z''' &= \quad y'' \sin\varepsilon + z'' \cos\varepsilon \end{aligned}$$

und da man aufserdem hat:

$$\begin{aligned} x''' &= \cos\beta \cos\lambda \\ y''' &= \cos\beta \sin\lambda \\ z''' &= \sin\beta \end{aligned}$$

so kann man durch Elimination von x', y', z' und x'', y'', z'' dann λ und β unmittelbar durch A, h, φ, Θ und ε ausdrücken.

III. Besondere Erscheinungen der täglichen Bewegung.

12. In Nr. 6 war die Gleichung gefunden:

$$\sin h = \sin\varphi \sin\delta + \cos\varphi \cos\delta \cos t$$

Befindet sich das Gestirn im Horizonte, ist also $h = 0$, so erhält man hieraus:

$$0 = \sin\varphi \sin\delta + \cos\varphi \cos\delta \cos t_0$$

oder:

$$\cos t_0 = -\operatorname{tang}\varphi \operatorname{tang}\delta \qquad (a)$$

Vermittelst dieser Formel findet man also für eine bestimmte Polhöhe φ den Stundenwinkel eines auf- oder untergehenden Gestirns, dessen Declination δ ist. Den Werth dieses Stundenwinkels absolut genommen, nennt man den halben Tagbogen des Sterns. Kennt man die Sternzeit, zu welcher der Stern durch den Meridian geht oder seine Rectascension, so kann man also die Sternzeit des Auf- oder Untergangs berechnen, je nachdem man den absoluten Werth von t_0 von der Rectascension α abzieht oder zu derselben hinzufügt. Daraus folgt übrigens zugleich, dafs nur unter dem Aequator, wo $\varphi = 0$ also der halbe Tagbogen aller Sterne gleich 90° ist, diejenigen Sterne, welche zu gleicher Zeit aufgehen, auch zu gleicher Zeit untergehen.

Beispiel. Man soll berechnen, um welche Zeit der Stern Arcturus für Berlin auf- und untergeht. Für den Anfang des Jahres 1848 ist

$$\alpha = 14^h\,8'.7,\ \delta = +\,19^\circ\,58'.5,$$

ferner ist:

$$\varphi = 52^\circ\,30'\,16''.$$

Man hat daher:

tang δ	9.56048	Arcturus geht also auf
tang φ	$0.1\bar{1}509$	um $6^h\,15'.6$ Sternzeit
$t_0 =$	$118^\circ 16'.8$	und unter um
$=$	$7^h\,53'\,7''$	$22^h\,1'.8$

Ist δ positiv, steht also der Stern nördlich vom Aequator, so wird für Orte unter nördlicher Breite cos t_0 negativ; dann ist also t_0 gröfser als 90° und der Stern verweilt daher längere Zeit über dem Horizonte als unter demselben. Für Sterne mit südlicher Declination wird dagegen t_0 kleiner als 90°, diese verweilen also für Orte auf der nördlichen Halbkugel des Erde kürzere Zeit über dem Horizonte als unter demselben. Auf der südlichen Halbkugel der Erde, wo φ negative Werthe hat, verhält es sich umgekehrt, indem dort der Tagbogen der südlichen Sterne gröfser als 12 Stunden ist. Ist $\varphi = 0$, so wird t_0 für jeden Werth von δ gleich 90°: unter dem Aequator verweilen also alle Sterne gleich lange Zeit über dem Horizonte wie unter demselben. Ist $\delta = 0$, so wird ebenfalls für jeden Werth von φ $t_0 = 90°$. Für Aequatorsterne ist also die Zeit, während welcher sie über dem Horizonte sind, für alle Orte der Erde gleich der Zeit, während welcher sie unter demselben sind.

Steht also die Sonne nördlich vom Aequator, so sind auf der nördlichen Halbkugel der Erde die Tage länger als die Nächte, und umgekehrt, wenn sie südlich steht. Ist aber die Sonne im Aequator, so ist für alle Orte der Erde Tag und Nacht gleich. Unter dem Aequator selbst ist dies immer der Fall.

Der Werth von t_0 wird übrigens nur so lange möglich sein, als tang φ tang $\delta < 1$ ist. Soll also ein Gestirn für einen Ort, dessen Polhöhe φ ist, noch untergehen, so muſs tang $\delta <$ cotang φ oder $\delta < 90 - \varphi$ sein. Ist $\delta = 90 - \varphi$, so wird $t = 180°$ und das Gestirn berührt dann nur in der untern Culmination den Horizont. Ist $\delta > 90 - \varphi$, so geht das Gestirn nie unter, ist dagegen die südliche Declination gröſser als $90 - \varphi$, so kommt das Gestirn gar nicht mehr über den Horizont.

Da die Declination der Sonne immer zwischen den Grenzen $-\varepsilon$ und $+\varepsilon$ liegt, so haben diejenigen Orte der Erde, für welche die Sonne auch nur einen Tag im Jahre nicht auf- oder untergeht, eine nördliche oder südliche Polhöhe gleich $90 - \varepsilon$ oder $66\frac{1}{2}°$. Diese Orte liegen in den beiden Polarkreisen. Die den Polen der Erde noch näher liegenden Orte haben die Sonne im Sommer desto längere Zeit ununterbrochen über dem Horizonte und im Winter unter demselben, je näher sie selbst den Polen liegen.

Anm. Die Gleichung für den Stundenwinkel des Auf- und Untergangs läſst sich noch in eine andre Form bringen. Zieht man nämlich die Gleichung (a) von eins ab und addirt sie auch dazu, so ergiebt die Division der beiden neuen Gleichungen.

$$\text{tang } \tfrac{1}{2} t_0{}^2 = \frac{\cos(\varphi - \delta)}{\cos(\varphi + \delta)}$$

Auch diese Gleichung zeigt, daſs t_0 nur möglich ist, solange $\cos(\varphi - \delta)$ und $\cos(\varphi + \delta)$ positiv sind, daſs also nur diejenigen Gestirne, deren südliche oder nördliche Declination kleiner als $90 - \varphi$ ist, für diesen Ort auf- oder untergehen können.

13. Um den Punct des Horizonts zu finden, wo ein Stern auf- und untergeht, hat man nur in der in Nr. 5 gefundenen Gleichung:

$$\sin \delta = \sin \varphi \sin h - \cos \varphi \cos h \cos A$$

$h = 0$ zu setzen, wodurch man erhält:

$$\cos A_0 = \frac{\sin\delta}{\cos\varphi} \qquad (b)$$

Der negative Werth von A_0 ist das Azimut des Sterns bei seinem Aufgange, der positive Werth das Azimut bei seinem Untergange. Die Entfernung des Sterns vom wahren Ost- oder Westpuncte nennt man die Morgen- oder Abendweite des Sterns. Bezeichnet man diese durch $A_{,}$, so ist:

$$A_0 = 90 + A_{,},$$

also:

$$\sin A_{,} = \frac{\sin\delta}{\cos\varphi} \qquad (c)$$

wo $A_{,}$ positiv ist, wenn der Punct des Auf- oder Untergangs vom Ost- oder Westpuncte nach Norden liegt, negativ, wenn derselbe nach Süden liegt.

Der Formel (c) für die Morgen- und Abendweite kann man auch wieder eine andre Gestalt geben, wenn man schreibt:

$$\frac{1 + \sin A_{,}}{1 - \sin A_{,}} = \frac{\sin\psi + \sin\delta}{\sin\psi - \sin\delta}$$

wo $\psi = 90 - \varphi$ ist. Daraus erhält man dann:

$$\operatorname{tang}\left(45 - \frac{A_{,}}{2}\right)^2 = \frac{\operatorname{tang}\frac{\psi+\delta}{2}}{\operatorname{tang}\frac{\psi-\delta}{2}}$$

Für Arcturus erhält man danach mit den vorher gegebenen Werthen von δ und φ

$$A_{,} = 34^\circ\,8'.\,3$$

14. Setzt man in der Gleichung:

$$\sin h = \sin\varphi\sin\delta + \cos\varphi\cos\delta\cos t$$

$1 - 2\sin\frac{1}{2}t^2$ für $\cos t$, so erhält man:

$$\sin h = \cos(\varphi - \delta) - 2\cos\varphi\cos\delta\sin\tfrac{1}{2}t^2$$

Daraus sieht man zuerst, dafs zu gleichen Werthen von t zu beiden Seiten des Meridians auch gleiche Höhen gehören. Ferner wird, weil das zweite Glied immer negativ ist,

h für $t = 0$ ein Maximum und dies Maximum selbst, oder die Höhe des Sterns bei seiner oberen Culmination, ergiebt sich aus der Gleichung:

$$\sin h = \cos(\varphi - \delta) \qquad (d)$$

Für die untere Culmination oder für $t = 180^0$ wird dagegen h ein Minimum, wie man am leichtesten sieht, wenn man $180 + t'$ für t einführt, wo also t' von dem nördlichen Theile des Meridians ab gerechnet ist. Dann wird nämlich:

$$\sin h = \sin\varphi \sin\delta - \cos\varphi \cos\delta \cos t'$$

oder, wenn man wieder $1 - 2\sin\frac{1}{2}t'^2$ für $\cos t'$ setzt:

$$\sin h = \cos(180 - \varphi - \delta) + 2\cos\varphi\cos\delta\sin\tfrac{1}{2}t'^2$$

Da nun beide Glieder der rechten Seite positiv sind, so muſs sin h also auch h für $t' = 0$ d. h. in der untern Culmination der Sterne ein Minimum sein und zwar:

$$\sin h = \cos(180 - \varphi - \delta) \qquad (e)$$

Aus der Gleichung (d) folgt, daſs $90 - h$ oder die Zenithdistanz des Sterns bei seiner oberen Culmination entweder $\varphi - \delta$ oder $\delta - \varphi$ ist. Da nun aber die Zenithdistanz immer positiv sein muſs, so muſs man, solange der Stern auf der Südseite des Zeniths culminirt, solange also $\delta < \varphi$ ist, für die Zenithdistanz $\varphi - \delta$ nehmen. Culminirt der Stern aber auf der Nordseite des Zeniths, wo also $\delta > \varphi$ sein muſs, so hat man $\delta - \varphi$ für die Zenithdistanz zu nehmen. Für die Zenithdistanz bei der untern Culmination erhält man aus Gleichung (e)

$$z = 180 - \varphi - \delta.$$

Um alle drei Fälle unter eine algebraische Form zu bringen, nimmt man als allgemeinen Ausdruck für die Zenithdistanz der Sterne bei ihrem Durchgange durch den Meridian.

$$z = \delta - \varphi \qquad (f)$$

Man muſs dann südliche Zenithdistanzen negativ und in der untern Culmination $180 - \delta$ statt δ nehmen oder man muſs im leztern Falle δ von dem Puncte des Aequators zu zählen anfangen, welcher den Meridian sichtbar durchschneidet.

Die Declination von α Lyrae ist $38^0\,39'$, also ist für die Polhöhe von Berlin $\delta - \varphi = -13^0\,51$. Der Stern α Lyrae geht also bei seiner oberen Culmination für Berlin südlich vom Zenith in einer Entfernung von $13^0\,51'$ durch den Meridian. Ferner ist $180 - \varphi - \delta$ oder die Zenithdistanz bei der untern Culmination gleich $88^0\,31'$.

15. Die gröfste Höhe eines Gestirns findet nur dann im Meridian statt, wenn die Declination desselben während der Zeit seines Verweilens über dem Horizonte sich nicht ändert. Ist die Declination dagegen veränderlich, so erreicht das Gestirn aufserhalb des Meridians seine gröfste Höhe. Differenzirt man die Formel:

$$\cos z = \sin \varphi \sin \delta + \cos \varphi \cos \delta \cos t$$

indem man z, δ und t als veränderlich ansieht, so erhält man:

$$-\sin z\, dz = [\sin \varphi \cos \delta - \cos \varphi \sin \delta \cos t]\; d\delta \;-\; \cos \varphi \cos \delta \sin t\, dt$$

und hieraus für den Fall, dafs z ein Maximum oder $dz = 0$ ist:

$$\sin t = \frac{d\delta}{dt}[\operatorname{tang} \varphi - \operatorname{tang} \delta \cos t]$$

Aus dieser Gleichung findet man den Stundenwinkel des Gestirns zur Zeit seiner gröfsten Höhe. $\frac{d\delta}{dt}$ ist das Verhältnifs der Aenderung der Declination zur Aenderung des Stundenwinkels, sodafs, wenn z. B. dt eine Bogensecunde bedeutet, $\frac{d\delta}{dt}$ die Aenderung der Declination in $\frac{1}{15}$ einer Zeitsecunde ist. Da dies Verhältnifs bei allen Gestirnen klein ist, so wird man sin t mit dem Bogen vertauschen und cos t gleich eins setzen können und erhält dann für den Stundenwinkel der gröfsten Höhe:

$$t = \frac{d\delta}{dt}[\operatorname{tang} \varphi - \operatorname{tang} \delta]\,\frac{206265}{15} \qquad (g)$$

wo $\frac{d\delta}{dt}$ die Aenderung der Declination in einer Zeitsecunde ist und t in Zeitsecunden gefunden wird. Diesen Stundenwinkel t hat man dann immer zu der Zeit der Culmination algebraisch zu addiren, um die Zeit der gröfsten Höhe zu erhalten.

Culminirt das Gestirn südlich vom Zenith und nähert sich das Gestirn dem Nordpole ist also $\frac{d\delta}{dt}$ positiv, so findet, wenn φ positiv ist, die gröfste Höhe nach der Culmination statt, nimmt dagegen die Declination ab, so tritt die gröfste Höhe vor der Culmination ein. Das Umgekehrte findet statt, wenn das Gestirn zwischen dem Pole und Zenith culminirt.

16. Differenzirt man die Formel:

$$\sin h = \sin\varphi \sin\delta + \cos\varphi \cos\delta \cos t$$

nach h und t, so erhält man für die Höhenänderung eines Sterns:

$$\cos h \frac{dh}{dt} = -\cos\varphi \cos\delta \sin t$$

oder

$$\frac{dh}{dt} = -\cos\delta \sin p \qquad (h)$$

da $\cos h \sin p = \cos\varphi \sin t$ nach Nr. 7 dieses Abschnitts ist.

Häufig braucht man auch noch den zweiten Differenzialquotienten. Es ist aber:

$$\frac{d^2h}{dt^2} = -\cos\delta \cos p \frac{dp}{dt}$$

Differenzirt man nun die Gleichung:

$$\sin\varphi = \sin h \sin\delta + \cos h \cos\delta \cos p$$

indem man h und p als veränderlich betrachtet, so erhält man:

$$0 = [\cos h \sin\delta - \sin h \cos\delta \cos p] \frac{dh}{dt} - \cos h \cos\delta \sin p \frac{dp}{dt}$$

oder

$$\frac{dp}{dt} = -\frac{\cos\varphi \cos A}{\cos\delta \cos h \sin p} \frac{dh}{dt}$$

$$= +\frac{\cos\varphi \cos A}{\cos h}$$

Substituirt man diesen Ausdruck von $\frac{dp}{dt}$ in die Gleichung $\frac{d^2h}{dt^2}$, so erhält man:

$$\frac{d^2h}{dt^2} = -\frac{\cos\delta\cos}{\sin z}\cos A\cos p \qquad (i)$$

Ebenso hat man:

$$\begin{aligned}\frac{dz}{dt} &= +\cos\delta\sin p \\ \frac{d^2z}{dt^2} &= +\frac{\cos\delta\cos\varphi}{\sin z}\cos A\cos p\end{aligned} \qquad (k)$$

17. Da $\cos\delta\sin p = \cos\varphi\sin A$, so hat man auch:

$$\frac{dh}{dt} = -\cos\varphi\sin A$$

Es wird also $\frac{dh}{dt} = 0$, also h ein Maximum oder Minimum sein, wenn $A = 0$, also der Stern im Meridian ist und zwar zeigt der zweite Differentialquotient, daſs h ein Maximum wenn $A = 0$ und ein Minimum für $A = 180$ ist.

Ferner wird $\frac{dh}{dt}$ ein Maximum sein, wenn $\sin A = \pm 1$, also $A = 90^0$ oder 270^0 ist. Die Höhe eines Sterns ändert sich also am schnellsten in dem Augenblicke, wo derselbe durch den Verticalkreis geht, dessen Azimut 90^0 oder 270^0 ist. Diesen Verticalkreis nennt man den ersten Vertical.

Um die Zeit des Durchgangs der Sterne durch diesen ersten Vertical, sowie ihre Höhe in demselben zu finden, hat man nur in den Formeln in Nr. 6 dieses Abschnitts $A = 90^0$ zu setzen oder das jetzt rechtwinklige Dreieck zwischen Stern, Zenith und Pol zu betrachten und erhält:

$$\begin{aligned}\cos t &= \frac{\tan\delta}{\tan\varphi} \\ \sin h &= \frac{\sin\delta}{\sin\varphi}\end{aligned} \qquad (l)$$

Ist $\delta > \varphi$, so wird $\cos t$ unmöglich, also kommt dann der Stern gar nicht mehr in den ersten Vertical, sondern culminirt zwischen Zenith und Pol. Ist δ negativ, so wird $\cos t$ negativ, da aber unter nördlichen Polhöhen die Stundenwinkel der südlichen Sterne immer kleiner als 90° sind, solange sich dieselben über dem Horizonte befinden, so kommen dieselben auch nicht in den sichtbaren Theil des ersten Verticals. *)

Für Arcturus und die Polhöhe von Berlin erhält man:

$$t = 73^\circ\, 48'.5 = 4^h\, 55'\, 14''$$

und

$$h = 25^\circ\, 30'.2$$

Arcturus kommt also für Berlin in den ersten Vertical vor der Culmination um $9^h\, 13'.5$ und nach derselben um $19^h\, 3'.9$ Sternzeit. Ist der Stundenwinkel nahe bei 0, so findet man t durch den Cosinus und h durch den Sinus sehr ungenau. Man erhält aber dann aus der Formel für $\cos t$ auf dieselbe Weise wie früher:

$$\tan \tfrac{1}{2} t^2 = \frac{\sin(\varphi - \delta)}{\sin(\varphi + \delta)}$$

und nimmt dann für die Berechnung der Höhe die folgende Formel:

$$\text{cotang}\, h = \text{tang}\, t \cos \varphi$$

IV. Die tägliche Bewegung als Maafs der Zeit.

Sternzeit, Sonnenzeit, mittlere Zeit.

18. Da die tägliche Umdrehung der Himmelskugel oder eigentlich die Umdrehung der Erde um ihre Axe vollkommen gleichförmig vor sich geht, so dient uns dieselbe als Mafs

---

*) Wie man auch aus der Gleichung für $\sin h$ sieht, die für h dann einen negativen Werth giebt.

der Zeit, die wir ja in einem ebenfalls gleichförmigen Fortgange begriffen ansehen. Die Zeit, welche die Erde zu einer einmaligen Umdrehung um ihre Axe braucht, also die Zeit, welche zwischen zwei auf einander folgenden Culminationen desselben Fixsterns verfliefst, nennt man einen **Sterntag**. Man fängt denselben zu zählen an, oder man sagt, dafs es 0^h Sternzeit ist in dem Augenblicke, wo der Frühlings Tag- und Nachtgleichenpunct durch den Meridian geht. Ebenso sagt man, dafs es 1^h, 2^h, 3^h etc. nach Sternzeit ist, wenn der Stundenwinkel des Frühlingspunctes 1^h, 2^h, 3^h etc. beträgt, d. h. also, wenn derjenige Punct des Aequators culminirt, dessen Rectascension 1^h, 2^h, 3^h etc. oder 15^0, 30^0, 45^0 etc. ist.

Man wird in der Folge sehen, dafs der Frühlingspunct, überhaupt die Durchschnittspuncte der Ecliptic und des Aequators keine festen Puncte sind, sondern dafs sich dieselben auf dem Aequator rückwärts bewegen. Diese Bewegung ist aus zweien andern zusammengesetzt, von denen die eine der Zeit proportional ist, also sich mit der täglichen Bewegung der Himmelskugel verbindet, die andre aber eine periodische ist. Diese letztere Bewegung bewirkt, dafs der Stundenwinkel des Frühlingspunctes sich nicht vollkommen gleichförmig ändert, dafs also die Sternzeit kein vollkommen gleichförmiges Maafs ist. Indessen ist diese Ungleichförmigkeit äufserst gering, da die Periode von 19 Jahren nur die beiden Maxima $-\ 1''$ und $+\ 1''$ enthält.

19. Wenn die Sonne am 21. März im Frühlings Tag- und Nachtgleichenpuncte steht, so geht sie an diesem Tage nahe um 0^h Sternzeit durch den Meridian. Die Sonne bewegt sich nun aber in der Ecliptic vorwärts und da sie am 23. September im Herbst Tag- und Nachtgleichenpuncte steht, also 12^h Rectascension hat, so culminirt sie an diesem Tage nahe um 12^h Sternzeit. Die Zeit der Culmination und ebenso also des Auf- und Untergangs der Sonne durchläuft daher in einem Jahre alle Zeiten des Sterntages und wegen dieser Unbequemlichkeit wird die Sternzeit im bürgerlichen Leben nicht angewendet, sondern die Sonne selbst als Zeitmesser gebraucht. Man nennt den jedesmaligen Stundenwinkel der Sonne die wahre Sonnenzeit und die Zeit, welche zwischen zwei auf einander folgenden Culminationen der Sonne verfliefst, einen wahren Sonnentag. Es ist 0^h wahre Zeit an einem Orte, wenn die Sonne durch den Meridian dieses Ortes geht.

Diese wahre Zeit hat indessen wieder das Unbequeme, dafs sie nicht gleichförmig fortgeht, weil die Rectascension der Sonne sich nicht gleichförmig ändert. Einmal nämlich bewegt sich die Sonne nicht im Aequator, sondern in der Ecliptic und man erhält die Rectascension α derselben aus ihrer Länge λ nach Nr. 9 Anm. durch die Formel:

$$\tang \alpha = \tang \lambda \cos \varepsilon$$

oder, wenn man hierauf Formel 17 in Nr. 11 der Einleitung anwendet, durch die Reihe:

$$\alpha = \lambda - \tang \tfrac{1}{2}\varepsilon^2 \sin 2\lambda + \tfrac{1}{2} \tang \tfrac{1}{2}\varepsilon^4 \sin 4\lambda - \ldots \text{etc.}$$

Daraus sieht man, dafs die Rectascension der Sonne ungleichförmig wächst, selbst wenn sich die Länge derselben gleichförmig änderte. Die Sonne bewegt sich aber aufserdem auch in ihrer Bahn ungleichförmig und die theorische Astronomie lehrt, dafs die Länge derselben zu irgend einer Zeit t dargestellt wird durch einen Ausdruck von der Form:

$$\lambda = L + \mu t + \zeta$$

wo ζ eine von der Länge der Sonne abhängige periodische Function ist. Aus beiden Ursachen wächst also die Rectascension der Sonne, und somit auch der Stundenwinkel derselben oder die wahre Sonnenzeit ungleichförmig. Da nun unsre Uhren eine gleichförmige Bewegung haben, also die wahre Sonnenzeit nicht angeben können, so wird dieselbe auch nicht im bürgerlichen Leben angewandt, sondern man braucht da wieder eine gleichförmige Zeit, die mittlere Sonnenzeit.

20. Zwischen zwei auf einander folgenden Durchgängen der Sonne durch den Frühlingspunct verfliefsen 366.24222

Sterntage d. h. irgend ein bestimmter Stern wird in dieser Zeit, die man das **tropische Jahr** nennt, so oft seinen täglichen Umlauf an der Himmelskugel vollenden oder so oft durch den Meridian gehen. Da aber die Sonne vermöge ihrer eignen Bewegung in der Ecliptic, in eben dieser Zeit die 24 Stunden des Aequators durchlaufen hat, so wird sie während eines tropischen Jahres genau einmal weniger durch den Meridian gegangen sein, als ein Fixstern d. h. 365.24222 Mal. Man hat nun das tropische Jahr in ebenso viele gleiche Tage getheilt, die man **mittlere Tage** nennt und von denen ein jeder wieder 24 gleiche Stunden enthält, sodafs das tropische Jahr gleich

365 Tagen 5 Stunden 48 Minuten 47.8091 Secunden

in mittlerer Zeit ist. Nimmt man also an, dafs eine fingirte Sonne sich im Aequator mit gleichförmiger Geschwindigkeit bewegt, dafs also die Rectascension α derselben für irgend eine Zeit, t gegeben ist durch den Ausdruck:

$$\alpha = L + \mu t$$

wo L die mittlere Länge der Sonne zu Anfang der Zeit t und

$$\mu = \frac{360}{365.24222}$$

also wenn t in mittleren Tagen ausgedrückt wird $= 59' \, 8''.33$ ist, so wird der Stundenwinkel dieser mittleren Sonne die **mittlere** Zeit sein. Der mittlere Tag beginnt, wenn die Sternzeit gleich der Länge der mittleren Sonne oder wenn diese fingirte mittlere Sonne im Meridian ist. Bei astronomischen Angaben werden dann die Stunden von 0^h bis 24^h fortgezählt.

Die mittlere Sonne wird nun vor der wahren Sonne bald voraus, bald hinter derselben zurück sein, je nach dem Zeichen der periodischen Glieder ζ und des Gliedes $-$ tang $\frac{1}{2}\,\varepsilon^2$ sin $2\,\lambda + \ldots$, welches die **Reduction auf die Ecliptic** genannt wird. Diesen Unterschied zwischen der mittleren und wahren Sonnenzeit nennt man die **Zeitgleichung** und man nimmt das algebraische Zeichen derselben immer so an, dafs man dieselbe zur wahren Zeit algebraisch addiren mufs, um die mittlere Zeit zu erhalten. Die Zeitgleichung ist vier Mal im Jahre Null oder die mittlere Zeit ist gleich der wahren, nämlich am 14. April, am 14. Juni, am 31. August und am 23. December oder an den darauf folgenden Tagen. Zwischen dem 23. December und dem 14. April erreicht die Zeitgleichung um die Mitte des Februars den Maximumwerth 14′ 34″ und es ist in diesem Zeitraum die wahre Zeit hinter der mittleren zurück. Zwischen dem 14. April und dem 14. Juni trifft in der Mitte des Mais das Maximum 3′ 54″ ein und zwar ist dann die wahre Zeit vor der mittleren voraus. Zwischen dem 14. Juni und dem 31. August tritt das Maximum 6′ 11″ gegen das Ende des Juli ein und in dieser Periode ist die wahre Zeit wieder hinter der mittleren zurück. Endlich ist zwischen dem 31. August und 23. December das Maximum in der Mitte des Novembers 16′ 17″ und hier ist die wahre Zeit wieder der mittleren Zeit voraus. Die Zeitgleichung wird in den astronomischen Ephemeriden aufgeführt und man findet dieselbe z. B. in Encke's Jahrbuche für jeden wahren Berliner Mittag angegeben.*) Die Dauer eines wahren Tages beträgt im Maximum, welches Ende December eintrifft $24^h\ 0'\ 30''.0$. Das Minimum, welches Mitte September stattfindet, beträgt dagegen $23^h\ 59'\ 39''.0$.

In der Astronomie kommen nun die drei verschiedenen Zeiten in Anwendung und es ist daher nöthig, die Regeln für die Verwandlung dieser drei Zeiten in einander kennen zu lernen.

---

*) Die Berechnung der Zeitgleichung geschieht aus den Sonnentafeln, aus denen man die mittlere und wahre Länge und ebenso die mittlere und wahre Rectascension der Sonne für jede gegebene Zeit finden kann. Die besten Sonnentafeln sind die von Bessel verbesserten Carlinischen Tafeln in den Effemeridi astronomiche di Milano per l'anno 1844.

21. Verwandlung der mittleren Zeit in Sternzeit und umgekehrt. Da 365.24222 mittlere Tage gleich 366,24222 Sterntagen sind, so ist:

$$\text{ein Sterntag} = \frac{365.24222}{366.24222} \text{ mittleren Tagen}$$
$$= \text{einem mittleren Tage} - 3' 55''.909 \text{ mittlere Zeit}$$

und ein mittlerer Tag

$$= \frac{366.24222}{365.24222} \text{ Sterntagen}$$
$$= \text{einem Sterntage} + 3' 56''.555 \text{ Sternzeit.}$$

Ist also Θ die Sternzeit, M die mittlere Zeit und Θ_0 die Sternzeit, die für $M = 0$ d. h. für den Anfang des mittleren Tages oder für den mittleren Mittag statt findet, so ist:

$$M = [\Theta - \Theta_0] \frac{24^h - 3' 55''.909}{24^h}$$

und

$$\Theta = \Theta_0 + M \frac{24^h + 3' 56''.555}{24^h}$$

Um also Sternzeit in mittlere Zeit und umgekehrt zu verwandeln, mufs man die Sternzeit im mittleren Mittage d. h. also die Rectascension der mittleren Sonne zu Anfang des mittleren Tages kennen und da dieselbe täglich um 3′ 56″.555347 zunimmt, so brauchte dieselbe nur für eine bestimmte Epoche gegeben zu sein. In den astronomischen Ephemeriden wird diese Gröfse aber der Bequemlichkeit wegen für jeden mittleren Mittag aufgeführt.

Zur weiteren Erleichterung der Rechnung hat man dann noch Tafeln, welche die Werthe von

$$\frac{24^h - 3' 55''.909}{24^h} \, t$$

und

$$\frac{24^h + 3' 56''.555}{24^h} \, t$$

für die einzelnen Werthe der Zeit t geben. Solche Tafeln findet man ebenfalls in den astronomischen Ephemeriden und in allen Sammlungen astronomischer Tafeln.

Beispiel. 1849 Juni 9 $14^h\,16'\,36''.35$ Sternzeit für Berlin in mittlere Zeit zu verwandeln.

Die Sternzeit im mittleren Mittage beträgt nach Encke's Jahrbuche für diesen Tag:

$$5^h\,10'\,48''.30$$

also sind vom mittleren Mittage bis zur gegebenen Zeit $9^h\,5'\,48''.05$ Sternzeit verflossen und diese sind nach den Hülfstafeln oder wenn man die Multiplication mit

$$\frac{24^h - 3'\,55''.909}{24^h}$$

macht, $9^h\,4'\,18''.63$ mittlere Zeit. Wäre die mittlere Zeit gegeben, so würde man dieselbe nach den Hülfstafeln in Sternzeit verwandeln und diese zu der Sternzeit im mittleren Mittage addiren, um die zu der gegebenen mittleren Zeit gehörige Sternzeit zu finden.

22. **Verwandlung der wahren Zeit in mittlere Zeit und umgekehrt.** Um wahre Zeit in mittlere Zeit zu verwandeln, hat man einfach für die gegebene wahre Zeit die Zeitgleichung aus den Ephemeriden zu nehmen und diese zu der gegebenen Zeit algebraisch hinzuzulegen. Nach dem Berliner Jahrbuche hat man die Zeitgleichung im wahren Mittage:

		I. Diff.	II. Diff.
1849 Juni 8	$-\,1'\,20''.73$		
		$+\,11''.36$	
9	$1\ \ 9\ .37$		$+\,0''.27$
		$11\ \ 63$	
10	$0\ \ 57\ .74$		

Ist also die wahre Zeit $9^h\,5'\,23''.60$ für den 9. Juni gegeben, so findet man dafür die Zeitgleichung $-\,1'\,4''.98$, also die mittlere Zeit $9^h\,4'\,18''.62$.

Um mittlere Zeit in wahre zu verwandeln dient dieselbe Zeitgleichung. Da diese aber in den Ephemeriden für wahre Zeit gegeben ist, so müſste man eigentlich schon die wahre Zeit kennen, um die Zeitgleichung interpoliren zu können. Bei der geringen täglichen Aenderung derselben wird es aber hinreichend sein, wenn man die gegebene mittlere Zeit dadurch in wahre verwandelt, daſs man eine Zeitgleichung an die gegebene Zeit anbringt, welche nur ungefähr der gegenen Zeit entspricht. Mit dieser genäherten wahren Zeit interpolirt man dann die Zeitgleichung. Ist z. B. die mittlere Zeit $9^h\,4'\,18''.62$ gegeben, so nehme man als Zeitgleichung $-\,1'$. Mit der wahren Zeit $9^h\,5'\,18''.6$ findet man dann die Zeitgleichung $-\,1'\,4''.98$, also die wahre Zeit $9^h\,5'\,23''.60$.

23. Verwandlung der wahren Zeit in Sternzeit und umgekehrt. Da die wahre Zeit nichts anderes als der Stundenwinkel der Sonne ist, so braucht man nur noch die Rectascension A der Sonne zu kennen, um die Sternzeit aus der Gleichung:

$$\Theta = W + A$$

zu erhalten, wo W die wahre Zeit bezeichnet.

Nach dem Enckeschen Jahrbuche hat man die folgenden Rectascensionen der Sonne für die wahren Mittage in Berlin:

		I. Diff.	
1849 Juni 8	$5^h\,5'\,30''.79$		
		$+\,4'\,7''.96$	
9	$9\;\;38\,.\,75$		$+\,0''.27$
		$4\;\;8\,.\,23$	
10	$13\;\;46\,.\,98$		

Soll man nun $9^h\,5'\,23''.60$ wahre Zeit für den 9. Juni in Sternzeit verwandeln, so hat man für diese Zeit die Rectascension der Sonne gleich $5^h\,11'\,12''.75$, also die Sternzeit gleich $14^h\,16'\,36''.35$.

Um Sternzeit in wahre Zeit zu verwandeln, bedarf man einer genäherten Kenntniſs der wahren Zeit für die Interpolation der geraden Aufsteigung der Sonne. Zieht man aber von der gegebenen Sternzeit die Rectascension der Sonne ab, welche für den Anfang des Tages gilt, so erhält man die Anzahl der Sternstunden, welche seitdem verflossen sind. Diese Sternstunden müſste man in wahre Zeit verwandeln. Es reicht aber hin, dieselben in mittlere Zeit zu verwandeln und für diese mittlere Zeit die Rectascension der Sonne zu interpoliren. Zieht man diese dann von der gegebenen Sternzeit ab, so erhält man die wahre Zeit.

Juni 9 ist die Rectascension der Sonne zu Anfang des Tages gleich $5^h\,9'\,38''.75$, also sind bis zur Sternzeit $14^h\,16'\,36''.35$ verflossen $9^h\,6'\,57''.60$ Sternzeit oder $9^h\,5'\,28''.00$ mittlere Zeit. Interpolirt man für diese Zeit die Rectascension der Sonne, so erhält man wieder $5^h\,11'\,12''.75$, also die wahre Zeit $9^h\,5'\,23'.60$.

Man kann diese Verwandlung übrigens auch ebenso bequem vornehmen, wenn man aus der Sternzeit die mittlere Zeit sucht und aus dieser vermittelst der Zeitgleichung die wahre Zeit.

ZWEITER ABSCHNITT.

Correctionen der Beobachtungen, welche durch den Standpunct des Beobachters auf der Oberfläche der Erde und durch die Eigenschaften des Lichts bedingt werden.

Die astronomischen Tafeln und Ephemeriden geben immer die Oerter der Gestirne, wie sie vom Mittelpuncte der Erde aus erscheinen. Für unendlich weit entfernte Gestirne ist dieser Ort gleich dem, welchen man von beliebigen Puncten der Oberfläche der Erde beobachtet. Hat aber die Entfernung des Gestirns ein angebbares Verhältniſs zum Halbmesser der Erde, so wird der Ort des Gestirns, vom Mittelpuncte der Erde gesehen, verschieden sein von dem Orte, welchen man von irgend einem Puncte der Oberfläche der Erde aus beobachtet. Will man daher den beobachteten Ort eines solchen Gestirns mit den Tafeln vergleichen, so muſs man Mittel haben, durch welche man den vom Mittelpuncte der Erde gesehenen Ort aus dem beobachteten berechnen kann. Will man umgekehrt aus dem beobachteten Orte eines solchen Gestirns gegen den Horizont des Beobachters z. B. in Verbindung mit seiner bekannten Position in Bezug auf den Aequator andre Gröſsen berechnen, so muſs man dazu die scheinbare Position, wie sie vom Beobachtungsorte gesehen erscheint, anwenden und muſs also die vom Mittelpuncte gesehene, welche die Ephemeriden geben, in die scheinbare verwandeln.

Der Winkel am Gestirne, welcher durch die beiden Gesichtslinien vom Mittelpuncte der Erde und von dem Orte auf der Oberfläche nach demselben gebildet wird, heifst die Parallaxe. Man mufs also Mittel haben, die Parallaxen der Gestirne für beliebige Zeiten und beliebige Orte auf der Oberfläche der Erde berechnen zu können.

Unsre Erde ist ferner von einer Atmosphäre umgeben, welche die Eigenschaft hat, das Licht zu brechen. Man sieht daher die Gestirne nicht an ihrem wahren Orte, sondern in der Richtung, welcher der in der Atmosphäre gebrochene Lichtstrahl in dem Augenblicke hat, wo derselbe das Auge des Beobachters trifft. Der Unterschied dieser Gesichtslinie von derjenigen, in welcher man den Stern sehen würde, wenn keine Atmosphäre vorhanden wäre, heifst die Refraction. Um also aus den Beobachtungen der Gestirne ihre wahren Oerter kennen zu lernen, mufs man Mittel besitzen, um die Refraction für jeden Punct des Himmels und für jeden Zustand der Atmosphäre zu bestimmen.

Hätte die Erde keine eigne Bewegung oder wäre die Geschwindigkeit des Lichts unendlich mal gröfser als die Geschwindigkeit der Erde, so würde diese Bewegung keinen Einflufs auf den scheinbaren Ort der Sterne haben. Da aber die Geschwindigkeit des Lichts zu der Geschwindigkeit der Erde ein angebbares Verhältnifs hat, so sieht ein Beobachter auf der Erde alle Sterne um einen kleinen Winkel, welcher von diesem Verhältnifs abhängig ist, nach derjenigen Richtung vorgerückt, nach welcher sich die Erde bewegt. Diesen kleinen Winkel, um welchen man die Oerter der Sterne vermöge der Bewegung der Erde und des Lichts geändert sieht, heifst die Aberration. Um also die wahren Oerter der Sterne aus den Beobachtungen zu erhalten, mufs man Mittel haben, um die beobachteten scheinbaren Oerter von dieser Aberration zu befreien.

I. Die Parallaxe.

1. Unsre Erde ist keine vollkommene Kugel, sondern ein abgeplattetes Sphäroid d. h. ein solches, welches durch Umdrehung von einer Ellipse um ihre kleine Axe entstanden ist. Bezeichnet a die halbe grofse, b die halbe kleine Axe eines solchen Sphäroids und α die Abplattung in Theilen der halben grofsen Axe, so ist:

$$\alpha = \frac{a-b}{a} = 1 - \frac{b}{a}$$

Ist ferner ε die Excentricität der Erzeugungsellipse, d. h. also derjenigen Ellipse, in welcher eine durch die halbe kleine Axe gelegte Ebene die Oberfläche des Sphäroids schneidet, so ist, wenn man dieselbe ebenfalls in Theilen der halben grofsen Axe ausdrückt:

$$\varepsilon^2 = 1 - \frac{b^2}{a^2}$$

also auch

$$\frac{b}{a} = \sqrt{1-\varepsilon^2}$$

ferner

$$\alpha = 1 - \sqrt{1-\varepsilon^2}$$

und

$$\varepsilon = \sqrt{2\alpha-\alpha^2}$$

Das Verhältnifs $\frac{b}{a}$ ist nun nach Bessels Untersuchungen bei der Erde

$$\frac{298.1528}{299.1528}$$

oder es ist:

$$\alpha = \frac{1}{299.1528}$$

und in Toisen ausgedrückt ist:

$$a = 3272077.14 \quad \log a = 6.5148235$$
$$b = 3261139.33 \quad \log b = 6.5133693$$

In der Astronomie braucht man aber nicht die Toise, sondern die halbe grofse Axe der Erdbahn als Einheit. Bezeichnet man mit π den Winkel, unter welchem der Aequatorealhalbmesser der Erde oder die halbe grofse Axe des Erdsphäroids von der Sonne aus erscheint und ist R die halbe grofse Axe der Erdbahn oder die mittlere Entfernung der Erde von der Sonne, so ist:

$$a = R \sin \pi$$

oder

$$a = \frac{R \,.\, \pi}{206265}.$$

Der Winkel π oder die Aequatoreal-Horizontalparallaxe der Sonne ist nach Encke gleich:

$$8''.57116$$

Es ist der Winkel, unter welchem der Halbmesser des Erdäquators von der Sonne aus gesehen wird, wenn die Sonne für die Orte des Erdäquators im Horizonte steht.

2. Um nun die Parallaxe eines Gestirns für jeden Ort auf der Oberfläche berechnen zu können, mufs man jeden Punct auf der sphäroidischen Erde durch Coordinaten auf den Mittelpunct beziehen können. Als erste Coordinate nimmt man nun die Sternzeit d. h. den Winkel, welche eine durch den Beobachtungsort und die halbe kleine Axe gelegte Ebene*) mit der Ebene durch die halbe kleine Axe und den Frühlings Tag- und Nachtgleichenpunct macht. Ist dann OAC Fig. 2. die Ebene durch den Beobachtungsort A und durch die halbe kleine Axe, so mufs man um die Lage des Ortes A anzugeben, noch die Entfernung $AO = \varrho$ vom Mittelpuncte der Erde und den Winkel AOC, den man die verbesserte Polhöhe nennt, kennen.

Diese Gröfsen kann man aber immer aus der Polhöhe ANC (nämlich dem Winkel, den der Horizont von A mit

---

*) Da diese Ebene durch die Weltpole und durch das Zenith des Beobachtungsortes geht, so ist sie die Ebene des Meridians.

der Weltaxe oder den die Normale AN an der Oberfläche in A mit dem Aequator macht) und den beiden Axen des Erdsphäroids berechnen.

Sind nämlich x und y die Coordinaten des Punctes A in Bezug auf den Mittelpunct O, wenn man OC als Axe der Abscissen, OB als Axe der Ordinaten ansieht, so hat man weil A ein Punct einer Ellipse ist, deren halbe grofse und halbe kleine Axe a und b sind, die Gleichung:

$$a^2 y^2 + b^2 x^2 = a^2 b^2$$

Da nun, wenn man die verbesserte Polhöhe mit φ' bezeichnet,

$$\operatorname{tang} \varphi' = \frac{y}{x}$$

ist, da man ferner:

$$\operatorname{tang} \varphi = -\frac{dx}{dy}$$

hat, indem die Polhöhe φ der Winkel ist, welchen die Normale an A mit der Axe der Abscissen macht, so erhält man, weil die Differentialgleichung der Ellipse

$$\frac{y}{x} = -\frac{b^2}{a^2}\frac{dx}{dy}$$

giebt, zwischen den Gröfsen φ und φ' die folgende Gleichung:

$$\operatorname{tang} \varphi' = \frac{b^2}{a^2} \operatorname{tang} \varphi \qquad (a)$$

Um ϱ zu berechnen, hat man:

$$\varrho = \sqrt{x^2+y^2} = \frac{x}{\cos \varphi'}$$

Da nun aus der Gleichung für die Ellipse

$$x = \frac{a}{\sqrt{1 + \frac{a^2}{b^2} \operatorname{tang} \varphi'^2}} = \frac{a}{\sqrt{1 + \operatorname{tang} \varphi . \operatorname{tang} \varphi'}}$$

folgt, so erhält man:

$$\varrho = \frac{a \sec \varphi'}{\sqrt{1 + \operatorname{tang} \varphi \operatorname{tang} \varphi'}} = a \sqrt{\frac{\cos \varphi}{\cos \varphi' \cos (\varphi' - \varphi)}} \qquad (b)$$

Durch diese beiden Formeln kann man also für jeden Ort auf der Oberfläche der Erde, dessen Polhöhe φ bekannt ist, die verbesserte Polhöhe φ' und den Radius ϱ berechnen.

Für die Coordinaten x und y erhält man noch die folgenden Formeln, die auch in der Folge gebraucht werden:

$$x = \frac{a \cos \varphi}{\sqrt{\cos \varphi^2 + (1-\varepsilon)^2 \sin \varphi^2}}$$

$$= \frac{a \cos \varphi}{\sqrt{1-\varepsilon^2 \sin \varphi^2}} \qquad (c)$$

und

$$y = x \operatorname{tang} \varphi' = x \frac{b^2}{a^2} \operatorname{tang} \varphi = x (1-\varepsilon^2) \operatorname{tang} \varphi$$

$$= \frac{a(1-\varepsilon^2) \sin\varphi}{\sqrt{1-\varepsilon^2 \sin \varphi^2}} \qquad (d)$$

Aus der Formel (a) kann man φ' in eine Reihe entwickeln, welche nach den Sinus der Vielfachen von φ fortschreitet. Man erhält nämlich nach Formel (16) in Nr. 11 der Einleitung:

$$\varphi' = \varphi - \frac{a^2-b^2}{a^2+b^2} \sin 2\varphi + \tfrac{1}{2} \left(\frac{a^2-b^2}{a^2+b^2}\right)^2 \sin 4\varphi - \text{etc.} \qquad (A)$$

oder, wenn man

$$\frac{a-b}{a+b} = n$$

setzt:

$$\varphi' = \varphi - \frac{2n}{1+n^2} \sin 2\varphi + \tfrac{1}{2} \left(\frac{2n}{1+n^2}\right)^2 \sin 4\varphi - \text{etc.} \qquad (B)$$

Berechnet man die numerischen Werthe der Coefficienten für die oben gegebene Abplattung und multiplicirt dieselben mit 206265, um sie in Secunden zu erhalten, so bekommt man:

$$\varphi' = \varphi - 11'\,30''.65 \sin 2\varphi + 1''.16 \sin 4\varphi - \qquad (C)$$

woraus man z. B. für die Polhöhe von Berlin 52° 30′ 16″. 0 findet

$$\varphi' = 52^\circ\,19'\,8''.3$$

Wiewohl ϱ selbst sich nicht in eine so elegante Reihe wie φ' entwickeln läſst, so kann man doch für log ϱ eine solche finden. *) Die Formel (b) giebt nämlich:

$$\varrho^2 = \frac{a^2}{\cos\varphi'^2\left[1 + \frac{b^2}{a^2}\operatorname{tang}\varphi^2\right]}$$

Setzt man hierin für $\cos\varphi'^2$ seinen Werth

$$\frac{a^4}{a^4 + b^4 \operatorname{tang}\varphi^2}$$

so erhält man:

$$\begin{aligned}
\varrho^2 &= \frac{a^4\cos\varphi^2 + b^4\sin\varphi^2}{a^2\cos\varphi^2 + b^2\sin\varphi^2} \\
&= \frac{a^4 + b^4 + (a^4 - b^4)\cos 2\varphi}{a^2 + b^2 + (a^2 - b^2)\cos 2\varphi} \\
&= \frac{(a^2+b^2)^2 + (a^2-b^2)^2 + 2\,(a^2+b^2)\,(a^2-b^2)\cos 2\varphi}{(a+b)^2 + (a-b)^2 + 2\,(a+b)\,(a-b)\cos 2\varphi}
\end{aligned}$$

also:

$$\varrho = \frac{a^2+b^2}{a+b}\;\frac{\left[1 + \left(\frac{a^2-b^2}{a^2+b^2}\right)^2 + 2\,\frac{a^2-b^2}{a^2+b^2}\cos 2\varphi\right]^{\frac{1}{2}}}{\left[1 + \left(\frac{a-b}{a+b}\right)^2 + 2\,\frac{a-b}{a+b}\cos 2\varphi\right]^{\frac{1}{2}}}$$

Schreibt man die Formel logarithmisch und entwickelt die Logarithmen der Quadratwurzeln nach Formel (15) in

---

*) Encke, Jahrbuch für 1852 pag. 326, wo auch Tafeln gegeben sind, aus denen man für jede Polhöhe φ' und log ϱ findet.

Nr. 11 der Einleitung in Reihen, die nach den Cosinus der Vielfachen von 2 φ forschreiten, so erhält man:

$$\begin{aligned}\log hyp\, \varrho = \log hyp \frac{a^2+b^2}{a+b} &+ \left\{\frac{a^2-b^2}{a^2+b^2} - \frac{a-b}{a+b}\right\} \cos 2\varphi \\ &- \tfrac{1}{2} \left\{\left(\frac{a^2-b^2}{a^2+b^2}\right)^2 - \left(\frac{a-b}{a+b}\right)^2\right\} \cos 4\varphi \\ &+ \tfrac{1}{3} \left\{\left(\frac{a^2-b^2}{a^2+b^2}\right)^3 - \left(\frac{a-b}{a+b}\right)^3\right\} \cos 6\varphi \\ &- \text{etc.}\end{aligned} \qquad (D)$$

oder für Briggische Logarithmen, wenn man zugleich

$$\frac{a-b}{a+b}$$

mit n bezeichnet:

$$\begin{aligned}\log \varrho = \log\left(a\,\frac{1+n^2}{1+n}\right) &+ M \left\{\left(\frac{2n}{1+n^2} - n\right) \cos 2\varphi \right.\\ &- \tfrac{1}{2} \left[\left(\frac{2n}{1+n^2}\right)^2 - n^2\right] \cos 4\varphi \\ &+ \tfrac{1}{3} \left[\left(\frac{2n}{1+n^2}\right)^3 - n^3\right] \cos 6\varphi \\ &- \text{etc.}\end{aligned} \qquad (E)$$

wo M den Modulus der Briggischen Logarithmen bedeutet und

$$\log M = 9.6377843$$

ist. Berechnet man wieder die numerischen Werthe der Coefficienten, so erhält man, wenn man $a = 1$ nimmt:

$$\log \varrho = 9.9992747 + 0.0007271 \cos 2\varphi - 0.0000018 \cos 4\varphi \qquad (F)$$

und daraus z. B. für die Polhöhe von Berlin:

$$\log \varrho = 9.9990880$$

Kennt man also die Polhöhe eines Orts, so kann man durch die Reihen (*C*) und (*F*) die verbesserte Polhöhe und die Entfernung des Orts vom Mittelpuncte der Erde berechnen und durch diese Gröſsen in Verbindung mit der Sternzeit die Lage des Orts gegen den Mittelpunct der Erde in jedem Augenblicke angeben. Denkt man sich durch den Mittelpunct der Erde ein rechtwinkliges Coordinatensystem gelegt, dessen Axe der z senkrecht auf der Ebene des Aequators steht, während die Axen der x und y in der Ebene des Aequators liegen und zwar so, dafs die positive Axe der x nach dem Frühlingspuncte, die positive Axe der y nach dem 90. Grade der Rectascensionen gerichtet ist, so kann man auch die Lage des Ortes auf der Oberfläche gegen den Mittelpunct durch die drei rechtwinkligen Coordinaten ausdrücken:

$$\begin{aligned} x &= \varrho \cos \varphi' \cos \Theta \\ y &= \varrho \cos \varphi' \sin \Theta \qquad (G) \\ z &= \varrho \sin \varphi' \end{aligned}$$

3. Die Ebene, in welcher die Gesichtslinien vom Mittelpuncte der Erde und vom Beobachtungsorte nach dem Gestirne liegen, geht, wenn man sich die Erde als sphärisch denkt, nothwendiger Weise durch das Zenith des Beobachtungsortes und schneidet also die scheinbare Himmelskugel in einem Verticalkreise. Daraus folgt, dafs die Parallaxe nur die Höhe der Gestirne ändert, das Azimut dagegen ungeändert läfst. Ist nun A Fig. 2 der Beobachtungsort, Z sein Zenith, S der Stern und O der Mittelpunct der Erde, so ist ZOS die wahre vom Mittelpuncte der Erde gesehene Zenithdistanz z, dagegen ZAS die scheinbare, von dem Orte A auf der Oberfläche beobachtete Zenithdistanz z'. Bezeichnet man dann die Parallaxe d. h. den Winkel an $S = z' - z$ mit p', so ist:

$$\sin p' = \frac{\varrho}{\Delta} \sin z'$$

wo Δ die Entfernung des Gestirns von der Erde bedeutet, und da p' aufser beim Monde immer nur ein sehr kleiner Winkel ist, so ist es erlaubt, den Sinus mit dem Bogen zu vertauschen und zu setzen:

$$p' = \frac{\varrho}{\Delta} \sin z' . 206265$$

Die Horizontalparallaxe ist also dem Sinus der scheinbaren Zenithdistanz proportional. Sie ist im Zenith Null, erreicht im Horizonte ihr Maximum und bewirkt, dafs man die Höhen aller Gestirne zu niedrig sieht. Der Maximumwerth für $z = 0$

$$p = \frac{\varrho}{\Delta}\, 206265$$

heifst die Horizontalparallaxe und der Werth

$$p = \frac{a}{\Delta}\, 206265$$

wo a der Halbmesser des Erdäquators ist, die Horizontal-Aequatoralparallaxe.

Bisher ist die Erde als sphärisch vorausgesetzt; da indessen die Erde ein Sphäroid ist, so geht die Ebene, in welcher die Gesichtslinien vom Mittelpuncte der Erde und vom Beobachtungsorte nach dem Gestirne liegen, nicht durch das Zenith des Beobachtungsortes, sondern durch den Punct, in welchem die Linie vom Mittelpuncte der Erde nach dem Beobachtungsorte die scheinbare Himmelskugel trifft. Es wird daher auch das Azimut der Gestirne durch die Parallaxe geändert und zugleich wird der strenge Ausdruck für die Höhenparallaxe ein andrer sein als der eben gegebene. *)

Denkt man sich drei auf einander senkrechte Coordinatenaxen, von denen die postive Axe der z nach dem Zenith des Beobachtungsortes gerichtet ist, während die Axen der x und y in der Ebene des Horizonts liegen und zwar so, dafs die positive Axe der x nach Süden, die positive Axe der y nach Westen gerichtet ist, so sind die Coordinaten eines Gestirns in Bezug auf diese Axen:

$$\Delta' \sin z' \cos A', \quad \Delta' \sin z' \sin A' \quad \text{und} \quad \Delta' \cos z'$$

wo Δ' die Entfernung des Gestirns vom Beobachtungsorte, z' und A' vom Beobachtungsorte gesehene Zenithdistanz und Azimut bezeichnen.

---

*) Der Verf. verdankt die folgende, elegante Entwickelung der gütigen Mittheilung des Herrn Prof. Encke.

Ferner sind die Coordinaten des Gestirns in Bezug auf ein Axensystem, welches dem vorigen parallel ist aber durch den Mittelpunct der Erde geht:

$$\Delta \sin z \cos A,\ \Delta \sin z \sin A \text{ und } \Delta \cos z$$

wenn man mit Δ die Entfernung des Gestirns vom Mittelpuncte der Erde und mit z und A die vom Mittelpuncte der Erde gesehene Zenithdistanz und das Azimut bezeichnet. Da nun die Coordinaten des Mittelpunctes der Erde in Bezug auf das erstere System respective:

$$-\varrho \sin(\varphi-\varphi'),\ 0 \text{ und } -\varrho \cos(\varphi-\varphi')$$

sind, so hat man die drei Gleichungen:

$$\begin{aligned}
\Delta' \sin z' \cos A' &= \Delta \sin z \cos A - \varrho \sin(\varphi-\varphi') \\
\Delta' \sin z' \sin A' &= \Delta \sin z \sin A \\
\Delta' \cos z' &= \Delta \cos z - \varrho \cos(\varphi-\varphi')
\end{aligned}$$

oder:

$$\begin{aligned}
\Delta' \sin z' \sin(A'-A) &= \varrho \sin(\varphi-\varphi') \sin A \\
\Delta' \sin z' \cos(A'-A) &= \Delta \sin z - \varrho \sin(\varphi-\varphi') \cos A \qquad (a) \\
\Delta' \cos z' &= \Delta \cos z - \varrho \cos(\varphi-\varphi')
\end{aligned}$$

Multiplicirt man die erste Gleichung mit $\sin \frac{1}{2}(A'-A)$, die zweite mit $\cos \frac{1}{2}(A'-A)$ und addirt die Producte, so erhält man:

$$\begin{aligned}
\Delta' \sin z' &= \Delta \sin z - \varrho \sin(\varphi-\varphi') \frac{\cos \frac{1}{2}(A'+A)}{\cos \frac{1}{2}(A'-A)} \\
\Delta' \cos z' &= \Delta \cos z - \varrho \cos(\varphi-\varphi')
\end{aligned}$$

Setzt man dann:

$$\operatorname{tang} \gamma = \frac{\cos \frac{1}{2}(A'+A)}{\cos \frac{1}{2}(A'-A)} \operatorname{tang}(\varphi-\varphi') \qquad (b)$$

so wird:

$$\begin{aligned}
\Delta' \sin z' &= \Delta \sin z - \varrho \cos(\varphi-\varphi') \operatorname{tang} \gamma \\
\Delta' \cos z' &= \Delta \cos z - \varrho \cos(\varphi-\varphi')
\end{aligned}$$

oder:

$$\left.\begin{aligned}
\Delta' \sin(z'-z) &= \varrho \cos(\varphi-\varphi') \frac{\sin(z-\gamma)}{\cos \gamma} \\
\Delta' \cos(z'-z) &= \Delta - \varrho \cos(\varphi-\varphi') \frac{\cos(z-\gamma)}{\cos \gamma}
\end{aligned}\right\} \qquad (c)$$

und auch noch, wenn man die erste Gleichung mit sin $\frac{1}{2}(z'-z)$, die zweite mit cos $\frac{1}{2}(z'-z)$ multiplicirt und die Producte addirt:

$$\Delta' = \Delta - \varrho \frac{\cos(\varphi-\varphi') \cos\left[\frac{1}{2}(z'+z) - \gamma\right]}{\cos\gamma}$$

Dividirt man die Gleichungen (*a*), (*b*) und (*c*) durch Δ, nimmt man ferner den Halbmesser des Erdäquators als Einheit an, und setzt:

$$\frac{1}{\Delta} = \sin p,$$

wo p also die Horizontal-Aequatorealparallaxe bezeichnet, so erhält man nach der Formel (12) und (13) in Nr. 11 der Einleitung:

$$A' - A = \frac{\varrho \sin p \sin(\varphi-\varphi')}{\sin z} \sin A + \frac{1}{2} \left(\frac{\varrho \sin p \sin(\varphi-\varphi')}{\sin z}\right)^2 \sin 2A + \ldots$$

$$\gamma = \cos A\,(\varphi-\varphi') - \sin A \operatorname{tang} \tfrac{1}{2}(A'-A)\,(\varphi-\varphi')$$
$$+ \frac{1}{3} \frac{\sin A \sin A' \cos \frac{1}{2}(A'+A)}{\cos \frac{1}{2}(A'-A)^2} (\varphi-\varphi')^3 \quad {}^{*})$$

$$z' - z = \frac{\varrho \sin p \cos(\varphi-\varphi')}{\cos\gamma} \sin(z-\gamma)$$
$$+ \frac{1}{2} \left(\frac{\varrho \sin p \cos(\varphi-\varphi')}{\cos\gamma}\right)^2 \sin 2(z-\gamma) + \ldots$$

$$\log hyp\, \Delta' = \log hyp\, \Delta - \frac{\varrho \sin p \cos(\varphi-\varphi')}{\cos\gamma} \cos(z-\gamma)$$
$$\frac{1}{2} \left(\frac{\varrho \sin p \cos(\varphi-\varphi')}{\cos\gamma}\right)^2 \cos 2(z-\gamma) \text{ etc.}$$

---

*) Es ist nämlich:

$$\gamma = \frac{\cos \frac{1}{2}(A'+A)}{\cos \frac{1}{2}(A'-A)} \operatorname{tang}(\varphi-\varphi') - \frac{1}{3} \frac{\cos \frac{1}{2}(A'+A)^3}{\cos \frac{1}{2}(A'-A)^3} \operatorname{tang}(\varphi-\varphi')^3 + \ldots$$

Setzt man hier für tang $(\varphi-\varphi')$ die Reihe

$$(\varphi-\varphi') + \frac{1}{3}(\varphi-\varphi')^3 +$$

so erhält man leicht den im Texte gegebenen Ausdruck.

Hiernach ist genähert bis auf Gröſsen von der Ordnung sin p $(\varphi - \varphi')$, die bei der Gröſse γ nie in Betracht kommen werden:

$$\gamma = (\varphi - \varphi') \cos A$$

und man erhält für die Azimutalparallaxe:

$$A' - A = \frac{\varrho \sin p \sin (\varphi - \varphi')}{\sin z} \sin A$$

oder, wenn z sehr klein sein sollte, strenge:

$$\operatorname{tang} (A' - A) = \frac{\dfrac{\varrho \sin p \sin (\varphi - \varphi')}{\sin z} \sin A}{1 - \dfrac{\varrho \sin p \sin (\varphi - \varphi')}{\sin z} \cos A}$$

Da ferner:

$$\frac{\cos (\varphi - \varphi')}{\cos \gamma} = \frac{\cos \frac{1}{2} (A' + A) \sin (\varphi - \varphi')}{\cos \frac{1}{2} (A' - A) \sin \gamma}$$

also sehr nahe gleich 1 ist, so erhält man für die Parallaxe der Zenithdistanz:

$$z' - z = \varrho \sin p \sin [z - (\varphi - \varphi') \cos A]$$

oder strenge:

$$\frac{\Delta'}{\Delta} \sin (z' - z) = \varrho \sin p \sin [z - (\varphi - \varphi') \cos A]$$

$$\frac{\Delta'}{\Delta} \cos (z' - z) = 1 - \varrho \sin p \cos [z - (\varphi - \varphi') \cos A]$$

Für den Meridian ist also die Parallaxe im Azimut Null und die Parallaxe der Zenithdistanz:

$$z' - z = \varrho \sin p \sin [z - (\varphi - \varphi')]$$

4. Aehnlich erhält man die Parallaxe für Rectascension und Declination. Die Coordinaten eines Gestirns in Bezug auf die Ebene des Aequators und den Mittelpunct der Erde seien:

$$\Delta \cos \delta \cos \alpha, \quad \Delta \cos \delta \sin \alpha \text{ und } \Delta \sin \delta$$

Die scheinbaren Coordinaten in Bezug auf dieselbe Ebene, wie sie vom Beobachtungsorte auf der Oberfläche der Erde erscheinen, seien dagegen:

$$\Delta' \cos\delta' \cos\alpha',\ \Delta' \cos\delta' \sin\alpha' \text{ und } \Delta' \sin\delta'$$

Dann hat man, weil die Coordinaten des Ortes auf der Oberfläche in Bezug auf den Mittelpunct der Erde und für die Grundebene des Aequators:

$$\varrho \cos\varphi' \cos\Theta,\ \varrho \cos\varphi' \sin\Theta \text{ und } \varrho \sin\varphi'$$

sind, zur Bestimmung von Δ', α' und δ' die drei Gleichungen:

$$\begin{aligned}\Delta' \cos\delta' \cos\alpha' &= \Delta \cos\delta \cos\alpha - \varrho \cos\varphi' \cos\Theta\\ \Delta' \cos\delta' \sin\alpha' &= \Delta \cos\delta \sin\alpha - \varrho \cos\varphi' \sin\Theta \qquad (a)\\ \Delta' \sin\delta' &= \Delta \sin\delta - \varrho \sin\varphi'\end{aligned}$$

Multiplicirt man die erste Gleichung mit $\sin\alpha$, die zweite mit $\cos\alpha$ und zieht beide von einander ab, so erhält man:

$$\Delta' \cos\delta' \sin(\alpha'-\alpha) = -\varrho \cos\varphi' \sin(\Theta-\alpha)$$

Multiplizirt man dagegen die erste Gleichung mit $\cos\alpha$, die zweite mit $\sin\alpha$ und addirt beide, so findet man:

$$\Delta' \cos\delta' \cos(\alpha'-\alpha) = \Delta \cos\delta - \varrho \cos\varphi' \cos(\Theta-\alpha)$$

Es ist mithin:

$$\tan(\alpha'-\alpha) = \frac{\varrho' \cos\varphi' \sin(\alpha-\Theta)}{\Delta \cos\delta - \varrho \cos\varphi' \cos(\alpha-\Theta)} = \frac{\frac{\varrho \cos\varphi'}{\Delta \cos\delta} \sin(\alpha-\Theta)}{1 - \frac{\varrho \cos\varphi'}{\Delta \cos\delta} \cos(\alpha-\Theta)}$$

oder, wenn man hierauf die schon oft gebrauchte Reihenentwickelung anwendet:

$$(A) \qquad \alpha'-\alpha = \frac{\varrho \cos\varphi'}{\Delta \cos\delta} \sin(\alpha-\Theta) + \tfrac{1}{2}\left(\frac{\varrho \cos\varphi'}{\Delta \cos\delta}\right)^2 \sin 2(\alpha-\Theta) + \tfrac{1}{3}\left(\frac{\varrho \cos\varphi'}{\Delta \cos\delta}\right)^3 \sin 3(\alpha-\Theta) + \ldots$$

Für alle Fälle, den Mond ausgenommen, reicht man mit dem ersten Gliede dieser Reihe aus und hat dann ganz einfach, wenn man für ϱ den Halbmesser des Aequators zur Einheit nimmt und dann im Zähler den Factor $\sin\pi$ (wo π die Horizontal-Aequatoralpareallaxe der Sonne ist) hinzufügt, damit im Zähler und Nenner dieselbe Einheit, nämlich die halbe grofse Axe der Erdbahn vorkommt:

$$(B) \qquad \alpha' - \alpha = \frac{\varrho \sin \pi \cos \varphi'}{\Delta} \; \frac{\sin (\alpha - \Theta)}{\cos \delta}$$

$\alpha - \Theta$ ist der östliche Stundenwinkel des Gestirns. Die Parallaxe vergröfsert also die Rectascensionen der Sterne auf der Ostseite des Meridians und vermindert dieselben auf der Westseite. Steht das Gestirn im Meridian, so ist die Parallaxe desselben in Rectascension gleich Null.

Um nun auch eine ähnliche Formel für $\delta' - \delta$ zu finden, setze man in der Formel für

$$\Delta' \cos \delta' \cos (\alpha' - \alpha)$$

jetzt

$$1 - 2 \sin \tfrac{1}{2} (\alpha' - \alpha)^2$$

statt

$$\cos (\alpha' - \alpha),$$

wodurch man erhält:

$$\Delta' \cos \delta' = \Delta \cos \delta - \varrho \cos \varphi' \cos (\Theta - \alpha) + 2 \Delta' \cos \delta' \sin \tfrac{1}{2} (\alpha' - \alpha)^2$$

Multiplicirt und dividirt man das letzte Glied mit $\cos \frac{1}{2} (\alpha' - \alpha)$, so findet man hieraus, wenn man zugleich die Formel:

$$\Delta' \cos \delta' \sin (\alpha' - \alpha) = - \varrho \cos \varphi' \sin (\Theta - \alpha)$$

benutzt:

$$\Delta' \cos \delta' = \Delta \cos \delta - \varrho \cos \varphi' \frac{\cos [\Theta - \frac{1}{2} (\alpha' + \alpha)]}{\cos \frac{1}{2} (\alpha' - \alpha)} \qquad (b)$$

Führt man nun die Hülfsgröfsen ein:

$$\begin{aligned} \beta \sin \gamma &= \sin \varphi' \\ \beta \cos \gamma &= \frac{\cos \varphi' \cos [\Theta - \frac{1}{2} (\alpha' + \alpha)]}{\cos \frac{1}{2} (\alpha' - \alpha)} \end{aligned} \qquad (c)$$

so erhält man aus (*b*):

$$\Delta' \cos \delta' = \Delta \cos \delta - \varrho \beta \cos \gamma$$

und aus der dritten der Gleichungen (*a*):

$$\Delta' \sin \delta' = \Delta \sin \delta - \varrho \beta \sin \gamma$$

Aus beiden Gleichungen findet man aber leicht:

$$\Delta' \sin(\delta'-\delta) = -\varrho\beta \sin(\gamma-\delta)$$
$$\Delta' \cos(\delta'-\delta) = \Delta - \varrho\beta \cos(\gamma-\delta)$$

oder:

$$\operatorname{tang}(\delta'-\delta) = -\frac{\frac{\varrho\beta}{\Delta}\sin(\gamma-\delta)}{1-\frac{\varrho\beta}{\Delta}\cos(\gamma-\delta)}$$

oder auch nach der Formel (12) in Nr. 11 der Einleitung:

$$\delta'-\delta = -\frac{\varrho\beta}{\Delta}\sin(\gamma-\delta) - \tfrac{1}{2}\frac{\varrho^2\beta^2}{\Delta^2}\sin 2(\gamma-\delta) - \text{etc.} \qquad (C)$$

Führt man hier für β seinen Werth $\frac{\sin\varphi'}{\sin\gamma}$ ein und setzt wieder $\varrho \sin\pi$ statt ϱ, um im Zähler und Nenner dieselbe Einheit zu haben, so erhält man, wenn man nur das erste Glied der Reihe mitnimmt:

$$\delta'-\delta = -\frac{\varrho\sin\pi\sin\varphi'}{\Delta}\;\frac{\sin(\gamma-\delta)}{\sin\gamma}$$

Setzt man noch in der zweiten der Formeln (*c*) was immer erlaubt ist, eins statt $\cos\tfrac{1}{2}(\alpha'-\alpha)$ und α statt $\cos\tfrac{1}{2}(\alpha'+\alpha)$ so sind also die vollständigen Näherungsformeln zur Berechnung der Parallaxe in Rectascension und Declination die folgenden:

$$\alpha'-\alpha = -\frac{\pi\varrho\cos\varphi'}{\Delta}\cdot\frac{\sin(\Theta-\alpha)}{\cos\delta}$$
$$\operatorname{tang}\gamma = \frac{\operatorname{tang}\varphi'}{\cos(\Theta-\alpha)}$$
$$\delta'-\delta = -\frac{\pi\varrho\sin\varphi'}{\Delta}\;\frac{\sin(\gamma-\delta)}{\sin\gamma} \quad {}^{*})$$

---

*) Für den Meridian erhält man hieraus:

$$\delta'-\delta = -\frac{\pi\varrho}{\Delta}\sin(\varphi'-\delta) = \varrho\frac{\pi}{\Delta}\sin[z-(\varphi-\varphi')]$$

also die Parallaxe in Declination gleich der Höhenparallaxe.

Hat das Gestirn eine sichtbare Scheibe, so wird sein scheinbarer Halbmesser von der Entfernung abhängen und man wird also auch dafür eine Correction nöthig haben. Es ist aber:

$$\Delta' \sin(\delta' - \gamma) = \Delta \sin(\delta - \gamma)$$

$$\Delta' = \Delta \frac{\sin(\delta - \gamma)}{\sin(\delta' - \gamma)}$$

und da sich nun die Halbmesser, so lange dieselben kleine Winkel sind, umgekehrt wie die Entfernungen verhalten, so hat man:

$$R' = R \frac{\sin(\delta' - \gamma)}{\sin(\delta - \gamma)}$$

Beispiel. 1844 Sept. 3 wurde in Rom um $20^h\,41'\,38''$ Sternzeit ein von de Vico entdeckter Comet beobachtet

$$\text{in der Rectascension } 2^\circ\,35'\,55''.5$$
$$\text{und in der Declination } -18\;43\;21.6$$

Der Logarithmus der Entfernung von der Erde war zu dieser Zeit 9.28001, ferner ist für Rom

$$\varphi' = 41^\circ\,42'.5$$

und

$$\log \varrho = 9.99936$$

Damit ist dann die Rechnung für die Parallaxe die folgende:

$$\Theta \text{ in Bogen } 310^\circ\,24'.5$$
$$\alpha \quad 2\;35.9$$
$$\Theta - \alpha \quad -52^\circ\,11'.4$$

$\text{tang}\,\varphi'$	9.94999	$\gamma =$	$55^\circ\,28'.6$
$\cos(\Theta-\alpha)$	9.78749	$\delta = -$	18 43 4
$\sin(\Theta-\alpha)$	9.89765n	$\gamma-\delta = +$	74 12.0
$-\frac{\pi\varrho\cos\varphi'}{\Delta}$	1.52576n	$\sin(\gamma-\delta)$	9.98327
$\sec\delta$	0.02362	$-\frac{\pi\varrho\sin\varphi'}{\Delta}$	1.47576n
		$\text{cosec}\,\gamma$	0.08413
$\log(\alpha'-\alpha)$	1.44703	$\log \delta'-\delta =$	1.54316n
$(\alpha'-\alpha) =$	$+27''.99$	$\delta'-\delta =$	$-34''.93$

Wegen der Parallaxe ist also damals die Rectascension des Cometen um 28″.0 gröſser und die Declination um 34″.9 kleiner beobachtet, als man sie vom Mittelpuncte der Erde gesehen hätte. Der von der Parallaxe befreite Ort des Cometen ist also:

$$\alpha = \quad 2^\circ\, 35'\, 27''.5$$
$$\delta = -\, 18\quad 42\quad 46\,.7$$

Um die Parallaxe eines Gestirns für Coordinaten, welche auf die Grundebene der Ecliptic bezogen sind, zu erhalten, ist es nöthig, die Coordinaten des Beobachtungsortes in Bezug auf den Mittelpunct der Erde für dieselbe Grundebene zu kennen. Verwandelt man aber Θ und φ' in Länge und Breite nach Nr, 8 des ersten Abschnitts und erhält man dafür die Werthe l und b, so sind diese Coordinaten:

$$\varrho \cos b \cos l$$
$$\varrho \cos b \sin l$$
$$\varrho \sin b$$

und man hat dann, wenn λ', β', Δ' scheinbare und λ, β, Δ wahre Gröſsen sind, die drei Gleichungen:

$$\Delta' \cos\beta' \cos\lambda' = \Delta \cos\beta \cos\lambda - \varrho \cos b \cos l$$
$$\Delta' \cos\beta' \sin\lambda' = \Delta \cos\beta \sin\lambda - \varrho \cos b \sin l$$
$$\Delta' \sin\beta' = \Delta \sin\beta - \varrho \sin b$$

woraus man ganz ähnliche Endformeln, wie vorher findet, nämlich:

$$\lambda' - \lambda = -\frac{\pi\varrho \cos b}{\Delta}\; \frac{\sin(l-\lambda)}{\cos\beta}$$
$$\tang \gamma = \frac{\tang b}{\cos(l-\lambda)}$$
$$\beta' - \beta = -\frac{\pi\varrho \sin b}{\Delta}\; \frac{\sin(\gamma-\beta)}{\sin\gamma}$$

Θ und φ' sind die Rectascension und Declination desjenigen Punctes, in welchem der verlängerte Erdhalbmesser die scheinbare Himmelskugel trifft, l und b sind also die Länge und Breite desselben Punctes. Betrachtet man die Erde als sphärisch, so fällt dieser Punct mit dem Zenith zusammen und man nennt die Länge desselben auch den **Nonagesimus**, weil der dieser Länge entsprechende Punct der Ecliptic 90^0 von den im Horizonte befindlichen Puncten derselben absteht.

5. Da die Horizontalparallaxe des Mondes oder der Winkel $\frac{\varrho \sin \pi}{\Delta}$, wenn Δ die Entfernung des Mondes von der Erde bezeichnet, immer zwischen 54 und 61 Minuten beträgt, so reicht man bei der Berechnung der Mondsparallaxe mit dem ersten Gliede der Reihe für $\alpha'-\alpha$ und $\delta'-\delta$ nicht aus, sondern man muſs dann entweder auf die höheren Glieder mit Rücksicht nehmen oder die strengen Formeln anwenden.

Man suche die Parallaxe des Mondes in Rectascension und Declination für Greenwich den 10. April 1848 um 10^h. Für diese Zeit ist:

$$\alpha = 7^h\, 43'\, 20''.25 = 115^\circ\, 50'\, 3''.75$$
$$\delta = +\, 16^\circ 27' 22''.9$$
$$\Theta = 11^h\, 17'\, 0''.02 = 169^\circ\, 15'\, 0''.30$$

die Horizontalparallaxe

$$p = 56'\, 57''.5$$
$$R = 15'\, 31''.3$$

ferner ist für Greenwich:

$$\varphi' = 51^\circ\, 17'\, 25''.4$$
$$\log \varrho = 9.9991134$$

Führt man die Horizontalparallaxe p des Mondes in die beiden in Nr. 4 gefundenen Reihen für $\alpha'-\alpha$ und $\delta'-\delta$ ein, so werden diese:

$$\alpha'-\alpha = -\, 206265 \left\{ \frac{\varrho \cos \varphi' \sin p}{\cos \delta} \sin(\Theta-\alpha) + \tfrac{1}{2} \left(\frac{\varrho \cos \varphi' \sin p}{\cos \delta}\right)^2 \sin 2(\Theta-\alpha) + \tfrac{1}{3} \left(\frac{\varrho \cos \varphi' \sin p}{\cos \delta}\right)^3 \sin 3(\Theta-\alpha) + \ldots \right\}$$

und:

$$\delta'-\delta = -\ 206265\ \left\{\frac{\varrho \sin\varphi' \sin p}{\operatorname{cosec}\gamma} \sin(\gamma-\delta) + \frac{1}{2}\left(\frac{\varrho \sin\varphi' \sin p}{\operatorname{cosec}\gamma}\right)^2 \sin 2\,(\gamma-\delta) + \frac{1}{3}\left(\frac{\varrho \sin\varphi' \sin p}{\operatorname{cosec}\gamma}\right)^3 \sin 3\,(\gamma-\delta) + \ldots\right\}$$

wo man jetzt zur Berechnung des Hülfswinkels γ die strenge Formel anzuwenden hat:

$$\operatorname{tang}\gamma = \operatorname{tang}\varphi' \frac{\cos\frac{1}{2}(\alpha'-\alpha)}{\cos[\Theta-\frac{1}{2}(\alpha'+\alpha)]}$$

Berechnet man diese Formeln, so erhält man für $\alpha'-\alpha$:

aus dem ersten Gliede:	$-\ 29'\ 45''.71$
zweiten	$-\ 11\ .47$
drtiten	$-\ 0\ .03$
also $\alpha'-\alpha$ =	$-\ 29'\ 57''.21$

und für $\delta'-\delta$:

aus dem ersten Gliede:	$-\ 36'\ 34''.21$
zweiten	$-\ 20\ .91$
dritten „	$-\ 0\ .12$
also $\delta'-\delta$ =	$-\ 36'\ 55''.24$

Die scheinbare Rectascension und Declination des Mondes ist somit:

$$\alpha' = 115^\circ\ 20'\ 6''.54 \qquad \delta' = 15^\circ\ 50'\ 27''.66$$

Zuletzt erhält man noch für den scheinbaren Halbmesser:

$$R' = 15'\ 40''.20$$

Zieht man es vor, die Parallaxen nach den strengen Formeln zu berechnen, so mufs man sich diese für die logarithmische Rechnung bequemer einrichten. Die strenge Formel für tang $(\alpha'-\alpha)$ war:

$$\operatorname{tang}(\alpha'-\alpha) = \frac{\varrho \cos\varphi' \sin p \sin(\alpha-\Theta) \sec\delta}{1-\varrho\cos\varphi' \sin p \cos(\alpha-\Theta)\sec\delta} \qquad (a)$$

Ferner folgt aus den beiden Gleichungen:

$$\Delta' \sin \delta' = \sin \delta - \varrho \sin \varphi' \sin p$$

und:

$$\Delta' \cos \delta' \cos (\alpha' - \alpha) = \cos \delta - \varrho \cos \varphi' \sin p \cos (\alpha - \Theta)$$

$$\operatorname{tang} \delta' = \frac{[\sin \delta' - \varrho \sin \varphi' \sin p] \cos (\alpha' - \alpha) \sec \delta}{1 - \varrho \cos \varphi' \sin p \sec \delta \cos (\alpha - \Theta)} \qquad (b)$$

Da ferner:

$$\frac{\Delta}{\Delta'} = \frac{\cos \delta' \cos (\alpha' - \alpha)}{\cos \delta - \varrho \cos \varphi' \sin p \cos (\alpha - \Theta)}$$

so erhält man noch:

$$\sin R' = \frac{\cos \delta' \cos (\alpha' - \alpha) \sec \delta}{1 - \varrho \cos \varphi' \sin p \sec \delta \cos (\alpha - \Theta)} \qquad (c)$$

Führt man nun in (*a*), (*b*) und (*c*) die Hülfsgrößsen ein:

$$\cos A = \frac{\varrho \sin p \cos \varphi' \cos (\alpha - \Theta)}{\cos \delta}$$

und:

$$\sin C = \varrho \sin p \sin \varphi'$$

so erhält man die für logarithmische Rechnung bequemen Formeln:

$$\operatorname{tang} (\alpha' - \alpha) = \frac{\frac{1}{2} \varrho \cos \varphi' \sin p . \sin (\alpha - \Theta)}{\cos \delta \sin \frac{1}{2} A^2}$$

$$\operatorname{tang} \delta' = \frac{\sin \frac{1}{2} (\delta - C) \cos \frac{1}{2} (\delta + C) \cos (\alpha' - \alpha)}{\cos \delta \sin \frac{1}{2} A^2}$$

und:

$$R' = \frac{\frac{1}{2} \cos \delta' \cos (\alpha' - \alpha)}{\cos \delta \sin \frac{1}{2} A^2} . R$$

Sucht man $\alpha' - \alpha$, δ' und R' für das vorige Beispiel auch nach diesen Formeln, so erhält man fast genau wie vorher:

$$\alpha' - \alpha = - 29' \, 57''.21$$
$$\delta = + 15^\circ \, 50' \, 27''.68$$
$$R' = 15' \, 40''.21$$

Für die strenge Berechnung der Parallaxen in Länge und Breite erhält man ganz ähnliche Formeln, in denen nur λ', λ, β', β, l und b an der Stelle von α', α, δ', δ, Θ und φ' vorkommen.

II. Die Refraction.

6. Die Lichtstrahlen gelangen nicht durch einen leeren Raum zu uns, sondern durch die Atmosphäre der Erde. Im leeren Raume gehen die Lichtstrahlen geradlinig fort; wenn dieselben aber in ein andres Medium, welches das Licht bricht, eintreten, so werden sie von ihrer ursprünglichen Richtung abgelenkt. Besteht dieses Medium nun, wie unsre Atmosphäre aus unendlich vielen Schichten, deren Brechungskraft sich stetig ändert, so wird der Weg des Lichtstrahls durch dasselbe eine wirkliche Curve bilden. Ein Beobachter auf der Erde sieht nun das Object in der Richtung der letzten Tangente der Curve, welche der Lichtstrahl durchläuft und muſs aus dieser Richtung, dem scheinbaren Orte des Objects auf diejenige Richtung des Lichtstrahls schlieſsen, welche derselbe gehabt haben würde, wenn er einen leeren Raum durchlaufen hätte d. h. auf den wahren Ort des Objects. Der Unterschied beider Richtungen heiſst die Refraction und da die Curve, welche der Weg des Lichtstrahls in der Atmosphäre bildet, dem Beobachter die concave Seite zuwendet, so sieht man wegen der Refraction alle Gestirne in einer zu groſsen Höhe.

Im Folgenden wird die Gestalt der Erde als sphärisch vorausgesetzt, da der Einfluſs der sphäroidischen Gestalt der Erde auf die Refraction ganz unbedeutend ist. Die Atmosphäre wird aus concentrischen Schichten bestehend angenommen, innerhalb welcher die Dichtigkeit, also auch die davon abhängende Brechungskraft constant ist. Um nun die Aenderung der Richtung des Lichtstrahls in jeder Schicht vermöge der Brechung zu bestimmen, muſs man die Gesetze der Brechung des Lichts kennen. Es sind ihrer vier, nämlich die folgenden:

1) Wenn ein Lichtstrahl auf irgend eine Fläche eines Körpers trifft, welche zwei Medien von verschiedener Brechbarkeit trennt, so lege man eine tangirende Ebene an den Punct, wo der Lichtstrahl einfällt, ziehe die Normale und lege durch dieselbe und den Weg des Lichtstrahls eine Ebene, so wird der Lichtstrahl auch nach seinem Eintritt in den Körper diese Ebene nicht verlassen.

2) Wenn man sich die Normale auswärts verlängert denkt, so wird bei einerlei Medien für alle Einfallswinkel der Sinus dieses Einfallswinkels (d. h. des Winkels zwischen dem einfallenden Strahl und der Normale) zum Sinus des Brechungswinkels (d. h. des Winkels zwischen dem gebrochenen Strahl und der Normale) ein constantes Verhältniſs haben. Dieses Verhältniſs nennt man den Brechungsexponenten für diese zwei Medien.

3) Wenn der Brechungsexponent zwischen zwei Medien A und B gegeben ist und ebenso der zwischen zwei andern Medien B und C, so ist der Brechungsexponent zwischen den Medien A und C das zusammengesetzte Verhältniſs vom Brechungsexponenten zwischen A und B und dem zwischen B und C.

4) Ist μ der Brechungsexponent für den Uebergang von einem Medium A in ein andres B, so ist $\frac{1}{\mu}$ der Brechungsexponent für den Uebergang von dem Medium B in das Medium A.

Es sei nun O Fig. 3 ein Ort auf der Oberfläche der Erde, C der Mittelpunct derselben, S der wahre Ort eines Sterns, CJ die Normale an dem Puncte J, in welchem der Lichtstrahl SJ die erste Schicht der Atmosphäre trifft. Ist dann der Brechungsexponent für diese erste Schicht bekannt, so kann man nach den Brechungsgesetzen die Richtung des gebrochenen Strahles finden und erhält dann für die zweite Schicht einen neuen Einfallswinkel. Betrachtet man nun die n.te Schicht und ist CN die Linie vom Mittelpuncte der Erde nach dem Puncte, in welchem der Lichtstrahl die n.te Schicht trifft, ist ferner i_n der Einfallswinkel, f_n der Brechungswinkel, μ_n der Brechungsexponent vom leeren Raume in die n.te, μ_{n+1} dasselbe für die $n+1$ste Schicht, so hat man:*)

$$\sin i_n : \sin f_n = \mu_{n+1} : \mu_n$$

---

*) Diese Brechungsexponenten sind Brüche, deren Zähler gröſser als der Nenner. Für Schichten an der Oberfläche der Erde ist z. B. $\mu = 1.000294$ oder nahe $\frac{3400}{3399}$.

Ist dann N' der Punct, in welchem der Lichtstrahl die $n+1$ste Schicht trifft, so hat man im Dreiecke NCN', wenn man die Entfernungen der Puncte N und N' vom Mittelpuncte der Erde mit r_n und r_{n+1} bezeichnet:

$$\sin f_n : \sin i_{n+1} = r_{n+1} : r_n$$

und aus der Verbindung dieser Gleichung mit der ersteren:

$$r_n \sin i_n \mu_n = r_{n+1} \sin i_{n+1} \mu_{n+1}$$

Da also das Product aus der Entfernung vom Mittelpunct in den Brechungsexponenten und den Sinus des Einfallswinkels für alle Schichten der Atmosphäre dasselbe ist, so erhält man, wenn man mit α eine Constante bezeichnet, als allgemeines Gesetz der Refraction:

$$r . \mu . \sin i = \alpha \qquad (a)$$

wo r, μ und i demselben Puncte der Atmosphäre zugehören müssen. Für die Oberfläche der Erde wird nun i d. h. der Winkel, welchen die letzte Tangente des Lichtstrahls mit der Normale bildet, gleich der scheinbaren Zenithdistanz z des Sterns. Nennt man also a den Halbmesser der Erde und μ_0 den Brechungsexponenten für eine Luftschicht an der Oberfläche der Erde, so erhält man zur Bestimmung der Constante α die Gleichung:

$$a \mu_0 \sin z = \alpha \qquad (b)$$

Nimmt man nun an, dafs die Dichtigkeit der Atmosphäre sich stetig ändert, dafs also die Höhe der Schichten, innerhalb welcher die Dichtigkeit als constant angesehen werden darf, unendlich klein ist, so wird der Weg des Lichtstrahls durch die Atmosphäre eine Curve, deren Gleichung man bestimmen kann. Führt man Polarcoordinaten ein und nennt v den Winkel, welchen jedes r mit dem Radius CO macht, so erhält man leicht:

$$r \frac{dv}{dr} = \operatorname{tang} i \qquad (c)$$

Die Richtung der letzten Tangente ist, wie man eben gesehen hat, die scheinbare Zenithdistanz z, dagegen ist die wahre Zenithdistanz ζ der Winkel, welchen die verlängerte ursprüngliche Richtung SJ des Lichtstrahls mit der Normale macht. Dies ζ hat zwar seinen Scheitel in einem andern Puncte als dem, in welchem sich das Auge des Beobachters befindet; da indessen die Atmosphäre nur von geringer Höhe ist, die leuchtenden Körper dagegen sehr weit entfernt sind, überdies auch die Refraction selbst ein kleiner Winkel ist, so wird der Unterschied zwischen dem Winkel ζ und der wahren Zenithdistanz, die man in O beobachtet hätte, nur sehr unbedeutend sein. Selbst beim Monde, wo dieser Unterschied noch am merklichsten ist, beträgt derselbe nur einen sehr kleinen Theil einer Bogensecunde. Man kann daher annehmen, daſs der Winkel ζ die wahre Zenithdistanz ist.

An dem Puncte N, für welchen die veränderlichen Gröſsen i, r und μ gelten, lege man nun eine Tangente an den Lichtstrahl, die mit der Normale CO den Winkel ζ' bildet; dann ist:

$$\zeta' = i + v \qquad (d)$$

Differenzirt man dann die allgemeine Gleichung (a) logarithmisch, so erhält man:

$$\frac{dr}{r} + \text{cotang}\, i\,.\,di + \frac{d\mu}{\mu} = 0$$

und aus dieser Gleichung in Verbindung mit den Gleichungen (c) und (d):

$$d\zeta' = -\text{tang}\, i\, \frac{d\mu}{\mu}$$

oder, wenn man tang i eliminirt durch die Gleichung:

$$\text{tang}\, i = \frac{\sin i}{\sqrt{1 - \sin i^2}} = \frac{\alpha}{\sqrt{r^2\mu^2 - \alpha^2}}$$

und für α seinen Werth $\frac{a \sin z}{\mu_0}$ setzt:

$$d\zeta' = -\frac{\frac{a}{r} \sin z \mu_0\, d\mu}{\mu \sqrt{\mu^2 - \frac{a^2}{r^2} \sin z^2 \mu_0{}^2}} \qquad (d)$$

Das Integral dieser Gleichung, genommen zwischen den Grenzen $\zeta' = \zeta$ und $\zeta' = z$, giebt dann den Betrag der Refraction. Setzt man:

$$\frac{a}{r} = 1 - s$$

so kann man die Gleichung auch so schreiben:

$$d\zeta' = -\frac{(1-s)\sin z\, d\mu}{\mu\sqrt{\cos z^2 - \left(1-\frac{\mu^2}{\mu_0^{\,2}}\right) + (2s-s^2)\sin z^2}} \qquad (e)$$

Um diese Gleichung zu integriren, müſste man nun s als Function von μ kennen. Die letztere Gröſse selbst ist von der Dichtigkeit abhängig und zwar lehrt die Physik, daſs die Gröſse $\mu^2 - 1$, die man auch die brechende Kraft nennt, der Dichtigkeit proportional ist. Führt man also als neue Veränderliche die Dichtigkeit ϱ ein, gegeben durch die Gleichung:

$$\mu^2 - 1 = c\varrho$$

wo ϱ eine Constante ist, so erhält man:

$$d\zeta' = -\frac{\frac{1}{2}(1-s)\sin z\,.\,c\,.\,\frac{d\varrho}{1+c\varrho_0}}{\frac{1+c\varrho}{1+c\varrho_0}\sqrt{\cos z^2 - 2\alpha\left(1-\frac{1+c\varrho}{1+c\varrho_0}\right) + (2s-s^2)\sin z^2}}$$

oder, wenn man setzt:

$$\frac{c\varrho_0}{1+c\varrho_0} = \frac{\mu_0^{\,2}-1}{\mu_0^{\,2}} = 2\alpha$$

$$d\zeta' = -\frac{\alpha(1-s)\sin z\,\frac{d\varrho}{\varrho_0}}{\left\{1-2\alpha\left(1-\frac{\varrho}{\varrho_0}\right)\right\}\sqrt{\cos z^2 - 2\alpha\left(1-\frac{\varrho}{\varrho_0}\right) + (2s-s^2)\sin z^2}} \qquad (f)$$

Der Coefficient

$$1 - 2\alpha\left(1-\frac{\varrho}{\varrho_0}\right)$$

ist das Quadrat des Verhältnisses des Brechungsexponenten für eine Schicht deren Radius r zum Brechungexponenten einer Schicht an der Oberfläche der Erde. Da aber für die Grenze der Atmosphäre $\mu = 1$, dagegen für die Brechung vom leeren Raum in Schichten an der Oberfläche der Erde $\mu_0 = \frac{3400}{3900}$ ist, so liegt das Verhältniſs $\frac{\mu}{\mu_0}$ immer zwischen diesen engen Grenzen. Die Gröſse α ist daher klein und man kann deſshalb statt des veränderlichen Factors

$$1 - 2\alpha\left(1 - \frac{\varrho}{\varrho_0}\right)$$

seinen mittleren Werth zwischen den zwei äuſsersten Grenzen 1 und $1 - 2\alpha$ d. h. den constanten Werth $1 - \alpha$ nehmen.

Um die Gleichung f integriren zu können, muſs man nun noch s als Function von ϱ ausdrücken, d. h. also das Gesetz bestimmen, nach welchem sich die Dichtigkeit der Atmosphäre mit der Höhe über der Erdoberfläche ändert. Betrachtet man zuerst die Temperatur der Atmosphäre als gleichförmig, so wird die Dichtigkeit eine reine Function des Druckes oder der Elasticität der Luft und man hat nach dem Mariottischen Gesetze, wenn p den Druck der Luft für einen Punct, dessen Entfernung vom Mittelpuncte der Erde r ist, bezeichnet:

$$p = p_0 \frac{\varrho}{\varrho_0}$$

Erhebt man sich dann in der Atmosphäre um dr, so ist die Abnahme des Druckes gleich der kleinen Luftsäule ϱdr, multiplicirt in die der Entfernung r entsprechende Schwere g, also:

$$dp = -g\varrho dr$$

oder, da auch:

$$g = g_0 \frac{a^2}{r^2}$$

wo g_0 die Schwere an der Oberfläche der Erde bezeichnet:

$$dp = -g_0 \frac{a^2}{r^2} \varrho\, dr$$

mithin auch:

$$p_0 \frac{d\varrho}{\varrho_0} = g_0 \, a \, \varrho \, d . \frac{a}{r}$$

Integrirt man diese Gleichung, und bestimmt die Constante dadurch, daſs für $\varrho = \varrho_0$ auch $r = a$ ist, so erhält man:

$$\varrho = \varrho_0 \, e^{\left(\frac{a}{r} - 1\right) a \frac{\varrho_0 g_0}{p_0}}$$

wo e die Basis der natürlichen Logarithmen ist. Nennt man dann noch l die Höhe einer Luftsäule von der Dichtigkeit ϱ_0 *), welche vermöge der Schwere g_0 dem Drucke p_0 das Gleichgewicht hält, so daſs:

$$p_0 = g_0 \, \varrho_0 \, l$$

so erhält man endlich, wenn man wieder

$$\frac{a}{r} = 1 - s$$

setzt:

$$\varrho = \varrho_0 \, e^{-\frac{a s}{l}}$$

Diese Gleichung giebt also für jeden Werth von s, also für jeden Werth von r die Dichtigkeit der Luft an unter der Voraussetzung, daſs die Temperatur in der ganzen Atmosphäre gleichförmig ist. Da diese Voraussetzung indessen der Natur nicht entspricht, indem die Temperatur der Atmosphäre nach einem uns unbekannten Gesetze mit der Höhe abnimmt, so ist man genöthigt, irgend eine Hypothese über das Gesetz, nach welchem die Dichtigkeit der Atmosphäre sich ändert, zu machen.

---

*) Dies l ist für die Temperatur von 8° Réaumur gleich 4226.05 Toisen. Es ist gleich der mittleren Barometerhöhe an der Oberfläche des Meeres multiplicirt mit der relativen Dichtigkeit des Quecksilber gegen Luft.

Bessel, dem wir die genauesten Refractionstafeln verdanken, nimmt für dies Gesetz den folgenden Ausdruck an:

$$\varrho = \varrho_0 \, e^{-\frac{h-l}{h}\,\frac{a s}{l}}$$

wo h eine Constante ist, die so bestimmt werden mufs, dafs die nach diesem Gesetze berechneten Refractionen den beobachteten entsprechen. Setzt man nun:

$$\frac{h-l}{h l}\, a = \beta \qquad (g)$$

und führt dann in die Gleichung (f) statt ϱ seinen durch die Formel:

$$\varrho = \varrho_0 \, e^{-\beta s} \qquad (h)$$

gegebenen Werth ein, so erhält man:

$$\delta \zeta' = + \frac{\alpha \beta \, e^{-\beta s} \sin z \,(1-s)\, ds}{(1-\alpha)\sqrt{\cos z^2 - 2\alpha\left(1-e^{-\beta s}\right) + (2s - s^2)\sin z^2}}$$

oder, wenn man die Wurzelgröfse nach Potenzen von s entwickelt, indem man $- s^2 \sin z^2$ als einen kleinen Zuwachs der übrigen Glieder unter dem Wurzelzeichen betrachtet:

$$d\zeta' = \frac{\alpha \beta e^{-\beta s} \sin z \, ds}{(1-\alpha)\left\{\cos z^2 - 2\alpha\left(1-e^{-\beta s}\right) + 2 s \sin z^2\right\}^{\frac{1}{2}}}$$

$$- \frac{\alpha \beta s \, ds \, e^{-\beta s} \sin z \left\{\cos z^2 - 2\alpha\left(1-e^{-\beta s}\right) + s \sin z^2\right\}}{(1-\alpha)\left\{\cos z^2 - 2\alpha\left(1-e^{-\beta s}\right) + 2 s \sin z^2\right\}^{\frac{3}{2}}} \qquad (i)$$

$-$ etc.

7. Integrirt man die Gleichung (i) nach s zwischen den Grenzen $s = H$, wo H die Höhe der Atmosphäre ist und $s = 0$, so erhält man den Betrag der Refraction. Um indessen positive Zeichen zu erhalten, werden im Folgenden die Grenzen in umgekehrter Ordnung genommen werden, sodafs der dann gefundene Werth für die Refraction so zu verstehen ist, dafs man denselben zu dem scheinbaren Orte algebraisch addiren mufs, um den mittleren Ort zu erhalten.

Da nun s wegen der im Vergleiche zum Erdhalbmesser geringen Höhe der Atmosphäre immer nur eine kleine Gröſse ist, so ist das erste Glied der Reihe für $d\zeta'$ bedeutend gröſser als die folgenden, die nur einen geringen Einfluſs haben und man kann sich leicht überzeugen, daſs schon das zweite Glied so klein ist, daſs es immer vernachlässigt werden kann. Dies Glied erreicht nämlich für $z = 90$, wenn also das beobachtete Object im Horizonte steht, seinen gröſsten Werth, nämlich:

$$-\frac{\alpha\beta\, s\, ds\, e^{-\beta s}\left\{s - 2\alpha\left(1 - e^{-\beta s}\right)\right\}}{(1-\alpha)\left\{2s - 2\alpha\left(1 - e^{-\beta s}\right)\right\}^{\frac{3}{2}}}$$

Um diesen Ausdruck zu integriren, muſs man denselben in eine Reihe nach Potenzen von s entwickeln. Bedenkt man aber, daſs der merklichste Theil des Integrals derjenige ist, wo s sehr klein ist, so braucht man nur die ersten Glieder mitzunehmen und erhält dann, da:

$$1 - e^{-\beta s} = \beta s$$

$$-\frac{\alpha\beta\sqrt{s}\cdot ds\, e^{-\beta s}\,[1 - 2\alpha\beta]}{(1-\alpha)\, 2^{\frac{3}{2}}\,[1-\alpha\beta]^{\frac{3}{2}}}$$

Diesen Ausdruck hätte man nun eigentlich nach s zwischen den Grenzen $s = 0$ und $s = H$ zu integriren, man kann indessen ohne irgend welchen Fehler für diese Grenzen auch 0 und ∞ nehmen und findet dann für das Integral, wenn man bemerkt, daſs:

$$\int_0^\infty \sqrt{x}\, e^{-x}\, dx = \tfrac{1}{2}\sqrt{\pi}\;^{*)}$$

ist, den folgenden Werth:

$$-\frac{\alpha\,[1 - 2\alpha\beta]\sqrt{\frac{\pi}{2\beta}}}{4\,(1-\alpha)\,[1-\alpha\beta]^{\frac{3}{2}}}$$

---

*) Dies Integral ist eine von den in der Analysis mit Γ bezeichneten Functionen, den sogenannten Eulerschen Integralen und zwar $\Gamma(\frac{3}{2})$.

Substituirte man hierin die später vorkommenden numerischen Werthe der Constanten, so würde man erhalten 0″.55 und da dies der Maximumwerth des Integrals des zweiten Gliedes ist, welcher überdies nur im Horizonte statt hat, so kann man dies Glied und um so mehr die folgenden Glieder ganz vernachlässigen.

Es ist also nur noch das erste Glied der Gleichung (i) nämlich:

$$d\zeta' = \frac{\alpha\beta\, e^{-\beta s} \sin z\, ds}{(1-\alpha)\left\{\cos z^2 - 2\alpha\left(1 - e^{-\beta s}\right) + 2s \sin z^2\right\}^{\frac{1}{2}}} \qquad (k)$$

Führt man hier die neue Veränderliche ein:

$$s' = -\alpha\left(1 - e^{-\beta s}\right) + s$$

so wird der Nenner einfach:

$$(1-\alpha)\,[\cos z^2 + 2s' \sin z^2]^{\frac{1}{2}}$$

und man hat dann nur noch $e^{-\beta s} ds$ durch s' auszudrücken. Da aber:

$$s = s' + \alpha\,\frac{\left(1 - e^{-\beta s}\right)}{\sin z^2} \qquad (l)$$

so kann man die Gröfse $e^{-\beta s}$, indem man für s den Werth aus dieser Gleichung substituirt, nach Potenzen von α entwickeln. Setzt man nämlich $e^{-\beta s} = u$, so hat man nach dem Maclaurinschen Lehrsatze:

$$u = U + \alpha q + \alpha^2 q_1 + \qquad + \alpha^n q_n + \qquad (\alpha)$$

wo U der Werth von u für $\alpha = 0$ oder hier $e^{-\beta s'}$ ist und

$$q_n = \frac{\left(\frac{d^n u}{d\alpha^n}\right)}{1.2.3\ldots.n} \text{ für } \alpha = 0$$

Man braucht also nur noch den Werth $\left(\frac{d^n u}{d\alpha^n}\right)$ für $\alpha = 0$

aus der Gleichung (l) zu entwickeln. Schreibt man aber diese Gleichung:

$$s = t + \alpha y$$

so wird:

$$\left(\frac{ds}{d\alpha}\right) = y \left(\frac{ds}{dt}\right)$$

also ist auch:

$$\left(\frac{du}{d\alpha}\right) = \left(\frac{du}{ds}\right)\left(\frac{ds}{d\alpha}\right) = y \left(\frac{du}{ds}\right)\left(\frac{ds}{dt}\right) = y \frac{du}{dt} \qquad (\beta)$$

Wenn man nun ydu in Bezug auf t integrirt und nachher wieder in Bezug auf t differenzirt, wodurch der Werth von ydu nicht geändert wird, so erhält man:

$$\left(\frac{du}{d\alpha}\right) = \left(\frac{d \int y\, du}{dt}\right)$$

mithin:

$$\left(\frac{d^2u}{d\alpha^2}\right) = \left(\frac{d^2 \int y\, du}{d\alpha\, dt}\right)$$

Aus der Gleichung (β) folgt aber, wenn man $\int y du$ statt u setzt:

$$\left(\frac{d \int y\, du}{d\alpha}\right) = \left(\frac{d \int y^2 . du}{dt}\right)$$

also wird:

$$\left(\frac{d^2 u}{d\alpha^2}\right) = \left(\frac{d^2 \int y^2 du}{dt^2}\right)$$

Ganz ähnlich erhält man dann:

$$\left(\frac{d^3 u}{d\alpha^3}\right) = \left(\frac{d^3 \int y^3 du}{dt^3}\right)$$

und allgemein:

$$\left(\frac{d^n u}{d\alpha^n}\right) = \left(\frac{d^n \int y^n du}{dt^n}\right) \frac{d^{n-1} y_n \left(\frac{du}{dt}\right)}{dt^{n-1}} \qquad (\gamma)$$

und da nun für $\alpha = 0$

$$u = e^{-\beta s'}$$

$$y^n = \left\{\frac{1 - e^{-\beta s'}}{\sin z^2}\right\}^n \qquad (\delta)$$

so erhält man endlich aus der Verbindung der Gleichungen (α), (γ) und (δ):

$$\begin{aligned} e^{-\beta s} = e^{-\beta s'} &- \frac{\alpha\beta}{\sin z^2}\left(1 - e^{-\beta s'}\right) e^{-\beta s'} \\ &- \frac{\alpha^2\beta}{1\,.\,2 \sin z^4}\, \frac{d.\left\{\left(1 - e^{-\beta s'}\right) e^{-\beta s'}\right.}{d s'} \qquad (\varepsilon) \\ &- \\ &- \frac{\alpha^n\beta}{1.2.3 \ldots . n \sin z^n}\, \frac{d^{n-1}\left\{\left(1 - e^{-\beta s'}\right) e^{-\beta s'}\right\}}{d s'^{\,n-1}} \end{aligned}$$

In der Gleichung (k) war nun noch der Zähler durch die neue Veränderliche s' auszudrücken. Da aber:

$$\beta\, d s\, e^{-\beta s} = -\, d\,.\, e^{-\beta s}$$

so wird die Gleichung (k) jetzt, wenn man $d.e^{-\beta s}$ aus Gleichung (ε) entwickelt:

$$d\zeta' = \frac{\alpha\beta \sin z\, d s'}{(1-\alpha)[\cos z^2 + 2 s' \sin z^2]^{\frac{1}{2}}} \left\{ \begin{aligned} & e^{-\beta s'} \\ & - \frac{\alpha}{\sin z^2}\, \frac{d.\left\{\left(e^{-\beta s'} - 1\right) e^{-\beta s'}\right\}}{d s'} \\ & + \frac{\alpha^2}{1.2 \sin z^4}\, \frac{d^2 \left\{\left(e^{-\beta s'} - 1\right)^2 e^{-\beta s'}\right\}}{d s'^{\,2}} \\ & - \\ & \pm \frac{\alpha^n}{1.2.3..n \sin z^{2n}}\, \frac{d^n \left\{\left(e^{-\beta s'} - 1\right)^n e^{-\beta s'}\right\}}{d s'^{\,n}} \\ & \mp \text{etc.} \end{aligned} \right\} \qquad (m)$$

wo in dem allgemeinen Gliede das obere oder untere Zeichen gilt, je nachdem n eine gerade oder ungerade Zahl ist.

Es ist aber:

$$\pm \frac{\alpha^n}{1.2.3\ldots n \sin z^{2n}} \frac{d^n \left\{\left(e^{-\beta s'}-1\right)^n e^{-\beta s'}\right\}}{ds'^n}$$

$$= \frac{\alpha^n \beta^n}{1.2.3\ldots n \sin z^{2n}} \left\{ \begin{array}{l} (n+1)^n e^{-(n+1)\beta s'} \\ -n.n^n e^{-n\beta s'} \\ +\frac{n(n-1)}{1.2}(n-1)^n e^{-(n-1)\beta s'} \\ - \end{array} \right\}$$

wie man leicht sieht, wenn man

$$\left(e^{-\beta s'}-1\right)^n$$

in eine Reihe entwickelt, jedes Glied mit $e^{-\beta s'}$ multiplicirt und dann $n$mal nach s' differenzirt; mithin erhält man, wenn man in Gleichung (m) für die einzelnen Glieder diese Reihenentwickelung substituirt:

$$d\zeta' = \frac{\alpha}{1-\alpha} \frac{\beta \sin z\, ds'}{[\cos z^2 + 2s' \sin z^2]^{\frac{3}{2}}} \left\{ \begin{array}{l} e^{-\beta s'} \\ + \frac{\alpha\beta}{\sin z^2}\left(2e^{-2\beta s'} - e^{-\beta s'}\right) \\ + \frac{\alpha^2\beta^2}{1.2 \sin z^4}\left(3^2 e^{-3\beta s'} - 2.2^2 e^{-2\beta s'} \right. \\ \qquad \left. + e^{-\beta s'}\right) \\ + \frac{\alpha^3\beta^3}{1.2.3 \sin z^6}\left(4^3 e^{-4\beta s'} - 3.3^3 e^{-3\beta s'} \right. \\ \qquad \left. + \frac{3.2}{1.2} 2^3 e^{-2\beta s'} - e^{-\beta s'}\right) \\ + \end{array} \right\} \quad (n)$$

und diese Gleichung hat man nun zwischen den gehörigen Grenzen zu integriren. Das Integral mufs aber immer von der Oberfläche der Erde bis zur Grenze der Atmosphäre, deren Höhe H sein mag, genommen werden, also von $r = a$ bis $r = a + H$. Da aber an der Grenze der Atmosphäre die Dichtigkeit derselben Null ist, also der Lichtstrahl, wenn man denselben vom Auge des Beobachters ausgehend denkt, keine weitere Brechung erleidet, so kann man für die Grenzen auch $r = a$ und $r = \infty$ nehmen, und da:

$$s = 1 - \frac{a}{r},$$

so werden also die Grenzen in Bezug auf diese Veränderliche $s = 0$ und $s = 1$, mithin in Bezug auf s', $s' = 0$ und

$$s' = 1 - \frac{\alpha(1 - e^{-\beta})}{\sin z^2}$$

Aus der Gleichung (h) folgt aber, daſs β eine sehr groſse Zahl ist, weil an der Grenze der Atmosphäre die Dichtigkeit Null ist, also die Formel wenigstens einen so kleinen Werth für ϱ geben muſs, daſs man ihn ohne allen merklichen Irrthum vernachlässigen kann. Die Gröſsen $e^{-n\beta s'}$ werden also, wenn man für s' die obere Grenze substituirt, sämmtlich sehr klein und man kann daher in dem Integral der Gleichung (n) ohne merklichen Irrthum $s' = 0$ und $s' = \infty$ als Grenzen nehmen.

Die Glieder der Gleichung (n) enthalten nun alle einen Factor von der Form:

$$\frac{\beta\, ds'\, e^{-r\beta s'} \sin z}{\sqrt{\cos z^2 + 2s' \sin z^2}} \qquad (\eta)$$

Führt man hier eine neue Veränderliche t ein, gegeben durch die Gleichung:

$$\frac{1}{2}\,\frac{\cos z^2}{\sin z^2} + s' = \frac{1}{\beta r}\, t^2$$

so geht der Differentialausdruck (ι,) über in:

$$\sqrt{\frac{2\beta}{r}}\, dt \,.\, e^{\frac{r\beta}{2}\frac{\cos z^2}{\sin z^2} - t^2}$$

und, wenn man also setzt:

$$\int e^{-t^2}\, dt = e^{-\frac{\beta r}{2}\operatorname{cotang} z^2}\, \psi(r) \qquad (A)$$

wo das Integral zwischen den Grenzen

$$t = \operatorname{cotang} z \sqrt{\frac{\beta r}{2}}$$

und $t = \infty$ genommen werden soll, so wird:

$$\int_0^{\infty} \frac{\beta\, ds' \sin z\, e^{-r\beta s'}}{[\cos z^2 + 2s' \sin z^2]^{\frac{3}{2}}} = \sqrt{2\beta}\, \frac{\psi(r)}{\sqrt{r}}$$

mithin, wenn man die Refraction mit δz bezeichnet;

$$\delta z = \frac{\alpha}{1-\alpha}\sqrt{2\beta} \left\{ \begin{array}{l} \psi(1) \\ + \dfrac{\alpha\beta}{\sin z^2}\left(2^{\frac{1}{2}}\psi(2) - \psi(1)\right) \\ + \dfrac{\alpha^2\beta^2}{1.2 \sin z^4}\left(3^{\frac{3}{2}}\psi(3) - 2 . 2^{\frac{3}{2}}\psi(2) + \psi(1)\right) \\ + \dfrac{\alpha^3\beta^3}{1.2.3 \sin z^6}\left(4^{\frac{5}{2}}\psi(4) - 3.3^{\frac{5}{2}}\psi(3) + 3.2^{\frac{5}{2}}\psi(2) - \psi(1)\right) \\ + \end{array} \right\}$$

ein Ausdruck, für welchen man, da:

$$1 - x + \frac{x^2}{1\ 2} - \frac{x^3}{1.2.3} + \qquad = e^{-x}$$

auch den folgenden schreiben kann:

$$\delta z = \frac{\alpha}{1-\alpha}\sqrt{2\beta} \left\{ \begin{array}{l} e^{-\frac{\alpha\beta}{\sin z^2}}\psi(1) \\ + \dfrac{\alpha\beta}{\sin z^2}\, 2^{\frac{1}{2}}\, e^{-\frac{2\alpha\beta}{\sin z^2}}\psi(2) \\ + \dfrac{\alpha^2\beta^2}{1.2 \sin z^4}\, 3^{\frac{3}{2}}\, e^{-\frac{3\alpha\beta}{\sin z^2}}\psi(3) \\ + \end{array} \right\} \qquad (B)$$

Die Berechnung des Betrages der Refraction ist also zurückgeführt auf die Berechnung der Transcendente $\psi(r)$ oder auf $\int e^{-t^2} dt$, genommen zwischen den Grenzen

$$t = \sqrt{\frac{\beta r}{2}} \operatorname{cotang} z$$

und $t = \infty$. Kennt man dies und die numerischen Werthe

der Constanten α und β, so kann man durch die Formel (B) den Betrag der Refraction δz für jede scheinbare Zenithdistanz z finden.

8. Setzt man:

$$\frac{r\beta}{2} \text{cotang}\, z^2 = T^2$$

so hat man also jetzt noch die Transcendente:

$$\psi(r) = e^{T^2} \int_T^{\infty} e^{-t^2} d.$$

zu bestimmen. Zur Berechnung derselben bedient man sich vorzüglich zweier Methoden. Die erste entwickelt die Transcendente in eine Reihe, welche man durch theilweise Integration erhält, und die zwar bis ins Unendliche fortgesetzt, divergirt, aus der man aber doch die Werthe mit beliebiger Annäherung erhalten kann, indem dieselbe die Eigenschaft hat, daſs wenn man bei irgend einem Gliede abbricht, die folgenden Glieder zusammen nicht mehr betragen als das zuletzt mitgenommene. Es ist nämlich:

$$\int e^{-t^2} dt = \int \frac{d\left(-\tfrac{1}{2} e^{-t^2}\right)}{dt} \frac{dt}{t}$$

oder, wenn man theilweise integrirt:

$$= -\tfrac{1}{2} \frac{e^{-t^2}}{t} - \tfrac{1}{2} \int e^{-t^2} \frac{dt}{t^2}$$

Auf gleiche Weise erhält man:

$$-\tfrac{1}{2} \int e^{-t^2} \frac{dt}{t^2} = -\tfrac{1}{2} \int \frac{d\left(-\tfrac{1}{2} e^{-t^2}\right)}{dt} \frac{dt}{t^3} = +\tfrac{1}{2} \cdot \tfrac{1}{2} \cdot \frac{e^{-t^2}}{t^3}$$

$$+ \tfrac{1}{2} \cdot \tfrac{3}{2} \int e^{-t^2} \frac{dt}{t^4}$$

$$\tfrac{3}{4} \int e^{-t^2} \frac{dt}{t^4} = \tfrac{3}{4} \int \frac{d.\left(-\tfrac{1}{2} e^{-t^2}\right)}{dt} \frac{dt}{t^5} = -\tfrac{3}{4} \cdot \tfrac{1}{2} \frac{e^{-t^2}}{t^5} -$$

also endlich:

$$\int e^{-t^2} dt = -\frac{e^{-t^2}}{2t}\left[1-\frac{1}{2t^2}+\frac{1.3}{(2t^2)^2}-\frac{1.3.5}{(2t^2)^3}+\right.$$

$$\left.+\frac{1.3.5\ldots.(2n-1)}{(2z^2)^n} \mp \frac{1.3.5\ldots.(2n+1)}{2^{n+1}}\int e^{-t^2}\frac{dt}{t^{2n+2}}\right]$$

oder nach Einsetzung der Grenzen:

$$\int_T^\infty e^{-t^2} dt = \frac{e^{-T^2}}{2T}\left[1-\frac{1}{2T^2}+\frac{1.3}{(2T^2)^2}-\frac{1.3.5}{(2T^2)^3}+\right.$$

$$\left.\pm\frac{1.3.5\ldots.(2n-1)}{(2T^2)^n} \mp \frac{1.3.5\ldots.(2n+1)}{2^{n+1}}\int_T^\infty e^{-t^2}\frac{dt}{t^{2n+2}}\right]$$

Die Factoren des Zählers wachsen nun immer, sie werden daher auch gröſser als $2T^2$ werden und von hier ab wachsen dann alle Glieder unaufhörlich, da das im Zähler hinzukommende mit jedem Gliede gröſser wird als das im Nenner hinzukommende. Betrachtet man nun aber den Rest

$$\mp \frac{1.3.5\ldots.2n+1}{2^{n+1}}\int_T^\infty e^{-t^2}\frac{dt}{t^{2n+2}}$$

so ist leicht zu zeigen, daſs dieser kleiner ist als das letzte mitgenommene Glied. Der Werth des Integrals ist nämlich kleiner als:

$$\int_T^\infty \frac{dt}{t^{2n+2}}$$

multiplicirt mit dem gröſsten Werthe von e^{-t^2} zwischen den Grenzen T und ∞ d. h. e^{-T^2} und da nun:

$$\int_T^\infty \frac{dt}{t^{2n+2}} = \frac{1}{2n+1}\ \frac{1}{T^{2n+1}}$$

so wird der Rest immer kleiner sein als:

$$\mp \frac{1.3.5\ldots 2n-1}{2^{n+1}\ T^{2n+1}}\ e^{-T^2}$$

Dieser Ausdruck ist aber nichts weiter als das letzte mitgenommene Glied mit entgegengesetztem Zeichen. Bleibt man also z. B. bei einem negativen Gliede stehen, so ist der Rest positiv, aber kleiner als das letzte mitgenommene Glied. Um also möglichst genaue Werthe der Transcendente durch die Berechnung der Reihe zu erhalten, braucht man nur bis zu einem Gliede fortzugehen, welches gerade sehr klein ist und hat dann nur einen Fehler zu befürchten, welcher kleiner als dies letzte sehr kleine Glied ist.

Die zweite Methode der Berechnung besteht darin, dafs man die Transcendente, wie Laplace zuerst gezeigt hat, in einen Kettenbruch verwandelt.

Man setze:

$$e^{t^2}\int_T^\infty e^{-t^2}\,dt = U \qquad (\alpha)$$

so ist:

$$\frac{dU}{dt} = 2te^{t^2}\int_T^\infty e^{-t^2}dt - e^{t^2}e^{-t^2}$$
$$= 2tU - 1 \qquad (\beta)$$

Der $n$te Differentialquotient eines Productes xy ist aber gleich:

$$\frac{d^n.xy}{dt^n} = \frac{d^n.x}{dt^n}y + n.\frac{d^{n-1}x}{dt^{n-1}}\frac{dy}{dt} + \frac{n(n-1)}{1.2}\frac{d^{n-2}x}{dt^{n-2}}\frac{d^2y}{dt^2} +$$

also ist auch:

$$\frac{d^{n+1}U}{dt^{n+1}} = 2t\frac{d^nU}{dt^n} + 2n.\frac{d^{n-1}U}{dt^{n-1}}$$

eine Gleichung, welche man auch auf folgende Weise schreiben kann, wenn man das Product 1.2.3 .... n durch $n!$ bezeichnet:

$$\frac{(n+1)}{(n+1)!}\frac{d^{n+1}.U}{dt^{n+1}} = 2t\frac{d^nU}{n!\,dt^n} + 2\frac{d^{n-1}U}{(n-1)!\,dt^{n-1}}$$

oder, wenn man noch $\frac{d^nU}{n!\,dt^n}$ durch U_n bezeichnet:

$$(n+1)U_{n+1} = 2tU_n + 2U_{n-1}$$

Diese Gleichung gilt von $n = 1$ an, wo dann U_0 die Function U selbst ist. Man erhält aus derselben:

$$-2\,\frac{U_{n-1}}{U_n} = 2t - (n+1)\,\frac{U_{n+1}}{U_n}$$

also:

$$-\tfrac{1}{2}\,\frac{U_n}{U_{n-1}} = \frac{1}{2t - (n+1)\,\dfrac{U_{n+1}}{U_n}} = \frac{\dfrac{1}{2t}}{1-(n+1)\,\dfrac{1}{2t}\,\dfrac{U_{n+1}}{U_n}}$$

oder:

$$-\frac{U_n}{2t\,U_{n-1}} = \frac{\dfrac{1}{2t^2}}{1-(n+1)\,\dfrac{1}{2t}\,\dfrac{U_{n+1}}{U_n}} \qquad (\gamma)$$

Nun war aber nach Gleichung (β):

$$\frac{U_{\prime}}{U} = 2t - \frac{1}{U}$$

also:

$$U = \frac{1}{2t - \dfrac{U_{\prime}}{U}} = \frac{\dfrac{1}{2t}}{1 - \dfrac{1}{2t}\,\dfrac{U_{\prime}}{U}}$$

Aus der Gleichung (γ) folgt aber:

$$-\frac{1}{2t}\,\frac{U_{\prime}}{U} = \frac{\dfrac{1}{2t^2}}{1 - 2\,\dfrac{1}{2t}\,\dfrac{U_2}{U_{\prime}}}$$

Substituirt man dies in die vorige Gleichung und setzt die Entwickelung fort, so erhält man:

$$U = \cfrac{\dfrac{1}{2t}}{1 - \cfrac{\dfrac{1}{2t^2}}{1-2\,.\,\cfrac{\dfrac{1}{2t^2}}{1-3\,\cfrac{\dfrac{1}{2t^2}}{1-\text{etc.}}}}}$$

also auch, wenn man $\frac{1}{2T^2} = q$ setzt:

$$2\,T\,e^{T^2}\int_T^{\infty} e^{-t^2}\,dt = \cfrac{1}{1+\cfrac{q}{1+\cfrac{2q}{1+\cfrac{3q}{1+\cfrac{4q}{1+\text{etc.}}}}}} \qquad (b)$$

Ist t sehr klein, so kann man auch bequem eine dritte Methode zur Berechnung der Transcendente anwenden. Es ist nämlich:

$$\int_T^{\infty} e^{-t^2}\,dt = \int_0^{\infty} e^{-t^2}\,dt - \int_0^{T} e^{-t^2}\,dt$$

Das letzte Integral erhält man aber leicht, wenn man e^{-t^2} in eine Reihe entwickelt, nämlich:

$$\int_0^{T} e^{-t^2}\,dt = T - \frac{T^3}{3} + \tfrac{1}{2}\,\frac{T^5}{5} - \frac{1}{2\,.\,3}\,\frac{T^7}{7} +$$

und da

$$\int_0^{\infty} e^{-t^2}\,dt = \frac{\sqrt{\pi}}{2}$$

ist, so erhält man daraus den Werth von

$$\int_0^{\infty} e^{-t^2}\,dt,$$

den man dann noch mit e^{T^2} zu multipliciren hat, um die durch ψ bezeichnete Transcendente zu finden.

Nach dem vorigen kann man nun immer die Werthe von $\psi(r)$ berechnen. Wegen der häufigen Anwendung dieser Transcendente hat man dieselbe in Tafeln gebracht und man findet eine solche z. B. in Bessels „Fundamenta astronomiae." Der erste Theil der dortigen Tafel hat zum Argumente T und geht von $T = 0$ bis $T = 1$ durch alle Hunderttheile. Da aber die Transcendente desto näher ihrem Argumente umgekehrt proportional ist, je gröfser T' ist, so wählt Bessel für die Werthe, welche ein gröfseres Argument als $T = 1$ hätten, die Briggischen Logarithmen von T' als Argumente. Dieser zweite Theil der Tafel erstreckt sich dann von Log. Brigg. 0.00 bis Log. Brigg. 1.00, als vor $T = 1$ bis $T = 10$, was für alle Anwendungen genügt.

9. Die Formel (B) enthält die beiden Constanten α und β, deren numerische Werthe man kennen mufs, wenn man den Betrag der Refraction für irgend eine Zenithdistanz z finden will. Wäre der Zustand der Atmosphäre immer derselbe, so würden diese Constanten auch immer dieselben Werthe haben. Da nun aber die Dichtigkeit der Luft von dem jedesmaligen Barometer- und Thermometerstand abhängt, so wird auch α, was ja nichts anders ist als die Gröfse $\frac{\mu_0^2 - 1}{2\mu_0^2}$ (wo μ_0 den Brechungsexponenten vom leeren Raume in Luftschichten an der Oberfläche der Erde bedeutet)*) eine Function desselben sein. Ebenso wird β oder $\frac{\lambda - l}{\lambda l}\alpha$ von dem Thermometerstande abhängen, weil die Gröfse l oder die Höhe einer Luftsäule von der Dichtigkeit ϱ_0, welche dem Drucke der Atmosphäre entspricht, eine Function der Temperatur der Luft ist. Um nun also die Refraction für einen gegebenen Zustand der Atmosphäre d. h. für einen gegebenen Barometer- und Thermometerstand zu finden, mufs man bei der Berechnung der Formel (B) auch die wirklich diesem Zustande entsprechenden Werthe der Constanten anwenden.

Nun dehnt sich die Luft von 0° bis 100° der hunderttheiligen Thermometers um $\frac{3}{8}$ ihres Volumens oder genauer um 0.36438 aus. Ist also ein Volumen Luft bei einer bestimmten Temperatur, wofür Bessel 8° Réaumur = 10° Clsius = 50° Fahrenheit angenommen hat,**) gleich eins, so ist

---

*) Oder auch $\frac{c\varrho_0}{2(1+c\varrho_0)}$

**) Nach dem von Bradley angewandten Thermometer.

dasselbe Luftvolumen bei einer Temperatur von τ^0 Fahrenheit:

$$1 + (\tau - 50)\,\frac{0.36438}{180} = 1 + (\tau - 50)\;0.0020243$$

Wenn daher l_0 den Werth der Constante l für die Temperatur $\tau = 50$ bezeichnet, so ist für jede andre Temperatur τ:

$$l = l_0\,[1 + (\tau - 50)\;0.0020243]$$

und ebenso, wenn ϱ_0 die Dichtigkeit der Luft für $\tau = 50^0$ ist, für jede andere Temperatur:

$$\varrho = \frac{\varrho^0}{1 + (\tau - 50)\;0.0020243}$$

Die Dichtigkeit der Luft hängt nun aber auch vom Barometerstande ab. Da dieselbe nach dem Mariottischen Gesetze sich umgekehrt wie der Druck verhält, so wird also wenn man wieder mit ϱ_0 die Dichtigkeit bei einem bestimmten Barometerstande bezeichnet, wofür Bessel 29.6 englische Zolle nimmt, für jeden andern Barometerstand b:

$$\varrho = \varrho_0 \cdot \frac{b}{29.6}$$

Da nun α für so kleine Aenderungen der Dichtigkeit, als hier in Betracht kommen, dieser Dichtigkeit proportional angenommen werden kann, so erhält man, wenn man den Werth von α für den Normalzustand der Atmosphäre α_0 nennt:

$$\alpha = \frac{\alpha_0\,\frac{b}{29.6}}{1 + (\tau - 50)\;0.0020243}$$

Bessel hat nun in seinem Werke „Fundamenta astronomiae" den Werth der Constante α_0 aus Bradleys Beobachtungen bestimmt und dafür gefunden:

$$\alpha_0 = 57''.538$$

und ferner für die Constante h:

$$h = 116865.8 \text{ Toisen.}$$

Daraus folgt, wenn man den Krümmungshalbmesser der Greenwicher Sternwarte gleich 3269805 Toisen nimmt, für den Normalzustand der Atmosphäre der Werth der Constante β:

$$\beta_0 = 745.747$$

womit man alle nöthigen Data hat, um aus der Formel (B) die Refraction für jede Zenithdistanz und jeden Zustand der Atmosphäre berechnen zu können. Sucht man z. B. die Refraction für 80° Zenithdistanz und für den Normalzustand der Atmosphäre, so ist:

$$\log \frac{\alpha}{1-\alpha} \sqrt{2\beta} = 3.34688$$

Ferner erhält man für die Logarithmen der einzelnen Functionen ψ nach den Formeln (a) oder (b) in Nr. 8 und für die Logarithmen der Factoren dieser Größen die folgenden Werthe:

	$\log n^{\frac{2n-3}{2}}$	$\log \frac{1}{(n-1)!}\left(\frac{\alpha\beta}{\sin z^2}\right)^{n-1}$	$\log \psi(n)$	$\log e^{-n\frac{\alpha\beta}{\sin z^2}}$
$n=1$	0.00000	0.00000	9.14982	9.90685
$n=2$	0.15051	9.33142	9.00745	9.81369
$n=3$	0.71568	8.36181	8.92228	9.72054
$n=4$	1.50 15	7.21610	8.86128	9.62738
$n=5$	2.44640	5.94546	8.81362	9.53423
$n=6$	3.46568	4.57791	8.77473	9.44108
$n=7$	4.64804	3.13118	8.74169	9.34792

Damit erhält man dann für die einzelnen innerhalb der Klammer stehenden Glieder der Formel (B):

erstes Glied	0.113938
zweites	0.020094
drittes	0.005252
viertes	0.001622
fünftes	0.000549
sechstes	0.000182
siebentes	0.000074
Summa	0.141711
log	9.15140
log Const	3.34688
Refraction	+ 5′ 15″.0

Bessel hat später noch gefunden, daſs die auf diese Weise berechneten Refractionen mit 1.003282 multiplicirt werden müssen, um die Königsberger Beobachtungen darzustellen. Macht man diese Multiplication, so erhält man für die Refraction bei 80^0 Zenithdistanz und für den Normalzustand der Atmosphäre + 5′ 16″.0.

Wollte man die Refraction nicht für den Normalzustand der Atmosphäre, sondern für die Temperatur τ^0 Fahrenheit und den Barometerstand von b englischen Zollen haben, so müſste man zuerst die diesen entsprechenden Werthe von α und β nach den vorher gegebenen Formeln suchen und mit diesen die Berechnung von (B) durchführen.

Um aber dieser lästigen Berechnung überhoben zu sein, hat man die Refraction in Tafeln gebracht, welche die scheinbare Zenithdistanz zum Argumente haben. Die eine Tafel giebt die Werthe der Refraction für die Normaltemperatur und den Normalbarometerstand oder die sogenannte mittlere Refraction. Eine andre Tafel giebt dann die Correction, welche man an diese mittlere Refraction anzubringen hat, um daraus die wahre, dem jedesmaligen Zustande der Atmosphäre entsprechende Refraction zu erhalten. Für die Berechnung dieser letzteren Tafeln ist es nöthig, die analytischen Ausdrücke der Aenderung der Refraction durch Thermometer und Barometerstand zu suchen.

10. Bezeichnet r die wahre, δz die mittlere Refraction, so ist:

$$r = \delta z + \frac{d.\delta z}{d\tau}(\tau - 50) + \frac{d.\delta z}{db}(b - 29.6) \qquad (a)$$

Nach Formel (B) in Nr. 8 hat man aber, wenn man:

$$\frac{\alpha\beta}{\sin z^2} = x$$

setzt:

$$(1-\alpha)\,\delta z = \sin z^2 \sqrt{\frac{2}{\beta}}\; x \sum n^{\frac{2n-3}{2}} \frac{x^{n-1}}{1.2.3\ldots(n-1)}\, e^{-nx}\, \psi(n)$$

$$= \sin z^2 \sqrt{\frac{2}{\beta}} \sum n^{\frac{2n-1}{2}} \frac{x^n}{1.2.3\ldots\ldots n}\, e^{-nx}\, \psi(n)$$

wo man für n nach einander alle ganzen Zahlen von 1 ab setzen muſs. Führt man der Kürze wegen die folgenden Bezeichnungen ein:

$$n^{\frac{2n-1}{2}}\,\psi(n) = q_n$$

und:

$$\sum \frac{x^n.\,e^{-nx}}{1.2.3\ldots n}\,q_n = Q_n$$

so wird diese Gleichung einfach:

$$(1-\alpha)\,\delta z = \sin z^2 \sqrt{\frac{2}{\beta}}\,.\,Q_n$$

Wegen der Kleinheit von α kann man hierin den Factor $1-\alpha$ als constant betrachten, sodaſs dann die Veränderlichen b und τ nur in x und β vorkommen und zwar in β allein τ, in x dagegen sowohl τ als auch b. Sucht man nun zuerst die Differentialquotienten von Q_n, so ist:

$$\left(\frac{dQ}{d\tau}\right) = \left(\frac{dQ}{dx}\right)\left(\frac{dx}{d\tau}\right) + \left(\frac{dQ}{d\beta}\right)\left(\frac{d\beta}{d\tau}\right) \qquad (b)$$

Es ist aber auch:

$$\left(\frac{dQ}{dx}\right) = \frac{1-x}{x}\sum \frac{x^n\,e^{-nx}}{1.2.3\ldots.n}\,nq_n$$

oder, wenn man die Reihe:

$$\sum \frac{x^n\,e^{-nx}}{1.2.3\ldots.n}\,nq_n$$

mit Q' bezeichnet:

$$\left(\frac{dQ}{dx}\right) = \frac{1-x}{x}\,Q' \qquad (c)$$

ferner:

$$\left(\frac{dQ}{d\beta}\right) = \sum \frac{x^n\,e^{-nx}}{1.2.3\ldots n}\left(\frac{dq_n}{d\beta}\right)$$

Man erhält aber, wenn man den bekannten Satz für die

Berechnung des Differentialquotienten eines bestimmten Integrals nach einer seiner Grenzen anwendet:

$$\left(\frac{dq_n}{d\beta}\right) = \frac{\text{cotang } z^2}{2} \, nq_n \quad \frac{\text{cotang } z \sqrt{\frac{\beta}{2}}}{2\beta} \, n^n$$

also wird auch:

$$\left(\frac{dQ}{d\beta}\right) = \frac{\text{cotang } z^2}{2} \, Q' = \frac{\text{cotang } z}{2\sqrt{2\beta}} \sum \frac{n^n x^n e^{-nx}}{1.2.3 \ldots . n} \qquad (d)$$

Ferner hat man, da:

$$\left(\frac{d\beta}{dl}\right) = -\frac{a}{l^2}, \quad \left(\frac{d\alpha}{d\tau}\right) = -\alpha\varepsilon, \quad \left(\frac{dl}{d\tau}\right) = l\varepsilon \text{ *)}$$

$$\left(\frac{d\beta}{d\tau}\right) = -\varepsilon\beta \, \frac{h}{h-l} \qquad (e)$$

$$\left(\frac{dx}{d\tau}\right) = \frac{x}{\beta} \left(\frac{d\beta}{d\tau}\right) + \frac{x}{\alpha}\left(\frac{d\alpha}{d\tau}\right) = -\varepsilon x \left(\frac{2h-l}{h-l}\right)$$

mithin nach den Formeln (*b*), (*c*), (*d*), (*e*):

$$\left(\frac{dQ}{d\tau}\right) = -\varepsilon Q' \left\{\frac{2h-l}{h-l}(1-x) + \frac{h}{h-l} \, \frac{\beta}{2} \, \text{cotang } z^2\right\}$$

$$+ \varepsilon \sqrt{\frac{\beta}{2}} \, \frac{\text{cotang } z}{2} \left(\frac{h}{h-l}\right) \sum \frac{n^n x^n e^{-nx}}{1.2.3 \ldots . n} \qquad (f)$$

Da ferner die Veränderliche *b* blos in *x* vorkommt, so ist:

$$\left(\frac{dQ}{db}\right) = \left(\frac{dQ}{dx}\right)\left(\frac{dx}{db}\right) = \frac{1-x}{x} \, Q' \left(\frac{dx}{db}\right)$$

oder da:

$$\left(\frac{dx}{db}\right) = \frac{x}{\alpha}\left(\frac{d\alpha}{db}\right)$$

$$\left(\frac{dQ}{db}\right) = \frac{1-x}{29.6} \, Q' \qquad (g)$$

Differenzirt man aber die Formel für $(1-\alpha)\,\delta z$, so erhält man:

$$(1-\alpha)\frac{d.\delta z'}{d\tau} = -\tfrac{1}{2}\delta z \, \frac{1}{\beta}\left(\frac{d\beta}{d\tau}\right) + \sin z^2 \sqrt{\frac{2}{\beta}} \left(\frac{dQ_n}{d\tau}\right)$$

---

*) Nach den Formeln in Nr. 9, wo ε die Zahl 0.0020243 bedeutet.

und:

$$(1-\alpha)\,\frac{d.\delta z}{db} = +\sin z^2 \sqrt{\frac{2}{\beta}}\left(\frac{dQ}{db}\right)$$

Substituirt man hierin die Werthe der Differentialquotienten von Q aus den Gleichungen (f) und (g) und ebenso für $\left(\frac{d\beta}{d\tau}\right)$ seinen Werth aus der ersten der Gleichungen (e), so findet man endlich:

$$(1-\alpha)\,\frac{d.\delta z}{d\tau} = \varepsilon\delta z\left(\frac{\frac{1}{2}h}{h-l}\right) - \varepsilon Q' \sin z^2 \sqrt{\frac{2}{\beta}}\left\{\frac{2h-l}{h-l}(1-x)\right.$$

$$\left. + \left(\frac{h}{h-l}\right)\frac{\beta}{2}\,\text{cotang}\, z^2\right\} + \varepsilon \sin z^2\, \text{cotang}\, z\left(\frac{\frac{1}{2}h}{h-l}\right)\sum\frac{n^n x^n e^{-nx}}{1.2.3\,\ldots\, n} \quad (A)$$

und:

$$(1-\alpha)\,\frac{d.\delta z}{db} = \sin z^2\sqrt{\frac{2}{\beta}}\;\frac{1-x}{29.6}\;Q'$$

Vermittelst dieser Formeln könnte man nun die Werthe der Differentialquotienten ebenso wie die Werthe der mittleren Refraction in Tafeln bringen, die zum Argumente die scheinbare Zenithdistanz z haben und dann die wahre Refraction durch die Formel (a) berechnen. Diese Formel ist indeſs nicht bequem. Setzt man aber zur bequemen Berechnung durch Logarithmen:

$$r = \frac{\delta z}{[1+\varepsilon(\tau-50)]^{\lambda}}\left(\frac{b}{29.6}\right)^{A} \qquad (B)$$

so sind λ und A Functionen von $\frac{d.\delta z}{d\tau}$ und $\frac{d.\delta z}{db}$, die sich ebenso wie diese in Tafeln bringen lassen. Diese Functionen kann man nun leicht bestimmen. Da nämlich:

$$[1+\varepsilon(\tau-50)]^{-\lambda} = 1-\lambda\varepsilon(\tau-50)\ \text{etc.}$$

$$\left(\frac{b}{29.6}\right)^{A} = 1 + A\left(\frac{b}{29.6}-1\right)\ \text{etc.}$$

so erhält man aus Gleichung (B), wenn man nur die ersten Glieder beibehält:

$$r = \delta z - \lambda\varepsilon(\tau-50)\,\delta z + A\left(\frac{b}{29.6}-1\right)\delta z$$

und, wenn man diese Gleichung mit der Formel (a) vergleicht:

$$\left.\begin{aligned} \lambda &= -\frac{1}{0.0020243\,\delta z}\,\frac{d.\delta z}{dr} \\ A &= \frac{29.6}{\delta z}\,\frac{d.\delta z}{db} \end{aligned}\right\} \qquad (C)$$

Beispiel. Für die scheinbare Zenithdistanz $z = 80°$ erhält man, wenn man noch die Glieder mitnimmt, welche $\psi(8)$, wovon der log. 8.71302 ist, enthalten:

$$\log Q' = 8.58950$$

$$\log \sum \frac{n^n x^n e^{-nx}}{1.2.3\ldots.n} = 9.43611$$

und damit:

$$\log\left(\frac{1}{\varepsilon}\,\frac{d\delta z}{dr}\right) = 7.20207\,n$$

$$\log \frac{d\delta z}{db} = 5.71441$$

und endlich:

$$\lambda = +\,1.0428$$
$$A = +\,1.0042$$

Wollte man also z. B. die Refraction kennen für $r = 15°$ Réaumur und $B = 28.6$ englische Zolle, so erhielte man, da 15° Réaumur = 65°.7 Fahrenheit sind:

$$\log \frac{1}{[1 + 0.0020243\,(r - 50)]^{\lambda}} = 9.98583$$

$$\log\left(\frac{b}{29.6}\right)^{A} = 9.98502$$

und hieraus, da $\delta z = +\,5'\,16''.0$ ist:

$$r = +\,4'\,55''.5$$

Nach den Formeln (B) und (e) sind nun die Besselschen Refractionstafeln entworfen. Die erste Tafel giebt mit dem Argumente der scheinbaren Zenithdistanz aufser der mittleren

Refraction die Gröfsen A und λ. Die andern Tafeln geben mit dem Argumente der nach irgend einer der drei gebräuchlichen Thermometerscalen beobachteten Temperatur und des nach pariser Zollen, englischen Zollen oder Metern beobachteten Barometerstandes die Logarithmen der Factoren

$$\frac{1}{1 + 0\ 0020243\,(\tau - 50)} \text{ und } \frac{b}{29.6}.$$

Der erste Factor ist das Verhältnifs eines Volumens Luft bei der Temperatur $\tau = 50°$ nach dem von Bradley angewandten Fahrenheitschen Thermometer zu dem Volumen bei einer andern Temperatur. Bezeichnet man das Volumen Luft bei der Temperatur des Frostpunctes mit 1, so wird dasselbe Volumen für jede andre Temperatur:

$$1 + 0.0020243\,(\tau - 32°.0)$$
$$= 1 + \frac{0.36438}{180}\,(\tau - 32°.0)$$

Nun hat Bessel gefunden, dafs das von Bradley angewandte Thermometer alle Temperaturen um 1°.25 zu hoch angab, indem der Frostpunct desselben um ebenso viel zu niedrig angegeben war. Die Temperatur 50° entsprach also der wahren Temperatur 48°.75. Somit wird der Coefficient:

$$\frac{1}{1 + 0.0020243\,(\tau - 50)}$$

wenn man denselben mit γ bezeichnet:

$$\gamma = \frac{180 + 16.75 \times 0.36438}{180 + (f - 32)\,0.36438} \qquad (D)$$

wo f die Temperatur der Luft nach einem Fahrenheitschen Thermometer bedeutet. Bezeichnet man dieselbe Temperatur nach Réaumur und Celsius mit r und c, so ist auch:

$$\gamma = \frac{180 + 16.75 \times 0.36438}{180 + \frac{9}{4}\,r.\ 0.36438}$$
$$= \frac{180 + 16.75 \times 0.36438}{180 + \frac{9}{5}\,c.\ 0.36438}$$

Nach diesen Formeln ist dann log γ in Tafeln gebracht.

Für das Barometer waren 29.6 englische Zoll des Bradleyschen Instruments als Normalstand angenommen. Da nun Bessel gefunden hat, daſs dies Instrument alle Barometerhöhen um $\frac{1}{2}$ pariser Linie zu klein angab, so ist dieser Normalstand gleich 29.644 englischen Zollen oder 333.78 pariser Linien. Die Barometer sind nun immer entweder nach pariser Linien oder englischen Zollen oder Metern getheilt. Die Längen einer pariser Linie, eines englischen Zolles und des Meters gelten für die Normaltemperaturen 13° Réaumur, 62° Fahrenheit und 0° Celsius. Nennt man dann $b^{(l)}$, $b^{(e)}$ und $b^{(m)}$ die in pariser Linien, englischen Zollen und Metern ausgedrückten Barometerhöhen, wie sie bei irgend einer Temperatur t beobachtet sind, so werden diese sich nicht auf das wahre Maaſs beziehen, sondern wenn s die Ausdehnung der Scale vom Frostpuncte bis zum Siedepuncte bezeichnet, so wird sich der bei der Temperatur t abgelesene Barometerstand zu dem, welchen man abgelesen hätte, wenn t gleich der Normaltemperatur des Maaſses gewesen wäre, verhalten wie:

$$1 + \frac{s}{\alpha} T : 1 + \frac{s}{\alpha} t,$$

wenn die Länge der Scale beim Frostpunct gleich eins gesetzt wird und α die Anzahl der zwischen dem Frost- und dem Siedepuncte enthaltenen Grade des Thermometers bezeichnet. Nennt man dann wieder r, f, c die beobachtete Temperatur nach Réaumur, Fahrenheit und Celsius, so werden die auf das wahre Maaſs bezogenen Barometerstände sein:

$$b^{(l)} \cdot \frac{80 + rs}{80 + 13s}, \quad b^{(e)} \cdot \frac{180 + (f-32)s}{180 + 30s}, \quad b^{(m)} \cdot \frac{100 + cs}{100}$$

wo $s = 0.0018782$ bei einer Scale von Messing ist.

Da nun ein englischer Zoll $= \frac{1.065765}{12}$ pariser Linien und ein Meter = 443.296 pariser Linien, so sind die drei vorigen Barometerstände in pariser Linien:

$$b^{(l)} \frac{80 + rs}{80 + 13s} = b^{(e)} \frac{12}{1.065765} \frac{180 + (f-32)s}{180 + 30.s}$$
$$= b^{(m)} 443.296 \frac{100 + cs}{100} \qquad (\alpha$$

Die vorausgesetzte Normalbarometerhöhe von 333.78 pariser Linien gilt nun für die Normaltemperatur 8° Réaumur oder 50° Fahrenheit oder 10° Celsius, ist also auch an einer Scale von dieser Temperatur gemessen. Die Normalbarometerhöhe auf wahres pariser Maafs zurückgefürt, wird also sein:

$$B_0 = 333.78 \frac{80 + 8s}{80 + 13s}$$

und hiermit sind daher die beobachteten aber auf wahres pariser Maafs reducirten Barometerstände in (α) zu dividiren.

Nun mufs aber auch noch auf die Ausdehnung des Quecksilbers Rücksicht genommen werden, die vom Frostpuncte bis Siedepuncte $\frac{1}{55.5}$ beträgt. Bezeichnet man diese Zahl mit q, so wird sich der bei einer Temperatur t beobachtete Barometerstand zu dem, welchen man beobachtet hätte, wenn t gleich der Normaltemperatur T gewesen wäre, verhalten wie:

$$1 + \frac{q}{\alpha} t : 1 + \frac{q}{\alpha} T.$$

Man erhält also für die 3 verschiedenen Thermometer die folgenden Correctionsfactoren, mit denen die Barometerhöhen in (α) zu multipliciren sind:

$$\frac{80 + 8q}{80 + rq}, \quad \frac{180 + 18q}{180 + (f-32)q} \quad \text{und} \quad \frac{100 + 10q}{100 + cq}$$

wo r. f, c die Angaben des am Barometer befindlichen Thermometers sind. Die vollständigen Ausdrücke für $\frac{b}{29.6}$ werden mithin aus zwei Factoren bestehen, von denen der eine allein von der Barometerhöhe, der andre blos von der Temperatur des Barometers abhängt. Bezeichnet man den erstern mit B, den andern mit T, so ist:

$$\left.\begin{aligned}
B &= \frac{b^{(l)}}{333.78} \cdot \frac{80 + 8q}{80 + 8s} \\
&= \frac{b^{(e)}}{333.78} \; \frac{12}{1.065765} \; \frac{80 + 13s}{80 + 8s} \; \frac{180 + 18q}{180 + 30s} \\
&= \frac{b^{(m)}}{333.78} \; 443{,}296 \; \frac{80 + 13s}{80 + 8s} \; \frac{100 + 10q}{100} \\
&\text{und} \\
T &= \frac{80 + rs}{80 + rq} = \frac{180 + (f-32)s}{180 + (f-32)q} = \frac{100 + cs}{100 + cq}
\end{aligned}\right\} \quad (E)$$

Nach diesen Formeln (E) und (D) sind nun die Tafeln entworfen, welche $\log B$ mit dem Argumente der Barometerhöhe nach den drei Scalen und $\log T$ mit dem Argumente der Höhe des am Barometer befindlichen Thermometers (des inneren Thermometers) nach den drei Thermometerscalen und endlich $\log \gamma$ mit dem Argumente der Höhe des in freier Luft aufgehängten Thermometers (des äußern Thermometers) ebenfalls für alle drei Scalen geben.

Man findet diese Besselschen Refractionstafeln in Bessels „Tabulae Regiomontanae", in Schuhmachers Hülfstafeln und auch in den astronomischen Jahrbüchern von Encke. Statt der Größe δz giebt Bessel die Größe α, bestimmt durch die Gleichung:

$$\delta z = \alpha \tang z$$

sodaß dann der Ausdruck der Refraction der folgende ist:

$$\log r = \log \alpha + \log \tang z + \lambda \log \gamma + A(\log B + \log T) \qquad (F)$$

Die der Berechnung von α zum Grunde liegende Constante ist $57''.538$ mal $1.003282 = 57''.727$.

11. Die im vorigen vorgetragene Theorie der Refraction ist die von Laplace und Bessel gegebene. Sie entspricht selbst in den größten Zenithdistanzen den Beobachtungen noch fast vollkommen. Man hat nun aber noch andre Refractionsformeln, die sich auf einfachere Gesetze für die Dichtigkeit der Luft gründen und darum auch viel einfachere Ausdrücke für die Refraction geben, aber namentlich in grossen Zenithdistanzen stark von den Beobachtungen abweichen. Da indessen häufig besonders die einfacheren analytischen Ausdrücke für die Anwendung bequem sind, so sollen die wichtigsten derselben im Folgenden abgeleitet werden.

In Nr. 6 war die Differentialgleichung (f) gefunden:

$$d\zeta' = -\frac{\alpha \frac{d\varrho}{\varrho_0}(1-s)\sin z}{\left\{1-2\alpha\left(1-\frac{\varrho}{\varrho_0}\right)\right\}\sqrt{\cos z^2 - 2\alpha\left(1-\frac{\varrho}{\varrho_0}\right) + (2s-s^2)\sin z^2}}$$

Diese Gleichung läſst sich sehr leicht integriren, wenn man zwischen s und r das Gesetz annimmt:

$$1-s = \left\{1-2\alpha\left(1-\frac{\varrho}{\varrho_0}\right)\right\}^m$$

wo m eine willkührliche, durch die Beobachtungen zu bestimmende Gröſse ist. Dann wird nämlich die Gleichung:

$$d\zeta' = -\frac{\alpha \sin z \frac{d\varrho}{\varrho_0}\left\{1-2\alpha\left(1-\frac{\varrho}{\varrho_0}\right)\right\}^{\frac{2m-3}{2}}}{\sqrt{1-\left\{1-2\alpha\left(1-\frac{\varrho}{\varrho_0}\right)\right\}^{2m-1}\sin z^2}}$$

oder, wenn man eine neue Veränderliche w einführt, gegeben durch die Gleichung:

$$\left\{1-2\alpha\left(1-\frac{\varrho}{\varrho_0}\right)\right\}^{\frac{2m-1}{2}}\sin z = w$$

ganz einfach;

$$d\zeta' = -\frac{dw}{(2m-1)\sqrt{1-w^2}}$$

also, wenn man integrirt:

$$\delta z = -\frac{1}{2m-1}\text{ arc sin } w$$

Da nun an der Oberfläche der Erde die Dichtigkeit der Luft gleich ϱ_0, an der Grenze der Atmosphäre aber gleich 0 ist, so sind als Grenzen des Integrals:

$$w = \sin z \text{ und } w = (1-2\alpha)^{\frac{2m-1}{2}} \sin z$$

zu nehmen und man erhält dann:

$$\delta z = \frac{1}{2m-1} \left\{ z - arc \sin \left[1 - 2\alpha^{\frac{2m-1}{2}} \sin z \right] \right\}$$

oder:

$$\sin \left[z - (2m-1)\, \delta z \right] = (1-2\alpha)^{\frac{2m-1}{2}} \sin z$$

wofür man der Kürze wegen schreiben kann:

$$M \sin z = \sin \left[z - N\delta z \right] \qquad (a)$$

Ist $z = 90$, so hat man, wenn man den dann stattfindenden Werth von δz d. h. die Horizontalrefraction mit h bezeichnet:

$$M = \cos Nh$$

also ist allgemein:

$$\cos (Nh) \sin z = \sin \left[z - N\delta z \right] \qquad (b)$$

Dies ist die von Simpson aufgestellte Regel der Refraction, die indessen von ihm nicht analytisch, sondern mehr practisch gefunden wurde. Werden die Coefficienten gehörig bestimmt, so kann man dadurch die Refraction bis zu 85° Zenithdistanz schon ganz gut darstellen.

Addirt man zu der Gleichung (a) die identische $\sin z = \sin z$, so erhält man:

$$\sin z \left[1 + M \right] = 2 \sin \left(z - \frac{N}{2} \delta z \right) \cos \frac{N}{2} \delta z$$

Subtrahirt man dagegen dieselbe identische Gleichung, so findet man:

$$\sin z \left[1 - M \right] = 2 \cos \left(z - \frac{N}{2} \delta z \right) \sin \frac{N}{2} \delta z$$

Beide Gleichungen durch einander dividirt geben:

$$\operatorname{tang} \left(\frac{N}{2} \delta z \right) = \frac{1-M}{1+M} \operatorname{tang} \left\{ z - \frac{N}{2} \delta z \right\}$$

oder wenn man wieder die Horizentalrefraction einführt:

$$\operatorname{tang} \left(\frac{N}{2} \delta z \right) = \operatorname{tang} \left(\frac{N}{2} h \right)^2 \operatorname{tang} \left(z - \frac{N}{2} \delta z \right) \qquad (c)$$

Dies ist die von Bradley aufgestellte Regel der Refraction, die man kurz so schreiben kann:

$$\operatorname{tang} \alpha\delta z = \beta \operatorname{tang} [z-\alpha\delta z]$$

Ist δz klein, so kann man sich auch erlauben zu setzen:

$$\delta z = \frac{\beta}{\alpha} \operatorname{tang} [z-\alpha\delta z]$$

woraus man sieht dafs die Refraction, solange dieselbe klein ist, der Tangente der scheinbaren Zenithdistanz proportional angenommen werden kann.

12. Indem die Refraction alle Gestirne in einer gröfseren Höhe erblicken läfst, als sie wirklich haben, so bewirkt dieselbe auch, dafs man die Gestirne schon sieht, wenn sie in der That noch unter dem Horizonte sind. Sie beschleunigt daher den Aufgang und verzögert den Untergang der Gestirne,

Es war allgemein:

$$\sin h = \sin \varphi \sin \delta + \cos \varphi \cos \delta \cos t$$

Sieht man nun ein Gestirn im Horizonte, so steht es eigentlich noch unter demselben um eine Gröfse, welche gleich der Horizontalrefraction ist. Bezeichnet man diese mit ϱ, so hat man also für den Auf- oder Untergang eines Gestirns die Gleichung:

$$-\sin \varrho = \sin \varphi \sin \delta + \cos \varphi \cos \delta \cos t_0 \qquad (a)$$

Nennt man nun T den Stundenwinkel, welchen das Gestirn bei seinem Auf- oder Untergange haben würde, wenn die Refraction gleich Null wäre, so hat man auch:

$$0 = \sin \varphi \sin \delta + \cos \varphi \cos \delta \cos T \qquad (b)$$

also aus beiden Gleichungen (a) und (b):

$$\cos t_0 = \cos T \left(1 - \frac{\sin \varrho}{\cos \varphi \cos \delta \cos T}\right)$$

Einfacher ist es noch, wenn man blos die Correction ΔT des Stundenwinkels T sucht, welche durch die Refraction hervorgebracht wird. Diese findet man aber mit hinlänglicher Genauigkeit, wenn man die Gleichung für $\sin h$ nach h

und t differenzirt; man erhält dann, wenn das ΔT in Zeitsecunden ausdrückt:

$$\Delta T = \frac{\varrho}{\cos\varphi \cos\delta \sin T} \cdot \frac{1}{15}$$

Für Arcturus und die Polhöhe von Berlin war in Nr. 12 des ersten Abschnitts gefunden:

$$T = 7^h\,53'.7 = 118^\circ\,16'.8$$

Berechnet man nun die Formel für ΔT und nimmt $\varrho = 33'$, so erhält man:

$$\Delta T = 4'\,22''.0$$

Um so viel wird also der Auf- und Untergang des Arcturus für Berlin beschleunigt oder verzögert.

Die Zenithdistanz eines südlich vom Zenith culminirenden Stern ist $\varphi - \delta$, also die südliche Declination eines Sterns, welcher bei seiner oberen Culmination grade im Horizonte steht, $90 - \varphi$. (I No. 12). Da nun aber ein solcher Stern vermöge der Refraction in der Höhe ϱ erscheint, wo ϱ wieder die Horizontalrefraction bezeichnet, so sieht man also noch alle diejenigen Sterne über den südlichen Horizont kommen, deren südliche Declination kleiner als $90 - \varphi + \varrho$ ist. Ebenso sieht man, daſs noch alle diejenigen Sterne bei ihrer unteren Culmination über dem nördlichen Horizonte erscheinen, deren nördliche Declination gröſser als $90 - \varphi - \varrho$ ist.

Anm. Ueber die Refraction vergleiche man: Laplace, Mécanique céleste Livre X. Bessel, Fundamenta astronomiae pag 26 et seq. und die Vorrede zu Bessel's Tabulae Regiomontanae pag 59 sq.

III. Die Aberration.

13. Da die Geschwindigkeit der Erde in ihrer jährlichen Bahn um die Sonne zur Geschwindigkeit des Lichts ein angebbares Verhältniſs hat, so erblickt man die Sterne von der sich bewegenden Erde aus nicht in der Richtung, in welcher dieselben wirklich stehen, sondern sieht dieselben immer um einen kleinen Winkel nach derjenigen Richtung, nach welcher sich die Erde hin bewegt, vorgerückt. Man unterscheide zwei Zeitmomente t und t', in denen der Lichtstrahl, von einem im Raume unbeweglichen Gestirne (Fixsterne) kommend, nach einander das Objectiv und Ocular eines Fernrohrs (oder die Linse und die Netzhaut unseres Auges) trifft. Die Oerter des Objectivs und Oculars im Raume zur Zeit t seien a und b, zur Zeit t' dagegen a' und b'. Fig. 4. Dann ist die wahre Richtung des Lichtstrahls im Raume die Richtung der Geraden ab', dagegen ist die Richtung ab oder auch $a'b'$, da diese wegen der unendlichen Entfernung der Fixsterne ab parallel ist, die Richtung des scheinbaren Ortes, welchen man beobachtet. Der Unterschied zwischen den Richtungen $b'a$ und ba heifst die jährliche Aberration der Fixsterne.

Es seien nun x, y, z die rechtwinkligen Coordinaten des Oculars b zur Zeit t, bezogen auf irgend einen unbeweglichen Punct im Raume; dann werden

$$x + \frac{dx}{dt}(t'-t),\ y + \frac{dy}{dt}(t'-t) \text{ und } z + \frac{dz}{dt}(t'-t)$$

die Coordinaten des Oculars zur Zeit t' sein, da man in der kleinen Zwischenzeit $t'-t$ die Bewegung der Erde als linear betrachten kann. Die Coordinaten des Objectivs gegen das Ocular seien ξ, η, ζ; dann sind die Coordinaten des Objectivs zur Zeit t, wo das Licht in dasselbe eintritt, $x+\xi$, $y+\eta$, $z+\zeta$.

Nimmt man nun als Ebene der x,y die Ebene des Aequators, die beiden andern Ebenen senkrecht darauf an und zwar so, dafs die Ebene der x,z durch die Aequinoctialpuncte, die der y, z durch die Solstitialpuncte geht, bezeichnet man ferner die Rectascension und Declination desjenigen Punctes, in welchem die wahre Richtung des Lichtstrahls die scheinbare Himmelskugel trifft, mit α und δ und mit μ die Geschwindigkeit des Lichts, so wird dasselbe in der Zeit $t'-t$ einen

Weg durchlaufen, dessen Projectionen auf die drei Coordinatenaxen

$$\mu(t'-t)\cos\delta\cos\alpha,\ \mu(t'-t)\cos\delta\sin\alpha,\ \mu(t'-t)\sin\delta$$

sind. Nennt man ferner die Länge des Fernrohrs l und die Rectascension und Declination desjenigen Punctes, in welchem die scheinbare Richtung des Lichtstrahls die Himmelskugel trifft, α' und δ', so sind die scheinbaren Coordinaten des Objectivs gegen das Ocular, welche man beobachtet:

$$\xi = l\cos\delta'\cos\alpha',\ \eta = l\cos\delta'\sin\alpha',\ \zeta = l\sin\delta'$$

Die wahre Richtung des Lichtstrahls wird nun gegeben durch die Coordinaten des Objectivs zur Zeit t

$$\begin{array}{ll} l\cos\delta'\cos\alpha' & + x \\ l\cos\delta'\sin\alpha' & + y \\ l\sin\delta' & + z \end{array}$$

und durch die Coordinaten des Oculars zur Zeit t'

$$x + \frac{dx}{dt}(t'-t)$$

$$y + \frac{dy}{dt}(t'-t)$$

$$z + \frac{dz}{dt}(t'-t)$$

Man erhält daher die folgenden Gleichungen, wenn man $\frac{l}{t'-t}$ mit L bezeichnet:

$$\mu\cos\delta\cos\alpha = L\cos\delta'\cos\alpha' - \frac{dx}{dt}$$

$$\mu\cos\delta\sin\alpha = L\cos\delta'\sin\alpha' \quad \frac{dy}{dt}$$

$$\mu\sin\delta = L\sin\delta' \quad \frac{dz}{dt}$$

Aus diesen Gleichungen findet man leicht:

$$L\cos\delta'\cos(\alpha'-\alpha) = \cos\delta + \frac{1}{\mu}\left\{\frac{dy}{dt}\cos\alpha - \frac{dx}{dt}\sin\alpha\right\}$$

$$L\cos\delta'\sin(\alpha'-\alpha) = \frac{1}{\mu}\left\{\frac{dy}{dt}\cos\alpha - \frac{dx}{dt}\sin\alpha\right\}$$

oder

$$\operatorname{tang}(\alpha'-\alpha) = \frac{\frac{1}{\mu}\sec\delta\left\{\frac{dy}{dt}\cos\alpha - \frac{dx}{dt}\sin\alpha\right\}}{1 + k\sec\delta\left\{\frac{dy}{dt}\sin\alpha + \frac{dx}{dt}\cos\alpha\right\}}$$

Eine ganz ähnliche Gleichung erhält man für tang $(\delta'-\delta)$. Entwickelt man beide Gleichungen in Reihen, indem man Formel (12) in No. 11 der Einleitung anwendet, so erhält man, wenn man in der Formel für tang $(\delta'-\delta)$ für tang $\frac{1}{2}(\alpha'-\alpha)$ den aus $\alpha'-\alpha$ hergeleiteten Werth substituirt, bis zu den Gliedern der zweiten Ordnung inclusive:

$$\alpha'-\alpha = -\frac{1}{\mu}\left\{\frac{dx}{dt}\sin\alpha - \frac{dy}{dt}\cos\alpha\right\}\sec\delta$$
$$+\frac{1}{\mu^2}\left\{\frac{dx}{dt}\sin\alpha - \frac{dy}{dt}\cos\alpha\right\}\left\{\frac{dx}{dt}\cos\alpha + \frac{dy}{dt}\sin\alpha\right\}\sec\delta^2$$

(a) $$\delta'-\delta = -\frac{1}{\mu}\left\{\frac{dx}{dt}\sin\delta\cos\alpha + \frac{dy}{dt}\sin\delta\sin\alpha - \frac{dz}{dt}\cos\delta\right\}$$
$$-\frac{1}{2\mu^2}\left\{\frac{dx}{dt}\sin\alpha - \frac{dy}{dt}\cos\alpha\right\}^2 \operatorname{tang}\delta$$
$$+\frac{1}{\mu^2}\left\{\frac{dx}{dt}\cos\delta\cos\alpha + \frac{dy}{dt}\cos\delta\sin\alpha + \frac{dz}{dt}\sin\delta\right\}$$
$$\times.\left\{\frac{dx}{dt}\sin\delta\cos\alpha + \frac{dy}{dt} + \sin\delta\sin\alpha - \frac{dz}{dt}\cos\delta\right\}$$

Denkt man sich nun den Ort der Erde durch Coordinaten x, y in der Ebene der Ecliptic auf den Mittelpunct der Sonne bezogen und nimmt die Linie vom Mittelpuncte der Sonne nach dem Frühlings Tag- und Nachtgleichen Puncte als positive Seite der Axe der x, die positive Axe der y senkrecht darauf nach dem Colure der Sommersonnenwende gerichtet, so ist, wenn man die Länge der Sonne von der Erde aus gesehen mit ☉, ihre Entfernung von der Erde mit R bezeichnet:*)

$$x = -R\cos\odot$$
$$y = -R\sin\odot$$

Bezieht man die Coordinaten auf die Ebene des Aequators, indem man als Axe der x die Linie nach dem Frühlingspuncte beibehält und die Coordinatenaxe der z in der

*) Da die Länge der Erde von der Sonne aus gesehen 180 + ☉ ist.

Ebene der yz um den Winkel ε, gleich der Schiefe der Ecliptic, gedreht denkt, so erhält man:

$$x = -R\cos\odot$$
$$y = -R\sin\odot\cos\varepsilon$$
$$z = -R\sin\odot\sin\varepsilon$$

und daraus:

$$\frac{dx}{dt} = +R\sin\odot.\frac{d\odot}{dt}$$
$$\frac{dy}{dt} = -R\cos\odot\cos\varepsilon.\frac{d\odot}{dt} \qquad (b)$$
$$\frac{dz}{dt} = -R\cos\odot\sin\varepsilon.\frac{d\odot}{dt}$$

Substituirt man diese Werthe in die Gleichungen (a) und führt statt μ die Anzahl k von Zeitsecunden ein, welche das Licht braucht, um den Halbmesser der Erdbahn zu durchlaufen, so dafs:

$$\mu = \frac{R}{k} \text{ also } \frac{1}{\mu} = \frac{k}{R}$$

wird, so hat man, wenn man nur die Glieder erster Ordnung beibehält:

$$\alpha'-\alpha = -k.\frac{d\odot}{dt}\left\{\cos\odot\cos\varepsilon\cos\alpha + \sin\odot\sin\alpha\right\}\sec\delta$$
$$\delta'-\delta = +k.\frac{d\odot}{dt}\left\{\cos\odot\,[\sin\alpha\sin\delta\cos\varepsilon - \cos\delta\sin\varepsilon] - \cos\alpha\sin\delta\sin\odot\right\}$$

Die Sonne legt nun in einem mittleren Tage 59′ 8″.33 zurück*), also ist:

$$\frac{d\odot}{dt} = \frac{59'\,8''.33}{86400} = 0.0410686;$$

*) Eigentlich müfste die wahre Bewegung der Sonne in ihrer elliptischen Bahn zur Berechnung der Aberration angewandt werden, es kann aber für diesen Fall die elliptische Bahn füglich mit der Kreisbahn verwechselt werden da der Unterschied nur ein constantes Glied in der Aberration hervorbringt, welches mit den mittleren Oertern der Sterne verbunden bleibt. Vid. Bessel, Tabulae Regiomontanae pag. XIX.

ferner ist k oder die Zeit, welche das Licht braucht, um den Halbmesser der Erdbahn zu durchlaufen 493″. 2, also ist:

$$k\,\frac{d\odot}{dt} = 20''.\,255.$$

Man hat daher für die jährliche Aberration der Fixsterne in Rectascension und Declination die Formeln:

$$\begin{aligned}
&\alpha' - \alpha = -\,20''.\,255\ [\cos\odot\cos\varepsilon\cos\alpha + \sin\odot\sin\alpha]\sec\delta \\
(A)\qquad &\delta' - \delta = +\,20''.\,255\cos\odot\,[\sin\alpha\sin\delta\cos\varepsilon - \cos\delta\sin\varepsilon] \\
&\qquad -\,20''.\,255\cos\alpha\sin\delta\sin\Theta
\end{aligned}$$

Die Glieder zweiter Ordnung sind so unbedeutend, daſs sie fast immer vernachläſsigt werden können. Für die Rectascension werden diese Glieder, wenn man in das zweite Glied der Formeln (a) die Werthe der Differentialquotienten (b) einführt:

$$-\,\frac{1}{4}\cdot\frac{R^2}{\mu^2}\left(\frac{d\odot}{dt}\right)^2\sec\delta^2\,[\cos 2\odot\sin 2\alpha\,(1+\cos\varepsilon^2) - 2\sin 2\odot\cos 2\alpha\cos\varepsilon]$$

wo das kleine in $\sin 2\alpha \sin \varepsilon^2$ multiplicirte Glied vernachlässigt ist.*) Substituirt man die numerischen Werthe, so erhält man mit $\varepsilon = 23^\circ\,28'$:

$$\begin{aligned}
&-\,0''.\,0009155\sec\delta^2\sin 2\alpha\cos 2\odot \\
&+\,0''.\,0009123\sec\delta^2\cos 2\alpha\sin 2\odot
\end{aligned}$$

Diese Glieder geben erst für Sterne, deren Declination $85\frac{1}{2}^\circ$ beträgt, $\frac{1}{100}$ Zeitsecunde, sie können also auſser beim Polarsterne immer vernachlässigt werden.

Für die Declination geben die Glieder zweiter Ordnung,

---

*) Man erhält nämlich abgesehen von dem vor der Klammer stehenden Factor:

$$2\sin 2\alpha\,[\cos\odot^2\cos\varepsilon^2 - \sin\odot^2] - 2\sin 2\odot\cos\varepsilon\,[\cos\alpha^2 - \sin\alpha^2]$$

Da man hier:

$$\cos\alpha^2 - \sin\alpha^2 = \cos 2\alpha,\ \cos\odot^2 = \tfrac{1}{2}\,(1+\cos 2\odot)$$
$$\text{und } \sin\odot^2 = \tfrac{1}{2}\,(1-\cos 2\odot)$$

so erhält man den oben stehenden Ausdruck.

wenn man die Glieder vernachläſsigt, die nicht in tang δ multiplicirt sind:*)

$$-\frac{1}{8}\frac{R^2}{\mu^2}\left(\frac{d\odot}{dt}\right)^2 \text{tang}\,\delta \left\{\cos 2\odot [\cos 2\alpha\,(1+\cos\varepsilon^2) - \sin\varepsilon^2] \right.$$
$$\left. + 2 \sin 2 \sin 2\alpha\,\odot \cos\varepsilon\right\}$$

oder:

$$+ [0''.000894 - 0''.0004578 \cos 2\alpha]\ \text{tang}\,\delta \cos 2\odot$$
$$- 0''.0004561\ \text{tang}\,\delta \sin 2\alpha \sin 2\odot$$

und auch diese Glieder erreichen für kleinere Declinationen als 87° 9′ noch nicht $\frac{1}{100}$ einer Bogensecunde.

Nimmt man statt des Aequators die Ecliptic zur Grundebene an, so werden die Formeln (b) einfacher, nämlich:

$$\frac{dx}{dt} = + R \sin\odot \frac{d\odot}{dt}$$
$$\frac{dy}{dt} = - R \cos\odot \frac{\odot}{dt} \qquad (c)$$
$$\frac{dz}{dt} = 0$$

Substituirt man diese Ausdrücke in die Formeln (a) und setzt λ und β an die Stelle von α und δ, so erhält man für die jährliche Aberration der Fixsterne in Länge und Breite die Formeln:

$$\begin{aligned}\lambda'-\lambda &= -\ 20''.255 \cos(\lambda-\odot) \sec\beta \\ \beta'-\beta &= +\ 20''.255 \sin(\lambda-\odot) \sin\beta\end{aligned} \qquad (B)$$

---

*) Das zweite, in tang δ multiplicirte Glied des Ausdrucks von $\delta'-\delta$ in der Gleichung (a) giebt nämlich abgesehen von dem constanten Factor:

$$\sin\odot^2 \sin\alpha^2 + \cos\odot^2 \cos\varepsilon^2 \cos\alpha^2 + \tfrac{1}{2} \sin 2\odot . \sin 2\alpha . \cos\varepsilon$$

Drückt man hier wieder die Quadrate der Sinus und Cosinus von $\odot$ und α durch den cos $2\odot$ und cos 2α aus, und vernachläſsigt die constanten Glieder $1 + \cos\varepsilon^2 - \cos 2\alpha \sin\varepsilon^2$, so erhält man den angeführten Ausdruck.

Beispiel. Für den ersten April 1849 hat man für Arcturus:

$\alpha = 14^h\,8'\,48'' = 212°\,12'.0,\ \delta = +\,19°\,58'\,1,\ \odot = 11°\,37'.2$
$\varepsilon = 23°\,27'.4$

Damit findet man:

$$\alpha'-\alpha = +\ 18''.70$$
$$\delta'-\delta = -\ \ 9''.56$$

und da:

$$\lambda = 202°\,8',\ \beta = +\ 30°\,50'$$

auch:

$$\lambda'-\lambda = +\ 23''.19$$
$$\beta'-\beta = -\ \ 1\ .89$$

14. Um die Berechnung der Aberration in Rectascension und Declination, die nach den eben gegebenen Formeln etwas unbequem ist, zu vereinfachen, hat man Tafeln entworfen. Die bequemsten sind die von Gauſs gegebenen. Gauſs setzt:

$$20''.255 \sin\odot = a \sin(\odot + A)$$
$$20.255 \cos\odot \cos\varepsilon = a \cos(\odot + A)$$

und erhält dann einfach:

$$\alpha'-\alpha = -\ a \sec\delta \cos(\odot + A - \alpha)$$
$$\delta'-\delta = -\ a \sin\delta \sin(\odot + A - \alpha) - 20''.255 \cos\odot \cos\delta \sin\varepsilon$$
$$= -\ a \sin\delta \sin(\odot + A - \alpha) - 10''.128 \sin\varepsilon \cos(\odot + \delta)$$
$$-\ 10''.128 \sin\varepsilon \cos(\odot - \delta)$$

Hiernach sind nun die Tafeln entworfen. Die erste Tafel giebt mit dem Argumente der Länge der Sonne A und $\log a$, wodurch man die Aberration in Rectascension und den ersten Theil der Aberration in Declination erhält. Den zweiten und dritten Theil findet man dann aus der zweiten Tafel, in welche man mit den Argumenten $\odot + \delta$ und $\odot - \delta$ eingeht. Diese Tafeln wurden zuerst von Gauſs in der monatlichen Correspondenz Band XVII pag. 312 gegeben. Die dort gebrauchte Constante ist die im vorigen angeführte 20''.255. Später wurden dieselben von Nicolai mit der Constante

20″.4451 neu berechnet und in der Warnstorfschen Sammlung von Hülfstafeln abgedruckt.

Für das vorige Beispiel erhält man aus letzteren Tafeln:

$$A = 1°1' \log a = 1.2748$$

und damit:

$$\alpha' - \alpha = +18''.88$$

und für den ersten Theil der Aberration in Declination $-2''.15$. Den zweiten und dritten Theil findet man gleich $-3''.47$ und $= -4''.03$, wenn man in die zweite Tafel mit den Argumenten 31°35′ und −8°21′ eingeht. Es ist also:

$$\delta' - \delta = -9''.65$$

Multiplicirt man diese Werthe von $\alpha' - \alpha$ und $\delta' - \delta$ mit $\frac{20''.2550}{20\ .4451}$, so erhält man wie vorher:

$$\alpha' - \alpha = +18''.70 \text{ und } \delta' - \delta = -9''.56.$$

Außer diesen allgemeinen Tafeln für die Aberration werden in den astronomischen Jahrbüchern noch specielle Tafeln gegeben, die nach den Tagen des Jahres geordnet sind. Dort ist nämlich gesetzt:

$$\begin{aligned} -20''.255 \cos \odot \cos \varepsilon &= h \sin H \\ -20''.255 \sin \odot \qquad &= h \cos H \\ -20''.255 \cos \odot \sin \varepsilon &= h.\ \text{tang}\ \varepsilon \sin H = i \end{aligned}$$

und es ist dann:

$$\begin{aligned} \alpha' - \alpha &= h \sin (H + \alpha) \sec \delta \\ \delta' - \delta &= h \cos (H + \alpha) \sin \delta + i \cos \delta \end{aligned}$$

Solche Tafeln, welche die Werthe von h, H und i von 10 zu 10 Tagen geben, findet man z. B. in Encke's Jahrbüchern. Für das vorher gebrauchte Beispiel hat man danach:

$$h = +18''.65,\ H = 257°22',\ i = -7''.90$$

womit man für $\alpha' - \alpha$ und $\delta' - \delta$ dieselben Werthe wie vorher findet.

15. Das Maximum und Minimum der Aberration in Länge findet statt, wenn die Länge des Sterns gleich der

der Sonne oder 180° größer ist, dagegen trifft das Maximum oder Minimum in der Breite ein, wenn der Stern der Sonne 90° vorausgeht oder ihr um eben so viel folgt. Ganz analog den Formeln für die jährliche Aberration sind die Formeln für die jährliche Parallaxe der Fixsterne (d. h. für den Winkel, welchen die Richtungen von den Mittelpuncten der Sonne und der Erde nach dem Fixsterne mit einander bilden), nur daß dort die Maxima und Minima auf andre Zeiten treffen. Ist nämlich Δ die Entfernung des Fixsterns von der Sonne, λ und β seine von der Sonne aus gesehene Länge und Breite, so sind die Coordinaten des Sterns in Bezug auf die Sonne:

$$x = \Delta \cos\beta \cos\lambda,\ y = \Delta \cos\beta \sin\lambda,\ z = \Delta \sin\beta$$

Die Coordinaten des Sterns in Bezug auf die Erde werden sein:

$$x' = \Delta' \cos\beta' \cos\lambda',\ y' = \Delta' \cos\beta' \sin\lambda',\ z' = \Delta' \sin\beta'$$

und da die Coordinaten der Sonne in Bezug auf die Erde:

$$X = R \cos \odot \ \text{und}\ Y = R \sin \odot$$

sind, so hat man:

$$\begin{aligned} \Delta' \cos\beta' \cos\lambda' &= \Delta \cos\beta \cos\lambda + R \cos \odot \\ \Delta' \cos\beta' \sin\lambda' &= \Delta \cos\beta \sin\lambda + R \sin \odot \\ \Delta' \sin\beta' &= \Delta \sin\beta \end{aligned}$$

Daraus erhält man leicht:

$$\lambda' - \lambda = -\frac{R}{\Delta'} \sin(\lambda - \odot) \sec\beta \,.\, 206265$$

$$\beta' - \beta = -\frac{R}{\Delta'} \cos(\lambda - \odot) \sin\beta \,.\, 206265$$

oder da $\frac{R}{\Delta'}$ 206265 gleich der jährlichen Parallaxe π ist:

$$\left.\begin{aligned} \lambda' - \lambda &= -\pi \sin(\lambda - \odot) \sec\beta \\ \beta' - \beta &= -\pi \cos(\lambda - \odot) \sin\beta \end{aligned}\right\} \quad (C)$$

Die Formeln sind aber ganz ähnlich wie die für die Aberration, nur findet das Maximum und Minimum der Parallaxe in Länge statt, wenn der Stern der Sonne 90° vorausgeht oder um ebensoviel folgt; dagegen findet das Maximum oder Minimum in der Breite statt, wenn die Länge des Sterns 180° grösser oder gleich der Länge der Sonne ist.

Für die Rectascension und Declination hat man die Gleichungen:

$$\Delta' \cos\delta' \cos\alpha' = \Delta \cos\delta \cos\alpha + R \cos\odot$$
$$\Delta' \cos\delta' \sin\alpha' = \Delta \cos\delta \sin\alpha + R \sin\odot \cos\varepsilon$$
$$\Delta' \sin\delta' = \Delta . \sin\delta \qquad + R \sin\odot \sin\varepsilon$$

woraus man dann ähnlich wie bei der Aberration findet:

$$\begin{aligned} \alpha'-\alpha &= -\varkappa\,[\cos\odot \sin\alpha - \sin\odot \cos\varepsilon \cos\alpha] \sec\delta \\ \delta'-\delta &= -\varkappa\,[\cos\varepsilon \sin\alpha \sin\delta - \sin\varepsilon \cos\delta] \sin\odot \\ &\quad -\varkappa \cos\odot \sin\delta \cos\alpha \end{aligned} \qquad (D)$$

16. Die tägliche Bewegung der Erde um ihre Axe bringt ebenso wie die jährliche Bewegung um die Sonne eine Aberration hervor, welche die tägliche Aberration genannt wird. Diese ist indessen viel unbedeutender als die jährliche Aberration, da die Geschwindigkeit der Bewegung der Erde um ihre Axe sehr viel kleiner ist als die Geschwindigkeit der Bewegung in der jährlichen Bahn um die Sonne.

Die Coordinaten eines Ortes auf der Oberfläche der Erde in Bezug auf drei auf einander senkrechte Axen, von denen die eine mit der Rotationsaxe zusammenfällt, die beiden andern in der Ebene des Aequators liegen und zwar so, dass die positive Axe der x vom Mittelpuncte nach dem Frühlingspuncte, die positive Axe der y nach dem neunzigsten Grade der Rectascensionen gerichtet ist, sind nach No. 2 dieses Abschnitts:

$$x = \varrho \cos\varphi' \cos\Theta$$
$$y = \varrho \cos\varphi' \sin\Theta$$
$$z = \varrho \sin\varphi'$$

Man hat also:

$$\frac{dx}{dt} = -\varrho \cos\varphi' \sin\Theta . \frac{d\Theta}{dt}$$
$$\frac{dy}{dt} = +\varrho \cos\varphi' \cos\Theta . \frac{d\Theta}{dt}$$
$$\frac{dz}{dt} = 0$$

No. 13, so erhält man leicht mit Vernachläfsigung der zweiten Potenzen:

$$\alpha' - \alpha = \frac{1}{\mu} \frac{d\Theta}{dt} \varrho \cos \varphi' \cos (\Theta - \alpha) \sec \delta$$

$$\delta' - \delta = \frac{1}{\mu} \frac{d\Theta}{dt} \varrho \cos \varphi' \sin (\Theta - \alpha) \sin \delta$$

Bezeichnet nun T die Anzahl der Sterntage, welche in der Zeit enthalten sind, in welcher die Sonne 360° am Himmel durchläuft, dem sogenannten siderischen Jahre*), so ist also die durch die Umdrehung der Erde entstehende Winkelbewegung eines Punctes derselben T mal schneller als die Winkelbewegung der Erde in ihrer Bahn, sodafs:

$$\frac{d\Theta}{dt} = T \frac{d\odot}{dt}.$$

Man erhält daher als Constante der täglichen Aberration, da:

$$\frac{1}{\mu} \varrho = k \frac{\varrho}{R} = k \sin \pi$$

ist, wo π die Sonnenparallaxe und k die Anzahl von Zeitsecunden bezeichnet, welche das Licht braucht, um den Halbmesser der Erdbahn zu durchlaufen:

$$k . \frac{d\odot}{dt} \sin \pi . T$$

oder da:

$$k . \frac{d\odot}{dt} = 20'' \, 255, \; \pi = 8''.5712 \text{ und } T = 366.26 \text{ ist}$$

$$0''.3083$$

---

*) Diese Zeit ist, wie man später sehen wird etwas gröfser als die Zeit, welche zwischen zwei Durchgängen der Sonne durch das Frühlingsäquinoctium verfliefst, indem das siderische Jahr = 365.25637 mittleren Tagen ist oder gleich 365 Tagen 6 Stunden 9 Minuten und 10.7496 Secunden.

Setzt man noch statt der verbesserten Polhöhe φ' einfach die Pohöhe φ, so erhält man also für die tägliche Aberration in Rectascension und Declination:

$$\begin{aligned} \alpha'-\alpha &= 0''.3083 \cos\varphi \cos(\Theta-\alpha) \sec\delta \\ \delta'-\delta &= 0''.3083 \cos\varphi \sin(\Theta-\alpha) \sin\delta \end{aligned} \qquad (E)$$

Danach ist im Meridian die tägliche Aberration der Sterne in Declination Null, während sie in Rectascension ihr Maximum erreicht, nämlich:

$$0'',3083 . \cos\varphi \sec\delta$$

17. Für die jährliche Aberration der Fixsterne in Länge und Breite waren vorher die Ausdrucke gefunden:

$$\begin{aligned} \lambda'-\lambda &= -\,k \cos(\lambda-\odot) \sec\beta \\ \beta'-\beta &= +\,k \sin(\lambda-\odot) \sin\beta \end{aligned}$$

wo die Constante $20''.255$ durch k bezeichnet ist. Denkt man sich nun an dem mittleren Orte des Sterns eine tangirende Ebene an der scheinbaren Himmelskugel und in dieser ein rechtwinkliges Axenkreuz, dessen Axe der x und y die Durchschnittslinien der Ebenen des Parallel- und des Breitenkreises mit der tangirenden Ebene sind, und bezieht nun den wahren mit der Aberration behafteten Ort auf den mittleren durch die Coordinaten:

$$x = (\lambda'-\lambda) \cos\beta \text{ und } y = \beta'-\beta, {}^{*)}$$

so erhält man leicht, wenn man die obigen Gleichungen quadrirt:

$$y^2 = k^2 \sin\beta^2 - x^2 \sin\beta^2$$

Dies ist aber die Gleichung einer Ellipse, deren halbe grofse Axe gleich k, deren halbe kleine Axe dagegen $k \sin\beta$ ist. Vermöge der jährlichen Aberration beschreiben also

---

*) Indem für so kleine Entfernungen vom Anfangspuncte die tangirende Ebene mit der Kugeloberfläche zusammenfallend angesehen werden kann.

die Fixsterne Ellipsen um ihren mittleren Ort, deren halbe grofse Axe 20″.255 und deren halbe kleine Axe das Maximum der Aberration in Breite ist. Für Sterne, welche in der Ecliptic stehen ist β und mithin auch die halbe kleine Axe gleich Null. Solche Sterne beschreiben also im Laufe eines Jahres eine gerade Linie, indem sie sich in der Ecliptic 20″.255 von dem mittleren Orte nach jeder Seite hin entfernen. Für einen Stern, welcher im Pole der Ecliptic stände, wäre $\beta = 90°$, mithin die halbe kleine Axe gleich der halben grofsen Axe. Ein solcher Stern würde also im Laufe eines Jahres um seinen mittleren Ort seinen Kreis von 20″.255 Halbmesser beschreiben.

Ganz ähnliches gilt nun auch für die jährlichen Parallaxen und die tägliche Aberation. Vermöge der letzteren beschreiben die Sterne im Laufe eines Sterntages Ellipsen um ihren mittleren Ort, deren halbe grofse und halbe kleine Axe beziehlich 0″.3083 cos φ und 0″.3083 cos φ sin δ ist. Für Sterne, die im Aequator stehen, geht diese Ellipse in eine gerade Linie über, für einen Stern dagegen, welcher genau im Weltpole stände, in einen Kreis.

18. Hat ein Gestirn eine eigne Bewegung, wie die Sonne, der Mond und die Planeten, so ist für diese die bisher betrachtete Aberration der Fixsterne noch nicht die vollständige Aberration. Denn da ein solches Gestirn in der Zeit, während welcher der Lichtstrahl von demselben zur Erde läuft, seinen Ort verändert, so entspricht die beobachtete Richtung des Lichtstrahls nicht dem wahren geocentrischen Orte des Gestirns zur Zeit der Beobachtung. Man nehme nun an, dafs der Lichtstrahl, welcher zur Zeit t das Objectiv des Fernrohrs trifft, zur Zeit T vom Planeten ausgegangen sei. Es seien ferner P Fig. 4 der Ort des Planeten im Raume zur Zeit T, p derselbe zur Zeit t, A der Ort des Objectivs zur Zeit T, a und b seien die Oerter des Objectes und Oculars zur Zeit t, a' und b' dagegen die Oerter zur Zeit t', wo der Lichtstrahl das Ocular trifft. Dann ist:

1. AP die Richtung nach dem Orte des Planeten zur Zeit T,
2. ap die Richtung nach dem wahren Orte zur Zeit t,
3. ap oder $a'p'$ die Richtung nach dem scheinbaren Orte zur Zeit t oder zur Zeit t', deren Differenz unendlich klein ist,
4, $b'a$ die Richtung nach demselben scheinbaren Orte, von der Aberration der Fixsterne befreit.

Da nun P, a nnd b' in einer geraden Linie liegen, so ist:

$$Pa : ab' = t-T : t'-t$$

Da ferner das Zeitintervall $t'-T$ immer sehr klein ist, sodaſs man annehmen kann, daſs die Erde sich innerhalb desselben geradlinig und mit gleichförmiger Geschwindigkeit bewegt, so liegen auch A, a und a' in einer geraden Linie, sodaſs Aa und aa' ebenfalls den Zeiten $t-T$ und $t'-t$ proportional sind. Daraus folgt also, daſs AP parallel $b'a'$ ist, daſs also der scheinbare Ort des Planeten zur Zeit t gleich dem wahren Orte zur Zeit T ist. Der Unterschied der Zeiten t und T ist aber die Zeit, in welcher das Licht vom Planeten zum Auge gelangt oder das Product der Distanz des Planeten in 493″.2 d. h. in die Zeit, in welcher das Licht die halbe groſse Axe der Erdbahn, welche als Einheit angenommen wird, durchläuft.

Daraus folgen nun drei Methoden, den wahren Ort eines Wandelsterns aus dem scheinbaren für irgend eine Zeit t zu berechnen.

I. Man ziehe von der beobachteten Zeit die Zeit ab, innerhalb welcher das Licht vom Planeten zur Erde gelangt; dann erhält man die Zeit T und der wahre Ort zur Zeit T ist mit dem scheinbaren zur Zeit t identisch.

II. Man berechne mit der Entfernung des Wandelsterns die Reduction der Zeit $t-T$ und damit mit Hülfe der täglichen Bewegung des Gestirns in Rectascension und Declination die Reduction des beobachteten scheinbaren Ortes auf die Zeit T.

III. Den gegebenen Ort von der Aberration der Fixsterne

befreit, betrachte man als den wahren Ort zur Zeit T', aber gesehen von dem Orte, welchen die Erde zur Zeit t hat. Diese letztere Methode wendet man dann an, wenn man die Entfernung des Gestirns nicht kennt z. B. bei der Berechnung einer Bahn eines noch unbekannten Planeten oder Cometen.

Da die Zeit, in welcher das Licht von der Sonne zur Erde gelangt, 493″.2 ist und die mittlere Bewegung der Sonne in einem Tage 59′ 8″.3 beträgt, so ist nach II. die Aberration der Sonne in Länge 20″.25 im Bogen, um welche Größe man die Längen der Sonne immer zu klein beobachtet. Wegen der Aenderung der Entfernung der Sonne und ihrer Geschwindigkeit schwankt dieser Werth im Laufe des Jahres um einige Zehntheile einer Secunde.

Anm. Vergl. über die Aberration die Vorrede zu Bessels „Tabulae Regiomontanae“ pag. XVII. et seq. und Gauß Theoria motus corporum coelestum pag. 68 sq.

DRITTER ABSCHNITT.

Bestimmung der vom Standpuncte des Beobachters auf der Erdoberfläche unabhängigen Coordinaten und Winkel der scheinbaren Himmelskugel. Periodische und Säcular-Aenderungen dieser Gröſsen.

Die von dem Standpuncte des Beobachters auf der Oberfläche der Erde unabhängigen Coordinaten und Winkel der scheinbaren Himmelskugel sind die Rectascensionen und Declinationen sowie die Längen und Breiten der Sterne und endlich der Winkel, welchen die Grundebenen der beiden Coordinatensysteme mit einander bilden oder die Schiefe der Ecliptic. Die sphärischen Coordinaten der Länge und Breite werden niemals unmittelbar durch Beobachtungen bestimmt, sondern immer nur vermittelst der Formeln für die Transformation der Coordinaten aus den Rectascensionen und Declinationen durch Rechnung hergeleitet. (I. Nr. 8). Es bleiben also nur die Rectascensionen und Declinationen der Himmelskörper sowie die Schiefe der Ecliptic durch die Beobachtungen zu bestimmen,

Indem man die Bestimmungen dieser Gröſsen zu verschiedenen Epochen mit einander vergleicht, findet man, daſs dieselben Aenderungen unterworfen sind, von denen ein Theil in nicht allzu groſsen Zeiträumen der Zeit proportional, der andre aber periodisch ist. Die der Zeit proportionale Aenderung der Rectascension und Declination sowie der Länge und Breite heiſst die Präcession, dagegen die der Zeit proportionale Aenderung der Schiefe der Ecliptic die Säcularänderung der Schiefe. Der andre Theil der Aenderung, dessen Hauptglieder eine Periode von etwa 19 Jahren haben, wird mit dem Namen Nutation bezeichnet. Beide Aenderungen haben ihren Grund in einer säcularen Bewegung sowohl des Aequators auf der Ecliptic als auch der Ecliptic auf dem Aequator, wodurch zugleich die Neigung der beiden Ebenen gegen einander geändert wird und in einer periodischen Schwankung des Durchschnittspunctes des Aequators und der Ecliptic auf letzterer und einer damit verbundenen periodischen Aenderung der Neigung des Aequators gegen die Ecliptic.

Den Ort eines Sterns zu einer bestimmten Zeit, von dem periodischen Theile der Aenderung oder der Nutation befreit, nennt man den mittleren Ort des Sterns für diese bestimmte Epoche. Diese mittleren Oerter der Sterne werden in den Sternverzeichnissen angegeben. Um daraus den mittleren Ort für eine andre Epoche zu erhalten, mufs man daran die Praecession für den Unterschied der Zeiten anbringen; will man aber den wahren Ort des Sterns bezogen auf das wahre Aequinoctium für diese Zeit, so mufs man aufser der Präcession auch noch die Nutation hinzufügen. Es ist daher nöthig, die Gesetze der Aenderungen der Sternörter durch Präcession und Nutation kennen zu lernen und zugleich bequeme Mittel zu finden, um die mittleren Oerter der Sterne auf verschiedene Epochen zu reduciren, sowie mittlere Oerter in wahre und umgekehrt zu verwandeln.

I. Bestimmung der Rectascensionen und Declinationen der Sterne sowie der Schiefe der Ecliptic.

1. Beobachtet man die Unterschiede der Zeiten, zu denen die Sterne durch den Meridian eines Ortes gehen, so sind diese Unterschiede auch die Unterschiede der Rectascensionen der Sterne in Zeit ausgedrückt. (I. Nr. 3 Anm.) Nimmt man zugleich die Höhen, welche die Sterne bei ihrem

Durchgange durch den Meridian haben, so erhält man auch die Unterschiede ihrer Declinationen, da jede einzelne Meridianhöhe eines Sterns von seiner Declination um eine Constante verschieden ist. (I. Nr, 14),

Zu diesen Beobachtungen bedarf man also einer guten Uhr d. h. einer solchen, die für Zeiten, in welchen gleich grofse Bogen des Aequators durch den Meridian gehen, auch immer eine gleich grofse Anzahl von Secunden angiebt*) und eines in der Ebene des Meridians unverrückt aufgestellten Höheninstruments d. h. eines Meridianskreises. Dieser besteht in seinen wesentlichen Theilen aus einer horizontalen, in zwei festen Lagern liegenden Axe, welche einen verticalen Kreis und ein Fernrohr trägt. An dem einen Lager ist dann ein Index befestigt, welcher bei der gleichzeitigen Bewegung des Fernrohrs und des Kreises um die horizontale Axe die vom Fernrohre durchlaufenen Bogen auf dem Kreise angiebt.

Um den regelmäfsigen Gang der Uhr zu prüfen, beobachtet man die auf einander folgenden Durchgänge verschiedener Sterne durch einen im Brennpuncte des Fernrohrs ausgespannten senkrechten Faden. Hat dann das Instrument seinen Stand in der Zwischenzeit nicht geändert und ist die Beobachtung an demselben Puncte des senkrechten Fadens angestellt, so mufs die Uhr, wenn sie nach Sternzeit geht, zwischen zwei auf einander folgenden Durchgängen desselben Sterns genau 24 Stunden angeben. Ist dies nicht der Fall, sondern giebt die Uhr für jeden Stern constant die Zeit $24^h - a$ an, so nennt man a den täglichen Gang der Uhr und mufs diesen bei der Beobachtung der Rectascensionsunterschiede mit in Rechnung bringen, indem man die beobachteten Unterschiede mit $\frac{24^h}{24^h - a}$ multiplicirt.

Nachdem man sich von dem regelmäfsigen Gange der Uhr überzeugt hat, ist es nöthig, den Meridiankreis so zu

---

*) Die Zeit selbst braucht man nicht zu kennen, da immer nur Unterschiede von Zeiten beobachtet werden.

berichtigen, dafs der im Fernrohre ausgespannte senkrechte Faden in jeder Lage des Fernrohrs in der Ebene des Meridians bleibt. Hat man die Axe des Instruments durch eine Wasserwage genau horizontal gestellt, so lasse man einen dem Aequator nahe stehenden Stern so nahe als möglich am Meridiane*) längs dem zweiten, im Fernrohre ausgespannten und auf dem ersteren senkrecht stehenden Faden gehen und drehe das ganze Fadenkreuz solange, bis der Stern bei dem Durchgange durch das Feld denselben nicht mehr verläfst. Dann ist dieser Faden genau horizontal, also der andere genau vertical. Nachdem dies geschehen, stelle man das Fernrohr auf einen weit entfernten terrestrischen Gegenstand und merke sich einen kenntlichen Punct, welchen der verticale Faden durchschneidet. Dann lege man das Instrument in seinen Lagern um, sodafs der Kreis, wenn er vorher auf der östlichen Seite war, jetzt auf der westlichen steht und stelle das Fernrohr in dieser Lage auf dasselbe Object ein. Durchschneidet dann der verticale Faden auch in dieser Lage genau denselben Punct des Objects, so steht die Gesichtslinie, d. h. die Linie vom Mittelpuncte des Objectivs des Fernrohrs nach dem Fadenkreuze genau senkrecht auf der Umdrehungsaxe des Instruments. Schneidet aber der Faden einen andern Punct, so verschiebe man das Fadenkreuz durch Schrauben, welche dasselbe senkrecht gegen die Gesichtslinie bewegen, solange bis der senkrechte Faden durch den zwischen den beiden Puncten in der Mitte liegenden Punct des Objects geht. Dann wird jetzt die Gesichtslinie senkrecht auf der Umdrehungsaxe stehen. Sollte es noch nicht genau der Fall sein, so kann man immer durch Wiederholung derselben Operation den Fehler ganz wegschaffen.

Um endlich den verticalen Faden in die Ebene des Meridians zu bringen, bedient man sich des Polarsterns, indem man die Durchgänge desselben durch den Faden bei drei auf einander folgenden oberen und unteren Culminationen

---

*) Dessen Richtung man zu diesem Zwecke genau genug durch die Beobachtung der Zeiten findet, wo die Höhen der Sterne sich nicht ändern.

beobachtet. Steht nämlich das Instrument genau in der Ebene des Meridians, so mufs die Zeit zwischen einer oberen und der nächstfolgenden untern Culmination genau gleich der Zeit sein, welche von der untern bis zur nächstfolgenden oberen Culmination verfliefst. Ist dies nicht der Fall, so weifs man, dafs der Verticalkreis, welchen das Instrument beschreibt, nach derjenigen Seite des Meridians abweicht, auf welcher der Stern die kürzere Zeit gewesen ist und kann also durch Verschiebung des einen Lagers des Instruments die Gesichtslinie desselben in den Meridian bringen. Auf diese Weise kann man nun also die Aufstellung eines solchen Instruments vollkommen berichtigen, sodafs der verticale Faden des Fernrohrs in jeder Lage desselben genau in der Ebene des Meridians bleibt.

Nachdem dies geschehen ist, beobachtet man die Zeiten der Durchgänge der Sterne durch den verticalen Faden, stellt dieselben zugleich kurz vor oder nach ihrem Durchgange auf den horizontalen Faden ein und liest die Zahl ab, welche der Index bei dieser Lage des Fernrohrs auf dem Kreise angiebt. Dann erhält man aus den Unterschieden der beobachteten Zeiten die Unterchiede der scheinbaren Rectascensionen und aus den Unterschieden der Angaben des Kreises die Unterschiede der scheinbaren Declinationen. An diese beobachteten Unterschiede sind nun noch die im vorigen Abschnitte betrachteten Correctionen anzubringen, um daraus die wahren Rectascensions- und Declinations-Unterschiede der Sterne zu erhalten.

Die Parallaxe für Rectascension ist im Meridiane Null, diese also bei den Beobachtungen der Rectascensionsunterschiede nicht zu berücksichtigen; dagegen mufs man die Declination oder vielmehr hier die Angabe des Kreises von der Parallaxe befreien, wenn das beobachtete Gestirn eine solche hat. Geht die Theilung im Sinne der Zenithdistanzen fort, wächst sie also vom Zenith nach dem Horizonte zu, so hat man an die Angabe des Kreises anzubringen $- \pi \sin z$ (II. Nr. 3), wenn π die Horizontalparallaxe und z die scheinbare Zenithdistanz des Gestirns ist.*) Für Fixsterne ist diese Correction Null. Da ferner die Refraction ebenfalls nur im Sinne des Verticals wirkt, so ändert sie auch nicht die Durchgangszeiten der Sterne durch den Meridian; an alle Angaben des Kreises hat man dagegen, wenn die Theilung im Sinne der Zenithdistanzen fortgeht, die Correction $+r$ anzubringen, wo r nach der Formel (F) in Nr. 10 des zweiten Abschnitts zu berechnen und also gehörig auf den Stand des Barometers und Thermometers zur Zeit der Beobachtung Rücksicht zu nehmen ist.

Da die beiden Correctionen die Kenntnifs der scheinbaren Zenithdistanz erfordern, so mufs man also, um diese aus den Angaben des Kreises berechnen zu können, wissen, welcher Punct desselben dem Zenith entspricht. Diesen Punct, den sogenannten Zenithpunct des Kreises, kann man aber leicht finden, indem man den horizontalen Faden des Fernrohrs in zwei verschiedenen Lagen des Instruments (bei Kreis Ost und Kreis West) auf ein und dasselbe irdische Object einstellt. Ist dann ζ die Ablesung des Kreises in der einen, ζ' die in der andern Beobachtung, so ist $\frac{1}{2}(\zeta+\zeta')$ der Zenithpunct des Kreises. Statt eines irdischen Objects kann man sich auch hierzu des Polarsterns zu der Zeit, wann derselbe nahe im Meridiane ist, bedienen, weil sich dann die Zenithdistanz desselben äufserst langsam ändert.

Zuletzt sind nun noch die beobachteten Rectascensions- und Declinations-Unterschiede von der Aberration zu befreien. indem man die in II. Nr. 13 gegebenen Ausdrücke (A) an die Beobachtungen anbringt, und zwar für die Rectascension mit umgekehrten Zeichen an die beobachteten Zeiten, dagegen die Correction $\delta'-\delta$ mit ihrem Zeichen an die beobachteten Ablesungen des Kreises, wenn die Sterne südlich vom Zenith culminiren und die Theilung im Sinne der Zenithdistanzen fortgeht. Da diese Ausdrücke für $\alpha'-\alpha$ und $\delta'-\delta$ die Gröfsen α, δ und ε selbst enthalten, so setzt die Berech-

---

*) Geht die Theilung den Zenithdistanzen entgegengesetzt vom Horizonte nach dem Zenith zu, o sind alle Correctionen mit entgegengesetztem Zeichen anzubringen

nung derselben schon immer eine genäherte Kenntnifs derselben voraus. Diese hat man aber durch frühere Sternverzeichnisse. Schon die Alten bestimmten die Rectascensionen und Declinationen der Sterne natürlich ohne Rücksicht auf die kleinen Correctionen, sonst aber durch eine Methode, die im Wesentlichen dieselbe war, deren man sich noch jetzt bedient. Seit der Zeit wurden dann die Verzeichnisse immer mehr und mehr verbessert, indem theils die Beobachtungen selbst namentlich seit der Erfindung des Fernrohrs und des Fadenkreuzes bedeutend genauer wurden, theils auch immer genauere Werthe für die kleinen Correctionen angewandt werden konnten.

Hat das Gestirn noch eine sichtbare Scheibe, wie z. B. die Sonne, so mufs man an die Beobachtung der Zenithdistanz noch den Halbmesser dor Sonne anbringen oder den unteren sowohl als den oberen Rand im Meridiane beobachten. Im letzteren Falle mufs man an die Beobachtung jedes Randes einzeln die Refraction anbringen und dann aus beiden corrigirten Zenithdistanzen das Mittel nehmen.

Nachdem man nun so die wahren Rectascensions- und Declinations-Unterschiede der Sterne kennen gelernt, hat man nur noch nöthig, die wahre Rectascension und Declination eines Sterns zu finden oder vielmehr die wahre Rectascension eines Sterns und denjenigen Punct des Meridianskreises, welcher dem Weltpole oder der Höhe des Aequators entspricht, um dann die Rectascensionen und Declinationen aller übrigen Sterne zu erhalten. Macht man nun diese Bestimmungen zu verschiedenen Zeiten, so findet man, abgesehen von den Beobachtungsfehlern, nicht immer dieselben Rectascensionen und Declinationen, weil nämlich die Ebenen, auf welche die Sternörter bezogen werden, ihre Lage im Raume ändern, also scheinbar für uns die Oerter der Sterne gegen diese Ebenen sich ändern. Diese Aenderungen sollen aber vorläufig nicht in Betracht gezogen werden.

2. Den Punct des Kreises, welcher dem Weltpole entspricht oder den sogenannten Polpunct des Kreises findet man leicht durch die Beobachtung der oberen und unteren Cul-

mination der Circumpolarsterne. Ist nämlich ς die von der Refraction befreite Ablesung des Kreises bei der obern Culmination, ς' die bei der unteren, so ist $\frac{1}{2}(\varsigma'-\varsigma) = 90-\delta$ und $\frac{1}{2}(\varsigma'+\varsigma)$ derjenige Punct des Kreises, welcher dem Pole entspricht. Dagegen ist $\frac{1}{2}(\varsigma'+\varsigma) \pm 90$, je nach dem Sinne der Theilung des Kreises, derjenige Punct, welcher der Höhe des Aequators entspricht oder der Aequatorpunct des Kreises. Kennt man durch die vorher erwähnte Methode auch den Zenithpunct des Kreises Z, so ist $Z-\frac{1}{2}(\varsigma'+\varsigma)$ oder $\frac{1}{2}(\varsigma'+\varsigma)-Z$ die Polhöhe des Beobachtungsortes. Nachdem man so den Polpunct des Kreises bestimmt hat, kann man die Declinationen aller beobachteten Sterne finden und es bleibt also nur noch übrig, eine wahre Rectascension eines Sterns aus den Beobachtungen herzuleiten.

Da man als Anfangspunct der Rectascensionen der Sterne den einen derjenigen Puncte nimmt, in welchen die Ecliptic (d. h. derjenige gröſste Kreis, welchen die Sonne im Laufe eines Jahres an der scheinbaren Himmelskugel zu durchlaufen scheint) den Aequator schneidet, so wird man zur Kenntniſs der Rectascension eines Sterns durch die Verbindung der Beobachtungen der Culminationen der Sterne mit denen der Sonne gelangen. Beobachtet man nämlich zu den Zeiten der Aequinoctien mehre Tage hinter einander auſser den Culminationen der Sonne und eines Sterns zugleich die Declination des Mittelpuncts der Sonne, so kennt man für verschiedene Declinationen der Sonne die beobachteten Rectascensionsunterschiede der Sonne und des Sterns und kann daher diesen Unterschied auch für den Augenblick berechnen, wo die Declination der Sonne Null, also die Rectascension derselben Null oder 180° war. Sind dann die Beobachtungen um das Frühlingsäquinoctium herum angestellt, so wird der berechnete Rectascensionsunterschied die Rectascension des Sterns selbst sein, dagegen wird man einen um 180° davon verschiedenen Werth finden, wenn die Beobachtungen um das Herbstäquinoctium herum lagen.

Die dritte der zu bestimmenden Gröſsen ist die Schiefe der Ecliptic oder der Winkel, welchen die Ebene der Ecliptic mit der Ebene des Aequators macht. Das Maſs dieses Winkels ist der Bogen des Colurs der Sonnenwenden (d. h. des durch die Pole beider gröfsten Kreise gehenden Breitenkreises), welcher zwischen dem Aequator und der Ecliptic enthalten ist. Die Schiefe der Ecliptic ist daher auch gleich der gröfsten Declination, welche der Mittelpunct der Sonne im Laufe eines Jahres hat. Beobachtet man also um die Zeit des Sommersolstitiums (Juni 21) jeden Tag die Declination, welche die Sonne bei ihrem Durchgange durch den Meridian hat, so ist, wenn die Zeit des Solstiums mit einer Culmination zusammentraf, die gröfste beobachtete Declination unmittelbar die Schiefe der Ecliptic. Ist dies aber nicht der Fall, so leitet man leicht die gröfste Declination aus den beobachteten ab, indem man die Zeit sucht, für welche die erste Differenz der beobachteten Declinationen Null war und für diese Zeit die Declination interpolirt.

Beobachtet man nach einem halben Jahre zur Zeit des Wintersolstitiums auch wieder die Sonne, so mufs man denselben absoluten Werth für die gröfste südliche Declination der Sonne finden, wenn die Beobachtungen fehlerlos waren.*) In dem Falle übrigens, dafs man beide Solstitien beobachtet hat, braucht man den Polpunct des Kreises gar nicht zu kennen, sondern nur den Zenithpunct, man hat also, was dasselbe ist, die Kenntnifs der Polhöhe des Beobachtungsortes nicht nöthig. War nämlich für die kleinste Zenithdistanz des Mittelpuncts der Sonne im Sommer der Werth z und für die gröfste Zenithdistanz im Winter der Werth z' gefunden, so ist $\frac{1}{2}(z'-z)$ gleich der Schiefe der Ecliptic und $\frac{1}{2}(z'+z)$ gleich der Zenithdistanz des Aequators oder der Polhöhe.

Jede zwei Beobachtungen des Rectascensionsunterschiedes der Sonne und eines Sterns und der Declination der Sonne geben übrigens sowohl die Rectascension des Sterns als auch die Schiefe der Ecliptic. Ist nämlich α die unbekannte Rectascension des Sterns, A der beobachtete Rectas-

*) Bis auf den geringen Unterschied, der von der Säcularänderung der Schiefe und der Notation herrührt

censionsunterschied der Sonne und des Sterns*), D die Declination der Sonne und ε die Schiefe der Ecliptic, so hat man nach I. Nr. 9 Anm.

$$\sin(A+\alpha)\,\mathrm{tang}\,\varepsilon = \mathrm{tang}\,D$$

und ebenso aus einer zweiten Beobachtung:

$$\sin(A'+\alpha)\,\mathrm{tang}\,\varepsilon = \mathrm{tang}\,D'$$

Aus beiden Gleichungen findet man:

$$\sin\alpha\,\mathrm{tang}\,\varepsilon = \frac{\mathrm{tang}\,D\sin A' - \mathrm{tang}\,D'\sin A}{\sin(A'-A)}$$

$$\cos\alpha\,\mathrm{tang}\,\varepsilon = \frac{\mathrm{tang}\,D'\cos A - \mathrm{tang}\,D\cos A'}{\sin(A'-A)}$$

woraus man sowohl α als auch ε berechnen kann. Man sucht indessen die beiden Gröſsen α und ε immer soviel als möglich unabhängig von einander zu bestimmen, um nicht Fehler der einen auf die andre zu übertragen und verfährt daher immer auf eine den vorher gegebenen Methoden ähnliche Weise.

3. Vorausgesetzt, daſs man die Lage des Frühlingspunctes durch eine der früheren Methoden näherungsweise kennt, kann man die Schiefe der Ecliptic aus der Beobachtung der Sonne in der Nähe eines der Solstitialpuncte auf die folgende Weise scharf bestimmen. Ist x die Entfernung der Rectascension der Sonne vom Solstitialpuncte, also gleich $90-\alpha$, so hat man die Gleichung:

$$\cos x\,\mathrm{tang}\,\varepsilon = \mathrm{tang}\,D$$

Da x nach der Voraussetzung eine kleine Gröſse ist, so kann man ε aus dieser Gleichung in eine schnell convergirende Reihe entwickeln, indem man nach Einleitung Formel (18) erhält:

$$\varepsilon = D + \mathrm{tang}\,\tfrac{1}{2}x^2 \sin 2D + \tfrac{1}{2}\,\mathrm{tang}\,\tfrac{1}{2}x^4 \sin 4D + \ldots \qquad (A)$$

Auf diese Weise kann man also aus einer Beobachtung der Declination der Sonne in der Nähe des Solstitialpunctes die Schiefe der Ecliptic bestimmen.

---

*) Sodaſs $A+\alpha$ die Rectascension der Sonne selbst ist.

Bessel beobachtete in Königsberg, als die Rectascension der Sonne $5^h\ 51'\ 23''.5$ war:

$$D = 23^0\ 26'\ 47''.83$$

Da die Rectascension der Sonne zur Zeit des Solstitiums 6^h ist, so ist hier:

$$x = 8'\ 36''.5 = 2^0\ 9'\ 7''.5$$

Es ist also:

$$\text{tang}\ \tfrac{1}{2}\ x^2 \sin 2\ D = +\ 53''.13$$
$$\tfrac{1}{2}\ \text{tang}\ \tfrac{1}{2}\ x^4 \sin 4\ D = +\ \ 0.01$$

und somit die Schiefe der Ecliptic nach dieser Beobachtung:

$$\varepsilon = 23^0\ 27'\ 40''.97$$

Um nun das Resultat von zufälligen Beobachtungsfehlern zu befreien, beobachtet man die Declinationen an mehreren in der Nähe des Solstitiums liegenden Tagen und nimmt aus den einzelnen dadurch erhaltenen Bestimmungen von ε das Mittel. Die Zeit des Solstitiums braucht man nur näherungsweise zu kennen, da ein Fehler in x nur einen sehr geringen Einfluſs auf die Bestimmung von ε hat. Es ist nämlich, wenn man nur das erste Glied der Reihe berücksichtigt:

$$d\varepsilon = \frac{\text{tang}\ \frac{1}{2}\ x\,.\sin 2\ D}{\cos \frac{1}{2}\ x^2}\ dx$$

oder auch aus der ursprünglichen Gleichung:

$$d\varepsilon = \tfrac{1}{2}\ \text{tang}\ x \sin 2\varepsilon\,.\,dx$$

sodaſs man also nur z. B. einen Fehler von $1''.37$ in ε erhalten hätte, wenn das angenommene x um 100 Bogensecunden fehlerhaft gewesen wäre.

4. Kennt man dann die Schiefe der Ecliptic, so kann man die absolute Rectascension eines Sterns in aller Schärfe bestimmen. Man wählt dazu einen hellen Stern aus, den man auch bei Tage beobachten kann und der in der Nähe des Aequators steht. Gewöhnlich nimmt man dazu den Stern Atair (α Aquilae) oder den Procyon (α Canis minoris.)

Zuerst giebt nun jede Beobachtung der Sonne, (wenn A jetzt die wahre Rectascension derselben bezeichnet) die Gleichung:

$$\sin A \operatorname{tang} \varepsilon = \operatorname{tang} D$$

oder:

$$A = \operatorname{arc} \sin \frac{\operatorname{tang} D}{\operatorname{tang} \varepsilon}$$

Nun sei der Stern zur Uhrzeit t im Meridian beobachtet, die Sonne zur Uhrzeit T, so ist die Rectascension α des Sterns gleich:

$$\alpha = \operatorname{arc} \sin \frac{\operatorname{tang} D}{\operatorname{tang} \varepsilon} + (t - T)$$

Durch diese Gleichung findet man also die Rectascension des Sterns aus dem beobachteten Rectascensionsunterschiede des Sterns und der Sonne, deren Declination D und der Schiefe, der Ecliptic ε. Sind daher D und ε fehlerhaft*), so wird man deſshalb auch α, abgesehen von den Beobachtungsfehlern in $t - T$, etwas fehlerhaft erhalten. Differenzirt man aber die Gleichung:

$$\sin A \operatorname{tang} \varepsilon = \operatorname{tang} D$$

logarithmisch, so erhält man:

$$\operatorname{cotang} A \, dA + \frac{2 \, d\varepsilon}{\sin 2\varepsilon} = \frac{2 \, dD}{\sin 2D}$$

mithin auch, wenn man diese Glieder der Gleichung für α hinzufügt:

$$\alpha = t - T + \operatorname{arc} \sin \frac{\operatorname{tang} D}{\operatorname{tang} \varepsilon} + \frac{2 \operatorname{tang} A}{\sin 2D} dD - \frac{2 \operatorname{tang} A}{\sin 2\varepsilon} d\varepsilon$$

Um nun α unabhängig von den Fehlern dD und $d\varepsilon$ zu erhalten muſs man mehrere Beobachtungen auf solche Weise mit einander verbinden, daſs diese Fehler einander aufheben. Dies geschieht nun, indem man eine Beobachtung in der Nähe

*) Es wird natürlich hier nur ein constanter Fehler in D vorausgesetzt, da die zufälligen Beobachtungsfehler durch die Menge der Beobachtung aufgehoben werden.

des Frühlingsäquinoctiums mit einer andern, in der Nähe des Herbstäquinoctiums combinirt. Nimmt man nämlich aus der Gleichung:

$$\sin A = \frac{\operatorname{tang} D}{\operatorname{tang} \varepsilon}$$

für A immer den spitzen Winkel, so hat man für die letztere Beobachtung die Gleichung:

$$\alpha = t' - T' + \left(180 - \operatorname{arc} \sin \frac{\operatorname{tang} D'}{\operatorname{tang} \varepsilon}\right) - \frac{2 \operatorname{tang} A'}{\sin 2 D'} dD + \frac{2 \operatorname{tang} A'}{\sin 2 \varepsilon} d\varepsilon$$

und erhält dann aus beiden Gleichungen für α:

$$\alpha = \tfrac{1}{2} [(t - T) + (t' - T')] + \tfrac{1}{2} \left(\operatorname{arc} \sin \frac{\operatorname{tang} D}{\operatorname{tang} \varepsilon} - \operatorname{arc} \sin \frac{\operatorname{tang} D'}{\operatorname{tang} \varepsilon} + 180°\right)$$
$$+ \left(\frac{\operatorname{tang} A}{\sin 2 D} - \frac{\operatorname{tang} A'}{\sin 2 D'}\right) dD - \frac{\operatorname{tang} A - \operatorname{tang} A'}{\sin 2 \varepsilon} d\varepsilon \qquad (B)$$

Ist nun der spitze Winkel $A' = A$, so ist auch $D' = D$, Beobachtet man also die Rectascensionsunterschiede der Sonne und eines Sterns zu den Zeiten, wo die Sonne die Rectascension A und $180 - A$ hat, so werden die Coefficienten von dD und $d\varepsilon$ in der Gleichung (B) gleich Null, die constanten Fehler in der Declination und der Schiefe werden dann also ohne allen Einfluſs auf die Rectascension des Sterns sein. Man wird dies zwar nie in aller Strenge erreichen können, weil es sich nie so treffen wird, daſs, wenn die Sonne bei einer Culmination die Rectascension A hat, dann auch gerade die Rectascension $180 - A$ mit einer Culmination zusammentrifft. Wenn aber auch nur A nahe gleich $180 - A$ ist, so wird der übrig bleibende, von dD und $d\varepsilon$ abhängige Fehler doch immer nur höchst gering sein.

Um also die absolute Rectascension eines Sterns zu bestimmen, muſs man die Rectascensionsunterschiede der Sonne und des Sterns so nahe als möglich am Frühlings- und Herbst-Aequinoctium beobachten; hat man aber das eine Mal nach dem Frühlingsäquinoctium beobachtet, so muſs man die zweite Beobachtung vor dem Herbstäquinoctium anstellen und umgekehrt, damit die Declinationen der Sonne beide Male dasselbe Zeichen haben.

Bessel beobachtete den 23sten März 1828 die Declination des Mittelpuncts der Sonne, befreit von Refraction und Höhenparallaxe:

$$D = +\ 1^\circ\ 6'\ 54''.2$$

ferner die Durchgangszeit durch den Meridian:

$$T = 0^h\ 11'\ 12''.57$$

und an demselben Tage die Durchgangszeit von α Canis minoris:

$$t = 7^h\ 31'\ 14''.62\ ^{*)}$$

Ebenso beobachtete er den 20sten September desselben Jahres:

$$D' = +\ 1^\circ\ 1'\ 56''.8$$
$$T' = 11^h\ 50'\ 33''.40$$
$$t' = 7^h\ 30'\ 24''.82$$

An diese beobachteten Gröfsen ist nun die Aberration anzubringen. Für den Stern erhält man aber nach den Formeln (A) in Nr. 13 des zweiten Abschnitts, wenn man:

$$\alpha = 112^\circ\ 34.3 \text{ und } \delta = +\ 5^\circ\ 39'.5$$

nimmt, die Aberration in Rectascension:

März 23	$+\ 0''.42$
Sept. 20	$-\ 0''.54$

wo das Zeichen so zu verstehen ist, dafs man diese Correction mit umgekehrtem Zeichen an den scheinbaren Ort anbringen mufs, um den mittleren zu erhalten. Für die Sonne hat man die Aberration nach den in Nr. 18 des zweiten Abschnitts gegebenen Vorschriften zu berechnen. Nun ist die stündliche Bewegung der Sonne in Rectascension

März 23	$+\ 9''.08$	in Zeit
Sept. 20	$+\ 9''.00$	

---

*) Diese Zeiten sind wegen des Ganges der Uhr schon corrigirt.

und in Declination:

$$\text{Mrz. } 23 \quad +59''.08 \quad \text{Sept. } 20 \quad -58''.38$$

es ist mithin die Aberration der Sonne in Rectascension und Declination

$$\begin{array}{lll} \text{Mrz. } 23 & +1''.24 & +8''.09 \\ \text{Sept. } 20 & +1''.23 & -8\ .00 \end{array}$$

und diese Correctionen hat man algebraisch zu dem scheinbaren Orte zu addiren, um den mittleren zu erhalten.*)

Mit Rücksicht hierauf findet man:

$$\begin{array}{rl} t-T & = +\ 7^h\ 20'\ 0''.39 \\ t'-T' & = -\ 4\ \ 20\ \ 9\ .27 \\ \hline \frac{1}{2}(t-T)+\frac{1}{2}(t'-T') & = +\ 1^h\ 29'\ 55''.56 \end{array}$$

und, wenn man $\varepsilon = 23^\circ\ 27'\ 33''.4$ nimmt:

$$\begin{array}{llll} & \text{tang } D\ 8.2901038 & & \text{tang } D'\ 8.2548551 \\ & \text{tang } \varepsilon\ \ 9.6374572 & & \text{tang } \varepsilon\ \ 9.6374572 \\ \hline \text{arc sin } \dfrac{\text{tang } D}{\text{tang } \varepsilon} & = 2^\circ\ 34'\ 32''.94 & & 2^\circ\ 22'\ 29''.68 \\ & = 0^h\ 10'\ 18''.20 & & 0^h\ \ 9'\ 29''.98 \end{array}$$

also:

$$\tfrac{1}{2}\left\{\text{arc sin } \frac{\text{tang } D}{\text{tang } \varepsilon} - \text{arc sin } \frac{\text{tang } D'}{\text{tang } \varepsilon} + 12^h\right\} = 6^h\ 0'\ 24''.11$$

und endlich:

$$\alpha = 7^h\ 30'\ 19''.67$$

Bei dieser Berechnung ist das Aequinoctium als fest vorausgesetzt; da dieses aber wegen der Präcession und Nutation veränderlich ist, so hat man an den eben gefundenen Werth für die Rectascension noch eine Correction anzubringen. Die Berechnung des Beispiels mit Rücksicht auf letztere Correction findet man in No. 11 dieses Abschnitts.

---

*) Auf die Aberration der Sonne braucht man eigentlich keine Rücksicht zu nehmen, da diese nur die Zeit des Durchgangs durch das Aequinoctium ändert, und sich durch die Verbindung beider Beobachtungen aufhebt.

Berechnet man noch die Coefficienten von Dd und $d\varepsilon$, so erhält man:

$$\alpha = 7^h\,30'\,19''.67 + 0''.000223\,dD + 0''.004406\,d\varepsilon$$

Die constanten Fehler in der Declination und der angenommenen Schiefe der Ecliptic heben sich also durch die Verbindung der beiden Beobachtungen fast ganz auf.

II. Veränderungen der Ebenen, auf welche die Oerter der Sterne bezogen werden.

(Praecession und Nutation.)

5. Macht man eine Reihe von Bestimmungen des Durchschnittspuncts der Ecliptic und des Aequators durch die eben beschriebene Methode, so wird man finden, daſs die Rectascensionen der Sterne mit wenigen Ausnahmen wachsen und zwar in nicht zu langen Zeiträumen, kleine Schwankungen abgerechnet, der Zeit proportional. Bei verschiedenen Sternen wird man auch eine verschiedene jährliche Aenderung bemerken, ohne daſs sich jedoch in diesen Aenderungen ein auffallendes Gesetz zeigt. Beobachtet man ebenso die Declinationen der Sterne zu verschiedenen Zeiten, so wird man auch bei dieser Coordinate eine ähnliche, der Zeit proportionale Aenderung finden, deren Richtung je nach dem Quadranten, in welchem die Rectascension des Sterns liegt, verschieden ist. In allen diesen Aenderungen wird man sogleich ein auffallendes Gesetz entdecken, wenn man dieselben nicht mehr auf die Grundebene des Aequators, sondern auf die der Ecliptic bezieht. Dann wird man nämlich finden, daſs die Längen aller Sterne um nahe gleich viel zunehmen, während die Breiten derselben fast ungeändert bleiben.

Diese regelmäſsige Veränderung der Oerter der Sterne in Bezug auf die Ecliptic wurde zuerst von Hipparch (130 *a. Ch.*) entdeckt, der seine eignen Beobachtungen der

Sternörter mit denen des Timocharis, welche etwa 160 Jahre früher angestellt waren, verglich. Er fand aus dieser Vergleichung, dafs sich die Längen aller Sterne jährlich um 36″, also in hundert Jahren um einen Grad änderten. Dieser Werth ist indessen zu klein. Hipparch fand die Länge der Spica in der Jungfrau 174° 0′, jetzt ist dieselbe 201° 41′. Nimmt man für die Zwischenzeit 1980 Jahr und die Bewegung der Zeit proportional, so erhält man für die jährliche Bewegung der Sterne in Länge 50″.3.

Diese Veränderung der Sternörter rührt nun einmal davon her, dafs die Durchschnittspuncte des Aequators mit der Ecliptic auf letzterer zurückgehen und zweitens von der Aenderung der Neigung der beiden Ebenen gegen einander. Den erstern Theil dieser Veränderung nennt man die Präcession der Sterne oder das Zurückweichen der Nachtgleichenpuncte, den zweiten die Säcularänderung der Schiefe der Ecliptic. Die Erklärung dieser Erscheinungen gehört in die physische Astronomie, welche lehrt, dafs dieselben einmal herrühren von der Anziehung der Sonne und des Mondes auf die sphäroidische Erde und dann von der Einwirkung der Planeten auf die Lage der Ebene der Erdbahn. Die Anziehung der Sonne und des Mondes ändert die Neigung des Aequators gegen die Ecliptic nicht,*) sondern bewirkt blos, dafs der Durchschnittspunct des Aequators mit der Ecliptic auf letzterer zurückgeht. Diese Bewegung des Aequators auf der festen Ecliptic nennt man die Lunisolarpräcession. Durch sie werden die Längen aller Sterne geändert, während die Breiten dieselben bleiben. Nimmt man als feste, Ebene denjenigen gröfsten Kreis der Himmelskugel an, mit welchem die Ecliptic zu Anfange des Jahres 1750 zusammenfiel, so hat man nach Bessel die jährliche Lunisolarpräcession für jede Zeit 1750 + t:

$$\frac{dl_{\prime}}{dt} = + 50''.37572 - 0''.000243589\, t$$

*) Wenigstens sind die dadurch hervorgebrachten Aenderungen der Neigung nur periodische, welche später bei der Nutation betrachtet werden.

oder die Veränderung selbst in dem Zeitraume von 1750 bis 1750 + t

$$l_{,} = t.\,50''.37572 - t^2\,0''.0001217945$$

um welche Gröſse die Längen aller Sterne in diesem Zeitraume zunehmen.

Die gegenseitigen Anziehungen der Planeten bringen nun ferner eine Aenderung der Neigungen der Planetenbahnen gegen einander und eine Bewegung der Knotenlinien d. h. der Durchschnittslinien der Ebenen der Bahnen hervor. Da nun der Erdäquator durch diese Anziehungen nicht geändert wird, so bewirken dieselben eine Aenderung der Schiefe der Ecliptic und eine Bewegung der Durchschnittspuncte der Ecliptic und des Aequators auf letzterem. Diese Bewegung der Aequinoctialpuncte heiſst die Präcession durch die Planeten. Durch sie werden die Rectascensionen aller Sterne geändert, während die Declinationen dieselben bleiben und man hat nach Bessel die jährliche Abnahme der Rectascensionen für die Zeit 1750 + t:

$$\frac{da}{dt} = +\,0''.17926 - 0''.0005320788\,t\ ^{*})$$

Nennt man also a die Gröſse, um welche die Rectascensionen aller Sterne in dem Zeitraume von 1750 bis 1750 + t abnehmen, so hat man:

$$a = t.\,0''.17926 - t^2\,0''.0002660394$$

Zugleich wird nun auch die Schiefe der Ecliptic geändert und man hat die jährliche Veränderung derselben durch die Planeten für die Zeit 1750 + t:

$$\frac{de_{,}}{dt} = -\,0''.48368 - 0''.0000054459\,t$$

und für die Schiefe zur Zeit 1750 + t selbst:

$$= 23^{\circ}\,28'\,18''.0 - t.0''.48368 - t^2\,0''.0000272295$$

---

* Danach wird in dem Jahre 2087 die Bewegung der Ecliptic auf dem Aequator, die jetzt der Bewegung des Aequators auf der Ecliptic entgegengesetzt ist, in demselben Sinne vor sich gehen als diese.

Die veränderte Lage der Ecliptic gegen den Aequator ändert nun aber auch die Anziehung, welche Sonne und Mond auf die sphäroidische Erde ausüben und bringt eine sehr langsame Aenderung der Ebene des Aequators gegen die Ecliptic hervor. Dadurch entsteht also eine Aenderung der Schiefe der festen Ecliptic für 1750 gegen den Aequator*) und zwar ist die jährliche Veränderung:

$$\frac{d\varepsilon_0}{dt} = +\,0''.00001968466\;t$$

und die Schiefe der festen Ecliptic selbst für die Zeit 1750 + t:

$$\varepsilon_0 = 23^\circ\,28'\,18''.0 + t^2\;0''.0000984233$$

Es sei nun Fig. 5 AA_0 der Aequator und EE_0 die Ecliptic, beide für das Jahr 1750, ferner bezeichne $A'A''$ und EE' die Lage des Aequators und der Ecliptic für das Jahr 1750 + t, so ist das Stück BD der festen Ecliptic, um welches der Aequator auf derselben zurückgegangen ist, die Lunisolarpräcession in t Jahren gleich l, ferner ist das Stück BC, um welches die Ecliptic sich auf dem Aequator vorwärts bewegt hat, die Präcession durch die Planeten in t Jahren gleich a, endlich ist BCE und $A'BE$ respective die Neigung der wahren und der festen Ecliptic gegen den Aequator gleich ε und ε_0. Ist dann S irgend ein Stern, so ist, wenn SL und SL' senkrecht auf die feste und wahre Ecliptic gezogen sind, DL die Länge des Sterns für 1750, dagegen CL' die Länge des Sterns für 1750 + t. Bezeichnet man nun durch D' denselben Punct der beweglichen Ecliptic, welcher in der festen mit D bezeichnet wurde, so nennt man das Stück CD' d. h. also das Stück der wahren Ecliptic zwischen dem Aequinoctium für 1750 und dem Aequator für die Zeit 1750 + t die allgemeine Präcession in der Zeit t, weil dieser Theil der Präcession in Länge

*) Nämlich die Bewegung des Aequators gegen die Ecliptic mit umgekehrtem Zeichen.

für alle Sterne gleich ist. Um daraus die vollständige Präcession für einen Stern in Länge zu erhalten, hat man zu der allgemeinen Präcession nur noch $D'L' - DL$ hinzuzufügen. Dieser Theil ist aber wegen der langsamen Aenderung der Schiefe bedeutend kleiner als der erstere.

Nennt man nun Π die Länge des aufsteigenden Knotens der wahren Ecliptic auf der festen (d. h. denjenigen Durchschnittspunct beider gröfsten Kreise, von welchem ab die wahre Ecliptic eine nördliche Breite über der festen erhält) und zählt diesen Winkel vom festen Frühlingsäquinoctium des Jahres 1750 ab, so hat man, weil die Längen in der Richtung von B nach D gezählt werden und E der niedersteigende Knoten der wahren Ecliptic auf der festen, also $DE = 180 - \Pi$ ist, $BE = 180 - \Pi - l_{,}$. Ferner ist, wenn man die allgemeine Präcession CD' mit l bezeichnet, $EC = 180 - \Pi - l$. Nennt man also π den Winkel BEC d. h. die Neigung der wahren Ecliptic gegen die feste, so hat man in dem Dreiecke BEC nach den Neperschen Analogien:

$$\operatorname{tang} \tfrac{1}{2}\,(l_{,} - l) \cos \frac{\varepsilon - \varepsilon_0}{2} = \operatorname{tang} \frac{a}{2} \cos \frac{\varepsilon + \varepsilon_0}{2}$$

$$\operatorname{tang} \tfrac{1}{2}\,\pi \sin \left\{\Pi + \frac{l_{,} + l}{2}\right\} = \sin \frac{l_{,} - l}{2} \operatorname{tang} \frac{\varepsilon + \varepsilon_0}{2}$$

$$\operatorname{tang} \tfrac{1}{2}\,\pi \cos \left\{\Pi + \frac{l_{,} + l}{2}\right\} = \cos \frac{l_{,} - l}{2} \operatorname{tang} \frac{\varepsilon - \varepsilon_0}{2}$$

Aus diesen Gleichungen kann man nun l, π und Π in Reihen entwickeln, welche nach Potenzen der Zeit t fortschreiten. Die erste Gleichung giebt:

$$\operatorname{tang} \tfrac{1}{2}\,(l_{,} - l) = \operatorname{tang} \frac{a}{2} \cdot \frac{\cos \frac{\varepsilon + \varepsilon_0}{2}}{\cos \frac{\varepsilon - \varepsilon_0}{2}}$$

oder, wenn man:

$$\varepsilon_0 + \tfrac{1}{2}\,(\varepsilon - \varepsilon_0) \text{ statt } \frac{\varepsilon + \varepsilon_0}{2}$$

einführt und die Sinus und Tangenten der kleinen Winkel $l_{,}-l$, a und $\varepsilon-\varepsilon_0$ mit den Bogen vertauscht:

$$l = l_{,} - a\cos\varepsilon_0 + \frac{\frac{1}{2}a(\varepsilon-\varepsilon_0)\sin\varepsilon_0}{206265} \qquad (a)$$

Ferner wird:

$$\operatorname{tang}\left\{\Pi + \frac{l_{,}+l}{2}\right\} = \operatorname{tang}\frac{a}{2}\;\frac{\sin\frac{\varepsilon+\varepsilon_0}{2}}{\sin\frac{\varepsilon-\varepsilon_0}{2}}$$

oder auf dieselbe Weise wie eben:

$$\operatorname{tang}\left[\Pi + \tfrac{1}{2}(l_{,}+l)\right] = \frac{a\sin\varepsilon_0}{\varepsilon-\varepsilon_0} + \frac{\frac{1}{2}a\cos\varepsilon_0}{206265} \qquad (b)$$

Endlich ist:

$$\operatorname{tang}\tfrac{1}{2}\pi^2 = \left\{\operatorname{tang}\frac{l_{,}-l}{2}^2 \operatorname{tang}\frac{\varepsilon+\varepsilon_0}{2}^2 + \operatorname{tang}\frac{\varepsilon-\varepsilon_0}{2}^2\right\}\cos\frac{l_{,}-l}{2}^2$$

Substituirt man hier für $\operatorname{tang}\frac{l_{,}-l}{2}$ den oben gefundenen Werth, so erhält man, wenn man wieder:

$$\varepsilon_0 + \tfrac{1}{2}(\varepsilon-\varepsilon_0) \text{ statt } \frac{\varepsilon+\varepsilon_0}{2}$$

einführt und die Sinus der kleinen Winkel mit dem Bogen vertauscht, den Cosinus dagegen gleich eins setzt:

$$\pi^2 = a^2\sin\varepsilon_0^{\,2} + (\varepsilon-\varepsilon_0)^2 + \frac{a^2\sin\varepsilon_0\cos\varepsilon_0(\varepsilon-\varepsilon_0)}{206265} \qquad (c)$$

Setzt man nun in (a), (b) und (c) statt $l_{,}$, a und $\varepsilon-\varepsilon_0$ ihre Ausdrücke, die von der Form:

$$\lambda t + \lambda' t^2,\ \alpha t + \alpha' t^2 \text{ und } \eta t + \eta' t^2$$

sind, so erhält man leicht:

$$l = [\lambda - \alpha\cos\varepsilon_0]\,t + \left\{\lambda' - \alpha'\cos\varepsilon_0 + \frac{\frac{1}{2}\alpha\eta\sin\varepsilon_0}{206265}\right\}t^2$$

$$\Pi + \tfrac{1}{2}(l+l_{,}) = \operatorname{arc\,tang}\frac{\alpha\sin\varepsilon_0}{\eta}$$

$$+\,t\left\{\frac{\alpha'\eta\sin\varepsilon_0 - \alpha\eta'\sin\varepsilon_0}{\eta^2}\,206265 + \tfrac{1}{2}\alpha\cos\varepsilon_0\right\}\sec\Pi^2$$

$$\pi = t\sqrt{\alpha^2\sin\varepsilon_0^{\,2} + \eta^2} + \frac{t^2}{\pi}\left\{\alpha\alpha'\sin\varepsilon_0^{\,2} + \eta\eta' + \frac{\frac{1}{2}\alpha^2\eta\sin\varepsilon_0\cos\varepsilon_0}{206265}\right\}$$

oder, wenn man für λ, λ', α, α' und η, η' die vorher gegebenen numerischen Werthe substituirt: *)

$$l = t.\,50''.21129 + t^2\,0''.0001221483$$

$$\frac{dl}{dt} = +\,50''.21129 + 0''.0002442966\,t$$

$$\pi = t.\,0''.48892 - t^2\,0''.0000030715$$

$$\frac{d\pi}{dt} = +\,0''.48892 - 0''.0000061430\,t$$

$$\Pi = 171^\circ\,36'\,10'' - t.\,5''.21$$

6. Nachdem man nun die gegenseitigen Aenderungen der Ebenen, auf welche die Oerter der Sterne bezogen werden, kennt, ist es leicht, die dadurch hervorgebrachten Aenderungen der Oerter der Sterne selbst zu bestimmen. Bezeichnet λ und β die Länge und Breite eines Sterns, bezogen auf die wahre Ecliptic für die Zeit 1750 + t, so sind die Coordinaten des Sterns in Bezug auf diese Grundebene, wenn man als Anfangspunct der Zählung der Längen den aufsteigenden Knoten der wahren Ecliptic auf der festen nimmt:

$$\cos\beta\cos(\lambda-\Pi-l),\ \cos\beta\sin(\lambda-\Pi-l),\ \sin\beta$$

Ist dann L und B die Länge und Breite des Sterns, bezogen auf die feste Ecliptic für 1750, so sind die drei Coordinaten in Bezug auf diese Grundebene und von demselben Anfangspuncte gerechnet:

$$\cos B\cos(L-\Pi),\ \cos B\sin(L-\Pi),\ \sin B$$

Da nun die Grundebenen beider Coordinatensysteme den Winkel π mit einander bilden, so erhält man durch die Formeln (1a) der Einleitung:

$$\begin{aligned}\cos\beta\cos(\lambda-\Pi-l) &= \cos B\cos(L-\Pi)\\ \cos\beta\sin(\lambda-\Pi-l) &= \cos B\sin(L-\Pi)\cos\pi + \sin B\sin\pi\\ \sin\beta &= -\cos B\sin(L-\Pi)\sin\pi + \sin B\cos\pi\end{aligned} \qquad (A)$$

*) Für η und η' sind die numerischen Werthe aus der folgenden Gleichung zu nehmen:

$$\varepsilon-\varepsilon_0 = -\,t.0''.48368 - t^2\,0.00001256528$$

Differenzirt man diese Gleichungen, indem man L und B als constant ansieht, so erhält man durch die Differentialformeln (11) der Einleitung:

$$d(\lambda - \Pi - l) = d\Pi - \pi \operatorname{tang} \beta . \sin(\lambda - \Pi - l) . d\Pi$$
$$+ \operatorname{tang} \beta \cos(\lambda - \Pi - l)\, d\pi$$
$$d\beta = - \pi \cos(\lambda - \Pi - l)\, d\Pi - \sin(\lambda - \Pi - l)\, d\pi$$

Daraus erhält man aber, wenn man durch dt dividirt und $t \frac{d\pi}{dt}$ statt π im Coefficienten von $d\Pi$ setzt, für die jährlichen Aenderungen der Längen und Breiten der Sterne die folgenden Formeln:

$$\frac{d\lambda}{dt} = \quad + \operatorname{tang} \beta \cos\left(\lambda - \Pi - l - \frac{d\Pi}{dt}\, t\right) \frac{d\pi}{dt}$$
$$\frac{d\beta}{dt} = - \sin\left(\lambda - \Pi - l - \frac{d\Pi}{dt}\, t\right) \frac{d\pi}{dt}$$

oder wenn man setzt:

$$\Pi + t \frac{d\Pi}{dt} - l = 171^\circ\, 36'\, 10'' + t . 38''.79 = M$$

$$\frac{d\lambda}{dt} = \frac{dl}{dt} + \operatorname{tang} \beta \cos(\lambda - M) \frac{d\pi}{dt} \qquad (B)$$
$$\frac{d\beta}{dt} = - \sin(\lambda - M) \frac{d\pi}{dt}$$

wo die numerischen Werthe für $\frac{dl}{dt}$ und $\frac{d\pi}{dt}$ in der vorigen Nummer gegeben sind.

Bezeichnen wieder L und B die Länge und Breite eines Sterns, bezogen auf die feste Ecliptic und das Aequinoctium für 1750, so wird diese Länge, vom Durchschnittspuncte des Aequators für die Zeit 1750 + t mit der festen Ecliptic für 1750 gezählt, gleich $L + l_{,}$ sein, wo $l_{,}$ der Betrag der Lunisolarpräcession in dem Zeitraume von 1750 bis 1750 + t ist. Die Coordinaten des Sterns in Bezug auf die Ebene der Ecliptic für 1750 und den eben angenommenen Durchschnittspunct werden also sein:

$$\cos B \cos(L + l_{,}),\ \cos B \sin(L + l_{,}) \text{ und } \sin B$$

Bezeichnen dann α und δ die Rectascension und Declination des Sterns, bezogen auf den Aequator und das wahre Aequinoctium für die Zeit $1750 + t$, so wird die Rectascension, von dem vorher angenommenen Durchschnittspunct gezählt, $A + a$ sein. Man hat also für die Coordinaten des Sterns in Bezug auf die Ebene des wahren Aequators und den angenommenen Durchschnittspunct:

$$\cos\delta\cos(\alpha+a), \ \cos\delta\sin(\alpha+a) \text{ und } \sin\delta$$

Da beide Coordinatenebenen den Winkel ε_0 mit einander bilden, so erhält man nach den Formeln (1) der Einleitung:

$$\begin{aligned} \cos\delta\cos(\alpha+a) &= \cos B\cos(L+l_\prime) \\ \cos\delta\sin(\alpha+a) &= \cos B\sin(L+l_\prime)\cos\varepsilon_0 - \sin B\sin\varepsilon_0 \\ \sin\delta &= \cos B\sin(L+l_\prime)\sin\varepsilon_0 + \sin B\cos\varepsilon_0 \end{aligned} \qquad (C)$$

Differenzirt man diese Formeln wieder, indem man L und B als constant betrachtet, so erhält man durch die Differentialformeln (11) der Einleitung:

$$\begin{aligned} d(\alpha+a) &= [\cos\varepsilon_0 + \sin\varepsilon_0 \tan\delta\sin(\alpha+a)]\, dl_\prime - \cos(\alpha+a)\tan\delta\, d\varepsilon_0 \\ d\delta &= \cos(\alpha+a)\sin\varepsilon_0\, dl_\prime + \sin(\alpha+a)\, d\varepsilon_0 \end{aligned}$$

Man hat also für die jährlichen Aenderungen der Rectascensionen und Declinationen der Sterne die Formeln:

$$\begin{aligned} \frac{d\alpha}{dt} &= -\frac{da}{dt} + [\cos\varepsilon_0 + \sin\varepsilon_0 \tan\delta\sin\alpha]\frac{dl_\prime}{dt} \\ &\quad + \left\{a\sin\varepsilon_0\frac{dl_\prime}{dt} - \frac{d\varepsilon_0}{dt}\right\}\tan\delta\cos\alpha \\ \frac{d\delta}{dt} &= \cos\alpha\sin\varepsilon_0\frac{dl_\prime}{dt} - \left\{a\sin\varepsilon_0\frac{dl_\prime}{dt} - \frac{d\varepsilon_0}{dt}\right\}\sin\alpha \end{aligned}$$

oder mit Vernachläſsigung des sehr kleinen letzten Gliedes jeder Gleichung*):

$$\begin{aligned} \frac{d\alpha}{dt} &= -\frac{da}{dt} + [\cos\varepsilon_0 + \sin\varepsilon_0 \tan\delta\sin\alpha]\frac{dl_\prime}{dt} \\ \frac{d\delta}{dt} &= \cos\alpha\sin\varepsilon_0\frac{dl_\prime}{dt} \end{aligned}$$

---

*) Der numerische Werth des Coefficienten $a\sin\varepsilon_0\frac{dl_\prime}{dt} - \frac{d\varepsilon_0}{dt}$ ist $-0.0000022473\, t$.

Setzt man hier:

$$\cos \varepsilon_0 \frac{dl_{,}}{dt} - \frac{da}{dt} = m$$
$$\sin \varepsilon_0 \frac{dl_{,}}{dt} = n$$

so erhält man einfach:

$$\frac{d\alpha}{dt} = m + n \operatorname{tang} \delta \sin \alpha$$
$$\frac{d\delta}{dt} = n \cos \alpha \qquad (D)$$

und für die numerischen Werthe von m und n, wenn man die Werthe von ε_0, $\frac{dl_{,}}{dt}$ und $\frac{da}{dt}$ substituirt:

$$m = 46''.02824 + 0''.0003086450\, t$$
$$n = 20''.06442 - 0''.0000970204\, t$$

Um nun den Betrag der Präcession in Länge und Breite oder in Rectascension und Declination in dem Zeitraum von $1750 + t$ bis $1750 + t'$ zu erhalten, müſste man die Integrale der Gleichungen (B) oder (D) zwischen den Grenzen t und t' nehmen. Man kann indessen diesen Betrag auch bis auf die Glieder zweiter Ordnung inclusive aus dem Differentialquotienten für die Zeit $\frac{t+t'}{2}$ und der Zwischenzeit finden. Sind nämlich $f(t)$ und $f(t')$ zwei Functionen, deren Differenz $f(t') - f(t)$ man sucht, für diesen Fall also den Betrag der Präcession in der Zeit $t'-t$, so setze man:

$$\tfrac{1}{2}(t'+t) = x$$
$$\tfrac{1}{2}(t'-t) = \Delta x$$

Dann ist:

$$f(t) = f(x-\Delta x) = f(x) - \Delta x f'(x) + \tfrac{1}{2}\Delta x^2 f''(x)$$
$$f(t') = f(x+\Delta x) = f(x) + \Delta x f'(x) + \tfrac{1}{2}\Delta x^2 f''(x)$$

wo $f'(x)$ und $f''(x)$ die ersten und zweiten Differentialquotienten von $f(x)$ bezeichnen. Daraus erhält man aber:

$$f(t') - f(t) = 2\Delta x f'(x) = (t'-t) f'\left(\frac{t+t'}{2}\right)$$

Um also die Präcession für einen Zeitraum $t'-t$ zu erhalten, hat man nur nöthig, den für das arithmetische Mittel der Zeiten geltenden Differentialquotienten zu berechnen und diesen mit der Zwischenzeit zu multipliciren. Dadurch sind dann auch die Glieder zweiter Ordnung berücksichtigt.

Sucht man nun z. B. den Betrag der Präcession in Länge und Breite in der Zeit von 1750 bis 1850 für einen Stern, dessen Ort für 1750

$$\lambda = 210^\circ\,0',\ \beta = +\,34^\circ\,0'$$

ist, so hat man die Werthe von $\frac{dl}{dt}$, $\frac{d\pi}{dt}$ und M für 1800:

$$\frac{dl}{dt} = 50''.22350,\ \frac{d\pi}{dt} = 0''.48861,\ M = 172^\circ\,9'\,20''$$

Ferner erhält man, wenn man die Präcession von 1750 bis 1800 annährend berechnet, für 1800:

$$\lambda = 210^\circ\,42'.1,\ \beta = +\,33^\circ\,59'.8$$

und damit nach den Formeln (B) für 1800:

$$\frac{d\lambda}{dt} = +\,50''.48122,\ \frac{d\beta}{dt} = -\,0''.30447$$

also für den Betrag der Präcession von 1750 bis 1850:

in Länge $+\,1^\circ\,24'\,8''.12$ und in Breite $-\,30''.45$

Will man ebenso den Betrag der Präcession in Rectascension und Declination von 1750 bis 1850 für einen Stern wissen, dessen Rectascension und Declination für 1750:

$$\alpha = 220^\circ\,1'\,24'',\quad \delta = +\,20^\circ\,21'\,15''$$

ist, so hat man für 1800:

$$m = 46''.04367,\ n = 20''.05957$$

ferner den genäherten Ort des Sterns für diese Zeit:

$$\alpha = 220\,35'.8\quad \delta = +\,20^\circ\,8'.6$$

und erhält damit nach den Formeln *(D)*:

tang δ	9.56444	n tang δ sin α	$-$ 4.78806
sin α	9.81340 n	m	$+$ 46.04367
tang δ sin α	9.37784 n	$\frac{d\alpha}{dt}$	$+$ 41.25561
n	1.30232	$\frac{d\delta}{dt}$	$-$ 15.2314
cos α	9.88042 n		

also den Betrag der Präcession von 1750 bis 1850

in Rectascension $+ 1^\circ 8' 45''.56$ und in Declination $- 25' 23''.14$

7. Die eben gegebenen Differentialformeln reichen nicht aus, wenn man die Präcession für sehr weit von einander entfernte Zeiten oder für Sterne berechnen will, die dem Pole sehr nahe stehen. In diesem Falle mufs man sich der strengen Formeln bedienen.

Es sei die Länge und Breite λ und β eines Sterns, bezogen auf die Ecliptic und das Aequinoctium zur Zeit $1750 + t$, gegeben, so erhält man daraus die Länge und Breite L und B, bezogen auf die feste Ecliptic von 1750 durch die folgenden Gleichungen, welche unmittelbar aus den in No. 6 gegebenen Gleichungen *(A)* folgen:

$$\cos B \cos (L-\Pi) = \cos\beta \cos(\lambda-\Pi-l)$$
$$\cos B \sin (L-\Pi) = \cos\beta \sin(\lambda-\Pi-l) \cos\pi - \sin\beta \sin\pi$$
$$\sin B = \cos\beta \sin(\lambda-\Pi-l) \sin\pi + \sin\beta \cos\pi$$

Sucht man dann die Länge und Breite λ' und β', bezogen auf die Ecliptic und das Aequinoctium zur Zeit $1750 + t'$, so erhält man diese aus L und B durch die folgenden Gleichungen, wenn man die für die Zeit t' geltenden Werthe von Π, π und l durch Π', π' und l' bezeichnet:

$$\cos\beta' \cos(\lambda'-\Pi'-l') = \cos B \cos(L-\Pi')$$
$$\cos\beta' \sin(\lambda'-\Pi'-l') = \cos B \sin(L-\Pi') \cos\pi' + \sin B' \sin\pi'$$
$$\sin\beta' = -\cos B \sin(L-\Pi') \sin\pi' + \sin B' \cos\pi'$$

Eliminirt man B und L aus diesen Gleichungen, so erhält man λ' und β' unmittelbar durch λ und β und durch die Werthe von l, Π und π zu den Zeiten t und t' ausgedrückt.

Man wird sich indessen dieser Formeln selten bedienen, weil für die Längen und Breiten die vorher gegebenen Differentialformeln wegen der Kleinheit des Quadrats von π auch für sehr grofse Zwischenzeiten noch ausreichen. So beträgt der Fehler der Differentialformeln in dem vorigen Beispiele erst $0''.02$.

Für die Rectascension und Declination werden die strengen Gleichungen ganz ähnlich. Ist die Rectascension und Declination α und δ eines Sterns für die Zeit $1750+t$ gegeben, so erhält man daraus die Länge und Breite L und B, bezogen auf die feste Ecliptic von 1750 durch die Gleichungen*):

$$\cos B \cos (L+l_,) = \cos\delta \cos(\alpha+a)$$
$$\cos B \sin (L+l_,) = \cos\delta \sin(\alpha+a) \cos\varepsilon_0 + \sin\delta \sin\varepsilon_0$$
$$\sin B = -\cos\delta \sin(\alpha+a) \sin\varepsilon_0 + \sin\delta \cos\varepsilon_0$$

Sucht man nun die Rectascension und Declination α' und δ' für die Zeit $1750 + t'$, so erhält man diese aus L und B, wenn man die Werthe von $l_,$, a und ε_0 für die Zeit t' durch $l'_,$, a' und ε_0' bezeichnet, durch die folgenden Gleichungen:

$$\cos\delta' \cos(\alpha'+a') = \cos B \cos(L+l_,')$$
$$\cos\delta' \sin(\alpha'+a') = \cos B \sin(L+l'_,) \cos\varepsilon_0' - \sin B \sin\varepsilon_0'$$
$$\sin\delta' = \cos B \sin(L+l_,') \sin\varepsilon_0' + \sin B \cos\varepsilon_0'$$

Eliminirt man aus beiden Systemen von Gleichungen die Gröfsen B und L, so erhält man, da:

$$\cos B \sin L = -\cos\delta \cos(\alpha+a) \sin l_, + \cos\delta \sin(\alpha+a) \cos\varepsilon \cos l_, + \sin\delta \sin\varepsilon \cos l_,$$
$$\cos B \cos L = \cos\delta \cos(\alpha+a) \cos l_, + \cos\delta \sin(\alpha+a) \cos\varepsilon \sin l_, + \sin\delta \sin\varepsilon \sin l_,$$
$$\sin B = -\cos\delta \cos(\alpha+a) \sin\varepsilon + \sin\delta \cos\varepsilon$$

---

*) Man findet diese Gleichungen leicht aus den Gleichungen (C) in No. 6 oder durch die Betrachtung des sphärischen Dreiecks zwischen dem Sterne, dem Pole der Ecliptic für 1750 und dem Pole des Aequators für die Zeit 1750 + t.

wie man leicht sieht, die folgenden Gleichungen:

$$\begin{aligned}\cos\delta'\cos(\alpha'+a') = {} & \cos\delta\cos(\alpha+a)\cos(l_{,}'-l_{,}) \\ & -\cos\delta\sin(\alpha+a)\sin(l_{,}'-l_{,})\cos\varepsilon_0 \\ & -\sin\delta\sin(l_{,}'-l_{,})\sin\varepsilon_0\end{aligned}$$

$$\begin{aligned}\cos\delta'\sin(\alpha'+a') = {} & \cos\delta\cos(\alpha+a)\sin(l_{,}'-l_{,})\cos\varepsilon_0' \\ & +\cos\delta\sin(\alpha+a)[\cos(l_{,}'-l_{,})\cos\varepsilon_0\cos\varepsilon_0'+\sin\varepsilon_0\sin\varepsilon_0'] \\ & +\sin\delta[\cos(l_{,}'-l_{,})\sin\varepsilon_0\cos\varepsilon_0'-\cos\varepsilon_0\sin\varepsilon_0']\end{aligned}$$

$$\begin{aligned}\sin\delta' = {} & \cos\delta\cos(\alpha+a)\sin(l_{,}'-l_{,})\sin\varepsilon_0' \\ & +\cos\delta\sin(\alpha+a)[\cos(l_{,}'-l_{,})\cos\varepsilon_0\sin\varepsilon_0'-\sin\varepsilon_0\cos\varepsilon_0'] \\ & +\sin\delta[\cos(l_{,}'-l_{,})\sin\varepsilon_0\sin\varepsilon_0'+\cos\varepsilon_0\cos\varepsilon_0']\end{aligned}$$

Denkt man sich nun ein sphärisches Dreieck, dessen drei Seiten $l_{,}'-l_{,}$, $90-z$ und $90+z'$ und dessen den drei Seiten gegenüberliegende Winkel beziehlich Θ, ε_0' und $180-\varepsilon_0$ sind, so lassen sich die Coefficienten der vorigen Gleichungen, welche $l_{,}'-l_{,}$, ε_0 und ε_0' enthalten, durch Θ, z und z' ausdrücken und man findet dann:

$$\begin{aligned}\cos\delta'\cos(\alpha'+a') = {} & \cos\delta\cos(\alpha+a)[\cos\Theta\cos z\cos z' - \sin z\sin z'] \\ & \cos\delta\sin(\alpha+a)[\cos\Theta\sin z\cos z' + \cos z\sin z'] \\ & -\sin\delta\sin\Theta\cos z'\end{aligned}$$

$$\begin{aligned}\cos\delta'\sin(\alpha'+a') = {} & \cos\delta\cos(\alpha+a)[\cos\Theta\cos z\sin z' + \sin z\cos z'] \\ & -\cos\delta\sin(\alpha+a)[\cos\Theta\sin z\sin z' - \cos z\cos z'] \\ & -\sin\delta\sin\Theta\sin z'\end{aligned}$$

$$\begin{aligned}\sin\delta' = {} & \cos\delta\cos(\alpha+a)\sin\Theta\cos z \\ & -\cos\delta\sin(\alpha+a)\sin\Theta\sin z \\ & +\sin\delta\cos\Theta\end{aligned}$$

Multiplicirt man die erste dieser Gleichungen mit $\sin z'$, die zweite mit $\cos z'$ nnd addirt beide, multiplicirt dann die erste mit $\cos z'$, die zweite mit $\sin z'$ und addirt ebenfalls die Producte, so erhält man:

$$\begin{aligned}\cos\delta'\sin(\alpha'+a'-z') &= \cos\delta\sin(\alpha+a+z) \\ \cos\delta'\cos(\alpha'+a'-z') &= \cos\delta\cos(\alpha+a+z)\cos\Theta - \sin\delta\sin\Theta \qquad (a) \\ \sin\delta' &= \cos\delta\cos(\alpha+a+z)\sin\Theta + \sin\delta\cos\Theta\end{aligned}$$

Diese Formeln geben unmittelbar α' und δ' durch α, δ, a, a' und die Hülfsgröfsen z, z' und Θ ausgedrückt. Letztere findet man aber, wenn man auf das eben betrachtete sphärische Dreieck die Gaufsischen Formeln anwendet. Dann ist nämlich:

$$
\begin{aligned}
\sin \tfrac{1}{2}\Theta \cos \tfrac{1}{2}(z'-z) &= \sin \tfrac{1}{2}(l'_,-l_,) \sin \tfrac{1}{2}(\varepsilon_0'+\varepsilon_0)\\
\sin \tfrac{1}{2}\Theta \sin \tfrac{1}{2}(z'-z) &= \cos \tfrac{1}{2}(l'_,-l_,) \sin \tfrac{1}{2}(\varepsilon_0'-\varepsilon_0)\\
\cos \tfrac{1}{2}\Theta \sin \tfrac{1}{2}(z'+z) &= \sin \tfrac{1}{2}(l'_,-l_,) \cos \tfrac{1}{2}(\varepsilon_0'+\varepsilon_0)\\
\cos \tfrac{1}{2}\Theta \cos \tfrac{1}{2}(z'+z) &= \cos \tfrac{1}{2}(l'_,-l_,) \cos \tfrac{1}{2}(\varepsilon_0'-\varepsilon_0)
\end{aligned}
$$

Hier wird es nun immer erlaubt sein, $\sin \tfrac{1}{2}(z'-z)$ und $\sin \tfrac{1}{2}(\varepsilon'_0-\varepsilon_0)$ mit dem Bogen zu vertauschen und die entsprechenden Cosinus gleich eins zu setzen, sodafs man für die Berechnung der drei Hülfsgröfsen die einfachen Formeln erhält:

$$
\begin{aligned}
\operatorname{tang} \tfrac{1}{2}(z'+z) &= \cos \tfrac{1}{2}(\varepsilon_0'+\varepsilon_0) \operatorname{tang} \tfrac{1}{2}(l'_,-l_,)\\
\tfrac{1}{2}(z'-z) &= \tfrac{1}{2}(\varepsilon_0'-\varepsilon_0)\, \frac{\operatorname{cotang} \tfrac{1}{2}(l'_,-l_,)}{\sin \tfrac{1}{2}(\varepsilon_0'+\varepsilon_0)} \qquad (A)\\
\operatorname{tang} \tfrac{1}{2}\Theta &= \operatorname{tang} \tfrac{1}{2}(\varepsilon_0'+\varepsilon_0) \sin \tfrac{1}{2}(z'+z)
\end{aligned}
$$

Die Formeln (a) kann man durch Einführung eines Hülfswinkels für die Rechnung bequemer einrichten oder auch statt derselben ein andres System von Gleichungen benutzen, welches man ebenfalls durch die Gaufsischen Gleichungen erhält. Man findet nämlich die Formeln (a), wenn man die drei Grundgleichungen der sphärischen Trigonometrie auf ein sphärisches Dreieck anwendet, dessen drei Seiten $90-\delta'$, $90-\delta$ und Θ sind und wo den beiden ersteren Seiten die Winkel $\alpha+a+z$ und $180-\alpha'-a'+z'$ gegenüberstehen. Wendet man statt dessen die Gaufsischen Formeln an, so erhält man, wenn man den dritten Winkel mit c bezeichnet und der Kürze wegen $\alpha+a+z=A$ und $\alpha'+a'-z'=A'$ setzt:

$$
\begin{aligned}
\cos \tfrac{1}{2}(90+\delta') \cos \tfrac{1}{2}(A'+c) &= \cos \tfrac{1}{2}[90+\delta+\Theta] \cos \tfrac{1}{2} A\\
\cos \tfrac{1}{2}(90+\delta') \sin \tfrac{1}{2}(A'+c) &= \cos \tfrac{1}{2}[90+\delta-\Theta] \sin \tfrac{1}{2} A \qquad (b)\\
\sin \tfrac{1}{2}(90+\delta') \cos \tfrac{1}{2}(A'-c) &= \sin \tfrac{1}{2}[90+\delta+\Theta] \cos \tfrac{1}{2} A\\
\sin \tfrac{1}{2}(90+\delta') \sin \tfrac{1}{2}(A'-c) &= \sin \tfrac{1}{2}[90+\delta-\Theta] \sin \tfrac{1}{2} A
\end{aligned}
$$

Genauer verfährt man noch, wenn man nicht die Gröfse A' selbst, sondern nur den Unterschied $A'-A$ sucht. Man erhält aber, wenn man die erste der Gleichungen (a) mit $\cos A$, die zweite mit sin A multiplicirt und beide von einander abzieht und wenn man ferner die erste Gleichung mit sin A die zweite mit cos A multiplicirt und die Producte addirt:

$$\cos\delta' \sin(A'-A) = \cos\delta \sin A \sin\Theta\,[\tang\delta + \tang\tfrac{1}{2}\Theta \cos A]$$
$$\cos\delta' \cos(A'-A) = \cos\delta - \cos\delta \cos A \sin\Theta\,[\tang\delta + \tang\tfrac{1}{2}\Theta \cos A]$$

also:

$$\tang(A'-A) = \frac{\sin A \sin\Theta\,[\tang\delta + \tang\tfrac{1}{2}\Theta\cos A]}{1-\cos A\sin\Theta\,[\tang\delta+\tang\tfrac{1}{2}\Theta\cos A]}$$

und durch die Gaufsischen Formeln findet man:

$$\cos\tfrac{1}{2}c\,.\,\sin\tfrac{1}{2}(\delta'-\delta) = \sin\tfrac{1}{2}\Theta\cos\tfrac{1}{2}(A'+A)$$
$$\cos\tfrac{1}{2}c\cdot\cos\tfrac{1}{2}(\delta'-\delta) = \cos\tfrac{1}{2}\Theta\cos\tfrac{1}{2}(A'-A)$$

Setzt man also:

$$p = \sin\Theta\,[\tang\delta + \tang\tfrac{1}{2}\Theta\cos A] \qquad (B)$$

so wird:

$$\tang(A'-A) = \frac{p\sin A}{1-p\cos A}$$

und

$$\tang\tfrac{1}{2}(\delta'-\delta) = \tang\tfrac{1}{2}\Theta\,\frac{\cos\tfrac{1}{2}(A'+A)}{\cos\tfrac{1}{2}(A'-A)} \qquad (C)$$

Die strenge Berechnung der Rectascension und Declination eines Sterns für die Zeit $1750 + t'$ aus der Rectascension und Declination desselben für die Zeit $1750 + t$, ist somit auf die Berechnung der Formeln (A), (B) und (C) zurückgeführt.

Beispiel. Die Rectascension und Declination des Polarsterns für den Anfang des Jahres 1755 ist.

$$\alpha = 10^\circ\, 55'\, 44''.955$$

und:

$$\delta = 87^\circ\, 59'\, 41''.12$$

Soll man nun hieraus den Ort, bezogen auf den Aequator und das Aequinoctium von 1850 berechnen, so hat man:

$$l_{,} = 4'\, 11''.8756 \qquad l_{,}' = 1^\circ\, 23'\, 56''.3541$$
$$\alpha = 0''.8897 \qquad \alpha' = 15''.2656$$
$$\varepsilon_0 = 23^\circ\, 28'\, 18''.0002 \qquad \varepsilon_0' = 23^\circ\, 28'\, 18''.0984$$

Damit erhält man aus den Formeln (A):

$$\tfrac{1}{2}(z'+z) = 0^\circ\, 36'\, 34''.314 \qquad \tfrac{1}{2}(z'-z) = 10''.6286$$

also:

$$z = 0^\circ\, 36'\, 23''.685$$
$$z' = 0^\circ\, 36'\, 44''.943$$

und:

$$\Theta = 0^\circ\, 31'\, 45''.600$$

mithin:

$$A = \alpha + a + z = 11^\circ\, 32'\, 9''.530$$

Berechnet man dann nach den Formeln (B) und (C) die Werthe von $A'-A$ und $\delta'-\delta$, so findet man:

$$\log p = 9.4214471$$

und:

$$A'-A = 4^\circ\, 4'\, 17''.710, \quad \tfrac{1}{2}(\delta'-\delta) = 0^\circ\, 15'\, 26''.780$$

also:

$$A' = 15^\circ\, 36'\, 27''.240$$

und daraus endlich:

$$\alpha' = 16^\circ\, 12'\, 56''.917$$
$$\delta' = 88\;\; 30\;\; 34\;\; .680$$

8. Da der Durchschnittspunct des Aequators mit der Ecliptic auf letzterer jährlich um etwa $50''.2$ zurückgeht, so wird der Pol des Aequators um den Pol der Ecliptic im Laufe der Zeit einen Kreis beschreiben, dessen Halbmesser gleich der Schiefe der Ecliptic ist.*) Der Pol des Aequators wird daher immer mit andern Puncten der scheinbaren Himmelskugel zusammentreffen oder es werden zu verschiedenen Zeiten auch verschiedene Sterne in der Nähe desselben stehen. In unsern Zeiten ist der letzte Stern im Schwanze des kleinen Bären (α Ursae minoris) der nächste am nördlichen Weltpole

*) Genau genommen ist dieser Halbmesser nicht constant, sondern gleich der jedesmaligen Schiefe der Ecliptic.

und heifst daher auch der Polarstern. Dieser Stern, dessen Declination jetzt $88\frac{1}{2}^0$ beträgt, wird sich dem Pole noch immer mehr nähern, bis seine Rectascension (jetzt 16^0) gleich 90^0 geworden ist. Dann wird die Declination ihr Maximum, nämlich $89^0\ 32'$, erreicht haben und von da wieder abnehmen, weil die Präcession in Declination für Sterne, deren Rectascension im zweiten Quadranten liegt, negativ ist.

Um nun den Ort des Weltpoles für jede Zeit t finden zu können, betrachte man das sphärische Dreieck zwischen dem Pole der Ecliptic für eine bestimmte Zeit t_0 und den Polen des Aequators zu den Zeiten t_0 und t, P und P'. Bezeichnet man dann die Rectascension und Declination des Weltpoles zur Zeit t in Bezug auf den Aequator und das Aequinoctium zur Zeit t_0 mit α und δ, die Schiefe der Ecliptic zur Zeit t_0 und t mit ε_0 und ε, so ist die Seite $PP' = 90 - \delta$, $EP = \varepsilon_0$ $EP' = \varepsilon$, der Winkel an $P = 90 + \alpha$ und der Winkel an ε gleich der allgemeinen Präcession in dem Zeitraum $t - t_0$ und man hat daher nach den drei Grundgleichungen der sphärischen Trigonometrie:

$$\cos\delta \sin\alpha = \sin\varepsilon \cos\varepsilon_0 \cos l - \cos\varepsilon \sin\varepsilon_0$$
$$\cos\delta \cos\alpha = \sin\varepsilon \sin l$$
$$\sin\delta = \sin\varepsilon \sin\varepsilon_0 \cos l + \cos\varepsilon \cos\varepsilon_0$$

Da diese Berechnung gewöhnlich keine grofse Genauigkeit erfordert, sondern der Ort des Poles immer nur beiläufig gesucht wird, überdies auch die Abnahme der Schiefe nur in kurzen Zeiträumen als der Zeit proportional angesehen werden kann, da sie eigentlich eine Periode von freilich sehr langer Dauer hat, so kann man sich erlauben $\varepsilon = \varepsilon_0$ zu setzen und erhält dann einfach:

$$\operatorname{tang}\alpha = -\cos\varepsilon_0 \operatorname{tang}\tfrac{1}{2} l$$

und:

$$\cos\delta = \frac{\sin\varepsilon_0 \sin l}{\cos\alpha}$$

Wiewohl hier α durch die Tangente gefunden wird, so erhält man doch den Werth von α ohne alle Zweideutigkeit da derselbe zugleich die Bedingung erfüllen mufs, dafs $\cos\alpha$ und $\sin l$ dasselbe Zeichen haben.

Wollte man z. B. den Ort des Weltpoles für das Jahr 14000 kennen und zwar bezogen auf das Aequinoctium von 1850, so hat man die allgemeine Präcession während der 12150 Jahre etwa gleich 174°, also wird:

$$\alpha = 273^\circ\, 16' \text{ und } \delta = +\, 43^\circ\, 7'$$

Dies ist sehr nahe der Ort von α Lyrae, dessen Rectascension und Declination für 1850:

$$\alpha = 277^\circ\, 58 \text{ und } \delta = +\, 38^\circ\, 39'$$

ist. Im Jahre 14000 wird also dieser Stern auf den Namen des Polarsterns Anspruch machen können.

Wegen der Veränderung der Declinationen der Sterne durch die Präcession werden auch im Laufe der Zeiten Sterne über den Horizont eines Ortes kommen, welche früher daselbst nie sichtbar waren, andre Sterne, welche jetzt z. B. an einem Orte auf der nördlichen Halbkugel der Erde sichtbar sind, werden dagegen eine so südliche Declination erhalten, daſs sie für diesen Ort nie mehr aufgehen. Auf gleiche Weise werden Sterne, welche jetzt für diesen Ort immer über dem Horizonte verweilen, anfangen auf- und uuterzugehen, während wiederum andre Sterne eine so nördliche Declination erreichen, daſs sie auch in ihrer unteren Culmination über dem Horizonte bleiben. Der Anblick der Himmelskugel an einem Orte der Erde wird also durch die Präcession nach groſsen Zeiträumen beträchtlich verändert.

In der Anmerkung zu Nr. 16 des zweiten Abschnitts war das siderische Jahr oder die siderische Umlaufszeit der Sonne d. h. die Zeit, welche die Sonne braucht, um an der scheinbaren Himmelskugel volle 360° zu durchlaufen oder die Zeit, in welcher sie wieder zu demselben Fixsterne zurückkehrt, zu 360 Tagen 6 Stunden 9 Minuten und $10''.7496$ oder zu 365.25637 mittleren Tagen angegeben. Da nun die Aequinoctialpuncte sich rückwärts d. h. der Sonne entgegen bewegen, so wird das tropische Jahr oder die Zeit, welche die Sonne braucht, um wieder zu demselben Aequinoctium zurückzukehren, kürzer als das siderische Jahr sein und zwar um die Zeit, in welcher die Sonne den kleinen Bogen, der gleich der jährlichen Präcession ist, durchläuft. Es ist aber für das Jahr 1800 $l = 50''.2235$ und da die mittlere Bewegung der Sonne $59' 8''.33$ beträgt, so erhält man für diese Zeit 0.01415 Tage, mithin für die Länge des tropischen Jahres 365.24222 Tage. Da nun aber die Präcession veränderlich ist und die jährliche Zunahme derselben $0''.0002442966$ beträgt, so ist auch das tropische Jahr veränderlich und die jährliche Veränderung desselben gleich 0.000000068848 Tagen. Drückt man die Decimaltheile in Stunden, Minuten und Secunden aus, so erhält man also für die Länge des tropischen Jahres:

$$365 \text{ Tage } 5^h\, 48'\, 47''.8091 - 0''.00595\,(t-1800)$$

9. Die Lunisolarpräcession enthält nur die der Zeit proportionalen Glieder in der Bewegung des Aequators auf der festen Ecliptic, welche durch die Anziehung der Sonne und des Mondes auf die sphäroidische Erde hervorgebracht wird. Die Theorie lehrt aber, dafs der vollständige Ausdruck dieser Bewegung aufser jenen Gliedern noch andre periodische enthält, welche von dem Orte der Sonne und des Mondes, vornehmlich aber von der Lage der Mondsknoten (d. h. der Länge, nach welcher die Durchschnittslinie der Ebene der Mondsbahn und der Ecliptic hingerichtet ist) abhängen*). Diesen periodischen Theil in der Bewegung des Aequators auf der festen Ecliptic bezeichnet man mit dem Namen der Nutation, weil derselbe gleichsam durch ein Schwanken der Erdaxe um ihre mittlere Richtung hervorgebracht wird und zwar nennt man die periodische Bewegung der Durchschnittspuncte beider Ebenen die Nutation in Länge, den periodischen Theil der Aenderung der Neigung dagegen die Nutation der Schiefe der Ecliptic. Der Punct, in welchem der Aequator und die Ecliptic zu einer Zeit einander wirklich schneiden,

---

*) Diese Bewegung der Mondsknoten ist sehr schnell, da sie in etwa 19 Jahren volle 360° beträgt.

heifst das wahre Aequinoctium zu dieser Zeit, dagegen der von der Nutation befreite Durchschnittspunct das mittlere Aequinoctium. Ebenso nennt man wahre Schiefe der Ecliptic diejenige Neigung der Ecliptic gegen den Aequator, welche vermöge der Säcularänderung und der Nutation zu dieser Zeit wirklich statt hat, dagegen mittlere Schiefe die von der Nutation befreite Neigung.

Die Ausdrücke für die Aenderungen der Länge und der Schiefe der Ecliptic, $\Delta\lambda$ und $\Delta\varepsilon$, sind nun nach Bessel:

$$\Delta\lambda = -16''.78332 \sin \Omega + 0''.20209 \sin 2\Omega - 1''.33589 \sin 2 \odot - 0''.20128 \sin 2 ☾ \tag{a}$$

und:

$$\Delta\varepsilon = +8''.97707 \cos \Omega - 0''.08773 \cos 2\Omega + 0''.57990 \cos 2 \odot + 0''.08738 \cos 2 ☾$$

wo Ω die Länge des aufsteigenden Knotens der Mondbahn auf der Ecliptic und $\odot$ und ☾ die Länge der Sonne und des Mondes bezeichnen. Um nun den Betrag der Nutation für Rectascension und Declination zu berechnen, erhält man zuerst, wenn α und δ die mittlere Rectascension und Declination bezeichnen, die mittlere Länge und Breite durch die Formeln:

$$\begin{aligned}
\cos\beta \cos\lambda &= \cos\delta \cos\alpha \\
\cos\beta \sin\lambda &= \cos\delta \sin\alpha \cos\varepsilon + \sin\delta \sin\varepsilon \\
\sin\beta &= -\cos\delta \sin\alpha \sin\varepsilon + \sin\delta \cos\varepsilon
\end{aligned}$$

Vermehrt man dann die sogefundenen Längen um die Nutation $\Delta\lambda$ und die Schiefe der Ecliptic um $\Delta\varepsilon$, so findet man die scheinbare Rectascension und Declination α' und δ' durch die Gleichungen:

$$\begin{aligned}
\cos\delta' \cos\alpha' &= \cos\beta \cos(\lambda+\Delta\lambda) \\
\cos\delta' \sin\alpha' &= \cos\beta \sin(\lambda+\Delta\lambda) \cos(\varepsilon+\Delta\varepsilon) - \sin\beta \sin(\varepsilon+\Delta\varepsilon) \\
\sin\delta' &= \cos\beta \sin(\lambda+\Delta\lambda) \sin(\varepsilon+\Delta\varepsilon) + \sin\beta \cos(\varepsilon+\Delta\varepsilon)
\end{aligned}$$

Da aber die Aenderungen $\Delta\lambda$ und $\Delta\varepsilon$ nur klein sind, so wird man immer mit Differentialformeln ausreichen. Es ist nämlich:

$$\alpha'-\alpha = \left(\frac{d\alpha}{d\lambda}\right)\Delta\lambda + \left(\frac{d\alpha}{d\varepsilon}\right)\Delta\varepsilon + \tfrac{1}{2}\left(\frac{d^2\alpha}{d\lambda^2}\right)\Delta\lambda^2 + \left(\frac{d^2\alpha}{d\lambda.d\varepsilon}\right)\Delta\lambda.\Delta\varepsilon + \tfrac{1}{2}\left(\frac{d^2\alpha}{d\varepsilon^2}\right)\Delta\varepsilon^2 + \quad (b)$$

und:

$$\delta'-\delta = \left(\frac{d\delta}{d\lambda}\right)\Delta\lambda + \left(\frac{d\delta}{d\varepsilon}\right)\Delta\varepsilon + \tfrac{1}{2}\left(\frac{d^2\delta}{d\lambda^2}\right)\Delta\lambda^2 + \left(\frac{d^2\delta}{d\lambda.d\varepsilon}\right)\Delta\lambda.\Delta\varepsilon + \tfrac{1}{2}\left(\frac{d^2\delta}{d\varepsilon^2}\right)\Delta\varepsilon^2 +$$

Nach den Differentialformeln in I. Nr. 10 hat man aber, wenn man für $\cos\beta \sin\eta$ und $\cos\beta \cos\eta$ die Ausdrücke durch α und δ setzt:

$$\left(\frac{d\alpha}{d\lambda}\right) = \cos\varepsilon + \sin\varepsilon \operatorname{tang}\delta \sin\alpha \qquad \left(\frac{d\delta}{d\lambda}\right) = \cos\alpha \sin\varepsilon$$

$$\left(\frac{d\alpha}{d\varepsilon}\right) = -\cos\alpha \operatorname{tang}\delta \qquad \left(\frac{d\delta}{d\varepsilon}\right) = \sin\alpha$$

woraus man durch Differentiation erhält:

$$\left(\frac{d^2\alpha}{d\lambda^2}\right) = \sin\varepsilon^2 [\tfrac{1}{2}\sin 2\alpha + \operatorname{cotang}\varepsilon \cos\alpha \operatorname{tang}\delta + \sin 2\alpha \operatorname{tang}\delta^2]$$

$$\left(\frac{d^2\alpha}{d\lambda.d\varepsilon}\right) = -\sin\varepsilon [\cos\alpha^2 - \operatorname{cotang}\varepsilon \operatorname{tang}\delta \sin\alpha + \operatorname{tang}\delta^2 \cos 2\alpha]$$

$$\left(\frac{d^2\alpha}{d\varepsilon^2}\right) = -[\tfrac{1}{2}\sin 2\alpha + \sin 2\alpha \operatorname{tang}\delta^2]$$

$$\left(\frac{d^2\delta}{d\lambda^2}\right) = -\sin\varepsilon^2 \sin\alpha [\operatorname{cotang}\varepsilon + \operatorname{tang}\delta \sin\alpha]$$

$$\left(\frac{d^2\delta}{d\lambda.d\varepsilon}\right) = \sin\varepsilon \cos\alpha [\operatorname{cotang}\varepsilon + \sin\alpha \operatorname{tang}\delta]$$

$$\left(\frac{d^2\delta}{d\varepsilon^2}\right) = -\cos\alpha^2 \operatorname{tang}\delta$$

Substituirt man diese Ausdrücke in die Gleichungen (b) und setzt außerdem für $\Delta\lambda$ und $\Delta\varepsilon$ die vorher gegebenen Werthe aus den Gleichungen (a) und für ε die mittlere Schiefe

13

der Ecliptic für den Anfang des Jahres 1800 = 23° 27′ 54″, so erhält man für die Glieder erster Ordnung:

$$
(A)\qquad
\begin{aligned}
\alpha' - \alpha = &- 15''.39537 \sin \Omega - [6''.68299 \sin \Omega \sin \alpha \\
&\qquad\qquad + 8''.97707 \cos \Omega \cos \alpha] \operatorname{tang} \delta \\
&+ 0''.18538 \sin 2\Omega + [0''.08046 \sin 2\Omega \sin \alpha \\
&\qquad\qquad + 0''.08773 \cos 2\Omega \cos \alpha] \operatorname{tang} \delta \\
&- 1''.22542 \sin 2\odot - [0''.53194 \sin 2\odot \sin \alpha \\
&\qquad\qquad + 0''.57990 \cos 2\odot \cos \alpha] \operatorname{tang} \delta \\
&\;\; 0''.18463 \sin 2\text{☾} - [0''.08015 \sin 2\text{☾} \sin \alpha \\
&\qquad\qquad + 0''.08738 \cos 2\text{☾} \cos \alpha] \operatorname{tang} \delta
\end{aligned}
$$

$$
\begin{aligned}
\delta' - \delta = &- 6''68299 \sin \Omega \cos \alpha + 8''.97707 \cos \Omega \sin \alpha \\
&+ 0''.08046 \sin 2\Omega \cos \alpha - 0''.08773 \cos 2\Omega \sin \alpha \\
&- 0''.53194 \sin 2\odot \cos \alpha + 0''.57990 \cos 2\odot \sin \alpha \\
&- 0''.08015 \sin 2\text{☾} \cos \alpha + 0''.08738 \cos 2\text{☾} \sin \alpha
\end{aligned}
$$

Von den Gliedern der zweiten Ordnung können nur diejenigen von einiger Bedeutung sein, welche aus dem grössten Gliede in $\Delta\lambda$ und $\Delta\varepsilon$ stehen. Setzt man:

$$\Delta\varepsilon = 8''.97707 \cos \Omega = a \cos \Omega$$

und:

$$-\sin \varepsilon \Delta\lambda = 6''.68299 \sin \Omega = b \sin \Omega$$

so werden diese Glieder:

$$
\begin{aligned}
\alpha' - \alpha = &\frac{b^2 - a^2}{4} \sin 2\alpha \,[\operatorname{tang} \delta^2 + \tfrac{1}{2}] + \frac{b^2}{4} \operatorname{tang} \delta \cos \alpha \operatorname{cotang} \varepsilon \\
&+ [\tfrac{1}{2} - \operatorname{cotang} \varepsilon \sin \alpha \operatorname{tang} \delta + \operatorname{tang} \delta^2 \cos 2\alpha + \tfrac{1}{2} \cos 2\alpha] \frac{ab}{2} \sin 2\Omega \\
&- \left[\frac{b^2 + a^2}{4} \operatorname{tang} \delta^2 \sin 2\alpha + \frac{b^2}{4} \operatorname{tang} \delta \cos \alpha \operatorname{cotg} \varepsilon + \frac{b^2 + a^2}{8} \sin 2\alpha\right] \cos 2\Omega
\end{aligned}
$$

und:

$$
\begin{aligned}
\delta' - \delta = &- \frac{a^2 \cos \alpha^2 + b^2 \sin \alpha^2}{4} \operatorname{tang} \delta - \frac{b^2}{4} \sin \alpha \operatorname{cotang} \varepsilon \\
&- [\operatorname{tang} \delta \sin 2\alpha + 2 \operatorname{cotang} \varepsilon \cos \alpha] \frac{ab}{4} \sin 2\Omega \\
&- \left[\frac{a^2 \cos \alpha^2 - b^2 \sin \alpha^2}{4} \operatorname{tang} \delta - \frac{b^2}{4} \sin \alpha \operatorname{cotang} \varepsilon\right] \cos 2\Omega
\end{aligned}
$$

Von diesen Gliedern verändern die von Ω unabhängigen

nur den mittleren Ort der Sterne und können defshalb vernachlässigt werden. Ein anderer Theil der Glieder, nämlich:

$$\frac{ab}{4}\sin 2\Omega - \left(\frac{ab}{2}\operatorname{cotang}\varepsilon \sin\alpha \sin 2\Omega + \frac{b^2}{4}\operatorname{cotg}\varepsilon \cos\alpha \cos 2\Omega\right)\operatorname{tang}\delta$$

und:

$$-\frac{ab}{2}\operatorname{cotang}\varepsilon \sin 2\Omega \cos\alpha + \frac{b^2}{4}\operatorname{cotang}\varepsilon \sin\alpha \cos 2\Omega$$

vereinigt sich mit den ähnlichen, in sin 2 Ω und cos 2 Ω multiplicirten Gliedern der ersten Ordnung, sodafs diese werden:

in α .....

$$+0''.18545 \sin 2\Omega + [0''.08012 \sin 2\Omega \sin\alpha + 0''.08761 \cos 2\Omega \cos\alpha]\operatorname{tang}\delta$$

und in δ

$$+0''.08012 \sin 2\Omega \cos\alpha - 0''.08761 \cos 2\Omega \sin\alpha \qquad (B)$$

Die dann noch übrigen Glieder der zweiten Ordnung sind die folgenden:

in Rectascension:

$$+0''.0001454\,[\operatorname{tang}\delta^2 + \tfrac{1}{2}]\cos 2\alpha \sin 2\Omega$$
$$-0''\,0001518\,[\operatorname{tang}\delta^2 + \tfrac{1}{2}]\sin 2\alpha \cos 2\Omega$$

und in Declination:

$$-0''.0000727 \operatorname{tang}\delta \sin 2\alpha \sin 2\Omega$$
$$-[0''.0000217 + 0''.0000759 \cos 2\alpha]\operatorname{tang}\delta \cos 2\Omega$$

Da aber die ersteren Glieder erst für die Declination 88° 10′ den Werth 0″.01 in Zeit, die andern erst für die Declination 89° 26′ den Werth 0″.01 im Bogen erhalten, so kann man dieselben immer vernachlässigen.

10. Um die Nutation in Rectascension und Declination leichter berechnen zu können, hat man Tafeln dafür eingerichtet. Zuerst hat man die Glieder:

$$-15''.39537 \sin\Omega = c \text{ und } -1''.22542 \sin 2\odot = g$$

in Tafeln gebracht, deren Argumente Ω und 2 $\odot$ sind.

Die einzelnen in tang δ multiplicirten Glieder für Rectascension haben nun die Form:

$$a\cos\beta\cos\gamma + b\sin\beta\sin\gamma = A\,[\alpha\cos\beta\cos\gamma + \sin\beta\sin\gamma]$$

Einem jeden Ausdrucke von dieser Form kann man aber immer die folgende Gestalt geben, nämlich:

$$x \cos[\beta - \gamma + y] \qquad (a)$$

wenn man nur die Gröſsen x und y gehörig bestimmt. Entwickelt man aber den letzteren Ausdruck und vergleicht denselben mit dem vorigen, so erhält man für Bestimmung von x und y die Gleichungen:

$$A\alpha \cos\beta = x\,[\cos\beta \cos y - \sin\beta \sin y]$$
$$A \sin\beta = x\,[\sin\beta \cos y + \cos\beta \sin y]$$

woraus man für x und y die Werthe erhält:

$$x^2 = A^2\,[1 - (1-\alpha^2) \cos\beta^2]$$

und:

$$\text{tang}\, y = \frac{(1-\alpha) \sin\beta \cos\beta}{1 - (1-\alpha) \cos\beta^2}$$

Bringt man dann die Gröſsen x und y in Tafeln, deren Argument β ist, so kann man den Ausdruck (a) leicht berechnen.

Auf ähnliche Weise sind nun Tafeln für die entsprechenden Glieder der Nutation in Declination entworfen, da diese von der Form:

$$A\,[-\alpha \cos\beta \sin\gamma + \sin\beta \cos\gamma]$$

sind und man für einen solchen Ausdruck immer setzen kann:

$$x \sin[\beta - \gamma + y]$$

wo x und y dieselben Werthe wie vorher haben.

Man findet eine solche Tafel für die Nutation von Nicolai berechnet in Warnstorffs Hülfstafeln, die dabei zum Grunde liegenden Constanten sind aber andre als die oben angegebenen, nämlich die Peters'schen (siehe Abschn. V. Nr. 7). Man findet dort auſser dem Gliede c die Gröſsen log b und B mit dem Argumente ☊ und erhält damit die von sin ☊ und cos ☊ abhängigen Glieder, die für Rectascension:

$$c - b\,\text{tang}\,\delta \cos(☊ + B - \alpha)$$

und für Declination:

$$-\,b \sin(☊ + B - \alpha)$$

sind. Dieser Theil der Nutation heiſst die Lunarnutation.

Eine zweite Tafel giebt mit dem Argumente 2 ⊙ die Grössen g, F und log f, womit man die von 2 ⊙ abhängigen Glieder findet, die für Rectascension:

$$= g - f \tang \delta \cos (2\odot + F - \alpha)$$

und für Declination:

$$f \sin (2\odot + F - \alpha)$$

sind. Dieser Theil der Nutation wird Solarnutation genannt,

Die von den Argumenten 2 ☾ und 2 ☊ abhängigen Glieder der Nutation ergeben sich dann aus der Tafel für die Solarnutation, wenn man in dieselbe statt mit 2 ⊙ einmal mit 2 ☾ und dann mit 2 ☊ + 180° eingeht (weil die letzteren Glieder das entgegengesetzte Zeichen haben) und zuletzt von der Summe der diesen beiden Argumenten entsprechenden Resultate den sechsten Theil nimmt, da dies etwa das Verhältniss ihres Coefficienten zu dem der Solarnutation ist.

11. Nachdem man so die Veränderungen der Ebenen, auf welche die Oerter der Sterne bezogen werden, kennen gelernt hat, kann man die absolute Rectascension eines Sterns mit aller Genauigkeit bestimmen, indem man diese Aenderungen dabei mit in Rechnung zieht. Man hat also zunächst die Beobachtungen der Sonne und des Sterns von der Nutation zu befreien. Für das Beispiel in Nr. 4 dieses Abschnitts war die Declination der Sonne in beiden Beobachtungen:

$$\text{März } 23 \quad D = +1^\circ\, 6'\, 54''$$
$$\text{Sept. } 20 \quad D' = +1\;\; 1\;\; 57$$

und die Rectascensionen der Sonne und des Sterns, die man immer durch die frühere Bestimmung und die beobachteten Rectascensionsunterschiede kennt:

$$\text{März } 23 \quad A = 2^\circ\, 34'$$
$$\text{Sept. } 20 \quad A' = 177^\circ\, 37'$$

und:

$$\alpha = 112^\circ\, 35'$$

Ferner war die Länge des aufsteigenden Knotens der Mondsbahn zu den Zeiten der beiden Beobachtungen:

$$\Omega = 207^\circ\, 21',\quad \Omega' = 197^\circ\, 45'$$

und die Länge der Sonne:

$$\odot = 2^\circ\, 49' \text{ und } \odot' = 177^\circ\, 26'.$$

Mit diesen Werthen findet man:

Nutation für die Sonne:

März 23	in Rect.	$+ 0''.48$	in Decl.	$+ 2''.8$
Sept. 20		$+ 0''.34$		$- 2\ .4$

und die Nutation in Rectascension für α Canis minoris, wenn man $\delta = + 5^\circ\, 39'$ nimmt:

März 23 $+ 0''.47$ und Sept. 20 $+ 0''.30$

Bringt man diese Werthe für die Nutation mit entgegengesetztem Zeichen an die beobachteten Culminationszeiten (die von den Rectascensionen nur um den Fehler der Uhr verschieden sind) und an die Declinationen an, so erhält man diese Gröſsen auf das jedesmalige mittlere Aequinoctium des Beobachtungstages bezogen. Zuletzt hat man nun noch auf die Veränderung des Aequinoctiums durch die Präcession Rücksicht zu nehmen oder alle beobachteten Data auf ein festes Aequinoctium zu beziehen. Nimmt man als Epoche den Anfang des Jahres 1828, so hat man für die Präcession für den Ort der Sonne:

März 23	$\Delta A = + 0''.71$	$\Delta D = + 4''.6$
Sept. 20	$\Delta A' = + 2''.23$	$\Delta D' = - 14\ .5$

und für den Stern:

März 23 $\Delta\alpha = + 0''.73$ $\Delta\alpha' = + 2''.32$

Bringt man diese Werthe mit umgekehrten Zeichen an die beobachteten Data an, so findet man also mit Rücksicht auf alle Correctionen:

$T =$	$0^h\, 11'\, 12''.62$	$T' =$	$11\ 50\ 32.06$
$t =$	$7\ 31\ 13\ .00$	$t' =$	$7\ 30\ 22.74$
$D =$	$+ 1\ \ 6\ 54\ .9$	$D' =$	$+ 1\ \ 2\ \ 5.6$

Endlich erhält man für die Schiefe der Ecliptic zu beiden Epochen mit Rücksicht auf die Säcularänderung und die Nutation:

$$\varepsilon = 23\ 27\ 33.9 \qquad \varepsilon' = 23\ 27\ 33.1$$

und daraus:

$$\tfrac{1}{2}\left[\text{arc sin}\,\frac{\text{tang}\,D}{\text{tang}\,\varepsilon} - \text{arc sin}\,\frac{\text{tang}\,D'}{\text{tang}\,\varepsilon'}\right] + 6^h = 6^h\ 0'\ 22''.25$$

$$\tfrac{1}{2}\,(t-T) + \tfrac{1}{2}\,(t'-T') = \qquad 1\ 29\ 55\ .58$$

mithin die Rectascension von α Canis minoris bezogen auf das mittlere Aequinoctium zu Anfang des Jahres 1828:

$$\alpha = 7^h\ 30'\ 17''.78$$

Macht man nun die Bestimmung der absoluten Rectascensionen und Declinationen der Sterne zu verschiedenen Zeiten, so erhält man aus der Vergleichung beider Positionen den Betrag der Präcession in Rectascension und Declination in der Zwischenzeit und kann also daraus die Werthe von m und n (Nr. 6) also auch die jährliche Lunisolarpräcession neu bestimmen. Dann wird man aber immer finden, dafs man aus verschiedenen Sternen auch verschiedene Werthe dieser Constante erhält, weil nämlich die Sterne aufser den bisher betrachteten scheinbaren auch noch eigne Bewegungen haben, vermöge welcher dieselben ihren Ort im Raume wirklich verändern. Da nun diese eignen Bewegungen ebenso wie die Präcession, wenigstens innerhalb keiner allzu grofsen Zeiträume, als der Zeit proportional erscheinen, so kann man die numerischen Werthe beider Veränderungen nicht anders bestimmen als dadurch, dafs man die Lunisolarpräcession aus einer sehr grofsen Anzahl von Sternen berechnet und aus diesen einzelnen Bestimmungen das arithmetische Mittel nimmt, indem man dabei voraussetzt, dafs die eignen Bewegungen, welche bei verschiedenen Sternen verschiedene Werthe haben und auch in verschiedener Richtung vor sich gehen, in diesem Mittelwerthe einander aufheben. Die Unterschiede, welche sich dann noch mit den Beobachtungen zur Zeit t' zeigen, wenn man den Ort eines Sterns für diese Epoche aus den Beobachtungen zur Zeit t mit dem so bestimmten Werthe der Lunisolarpräcession herleitet, betrachtet man dann als die eigne Bewegung des Sterns in Rectascension und Declination während der Zeit $t'-t$.

Wegen der Veränderungen der Oerter der Sterne durch die Präcession und die eigne Bewegung gelten die Verzeichnisse dieser Oerter oder die Sterncataloge immer nur für eine gewisse Epoche. Um dann die Reduction der Sternörter von dieser Epoche auf eine andre Zeit mit mehr Bequemlichkeit machen zu können, ist gewöhnlich schon in diesen Verzeichnissen neben jedem Sterne die jährliche Veränderung desselben in Rectascension und Declination durch die Präcession und eigne Bewegung als variatio annua und motus proprius angegeben und außerdem noch die Veränderung der variatio annua in hundert Jahren oder die variatio saecularis. Ist dann t_0 die Epoche des Catalogs, so ist die Veränderung des Ortes des Sterns während der Zeit $t-t_0$ gleich:

$$\left[\text{variatio annua} + \text{motus proprius} + \frac{t-t_0}{200}\ \text{variatio saecularis}\right] t-t_0$$

Die Berechnung der Variatio saecularis selbst geschieht nach den folgenden Formeln. Es waren die jährlichen Veränderungen der Rectascension und Declination nach Nr. 6 gleich:

$$\frac{d\alpha}{dt} = m + n \operatorname{tang} \delta \sin \alpha$$

$$\frac{d\delta}{dt} = n \cos \alpha$$

Differenzirt man diese Gleichungen, indem man alle Grössen als variabel betrachtet und bezeichnet die jährlichen Veränderungen von m und n durch m' und n', so erhält man leicht:

$$\frac{d^2\alpha}{dt^2} = + n^2 \operatorname{tang} \delta^2 \sin 2\alpha + n^2 \sin 2\alpha + mn \operatorname{tang} \delta \cos \alpha$$
$$+ m' + n' \operatorname{tang} \delta \sin \alpha$$

$$\frac{d^2\delta}{dt^2} = - n^2 \sin \alpha^2 \operatorname{tang} \delta - mn \sin \alpha + n' \cos \alpha$$

und durch die Multiplication dieser zweiten Differentialquotienten mit 100 die Variatio saecularis für Rectascension und Declination.

12. Wie eben bemerkt, nimmt man immer an, dafs die eignen Bewegungen der Sterne der Zeit proportional und in einem festen gröfsten Kreise vor sich gehen. Beides ist nun zwar in aller Strenge nicht richtig, wegen der aufserordentlich langsamen Bewegung der Sterne entsteht indefs aus dieser Annahme kein merklicher Fehler. Da nun aber die Grundebenen, auf welche die Oerter der Sterne bezogen werden, sich verändern, so müssen sich auch dadurch die Componenten der eignen Bewegungen nach der Richtung der Polarcoordinaten, welche auf diese Grundebenen bezogen werden, ändern.

Die Formeln, welche die auf ein bestimmtes Aequinoctium zur Zeit t' bezogenen Polarcoordinaten in Bezug auf den Aequator durch die auf ein anderes Aequinoctium zur Zeit t bezogenen Coordinaten ausdrücken, sind nun nach Nr. 7:

$$\cos\delta' \sin(\alpha' + a' - z') = \cos\delta \sin(\alpha + a + z)$$
$$\cos\delta' \cos(\alpha' + a' - z') = \cos\delta \cos(\alpha + a + z) \cos\Theta - \sin\delta \sin\Theta$$
$$\sin\delta' = \cos\delta \cos(\alpha + a + z) \sin\Theta + \sin\delta \cos\Theta$$

wo a die Präcession durch die Planeten während der Zeit $t'-t$ bezeichnet und z, z' und Θ Hülfsgröfsen sind, welche man durch die Formeln (A) derselben Nummer erhält. Weil die eigenen Bewegungen so klein sind, dafs man deren Quadrate und Producte vernachlässigen kann, so erhält man nach der ersten und dritten Formel (11) in Nr. 9 der Einleitung, wenn man bedenkt, dafs die obigen Formeln aus einem Dreiecke hergeleitet sind, dessen Seiten $90-\delta'$, $90-\delta$ und Θ und dessen Winkel $\alpha+a+z$, $180-\alpha'-a'+z'$ und c sind:

$$\Delta\delta' = \cos c\, \Delta\delta - \sin\Theta \sin(\alpha'+a'-z)\, \Delta\alpha$$
$$\cos\delta' \Delta\alpha' = \sin c \Delta\delta + \cos\delta \cos c \Delta\alpha$$

oder, wenn man sin c und cos c durch did übrigen Stücke des Dreiecks ausdrückt:

$$\Delta\alpha' = \Delta\alpha[\cos\Theta + \sin\Theta \operatorname{tang}\delta' \cos(\alpha'+a'-z')] + \frac{\Delta\delta}{\cos\delta} \sin\Theta \frac{\sin(\alpha'+a'-z')}{\cos\delta'} \qquad a)$$

$$\Delta\delta' = -\Delta\alpha \sin\Theta \sin(\alpha'+a'-z') + \frac{\Delta\delta}{\cos\delta} \cos\delta' [\cos\Theta + \sin\Theta \operatorname{tang}\delta' \cos(\alpha'+a'-z')]$$

und ebenso:

$$\Delta\alpha = \Delta\alpha'[\cos\Theta - \sin\Theta \tang\delta \cos(\alpha+a+z)] - \frac{\Delta\delta'}{\cos\delta'}\sin\Theta\,\frac{\sin(\alpha+a+z)}{\cos\delta}$$

$$\Delta\delta = \Delta\alpha'\sin\Theta\,\sin(\alpha+a+z) + \frac{\Delta\delta'}{\cos\delta'}\cos\delta\,[\cos\Theta - \sin\Theta \tang\delta \cos(\alpha+a+z)] \qquad (b)$$

Beispiel. Die mittlere Rectascension und Declination des Polarsterns für den Anfang des Jahres 1755 ist:

$$\alpha = 10^{\circ}\,55'\,44''.955 \qquad \delta = +\,87^{\circ}\,59'\,41''.12$$

Durch Anbringung der Präcession war hieraus in Nr. 7 der Ort des Polarsterns für den Anfang des Jahres 1850 berechnet und dafür gefunden:

$$\alpha' = 16^{\circ}\,12'\,56''.917 \qquad \delta' = +\,88^{\circ}\,30'\,34''.680$$

Nach Bessel's Tabulae Regiomontanae ist dieser Ort aber:

$$\alpha' = 16^{\circ}\,15'\,19''.530 \qquad \delta' = +\,88^{\circ}\,30'\,34'.898$$

Dieser Unterschied rührt nun von der eignen Bewegung des Polarsterns her, die also in der Zeit von 1755 bis 1850 $+\,2'\,22''.613$ in Rectascension und $+\,0'',218$ in Declination beträgt. Die jährliche eigne Bewegung des Polarsterns bezogen auf den Aequator von 1850 ist daher:

$$\Delta\alpha' = +\,1''.501189 \qquad \Delta\delta' = +\,0''.002295$$

Wollte man daraus z. B. die eignen Bewegungen $\Delta\alpha$ und $\Delta\delta$ des Polarsterns bezogen auf den Aequator von 1755 haben, so mufs man dieselben nach den Formeln (b) berechnen. Es war aber:

$$\Theta = 0^{\circ}\,31'\,45''.600$$
$$\alpha+a+z = 11^{\circ}\,32'\;\;9''.530$$

und hiermit erhält man:

$$\Delta\alpha = +\,1''.10836 \qquad \Delta\delta = +\,0''.005063$$

Wäre nun der Ort des Polarsterns für 1755 und die eigne Bewegung für dieselbe Zeit gegeben und daraus der Ort für 1850 zu berechnen, so hätte man:

$$95\,\Delta\alpha = +\,1'\,45''.294$$
$$95\,\Delta\delta = \;\;+\,0''.481$$

also den Ort für 1755 + der eignen Bewegung bis 1850:

$$\alpha = 10^\circ\, 57'\, 30''.249$$
$$\delta = 37 \;\; 59 \;\; 41 \;.601$$

und müfste mit diesen Werthen die in Nr. 7 aufgeführte Rechnung wiederholen, wo man dann für α' und δ' die Werthe der Tabulae Regiomontanae finden würde.

Anm. Ueber die Präcession und Nutation vergl. die Vorrede der Tabulae Regiomontanae pag III et seq.

III. Mittlere und scheinbare Oerter der Fixsterne.

13. Durch das vorige ist man nun in den Stand gesetzt, den mittleren Ort eines Sterns für irgend eine Zeit zu berechnen, wenn man denselben für irgend eine Epoche kennt. Ebenso kann man aus diesen mittleren Oertern die scheinbaren finden, welche die Sterne wirklich an der Himmelskugel einzunehmen scheinen, indem man dem mittleren Orte die verschiedenen Correctionen hinzufügt, zuerst die Nutation, dann die Aberration, Refraction und Parallaxe. Letztere ist für Fixsterne (einige wenige Sterne ausgenommen, deren jährliche Parallaxen indefs sämmtlich sehr klein sind) Null, und da die Refraction immer an die Beobachtungen selbst angebracht wird, so bleiben also nur die Aberration und Nutation übrig, deren Werthe man, wie man früher gesehen hat, aus Tafeln entnehmen kann. Weil indessen diese Reduction vom mittleren Orte auf den scheinbaren und umgekehrt sehr häufig gemacht werden mufs, so hat man noch bequemere Tafeln eingerichtet, welche die Zeit zum Argumente haben und die Reduction vom mittleren Orte zu Anfang eines Jahres auf den scheinbaren für irgend einen Tag des Jahres mit grofser Leichtigkeit finden lassen. Kennt man dann also den mittleren Ort eines Sterns zu einer Epoche und sucht daraus den scheinbaren Ort für irgend einen gegebenen Tag eines andern Jahres, so hat man zuerst den gegebenen Ort durch Anbringung der Präcession und nöthigenfalls der eignen Bewegung auf den mittleren Ort zu Anfang dieses Jahres zu bringen und nachher noch die Reduction auf den scheinbaren Ort des gegebenen Tages aus den Tafeln zu entnehmen. Diese Tafeln sind von Bessel gegeben.

Bedeuten α und δ die mittlere Rectascension und Declination eines Sterns zu Anfang eines Jahres, α' und δ' dagegen die scheinbare Rectascension und Declination zur Zeit τ, welche vom Anfange des Jahres ab gezählt und in Theilen desselben ausgedrückt wird, so ist:

$$\alpha' = \alpha + \tau\,[m + n \operatorname{tang}\delta \sin\alpha] + \tau\mu \ldots \quad \text{Präcession und eigene Bewegung.}$$

$$\left.\begin{aligned}
&- [15''.39537 + 6''.68299 \operatorname{tang}\delta \sin\alpha] \sin\Omega \\
&- 8''.97707 \operatorname{tang}\delta \cos\alpha \cos\Omega \\
&+ [0''.18538 + 0''.08046 \operatorname{tang}\delta \sin\alpha] \sin 2\Omega \\
&+ 0''.08773 \operatorname{tang}\delta \cos\alpha \cos 2\Omega \\
&- [1''.22542 + 0''.53194 \operatorname{tang}\delta \sin\alpha] \sin 2\odot \\
&- 0''\,57990 \operatorname{tang}\delta \cos\alpha \cos 2\odot
\end{aligned}\right\} \quad \text{Nutation.}$$

$$\left.\begin{aligned}
&- 20''.255 \cos\varepsilon \sec\delta \cos\alpha \cos\odot \\
&- 20''.255 \sec\delta \sin\alpha \sin\odot
\end{aligned}\right\} \quad \text{Aberration.}$$

und $\delta' = \delta + \tau\, n \cos\alpha + \tau\mu'$ Präcession und eigne Bewegung.

$$\left.\begin{aligned}
&- 6''.68299 \cos\alpha \sin\Omega + 8''.97707 \sin\alpha \cos\Omega \\
&+ 0''.08046 \cos\alpha \sin 2\Omega - 0''.08773 \sin\alpha \cos 2\Omega \\
&- 0''.53194 \cos\alpha \sin 2\odot + 0''.57990 \sin\alpha \cos 2\odot
\end{aligned}\right\} \quad \text{Nutation.}$$

$$\left.\begin{aligned}
&+ 20''.255 [\sin\alpha \sin\delta \cos\varepsilon - \cos\delta \sin\varepsilon] \cos\odot \\
&- 20''.255 \cos\alpha \sin\delta \sin\odot
\end{aligned}\right\} \quad \text{Aberration.}$$

Hier sind diejenigen Glieder der Nutation, welche von der doppelten Mondslänge abhängen, nicht mitgenommen, da sie einmal den Ort der Sterne nur um 0''.1 ändern und außerdem wegen der schnellen Bewegung des Mondes eine sehr kurze Periode haben, sodaſs sie sich im Mittel aus mehreren Beobachtungen eines Sterns gröſstentheils aufheben.

Um nun diese Ausdrücke für $\alpha' - \alpha$ und $\delta' - \delta$ in Tafeln zu bringen, setzt Bessel:

$$\begin{aligned}
6''.68299 &= ni & 15''.39537 - mi &= k \\
0''.08046 &= ni' & 0''.18538 - mi' &= k' \\
0''.53194 &= ni'' & 1''.22542 \quad mi'' &= k''
\end{aligned}$$

Dann kann man die vorigen Formeln auch so schreiben:

$$\begin{aligned}
\alpha' = \alpha &+ [\tau - i \sin \Omega + i' \sin 2\,\Omega - i'' \sin 2\,\odot]\,[m + n \operatorname{tang} \delta \sin \alpha] \\
&- [8''.97707 \cos \Omega - 0''.08773 \cos 2\,\Omega + 0''.5799 \cos 2\,\odot] \operatorname{tang} \delta \cos \alpha \\
&- 20''.255 \cos \varepsilon \cos \odot \,.\, \sec \delta \cos \alpha \\
&- 20''.255 \sin \odot \,.\, \sec \delta \sin \alpha \\
&+ \tau \mu \\
&- h \sin \Omega + h' \sin 2\,\Omega - h'' \sin 2\,\odot
\end{aligned}$$

und:

$$\begin{aligned}
\delta' = \delta &+ [\tau - i \sin \Omega + i' \sin 2\,\Omega - i'' \sin 2\,\odot]\, n \cos \alpha \\
&+ [8''.97707 \cos \Omega - 0''.08773 \cos 2\,\Omega + 0''.5799 \cos 2\,\odot] \sin \alpha \\
&- 20''.255 \cos \varepsilon \cos \odot\, [\operatorname{tang} \varepsilon \cos \delta - \sin \delta \sin \alpha] \\
&- 20''.255 \sin \odot \sin \delta \cos \alpha \\
&+ \tau \mu'
\end{aligned}$$

Führt man dann folgende Bezeichnungen ein:

$$\left.\begin{aligned}
A &= \tau - i \sin \Omega + i' \sin 2\,\Omega - i'' \sin 2\,\odot \\
B &= -8''.97707 \cos \Omega + 0''.08773 \cos 2\,\Omega - 0''.57990 \cos 2\,\odot \\
C &= -\,20''.255 \cos \varepsilon \cos \odot \\
D &= -\,20''.255 \sin \odot \\
E &= -\,h \sin \Omega + h' \sin 2\,\Omega - h'' \sin 2\,\odot \\
a &= m + n \operatorname{tang} \delta \sin \alpha \qquad & a' &= n \cos \alpha \\
b &= \operatorname{tang} \delta \cos \alpha & b' &= -\sin \alpha \\
c &= \sec \delta \cos \alpha & c' &= \operatorname{tang} \varepsilon \cos \delta - \sin \delta \sin \alpha \\
d &= \sec \delta \sin \alpha & d' &= \sin \delta \cos \alpha
\end{aligned}\right\} \quad (a)$$

so hat man ganz einfach:

$$\begin{aligned}
\alpha' &= \alpha + Aa + Bb + Cc + Dd + \tau\mu + E \\
\delta' &= \delta + Aa' + Bb' + Cc' + Dd' + \tau\mu'
\end{aligned} \qquad (b)$$

wo die Gröſsen a, b, c, d, a', b', c', d', blos von dem Orte des Sterns und der Schiefe der Ecliptic, dagegen A, B, C, D blos von der Zeit abhängen (da $\odot$ und Ω Functionen der Zeit sind), also auch in Tafeln gebracht werden können, welche die Zeit zum Argumente haben. Diese Tafeln hat Bessel in seinem Werke „Tabulae Regiomontanae" von 1750 bis 1850 von 10 zu 10 Tagen gegeben.*)

---

*) Man findet diese Tafeln für die einzelnen Jahre auch in den astronomischen Ephemeriden.

Die numerischen Werthe der Gröfsen i und h sind:

$$\begin{array}{llll} \text{für } 1750 & i = 0.33308 & i' = 0.00401 & i'' = 0.02651 \\ 1850 & = 0.33324 & = 0.00401 & = 0.02652 \end{array}$$

und:

$$\begin{array}{llll} 1750 & h = 0.0645 & h' = 0.0008 & h'' = 0.0051 \\ 1850 & = 0.0468 & = 0.0006 & = 0.0037 \end{array}$$

Daraus folgt, dafs die Gröfse E immer nur einige Hunderttheile von Secunden beträgt und daher in den meisten Fällen vernachläfsigt werden kann.

14. Die Argumente der von Bessel berechneten Tafeln sind die Tage des Jahres, dessen Anfang in dem Augenblicke angenommen ist, wo die Länge der Sonne 280° beträgt. Diese Tafeln gelten daher unmittelbar für denjenigen Meridian, für welchen die Sonne in dem Augenblicke, wo das bürgerliche Jahr beginnt, diese Länge hat. Weil aber die Sonne zu einem vollständigen Umlaufe keine ganze Anzahl von Tagen gebraucht, sondern 365 Tage und einen Bruchtheil, so werden die Tafeln in einem jeden Jahre für einen andern Meridian gelten. Aus den Formeln *(G)* in No. 2 des zweiten Abschnitts folgt nun, dafs der Winkel zwischen den Meridianen zweier Orte auf der Erdoberfläche gleich dem Unterschied der Sternzeiten an beiden Orten also auch gleich dem Unterschiede der mittleren Zeiten ist.

Bezeichnet man daher die Meridiandifferenz in Zeit desjenigen Ortes, für welchen die Sonne beim Anfange des Jahres die Länge 280° hat, vom Meridian von Paris ab gezählt mit k und nimmt dies positiv, wenn der Ort östlich liegt, bezeichnet man ferner die Meridiandifferenz irgend eines Ortes der Erde von Paris, aber westlich positiv genommen mit d, so mufs man zu der Zeit dieses letzteren Ortes, für welchen man die Constanten A, B, C, D aus den Tafeln sucht, die Gröfse $k+d$ hinzuthun und mit dieser corrigirten Zeit als Argument in die Tafeln eingehen. Die Gröfse k giebt Bessel in den Tabulis Regiomontanis für jedes Jahr von 1750 bis 1850.

In den Tafeln findet man nun die Constanten A, B, C, D

für den Anfang des imaginären Jahres, welches beginnt, wenn die Länge der Sonne 280° beträgt und dann für dieselbe Zeit jedes zehnten Sterntages, sie gelten also immer für $18^h\ 40'$ Sternzeit desjenigen Meridians, für welchen die Sonne beim Beginnen des Jahres die angeführte Länge hat. Will man nun die Werthe aus den Tafeln für eine andre Sternzeit α haben, wofür hier die Rectascension des Sterns selbst genommen wird, um den scheinbaren Ort gleich für die Culminationszeit zu bekommen, so mufs man zu dem Argumente $k+d$ die Gröfse hinzufügen:

$$\alpha' = \frac{\alpha - 18^h\ 40'}{24^h}\ ^{*)}$$

Da ferner auf den Tag, an welchem die Rectascension der Sonne gleich der Rectascension des Sterns ist, zwei Culminationen des Sterns fallen, so mufs man nach dieser Zeit zu dem Datum des Tages eins addiren, sodafs das vollständige Argument gleich dem Datum wird + der Gröfse:

$$k + d + \alpha' + i$$

wo $i = 0$ ist vom Anfange des Jahres bis zu der Zeit, wo die Rectascension der Sonne gleich α wird, nachher aber $i = +1$ ist.

Der mit Jan. 0 in den Tafeln bezeichnete Tag ist nun derjenige, zu dessen Sternzeit $18^h\ 40'$ das Jahr nach der gewöhnlichen Methode, die Tage zu zählen, indem man den Anfang derselben am Mittage nimmt, anfängt. Die Culmination derjenigen Sterne, deren Rectascension $< 18^h\ 40'$ ist, fällt daher nicht auf den in den Tafeln mit Jan. 0 bezeichneten Anfangstag, sondern auf den Tag vorher, man mufs also dem Datum des vom Mittage gezählten Tages einen Tag hinzufügen, ehe man damit in die Tafeln eingeht.

---

*) Bei den Tafeln in dem Berliner Jahrbuche ist die Gröfse $-\frac{18^h\ 40'}{24^h} = 0.778$ an k angebracht und da der Meridianunterschied von Berlin und Paris $= 0.031$, so sind die k im Jahrbuche gleich den k in den Tab. Reg. $- 0.809$.

Die Argumente sind somit die folgenden:

$$1, \text{ wenn } \alpha < 18^h\,40'$$

vom Anfange des Jahres bis zu dem Tage, an welchem die Rectascension der Sonne gleich α ist:

$$\text{Datum} + k + d + \frac{\alpha - 18^h\,40'}{24^h} + 1$$

von da bis zum Ende des Jahres:

$$\text{Datum} + k + d + \frac{\alpha - 18^h\,40'}{24^h} + 2$$

$$2, \text{ wenn } \alpha > 18^h\,40'$$

vom Anfange des Jahres bis zu dem Tage, an welchem die Rectascension der Sonne gleich α ist:

$$\text{Datum} + k + d + \frac{\alpha - 18^h\,40'}{24^h}$$

und von da bis zum Ende des Jahres:

$$\text{Datum} + k + d + \frac{\alpha - 18^h\,40'}{24^h} + 1$$

Man suche z. B. die scheinbaren Oerter von α Lyrae für den April 1849 und zwar für die Culminationszeit für Berlin.

Man hat für den Anfang des Jahres:

$$\alpha = 18^h\,31'\,49''.55 = 277^\circ\,57'\,23''.2$$
$$\delta = +\,38^\circ\,38'\,44''.89$$

und damit:

$\cos\alpha$	9.14120	$\cos\alpha\,\tang\delta$	9.04407	$m =$	+ 46.059
$\tang\delta$	9.90287	$\sin\delta$	9.79554	$n\,\text{tg.}\,\delta\sin\alpha =$	− 15.881
$\sin\alpha$	9.99580n	$\sin\alpha\,\tang\delta$	9.89867n	$\text{tg.}\,\varepsilon\cos\delta$	+ 0.33889
		$\cos\delta$	9.89266	$\sin\alpha\,\text{tg.}\,\delta\cos\delta$	− 0.61849
		$\tang\varepsilon$	9.63740		

also $\log a = 1.47969$ $\quad \log a' = 0\ 44342$
$\log b = 9.04407$ $\quad \log b' = 9.99580$
$\log c = 9.24853$ $\quad \log c' = 9.98108$
$\log d = 0.10313n$ $\quad \log d' = 8.93673$

und aufserdem ist:

$$\log \mu = 9.4425$$
$$\log \mu' = 9.4314$$

Ferner hat man nach den Tab. Reg:

	log A	log B	log C	log r	E
März 31	9.0936	0.9082	0.5628n	9.3905	− 0″.02
April 10	9.1481	0.9071	0.8427n	9.4362	− 0 .02
20	9.2021	0.9136	1.0048n	9.4776	− 0 .02
30	9.2565	0.9216	1.1114n	9.5154	− 0 .02

und erhält damit:

	Aa	Bb	Cc	Dd	$r\mu$	Summa	in Zeit
März 31	+ 3.74	+ 0.88	− 3.23	+ 4.63	+ 0.07	+ 6″.09	+ 0″.41
Apr. 10	+ 4.24	+ 0.89	− 3.08	+ 8 87	+ 0.07	+ 10.99	+ 0 .73
20	+ 4.81	+ 0.90	− 2.85	+ 12.82	+ 0.08	+ 15.76	+ 1 .05
30	+ 5.45	+ 0.92	− 2.53	+ 16.39	+ 0.09	+ 20.32	+ 1 .35

	Aa'	Bb'	Cc'	Dd'	$r\mu'$	Summa
März 31	+ 0.34	+ 7.93	− 17.51	− 0.31	+ 0.07	− 9″.48
Apr. 10	+ 0.39	+ 8.00	− 16.70	− 0.60	+ 0.07	− 8 .84
20	+ 0.44	+ 8.12	− 15.42	− 0.87	+ 0.08	− 7 .65
30	+ 0.50	+ 8.27	− 13.71	− 1.11	+ 0.09	− 5 .96

Nun ist:

$$k = +\ 0.030,\ d = -\ 0.031,\ \frac{\alpha - 18^h\ 40'}{24^h} = -\ 0.006,$$

also wird das Argument, weil $\alpha < 18^h\ 40'$ und im März und April auch die Rectascension der Sonne $< 18^h\ 40'$ ist, gleich:

$$\text{Datum} + 0''.993$$

Man erhält daher für die Culminationszeit für Berlin:

1849	$\Delta\alpha$	$\Delta\delta$	α	δ
März 31	+ 0″.44	− 9″.44	18^h 31′ 49″.99	+ 38° 38′ 35″.45
April 10	+ 0 .76	− 8 .75	50 .31	36 .14
20	+ 1 .08	− 7 .51	50 .63	37 .38
30	+ 1 .38	− 5 .77	50 .93	39 .12

15. Diese Art der Berechnung der scheinbaren Oerter ist besonders bequem, wenn man eine Ephemeride derselben für eine längere Zeit berechnen will. Sucht man nur einen einzelnen Ort, so bedient man sich mit gröfserer Bequemlichkeit der folgenden Methode, weil man dabei der Mühe der Berechnung der constanten Gröfsen a, b, c etc. überhoben ist.

Die Glieder für die Präcession und Nutation sind nämlich, wenn man die Gröfse E vernachläfsigt:

für Rectascension:

$$Am + An \,.\, \sin\alpha \tang\delta + B \,.\, \tang\delta \cos\alpha$$

und für Declination:

$$An \,.\, \cos\alpha - B \sin\alpha$$

Setzt man nun:

$$An = g \cos G$$
$$B = g \sin G$$
$$Am = f$$

so werden diese Glieder für die Rectascension $f + g \sin(G + \alpha) \tang\delta$ und für die Declination $g \cos(G + \alpha)$.

Aufserdem hat man für die Aberration in Rectascension und Declination nach Nr. 14 des zweiten Abschnitts:

$$h \sin(H + \alpha) \sec\delta \; {}^{*})$$
$$h \cos(H + \alpha) \sin\delta + i \cos\delta$$

also sind die vollständigen Formeln für den scheinbaren Ort eines Sterns:

$$\alpha' = \alpha + f + g \sin(G + \alpha) \tang\delta + h \sin(H + \alpha) \sec\delta + \tau\mu$$
$$\delta' = \delta + g \cos(G + \alpha) + h \cos(H + \alpha) \sin\delta + i \cos\delta + \tau\mu'$$

Die Gröfsen f, g, h, i, G und H kann man dann in Tafeln bringen, deren Argument wieder die Zeit ist, sodafs man mit Hülfe derselben die scheinbaren Oerter aus den mittleren durch eine sehr einfache Rechnung findet. Solche Tafeln werden für jedes Jahr in dem Berliner Jahrbuche z. B. von 10 zu 10 Tagen gegeben. Die Argumente dieser Tafeln sind

---

*) Wo:

$$h \sin H = C, \; h \cos H = D \text{ und } i = C \tang \varepsilon$$

aber nicht wie vorher die Sterntage, sondern die mittleren Tage.

Sucht man z. B. den scheinbaren Ort von α Lyrae für 1849 April 10 0^h mittlere Berliner Zeit, so hat man für diese Zeit nach dem Jahrbuche die folgenden Werthe der Constanten:

$$f = +6''.51,\ g = +8''.56,\ G = 70°41',\ h = +18''.80,\ H = 247°51'$$
$$i = -7''.56$$

$$\text{also } G+\alpha = 348°38',\ H+\alpha = 165°48'$$

und hiermit ist dann die Rechnung die folgende:

$\cos(G+\alpha)$	9.9914	$g\sin(G+\alpha)$	0.2272_n
g	0.9325	$\tan\delta$	9.9029
$\sin(G+\alpha)$	9.2947_n	$h\sin(H+\alpha)$	0.6639
$\cos(H+\alpha)$	9.9865_n	$\cos\delta$	9.8927
h	1.2742	i	0.8725_n
$\sin(H+\alpha)$	9.3897	$h\cos(H+\alpha)$	1.2607_n
		$\sin\delta$	9.7955

$f =$	$+6''.51$	$g\cos(G+\alpha)$	$+8''.39$
$g\sin(G+\alpha)\tan\delta =$	$-1\ .35$	$h\cos(H+\alpha)\sin\delta$	-11.38
$h\sin(H+\alpha)\sec\delta =$	$+5\ .90$	$i\cos\delta$	$-5\ .90$
	$+11''.06$		$-8''.89$
in Zeit	$+0\ .74$		

Man erhält also für den scheinbaren Ort Apr. 10 0^h

$$\alpha = 18^h\,31'\,50''.29 \qquad \delta = +38°\,38'\,36''.07$$

indem die eigne Bewegung in Declination noch $+0''.07$ macht.

Da die Sternzeit im mittleren Mittage für Apr. 10 1849 gleich $1^h\,4'$ ist, so verfließen vom Mittage bis zur Culmination von α Lyrae noch $17^h.3$ Sternzeit, also entspricht die bei Apr. 10 in der vorigen Nummer stehende Rectascension und Declination der mittleren Zeit $17^h.3$. Interpolirt man den Ort für Mittag so erhält man genau das eben gefundene Resultat.

Anm. Ueber die Berechnung der scheinbaren Oerter vergleiche die Vorrede zu Bessel's Tabulae Regiomontanae pag 24 und pag 29 et seq.

VIERTER ABSCHNITT.

Bestimmung der von dem Standpuncte des Beobachters auf der Oberfläche der Erde abhängigen Coordinaten und Winkel an der scheinbaren Himmelskugel.

Die von dem Standpuncte des Beobachters auf der Oberfläche der Erde abhängigen Coordinaten sind die des ersten und zweiten Systems. Die Coordinaten des ersten Systems, dessen Grundebene der Horizont ist, werden immer durch Beobachtungen an einem Höhen- und Azimutalinstrumente gefunden und zwar die Coordinate der Höhe unmittelbar, da man den dem Zenith entsprechenden Punct des Höhenkreises leicht bestimmen kann. Ist nämlich der Azimutalkreis mittelst einer Wasserwage genau horizontal, also die lothrechte Säule des Instruments genau vertical gestellt, so beobachte man zuerst das Gestirn, dessen Zenithdistanz man kennen will, in einer Lage des Kreises und nachher noch einmal, nachdem man das Instrument um die verticale Säule um 180° gedreht hat. Bezeichnen dann ζ und ζ' diese beiden, zu den Zeiten t und t' gemachten Ablesungen und $\frac{dz}{dt}$ die Aenderung der Zenithdistanz in der Einheit der Zeit, so ist, wenn man annimmt, daſs in der ersten Lage des Kreises, die Theilung im Sinne der Zenithdistanzen fortging,

$$\tfrac{1}{2}(\zeta-\zeta') + \tfrac{1}{2}\frac{dz}{dt}(t'-t)$$

die Zenithdistanz zur Zeit t', dagegen

$$\tfrac{1}{2}(\zeta+\zeta') + \tfrac{1}{2}\frac{dz}{dt}(t'-t)$$

derjenige Punct des Kreises, welcher dem Zenithe entspricht oder der Zenithpunct des Kreises. Um den Differentialcoefficienten $\frac{dz}{dt}$ nach I Nr. 16 berechnen zu können, ist es aber nothwendig, daſs man die Sternzeit der Beobachtung kennt; ist dies nicht der Fall, so muſs man als Object einen irdischen Gegenstand wählen und diesen in beiden Lagen des Kreises beobachten. Dann ist $\tfrac{1}{2}(\zeta+\zeta')$ der Zenithpunct des Kreises. Beobachtet man die Höhen mit einem Spiegelinstrumente, so kann man auch da leicht den Punct bestimmen, von welchem aus man die Ablesungen zu zählen hat, um wahre Höhen zu erhalten, wie dies noch ausführlich bei diesem Instrumente vorkommen wird.

Dagegen erhält man mit einem Höhen- und Azimutalinstrumente unmittelbar nur Azimutalunterschiede und es bleibt also hier noch die Aufgabe, irgend ein absolutes Azimut oder die Richtung des Meridians zu finden.

In dem zweiten Coordinatensysteme hängt der Stundenwinkel vom Standpuncte des Beobachters auf der Erdoberfläche ab und auſserdem noch der Winkel, welchen die Grundebenen des ersten und zweiten Systems mit einander bilden d. h. die Höhe des Aequators oder das Complement der Polhöhe zu 90°. Diese Gröſsen werden nun immer durch Beobachtung der Coordinaten des ersten Systems hergeleitet. Die Gleichungen, welche die Transformation der Coordinaten des ersten Systems in die des zweiten ausdrücken, sind aber (I Nr. 6):

$$\sin h = \sin\varphi \sin\delta + \cos\varphi\cos\delta\cos t$$
$$\cos h \sin A = \cos\varphi \sin t$$
$$\cos h \cos A = -\cos\varphi\sin\delta + \sin\varphi\cos\delta\cos t$$

Diese Gleichungen werden also dazu dienen, aus den Beobachtungen von Höhe und Azimut eines Sterns, dessen Declination δ gegeben ist, die Polhöhe und den Stundenwinkel, mithin auch, wenn die Rectascension bekannt ist, die Sternzeit zu finden und zwar zeigt die erste der Gleichungen, dafs man aus einer einzigen Höhenbeobachtung entweder die Zeit bestimmen kann, wenn die Polhöhe gegeben ist, oder aber die Polhöhe, wenn die Zeit gegeben ist. Verbindet man zwei Höhenbeobachtungen zweier bekannter Sterne, so hat man zwei Gleichungen, aus denen man die Polhöhe und die Zeit zugleich bestimmen kann.

Die beiden letzten der angeführten Gleichungen ergeben ferner:

$$\text{cotang}\, A \sin t = -\cos\varphi\, \text{tang}\, \delta + \sin\delta \cos t$$

Hat man also ein Azimut eines Sterns beobachtet, so kann man daraus ebenfalls bei bekannter Zeit die Polhöhe, oder bei bekannter Polhöhe die Zeit bestimmen.

Denkt man sich nun an einem Orte eine Zeitbestimmung angestellt, so ist dadurch die Rectascension des culminirenden Punctes des Aequators für diesen Ort in dem bestimmten Augenblicke gegeben. Ist nun in demselben Augenblicke an einem andern Orte der Erde ebenfalls eine Zeitbestimmung gemacht, so kennt man dadurch auch die Rectascension des an diesem Orte culminirenden Punctes des Aequators. Der Unterschied beider Rectascensionen oder beider Zeiten ist aber der Winkel, welchen die Meridiane beider Orte am Pole mit einander bilden oder der Unterschied der geographischen Längen beider Orte. Jede Längenbestimmung kommt also auf eine Zeitbestimmung an zwei Orten hinaus und man hat nur noch die Methoden kennen zu lernen, durch welche man bewirkt, dafs die Zeitbestimmungen an beiden Orten gleichzeitig gemacht werden oder durch die man, wenn dies nicht der Fall ist, den Unterschied der Zeiten kennen lernt, zu denen die Beobachtungen an beiden Orten angestellt sind.

Zu allen diesen Bestimmungen mufs man nun immer die scheinbaren Rectascensionen und Declinationen der beobachteten Gestirne kennen, die im Augenblicke der Beobachtung wirklich Statt hatten, also so wie sie durch Refraction, Parallaxe, Aberration, Präcession und Nutation verändert scheinen. Man bringt indessen der einfacheren Rechnung wegen die Refraction und Parallaxe immer unmittelbar an die Beobachtungen der Höhen oder Zenithdistanzen an, sodaſs man dieselben so erhält, wie man dieselben gefunden hätte, wenn das beobachtete Gestirn unendlich weit entfernt gewesen wäre und die Lichtstrahlen von demselben durch einen leeren Raum zum Beobachter gelangt wären. Zur Berechnung dieser so reducirten Beobachtungen hat man dann die durch Aberration, Präcession und Nutation veränderten Sternörter, die man nach III Nr. 13 und 14 findet, anzuwenden.

I. Bestimmung der Richtung des Meridians oder eines absoluten Azimuts.

1. Die einfachste Methode zur Bestimmung der Zeit, wann ein Gestirn im Meridiane steht, ist die, daſs man beobachtet, wann dasselbe am höchsten steht, indem die Zeit der gröſsten Höhe zugleich die Zeit der Culmination ist. Man verfolgt dazu z. B. die Sonne mit einem Höheninstrumente und nimmt an, daſs die Sonne im Meridiane steht, sobald die Höhenänderung derselben aufhört. Diese Methode ist indessen unsicher, weil die Höhe im Meridiane ein Maximum erreicht, also die Aenderung derselben vor und nach der Culmination sehr klein ist, wie man dies sogleich aus der Formel für die Höhenänderung

$$\frac{dh}{dt} = -\frac{\cos\varphi\cos\delta}{\cos h}\sin t = -\cos\varphi\sin A$$

ersieht.

Eine zweite Methode ist die folgende. Man hat gesehen, daſs diejenigen Sterne, deren Declination $> 90-\varphi$ ist, für einen Ort, dessen Polhöhe φ ist, nie untergehen, sondern einen vollen Kreis am Himmel beschreiben, wie z. B. unter nördlichen Polhöhen der Polarstern. Hängt man nun ein Loth auf und ändert dies so lange, bis der Polarstern hinter demselben eine Zeit lang fortgeht, sodaſs er weder nach Westen noch nach Osten ausweicht, so hat man denselben in seiner gröſsten Digression beobachtet und da man das Azimut dieser Digression aus der Polhöhe und der Declination finden kann, so erhält man daraus die Richtung des Meridians. Kennt man aber die Declination und die Polhöhe nicht, so muſs man auch auf der andern Seite des Meridians nach 12 Stunden den Verticalkreis suchen, welcher den Parallel des Sterns berührt. Dann liegt der Meridian in der Mitte der beiden beobachteten Richtungen des Loths. Will man die Beobachtung genau machen, so muſs man zu derselben ein Azimutalinstrument anwenden, dessen Fernrohr im Brennpuncte einen verticalen Faden trägt. Dann kann man die Zeit, wann die Bewegung des Polarsterns diesem Faden parallel ist, genau bestimmen und zugleich das Azimut des Verticalkreises, in welchem dies Statt findet, an dem Horizontalkreise des Instruments ablesen. Bestimmt man dasselbe auch auf der anderen Seite des Meridians, so wird das arithmetische Mittel der beiden Ablesungen an dem Kreise dem Azimute 180° entsprechen und wenn man dann also das Instrument auf dieses Azimut einstellt, so wird der verticale Faden des Instruments sich in der Ebene des Meridians befinden.

Diese Methode nennt man die der Beobachtung der gröſsten Digressionen. Man gebraucht bei der Anwendung derselben am vortheilhaftesten den Polarstern, weil derselbe am längsten in der gröſsten Digression verweilt.

Um die Zeit zu finden, wann die Sterne sich in der gröſsten Digression, also in dem Puncte ihres Parallels befinden, wo derselbe vom Verticalkreise tangirt wird, braucht man nur zu überlegen, daſs der parallactische Winkel für diesen Fall ein rechter sein muſs. Setzt man also in der Gleichung:

$$\cos h \cos p = \cos \delta \sin \varphi - \sin \delta \cos \varphi \cos t$$

$\cos p = 0$, so erhält man:

$$\cos t = \frac{\tan\varphi}{\tan\delta}$$

oder:

$$\tan \tfrac{1}{2} t^2 = \frac{\sin(\delta - \varphi)}{\sin(\delta + \varphi)}$$

Eine dritte Methode, den Meridian zu finden, ist die der Beobachtung correspondirender Höhen. Da nämlich zu gleichen Stundenwinkeln auf beiden Seiten des Meridians auch gleiche Höhen gehören, so folgt, daſs wenn man zu zwei verschiedenen Zeiten ein Gestirn in derselben Höhe beobachtet hat, dadurch zwei Verticalkreise gegeben sind, welche auf verschiedenen Seiten des Meridians gleich weit von demselbon entfernt sind. Man wendet dazu ein Höhen- und Azimutalinstrument an, dessen Fernrohr im Brennpuncte ein Kreuz von zwei auf einander senkrechten Fäden trägt, von denen der eine horizontal ist. Beobachtet man dann die Berührung des einen Sonnenrandes mit dem horizontalen Faden sowie das Azimut, in welchem dies statt findet und wartet dann bis nach der Culmination derselbe Sonnenrand den Faden des Fernrohrs, welches man inzwischen in der Höhe nicht ändern darf, wieder berührt und liest auch jetzt das Azimut ab, so ist das arithmetische Mittel aus beiden Ablesungen derjenige Punct des Kreiees, welcher dem Nullpuncte der Azimute entspricht, und der verticale Faden des Fernrohrs wird sich in der Ebene des Meridians befinden, wenn man das Instrument auf dieses Azimut einstellt. Braucht man zu diesen Beobachtungen die Sonne, welche ihre Declination in der Zwischenzeit zwischen beiden Beobachtungen ändert, so bedarf die so gefundene Richtung des Meridians noch einer kleinen Correction. Man erhält nämlich auf diese Weise eigentlich nicht den Meridian, sondern die Richtung desjenigen Stundenkreises, in welchem die Sonne die gröſste Höhe erreicht hat, Da man aber nach I. Nr. 15 die Zeit der gröſsten Höhe eines Gestirns berechnen kann, so erhält man daraus auch die Correction des so beobachteten Azimnts.

Eine vierte, sehr genaue Methode, deren man sich gewöhnlich auch bedient, um astronomische Instrumente in die Ebene des Meridians zu bringen, ist die schon in Nr. 1 des dritten Abschnitts erwähnte. Unter allen Verticalkreisen halbirt nämlich nur der Meridian die Parallelkreise der Sterne. Hat man also eine gute Uhr, so stelle man ein Instrument auf, dessen Fernrohr sich in einer verticalen Ebene bewegen läſst und beobachte den Durchgang des Polarsterns durch den senkrechten Faden des Fernrohrs dieses Instruments. Darauf beobachte man die Zeiten, wann der Polarstern nach einem halben und nach einem ganzen Umlaufe wieder an den Faden tritt. Liegt dann die zweite Beobachtung genau in der Mitte zwischen der ersten und dritten, so ist der Verticalkreis in der Ebene des Meridians. Ist dies nicht der Fall, so weiſs man, daſs der Verticalkreis des Instruments nach derjenigen Seite des Meridians abweicht, auf welcher der Stern die kürzere Zeit gewesen ist und kann danach die Richtung des Verticalkreises verbessern. Kennt man übrigens die Zeit und die Polhöhe, so giebt die Beobachtung jedes Sterns an einem Azimutalinstrumente auch denjenigen Punct der Theilung des Kreises an, welcher dem Meridiane entspricht, durch die Vergleichung der Ablesung am Kreise mit dem aus den Gleichungen:

$$\cos h \sin A = \cos \varphi \sin t$$
$$\cos h \cos A = -\cos \varphi \sin \delta + \sin \varphi \cos \delta \cos t$$

berechneten Azimute. Am vortheilhaftesten ist es auch hier wieder, den Polarstern zur Zeit seiner gröſsten Digression zu beobachten, weil dann ein Fehler in der beobachteten Zeit nur einen sehr geringen Einfluſs auf das Azimut hat, wie man sogleich aus der Differentialformel:

$$dA = \frac{\cos \delta}{\cos h} \cos p\, dt$$

ersieht.

2. Kennt man die Polhöhe des Beobachtungsortes und die Zeit, so kann man aus einer beobachteten Distanz eines

Gestirns von einem irdischen Gegenstande, das Azimut A des letzteren bestimmen, wenn man zugleich die Höhe H desselben über dem Horizonte beobachtet hat.

Aus dem bekannten Stundenwinkel des Gestirns zur Zeit der beobachteten Distanz, erhält man nämlich nach Nr. 6 des ersten Abschnitts die Höhe h und das Azimut a des Gestirns und hat dann in dem Dreiecke, welches vom irdischen Objecte, dem Gestirne und dem Zenith gebildet wird, die Gleichung:

$$\cos \Delta = \sin h \sin H + \cos h \cos H \cos (a-A)$$

wenn Δ die beobachtete Distanz bezeichnet. *)

Man findet dann also $a-A$ durch die Gleichung:

$$\cos (a-A) = \frac{\cos \Delta - \sin h \sin H}{\cos h \cos H} \qquad (A)$$

mithin, da a bekannt ist, auch das Azimut A des Objects.

Die Gleichung (A) kann man noch für die logarithmische Rechnung bequemer einrichten. Man erhält nämlich:

$$1 + \cos (a-A) = \frac{\cos (H+h) + \cos \Delta}{\cos h \cos H}$$

und:

$$1 - \cos (a-A) = \frac{\cos (H-h) - \cos \Delta}{\cos h \cos H}$$

mithin:

$$\operatorname{tang} \tfrac{1}{2}(a-A)^2 = \frac{\sin \frac{1}{2}(\Delta - H + h) \sin \frac{1}{2}(\Delta + H - h)}{\cos \frac{1}{2}(\Delta + H + h) \cos \frac{1}{2}(H + h - \Delta)}$$

oder, wenn man

$$S = \tfrac{1}{2}(\Delta + H + h)$$

$$\operatorname{tang} \tfrac{1}{2}(a-A)^2 = \frac{\sin (S-H) \sin (S-h)}{\cos S \cos (S-\Delta)} \qquad (B)$$

---

*) An das berechnete h hat man zuerst noch die Refraction und, wenn die Sonne beobachtet ist, auch die Höhenparallaxe anzubringen, und ebenso für H die gemessene mit der Refraction behaftete Höhe zu nehmen, um dann auch die gemessene Entfernung Δ in der Formel anwenden zu können.

Liegt das irdische Object im Horizonte, ist also $H = 0$ so erhält man einfach:

$$\tang \tfrac{1}{2}(a-A)^2 = \tang \tfrac{1}{2}(\Delta+\lambda) \tang \tfrac{1}{2}(\Delta-\lambda)$$

Differenzirt man die Gleichung für cos Δ, indem man $a-A$ und Δ als veränderlich ansieht, so erhält man:

$$d(a-A) = \frac{\sin \Delta}{\cos \lambda \cos H \sin(a-A)} d\Delta$$

und nach I. Nr. 7:

$$da = \frac{\cos \delta \cos p}{\cos \lambda} dt$$

Daraus sieht man also, daſs man um den Einfluſs eines Beobachtungsfehlers in der Zeit und der gemessenen Distanz auf A nicht zu sehr zu vergröſsern, das Gestirn nahe am Horizonte beobachten muſs, wo cos λ gleich eins ist.

Mit gröſserer Schärfe erhält man aber das Azimut eines irdischen Gegegenstandes, wenn man den Azimutalunterschied zwischen demselben und einem Gestirne miſst und das Azimut des Gestirns wie vorher aus der Zeit, der Polhöhe und der Declination nach den in Nr. 1 angeführten Formeln berechnet.

Hat man zwei Distanzen eines Gestirns von einem irdischen Objecte beobachtet, so kann man daraus den Stundenwinkel und die Declination, also auch Höhe und Azimut desselben berechnen.

Nennt man nämlich D und T Declination und Stundenwinkel des Objects, δ und t dasselbe für den Stern, so hat man in dem sphärischen Dreiecke zwischen dem Pole, dem Gestirne und dem irdischen Objecte:

$$\cos \Delta = \sin \delta \sin D + \cos \delta \cos D \cos(t-T)$$

Ist dann λ die Zwischenzeit zwischen beiden Beobachtungen, die für die Sonne in wahrer Zeit ausgedrückt sein muſs, so erhält man für die zweite Distanz Δ' die Gleichung:

$$\cos \Delta' = \sin \delta \sin D + \cos \delta \cos D \cos(t-T+\lambda)$$

Aus beiden Gleichungen kann man, wie in Nr. 13 dieses Abschnitts gezeigt werden wird, D und $t-T$ finden. Berechnet man dann für die Zeit der ersten Beobachtung den Stundenwinkel t des Gestirns, so erhält man auch T und kann dann aus T und D nach den Formeln in I. Nr. 6 A und H finden.

II. Bestimmung der Zeit oder der Polhöhe aus der Beobachtnng einer einzelnen Höhe.

3. Hat man die Höhe eines bekannten Sterns beobachtet und kennt aufserdem die Polhöhe des Beobachtungsortes, so erhält man den Stundenwinkel aus der Gleichung:

$$\cos t = \frac{\sin h - \sin\varphi \sin\delta}{\cos\varphi \cos\delta}$$

Um diese Formel für logarithmische Rechnung bequemer einzurichten, verfährt man wie bei der ähnlichen Gleichung in Nr. 2 und erhält dann, wenn man statt der Höhe die Zenithdistanz einführt:

$$\operatorname{tang} \tfrac{1}{2}t^2 = \frac{\sin \tfrac{1}{2}(z-\varphi+\delta) \sin \tfrac{1}{2}(z+\varphi-\delta)}{\cos \tfrac{1}{2}(z+\varphi+\delta) \cos \tfrac{1}{2}(\varphi+\delta-z)}$$

oder auch:

$$\left.\begin{aligned} \operatorname{tang} \tfrac{1}{2}t^2 &= \frac{\sin(S-\varphi)\sin(S-\delta)}{\cos S.\cos(S-z)} \\ \text{wo } S &= \tfrac{1}{2}(z+\varphi+\delta) \end{aligned}\right\} \qquad (A)$$

Da diese Gleichung das Zeichen von t unbestimmt läfst, so mufs man wissen, auf welcher Seite des Meridians die Beobachtung angestellt ist und dann t positiv oder negativ nehmen, je nachdem die Höhe auf der West- oder Ostseite beobachtet wurde.

Ist dann α die Rectascension des beobachteten Gestirns, so erhält man die Sternzeit der Beobachtung aus der Gleichung:

$$\Theta = t + \alpha$$

hat man dagegen die Sonne beobachtet, so ist der berechnete Stundenwinkel die wahre Sonnenzeit.

Beispiel. Dr. Westphal hat 1822 Oct. 29 zu Abutidsch in Aegypten die Höhe des unteren Sonnenrandes

$$h = 38^\circ 42' 18''.7$$

beobachtet, als die Uhr zeigte $20^h\ 16'\ 20''$.

Diese Höhe hat man nun zuerst wegen der Refraction und Parallaxe zu corrigiren; da aber die meteorologischen Instrumente nicht beobachtet sind, so kann man nur die mittlere Refraction, gleich $1'\ 26''.4$ aus den Tafeln nehmen. Zieht man diese von der beobachteten Höhe ab und legt dazu den Halbmesser der Sonne $16'\ 8''.7$ und die Höhenparallaxe $6''.9$, so erhält man für die reducirte Höhe des Mittelpuncts der Sonne:

$$h = 38^\circ 57' 7''.9$$

Die Polhöhe von Abutidsch ist nun $27^\circ\ 5'\ 0''$, die Declination der Sonne war:

$$-13^\circ 38' 11''.1$$

also ist:

$$S = \tfrac{1}{2}(z+\varphi+\delta) = +\ 34^\circ 44' 50''.5$$

$$S-\varphi = +\ 7^\circ 39' 50''.5,\ S-\delta = +\ 48^\circ 23' 1''.6,\ S-z = -\ 21^\circ 18' 1''.6$$

und damit ist die Rechnung die folgende:

$$\begin{array}{llll}
\sin(S-\varphi) & 9.1250385 & \cos S & 9.9146991 \\
\sin(S-\delta) & \underline{9.8736752} & \cos(S-z) & \underline{9.9692707} \\
 & 8.9987137 & & \\
 & \underline{9.8839698} & & \\
\text{tang}\,\tfrac{1}{2}t^2 & 9.1147439 & \text{tang}\,\tfrac{1}{2}t & 9.5573719
\end{array}$$

$$\begin{aligned}
\tfrac{1}{2}t &= -\ 19^\circ 50' 37''.98 \\
t &= -\ 39\ \ 41\ \ 15\ .96 \\
&= -\ \ 2^h 38' 45''\ 06
\end{aligned}$$

Es war also die wahre Sonnenzeit zur Zeit der Beobachtung gleich $21^h\ 21'\ 14''.9$ und da die Zeitgleichung $-\ 16'\ 8''.7$ war, so hatte man $21^h\ 5'\ 6''.2$ mittlere Zeit. Die Uhr ging daher $48'\ 46''.2$ gegen mittlere Zeit nach oder man mufste

+ 48′ 46″.2 zu der Angabe der Uhr addiren, um mittlere Zeit zu erhalten.

Da die Declination der Sonne und die Zeitgleichung veränderlich sind, so mufs man eigentlich schon die Zeit kennen, um bei der Berechnung von t diejenige Declination und nacher auch diejenige Zeitgleichung anwenden zu können, welche wirklich für den Augenblick der Beobachtung galt. Man mufs daher zuerst einen genäherten Werth für die Declination der Sonne nehmen und, nachdem man damit eine genäherte Zeitbestimmung erhalten hat, die Declination der Sonne noch einmal schärfer aus den Ephemeriden interpoliren und damit die Rechnung wiederholen.

Die Zahl, welche man zur Angabe der Uhr hinzufügen mufs, um die wirkliche Zeit zu erhalten, heifst der Stand der Uhr. Gang der Uhr nennt man dagegen den Unterschied zweier zu verschiedenen Zeiten beobachteten Uhrstände und man nimmt das Zeichen desselben immer so an, dafs ein positiver Gang zu langsames, ein negativer zu schnelles Gehen der Uhr anzeigt. Sind beide Beobachtungen um $24^h - t$ Stunden aus einander und ist Δu der Gang der Uhr während dieser Zeit, so erhält man den Gang der Uhr in 24 Stunden nach der Formel:

$$\frac{24\,\Delta u}{24-t} = \frac{\Delta u}{1-\frac{t}{24}}$$

Differenzirt man die ursprüngliche Gleichung:

$$\sin h = \sin\varphi \sin\delta + \cos\varphi \cos\delta \cos t$$

so erhält man nach I. Nr. 7:

$$dh = -\cos A\,d\varphi - \cos\delta \sin p\,dt$$

oder da:

$$\cos\delta \sin p = \cos\varphi \sin A$$

ist:

$$dt = -\frac{1}{\cos\varphi \sin A}\,dh = \frac{1}{\cos\varphi \operatorname{tang} A}\,d\varphi$$

Die Coefficienten von dh und $d\varphi$ werden nun desto kleiner, je mehr A sich dem Werthe $\pm 90^0$ nähert. Für diesen Fall wird die Tangente unendlich, also hat ein Fehler in der Polhöhe, sobald die Höhe im ersten Verticale genommen ist, gar keinen Einfluſs auf die Bestimmung der Zeit. Da ferner in diesem Falle sin A ein Maximum, also der Coefficient von dh ein Minimum ist, so hat dann auch ein Fehler, welcher in der Messung der Höhe begangen ist, den möglichst kleinsten Einfluſs auf die Bestimmung der Zeit. Um daher die die Zeit durch Höhenbeobachtungen zu bestimmen, wird es immer zweckmäſsig sein, dieselben im ersten Verticale oder doch so nahe als möglich dabei zu nehmen.

Da der Coefficient von dh auch gleich $-\frac{1}{\cos\delta \sin p}$ ist, so sieht man, daſs man bei der Zeitbestimmung durch Höhen die Beobachtungen von Sternen mit groſser Declination vermeiden muſs und daſs es am vortheilhaftesten ist, Aequatorsterne zu beobachten.

Berechnet man die numerischen Werthe der Differentialquotienten für das vorige Beispiel, so erhält man zuerst nach der Formel:

$$\sin A = \frac{\cos\delta \sin t}{\cos h} \quad A = -48^\circ\ 26'.4$$

und dann:

$$dt = +\ 1.5010\ dh + 0.9958\ d\varphi$$

oder, wenn man dt gleich in Zeitsecunden haben will:

$$dt = +\ 0.1001\ dh + 0.0664\ d\varphi$$

Hat man also in der Höhe um eine Bogensecunde gefehlt, so begeht man in der Zeit einen Fehler von 0ʺ.10, dagegen beträgt der Einfluſs des Fehlers von einer Bogensecunde in der Polhöhe nur 0ʺ.07.

Die Differentialgleichung zeigt noch, daſs je gröſser die Polhöhe, je kleiner also cos φ ist, desto miſslicher die Zeitbestimmung durch Höhenbeobachtungen wird, Unter dem Pole, wo $\cos\varphi = 0$ ist, wird dieselbe ganz unbrauchbar.

4. Hat man mehrere Höhen oder Zenithdistanzen nach einander beobachtet, so hat man nicht nöthig, den Stand der Uhr aus jeder einzelnen Zenithdistanz zu berechnen, wenn man sich nicht vielleicht von der Uebereinstimmung der einzelnen Beobachtungen unter einander überzeugen will, sondern man kann sich hierzu des Mittels aus allen beobachteten Zenithdistanzen bedienen. Da aber die Zenithdistanzen nicht proportional den Zeiten wachsen, so muſs man entweder an das arithmetische Mittel derselben eine Correction anbringen um den für das arithmetische Mittel der Zeiten geltenden Stundenwinkel aus dieser verbesserten Zenithdistanz zu erhalten oder muſs einfacher an den aus dem arithmetischen Mittel der Zenithdistanzen berechneten Stundenwinkel eine Correction anbringen, damit derselbe für das arithmetische Mittel der Zeiten gelte.

Es seien t, t', t'' etc. die einzelnen Beobachtungszeiten, deren Anzahl n ist, ferner bezeichne T das arithmetische Mittel aus allen, so hat man, wenn man Z die zur Zeit T gehörige Zenithdistanz nennt und:

$$t-T=\tau,\ t'-T=\tau',\ t''-T=\tau''\ \text{etc.}$$

setzt:

$$Z = z + \frac{dZ}{dT}\tau + \tfrac{1}{2}\frac{d^2Z}{dT^2}\tau^2 +$$

$$Z = z' + \frac{dZ}{dT}\tau' + \tfrac{1}{2}\frac{d^2Z}{dT^2}\tau'^2 +$$

$$Z = z'' + \frac{dZ}{dZ}\tau'' + \tfrac{1}{2}\frac{d^2Z}{dT^2}\tau''^2 +$$

oder da:

$$\tau + \tau' + \tau'' + \qquad = 0$$

ist:

$$Z = \frac{z+z'+z''+\ldots}{n} + \tfrac{1}{2}\frac{d^2Z}{dT^2}\left[\tau^2+\tau'^2+\tau''^2+\ldots\right]$$

$$= \frac{z+z'+z''+\ldots}{n} + \frac{d^2Z}{dT^2}\frac{\Sigma\, 2\sin\tfrac{1}{2}\tau^2}{n}$$

wenn man durch $\Sigma\, 2 \sin \frac{1}{2}\tau^2$ die Summe aller einzelnen Gröſsen $2 \sin \frac{1}{2}\tau^2$ bezeichnet. Substituirt man nun hier für

$\frac{d^2 Z}{dT^2}$ den in I. Nr. 16 gefundenen Ausdruck, so erhält man endlich:

$$Z = \frac{z + z' + z'' + \ldots}{n} + \frac{\cos\delta \cos\varphi}{\sin Z} \cos A \cos p \, \frac{\Sigma\, 2 \sin \frac{1}{2} \tau^2}{n}$$

Mit diesem verbesserten arithmetischen Mittel der Zenithdistanzen hätte man dann den Stundenwinkel zu berechnen und dazu die Rectascension zu legen, um aus der Vergleichung der so gefundenen Sternzeit mit dem arithmetischen Mittel aller beobachteten Uhrzeiten den Stand der Uhr zu erhalten.

Berechnet man aber den Stundenwinkel mit dem arithmetischen Mittel aus allen Zenithdistanzen, so hat man an den gefundenen Stundenwinkel die Correction anzubringen:

$$+ \frac{dT}{dZ} \cdot \frac{\cos\delta \cos\varphi}{\sin Z} \cos A \cos p \, \frac{\Sigma\, 2 \sin \frac{1}{2} \tau^2}{n}$$

und da nun nach I. Nr. 17.

$$\frac{dT}{dZ} = \frac{1}{15} \; \frac{\sin Z}{\cos\delta \cos\varphi} \cdot \frac{1}{\sin T}$$

ist, wenn man die Correction in Zeit ausgedrückt erhalten will, so wird dieselbe einfach:

$$+ \frac{\cos p \cos A}{15 \sin T} \; \frac{\Sigma\, 2 \sin \frac{1}{2} \tau^2}{n} \qquad (A)$$

wo dann:

$$\sin p = \frac{\sin T}{\sin Z} \cos\varphi$$

und:

$$\sin A = \frac{\sin T}{\sin Z} \cos\delta$$

Für die Gröfsen $2 \sin \frac{1}{2} \tau^2$, die man sehr häufig braucht, hat man Tafeln berechnet, aus welchen man dieselben mit dem Argumente τ findet. Solche Tafeln stehen z. B. in Warnstorffs Hülfstafeln, wo sie von $\tau = 0'$ bis $\tau = 41'$ berechnet sind.

Zählt man die Stundenwinkel nicht auf die gewöhnliche Weise, sondern zu beiden Seiten des Meridians von 0 bis 180°, so hat man die Correction immer an den absoluten Werth von T anzubringen und das Zeichen derselben hängt dann allein von dem Zeichen des Products $\cos p \cos A$ ab, welches positiv oder negativ sein wird, je nachdem $\cos A$ und $\cos p$ gleiche oder verschiedene Zeichen haben. Nun ist $\cos A$ positiv, solange die Zenithdistanz kleiner ist als die Zenithdistanz im ersten Vertical, solange also (I. Nr. 17):

$$\cos z > \frac{\sin \delta}{\sin \varphi}$$

negativ dagegen, solange:

$$\cos z < \frac{\sin \delta}{\sin \varphi}$$

Für $\delta > \varphi$ ist dagegen $\cos A$ immer negativ.

Der parallactische Winkel wird ferner gleich 90°, wenn:

$$\cos z = \frac{\sin \varphi}{\sin \delta}$$

der Cosinus desselben ist daher positiv, wenn:

$$\cos z < \frac{\sin \varphi}{\sin \delta}$$

und negativ, wenn:

$$\cos z > \frac{\sin \varphi}{\sin \delta}$$

Sucht man daher den Bruch:

$$\frac{\sin \delta}{\sin \varphi}, \text{ wenn } \varphi > \delta$$

und:

$$\frac{\sin \varphi}{\sin \delta}, \text{ wenn } \varphi < \delta$$

so haben die beiden Cosinus gleiche Zeichen oder das Product derselben ist positiv, wenn:

$$\cos z > \text{ als dieser Bruch ist}$$

dagegen haben sie verschiedene Zeichen oder ihr Product ist negativ, wenn:

$$\cos z < \text{als dieser Bruch ist.}$$

Für Sterne mit südlicher Declination ist cos A und cos p immer positiv, also hat auch die Correction immer dieses Zeichen.*)

Dr. Westphal hatte am 29. October nicht blos eine Zenithdistanz der Sonne genommen, sondern deren acht, nämlich:

Uhrzeit.	Wahre Zenithdistanz des Mittelpuncts der ⊙	τ	$2 \sin \frac{1}{2} \tau^2$
$20^h\ 16'\ 20''$	$56^\circ\ 2'\ 52''.1$	$3'\ 32''$	$24''.51$
17 21	55 52 51 . 5	2 31	12 . 43
18 21	42 51 . 0	1 31	4 . 52
19 21	32 50 . 5	0 31	0 . 52
20 21	22 50 . 0	0 29	0 . 46
21 23	12 49 . 4	1 31	4 . 52
22 23	2 48 . 9	2 31	12 . 43
23 25	54 52 48 . 4	3 33	24 . 74
$20^h\ 19'\ 52''$	$55^\circ\ 27'\ 50''.2$		$10''.52$

Rechnet man nun mit dem arithmetischen Mittel der Zenithdistanzen:

$$55^\circ\ 27'\ 50''.2$$

und der Declination der Sonne:

$$-\ 13^\circ\ 38'\ 14''.7$$

den Stundenwinkel, so erhält man:

$$2^h\ 35'\ 18''.18$$

Hieran hat man nun die Correction anzubringen. Es ist aber:

$$\sin p = 9.83079 \quad \sin A = 9.86881$$

mithin die Correction, da die Declination südlich ist:

$$+\ 8''.32 \text{ im Bogen oder } +\ 0''.55 \text{ in Zeit.}$$

---

*) Warnstorff's Hülfstafeln pag. 112.

Mit dem verbesserten Stundenwinkel

$$-2^h\ 35'\ 13''.73$$

erhält man dann die mittlere Zeit:

$$21^h\ 8'\ 37''.6$$

also den Stand der Uhr gleich:

$$+\ 48'\ 45''.6$$

5. Hat man die Höhe eines Sterns beobachtet und ist die Zeit bekannt, so kann man daraus die Polhöhe des Beobachtungsortes berechnen. Man hat nämlich wieder die Gleichung:

$$\sin h = \sin \varphi \sin \delta + \cos \varphi \cos \delta \cos t$$

Setzt man nun:

$$\left.\begin{aligned} \sin \delta &= M \sin N \\ \cos \delta \cos t &= M \cos N \end{aligned}\right\} \quad (A)$$

so erhält man:

$$\sin h = M \cos (\varphi - N)$$

also:

$$\cos (\varphi - N) = \frac{\sin h}{M} = \frac{\sin N}{\sin \delta} \sin h \qquad (B)$$

Hier findet nun ein zweideutiger Fall statt, indem man für $\varphi - N$ den zu $\cos(\varphi - N)$ gehörigen positiven oder negativen Werth nehmen kann. Man kann indessen hierüber immer leicht durch eine geometrische Betrachtung entscheiden. Fällt man nämlich Fig. 6 vom Orte S des Sterns ein Perpendikel SQ auf den Meridian, so sieht man leicht, daſs $N = 90 - PQ$, also gleich dem Abstande von Q vom Aequator (oder $ZQ = \varphi - N$), während M der Cosinus des Perpendikels SQ ist. Solange also SQ südlich vom Zenith den Meridian trifft, hat man $\varphi - N$ zu nehmen, dagegen $N - \varphi$, wenn der Fuſspunct des Perpendikels nördlich vom Zenith liegt. Ist $t > 90$, so fällt das Perpendikel nördlich vom Pol, also wird der Abstand des Fuſspunctes desselben vom Aequator $> 90^0$ und der Abstand vom Zenith gleich $N - \varphi$. Man hat also auch dann für den durch den Cosinus gegebenen Winkel den Werth $N - \varphi$ zu nehmen.

Ist die Höhe im Meridiane selbst beobachtet, so erhält man φ einfach aus der Gleichung:

$$\varphi = \delta \pm z$$

je nachdem der Stern südlich oder nördlich vom Zenith culminirt. Ist dagegen der Stern in der unteren Culmination beobachtet, so ist:

$$\varphi = 180 - \delta - z$$

Dr. Westphal hat am 19ten October 1822 zu Benisuef in Aegypten um $23^h\,1'\,10''$ mittlere Zeit die Höhe des Mittelpuncts der Sonne gleich $49^0\,17'\,22''.8$ beobachtet. Die Declination der Sonne war $-10^0\,12'\,16''.1$, die Zeitgleichung:

$$= -15'\,0''.0$$

also der Stundenwinkel der Sonne:

$$23^h\,16'\,10''.0 = -10^0\,57'\,30''.0$$

Damit erhält man:

$$\begin{aligned}
\operatorname{tang}\delta &= 9.2552942_n \\
\cos t &= 9.9920078 \\
\hline
N &= -10^0\,23'\,23''.67 \\
\sin N &= 9.2561063_n \\
\sin\delta &= 9.2483695_n \\
\hline
& \ 0.0077368 \\
\sin h & \ 9.8796788 \\
\hline
\varphi - N &= 39^0\,29'\,54''.51 \\
\text{also } \varphi &= 29\quad 6\quad 30\ .84
\end{aligned}$$

Um den Einfluſs zu schätzen, welchen Fehler in der Bestimmung von h und t auf die Polhöhe haben, differenzire man wieder die Gleichung für $\sin h$, wodurch man nach I Nr. 7 erhält:

$$d\varphi = -\sec A\,dh - \cos\varphi\,\operatorname{tang} A . dt$$

Hier werden nun die Coefficienten am kleinsten, wenn $A = 0$ oder $= 180^0$ ist. Dann erreicht nämlich die Secante von A ihr Maximum ± 1. Die Fehler in der Höhe werden also dann nicht weiter vergröſsert auf die Polhöhe einwirken, und da dann die Tangente von A gleich Null wird, so werden

Fehler in der Zeit gar keinen Einfluſs auf die Bestimmung der Polhöhe haben. Um daher die Polhöhe durch Höhenbeobachtungen möglichst sicher zu finden, wird es immer erforderlich sein, dieselben im Meridian oder demselben so nahe als möglich zu nehmen.

Da für das angeführte Beispiel $A = -16^0\,40'.1$ ist, so erhält man:

$$d\varphi = -1.044\,dh + 0.2616\,dt$$

oder, wenn man dt in Zeitsecunden ausdrückt:

$$d\varphi = -1.044\,dh + 3.924\,dt$$

Sind mehrere Höhen beobachtet, so erhält man nach Nr. 2 die zu dem Mittel der Zeiten gehörige Höhe durch die Formel:

$$H = \frac{h + h' + h'' + \ldots}{n} - \frac{\cos\delta\cos\varphi}{\cos H}\cos A\cos p\,\frac{\delta\,2\sin\frac{1}{2}\tau^2}{n}$$

6. Hat man die Beobachtung der Höhe sehr nahe am Meridiane angestellt, wie es zur Bestimmung der Polhöhe zweckmäſsig ist, so gelangt man auf einem andern Wege bequemer zum Ziele als durch die Auflösung des Dreiecks. Da nämlich die Höhen der Sterne im Meridiane ein Maximum erreichen, so ändern sich dieselben in der Nähe desselben nur langsam, und man wird daher zu einer in der Nähe des Meridians beobachteten Höhe nur eine kleine Correction hinzuzufügen haben, um daraus die Meridianhöhe zu erhalten. Aus dieser findet man aber unmittelbar die Polhöhe durch die Gleichung:

$$90 - h = \delta - \varphi$$

Diese Methode, die Polhöhe zu bestimmen, nennt man die der Circummeridianhöhen.

Es ist:

$$\cos z = \cos(\varphi - \delta) - 2\cos\varphi\cos\delta\sin\tfrac{1}{2}t^2$$

also, wenn man die Zenithdistanz im Meridian mit Z bezeichnet:

$$\cos z - \cos Z = -2 \cos \varphi \cos \delta \sin \tfrac{1}{2} t^2$$

oder:

$$\sin \frac{Z+z}{2} \sin \frac{Z-z}{2} = -\cos \varphi \cos \delta \sin \tfrac{1}{2} t^2$$

Setzt man hier:

$$Z-z = \Delta z, \text{ so wird } \frac{Z+z}{2} = Z - \tfrac{1}{2} \Delta z, \text{ also:}$$

$$\sin \tfrac{1}{2}\Delta z = -\frac{\cos \varphi \cos \delta}{\sin (Z - \tfrac{1}{2} \Delta z)} \sin \tfrac{1}{2} t^2 \qquad (A)$$

Ist t, mithin auch Δz sehr klein, so kann man sich erlauben, für diese Gleichung zu schreiben:

$$\Delta z = -\frac{\cos \varphi \cos \delta}{\sin (\varphi - \delta)} 2 \sin \tfrac{1}{2} t^2 \qquad (a)$$

wo die rechte Seite mit 206265 multiplicirt oder $2 \sin \frac{1}{2} t^2$ in Secunden ausgedrückt werden muſs, wenn man Δz in Secunden haben will. Daraus erhält man dann:

$$\varphi = z + \delta - \frac{\cos \varphi \cos \delta}{\sin (\varphi - \delta)} 2 \sin \tfrac{1}{2} t^2 \qquad (B)$$

Die Rechnung ist somit sehr einfach, besonders wenn man sich der Tafeln für $2 \sin \frac{1}{2} t^2$ bedienen kann; da aber die Polhöhe auch in dem Coefficienten von $2 \sin \frac{1}{2} t^2$ vorkommt, so muſs man einen genäherten Werth von φ kennen. Sterne, die in der Nähe des Zeniths culminiren, muſs man bei diesen Beobachtungen vermeiden, weil für solche Sterne die Correction wegen des kleinen Divisors $\varphi - \delta$ sehr vergröſsert wird.

Westphal hat zu Cairo am 3ten October 1822 um $0^h\, 2'\, 2''.7$ mittlere Zeit die Höhe des Mittelpuncts der Sonne beobachtet gleich $55^0\, 58'\, 25''.8$.

Die Declination der Sonne war $-\, 3^0\, 48'\, 51''.2$, die Zeitgleichung $-\, 10'\, 48''.6$, also der Stundenwinkel der Sonne:

$$+\, 12'\, 51''.3$$

Damit erhält man:

$$2 \sin \tfrac{1}{2} t^2 = 324''.38$$

und wenn man:

$$\varphi = 30^\circ 4' \text{ nimmt, } \Delta z = -8' 22''.5$$

mithin:

$$\varphi = 30^\circ 4' 20''.5$$

Ist Δz so grofs, dafs man den Sinus nicht mit dem Bogen vertauschen darf, so kann man dasselbe aus der Gleichung (A) mit der Genauigkeit berechnen, die man nur verlangt, indem man zuerst den Werth von Δz auf der rechten Seite der Gleichung gleich Null, also $\varphi - \delta$ für $Z - \frac{1}{2} \Delta z$ nimmt und damit einen Werth von Δz berechnet. Wenn man dann diesen eben gefundenen Werth von Δz auf der rechten Seite der Gleichung substituirt, so wird man einen neuen Werth von Δz erhalten und auf diese Weise fortfahren, bis man zwei Mal nach einander denselben Werth für Δz findet.

Auf der rechten Seite kommt nun auch die gesuchte Gröfse φ vor. Wenn man diese noch nicht beiläufig kennt, so mufs man hiefür zuerst ebenfalls einen Näherungswerth, etwa $z + \delta$, nehmen und kann dann bei den folgenden Näherungen immer genauere Werthe von φ nämlich $z + \delta - \Delta z$ anwenden. Ist die Höhe nicht allzu weit vom Meridiane genommen und φ auf einige Minuten bekannt, so wird man immer nur nöthig haben, die Gleichung zwei oder drei Mal zu berechnen.

Man kann auch noch etwas anders verfahren, indem man die Näherungsformel nach und nach verbessert. Aus der Gleichung (a) für Δz erhält man, wenn man diese Gröfse mit x bezeichnet:

$$x = \frac{\cos \varphi \cos \delta}{\sin Z} \, 2 \sin \tfrac{1}{2} t^2$$

während die strenge Formel die folgende ist:

$$\frac{\sin \frac{1}{2} x}{\frac{1}{2} x} \cdot x = \frac{\cos \varphi \cos \delta}{\sin Z} \cdot 2 \sin \tfrac{1}{2} t^2 \, \frac{\sin Z}{\sin (Z + \frac{1}{2} x)}$$

In Nr. 10 der Einleitung war aber gezeigt, dafs $\frac{\sin a}{a}$ bis auf die dritte Potenz genau gleich $\sqrt[3]{\cos a}$ ist. Wendet man dies hierauf an und bezeichnet den Werth von x, welchen man aus der ersten Näherung erhält, mit ξ, sodafs:

$$\xi = \frac{\cos\varphi\cos\delta}{\sin Z}\; 2\sin\tfrac{1}{2}t^2 \qquad (C)$$

so erhält man:

$$x\sqrt[3]{\cos\tfrac{1}{2}x} = \xi\,.\,\frac{\sin Z}{\sin(Z+\frac{1}{2}x)}$$

oder, wenn man die Gleichung nach x auflöst, rechts überall ξ statt x schreibt und den neuen Näherungswerth mit ξ' bezeichnet:

$$\xi' = \xi\,.\,\frac{\sin Z}{\sin(Z+\frac{1}{2}\xi)}\;\sec\tfrac{1}{2}\xi^{\frac{1}{3}} \qquad (D)$$

Diese zweite Näherung ist in den meisten Fällen schon hinreichend genau. Liegt die Höhe aber so weit vom Meridiane ab, dafs dies nicht der Fall ist, so mufs man einen dritten Werth ξ'' für x suchen, indem man rechts in dem Factor von ξ jetzt ξ' statt ξ setzt, sodafs:

$$\xi'' = \xi\,.\,\frac{\sin Z}{\sin(Z+\frac{1}{2}\xi')}\;\sec\tfrac{1}{2}\xi'^{\frac{1}{3}} \qquad (E)$$

In dem Beispiele in Nr. 3 war:

$$t = -\,10^\circ\,57'\,30''.0\; z = 40^\circ\,42'\,37''.2$$

und:

$$\delta = -\,10^\circ\,12'\,16''.1.$$

Indem man:

$$\varphi = 29^\circ\,6',\ \text{also}\ Z = 39^\circ\,18'\,16''$$

nimmt, erhält man:

log 2 sin $\frac{1}{2}t^2$	3.57531
cos δ	9.99308
cos φ	9.94140
cosec Z	0.19829
log ξ	3.70808
$\xi =$	$1^\circ\,25'\,6''.0$

Damit erhält man für den zweiten Näherungswerth:

$$\begin{array}{rl} \log \xi & 3.70808 \\ \sec \frac{1}{2} \xi^{\frac{1}{2}} & 0.00001 \\ \sin Z & 9.80171 \\ \operatorname{cosec} (Z + \frac{1}{2}\xi) & \underline{0.19181} \\ \log \xi' & 3.70161 \\ \xi' = & 1^\circ 23' 50''.5 \end{array}$$

Man erhält also $\varphi = 29^\circ\ 6'\ 30''\ 6$. Berechnet man nun mit diesem Werthe von φ und dem entsprechenden Werthe von $Z = 39^\circ\ 18'\ 46''.7$ noch einmal ξ, so findet man:

$$\log \xi = 3.70797$$

und als letzte Näherung:

$$\begin{aligned} \log \xi'' &= 3.70159 \\ \xi'' &= 1^\circ 23' 50''.25 \end{aligned}$$

und:

$$\varphi = 29^\circ 6' 30''.85$$

genau so, wie es in Nr. 3 berechnet war.

Die bequemste Form für die Reduction der Zenithdistanz auf den Meridian, welche man deshalb auch am häufigsten anwendet, erhält man, wenn man z aus der ursprünglichen Gleichung:

$$\begin{aligned} \cos z &= \sin \varphi \sin \delta + \cos \varphi \cos \delta \cos t \\ &= \cos (\varphi - \delta) - 2 \cos \varphi \cos \delta \sin \tfrac{1}{2} t^2 \end{aligned}$$

nach Potenzen von $\sin \frac{1}{2} t^2$ entwickelt. Da nämlich diese Gleichung die Form:

$$\cos z = \cos H + b$$

hat, so findet man nach Formel (19) der Einleitung:

$$z = \varphi - \delta + \frac{2 \cos \varphi \cos \delta}{\sin (\varphi - \delta)} \sin \tfrac{1}{2} t^2 - \frac{2 \cos \varphi^2 \cos \delta^2}{\sin (\varphi - \delta)^2} \operatorname{cotang} (\varphi - \delta) \sin \tfrac{1}{2} t^4$$

oder, wenn man $\frac{\cos \varphi \cos \delta}{\sin (\varphi - \delta)}$ mit b bezeichnet:

$$\varphi = z + \delta - b.\ 2 \sin \tfrac{1}{2} t^2 + b^2 \operatorname{cotang} (\varphi - \delta) .\ 2 \sin \tfrac{1}{2} t^4 \qquad (F)$$

Um diesen Ausdruck leicht berechnen zu können, mufs man aufser den Tafeln für $2\sin\frac{1}{2}t^2$ auch noch solche haben, die den Werth $2\sin\frac{1}{2}t^4$ in Bogensecunden mit dem Argumente t geben. Man findet diese Tafel ebenfalls in den Warnstorffschen Hülfstafeln und zwar sind dort aufser den Tafeln für $2\sin\frac{1}{2}t^2$ und $2\sin\frac{1}{2}t^4$ auch noch Tafeln für die Logarithmen dieser Gröfsen gegeben.

Für die Polhöhe von Cairo war vorher gefunden:

$$\varphi = 30^\circ\, 4'\, 20''.5$$

indem bei der Rechnung nach Formel (B) nur das erste Glied der Reduction nämlich:

$$-\frac{\cos\varphi\cos\delta}{\sin Z}\,.\,2\sin\tfrac{1}{2}t^2$$

angewandt war. Berechnet man jetzt auch das zweite Glied, so ist:

$\log 2\sin\frac{1}{2}t^4$	9.4060
$\log b^2$	0.3802
cotang $(\varphi-\delta)$	0.1730
	9.9592
Correction	$+\,0''.9$

mithin die Polhöhe:

$$\varphi = 30^\circ\, 4'\, 21''.4$$

Für das zweite Beispiel, wo der Stundenwinkel $10^\circ\, 57'\, 30''$ war, würde diese Methode kein genaues Resultat mehr geben, indem in diesem Falle auch noch die höheren Glieder zu berücksichtigen wären. Diese machen indessen auch bei einem so grofsen Stundenwinkel nur wenige Secunden aus.

Die Formel (F) gilt, wenn der Stern auf der Südseite des Zeniths culminirt. Ist aber die Declination des Sterns gröfser als die Polhöhe, sodafs der Stern zwischen Zenith und Pol culminirt, so ist in diesem Falle $\delta-\varphi$ statt $\varphi-\delta$ für die Meridianzenithdistanz zu nehmen, und man erhält dann:

$$\varphi = \delta - z + \frac{\cos\varphi\cos\delta}{\sin(\delta-\varphi.)}\,2\sin\tfrac{1}{2}t^2 - \frac{\cos\varphi^2\cos\delta^2}{\sin(\delta-\varphi)^2}\,\text{cotang}\,(\delta-\varphi)\,.\,2\sin\tfrac{1}{2}t^4$$

Ist endlich $t > 90^0$, so hat man, wenn man t vom nördlichen Theile des Meridians an rechnet:

$$\cos z = \cos(180-\varphi-\delta) + 2\cos\varphi\cos\delta\sin\tfrac{1}{2}t^2$$

und erhält daraus:

$$\varphi = 180-\delta-z - \frac{\cos\varphi\cos\delta}{\sin(\varphi+\delta)}\,2\sin\tfrac{1}{2}t^2 + \frac{\cos\varphi^2\cos\delta^2}{\sin(\varphi+\delta)^2}\operatorname{cotang}(\varphi+\delta)\,2\sin\tfrac{1}{2}t^4$$

Wenn man auf diese Weise die Polhöhe eines Ortes bestimmen will, so wird man sich in der Regel nicht damit begnügen, nur eine Höhe in der Nähe des Meridians zu beobachten, sondern man wird deren so viel es eben geht nehmen, um im Mittel aus den einzelnen Beobachtungen ein genaueres Resultat zu erzielen. Man sucht dann für jeden einzelnen Werth von t die Gröfsen $2\sin\frac{1}{2}t^2$ und $2\sin\frac{1}{2}t^4$, nimmt aus allen die Mittel und multiplicirt diese mit den constanten Factoren. Die so gefundene Correction legt man dann zu dem Mittel der beobachteten Zenithdistanzen, um die Meridianzenithdistanz zu erhalten.

7. Nimmt man Circummeridianhöhen der Sonne, so ist hier noch der Umstand zu berücksichtigen, dafs diese ihre Declination ändert, dafs also die Rechnung für jeden Stundenwinkel mit einer andern Declination geführt werden mufs. Um nun in diesem Falle die Rechnung bequemer auszuführen, verfährt man auf folgende Weise.

Es war:

$$\varphi = z+\delta - \frac{\cos\varphi\cos\delta}{\sin(\varphi-\delta)}\;2\sin\tfrac{1}{2}t^2$$

Ist nun D die Declination der Sonne, welche im Mittage statt findet, so kann man die zu jedem Stundenwinkel t gehörige Declination ausdrücken durch $D+\beta t$, wo β die stündliche Aenderung der Declination bezeichnet und t in Stunden ausgedrückt ist. Dann hat man also:

$$\varphi = z + D + \beta t - \frac{\cos\varphi\cos\delta}{\sin(\varphi-\delta)}\;2\sin\tfrac{1}{2}t^2 \qquad (a)$$

Setzt man nun:

$$\beta t - \frac{\cos\varphi\cos\delta}{\sin(\varphi-\delta)}\, 2\sin\tfrac{1}{2}t^2 = -\frac{\cos\varphi\cos\delta}{\sin(\varphi-\delta)}\, 2\sin\tfrac{1}{2}(t+y)^2 \qquad (b)$$

so hat man zur Bestimmung von y die Gleichung:

$$2\,\frac{\cos\varphi\cos\delta}{\sin(\varphi-\delta)}\left[\sin\tfrac{1}{2}(t+y)^2 - \sin\tfrac{1}{2}t^2\right] = -\beta t$$

oder da:

$$\sin a^2 - \sin b^2 = \sin(a+b)\sin(a-b)$$

$$\sin\tfrac{1}{2}y = -\beta\,.\,\frac{\sin(\varphi-\delta)}{\cos\varphi\cos\delta}\;\frac{t}{\sin(t+\tfrac{1}{2}y)}$$

also:

$$y = -\beta\,.\,\frac{\sin(\varphi-\delta)}{\cos\varphi\cos\delta}\;\frac{206265}{3600\times 15}$$

wo der Zahlenfactor der rechten Seite daher kommt, daſs $\sin(t+\tfrac{1}{2}y) = t$ gesetzt ist, t aber zur Einheit die Stunde hat, während bei $\sin t$ der Radius als Einheit zum Grunde lag. Nennt man nun die 48 stündige Aenderung der Declination der Sonne in Bogensecunden μ, so wird $\beta = \frac{\mu}{48}$, oder, wenn man y in Zeitsecunden haben will, $\beta = \frac{\mu}{720}$. Damit erhält man dann:

$$y = -\frac{\mu}{188.5}\left[\operatorname{tang}\varphi - \operatorname{tang}\delta\right] \qquad (A)$$

und nach den Gleichungen (a) und (b) die Polhöhe aus jeder einzelnen Beobachtung durch die Formel:

$$\varphi = z + D - \frac{\cos\varphi\cos\delta}{\sin(\varphi-\delta)}\, 2\sin\tfrac{1}{2}(t+y)^2 \qquad (B)$$

Die Gröſse y ist nichts anderes als der Stundenwinkel der gröſsten Höhe, aber negativ genommen.

In I Nr. 15 war nämlich hierfür der Ausdruck gefunden:

$$t_0 = \frac{d\delta}{dt}\left[\operatorname{tang}\varphi - \operatorname{tang}\delta\right]\frac{206265}{15}$$

wo $\frac{d\delta}{dt}$ die Aenderung der Declination in einer Zeitsecunde bedeutet und t_0 in Zeitsecunden ausgedrückt ist. Da aber die Aenderung der Declination in einer Zeitsecunde gleich $\frac{\mu}{48} \; \frac{1}{3600}$ ist, so erhält man für den Stundenwinkel der gröſsten Höhe, in Zeitsecunden ausgedrückt:

$$t_0 = \frac{\mu}{720} [\text{tang}\, \varphi - \text{tang}\, \delta] \frac{206265}{3600 \times 15}$$

$$= \frac{\mu}{188.5} [\text{tang}\, \varphi - \text{tang}\, \delta]$$

also bis auf das Zeichen dieselbe Formel wie für y. Die Gröſse $t+y$ ist daher der Stundenwinkel des Sterns, welcher nicht von der Culmination sondern von der Zeit der gröſsten Höhe an gerechnet ist.

Wenn man daher Circummeridianhöhen eines Gestirns beobachtet hat, dessen Declination veränderlich ist, so hat man nicht nöthig, zur Reduction auf den Meridian die einem jeden Stundenwinkel entsprechende Declination anzuwenden, sondern kann für alle die Declination nehmen, welche bei der Culmination statt findet, muſs aber dann die Stundenwinkel nicht von der Zeit der Culmination, sondern von der Zeit der gröſsten Höhe ab rechnen. Dadurch ist dann die Berechnung ebenso bequem wie im ersteren Falle, wo die Declination des beobachteten Gestirns als unveränderlich angenommen wurde.

Für die in Nr. 6 berechnete Beobachtung zu Cairo ist:

$$\log \mu = 3.4458_n \text{ und } D = -3^\circ\, 48'\, 38''.6.$$

Damit erhält man:

$$y = +9''.6, \text{ also } t+y = 13'\, 0''.9$$

und hiermit die Reduction auf den Meridian:

$$= -8'\, 35''.1, \text{ also } \varphi = 30^\circ\, 4'\, 20''.5$$

genau so wie es vorher berechnet war. Wegen des zweiten von $\sin \frac{1}{2} t^4$ abhängigen Gliedes der Reduction hat man hierzu noch $+0''.9$ zu addiren.

Ist nur eine einzelne Höhe beobachtet, so ist es natürlich bequemer, die Declination der Sonne für die Zeit der Beobachtung zu interpoliren; sind indessen mehrere Höhen genommen, so bedient man sich mit mehr Vortheil der eben gegebenen Methode.

8. Da die Polardistanz des Polarsterns (α Ursae minoris) sehr klein ist,*) so wird derselbe, in welchem Stundenwinkel er sich auch befinden mag, immer nur ein kleines Azimut haben, also für die Bestimmung der Polhöhe in jedem Augenblicke mit Vortheil angewandt werden können. Für diesen Fall wird aber die eben gegebene Methode zur Berechnung der Reduction auf den Meridian nicht mehr brauchbar sein, weil die dort gefundene Reihe nur für kleine Werthe des Stundenwinkels convergirte. Man mufs daher jetzt einen andern Weg verfolgen und zwar wird es wegen der Kleinheit der Polardistanz zweckmäfsig sein, die an die beobachtete Höhe anzubringende Correction nach Potenzen dieser Gröfse zu entwickeln. Bezeichnet man nun die Polardistanz mit p, so hat man die Gleichung:

$$\sin h = \sin \varphi \cos p + \cos \varphi \sin p \cos t$$

oder, wenn man für $\cos p$ und $\sin p$ die bekannten Reihen setzt und bei den dritten Potenzen stehen bleibt:

$$\sin h = \sin \varphi + p \cos \varphi \cos t - \tfrac{1}{2} p^2 \sin \varphi - \tfrac{1}{6} p^3 \cos \varphi \cos t$$

oder:

$$\sin h = \sin \varphi + b \qquad (a)$$

wenn man der Kürze wegen setzt:

$$b = p \cos \varphi \cos t - \tfrac{1}{2} p^2 \sin \varphi - \tfrac{1}{6} p^3 \cos \varphi \cos t \qquad (b)$$

Aus dieser Gleichung (a) erhält man nach Formel (20) der Einleitung:

$$h = \varphi + \frac{b}{\cos \varphi} + \tfrac{1}{2} \operatorname{tang} \varphi \frac{b^2}{\cos \varphi^2} + \tfrac{1}{6} [1 + 3 \operatorname{tang} \varphi^2] \frac{b^3}{\cos \varphi^3}$$
$$= \varphi + \frac{b}{\cos \varphi} + \tfrac{1}{2} b^2 . \frac{\sin \varphi}{\cos \varphi^3} + \tfrac{1}{6} b^3 \left\{ \frac{1 + 2 \sin \varphi^2}{\cos \varphi^5} \right\}$$

---

*) Sie beträgt jetzt etwa $1\frac{1}{2}$ Grade.

16

oder, wenn man für b seinen Werth aus der Gleichung (b) substituirt und die höheren Potenzen als die dritte vernachläſsigt:

$$h = \varphi + p \cos t - \tfrac{1}{2} p^2 \operatorname{tang} \varphi - \tfrac{1}{6} p^3 \cos t$$
$$+ \tfrac{1}{2} [p^2 \cos \varphi^2 \cos t^2 - p^3 \sin \varphi \cos \varphi \cos t] \frac{\sin \varphi}{\cos \varphi^3}$$
$$+ \tfrac{1}{6} p^3 \cos \varphi^3 \cos t^3 \left\{ \frac{1 + 2 \sin \varphi^2}{\cos \varphi^5} \right\}$$

$$= \varphi + p \cos t - \tfrac{1}{2} p^2 \operatorname{tang} \varphi \sin t^2 - \tfrac{1}{6} p^3 \cos t \left\{ 1 + 3 \operatorname{tang} \varphi^2 - \frac{\cos t^2 (1 + 2 \sin \varphi^2)}{\cos \varphi^2} \right\}$$

oder endlich:

$$h = \varphi_0 + p \cos t - \tfrac{1}{2} p^2 \operatorname{tang} \varphi \sin t^2 - \tfrac{1}{6} p^3 \cos t \sin t^2 \left\{ \frac{1 + 2 \sin \varphi^2}{\cos \varphi^2} \right\} \qquad (c)$$

Um aus dieser Gleichung φ zu finden, muſs man eigentlich schon einen genäherten Werth von φ kennen. Setzt man nun als erste Näherung:

$$h = \varphi + p \cos t$$

so hat man nach dem Taylorschen Lehrsatze:

$$\operatorname{tang} h = \operatorname{tang} \varphi + \frac{p \cos t}{\cos \varphi^2} + \ldots$$

und erhält dann, wenn man den Werth von tang φ aus dieser Gleichung in (c) substituirt:

$$h = \varphi + p \cos t - \tfrac{1}{2} p^2 \sin t^2 \operatorname{tang} h + \tfrac{1}{3} p^3 \cos t \sin t^2$$

Das letzte Glied dieser Gleichung hat nur geringen Einfluſs und kann daher in den meisten Fällen vernachläſsigt werden. Der Factor $\cos t \sin t^2$ ist nämlich ein Maximum für denjenigen Werth von t, welcher durch die Gleichung bestimmt wird:

$$- \sin t^3 + 2 \cos t^2 \sin t = 0$$

oder für:

$$\operatorname{tang} t = \sqrt{2}$$

für welchen Werth das zweite Differential negativ wird. Ist

aber tang $t = \sqrt{2}$, so ist sin $t = \sqrt{\frac{2}{3}}$ und cos $t = \sqrt{\frac{1}{3}}$, also wird das letzte Glied im Maximum:

$$\frac{2}{9} p^3 \sqrt{\frac{1}{3}}$$

mithin für:

$$p = 100' = 6000'' \text{ gleich } 0''.65$$

Wenn es daher nicht auf die äufserste Genauigkeit ankommt z. B. bei Beobachtungen zur See, so wird man das letzte Glied immer fortlassen können und hat dann ganz einfach:

$$\varphi = h - p \cos t + \tfrac{1}{2} p^2 \operatorname{tang} h \sin t^2 \qquad (A)$$

Um nun nach dieser Formel die Polhöhe leichter berechnen zu können, hat man Tafeln construirt, welche man im Nautical Almanac und in den Berliner Jahrbüchern für jedes Jahr findet. In diesen Tafeln hat man die Einrichtung getroffen, dafs man von bestimmten Werthen der Rectascension und Declination des Polarsterns, die α_0 und p_0 sein mögen, ausgeht, während die wahren Rectascensionen und Declinationen für die Zeit der Beobachtung:

$$\alpha = \alpha_0 + \Delta\alpha \text{ und } p = p_0 + \Delta p$$

sind. Substituirt man diese Werthe, so wird die Formel (*A*), da $t = \Theta - \alpha$ ist:

$$\varphi = h - p_0 \cos t_0 + \tfrac{1}{2} p_0^2 \operatorname{tang} h \sin t^2$$
$$- \Delta p \cos t_0 - p \sin t_0 \, \Delta\alpha$$

wo $t_0 = \Theta - \alpha_0$ ist.

In den angeführten Jahrbüchern findet man nun drei Tafeln. Die erste giebt den Werth $- p_0 \cos t_0$ mit dem Argumente Θ, da p_0 und α_0 constant sind und blos Θ veränderlich ist. Die zweite Tafel giebt das Glied $\frac{1}{2} p_0^2 \operatorname{tang} h \sin t_0^2$ und da dies von h und t_0 abhängt, so hat diese Tafel das doppelte Argument h und Θ. Diese beiden ersten Tafeln sind nun in allen Jahren dieselben, so lange die Werthe α_0 und p_0 dieselben bleiben. Die dritte Tafel giebt endlich das von t, $\Delta\alpha$ und Δp abhängige, dritte Glied

$$- \Delta p \cos t_0 - p \sin t_0 \, \Delta\alpha$$

und hat als Argumente die Sternzeit Θ und die Tage des Jahres.

Alle Gröſsen in den Tafeln 2 und 3 sind übrigens positiv angegeben, indem eine Constante hinzuaddirt ist, welche die gröſsten negativen Werthe positiv macht. In den Tafeln des Berliner Jahrbuchs ist diese Constante von den Gröſsen der ersten Tafel wieder abgezogen. In den Tafeln des Nautical Almanac ist dies indessen nicht der Fall, sodaſs man die Constante, welche eine Minute beträgt, von der beobachteten Höhe abziehen muſs, wenn man sich dieser Tafeln bedient.

Beispiel. Den 12ten October 1847 wurde auf der Sternwarte des Hrn. Dr. Hülsmann zu Düsseldorf um $18^h 22' 48''.8$ Sternzeit die Höhe des Polarsterns beobachtet und dafür nach Abzug der Refraction gefunden $50^0 55' 30''.8$.

Nach dem Berliner Jahrbuche hat man für diesen Tag den Ort des Polarsterns:

$$\alpha = 1^h 5' 31''.7 \quad \delta = 88^\circ 29' 52''.4$$

Es ist also:

$$p = 1^\circ 30' 7''.6 \ \log p = 3.733005, \log p^2 = 2.151585$$
$$t = 17^h 17' 17''.1 = 259^\circ 19' 16''.5$$

mithin erhält man:

$$-p \cos t = + 16' 42''.04$$
$$+ \tfrac{1}{2} p^2 \operatorname{tang} h \sin t^2 = + \ 1 \ 24 \ .30$$

und endlich:

$$\varphi = 51^\circ 13' 37''.14$$

Will man auch das letzte Glied $+ \frac{1}{3} p^3 \sin t^2 \cos t$ mitnehmen, so hat man, da $\log p^3 = 1.19901$ ist:

$$- \tfrac{1}{3} p^3 \cos t \sin t^2 = + 0''.22$$

sodaſs dann:

$$\varphi = 51^\circ 13' 37''.36$$

9. Dr. Petersen hat ebenfalls sehr bequeme Tafeln gegeben, nach denen man aus gemessenen Zenithdistanzen des Polarsterns mit groſser Leichtigkeit und vollkommener Schärfe die Polhöhe des Beobachtungsortes berechnen kann. Diese

Tafeln sind in Warnstorffs Hülfstafeln gegeben und beruhen auf folgenden Formeln.

Fällt man vom Orte des Polarsterns*) auf den Meridian ein Perpendikel u Fig. 7 und bezeichnet das Stück des Meridians zwischen dem Fuſspuncte des Perpendikels und dem Pole mit x, das andre Stück dagegen zwischen dem Fuſspuncte und dem Zenith mit $z-y$, wo z die Zenithdistanz ist, sodaſs:

$$90 - \varphi = z - y + x$$

oder:

$$\varphi = 90 - z + y - x \qquad (a)$$

so hat man, wenn man die Polardistanz des Polarsterns mit p, seinen Stundenwinkel mit t bezeichnet:

$$\left.\begin{aligned} \operatorname{tang} x &= \operatorname{tang} p \cos t \\ \text{und } \cos z &= \cos (z-y) \cos u \end{aligned}\right\} \qquad (b)$$

Die Polardistanz beträgt nun jetzt etwa $1^0\, 30'$ und ändert sich jährlich um etwa $19''$. Berechnet man also die Gröſsen x und y für die verschiedenen Werthe von t mit einem bestimmten Polarabstande, etwa $1^0\, 30'$, so wird man, um die wahren Gröſsen zu erhalten, nachher nur kleine Correctionen hinzuzufügen haben, welche von dem Unterschiede der wahren Polardistanz von der angenommenen $1^0\, 30'$ abhängen. Bezeichnet man diesen bestimmten Werth $1^0\, 30'$ der Polardistanz mit π, so hat man:

$$\operatorname{tang} x = \frac{\operatorname{tang} p}{\operatorname{tang} \pi} \operatorname{tang} \pi \cos t$$

oder, wenn man setzt:

$$\operatorname{tang} \pi \cos t = \operatorname{tang} \alpha \qquad (A)$$

$$\operatorname{tang} x = \frac{\operatorname{tang} p}{\operatorname{tang} \pi} \operatorname{tang} \alpha$$

Der Quotient $\frac{\operatorname{tang} p}{\operatorname{tang} \pi}$ ist aber, wie man leicht findet, wenn

*) Dessen Stundenwinkel $< \pm\, 6^h$ angenommen wird.

man statt der Tangenten die bekannten Reihen setzt und die dritten Potenzen noch beibehält:

$$\frac{p}{\pi} + \frac{1}{3}\frac{p}{\pi}\frac{(p^2-\pi^2)}{206265^2}$$

also ist:

$$\operatorname{tang} x = \frac{p}{\pi}\operatorname{tang}\alpha + \frac{1}{3}p \cdot \frac{p^2-\pi^2}{206265^3}\cos t$$

Da nun π eine kleine Gröfse, nämlich $1^0\ 30'$ ist, so sind auch α und x kleine Gröfsen und es wird daher immer erlaubt sein, statt der Tangenten nur die ersten Glieder der Reihen für dieselben zu setzen, indem man wieder die Glieder der fünften und höheren Ordnungen vernachläfsigt. Dann wird aber:

$$x = \frac{p}{\pi}\alpha + \frac{1}{3}p\ \frac{p^2-\pi^2}{206265^2}\cos t + \frac{1}{3}\frac{p}{\pi}\operatorname{tang}\pi^3\cos t^3\ 206265$$
$$- \frac{1}{3}\frac{x^3}{206265^2}$$

oder, wenn man statt x auf der rechten Seite den Näherungswerth $p\cos t$ einführt:

$$x = \frac{p}{\pi}\alpha + \frac{1}{3}p\ \frac{p^2-\pi^2}{206265^2}\cos t - \frac{1}{3}p \cdot \frac{p^2-\pi^2}{206265^2}\cos t^3$$
$$= \frac{p}{\pi}\alpha + \frac{1}{3}p \cdot \frac{p^2-\pi^2}{206265^2}\cos t\sin t^2$$

Setzt man nun:

$$\frac{1}{3}p\ \frac{p^2-\pi^2}{206265^2}\cos t\sin t^2 = \gamma \qquad (B)$$

und:

$$\frac{p}{\pi} = A \qquad (C)$$

so wird:

$$x = A\alpha + \gamma \qquad (D)$$

Petersen hat nun zwei Tafeln berechnet, von denen die eine mit dem Argumente t den Werth α giebt, die andre den Werth γ mit dem doppelten Argumente p und t, sodafs man die Gröfse x mit Leichtigkeit finden kann.

Zur Berechnung der Polhöhe aus der Gleichung (*a*) mufs man nun noch die Gröfse y kennen. Entwickelt man aber die zweite der Gleichungen (*b*), so erhält man:

$$\sin y = \frac{\cos z - \cos z \cos u \cos y}{\sin z \cos u}$$
$$= \frac{\operatorname{cotang} z\,(1-\cos u)}{\cos u} + 2 \operatorname{cotang} z \sin \tfrac{1}{2} y^2$$
$$= \frac{\operatorname{cotang} z \,.\, u^2}{2\,(1-\sin u^2)^{\frac{1}{2}}} + 2 \operatorname{cotang} z \sin \tfrac{1}{2} y^2$$

Da aber nach Einleitung Nr. 10 bis auf die dritten Potenzen genau:

$$u = \frac{\sin u}{(1-\sin u^2)^{\frac{1}{6}}}$$

und zugleich:

$$\sin u = \sin p \sin t$$

so wird:

$$\sin y = \operatorname{cotang} z \,.\, \frac{\sin p^2 \sin t^2}{2\,(1-\sin p^2 \sin t^2)^{\frac{5}{6}}} + 2 \operatorname{cotang} z \sin \tfrac{1}{2} y^2$$

oder, wenn man setzt:

$$\tfrac{1}{2} \quad \frac{\sin \pi^2 \sin t^2}{[1-\sin \pi^2 \sin t^2]^{\frac{5}{6}}} = \sin \beta \qquad (E)$$

und:

$$2 \operatorname{cotang} z \sin \tfrac{1}{2} y^2 = \mu \qquad (F)$$

endlich:

$$\sin y = \operatorname{cotang} z \quad A^2 \left\{\frac{1-\sin \pi^2 \sin t^2}{1-\sin p^2 \sin t^2}\right\}^{\frac{5}{6}} \sin \beta + \mu$$

Da die von Petersen berechneten Tafeln nur für Polardistanzen zwischen 1° 20′ und 1° 40′ gelten, so ist die Gröfse:

$$\left\{\frac{1-\sin \pi^2 \sin t^2}{1-\sin p^2 \sin t^2}\right\}^{\frac{5}{6}}$$

gleich eins gesetzt, weil man dadurch im Maximum nur einen Fehler in y begeht, der kleiner als 0″.01 ist, und man erhält dann einfach:

$$y = A^2 \beta \operatorname{cotang} z + \mu \qquad (G)$$

Petersen giebt nun wieder zwei Tafeln, von denen die eine mit dem Argumente t die Werthe von β, die andre mit dem doppelten Argumente y und der Höhe des Polarsterns oder auch der Polhöhe die sehr kleine Gröfse μ giebt.

Hat man so x und y nach den Formeln (D) und (G) berechnet, so erhält man die Polhöhe aus der Gleichung (a) oder aus:

$$\varphi = 90 - z + A^2 \beta \operatorname{cotang} z + \mu - A\alpha - \gamma$$

Ist der Polarstern der unteren Culmination näher als der oberen, so fällt das Perpendikel nicht mehr zwischen Zenith und Pol, sondern trifft den Meridian in einer kleineren Höhe als der Pol hat und es ist dann:

$$90 - \varphi = z - y - x$$

oder:

$$\varphi = 90 - z + A^2 \beta \operatorname{cotang} z + \mu + A\alpha + \gamma$$

Man nimmt dann in letzterem Falle $12^h - t$ statt t als Argument oder zählt die Stundenwinkel von der untern Culmination ab.

Berechnet man das in der vorigen Nummer gegebene Beispiel nach dieser Methode, so erhält man, da:

$$t = 5^h\ 17'\ 17''.1$$

nach der unteren Culmination und:

$$p = 1^\circ\ 30'\ 7''.6,\ 90 - z = 50^\circ\ 55'\ 30''.8$$

war:

$$\log A = 0.0006108$$
$$\alpha = 1000''.66$$
$$\beta = 68.28$$
$$\gamma = 0.00$$

und damit:

$$A\alpha = 16'\ 42''.07$$
$$A^2 \beta \operatorname{cotang} z = 1\ 24.33$$
$$\mu = 0.02$$

also:

$$\varphi = 51^\circ\ 13'\ 37''.22$$

10. Gaufs hat ebenfalls eine Methode gegeben, um die Polhöhe aus dem Mittel mehrerer von der Culmination entfernten Zenithdistanzen eines Sterns zu finden. Dieselbe ist besonders für den Polarstern bequem.

Kennt man einen genäherten Werth φ_0 der Polhöhe φ und ist t die Sternzeit, zu welcher man eine Zenithdistanz z gemessen hat, so kann man aus t und φ_0 eine Zenithdistanz ζ berechnen nach den Formeln:

$$\tan x = \cos t \operatorname{cotang} \delta$$
$$\cos \zeta = \frac{\sin \delta}{\sin x} \sin(\varphi_0 + x)$$

und erhält dann:

$$d\varphi \, \frac{d\zeta}{d\varphi} = z - \zeta$$

also:

$$d\varphi = \frac{\zeta - z}{\frac{\sin \delta}{\cos x} \, \frac{\cos(\varphi_0 + x)}{\sin \zeta}}$$

x ist hier wieder der Bogen des Meridians, welcher zwischen dem Pole und dem Fufspuncte des von dem Sterne auf den Meridian gefällten Perpendikels enthalten ist, und da dieser Bogen immer zwischen den Grenzen $\pm\, 90 - \delta$ liegt, so kann man für den Polarstern sowohl $\frac{\sin \delta}{\cos x}$ als auch $\frac{\cos(\varphi + x)}{\sin \zeta}$ gleich eins setzen, sobald nur die Pohöhe bis auf einige Secunden bekannt, also $d\varphi$ nur eine kleine Gröfse ist.

Hat man eine zweite Zenithdistanz zur Sternzeit Θ' gemessen, so ist:

$$\tan x' = \cos t' \tan \delta$$
$$\cos \zeta' = \frac{\sin \delta}{\sin x'} \sin(\varphi_0 + x')$$

und:

$$d\varphi = \frac{z' - \zeta'}{\frac{d\zeta'}{d\varphi}}$$

oder, wenn Z das arithmetische Mittel der beiden gemessenen Zenithdistanzen gleich $\frac{1}{2}(z+z')$ bedeutet:

$$d\varphi = \frac{Z - \frac{1}{2}(\zeta'+\zeta)}{\frac{1}{2}\left(\frac{d\zeta}{d\varphi} + \frac{d\zeta'}{d\varphi}\right)} = \frac{\frac{1}{2}(\zeta'+\zeta) - Z}{\frac{1}{2}(A+B)} \qquad (a)$$

wo:

$$A = \frac{\sin\delta}{\cos x} \cdot \frac{\cos(\varphi_0 + x)}{\sin\zeta}$$
$$B = \frac{\sin\delta}{\cos z'} \cdot \frac{\cos(\varphi_0 + z')}{\sin\zeta'} \qquad (b)$$

oder auch:

$$A = \text{cotang}\,\zeta \quad \text{cotang}\,(\varphi_0 + x)$$
$$B = \text{cotang}\,\zeta' \quad \text{cotang}\,(\varphi_0 + z') \qquad (c)$$

oder endlich, wenn man $\frac{d\zeta}{d\varphi}$ aus der ursprünglichen Gleichung:

$$\cos\zeta = \sin\varphi_0 \sin\delta + \cos\varphi_0 \cos\delta \cos t$$

sucht:

$$\frac{1}{2}(A+B) = \frac{\cos\varphi \sin\delta}{\sin Z} - \frac{\sin\varphi\cos\delta}{\sin Z} \cos\frac{1}{2}(t'+t) \qquad (d)$$

Für den Polarstern erhält man einfach:

$$d\varphi = \frac{1}{2}(\zeta+\zeta') - Z \qquad (e)$$

Hätte man nun mehrere Zenithdistanzen beobachtet, so müfste man eigentlich für jede einzelne Sternzeit die Zenithdistanz ζ berechnen und erhielte dann:

$$d\varphi = -\frac{\frac{1}{n}[\zeta+\zeta'+\zeta''+\zeta^{n-1}] - Z}{\frac{1}{n}\left(\frac{d\varphi}{d\zeta} + \frac{d\varphi}{d\zeta'} + \ldots\ldots\ldots\right)} \qquad (f)$$

wo Z wieder das arithmetische Mittel aus allen gemessenen Zenithdistanzen bezeichnet. Statt dessen verfährt man aber auf folgende Weise:

Bezeichnet man mit Θ das arithmetische Mittel aus allen Sternzeiten, und setzt:

$$t-\Theta = \tau,\ t'-\Theta = \tau' \text{ etc.}$$

so erhält man, wenn ζ_0 die zu der Sternzeit Θ gehörige Zenithdistanz bedeutet:

$$\zeta = \zeta_0 + \frac{d\zeta_0}{dt}\tau + \tfrac{1}{2}\frac{d^2\zeta_0}{dt^2}\tau^2 + \ldots$$

$$\zeta' = \zeta_0 + \frac{d\zeta_0}{dt}\tau' + \tfrac{1}{2}\frac{d^2\zeta_0}{dt^2}\tau'^2 + \ldots .$$

oder, da:

$$\tau + \tau' + \tau'' + \ldots = 0 \text{ ist:}$$

$$\frac{\zeta + \zeta' + \zeta'' + \ldots}{n} = \zeta_0 + \frac{d^2\zeta_0}{dt^2}\,\frac{\Sigma \tfrac{1}{2}\tau^2}{n}$$

$$= \zeta_0 + \frac{d^2\zeta_0}{dt^2}\,\frac{\Sigma\, 2 \sin \tfrac{1}{2}\tau^2}{n}$$

Bezeichnet nun T einen Winkel, sodafs:

$$2 \sin \tfrac{1}{2} T^2 = \frac{\Sigma\, 2 \sin \tfrac{1}{2}\tau^2}{n}$$

so sind die zu der Sternzeit $\Theta - T$ und $\Theta + T$ gehörigen Zenithdistanzen z und z':

$$z = \zeta_0 - \frac{d\zeta_0}{dt} T + \tfrac{1}{2}\frac{d^2\zeta_0}{dt^2} T^2$$

$$z' = \zeta_0 + \frac{d\zeta_0}{dt} T + \tfrac{1}{2}\frac{d^2\zeta_0}{dt^2} T^2$$

oder:

$$\frac{z + z'}{2} = \zeta_0 + \frac{d^2\zeta_0}{dt^2}\, 2 \sin \tfrac{1}{2} T^2 = \frac{\zeta + \zeta' + \zeta'' + \ldots}{n}$$

und man man erhält dann nach Formel (f) einfach:

$$d\varphi = \frac{\tfrac{1}{2}(z' + z) - Z}{\tfrac{1}{2}(A' + B')}$$

wenn man die zu z und z' gehörigen Werthe von A und B mit A' und B' bezeichnet.

Hat man also mehrere Zenithdistanzen eines Sternes gemessen, so nimmt man das Mittel der beobachteten Uhrzeiten und zieht ohne Rücksicht auf das Zeichen jede einzelne Uhrzeit davon ab. Diese Unterschiede in Sternzeit verwandelt geben die Gröſsen τ, für welche man aus den Tafeln die einzelnen Gröſsen $2 \sin \frac{1}{2} \tau^2$ nimmt. Dann sucht man aus denselben Tafeln das zum arithmetischen Mittel aller dieser Gröſsen gehörige Argument T, berechnet die Stundenwinkel:

$$\Theta - (\alpha + T) = t$$
$$\Theta - (\alpha - T) = t'$$

und dann z und z' nach den Formeln:

$$\tang x = \cos t \operatorname{cotang} \delta$$
$$\cos z = \frac{\sin \delta}{\cos x} \sin (\varphi_0 + x)$$

und:

$$\tang x' = \cos t' \operatorname{cotang} \delta$$
$$\cos z' = \frac{\sin \delta}{\cos x} \sin (\varphi_0 + x)$$

Hat man dann den Polarstern beobachtet, so ist unmittelbar:

$$d\varphi = \tfrac{1}{2}(z + z') - Z$$

wo Z das arithmetische Mittel aus allen gemessenen Zenithdistanzen ist. Für andre Sterne hat man aber die vollständige Formel für $d\varphi$ zu berechnen, nämlich:

$$d\varphi = \frac{\frac{1}{2}(z + z') - Z}{\frac{1}{2}(A + B)}$$

wo die Gröſsen A und B durch die Formeln (b), (c) oder (d) gefunden werden, wenn man darin $\zeta = z$ und $\zeta' = z'$ nimmt. *)

---

*) Warnstorff's Hülfstafeln pag. 127.

Beispiel. Am 12. October 1847 wurden auf der Sternwarte des Herrn Dr. Hülsmann folgende zehn Zenithdistanzen des Polarsterns beobachtet:

	Sternzeit.	Zenithdistanz.	τ	$2 \sin \frac{1}{2}\tau^2$
	$17^h\,56'\,21''.4$	$39^\circ\,13'\,42''.1$	$13'\,19''.75$	348 . 75
	59 54 . 5	12 17 . 6	9 46 . 65	187 . 69
	18 3 29 . 7	11 6 . 8	6 11 . 45	75 . 24
	6 2 . 9	10 3 . 6	3 38 . 25	25 . 98
	8 35 . 0	9 0 . 6	1 6 . 15	2 . 39
	11 5 . 1	8 2 . 8	1 23 . 95	3 . 85
	13 32 . 0	7 7 . 6	3 50 . 85	29 . 06
	16 34 . 0	6 4 . 8	6 52 . 85	92 . 95
	18 28 . 1	5 15 . 3	8 46 . 95	151 . 43
	22 48 . 8	3 42 . 7	13 7 . 65	338 . 28
$\Theta =$	$18^h\;9'\,41''.15$	$39^\circ\;8'38''.39$		125 . 56
	Refr.	46 .50		$T = 7'\,59''.83$
	$Z =$	$39^\circ\,9'\,24''.89$		

$$\Theta - (\alpha + T) = 16^h\,56'\;9''.6 \qquad \Theta - (\alpha - T) = 17^h\,12'\;9''.3$$
$$= 254^\circ\,2'\,24''.0 \qquad\qquad = 258\;\;2\;19\,.5$$

Nimmt man nun:

$$\varphi_0 = 51^\circ\,15'\,30''.0$$

so erhält man:

$$z = 39^\circ\,12'\,37''.61 \qquad z' = 39^\circ\,6'\,34''.54$$
$$\tfrac{1}{2}(z+z') = 39^\circ\,9'\,36''.07$$
$$\tfrac{1}{2}(z+z') - Z = \quad + 11''.18$$

mithin:

$$\varphi = 51^\circ\,18'\,41''\,2$$

III. Bestimmung der Zeit und der Polhöhe durch die Combination mehrerer Höhen.

11. Nimmt man zwei Höhen von Sternen, so hat man zwei Gleichungen:

$$\sin h = \sin\varphi \sin\delta + \cos\varphi \cos\delta \cos t$$
$$\sin h' = \sin\varphi \sin\delta' + \cos\varphi \cos\delta' \cos t'$$

In diesen Gleichungen ist δ und δ' aus den Sternverzeichnissen bekannt, ferner ist:

$$t' = t + (t'-t) = t + (\Theta'-\Theta) - (\alpha'-\alpha)$$

Da nun $\alpha'-\alpha$ ebenfalls aus den Sternverzeichnissen entnommen werden kann und $\Theta'-\Theta$ die bekannte Zwischenzeit der Beobachtungen ist, so enthalten die beiden Gleichungen die beiden Unbekannten Θ und φ, die man durch Auflösung derselben bestimmen kann. Durch die Beobachtung zweier Sternhöhen kann man also immer Zeit und Polhöhe zugleich finden; die Verbindung zweier Höhenbeobachtungen giebt aber auch in besonderrn Fällen sehr bequeme Methoden, die Polhöhe oder die Zeit allein zu bestimmen.

Nimmt man nämlich an, daſs die beiden Höhen im Meridiane gemessen sind und demselben Sterne angehören, daſs man also den Stern bei seiner oberen und unteren Culmination beobachtet hat, so erhält man, wenn man statt der Höhen Zenithdistanzen einführt, für die obere Culmination:

$$z = \delta - \varphi$$

und für die untere Culmination:

$$z' = 180 - \delta - \varphi$$

Das arithmetische Mittel aus beiden Zenithdistanzen wird also:

$$\tfrac{1}{2}(z+z') = 90 - \varphi$$

und die halbe Differenz:

$$\tfrac{1}{2}(z'-z) = 90 - \delta$$

und man kann daher durch die Beobachtung der Circumpolarsterne bei ihrer oberen und unteren Culmination die Polhöhe und dabei zugleich ihre Declination bestimmen.

Ebenso erhält man die Polhöhe durch bloſse Unterschiede der Zenithdistanzen zweier Sterne, von denen der eine im südlichen, der andre im nördlichen Quadranten des Meridians culminirt. Ist nämlich δ die Abweichung des gegen Süden culminirenden Sterns, so ist seine Meridianzenithdistanz:

$$z = \varphi - \delta$$

Ist dagegen δ' die Declination des gegen Norden culminirenden Sterns, so ist dessen Zenithdistanz:

$$z' = \delta' - \varphi$$

oder:

$$z' = 180 - \delta' - \varphi$$

je nachdem er in seiner oberen oder unteren Culmination beobachtet ist. Man erhält daher:

$$\varphi = \tfrac{1}{2}(\delta + \delta') + \tfrac{1}{2}(z - z')$$

wenn beide Sterne in ihrer oberen Culmination beobachtet sind und:

$$\varphi = 90 + \tfrac{1}{2}(\delta - \delta') + \tfrac{1}{2}(z - z')$$

wenn der nördliche Stern in seiner unteren Culmination beobachtet ist.

12. Nimmt man an, dafs zwei Höhen eines und desselben Sternes beobachtet sind und aufserdem, dafs beide Höhen einander gleich sind, so hat man:

$$\begin{aligned} \sin h &= \sin\varphi \sin\delta + \cos\varphi \cos\delta \cos t \\ \sin h' &= \sin\varphi \sin\delta + \cos\varphi \cos\delta \cos t' \end{aligned} \qquad (\alpha)$$

woraus $t = -t'$ folgt. Die Höhen sind dann also auf beiden Seiten des Meridians in gleichen Stundenwinkeln genommen. Ist nun u die Uhrzeit der ersteren Höhe, u' die der zweiten, so wird $\tfrac{1}{2}(u' + u)$ die Zeit sein, zu welcher der Stern im Meridiane war, und da diese gleich der bekannten Rectascension α des Sterns sein mufs, so erhält man daraus den Stand der Uhr gleich:

$$\alpha - \tfrac{1}{2}(u' + u)\ ^{*)}$$

---

*) Beobachtet man auf diese Weise verschiedene Sterne, indem man bei jedem einzelnen gleiche Höhen auf der Ost- und Westseite des Meridians nimmt, so erhält man den Unterschied der Zeiten, zu welchen diese Sterne im Meridiane waren, oder ihren Rectascensionsunterschied. Dazu ist es aber noch nöthig, den Gang der Uhr zu kennen, den man erhält, wenn man denselben Stern an auf einander folgenden Tagen beobachtet.

Diese Methode der correspondirenden Höhen ist die sicherste, um die Zeit durch Höhenbeobachtungen zu bestimmen und da man weder die Polhöhe des Beobachtungsortes noch die Declination des Gestirns, also auch nicht den Meridianunterschied von dem Orte, für welchen die Ephemeride gilt, zu kennen braucht, so eignet sich dieselbe besonders zur Zeitbestimmung an solchen Orten, deren geographische Lage ganz unbekannt ist. Man hat aber ebenso wenig nöthig, die Höhe selbst zu kennen, sodaſs man also durch diese Methode selbst mit schlechten Instrumenten, welche absolute Höhen mit Genauigkeit nicht messen lassen, scharfe Resultate erhalten kann. Das einzige. welches diese Methode erfordert, ist eine gute Uhr, auf deren gleichförmigen Gang in der Zwischenzeit man sich verlassen kann und dann eben ein Höheninstrument, welches nicht einmal eine Theilung oder wenigstens keine genaue zu haben braucht.

Hierbei ist nun vorausgesetzt, daſs das Gestirn seine Declination in der Zwischenzeit der Beobachtungen nicht ändert. Nimmt man nun aber Höhen der Sonne, deren Declination sich im Laufe mehrerer Stunden sehr merklich ändert, so wird das arithmetische Mittel aus den beiden Beobachtungszeiten nicht mehr die Zeit geben, zu welcher die Sonne im Meridiane war, sondern wenn ihre Declination zunimmt, (d. h. wenn sie sich dem Nordpole nähert) so wird zu derselben Höhe Nachmittags ein gröſserer Stundenwinkel gehören als Vormittags, also wird das Mittel der Zeiten nach Mittag fallen. Umgekehrt wird das Mittel der Zeiten vor Mittag fallen, wenn die Sonne sich dem Südpole nähert oder ihre Declination abnimmt. Man muſs daher in diesem Falle zu dem Mittel der Zeiten noch eine Correction hinzufügen, welche von der Aenderung der Declination abhängt. Diese Correction heiſst die M i t t a g s v e r b e s s e r u n g.

Ist δ die Declination der Sonne im Mittage und $\Delta\delta$ die Aenderung der Declination vom Mittage bis zu der Zeit, wo jede Höhe genommen wurde, so hat man die beiden Gleichungen:

$$\sin h = \sin\varphi \sin(\delta - \Delta\delta) + \cos\varphi \cos(\delta - \Delta\delta) \cos t$$
$$\sin h = \sin\varphi \sin(\delta + \Delta\delta) + \cos\varphi \cos(\delta + \Delta\delta) \cos t'$$

Die Uhrzeit der Beobachtung am Vormittage sei wieder u, die andre u', so ist $\frac{1}{2}(u'+u) = U$ die Zeit, zu welcher die Sonne im Meridiane gewesen wäre, wenn die Declination derselben sich nicht geändert hätte. Diese Zeit U nennt man den unverbesserten Mittag.

Bezeichnet man dann die halbe Zwischenzeit der Beobachtungen $\frac{1}{2}(u'-u)$ durch τ, die Mittagsverbesserung durch x, so wird der Augenblick des wahren Mittags $U+x$ und:

$$t = \frac{1}{2}(u'-u) + x = \tau + x$$
$$t' = \frac{1}{2}(u'-u) - x = \tau - x$$

es wird also auch:

$$\sin h = \sin\varphi \sin(\delta - \Delta\delta) + \cos\varphi \cos(\delta - \Delta\delta) \cos(\tau + x)$$

und:

$$\sin h = \sin\varphi \sin(\delta + \Delta\delta) + \cos\varphi \cos(\delta + \Delta\delta) \cos(\tau - x)$$

Setzt man diese beiden Ausdrücke von $\sin h$ einander gleich, so erhält man zur Bestimmung von x die Gleichung:

$$0 = \sin\varphi \cos\delta \sin\Delta\delta - \cos\varphi \sin\delta \sin\Delta\delta \cos\tau \cos x + \cos\varphi \cos\Delta\delta \cos\delta \sin\tau \sin x$$

Bei der Sonne ist nun x immer eine so kleine Gröfse, dafs es erlaubt ist, den Cosinus gleich eins zu setzen und den Sinus mit dem Bogen zu vertauschen. Dadurch wird, wenn man auch $\Delta\delta$ statt $\operatorname{tang}\Delta\delta$ setzt:

$$x = -\left(\frac{\operatorname{tang}\varphi}{\sin\tau} - \frac{\operatorname{tang}\delta}{\operatorname{tang}\tau}\right)\Delta\delta$$

Bezeichnet man nun mit μ die Aenderung der Declination der Sonne in 48 Stunden, so wird, da man diese Aenderung hier als der Zeit proportional betrachten kann:

$$\Delta\delta = \frac{\mu}{48}\tau\,^{*})$$

*) Da man die Aenderung der Declination für den Augenblick des Mittags braucht, so müfste man das Mittel der Aenderung vom vorigen und der Aenderung bis zum folgenden Mittage nehmen. Statt dessen ist aber in den Ephemeriden immer die Gröfse μ aufgeführt.

also:

$$x = \frac{\mu}{48}\left(-\frac{\tau}{\sin\tau}\tang\varphi + \frac{\tau}{\tang\tau}\tang\delta\right)$$

oder, wenn man x in Zeitsecunden finden will:

$$x = \frac{\mu}{720}\left(-\frac{\tau}{\sin\tau}\tang\varphi + \frac{\tau}{\tang\tau}\tang\delta\right)$$

Zur leichteren Berechnung dieses Ausdrucks hat man nun Tafeln, die zuerst von Gaufs in der monatlichen Correspondenz Band XXIII. gegeben sind und die man auch in Warnstorffs Hülfstafeln findet. Diese Tafeln geben mit dem Argumente τ oder der halben Zwischenzeit der Beobachtungen die Gröfsen:

$$\frac{1}{720}\quad\frac{\tau}{\sin\tau} = A$$

und:

$$\frac{1}{720}\cdot\frac{\tau}{\tang\tau} = B$$

und die Formel für die Mittagsverbesserung wird dann ganz einfach:

$$x = -A\mu\tang\varphi + B\mu\tang\delta \qquad (A)$$

Differenzirt man die beiden Formeln (a), indem man δ als constant ansieht, se erhält man:

$$dh = -\cos A\,d\varphi - \cos\varphi\sin A\,dt$$
$$dh' = -\cos A'\,d\varphi - \cos\varphi\sin A'\,dt$$

Hier ist in beiden Gleichungen dt als gleich angenommen, weil man den Fehler, welchen man in der Zeitbestimmung begangen hat, immer auf den Fehler in der Beobachtung der Höhe übertragen kann. Da nun auch das Azimut in beiden Beobachtungen gleich grofs, aber entgegengesetzt im Zeichen ist, sodafs $A = -A'$, so hat man:

$$dh = -\cos A'\,d\varphi + \cos\varphi\sin A'\,dt$$
$$dh' = -\cos A'\,d\varphi - \cos\varphi\sin A'\,dt$$

also:

$$dt = \frac{\frac{1}{2}(dh - dh')}{\cos\varphi\sin A'}$$

Man sieht also daraus, dafs man zur Bestimmung der Zeit aus correspondirenden Höhen Sterne wählen mufs, deren Azimut nahe ± 90° ist.

1822 October 8. wurden von Westphal zu Cairo die folgenden correspondirenden Sonnenhöhen genommen: *)

Doppelte Höhe der ☉ (Unterer Rand)	Uhrzeit. Vormittags	Uhrzeit. Nachmittags	Mittel.
73° 0′	21ʰ 7′ 27″	2ʰ 33′ 59″	23ʰ 50′ 43″. 0
20′	8 24	33 3	43 . 5
40′	9 23	32 5	44 . 0
74 0	10 18	31 9	43 . 5
20	11 16	30 12	44 . 0
40	12 11	29 14	42 . 5
75 0	13 11	28 13	42 . 0
20	14 9	27 15	42 . 0
40	15 10	26 15	42 . 5
76 0	16 6	25 20	43 . 0

Daraus ergiebt sich für den unverbesserten Mittag im Mittel:

$$23^h\,50'\,43''.00$$

Nun ist die halbe Zwischenzeit zwischen den ersten Beobachtungen $2^h\,43'\,16''$, zwischen den letzten $2^h\,34'\,37''$, also im Mittel:

$$\tau = 2^h\,38'\,56''.5 = 2^h.649$$

Berechnet man damit die Gröfsen A und B, so erhält man:

log τ	0.42308		0.42308
cosec τ	0.19435	cotang τ	0.08028
Compl. log 720	7.14267		7.14267
log A	7.7601	log B	7.6460

*) Diese Beobachtungen werden immer so angestellt, dafs man das Höheninstrument Vor- und Nachmittags auf eine runde Zahl einstellt und dann die Zeit beobachtet, wann derselbe Sonnenrand diese Höhe erreicht.

und da:

$$\delta = -6^\circ 7', \ \varphi = 30^\circ 4'$$

und:

$$\log \mu = 3\ \ 4391_n$$

so wird:

$$x = +10''.46$$

Die Sonne war daher im Meridiane oder es war 0^h wahre Zeit, als die Uhr zeigte $23^h\ 50'\ 53''.46$. Da nun die Zeitgleichung $-12'\ 33''.18$ war, so ging die Sonne an dem Tage um $23^h\ 47'\ 26''.82$ mittlere Zeit durch den Meridian und es war daher der Stand der Uhr gegen mittlere Zeit:

$$-3'\ 26''.64$$

Berechnet man noch die Differentialgleichung, so erhält man, wenn man dt in Zeitsecunden ausdrückt:

$$dt = -0.0459\,(dh'-dh)$$

woraus man sieht, dafs man einen Fehler von $0''.46$ in der Zeitbestimmung begeht, wenn man die eine Höhe um $10''$ gröfser oder kleiner beobachtet als die andre.

Diese Differentialformel kann man auch brauchen, um die kleine Correction zu berechnen, welche man zu dem Mittel der Zeiten hinzuzulegen hat, um die Zeit der gröfsten Höhe zu erhalten, wenn man Vor- und Nachmittags nicht correspondirende, sondern nur nahe gleiche Höhen genommen hat. Ist dann nämlich h die Vormittags und h' die Nachmittags gemessene Höhe und $h'-h=dh$, so ist diese Correction:

$$dt = +\frac{dh}{30\cos\varphi\sin A}$$

$$= +\frac{dh\,.\cos h}{30\cos\varphi\,.\cos\delta\,.\sin t}$$

Will man die äufserste Genauigkeit erreichen, so wird man eine solche Correction sogar dann nöthig haben, wenn man gleiche Höhen beobachtet hat. Wiewohl nämlich für gleiche scheinbare Höhen die mittlere Refraction gleich ist, so wird dies doch nicht mit der wahren Refraction der Fall sein *), wenn nicht zufällig der Stand der meteorologischen Instrumente Vor- und Nachmittags derselbe war. Ist nun aber die Refraction des Vormittags ϱ, Nachmittags $\varrho + d\varrho$, so hat man das Gestirn Nachmittags in einer wahren Höhe beobachtet, die um $d\varrho$ kleiner ist, als die am Vormittage gemessene und man hat daher dem Mittel der Zeiten die Correction hinzuzufügen:

$$dt = -\frac{d\varrho \cos h}{30 \cos \varphi \cos \delta \sin t}$$

13. Häufig hindert die Witterung, des Vor- und Nachmittags correspondirende Sonnenhöhen zu nehmen. Man kann aber auch, wenn man Nachmittags und am folgenden Tage Vormittags correspondirende Höhen nimmt, daraus die Zeit der Mitternacht suchen. Die von der Aenderung der Declination abhängige Gröſse, die man in diesem Falle zu dem Mittel der Uhrzeiten oder der unverbesserten Mitternacht hinzuzulegen hat, um die wahre Mitternacht zu erhalten, nennt man die Mitternachtsverbesserung.

Ist T die halbe Zwischenzeit der Beobachtungen, so werden die Stundenwinkel:

$$\tau = 12^h - T$$

und:

$$-\tau = -12^h + T$$

Der Fall ist dann ganz derselbe wie vorher, nur hat diesmal die Sonne in dem Stundenwinkel $-\tau$, wenn $\Delta\delta$ positiv ist, die gröſsere Declination, sodaſs man für die Mitternachtsverbesserung μ mit umgekehrten Zeichen anwenden muſs. Es wird daher jetzt:

$$x = \frac{\mu}{720}\left(\frac{T}{\sin \tau}\operatorname{tang}\varphi - \frac{T}{\operatorname{tang}\tau}\operatorname{tang}\delta\right)$$
$$= \frac{\mu}{720}\left(\frac{12^h - \tau}{\sin \tau}\operatorname{tang}\varphi - \frac{12^h - \tau}{\operatorname{tang}\tau}\operatorname{tang}\delta\right)$$

*) Namentlich, sobald die Höhen klein sind.

Schreibt man dafür:

$$x = \frac{\mu}{720} \cdot \frac{12^h - \tau}{\tau} \left(\frac{\tau}{\sin \tau} \operatorname{tang} \varphi - \frac{\tau}{\operatorname{tang} \tau} \operatorname{tang} \delta \right)$$

so kann man die Tafeln für die Mittagsverbesserung auch für die Berechnung der Mitternachtsverbesserung anwenden. Die Gröfse $\frac{12^h - \tau}{\tau}$ kann man dann auch noch mit dem Argumente T' oder der halben Zwischenzeit in Tafeln bringen. In Warnstorff's Hülfstafeln ist diese Gröfse mit f bezeichnet, sodafs dann also die Mitternachtsverbesserung wird:

$$x = f\mu\,[A \operatorname{tang} \varphi - B \operatorname{tang} \delta]$$

v. Zach hat am 17. und 18. September 1810 zu Marseille correspondirende Sonnenhöhen genommen. Die halbe Zwischenzeit T' war:

$$10^h\,55',\ \delta = +\ 2^\circ\,14'\,16'',\ \varphi = 43^\circ\,17'\,50''$$

und:

$$\log \mu = 3.4453_n$$

Damit erhält man:

$$f = 1.0033$$

$$\mu f A \operatorname{tang} \varphi = -\ 142''.33$$
$$-\ \mu f B \operatorname{tang} \delta = +\ \ \ 5.67$$

also für die Mitternachtsverbesserung:

$$x = -\ 136''.66$$

Anm. 1. Die Mitternachtsverbesserung findet man ebenso wie die Mittagsverbesserung in wahrer Sonnenzeit. Hat man nun an einer Uhr beobachtet, die nach mittlerer Zeit geht, so kann man ohne weiteres auch die Verbesserung als in mittlerer Zeit ausgedrückt annehmen. Geht aber die Uhr nach Sternzeit, so reicht es hin, die Verbesserung mit $\frac{366}{365}$ zu multipliciren, wovon der Logarithmus 0.0012 ist.

Anm. 2. Ist der Stundenwinkel τ so klein, dafs man statt des Sinus und der Tangente den Bogen setzen kann, so wird die Mittagsverbesserung:

$$x = -\ \frac{\mu}{720}\,[\operatorname{tang} \varphi - \operatorname{tang} \delta]$$

Da nun aber τ im Zähler und Nenner nicht in einerlei Einheit ausgedrückt war, indem im Zäler die Stunde, im Nenner der Radius als Einheit zum Grunde lag, so muſs man die rechte Seite dieser Gleichung noch mit 206265 multipliciren und mit 15 × 3600 dividiren, und erhält dann:

$$x = -\frac{\mu}{188.5}\,[\tang\varphi - \tang\delta]$$

wo also x die Mittagsverbesserung in Zeitsecunden für $\tau = 0$ ist. Wenn aber der Stundenwinkel gleich Null ist, so fallen die correspondirenden Höhen in eine einzige zusammen, nämlich in die gröſste Höhe. x ist dann also diejenige Gröſse, welche man zu der Zeit, wo man die gröſste Höhe beobachtet hat, hinzulegen muſs, um die Culminationszeit zu erhalten.

Derselbe Ausdruck war schon in Nr. 7 bei der Reduction der Circummeridianhöhen gefunden.

14. Hat man keine correspondirenden Beobachtungen gemacht, aber doch Vor- und Nachmittags einige Höhen genommen, so kann man durch paarweise Verbindung solcher ungleicher Höhen eine gute Zeitbestimmung erhalten.

Nimmt man wieder an, daſs h die am Vormittage, h' die am Nachmittage beobachtete Höhe ist, so hat man die beiden Gleichungen:

$$\cos t = \frac{\sin h - \sin\varphi\sin\delta}{\cos\varphi\cos\delta}$$

$$\cos t' = \frac{\sin h' - \sin\varphi\sin\delta'}{\cos\varphi\cos\delta'}$$

Daraus erhält man:

$$\cos\varphi\cos\delta\cos\delta'\,[\cos t - \cos t'] = \sin h\cos\delta' - \sin h'\cos\delta + \sin\varphi\sin(\delta'-\delta)$$

oder da:

$$\sin h\cos\delta' - \sin h'\cos\delta = [\sin h - \sin h']\cos\delta - \sin h\,[\cos\delta - \cos\delta']$$

$$2\cos\varphi\cos\delta\cos\delta'\sin\frac{t'+t}{2}\sin\frac{t'-t}{2} = 2\cos\tfrac{1}{2}(h+h')\sin\tfrac{1}{2}(h-h')\cos\delta - 2\sin h\sin\tfrac{1}{2}(\delta'+\delta)\sin\tfrac{1}{2}(\delta'-\delta) + \sin\varphi\sin(\delta'-\delta)$$

Da nun die gröſse Aenderung der Declination der Sonne in einem Tage noch nicht volle 24 Minuten beträgt, so kann man immer statt sin $(\delta'-\delta)$ und sin $\frac{1}{2}(\delta'-\delta)$ den Bogen setzen und erhält dann:

$$\sin\tfrac{1}{2}(t'+t) = \frac{\sin\frac{1}{2}(h-h')\cos\frac{1}{2}(h+h')}{\sin\frac{1}{2}(t'-t)\cos\varphi\cos\delta'} + \frac{\delta'-\delta}{2}\,\frac{\sin\varphi-\sin h\sin\frac{\delta'+\delta}{2}}{\cos\varphi\cos\delta\cos\delta'\sin\frac{t'-t}{2}} \qquad (A)$$

Den Winkel $t'-t$ erhält man, wenn man die halbe Zwischenzeit der Beobachtungen in wahre Zeit und dann in Grade verwandelt. Hat man aus (A) $\frac{t'+t}{2}$ gefunden, so muſs man dies in Zeit verwandeln und von der halben Zwischenzeit der Beobachtungen abziehen. Dann erhält man den zu der vormittägigen Höhe gehörenden Stundenwinkel in Zeit, dessen absoluter Werth zu der Uhrzeit der ersten Beobachtung addirt die Uhrzeit im wahren Mittage giebt.

Für einen Fixstern ist $\delta'=\delta$, dann ist also das zweite Glied der rechten Seite der Gleichung (A) gleich Null und man hat einfach:

$$\sin\frac{t'+t}{2} = \frac{\sin\frac{h-h'}{2}\cos\frac{h+h'}{2}}{\cos\varphi\cos\delta\sin\frac{t'-t}{2}}$$

Anm. Waren die beiden Höhen einander gleich, so wird das erste Glied der Gleichung (A) gleich Null und man erhält, wenn man mit δ die Declination im Mittage bezeichnet und $\cos\delta = \cos\delta'$ nimmt, da $\frac{1}{2}(t'+t)$ eine kleine Gröſse ist:

$$\tfrac{1}{2}(t'+t) = \frac{\delta'-\delta}{2}\left(\operatorname{tang}\varphi\,\frac{1}{\cos\delta^2\sin\tau} - \frac{\sin h}{\cos\varphi\cos\delta}\operatorname{tang}\delta\,\frac{1}{\sin\tau}\right)$$

oder, da:

$$\sin h = \sin\varphi\sin\delta + \cos\varphi\cos\delta\cos\tau$$

und:

$$\frac{\delta'-\delta}{2} = \frac{\mu}{720}\,\tau$$

wenn:

$$\tau = \tfrac{1}{2}(t'-t)$$

ist:

$$\tfrac{1}{2}(t'+t) = \frac{\mu}{720}\left(\frac{\tau}{\sin\tau}\operatorname{tang}\varphi - \frac{\tau}{\operatorname{tang}\tau}\operatorname{tang}\delta\right)$$

$\frac{1}{2}(t'+t)$ ist dann der zu dem arithmetischen Mittel U der Uhrzeiten gehörende Stundenwinkel. Will man also die Zeit des wahren Mittags haben, so hat man zu U die Gröſse hinzuzulegen;

$$-\frac{\mu}{720}\left(\frac{\tau}{\sin\tau}\operatorname{tang}\varphi - \frac{\tau}{\operatorname{tang}\tau}\operatorname{tang}\delta\right)$$

Dies ist aber derselbe Ausdruck, der vorher für die Mittagsverbesserung gefunden war.

15. Aus zwei beobachteten Höhen zweier Gestirne kann man immer Zeit und Polhöhe zugleich finden. Man hat in diesem Falle wieder die beiden Gleichungen:

$$\begin{aligned} \sin h &= \sin\varphi\sin\delta + \cos\varphi\cos\delta\cos t \\ \sin h' &= \sin\varphi\sin\delta' + \cos\varphi\cos\delta'\cos t' \end{aligned} \qquad (a)$$

Ist nun u die Uhrzeit der ersten Beobachtung, u' die der zweiten, Δu der Stand der Uhr gegen Sternzeit, so ist:

$$\begin{aligned} t &= u + \Delta u - \alpha \\ t' &= u' + \Delta u - \alpha' \end{aligned}$$

wo Δu für beide Beobachtungen als gleich angenommen ist, da man voraussetzen kann, daſs der Gang der Uhr während der in der Regel kurzen Zwischenzeit der Beobachtungen bekannt ist. Dann ist also:

$$(u'-u) - (\alpha'-\alpha) = \lambda$$

eine bekannte Gröſse und:

$$t' = t + \lambda.$$

In den beiden Gleichungen (a) sind also nur die beiden Unbekannten φ und t enthalten, die sich also daraus bestimmen lassen. Man kann nämlich die drei Coordinaten:

$$\cos\varphi\cos t,\ \cos\varphi\sin t \text{ und } \sin\varphi$$

durch eine Unbekannte, nämlich den parallactischen Winkel, der sich leicht durch die gegebenen Gröſsen finden läſst, ausdrücken. Denn in dem Dreiecke zwischen dem Pol, dem Zenith und dem Stern hat man:

$$\begin{aligned} \sin\varphi &= \sin h \sin\delta + \cos h \cos\delta \cos p \\ \cos\varphi \sin t &= \cos h \sin p \\ \cos\varphi \cos t &= \sin h \cos\delta - \cos h \sin\delta \cos p \end{aligned} \qquad (b)$$

mithin, wenn man diese Ausdrücke in die Gleichung für $\sin h'$ substituirt:

$$\begin{aligned} \sin h' = {} & [\sin\delta \sin\delta' + \cos\delta \cos\delta' \cos\lambda] \sin h \\ & + [\cos\delta \sin\delta' - \sin\delta \cos\delta' \cos\lambda] \cos h \cos p \\ & - \cos\delta' \sin\lambda \,.\, \cos h \sin p \end{aligned} \qquad (c)$$

Da man nun aber in dem Dreiecke zwischen dem Pol P und den beiden Sternen, wenn man die Distanz derselben mit D und den Winkel am ersten Sterne mit s bezeichnet (Fig. 8) hat:

$$\begin{aligned} \cos D &= \sin\delta \sin\delta' + \cos\delta \cos\delta' \cos\lambda \\ \sin D \cos s &= \cos\delta \sin\delta' - \sin\delta \cos\delta' \cos\lambda \\ \sin D \sin s &= \cos\delta \sin\lambda \end{aligned} \qquad (d)$$

so erhält man aus (c):

$$\sin h' = \cos D \sin h + \sin D \cos h \cos(s+p)$$

wie auch unmittelbar die Betrachtung des Dreiecks zwischen dem Zenith Z und den beiden Sternen ergiebt. Es ist also:

$$\cos(s+p) = \frac{\sin h' - \cos D \sin h}{\sin D \cos h} \qquad (e)$$

Hat man durch die Gleichungen (d) und (e) den Winkel p gefunden, so erhält man durch die Gleichungen (b) die gesuchten Gröſsen φ und t. Die Gleichungen (d) geben für D und s und ebenso die Gleichungen (b) für φ und t den Sinus und Cosinus, folglich kann kein Zweifel darüber bleiben, in welchem Quadranten diese Winkel genommen werden müssen. Die Gleichung (e) giebt dagegen nur den Cosinus von $s+p$, und man kann daher nicht wissen, in welchem

Quadranten $s+p$, also auch p liegt, sondern mufs dies aus andern Betrachtungen finden. Es ist aber:

$$\sin D \sin (s+p) = \cos h' \sin (A'-A)$$

wo A und A' die beiden Azimute der Sterne bezeichnen. Ist nun D nicht über 180°,*) so ist $\sin D$ positiv, also müssen dann $\sin (s+p)$ und $\sin (A'-A)$ immer dasselbe Zeichen haben. Der Beobachter weifs aber immer, welches Azimut das gröfsere ist und so könnte hierüber nur ein Zweifel obwalten, wenn $A'-A$ nahe bei 0° oder 180° wäre. Dieser Fall ist aber, wie man sogleich sehen wird, ganz zu verwerfen.

Um die Formeln (d), (e) und (b) für die logarithmische Rechnung bequemer zu machen, mufs man Hülfswinkel einführen. Setzt man;

$$\begin{aligned} \sin \delta' &= \sin f \sin F \\ \cos \delta' \cos \lambda &= \sin f \cos F \\ \cos \delta' \sin \lambda &= \cos f \end{aligned}$$

so werden die Gleichungen (d):

$$\begin{aligned} \cos D &= \sin f \cos (F-\delta) \\ \sin D \cos s &= \sin f \sin (F-\delta) \\ \sin D \sin s &= \cos f \end{aligned}$$

Der Formel (e) kann man, wie dies schon früher in Nr. 2 und 3 dieses Abschnitts mit ähnlichen Formeln geschehen ist, die folgende Gestalt geben:

$$\operatorname{tang} \tfrac{1}{2} (s+p)^2 = \frac{\cos S \sin (S-h')}{\cos (S-D) \sin (S-h)}$$

wo:

$$S = \frac{D+h+h'}{2}$$

*) Es liegt immer in der Gewalt des Beobachters, solche Sterne auszuwählen, bei denen dies nicht statt findet.

Setzt man endlich:

$$\sin g \sin G = \sin h$$
$$\sin g \cos G = \cos h \cos p$$
$$\cos g = \cos h \sin p$$

so werden die Formeln (b):

$$\sin \varphi = \sin g \cos (G-\delta)$$
$$\cos \varphi \sin t = \cos g$$
$$\cos \varphi \cos t = \sin g \sin (G-\delta)$$

So hat man also ein System von 13 Gleichungen zu berechnen, welches man auch durch die Verbindung mehrerer (sodaſs man die Tangenten findet) auf neun zurückführen kann.

Um nun zu sehen, wie man die Sterne auswählen muſs, wenn man durch diese Methode die sichersten Resultate erzielen will, muſs man die beiden Differentialgleichungen:

$$dh = -\cos A\, d\varphi - \cos \varphi \sin A\, dt$$
$$dh' = -\cos A'\, d\varphi - \cos \varphi \sin A'\, dt$$

betrachten, wo in den beiden Gleichungen derselbe Fehler in der Zeit angenommen ist, weil man den Unterschied immer mit auf den Fehler in der Höhe übertragen kann. Durch die Combination beider Gleichungen findet man nun, je nachdem man $d\varphi$ oder $\cos \varphi dt$ eliminirt:

$$\cos \varphi dt = \frac{\cos A'}{\sin (A'-A)}\, dh - \frac{\cos A}{\sin (A'-A)}\, dh'$$
$$d\varphi = -\frac{\sin A'}{\sin (A'-A)}\, dh + \frac{\sin A}{\sin (A'-A)}\, dh'$$

Daraus sieht man also, daſs wenn die Fehler in h und h' keinen groſsen Einfluſs auf das Resultat haben sollen, die Sterne so auszuwählen sind, daſs $A'-A$ möglichst nahe $\pm 90^0$ wird. Ist $A'-A$ genau gleich 90^0, so wird:

$$\cos \varphi dt = \cos A'\, dh - \cos A\, dh'$$
$$d\varphi = -\sin A'\, dh + \sin A\, dh'$$

Ist dann A' nahe bei $\pm 90^0$, also A nahe bei 0 oder 180^0, so wird in der ersteren Gleichung der Coefficient von dh ein

Minimum, der von dh' dagegen ein Maximum, also hängt die Genauigkeit der Zeitbestimmung hauptsächlich von der Höhe ab, welche nahe am ersten Verticale genommen ist. Ebenso sieht man aus der zweiten Gleichung, daſs die Genauigkeit der Breitenbestimmung hauptsächlich von der Genauigkeit der Höhe abhängt, welche nahe am Meridiane gemessen ist.

Bisher ist angenommen worden, daſs man zwei verschiedene Sterne beobachtet hat, man kann indessen auch denselben Stern einmal nahe beim Meridiane das andre Mal nahe am ersten Verticale beobachten, wo dann die Formeln noch etwas einfacher werden. Nimmt man aber zwei Sonnenhöhen, so muſs man zur Berechnung derselben die vorher gegebenen Formeln anwenden, weil die Declination für beide Beobachtungen verschieden ist.

Beispiel. Westphal hat am 29sten October zu Benisuef in Aegypten die folgenden Höhen des Mittelpuncts der Sonne beobachtet:

$$u = 20^h\,48'\,48'' \qquad h = 37^\circ\,56'\,59''.6$$
$$u' = 23\;\;7\;\;17 \qquad h' = 50\;\;40\;\;55.3$$

Vernachläſsigt man den geringen Unterschied zwischen mittlerer und wahrer Zeit während $2^h\,18'$, so erhält man:

$$\lambda = 2^h\,18'\,29''.0 = 34^\circ\,37'\,15''.0$$

Die Declinationen der Sonne waren:

$$\delta = -\,10^\circ\,10'\,50''.1 \qquad \delta' = -\,10^\circ\,12'\,57''.8$$

Damit erhält man dann:

$$\begin{aligned} F &= -\,12^\circ\,21'\,8''.99 \\ \sin f &= 9.9185944 \\ \cos f &= 9.7475171 \\ s &= 93^\circ\,12'\,59''.25 \\ p &= -\,39\;\;57\;\;17.38 \\ G &= 45\;\;29\;\;37.58 \\ \sin g &= 9.9356598 \\ \cos g &= 9.7044877_n \end{aligned}$$

und daraus endlich:

$$\begin{aligned} \varphi &= \quad 29^\circ\ 5'\ 39''.6 \\ t &= -\ 35\ \ 24\ \ 59\ .46 \\ &= -\ \ 2^h\ 21'\ 39''.97 \end{aligned}$$

Da die Zeitgleichung $-\ 15'\ 0''.0$ betrug, so war es demnach $21^h\ 23'\ 20''.0$ als die Uhr $20^h\ 48'\ 48''.0$ zeigte, also der Stand der Uhr:

$$\Delta u = +\ 34'\ 32''.0$$

Berechnet man die Differentialgleichung, so erhält man, da:

$$\begin{aligned} A &= -\ 46^\circ\ 20' \text{ und } A' = -\ 1^\circ\ 15' \\ d\varphi &= +\ 0.0308\ dh - 1.0215\ dh' \\ \cos\varphi\, dt &= +\ 0.0941\ dh - 0.0650\ dh' \end{aligned}$$

wo dt in Zeitsecunden ausgedrückt ist. Hier hat also auch noch die zweite Höhe einen grofsen Einflufs auf die Zeitbestimmung, weil die erste weit vom ersten Vertical genommen ist.

16. Wenn man einen Stern, dessen Declination sich nicht ändert, zwei Mal beobachtet, so wird die Auflösung des eben betrachteten Problems einfacher. Fällt man dann nämlich vom Pole auf den beide Sterne verbindenden gröfsten Kreis SS' Fig. 9 einen senkrechten gröfsten Kreis PQ, so halbirt dieser die Seite SS'. Bezeichnet man dann PQ mit N, SS' mit D, so hat man:

$$\begin{aligned} \sin\tfrac{1}{2}D &= \cos\delta\sin\tfrac{1}{2}\lambda \\ \cos\tfrac{1}{2}D\sin N &= \cos\delta\cos\tfrac{1}{2}\lambda \qquad (A) \\ \cos\tfrac{1}{2}D\cos N &= \sin\delta \end{aligned}$$

Zieht man ferner vom Zenith nach Q einen gröfsten Kreis und bezeichnet den Winkel ZQS mit Q, so ist:

$$\begin{aligned} \sin h\ &= \cos\tfrac{1}{2}D\cos QZ + \sin\tfrac{1}{2}D\sin QZ\cos Q \\ \sin h' &= \cos\tfrac{1}{2}D\cos QZ - \sin\tfrac{1}{2}D\sin QZ\cos Q \end{aligned}$$

also:

$$\cos QZ = \frac{\sin h + \sin h'}{2\cos\tfrac{1}{2}D}$$

und:

$$\sin QZ \cos Q = \frac{\sin \lambda - \sin \lambda'}{2 \sin \frac{1}{2} D}$$

Fällt man endlich vom Zenith auf PQ einen senkrechten gröſsten Kreis ZM und nennt F und G die Stücke PM und ZM, so hat man in dem rechtwinkligen Dreiecke QMZ:

$$\cos QZ = \cos G \cos (N-F)$$
$$\sin QZ \cos Q = \sin G$$

also ist auch:

$$\left.\begin{aligned} \sin G &= \frac{\cos \frac{1}{2}(\lambda+\lambda') \sin \frac{1}{2}(\lambda-\lambda')}{\sin \frac{1}{2} D} \\ \cos G \cos (N-F) &= \frac{\sin \frac{1}{2}(\lambda+\lambda') \cos \frac{1}{2}(\lambda-\lambda')}{\cos \frac{1}{2} D} \end{aligned}\right\} \quad (B)$$

Hat man auf diese Weise mittelst der Formeln (A) und (B) die Gröſsen F und G berechnet, so erhält man φ und t durch die Formeln:

$$\left.\begin{aligned} \sin \varphi &= \cos F \cos G \\ \cos \varphi \sin (t+\tfrac{1}{2}\lambda) &= \sin G \\ \cos \varphi \cos (t+\tfrac{1}{2}\lambda) &= \cos G \sin F \end{aligned}\right\} \quad (C)$$

welche sich einfach durch die Betrachtung des rechtwinkligen Dreiecks PMZ ergeben.

Dieselbe Methode der Auflösung der Aufgabe kann man nun auch auf den in Nr. 15 betrachteten allgemeinen Fall anwenden, indem man entweder den Winkel an der Spitze des Dreiecks PSS' halbirt, wo dann die Grundlinie SS' nicht mehr halbirt wird oder umgekehrt die Mitte der Grundlinie mit der Spitze verbindet, wodurch der Winkel in zwei ungleiche Theile zerlegt wird. Bezeichnet man dieselben durch $\frac{1}{2}\lambda+x$ und $\frac{1}{2}\lambda-x$, so hat man zuerst x, D und N zu bestimmen und findet dann φ und t durch die eben gegebenen Formeln (B) und (C), wo dann in den letztern nur $\frac{1}{2}\lambda-x$ statt $\frac{1}{2}\lambda$ vorkommt.

Nimmt man als Beispiel das in der vorigen Nummer gebrauchte, indem man auf die Aenderung der Declination der

Sonne keine Rücksicht nimmt, sondern dieselbe als constant nämlich gleich $-10^{0}\,12'\,57''.8$ nimmt, so erhält man:

$$\begin{aligned} N &= 100^{\circ}\,41'\,19''.9 \\ N-F &= 41\quad 1\quad 56\;.8 \\ \text{also } F &= 59\quad 39\quad 23\;.6 \\ G &= -15\quad 44\quad 3\;.4 \end{aligned}$$

und damit endlich:

$$\begin{aligned} \varphi &= \quad 29^{\circ}\,5\,'\,40''.5 \\ t &= -\,35^{\circ}\,23'\,22''.4 \\ &= -\quad 2^{h}\,21'\,33''.5 \\ \Delta u &= +\qquad 34'\,38''.5 \end{aligned}$$

17. Diese Methode, die Polhöhe und Zeit aus zwei Höhenbeobachtungen zu bestimmen, wird sehr häufig zur See angewandt. Die Seefahrer gebrauchen aber nicht die eben gegebenen directen Auflösungen der Aufgabe, weil die Rechnung nach denselben zu weitläuftig ist, sondern bedienen sich immer einer indirecten Methode, welche von Douwes, einem holländischen Seefahrer zu diesem Zwecke vorgeschlagen ist. Da ihnen nämlich die Breite durch die gewöhnliche Schiffsrechnung nach Compass und Log annähernd bekannt ist, so finden sie mit dieser genäherten oder, wie man in der Schiffersprache sagt, gegifsten Breite, aus der vom Meridiane entfernten Höhe, der Zwischenzeit und der Declination eine freilich nur annähernd genaue Zeitbestimmung, mit welcher sie aus der dem Meridiane nahen Höhe die Polhöhe berechnen. Mit diesem neuen Werthe der Polhöhe wird dann die Rechnung für die Zeitbestimmung wiederholt.

Nimmt man wieder an, dafs dasselbe Gestirn zwei Mal beobachtet ist, so hat man:

$$\begin{aligned} \sin h - \sin h' &= \cos\varphi\cos\delta\,[\cos t - \cos(t+\lambda)] \\ &= 2\cos\varphi\cos\delta\sin(t+\tfrac{1}{2}\lambda)\sin\tfrac{1}{2}\lambda \end{aligned}$$

also:

$$2\sin(t+\tfrac{1}{2}\lambda) = \sec\varphi\sec\delta\operatorname{cosec}\tfrac{1}{2}\lambda\,[\sin h - \sin h']$$

oder, wenn man die Formel logarithmisch schreibt:

$$(A)\quad \log.2\sin(t+\tfrac{1}{2}\lambda) = \log\sec\varphi + \log\sec\delta + \log[\sin h - \sin h'] + \log\operatorname{cosec}\tfrac{1}{2}\lambda$$

Da nun φ annähernd bekannt ist, so kann man aus dieser Gleichung $t + \frac{1}{2}\lambda$, also auch t finden und erhält dann aus der am Meridiane gelegenen Höhe h' eine genauere Polhöhe durch die Formel:

$$\cos(\varphi - \delta) = \sin h' + \cos\varphi \cos\delta \,.\, 2 \sin \tfrac{1}{2}(t+\lambda)^2 \qquad (B)$$

Stimmt das hierdurch gefundene Resultat mit der gegifsten Breite nur entfernt überein, so mufs man die Formeln (A) und (B) mit dem jetzigen Werthe von φ von neuem berechnen.

Zur Erleichterung der Rechnung sind nun von Douwes Tafeln gegeben, die sich in den „Tables requisites to be used with the nautical ephemeris for finding the latitude and longitude at sea" und in den Handbüchern der Schifffahrtskunde finden. Diese Tafeln geben die Werthe von log cosec $\frac{1}{2}\lambda$ für die Stundenwinkel in Zeit unter der Aufschrift log. half elapsed time (Logarithmus der halben verflossenen Zeit) und von log 2 sin $(t + \frac{1}{2}\lambda)$ unter der Aufschrift log. middle time (Logarithmus Mittelzeit) und endlich von log 2 sin $\frac{1}{2} t^2$ unter der Aufschrift log. rising time (Logarithmus Steigezeit). Die Gröfse log. sec φ sec δ heifst daselbst log. ratio und man hat also nach Gleichung (A):

$$\text{Log Mittelzeit} = \text{Log ratio} + \text{Log}\,[\sin h - \sin h'] + \text{Log halbe verflossene Zeit.}$$

Sucht man diesen Logarithmus in den Tafeln für Mittelzeit auf, so erhält man unmittelbar t. Nun sucht man für den Stundenwinkel $t+\lambda$ den Log Steigezeit, zieht davon log. ratio ab und addirt die dazu gehörige Zahl zu dem Sinus der gröfsten Höhe. Dadurch erhält man dann den Sinus der Meridianhöhe also auch die Polhöhe.

Will man statt der Douwesischen Tafeln die gewöhnliche sphaerische Rechnung anwenden, so hat man die Formeln zu berechnen:

$$\sin\left[t + \tfrac{1}{2}\lambda\right] = \frac{\cos\frac{1}{2}(h+h')\sin\frac{1}{2}(h-h')}{\cos\varphi\cos\delta\sin\frac{1}{2}\lambda}$$

und:

$$\cos(\varphi - N) = \frac{\sin h'}{M}$$

wo:

$$\sin\delta = M \sin N$$
$$\cos\delta \cos t = M \cos N$$

Rechnet man das Beispiel in Nr. 15 nach Douwes Methode und nimmt:

$$\varphi = 29^\circ\ 0'$$

an, so wird:

log ratio	0.06512
log (sin h − sin h')	9.20049_n
log half elapsed time	0.52645
log middle time	9.79206_n
$t =$	$-\ 2^h\ 21'.4$
also $t' =$	$-\ 0^h\ 2'.9$
log rising time	5.90340
log ratio	0.06512
	+ 0.00007
sin h'	+ 0.77364
cos ($\varphi-\delta$) =	9.88858
$\varphi-\delta$ =	39°18′.7
φ =	29 5.7

Wenn man die Beobachtungen zur See anstellt, so werden die beiden Höhen in der Regel an verschiedenen Orten der Erde genommen, weil das Schiff sich in der Zwischenzeit der beiden Beobachtungen fortbewegt. Da aber die Geschwindigkeit des Schiffs durch das Log und die Richtung des Laufs durch den Compass bekannt ist, so kann man immer die beiden Höhen auf einen Beobachtungsort reduciren.

Das Schiff sei bei der ersten Beobachtung in A Fig. 10, bei der zweiten in B. Denkt man sich nun vom Mittelpuncte der Erde nach dem Sterne S eine gerade Linie gezogen, welche die Oberfläche in S' schneidet, so wird in dem Dreiecke ABS' die Seite BS' die an dem Orte B gemessene

Zenithdistanz sein und man wird, da AB bekannt ist, hieraus die Seite AS d. h. die Zenithdistanz des Sterns, welche man an dem Orte A gemessen hätte, berechnen können, wenn man den Winkel $S'BA$ kennt. Der Schiffer mufs daher, wenn er die zweite zu reducirende Höhe mifst, auch das Azimut des Sterns nehmen d. h. den Winkel $S'BC$ und da er den Winkel CBA, welchen die Richtung des Schiffes mit dem Meridiane macht, kennt, so ist dadurch auch der Winkel $S'BA$ bekannt. Bezeichnet man denselben durch α und die Entfernung der beiden Orte A und B mit Δ, so hat man:

$$\sin h_0 = \sin h \cos \Delta + \sin \Delta \cos h \cos \alpha$$

wo h_0 die reducirte Höhe ist. Schreibt man dafür:

$$\sin h_0 = \sin h + \sin \Delta \cos h \cos \alpha - 2 \sin \tfrac{1}{2} \Delta^2 \sin h$$

so erhält man, wenn man Δ statt $\sin \Delta$ setzt, nach der Formel 20 der Einleitung:

$$h_0 = h + \Delta \cos \alpha - \tfrac{1}{2} \Delta^2 \operatorname{tang} h$$

wo man gewöhnlich das letzte Glied vernachläfsigen kann.

18. Hat man drei Höhen eines und desselben Sterns beobachtet so hat man die drei Gleichungen:

$$\begin{aligned}
\sin h &= \sin \varphi \sin \delta + \cos \varphi \cos \delta \cos t \\
\sin h' &= \sin \varphi \sin \delta + \cos \varphi \cos \delta \cos (t+\lambda) \\
\sin h'' &= \sin \varphi \sin \delta + \cos \varphi \cos \delta \cos (t+\lambda')
\end{aligned}$$

aus denen man drei Gröfsen, also φ, t und δ bestimmen kann. Führt man nämlich die folgenden drei Hülfsgröfsen ein:

$$\begin{aligned}
x &= \cos \varphi \cos \delta \cos t \\
y &= \cos \varphi \cos \delta \sin t \\
z &= \sin \varphi \sin \delta
\end{aligned}$$

so werden die drei Gleichungen jetzt:

$$\begin{aligned}
\sin h &= z + x \\
\sin h' &= z + x \cos \lambda - y \sin \lambda \\
\sin h'' &= z + x \cos \lambda' - y \sin \lambda'
\end{aligned}$$

aus denen man die drei Unbekannten z, y und x durch eine einfache Elimination findet. Kennt man diese aber, so erhält man daraus die Gröſsen φ, t und δ durch die Gleichungen:

$$\tan t = \frac{y}{x}$$
$$\sin\varphi \sin\delta = z$$
$$\cos\varphi \cos\delta = \sqrt{x^2+y^2}$$

Diese Aufgabe wäre nun eine der bequemsten und nützlichsten, weil man zur Berechnung der Beobachtungen durchaus keine fremden Data zu entnehmen hätte.*) Sie ist aber eipractisch nicht anwendbar, weil die Fehler in den Höhen einen sehr groſsen Einfluſs auf die zu findenden Gröſsen ausüben. Nimmt man indessen δ nicht mehr als constant an sondern beobachtet drei verschiedene Sterne, deren Declination man als gegeben ansieht, so erhält man, wenn man überdies die drei Höhen als gleich annimmt, eine sehr bequem anwendbare Aufgabe.

19. In diesem Falle werden nämlich die drei Gleichungen:

$$\begin{aligned} \sin h &= \sin\varphi \sin\delta + \cos\varphi \cos\delta \cos t \\ \sin h &= \sin\varphi \sin\delta' + \cos\varphi \cos\delta' \cos(t+\lambda) \qquad (a) \\ \sin h &= \sin\varphi \sin\delta'' + \cos\varphi \cos\delta'' \cos(t+\lambda') \\ \text{wo } \lambda &= (u'-u) - (\alpha'-\alpha) \\ \text{und } \lambda' &= (u''-u) - (\alpha''-\alpha) \end{aligned}$$

Betrachtet man zunächst nur die beiden ersten Gleichungen, so erhält man, wenn man darin:

$$\tfrac{1}{2}(\delta'+\delta) + \tfrac{1}{2}(\delta-\delta') \text{ statt } \delta \text{ und } \tfrac{1}{2}(\delta+\delta') - \tfrac{1}{2}(\delta-\delta')$$

statt δ' setzt und die zweite Gleichung von der ersteren abzieht:

$$\begin{aligned} 0 = {} & 2\sin\varphi \sin\tfrac{1}{2}(\delta-\delta') \cos\tfrac{1}{2}(\delta+\delta') + \cos\varphi\cos t\,[\cos\tfrac{1}{2}(\delta+\delta')\cos\tfrac{1}{2}(\delta-\delta') \\ & - \sin\tfrac{1}{2}(\delta+\delta')\sin\tfrac{1}{2}(\delta-\delta')] \\ & - \cos\varphi\cos(t+\lambda)\,[\cos\tfrac{1}{2}(\delta+\delta')\cos\tfrac{1}{2}(\delta-\delta') + \sin\tfrac{1}{2}(\delta+\delta')\sin\tfrac{1}{2}(\delta-\delta')] \end{aligned}$$

---

*) Denn da drei Höhen eines und desselben Sterns beobachtet sind, so kommt auch die Rectascension in λ und λ' nicht vor.

oder:

$$0 = \sin\varphi \sin \tfrac{1}{2}(\delta-\delta') \cos \tfrac{1}{2}(\delta+\delta')$$
$$+ \cos\varphi \cos \tfrac{1}{2}(\delta+\delta') \cos \tfrac{1}{2}(\delta-\delta') \sin \tfrac{1}{2}\lambda \sin (t+\tfrac{1}{2}\lambda)$$
$$- \cos\varphi \sin \tfrac{1}{2}(\delta+\delta') \sin \tfrac{1}{2}(\delta-\delta') \cos\varphi \cos \tfrac{1}{2}\lambda \cos (t+\tfrac{1}{2}\lambda)$$

Daraus findet man:

$$\operatorname{tang}\varphi = -\sin \tfrac{1}{2}\lambda . \sin(t+\tfrac{1}{2}\lambda) \operatorname{cotang} \tfrac{1}{2}(\delta-\delta')$$
$$+ \cos \tfrac{1}{2}\lambda . \cos(t+\tfrac{1}{2}\lambda) \operatorname{tang} \tfrac{1}{2}(\delta+\delta')$$

Führt man also die folgenden Hülfsgröfsen ein:

$$\begin{aligned} \sin \tfrac{1}{2}\lambda . \operatorname{cotang} \tfrac{1}{2}(\delta-\delta') &= A' \sin B' \\ \cos \tfrac{1}{2}\lambda . \operatorname{tang} \tfrac{1}{2}(\delta+\delta') &= A' \cos B' \qquad (A) \\ B + \tfrac{1}{2}\lambda &= C' \end{aligned}$$

so wird:

$$\operatorname{tang}\varphi = A' \cos(t+C') \qquad (B)$$

Verbindet man auf gleiche Weise die erste und dritte der Gleichungen (a), so erhält man ganz ähnliche Formeln, in denen nur λ und δ andre Accente haben, nämlich:

$$\left.\begin{aligned} \sin \tfrac{1}{2}\lambda' \operatorname{cotang} \tfrac{1}{2}(\delta-\delta'') &= A'' \sin B'' \\ \cos \tfrac{1}{2}\lambda' \operatorname{tang} \tfrac{1}{2}(\delta+\delta'') &= A'' \cos B'' \\ B'' + \tfrac{1}{2}\lambda' &= C'' \end{aligned}\right\} \qquad (C)$$

$$\operatorname{tang}\varphi = A'' \cos(t+C'') \qquad (D)$$

Aus der Vergleichung der beiden Formeln (B) und (D erhält man ferner:

$$A' \cos(t+C') = A'' \cos(t+C'')$$

Um nun aus dieser Gleichung t zu bestimmen, schreibe man dafür:

$$A' \cos[t+H+C'-H] = A'' \cos[t+H+C''-H]$$

wo H ein willkührlicher Winkel ist, sodafs man, wenn man die Cosinus auflöst, erhält:

$$\operatorname{tang}(t+H) = \frac{A' \cos(C'-H) - A'' \cos(C''-H)}{A' \sin(C'-H) - A'' \sin(C''-H)}$$

Für H kann man nun einen solchen Werth setzen, der

die Formel am bequemsten macht, also Null oder C' oder C''. Die eleganteste Form erhält man aber, wenn man:

$$H = \tfrac{1}{2}(C'+C'')$$

setzt. Dann wird nämlich:

$$\text{tang}\,[t+\tfrac{1}{2}(C'+C'')] = \frac{A'-A''}{A'+A''}\ \text{cotang}\ \tfrac{1}{2}(C'-C'')$$

Führt man dann den Hülfswinkel ζ ein, gegeben durch die Gleichung:

$$\text{tang}\,\zeta = \frac{A''}{A'} \qquad (E)$$

so wird:

$$\frac{A'-A''}{A'+A''} = \frac{1-\text{tang}\,\zeta}{1+\text{tang}\,\zeta} = \text{tang}\,(45°-\zeta)$$

also:

$$\text{tang}\,[t+\tfrac{1}{2}(C'+C'')] = \text{tang}\,(45°-\zeta)\ \text{cotang}\ \tfrac{1}{2}(C'-C'') \qquad (F)$$

Die Gleichungen (A) bis (F) enthalten die Auflösung der Aufgabe. Man sucht zuerst aus den Gleichungen (A) und (C) die Werthe von A', B', C' und A'', B'', C'', findet dann t durch die Gleichungen (E) und (F) und zuletzt φ aus einer der Gleichungen (B) oder (D). Die Höhe selbst braucht man also zur Berechnung von φ und t nicht zu kennen. Substituirt man aber die gefundenen Werthe in die ursprünglichen Gleichungen (a), so erhält man h und kann daher, wenn man die Höhe auch am Instrumente abgelesen hat, aus der Vergleichung der Rechnung mit der Beobachtung den Fehler des Instruments bestimmen.

Um nun zu sehen, wie die drei Sterne am Himmel vertheilt sein müssen, damit man durch die Beobachtung derselben die sichersten Resultate erhält, betrachtet man wieder die Differentialgleichungen. Da die drei Höhen gleich sein sollen, so kann man auch dh in allen drei Differentialgleichungen als gleich annehmen und die Fehler, welche etwa bei der Beobachtung der Höhen gemacht sind, mit auf die Zeit werfen. Ist dann:

$$t = u + \Delta u - \alpha$$

so wird also dt aus zwei Fehlern zusammengesetzt sein, nämlich erstens aus dem Fehler im Stande der Uhr $d(\Delta u)$, welcher bei allen drei Beobachtungen derselbe ist, weil der Gang der Uhr als bekannt angenommen wird, zweitens aber aus dem Fehler in der Zeit der Beobachtung, welcher letzterer für jede derselben ein andrer sein wird.

Die drei Differentialgleichungen werden somit:

$$\begin{aligned}
dh &= -\cos A \; d\varphi - \cos\varphi \sin A \; du - \cos\varphi \sin A \; d(\Delta u)\\
dh &= -\cos A' \; d\varphi - \cos\varphi \sin A' \; du' - \cos\varphi \sin A' \; d(\Delta u)\\
dh &= -\cos A'' \; d\varphi - \cos\varphi \sin A'' \; du'' - \cos\varphi \sin A'' \; d(\Delta u)
\end{aligned}$$

Zieht man die beiden ersteren Gleichungen von einander ab und verwandelt die Differenzen der Sinus und Cosinus in Producte der Sinus oder Cosinus der halben Summen und Differenzen der Winkel, so erhält man:

$$\begin{aligned}
0 = 2 \sin \frac{A+A'}{2} \, d\varphi - 2 \cos \frac{A+A'}{2} \cos\varphi \, d(\Delta u) &- \frac{\cos\varphi \sin A}{\sin \frac{A-A'}{2}} \, du\\
&+ \frac{\cos\varphi \sin A'}{\sin \frac{A-A'}{2}} \, du'
\end{aligned}$$

und ebenso durch die Verbindung der ersten und dritten Gleichung:

$$\begin{aligned}
0 = 2 \sin \frac{A+A''}{2} \, d\varphi - 2 \cos \frac{A+A''}{2} \cos\varphi \, d(\Delta u) &- \frac{\cos\varphi \sin A}{\sin \frac{A-A''}{2}} \, du\\
&+ \frac{\cos\varphi \sin A''}{\sin \frac{A-A''}{2}} \, du''
\end{aligned}$$

Aus beiden Gleichungen findet man dann, je nachdem man $d(\Delta u)$ oder $d\varphi$ eliminirt:

$$d\varphi = \frac{\cos\varphi \sin A \,.\, \cos\frac{A'+A''}{2}}{2\sin\frac{A-A'}{2}\sin\frac{A-A''}{2}}\,du + \frac{\cos\varphi \sin A' \cos\frac{A+A''}{2}}{2\sin\frac{A'-A}{2}\sin\frac{A'-A''}{2}}\,du'$$

$$+ \frac{\cos\varphi \sin A'' \cos\frac{A+A'}{2}}{2\sin\frac{A''-A}{2}\sin\frac{A''-A'}{2}}\,du''$$

und:

$$d(\Delta u) = \frac{\sin A \,.\, \sin\frac{A'+A''}{2}}{2\sin\frac{A-A'}{2}\sin\frac{A-A''}{2}}\,du + \frac{\sin A' \sin\frac{A+A''}{2}}{2\sin\frac{A'-A}{2}\sin\frac{A'-A''}{2}}\,du'$$

$$+ \frac{\sin A'' \sin\frac{A+A'}{2}}{2\sin\frac{A''-A}{2}\sin\frac{A''-A'}{2}}\,du''$$

Man sieht daraus, dafs man die Sterne so auszuwählen hat, dafs die Differenzen der Azimute je zweier auf einander folgender Sterne möglichst grofs werden, weil dann die Nenner der Differentialquotienten ebenfalls ein Maximum erreichen, man mufs daher darauf sehen, dafs die Differenzen der Azimute nahe gleich 120° werden.*)

Beispiel. Dr. Westphal hat am 5ten October 1822 zu Cairo folgende drei gleiche Sternhöhen beobachtet.

α Ursae minoris um	8^h	28′	17″	
α Herculis		31	21	im Westen
α Arietis		47	30	im Osten

*) Die hier gegebene Auflösung dieser Aufgabe ist von Gaufs. Vergleiche Monatliche Correspondenz Band XVIII pag. 277 und folgende.

Die Oerter der drei Sterne waren an diesem Tage:

	α	δ
α Ursae minoris	$0^h\,58'\,14''.10$	$+\,88°\,21'\,54''.3$
α Herculis	$17\;\;6\;\;34\,.26$	$14\;\;36\;\;\;2\,.0$
α Arietis	$1\;\;57\;\;14\,.00$	$22\;\;37\;\;22\,.7$

Nun ist:

$$u'-u = +\,3'\,4''.0 \qquad u''-u = +\,19'\,13''.\,0$$

oder in Sternzeit:

$$= +\qquad 3'\;\;4''.50 \qquad\qquad + \quad 19\;\;16\,.16$$

$$\alpha'-\alpha \;=\; -\quad 7^h\,51'\,39''.84 \qquad \alpha''-\alpha = +\,0^h\,58'\,59''.90$$

$$\lambda \;=\; +\quad 7^h\,54'\,44''.34 \qquad \lambda' \;=\; -\,0^h\,39'\,43''.74$$

$$=\quad 118°\,41'\;\;5''.10 \qquad\qquad = -\;9°\,55'\,56''.10$$

Ferner ist:

$$\tfrac{1}{2}\,(\delta-\delta') = 36°\,52'\,56''.15$$
$$\tfrac{1}{2}\,(\delta+\delta') = 51\;\;\;28\;\;\;58\,.15$$
$$\tfrac{1}{2}\,(\delta-\delta'') = 32\;\;\;52\;\;\;15\,.80$$
$$\tfrac{1}{2}\,(\delta+\delta'') = 55\;\;\;29\;\;\;38\,.50$$

Damit erhält man dann:

$$\log A' = 0.1183684 \qquad \log A'' = \quad 0.1629829$$
$$B' \;=\; 60°\,48'\,11''.92 \qquad B'' \;=\; -\;5°\,16'\,52''.22$$
$$C' \;=\; 120\;\;\;8\;\;44\,.47 \qquad C'' \;=\; -\,10\;\;14\;\;50\,.27$$

$$\tfrac{1}{2}\,(C'+C'') = \quad 54°\,56'\,57''.10$$
$$\tfrac{1}{2}\,(C'-C'') = \quad 65\;\;\;11\;\;\;47\,.37$$
$$\zeta = \quad 47\;\;\;56\;\;\;16\,.08$$
$$t = -\;56°\,18'\,28''.09$$
$$= -\quad 3^h\,45'\,13''.87$$
$$t+C' = \quad 63°\,50'\,16''.38$$
$$t+C'' = -\;66\;\;\;33\;\;\;18\,.36$$

und hieraus nach den Formeln (B) und (D) übereinstimmend:

$$\varphi = 30°\;4'\;23''.73$$

Aus t erhält man die Sternzeit:

$$\Theta = 21^h\;13'\;0''.23$$

und da die Sternzeit im Mittage $12^h\,54'\,2''.04$ war, so war die mittlere Zeit gleich $8^h\,17'\,36''.44$, also der Stand der Uhr gegen mittlere Zeit:

$$\Delta u = -\,10'\,40''.56$$

Berechnet man auch die Höhe aus einer der drei Gleichungen (a) so erhält man:

$$h = 30^\circ\,58'\,14''.44$$

Aus A findet man die beiden andern Stundenwinkel:

$$\begin{aligned} t' &= \,62^\circ\,22'\,37''.01 \\ t'' &= -\,66\quad 14\quad 24\quad 19 \end{aligned}$$

und damit die drei Azimute:

$$\begin{aligned} A &= 181^\circ\,35'.2 \\ A' &= 89\quad 33.2 \\ A'' &= 279\quad 50.4 \end{aligned}$$

endlich für die Differentialgleichungen:

$$\begin{aligned} d\varphi &= -\,0.\,329\,du - 5.789\,du' - 6.068\,du'' \\ d(\Delta u) &= -\,0.0018\,du + 0.468\,du' - 0.396\,du'' \end{aligned}$$

wo $d\varphi$ in Bogen, $d\,(\Delta u)$ dagegen sowie du, du' und du'' in Zeitsecunden ausgedrückt ist.

20. Cagnoli giebt in seiner Trigonometrie eine sehr elegante Auflösung grade nicht des hier betrachteten Problems, aber doch eines ganz ähnlichen, sodafs sich seine Formeln unmittelbar auf diesen Fall anwenden lassen. Verlangt man aufser der Zeit und der Polhöhe auch die Kenntnifs der Höhe selbst, so ist die Rechnung nach diesen Formeln von Cagnoli noch etwas bequemer als nach den eben gegebenen.

Es seien S, S' und S'' Fig. 11 die drei beobachteten Sterne. Betrachtet man nun das Dreieck zwischen dem Zenith Z, dem Pole P und dem ersten Sterne, so hat man nach den Gaufsischen oder Neperschen Formeln, wenn p den parallactischen Winkel bezeichnet:

$$\tang \tfrac{1}{2}(\varphi + h) = \frac{\cos \frac{1}{2}(t+p)}{\cos \frac{1}{2}(t-p)} \operatorname{cotang}(45 - \tfrac{1}{2}\delta)$$
$$= \frac{\cos \frac{1}{2}(t+p)}{\cos \frac{1}{2}(t-p)} \operatorname{tang}(45 + \tfrac{1}{2}\delta)$$

und: (*A*)

$$\operatorname{tang} \tfrac{1}{2}(\varphi - h) = \frac{\sin \frac{1}{2}(t-p)}{\sin \frac{1}{2}(t+p)} \operatorname{tang}(45 - \tfrac{1}{2}\delta)$$
$$. = \frac{\sin \frac{1}{2}(t-p)}{\sin \frac{1}{2}(t+p)} \operatorname{cotang}(45 + \tfrac{1}{2}\delta)$$

Betrachtet man nun die Dreiecke PSS', $PS'S''$ und PSS'', so hat man ebenfalls nach den Gaufsischen Formeln, wenn man der Kürze wegen setzt:

$$A = \tfrac{1}{2}[PS''S' - PS'S'']$$
$$A' = \tfrac{1}{2}[PS''S - PS\,S'']$$
$$A'' = \tfrac{1}{2}[PS'\,S = PS\,S']$$

$$\left.\begin{aligned}
\operatorname{tang} A &= \frac{\sin \frac{1}{2}(\delta''-\delta')}{\cos \frac{1}{2}(\delta''+\delta')} \operatorname{cotang} \tfrac{1}{2}(\lambda'-\lambda) \\
\operatorname{tang} A' &= \frac{\sin \frac{1}{2}(\delta''-\delta)}{\cos \frac{1}{2}(\delta''+\delta)} \operatorname{cotang} \tfrac{1}{2}\lambda' \\
\operatorname{tang} A'' &= \frac{\sin \frac{1}{2}(\delta'-\delta)}{\cos \frac{1}{2}(\delta'+\delta)} \operatorname{cotang} \tfrac{1}{2}\lambda
\end{aligned}\right\} \quad (B)$$

wo λ und λ' ganz dieselbe Bedeutung wie vorher haben. Da nun:

$$p + PS\,S' = PS'\,S - p'$$
$$p' + PS'S'' = PS''S' - p''$$
$$p + PS\,S'' = PS''S - p''$$

so findet man leicht, dafs:

$$\begin{aligned}
p &= A' + A'' - A \\
p' &= A + A'' - A' \qquad (C) \\
p'' &= A + A' - A''
\end{aligned}$$

Es ist aber auch:

$$\sin t : \sin p = \cos h : \cos \varphi$$
$$\sin(t+\lambda) : \sin p' = \cos h : \cos \varphi$$

also:

$$\sin t : \sin (t+\lambda) = \sin p : \sin p'$$

oder:

$$\frac{\sin t + \sin (t+\lambda)}{\sin t - \sin (t+\lambda)} = \frac{\sin [A'+A''-A] + \sin [A+A''-A']}{\sin [A'+A''-A] - \sin [A+A''-A']}$$

Daraus folgt also:

$$\operatorname{tang} [t + \tfrac{1}{2} \lambda] \operatorname{cotang} \tfrac{1}{2} \lambda = \operatorname{tang} A'' \operatorname{cotang} (A-A')$$

oder, wenn man für tang A'' den Werth aus den Gleichungen (B) substituirt:

$$\operatorname{tang} [t+\tfrac{1}{2} \lambda] = \frac{\sin \frac{1}{2} (\delta'-\delta)}{\cos \frac{1}{2} (\delta'+\delta)} \operatorname{cotang} (A-A') \qquad (D)$$

Man hat also zuerst aus den Gleichungen (B) die Werthe A, A' und A'' zu berechnen, dann findet man durch die Gleichungen (C) und (D) p, p', p'' und t und nachher durch die Gleichungen (A) φ und h. Eine Unbequemlichkeit bei diesen Formeln ist die, daſs man in Ungewiſsheit bleibt, in welchen Quadranten man die verschiedenen Winkel zu nehmen hat, da alle durch die Tangénten gefunden werden. Man kann indessen dabei willkührlich verfahren, muſs aber dann $180 + t$ statt t nehmen, wenn man für φ und h solche Werthe findet, daſs cos φ und sin h entgegengesetzte Zeichen haben. Ebenso muſs man, wenn man für φ und h Werthe findet, die gröſser als 90° sind, ihren Unterschied von dem zunächst liegenden Vielfachen von 180° nehmen. Je nachdem sin φ und sin h gleiche oder entgegengesetzte Zeichen erhalten, ist die Polhöhe nördlich oder südlich.*)

*) Monatliche Correspondenz Band XIX pag 89.

Nach diesen Formeln ist nun die Berechnung des in Nr. 19 gegebenen Beispiels die folgende. Es war:

$$\tfrac{1}{2}\lambda = 59^\circ\, 20'\, 32''.55$$
$$\tfrac{1}{2}\lambda' = -\ 4\ \ 57\ \ 58\ .05$$

$$\tfrac{1}{2}(\delta''-\delta') = 4^\circ\, 0'\, 40''.35 \qquad \tfrac{1}{2}(\delta''-\delta) = -\ 32^\circ\, 52'\, 15''.80$$
$$\tfrac{1}{2}(\delta'-\delta) = -\ 36^\circ\, 52'\, 56''.15$$
$$\tfrac{1}{2}(\delta''+\delta') = 18\ 36\ 42.35 \qquad \tfrac{1}{2}(\delta''+\delta) = 55\ 29\ 38.50$$
$$\tfrac{1}{2}(\delta'+\delta) = 51\ \ 28\ \ 58.15$$

Damit erhält man:

$$A = -\ 2^\circ\, 2'\, 1''.33\,,\ A' = 84^\circ\, 49'\, 4''.07\,,\ A'' = -\ 29^\circ\, 44'\, 16''.53$$
$$A - A' = -\ 86^\circ\, 51'\, 54''.0$$
$$t + \tfrac{1}{2}\lambda = 3^\circ\ \ 2'\ \ 4''.47$$
$$t = -\ 56\ \ 18\ \ 28\ .08$$

Um nun φ und h zu finden, müfste man die Formeln (A) berechnen, die aus dem Dreiecke zwischen Pol, Zenith und erstem Sterne hergeleitet sind. Da in demselben aber zu kleine Winkel vorkommen, so ist es vortheilhafter das vom zweiten Sterne, dem Pole und dem Zenith gebildete Dreieck aufzulösen, mithin die folgenden Formeln zu berechnen:

$$\operatorname{tang}\tfrac{1}{2}(\varphi+h) = \frac{\cos\tfrac{1}{2}(t'+p')}{\cos\tfrac{1}{2}(t'-p')}\operatorname{tang}(45+\tfrac{1}{2}\delta')$$
$$\operatorname{tang}\tfrac{1}{2}(\varphi-h) = \frac{\sin\tfrac{1}{2}(t'-p')}{\sin\tfrac{1}{2}(t'+p')}\operatorname{cotang}(45+\tfrac{1}{2}\delta')$$

Nun ist:

$$t' = t+\lambda = 62^\circ\, 22'\, 37''.02$$
$$p' = A+A''-A' = 243\ 24\ 38.07$$

und hiermit erhält man:

$$\varphi = 30^\circ\, 4'\, 23''.68$$
$$h = 149\ \ 1\ \ 45\ .54$$

oder, wenn man für h das Complement zu 180^0 nimmt:

$$h = 30\ 58\ 14.46$$

fast genau dieselben Werthe, wie sie die vorige Rechnung ergab.

Um die Cagnolischen Formeln auf analytischem Wege abzuleiten, mufs man von den folgenden Gleichungen ausgehen, welche man für jeden Stern nach den Grundformeln der sphärischen Trigonometrie erhält:

$$\left.\begin{aligned} \sin h &= \sin\varphi \sin\delta + \cos\varphi \cos\delta \cos t \\ \cos h \sin p &= \cos\varphi \sin t \\ \cos h \cos p &= \sin\varphi \cos\delta - \cos\varphi \sin\delta \cos t \end{aligned}\right\} \quad (a)$$

$$\left.\begin{aligned} \sin h &= \sin\varphi \sin\delta' + \cos\varphi \cos\delta' \cos(t+\lambda) \\ \cos h \sin p' &= \cos\varphi \sin(t+\lambda) \\ \cos h \cos p' &= \sin\varphi \cos\delta' - \cos\varphi \sin\delta' \cos(t+\lambda) \end{aligned}\right\} \quad (b)$$

$$\left.\begin{aligned} \sin h &= \sin\varphi \sin\delta'' + \cos\varphi \cos\delta'' \cos(t+\lambda') \\ \cos h \sin p'' &= \cos\varphi \sin(t+\lambda') \\ \cos h \cos p'' &= \sin\varphi \cos\delta'' - \cos\varphi \sin\delta'' \cos(t+\lambda') \end{aligned}\right\} \quad (c)$$

Um nun zuerst t zu bestimmen, eliminirt man aus den drei Gleichungen für $\sin h$ sowohl $\sin h$ als auch $\sin\varphi$ und $\cos\varphi$. Zu dem Ende zieht man zuerst die beiden ersten der Gleichungen für $\sin h$ von einander ab und erhält:

$$0 = 2 \sin\varphi \cos\frac{\delta'+\delta}{2} \sin\frac{\delta'-\delta}{2} + \cos\varphi\, [\cos\delta' \cos(t+\lambda) - \cos\delta \cos t]$$

oder, wenn man im zweiten Gliede der Gleichung:

$$\delta' = \frac{\delta'+\delta}{2} + \frac{\delta'-}{2}$$

und:

$$\delta = \frac{\delta'+\delta}{2} - \frac{\delta'-\delta}{2}$$

setzt und die Cosinus der zusammengesetzten Winkel entwickelt:

$$\left.\begin{aligned} \operatorname{tang}\varphi = {} & \operatorname{cotang}\frac{\delta'-\delta}{2} \sin(t+\tfrac{1}{2}\lambda) \sin\tfrac{1}{2}\lambda \\ & + \operatorname{tang}\frac{\delta'+\delta}{2} \cos(t+\tfrac{1}{2}\lambda) \cos\tfrac{1}{2}\lambda \end{aligned}\right\} \quad (d)$$

Auf ganz ähnliche Weise erhält man dann aus der zweiten und dritten Gleichung für sin h:

$$\begin{aligned}\operatorname{tang}\varphi = \operatorname{cotang}\frac{\delta''-\delta'}{2}\sin\left[t+\tfrac{1}{2}(\lambda'+\lambda)\right]\sin\tfrac{1}{2}(\lambda'-\lambda) \\ +\operatorname{tang}\frac{\delta''+\delta'}{2}\cos\left[t+\tfrac{1}{2}(\lambda'+\lambda)\right]\cos\tfrac{1}{2}(\lambda'-\lambda)\end{aligned} \qquad (e)$$

Aus den Gleichungen (d) und (e) findet man dann eine Gleichung, in welcher auch φ eliminirt und nur noch die Unbekannte t enthalten ist. Um die letztere zu bestimmen, mufs man die Gleichung (e) so umformen, dafs in derselben ebenfalls wie in (d) die Sinus und Cosinus des Winkels $t+\frac{1}{2}\lambda$ vorkommen. Indem man aber die Sinus und Cosinus des Winkels:

$$(t+\tfrac{1}{2}\lambda)+\tfrac{1}{2}\lambda'$$

auflöst, erhält man:

$$\begin{aligned}\operatorname{tang}\varphi = \operatorname{cotang}\frac{\delta''-\delta'}{2}\sin(t+\tfrac{1}{2}\lambda)\cos\tfrac{1}{2}\lambda'\sin\tfrac{1}{2}(\lambda'-\lambda) \\ +\operatorname{cotang}\frac{\delta''-\delta'}{2}\cos(t+\tfrac{1}{2}\lambda)\sin\tfrac{1}{2}\lambda'\sin\tfrac{1}{2}(\lambda'-\lambda) \\ +\operatorname{tang}\frac{\delta''+\delta'}{2}\cos(t+\tfrac{1}{2}\lambda)\cos\tfrac{1}{2}\lambda'\cos\tfrac{1}{2}(\lambda'-\lambda) \\ -\operatorname{tang}\frac{\delta''+\delta'}{2}\sin(t+\tfrac{1}{2}\lambda)\sin\tfrac{1}{2}\lambda'\cos\tfrac{1}{2}(\lambda'-\lambda)\end{aligned} \qquad (f)$$

Aus den Gleichungen (d) und (f) kann man nun tang $(t+\frac{1}{2}\lambda)$ bestimmen. Man erhält indessen dafür einen eleganteren Ausdruck, wenn man der Gleichung (d) eine ganz ähnliche Form wie der Gleichung (f) giebt, indem man statt sin $\frac{1}{2}\lambda$ und cos $\frac{1}{2}\lambda$ die Sinus und Cosinus der Winkel $\frac{1}{2}\lambda'$ und $\frac{1}{2}(\lambda'-\lambda)$ einführt. Dann wird:

$$\begin{aligned}\operatorname{tang}\varphi = \operatorname{cotang}\frac{\delta'-\delta}{2}\sin(t+\tfrac{1}{2}\lambda)\sin\tfrac{1}{2}\lambda'\cos\tfrac{1}{2}(\lambda'-\lambda) \\ -\operatorname{cotang}\frac{\delta'-\delta}{2}\sin(t+\tfrac{1}{2}\lambda)\cos\tfrac{1}{2}\lambda'\sin\tfrac{1}{2}(\lambda'-\lambda) \\ +\operatorname{tang}\frac{\delta'+\delta}{2}\cos(t+\tfrac{1}{2}\lambda)\cos\tfrac{1}{2}\lambda'\cos\tfrac{1}{2}(\lambda'-\lambda) \\ +\operatorname{tang}\frac{\delta'+\delta}{2}\cos(t+\tfrac{1}{2}\lambda)\sin\tfrac{1}{2}\lambda'\sin\tfrac{1}{2}(\lambda'-\lambda)\end{aligned} \qquad (g)$$

und man erhält dann aus der Verbindung der Gleichungen (f) und (g):

$$\text{cotang}\,(t+\tfrac{1}{2}\lambda)\left[\text{cotang}\,\frac{\delta''-\delta'}{2}-\text{tang}\,\frac{\delta'+\delta}{2}\right.$$
$$\left.+\left(\text{tang}\,\frac{\delta''+\delta'}{2}-\text{tang}\,\frac{\delta'+\delta}{2}\right)\text{cotang}\,\tfrac{1}{2}\lambda'\,\text{cotang}\,\tfrac{1}{2}(\lambda'-\lambda)\right]$$
$$=\left(\text{cotang}\,\frac{\delta'-\delta}{2}+\text{tang}\,\frac{\delta''+\delta'}{2}\right)\text{cotang}\,\tfrac{1}{2}(\lambda'-\lambda)$$
$$-\left(\text{cotang}\,\frac{\delta'-\delta}{2}+\text{cotang}\,\frac{\delta''-\delta'}{2}\right)\text{cotang}\,\tfrac{1}{2}\lambda'$$

oder:

$$\text{cotang}\,(t+\tfrac{1}{2}\lambda)\left[1+\frac{\sin\frac{\delta''-\delta}{2}\sin\frac{\delta''-\delta'}{2}}{\cos\frac{\delta''+\delta}{2}\cos\frac{\delta''+\delta'}{2}}\,\text{cotang}\,\tfrac{1}{2}\lambda'\,\text{cotang}\,\tfrac{1}{2}(\lambda'-\lambda)\right]$$
$$=\frac{\sin\frac{\delta''-\delta'}{2}\;\cos\frac{\delta'+\delta}{2}}{\cos\frac{\delta''+\delta'}{2}\;\sin\frac{\delta'-\delta}{2}}\,\text{ctg.}\,\tfrac{1}{2}(\lambda'-\lambda)-\frac{\sin\frac{\delta''-\delta}{2}\,.\,\cos\frac{\delta'+\delta}{2}}{\cos\frac{\delta''+\delta}{2}\,.\,\sin\frac{\delta'-\delta}{2}}\,\text{ctg.}\,\tfrac{1}{2}\lambda'$$

Führt man also die folgenden Hülfsgröſsen ein:

$$\left.\begin{aligned}\text{tang}\,A&=\frac{\sin\frac{\delta''-\delta'}{2}}{\cos\frac{\delta''+\delta'}{2}}\,\text{cotang}\,\tfrac{1}{2}(\lambda'-\lambda)\\ \text{tang}\,A'&=\frac{\sin\frac{\delta''-\delta}{2}}{\cos\frac{\delta''+\delta}{2}}\,\text{cotang}\,\tfrac{1}{2}\lambda'\\ \text{tang}\,A''&=\frac{\sin\frac{\delta'-\delta}{2}}{\cos\frac{\delta'+\delta}{2}}\,\text{cotang}\,\tfrac{1}{2}\lambda\end{aligned}\right\}\qquad(A)$$

so erhält man:

$$\text{cotang}\,(t+\tfrac{1}{2}\lambda)=\frac{\cos\frac{\delta'+\delta}{2}}{\sin\frac{\delta'-\delta}{2}}\,\text{tang}\,(A-A')\qquad(B)$$

Wenn man nun ebenso wie vorher mit den Gleichungen für sin h so jetzt mit den zweiten und dritten der Gleichungen (a), (b), (c) verfährt, so erhält man die Relationen zwischen den Gröfsen A, A', A'' und den parallactischen Winkeln. Zuerst folgt aus den Gleichungen für cos h sin p und cos h cos p:

$$\cos h \sin \frac{p'+p}{2} \cos \frac{p'-p}{2} = \cos \varphi \sin (t + \tfrac{1}{2}\lambda) \cos \tfrac{1}{2}\lambda$$

und aus den Gleichungen für cos h cos p und cos h cos p':

$$\begin{aligned}\cos h \cos \frac{p'-p}{2} \cos \frac{p'-p}{2} = {} & \sin \varphi \cos \frac{\delta'+\delta}{2} \cos \frac{\delta'-\delta}{2} \\ & - \cos \varphi \sin \frac{\delta'+\delta}{2} \cos \frac{\delta'-\delta}{2} \cos (t + \tfrac{1}{2}\lambda) \cos \tfrac{1}{2}\lambda \\ & + \cos \varphi \cos \frac{\delta'+\delta}{2} \sin \frac{\delta'-\delta}{2} \sin (t + \tfrac{1}{2}\lambda) \sin \tfrac{1}{2}\lambda\end{aligned}$$

Dividirt man beide Gleichungen durch einander und eliminirt tang φ durch die Gleichung (d), so erhält man einfach:

$$\tan \frac{p'+p}{2} = \frac{\sin \frac{\delta'-\delta}{2}}{\cos \frac{\delta'+\delta}{2}} \cot \tfrac{1}{2}\lambda = \tan A''$$

Auf ganz ähnliche Weise findet man durch die Verbindung der entsprechenden Formeln aus (a) und (c) und (b) und (c):

$$\tan \frac{p''+p}{2} = \frac{\sin \frac{\delta''-\delta}{2}}{\cos \frac{\delta''+\delta}{2}} \cot \tfrac{1}{2}\lambda' = \tan A'$$

und:

$$\tan \frac{p''+p'}{2} = \frac{\sin \frac{\delta''-\delta'}{2}}{\cos \frac{\delta''+\delta'}{2}} \cot \tfrac{1}{2}(\lambda'-\lambda) = \tan A$$

mithin ist:

$$\begin{aligned} p &= A' + A'' - A \\ p' &= A + A'' - A' \qquad (C) \\ p'' &= A + A' - A'' \end{aligned}$$

Nachdem man durch diese Gleichungen p, p'' oder p' gefunden hat, erhält man dann φ und h durch die Gleichungen (a), (b) oder (c) oder besser durch die Gaufsischen Gleichungen:

$$\cos \tfrac{1}{2} E \,.\, \cos \frac{\varphi + h}{2} = \sin (45 - \tfrac{1}{2} \delta) \cos \frac{t-p}{2}$$

$$\cos \tfrac{1}{2} E \,.\, \sin \frac{\varphi + h}{2} = \cos (45 - \tfrac{1}{2} \delta) \cos \frac{t+p}{2}$$

$$\sin \tfrac{1}{2} E \,.\, \cos \frac{\varphi - h}{2} = \cos (45 - \tfrac{1}{2} \delta) \sin \frac{t+p}{2}$$

$$\sin \tfrac{1}{2} E \,.\, \sin \frac{\varphi - h}{2} = \sin (45 - \tfrac{1}{2} \delta) \sin \frac{t-p}{2}$$

wo E das Azimut des ersten Sterns bezeichnet, oder durch:

$$\left.\begin{aligned} \operatorname{tang} \frac{\varphi + h}{2} &= \frac{\cos \frac{t+p}{2}}{\cos \frac{t-p}{2}} \operatorname{cotang} (45 - \tfrac{1}{2} \delta) \\ \operatorname{tang} \frac{\varphi - h}{2} &= \frac{\sin \frac{t-p}{2}}{\sin \frac{t+p}{2}} \operatorname{tang} (45 - \tfrac{1}{2} \delta) \end{aligned}\right\} \quad (D)$$

Will man diese letztere Formel unmittelbar aus den Gleichungen (a) entwickeln, so erhält man durch Elimination:

$$\sin \varphi = \sin h \sin \delta + \cos h \cos \delta \cos p$$

also durch Addition und Subtraction der Gleichung für $\sin h$:

$$(\sin \varphi + \sin h)(1 - \sin \delta) = \cos \delta \left(\cos h \cos p + \frac{\cos h \sin p \cos t}{\sin t} \right)$$

$$= \frac{\cos \delta \cos h}{\sin t} \sin (t + p)$$

$$(\sin \varphi - \sin h)(1 + \sin \delta) = \frac{\cos \delta \cos h}{\sin t} \sin (t - p)$$

oder:

$$\text{cotang}\,\frac{\varphi+h}{2}\,\text{tang}\,\frac{\varphi-h}{2}\,\text{cotang}(45-\tfrac{1}{2}\delta)^2 = \frac{\sin\frac{t-p}{2}\cos\frac{t-p}{2}}{\sin\frac{t+p}{2}\cos\frac{t+p}{2}} \qquad (h)$$

Ferner erhält man aus der Gleichung für $\cos h \sin p$, indem man:

$$h = \tfrac{1}{2}(\varphi+h) - \tfrac{1}{2}(\varphi-h)$$

und:

$$\varphi = \tfrac{1}{2}(\varphi+h) + \tfrac{1}{2}(\varphi-h)$$

setzt:

$$\text{cotang}\,\frac{\varphi+h}{2}\,\text{cotang}\,\frac{\varphi-h}{2} = \text{tang}\,\frac{t+p}{2}\,\text{cotang}\,\frac{t-p}{2} \qquad (i)$$

mithin endlich durch Multiplication und Division der Gleichungen (h) und (i): *)

$$\text{cotang}\,\frac{\varphi+h}{2}\,\text{cotang}\,(45-\tfrac{1}{2}\delta) = \frac{\cos\frac{t-p}{2}}{\cos\frac{t+p}{2}}$$

$$\text{tang}\,\frac{\varphi-h}{2}\,\text{cotang}\,(45-\tfrac{1}{2}\delta) = \frac{\sin\frac{t-p}{2}}{\sin\frac{t+p}{2}}$$

21. Beobachtet man drei Höhen in der Nähe des Meridians, so kann man auch ohne Zeitbestimmung die Polhöhe finden. Ist nämlich H die Meridianhöhe, U die Uhrzeit der Culmination, u die Uhrzeit der Beobachtung und h die beobachtete Höhe, so hat man, da die Beobachtung in der Nähe des Meridians angestellt also $u-U$ eine kleine Gröfse ist:

$$h = H - \alpha\,(u-U)^2 + \Delta\delta\,(u-U)$$

wo $\Delta\delta$ die Aenderung der Declination während der Zeiteinheit, in welcher $u-U$ ausgedrückt ist, bezeichnet.

*) Vergl. Nr. 5 der Einleitung.

Nimmt man nun noch zwei Höhen, so erhält man noch zwei ähnliche Gleichungen:

$$h' = H - \alpha\,(u' - U)^2 + \Delta\delta\,(u' - U)$$
$$h'' = H - \alpha\,(u'' - U)^2 + \Delta\delta\,(u'' - U)$$

In diesen drei Gleichungen sind drei Unbekannte H, α und U, die man also aus ihnen bestimmen kann. Ist dann δ bekannt, so erhält man aus H auch die Polhöhe. Es ist nämlich zuerst:

$$\alpha = \frac{\frac{h''-h}{u-u''} - \frac{h''-h'}{u'-u''}}{u-u'}$$

und die Zeit der Culmination:

$$U = \frac{u+u''}{2} - \frac{m}{2\,\alpha}$$
$$= \frac{u'+u''}{2} - \frac{m'}{2\,\alpha}$$

wo:

$$m = \frac{h''-h}{u-u''} + \Delta\delta$$

und:

$$m' = \frac{h''-h'}{u'-u''} + \Delta\delta$$

Durch Substitution der Werthe von α und U in die ursprünglichen Gleichungen findet man endlich sowohl H, also auch φ.

Die Formeln werden einfacher, wenn man zwei Höhen gleich nimmt, was immer in der Gewalt des Beobachters ist. Dann wird nämlich m oder m' gleich Null.

Beispiel. Dr. Westphal beobachtete am 30. October 1822 zu Abutidsch in Aegypten die folgenden drei Höhen des Mittelpuncts der Sonne:

$$u = 22^h\,42'\,\,4'' \qquad h = 49^\circ\,\,7'\,28''\,4$$
$$u' = 22\,\,44\,\,36 \qquad h' = 49\,\,\,9\,\,58\,.5$$
$$u'' = 22\,\,47\,\,51 \qquad h'' = 49\,\,12\,\,28\,.5$$

Hier ist:

$$h'' - h = +\ 300''.1 \qquad h'' - h' = +\ 150''.0$$
$$u - u'' = -\ 347''.0 \qquad u' - u'' = -\ 195''.0$$

womit man erhält:

$$\log \alpha = 6.79865$$

Nun war an dem Tage $\log \mu$ oder der Logarithmus der 48stündigen Aenderung der Declination gleich 3.3756_n, also wird $\log \Delta\delta$ d.h. der Logarithmus der Aenderung der Declination in einer Secunde gleich 8.1381_n. Damit erhält man:

$$-\frac{\Delta\delta}{2\alpha} = +\ 10''.9$$

$$-\frac{h''-h}{u-u''}\ \frac{1}{2\alpha} = 11'\ 27''.5$$

$$\tfrac{1}{2}(u+u'') = 22^h 44\ 57.5$$

$$U = 22\ 56\ 35.9$$

Berechnet man nun mit diesen Werthen von α und U aus den einzelnen Höhen die Mittagshöhe H, so erhält man:

$$H = 49^\circ\ 15'\ 14''.6$$

und da die Declination der Sonne im Mittage:

$$= -\ 10^\circ\ 40'\ 38''.3$$

war, so wird:

$$\varphi = 30^\circ\ 4'\ 7''.1$$

IV. Bestimmung der Zeit und der Polhöhe durch die Beobachtung der Azimute der Sterne.

22. Beobachtet man die Uhrzeit, zu welcher ein bekannter Stern ein bekanntes Azimut hat, so läßt sich daraus, wenn man die Polhöhe kennt, der Stand der Uhr finden, weil man aus der Polhöhe, dem Azimut und der Declination des Sterns den Stundenwinkel berechnen kann. Macht man die Beobachtung im Meridian, so bedarf man weder der

Kenntniſs der Polhöhe noch der der Declination, zugleich ist die Beobachtung dann am vortheilhaftesten, weil die Aenderung des Azimut's am gröſsten ist.

Differenzirt man aber die Gleichung:

$$\operatorname{cotang} A \sin t = -\cos\varphi \operatorname{tang}\delta + \sin\varphi \cos t$$

so erhält man nach der dritten der Formeln (11) der Einleitung:

$$\cos h\, dA = -\sin A \sin h\, d\varphi + \cos d \cos p . dt$$

oder da für Beobachtungen im Meridiane:

$$\sin A = 0, \; \cos p = 1$$

und:

$$h = 90 - \varphi + \delta$$

ist, wenigstens für Sterne, welche südlich vom Zenith culminiren:

$$dt = \frac{\sin(\varphi - \delta)}{\cos\delta}\, dA$$

Daraus sieht man also, daſs man, um die Zeit durch Beobachtung der Sterne im Meridiane zu bestimmen, solche Sterne auswählen muſs, welche nahe durch das Zenith gehen, weil für diese der Fehler des Azimuts keinen Einfluſs auf die Zeitbestimmung hat.

Ist dann α die Rectascension des Sterns und u die Uhrzeit der Beobachtung, so ist, wenn die Uhr nach Sternzeit geht, $\alpha - u$ unmittelbar gleich dem Stande der Uhr gegen Sternzeit. Geht aber die Uhr nach mittlerer Zeit, so muſs man die Sternzeit der Culmination oder die Rectascension des Sterns erst in die mittlere Zeit m der Culmination verwandeln und erhält dann den Stand der Uhr gegen mittlere Zeit gleich $m - u$.

Für Sterne, welche nicht durch das Zenith gehen, hängt nun die Genauigkeit der Zeitbestimmung von der Genauigkeit der angenommenen Richtung des Meridians ab. Wenn aber der Fehler in der Richtung des Meridians nur klein ist, so kann man denselben leicht durch die Beobachtung zweier Sterne, von denen der eine nahe am Zenith, der andre nahe am Horizonte culminirt, bestimmen und den Uhrstand von diesem Fehler befreien. Ist nämlich ΔA das nahe mit der Richtung des Meridians zusammenfallende Azimut, in welchem man die Sterne beobachtet hat, so werden auch die dazu gehörenden Stundenwinkel $\Theta - \alpha$ und $\Theta' - \alpha'$ kleine Gröfsen und zwar nach dem vorigen gleich:

$$\frac{\sin(\varphi-\delta)}{\cos\delta}\;\Delta A$$

und:

$$\frac{\sin(\varphi-\delta')}{\cos\delta'}\;\Delta A$$

Man hat daher für die beiden Sterne, da $\Theta = u + \Delta u$ ist, die folgenden Gleichungen:

$$\alpha = u + \Delta u - \frac{\sin(\varphi-\delta)}{\cos\delta}\;\Delta A$$

und:

$$\alpha' = u' + \Delta u - \frac{\sin(\varphi-\delta')}{\cos\delta'}\;\Delta A$$

aus denen man sowohl ΔA als auch Δu bestimmen kann. Ist das Instrument so eingerichtet, dafs man nicht nur in dem Azimut ΔA, sondern auch in dem Azimut $180 + dA$ beobachten kann, so erhält man ΔA noch genauer, wenn man zwei Sterne auswählt, von denen der eine dem Aequator, der andre dem Pole nahe steht, weil in der Gleichung für den letzteren der Coefficient von ΔA sehr grofs wird und zugleich das entgegengesetzte Zeichen erhält.

Beispiel. An dem Mittagsfernrohre der Bilker Sternwarte wurden die folgenden Durchgänge durch den mittleren Faden beobachtet, ehe dasselbe genau in den Meridian gebracht war:

α Aurigae	$5^h\ 6'\ 27''.72$
β Orionis	5 8 12 .71

Da die Rectascensionon und Declinationen beider Sterne die folgenden waren:

α Aurigae	$5^h\ 5'\ 33''.25$	$+\ 45^\circ\ 50'.3$
β Orionis	$5\ \ 7\ \ 17\ .33$	$-\ \ 8\ \ 23\ .1$

und die Polhöhe gleich $51^0\ 12'.5$ ist, so erhält man die beiden Gleichungen:

$$-\ 54''.47 = \Delta u - 0.13433\,\Delta A$$
$$-\ 55\ .38 = \Delta u - 0.87178\,\Delta A$$

durch deren Auflösung man findet:

$$\Delta u = -\ 54''.30$$

und:

$$\Delta A = +\ 1''.23$$

23. Zeitbestimmungen durch Beobachtungen in einem bestimmten Azimute kann man nach Olbers's Vorschlag einfach durch Beobachtung des Verschwindens der Fixsterne hinter senkrechten terrestrischen Gegenständen erhalten. Ein solcher Gegenstand mufs natürlich hoch und beträchtlich vom Beobachter entfernt sein, damit man das Bild desselben im Fernrohr zugleich mit dem des Sterns scharf sieht und das Verschwinden plötzlich erfolgt. Ferner mufs das Fernrohr, dessen man sich zu diesen Beobachtungen bedient, nur eine schwache Vergröfserung haben und sich immer genau in derselben Lage befinden.

Kennt man nun für irgend einen Tag durch andre Methoden die Sternzeit des Verschwindens des Sterns hinter dem senkrechten Objecte, so findet man durch die Beobachtung an einer nach Sternzeit gehenden Uhr an anderen Tage immer unmittelbar den Stand derselben, weil der Stern, solange er seinen Ort am Himmel nicht ändert, auch alle folgenden Tage zu eben derselben Sternzeit verschwindet. Gebraucht man aber bei diesen Beobachtungen eine nach mittlerer Zeit regulirte Uhr, so mufs man noch auf das Voreilen der Sternzeit gegen mittlere Zeit oder auf die sogenannte Acceleration der Fixsterne Rücksicht nehmen, indem der

Stern vermöge derselben an jedem Tage um $0^h\,3'\,55''.909$ früher verschwindet.

Aendert sich die Rectascension des Sterns, so wird dadurch die Sternzeit des Verschwindens um eben so viel geändert, weil man den Stern immer in demselben Azimute, also auch in derselben Höhe und demselben Stundenwinkel beobachtet. Wenn sich dagegen die Declination ändert, so wird dadurch der Stundenwinkel, welchen der Stern in dem bestimmten Azimute hat, ein anderer und man hat nach den Differentialformeln in Nr. 7 des ersten Abschnitts, da dA und $d\varphi$ für diesen Fall gleich Null sind:

$$d\delta = \cos p\, dh$$
$$\cos\delta\, dt = -\sin p\, dh$$

mithin auch:

$$dt = -\frac{d\delta \operatorname{tang} p}{\cos\delta}$$

wo p den parallactischen Winkel bezeichnet.

Aendert sich also die Rectascension und Declination des Sterns um $\Delta\alpha$ und $\Delta\delta$, so ist die neue Sternzeit des Verschwindens gleich der früheren:

$$+\frac{\Delta\alpha}{15} - \frac{\Delta\delta}{15}\,\frac{\operatorname{tang} p}{\cos\delta}$$

So hatte Olbers gefunden, daſs am 6. September 1800 der Stern δ Coronae hinter einer Thurmmauer, deren Azimut $64^0\,56'\,21''.4$ war, nach mittlerer Zeit um $11^h\,23'\,18''.3$, also um $22^h\,26'\,21''.78$ Sternzeit verschwand. Am 12. September beobachtete er das Verschwinden um $10^h\,49'\,21''.0$. Da nun $6 \times 3'\,55''.909$ gleich $23'\,35''.4$ ist, so hätte der Stern um $10^h\,59'\,42''.9$ verschwinden sollen, es war mithin der Stand der Uhr gegen mittlere Zeit gleich $+\,10'\,21''.9$.

Den 6. September 1801 war:

$$\Delta\alpha = +\,42''.0$$

und:

$$\Delta\delta = -\,13''.2$$

und da:

$$p = 37^\circ\, 31'$$

und:

$$\delta = +\ 26^\circ\, 41'$$

so war:

$$\Delta\delta\, \frac{\operatorname{tang} p}{\cos\delta} = +\ 11''.35$$

mithin die ganze Correction + 53″.35 oder 3″.56 in Zeit. Der Stern δ Coronae mufste also den 6. September 1801 um $22^h\, 26'\, 25''.34$ Sternzeit verschwinden.*)

24. Kennt man die Zeit, so kann man durch die Beobachtung eines bekannten Sterns in einem bestimmten Azimute die Polhöhe bestimmen, da man die Gleichung hat:

$$\operatorname{cotang} A \sin t = -\cos\varphi \operatorname{tang}\delta + \sin\varphi \cos t$$

Durch Differenziren derselben erhält man:

$$\sin A\, d\varphi = -\operatorname{cotang} h\, dA + \frac{\cos\delta\cos p}{\sin h}\, dt + \frac{\sin p}{\sin h}\, d\delta$$

Um also die Polhöhe durch Azimutalbeobachtungen möglichst genau zu bestimmen, mufs man die Sterne immer nahe im ersten Verticale beobachten, weil für diesen Fall $\sin A$ ein Maximum ist. Zugleich mufs man einen solchen Stern auswählen, der nahe durch das Zenith des Beobachtungortes geht, indem für $\delta = \varphi$ die Coefficienten von dA und von dt gleich Null werden, da:

$$\cos\delta\cos p = \sin\varphi\cos h + \cos\varphi\sin h\cos A$$

Fehler im Azimut und in der Zeit haben dann also gar keinen Einflufs da aber $\sin p = 1$ ist, so wird ein Fehler in der zum Grunde gelegten Declination des Sterns genau denselben Fehler in der Polhöhe hervorbringen.

Beobachtet man nun blos einen Stern in einem bestimmten Azimute, so mufs man dies Azimut selbst kennen. Nimmt

*) Zach, monatliche Correspondenz, Band III. pag. 124 sqq.

man aber an, dafs man zwei Sterne beobachtet hat, so hat man die beiden Gleichungen:

$$\begin{aligned} \operatorname{cotang} A \sin t &= -\cos\varphi \operatorname{tang}\delta + \sin\varphi\cos t \\ \operatorname{cotang} A' \sin t' &= -\cos\varphi \operatorname{tang}\delta' + \sin\varphi\cos t' \end{aligned} \qquad (a)$$

Multiplicirt man hier die obere Gleichung mit $\sin t'$, die untere mit $\sin t$, so erhält man:

$$\sin t \sin t' \frac{\sin(A'-A)}{\sin A \sin A'} = \cos\varphi\,[\operatorname{tang}\delta' \sin t - \operatorname{tang}\delta \sin t'] + \sin\varphi \sin(t'-t)$$

oder da:

$$\cos\delta \sin t = \cos h \sin A$$

auch:

$$\begin{aligned} \cos h \cos h' \sin(A'-A) = {} & \cos\varphi\,[\cos\delta \sin\delta' \sin t - \sin\delta \cos\delta' \sin t'] \\ & + \sin\varphi \sin(t'-t) \cos\delta \cos\delta' \end{aligned} \qquad (b)$$

Man führe nun die folgenden Hülfsgröfsen ein:

$$\begin{aligned} \sin(\delta'+\delta) \sin\tfrac{1}{2}(t'-t) &= m \sin M \\ \sin(\delta'-\delta) \cos\tfrac{1}{2}(t'-t) &= m \cos M \end{aligned} \qquad (A)$$

Multiplicirt man die erstere dieser Gleichungen mit $\cos\frac{1}{2}(t'+t)$, die untere mit $\sin\frac{1}{2}(t'+t)$, so findet man, wenn man die zweite von der ersteren abzieht:

$$m \sin[\tfrac{1}{2}(t'+t) - M] = \sin\delta' \cos\delta \sin t - \cos\delta' \sin\delta \sin t'$$

Multiplicirt man dagegen die obere Gleichung mit $\cos\frac{1}{2}(t'-t)$, die untere mit $\sin\frac{1}{2}(t'-t)$ und zieht die erstere von der zweiten ab, so erhält man:

$$m \sin[\tfrac{1}{2}(t'-t) - M] = -\sin\delta \cos\delta' \sin(t'-t)$$

Es wird daher aus der Gleichung (b) die folgende:

$$\begin{aligned} \cos h \cos h' \sin(A'-A) = {} & m \cos\varphi \sin[\tfrac{1}{2}(t'+t) - M] \\ & - m \sin\varphi \sin[\tfrac{1}{2}(t'-t) - M] \operatorname{cotang}\delta \end{aligned}$$

Nimmt man nun an, dafs die beiden Sterne in demselben Azimute oder in zwei um 180° verschiedenen Azimuten beobachtet sind, so wird in beiden Fällen $\sin(A'-A) = 0$, mithin:

$$\operatorname{tang}\varphi = \operatorname{tang}\delta \frac{\sin[\frac{1}{2}(t'+t) - M]}{\sin[\frac{1}{2}(t'-t) - M]} \qquad (B)$$

In diesem Falle braucht man also das Azimut selbst, in welchem man beobachtet hat, nicht zu kennen, indem man allein aus den Beobachtungszeiten und den Declinationen beider Sterne nach den Formeln (A) und (B) die Polhöhe berechnen kann.

Hat man beide Male denselben Stern beobachtet, so werden die Formeln noch einfacher. Denn da für diesen Fall aus der zweiten der Formeln (A) $M = 90^0$ folgt, so wird:

$$\operatorname{tang} \varphi = \operatorname{tang} \delta \cdot \frac{\cos \frac{1}{2}(t'+t)}{\cos \frac{1}{2}(t'-t)} \qquad (C)$$

Für den allgemeinen Fall, wo angenommen ist, daſs man zwei Sterne in zwei verschiedenen Azimuten beobachtet hat, sind die beiden Differentialgleichungen die folgenden:

$$\cos h \, dA = \sin p \, d\delta + \cos \delta \cos p \, dt - \sin h \sin A \, d\varphi$$
$$\cos h' dA' = \sin p' d\delta' + \cos \delta' \cos p' dt' - \sin h' \sin A' d\varphi$$

Führt man auch hier den Unterschied der Azimute ein und multiplicirt deſshalb die obere Gleichung mit $\cos h'$, die untere mit $\cos h$ und zieht dieselben von einander ab, so erhält man:

$$\begin{aligned}\cos h \cos h' d(A'-A) = & - \cos h' \cos \delta \cos p \, dt + \cos h \cos \delta' \cos p' dt' \\ & - [\sin h' \cos h \sin A' - \sin h \cos h' \sin A] \, d\varphi \\ & + \cos h \sin p \, d\delta' - \cos h' \sin p \, d\delta\end{aligned}$$

Da nun $dt = du + d(\Delta u)$ und $dt' = du' + d(\Delta u)$, wo du der in der Beobachtung der Durchgangszeit begangene Fehler und $d(\Delta u)$ der Fehler des Standes der Uhr ist, so erhält man, wenn man diese Werthe für dt und dt' substituirt und zugleich $A' = 180^0 + A$ setzt:*)

$$\begin{aligned}\sin A \, d\varphi - \cos \varphi \cos A \, d(\Delta u) = & \frac{\cos h \cos h'}{\sin (h'+h)} [d(A'-A) - \sin \varphi \, d(u'-u)] \\ & + \frac{\cos \varphi \cos A \sin h \cos h'}{\sin (h'+h)} du + \frac{\cos \varphi \cos A \sin h' \cos h}{\sin (h'+h)} du' \\ & - \frac{\sin p' \cos h}{\sin (h'+h)} d\delta' + \frac{\sin p \cos h'}{\sin (h'+h)} d\delta\end{aligned}$$

---

*) Wenn man nämlich für $\cos \delta \cos p$ und $\cos \delta' \cos p'$ die Werthe aus den folgenden Gleichungen substituirt:

$$\cos \delta \cos p = \sin \varphi \cos h + \cos \varphi \sin h \cos A$$
$$\cos \delta' \cos p' = \sin \varphi \cos h' - \cos \varphi \sin h' \cos A$$

Daraus sieht man also wieder, daſs man am vortheilhaftesten Sterne im ersten Verticale beobachtet. Dann wird nämlich der Coefficient von $d\varphi$ ein Maximum und die Fehler des Standes der Uhr und der beobachteten Durchgangszeiten werden Null, sodaſs im Resultate nur der Unterschied der Fehler der beobachteten Uhrzeiten sowie die Gröſse, um welche der Unterschied der beiden Azimute gröſser oder kleiner als 180° war und endlich der Fehler der Declination bleiben. Da nun für den ersten Vertical auch $\sin p' = -\sin p$ ist, so erhält man für den Fall, daſs man denselben Stern im ersten Verticale im Osten und Westen beobachtet hat, wo also $h = h'$ ist:

$$d\varphi = \tfrac{1}{2} \operatorname{cotang} h \left[d\,(A'-A) - \sin\varphi\, d\,(u'-u)\right] + \frac{\sin p}{\sin h}\, d\delta$$

oder auch, weil für den ersten Vertical nach Nr. 17 des ersten Abschnitts:

$$\sin h = \frac{\sin\delta}{\sin\varphi} \quad \text{und} \quad \sin p = \frac{\cos\varphi}{\cos\delta}$$

ist:

$$d\varphi = \tfrac{1}{2} \operatorname{cotang} h \left[d\,(A'-A) - \sin\varphi\, d\,(u'-u)\right] + \frac{\sin 2\varphi}{\sin 2\delta}\, d\delta$$

Aus dieser Gleichung sieht man wieder, daſs es am vortheilhaftesten ist, wenn man Sterne beobachtet, welche dem Zenith so nahe als möglich vorbeigehen, weil dann cotang h sehr klein wird, also Fehler in $A'-A$ und $u'-u$ nur einen sehr geringen Einfluſs auf die Polhöhe haben. Der Coefficient von $d\delta$ wird aber in diesem Falle nahe gleich eins, da die Declination derjenigen Sterne, welche durch das Zenith gehen, gleich φ ist. Der Fehler der Declination bleibt also in diesem Falle vollständig im Resultate. Handelt es sich aber blos darum, den Breitenunterschied zweier Orte zu bestimmen, welche einander so nahe liegen, daſs man denselben Stern an jedem der beiden Orte mit Vortheil beobachten kann, so erhält man denselben durch den Unterschied der beiden nach dieser Methode bestimmten Polhöhen gänzlich frei von dem Fehler der Declination.

Beispiel. Der Stern β Draconis geht sehr nahe durch das Zenith von Berlin. Dieser Stern wurde nun am mittleren Faden eines auf der Sternwarte im ersten Verticale aufgestellten Passageninstruments beobachtet. Die halbe Zwischenzeit der Beobachtungen betrug 17′ 21″.75, es war also:

$$\tfrac{1}{2}(t'-t) = 4^\circ\ 20'\ 26''.25$$

ferner:

$$\delta = 52^\circ\ 25'\ 26''.77$$

Da nun für den Fall, dafs man im ersten Verticale beobachtet, $\frac{1}{2}(t'+t) = 0$ ist, so erhält man aus (C) die einfache Formel zur Berechnung der Polhöhe:

$$\operatorname{tang}\varphi = \frac{\operatorname{tang}\delta}{\cos\frac{1}{2}(t'-t)} \quad {}^{*})$$

wonach man hier findet:

$$\varphi = 52^\circ\ 30'\ 13''.04$$

Die Differentialformel wird endlich:

$$d\varphi = +\ 0.03795\ [d\,(A'-A) - 0.7934\ d\,(u'-u)] + 0.99925\ d\delta$$

25. Beobachtet man zwei Sterne in demselben Verticalkreise, so kann man, wenn man die Polhöhe des Beobachtungsortes kennt, dadurch die Zeit finden, indem man die Gleichung hat:

$$\sin\left[\tfrac{1}{2}(t'+t) - M\right] = \frac{\operatorname{tang}\varphi}{\operatorname{tang}\delta}\sin\left[\tfrac{1}{2}(t'-t) - M\right] \qquad (A)$$

wo:

$$t = u + \Delta u - \alpha$$
$$t' = u' + \Delta u - \alpha'$$

und:

$$m\sin M = \sin(\delta'+\delta)\sin\tfrac{1}{2}(t'-t)$$
$$m\cos M = \sin(\delta'-\delta)\cos\tfrac{1}{2}(t'-t)$$

---

*) Diese Formel für Beobachtungen im ersten Vertical erhält man auch ganz einfach durch die Betrachtung des in diesem Falle rechtwinkligen Dreiecks zwischen dem Pole, dem Zenith und dem Sterne.

Man findet daraus $\frac{1}{2}(t'+t)$, also auch, da man $\frac{1}{2}(t'-t)$ d. h. die halbe Zwischenzeit der Beobachtungen in Sternzeit ausgedrückt kennt, t und t'.

Die in Nr. 22 gegebene Differentialgleichung zeigt, daſs wenn man die Zeit durch Azimutalbeobachtungen bestimmen will, man die Sterne in der Nähe des Meridians beobachten muſs, weil dann der Coefficient von $d\varphi$ ein Minimum, der von Δu dagegen ein Maximum wird. Das Azimut selbst läſst sich ebenfalls durch diese Beobachtungen bestimmen. Es ist nämlich:

$$\operatorname{tang} A = \frac{\cos\delta \sin t}{-\cos\varphi \sin\delta + \sin\varphi \cos\delta \cos t}$$

also, wenn man $\cos\varphi$ durch die Gleichung:

$$\operatorname{tang}\varphi = \operatorname{tang}\delta \, \frac{\sin\left[\frac{1}{2}(t'+t) - M\right]}{\sin\left[\frac{1}{2}(t'-t) - M\right]}$$

oder:

$$\cos\varphi = \frac{\sin\varphi \cos\delta}{\sin\delta} \, \frac{\sin\left[\frac{1}{2}\, t'-t) - M\right]}{\sin\left[\frac{1}{2}\, t'+t) - M\right]}$$

eliminirt:

$$\sin\varphi \operatorname{tang} A = \frac{\sin t \,.\, \sin\left[\frac{1}{2}(t'+t) - M\right]}{-\sin\left[\frac{1}{2}(t'-t) - M\right] + \cos t \sin\left[\frac{1}{2}(t'+t) - M\right]}$$

Setzt man hier endlich:

$$\tfrac{1}{2}(t'+t) - M - t \text{ statt } \tfrac{1}{2}(t'-t) - M$$

so erhält man leicht:

$$\operatorname{tang} A = \frac{\operatorname{tang}\left[\frac{1}{2}(t'+t) - M\right]}{\sin\varphi} \qquad (B)$$

Nimmt man die Zeit in beiden Beobachtungen als gleich an, sodaſs:

$$t' - t = \alpha' - \alpha$$

so erhält man durch die Formel *(A)* die Zeit, wann sich zwei Sterne in einem und demselben Verticalkreise befinden.

Die Oerter von α Lyrae und α Aquilae für den Anfang von 1849 sind z. B.

$$\begin{array}{llll} \alpha \text{ Lyrae} & \alpha = 18^h\ 31'\ 47''\ 75 & \delta = +\ 38^\circ\ 38'\ 52''\ 2 \\ \alpha \text{ Aquilae} & \alpha' = 19\ \ 43\ \ 23.43 & \delta' = +\ \ 8\ \ 28\ \ 30.5 \end{array}$$

Es ist also:

$$t'-t = -\ 1^h\ 11'\ 35''.68 = -\ 17^\circ\ 53'\ 55''.2$$

Nimmt man daher für die Polhöhe 52° 30′ 20″ an, so erhält man:

$$\begin{aligned} M &= 192^\circ\ 55'\ 53''.0 \\ \tfrac{1}{2}(t'-t) - M &= 158\ \ \ 7\ \ \ 9\ .4 \end{aligned}$$

und findet damit:

$$\tfrac{1}{2}(t'+t) - M = 142^\circ\ 35'\ 32''.3$$

also:

$$\begin{aligned} \tfrac{1}{2}(t'+t) &= -\ 24^\circ\ 28'\ 34''.7 \\ &= -\ 1^h\ 37'\ 54''.3 \end{aligned}$$

und:

$$t = -\ 1^h\ 2'\ 6''.5\ ,\ t' = -\ 2^h\ 13'\ 42''.1$$

Die Sternzeit, zu welcher sich beide Sterne unter der Polhöhe von 52° 30′ 20″ in einem Verticalkreise befinden, ist also:

$$\Theta = 17^h\ 29'\ 41''$$

Bemerkt man nun den Augenblick, wo irgend zwei Sterne in einem Verticalkreise stehen, wozu man nur die Bedeckung der beiden Sterne durch einen senkrecht herabhängenden Faden zu beobachten braucht, so kann man also immer eine wenigstens beiläufige Zeitbestimmung machen, wenn man die Zeit nach dem vorigen aus den bekannten Oertern der Sterne und der Polhöhe berechnet. Bequem für die Beobachtung ist es, als einen der Sterne den Polarstern zu wählen, weil dieser seinen Ort langsam ändert.

26. Man kann auch aus bloſsen Differenzen der Azimute und der Höhen eines Sterns ohne Hülfe einer Uhr die Polhöhe bestimmen. Da nämlich:

$$\begin{aligned}\sin\delta &= \sin\varphi\sin h - \cos\varphi\cos h\cos A\\ &= \sin\varphi\sin h - \cos\varphi\cos h + 2\cos\varphi\cos h\sin\tfrac{1}{2}A^2\end{aligned}$$

so hat man:

$$\cos(\varphi+h) = \cos(90+\delta) + 2\cos\varphi\cos h\sin\tfrac{1}{2}A^2$$

also nach Formel (19) der Einleitung:

$$h = 90-\varphi+\delta - \frac{2\cos\varphi\cos h}{\cos\delta}\sin\tfrac{1}{2}A^2$$

oder in der Nähe des Meridians:

$$h = 90-\varphi+\delta - \frac{\cos\varphi\sin(\varphi-\delta)}{2\cos\delta}\;\frac{A^2}{206265}$$

Die Höhen ändern sich daher in der Nähe des Meridians proportional dem Quadrate des Azimuts.

Sind nun a, a' und a'' drei an dem Instrumente abgelesene Azimute eines Sterns, h, h' und h'' die Höhen, A und H dieselben Gröſsen für den Meridian, so hat man die folgenden drei Gleichungen

$$\begin{aligned}h &= H - \alpha(a-A)^2\\ h' &= H - \alpha(a'-A)^2\\ h'' &= H - \alpha(a''-A)^2\end{aligned}$$

aus denen man ebenso wie in Nr. 21 H, α und A findet.

Hat man nur zwei Beobachtungen, so muſs man α nach der Formel:

$$\alpha = \frac{\cos\varphi\sin(\varphi-\delta)}{2\cos\delta}$$

berechnen, man muſs dann also einen genäherten Werth der Polhöhe kennen. Dieser Ausdruck für α gilt für Sterne, welche auf der Südseite des Zeniths culminiren. Für Sterne, die auf der Nordseite culminiren hat man bei der oberen Culmination:

$$\alpha = \frac{\cos\varphi\sin(\delta-\varphi)}{2\cos\delta}$$

und bei der unteren Culmination:

$$\alpha = -\frac{\cos\varphi \sin(180-\varphi-\delta)}{2\cos\delta}$$

V. Bestimmung des Winkels zwischen den Meridianen zweier verschiedenen Orte auf der Erdoberfläche oder des Unterschiedes ihrer geographischen Längen.

27. Kennt man die Zeiten, welche Beobachter an verschiedenen Orten der Erdoberfläche in einem und demselben Augenblicke zählen, so ist dadurch an jedem Orte der in diesem Augenblicke culminirende Punct des Aequators gegeben. Der Unterschied dieser beiden Puncte des Aequators oder der Unterschied der an beiden Orten in demselben Augenblicke beobachteten Zeiten ist also gleich dem Bogen des Aequators, welcher zwischen den Meridianen beider Orte enthalten ist oder gleich dem Unterschiede ihrer geographischen Längen und da die tägliche Umdrehung der Himmelskugel von Osten nach Westen vor sich geht, so liegt ein Ort, dessen Zeit in einem bestimmten Augenblicke hinter der eines andern Ortes zurück ist, westlich von diesem Orte, östlich dagegen, wenn seine Zeit der des andern Ortes voraus ist. Als ersten Meridian, von welchem aus man die übrigen nach Osten und Westen zu rechnet, wählt man gewöhnlich den Meridian einer Sternwarte z. B. der von Paris oder Greenwich. In der Geographie zählt man dagegen die Längen vom Meridiane von Ferro ab, dessen westliche Länge von Paris $20^0\,0'$ oder $1^h\,20'$ beträgt.

Zur Angabe eines und desselben Zeitmoments an verschiedenen Orten der Erde bedient man sich entweder künstlicher Signale oder der Beobachtung solcher himmlischer Erscheinungen, welche für alle Orte der Erde in demselben Augenblicke eintreffen. Dergleichen Erscheinungen sind erstens die Mondsfinsternisse. Denn da der Mond bei einer

Verfinsterung in den Schattenkegel der Erde tritt, also das Sonnenlicht ihm wirklich entzogen wird, so werden Anfang und Ende einer solchen Finsternifs sowie die Ein- und Austritte der einzelnen Flecken von allen Orten der Erde aus in demselben absoluten Augenblicke gesehen, weil die Zeit, welche das Licht braucht, um den Halbmesser der Erde zu durchlaufen, unmerklich ist. Dasselbe ist der Fall mit den Verfinsterungen der Jupiterssatelliten.

Diese Phänomene wären nun sehr bequem zur Bestimmung der Längenunterschiede, weil diese unmittelbar gleich den Unterschieden der Beobachtungszeiten an den verschiedenen Orten der Erde sind, wenn sich nur das Eintreffen derselben mit gröfserer Schärfe beobachten liefse. Da aber der Schatten der Erde auf der Mondoberfläche immer nur sehr schlecht begrenzt erscheint, sodafs die Beobachtungsfehler hier eine Zeitminute und mehr betragen, und ebenso die Ein- und Austritte der Jupitersatelliten auch niemals plötzlich erscheinen, also auch nicht mit vollkommener Schärfe beobachtet werden können, so werden diese Phänomene in jetziger Zeit fast gar nicht mehr zur Längenbestimmung angewandt. Will man sich aber der Verfinsterungen der Jupiterstrabanten zu diesem Zwecke bedienen, so ist es durchaus erforderlich, dafs die Beobachter an beiden Orten mit gleich starken Fernröhren versehen sind, und dafs sie eine gleich grofse Anzahl von Ein- und Austritten und zwar nur des ersten Trabanten, dessen Bewegung um den Jupiter am schnellsten ist, beobachten und aus den einzelnen erhaltenen Bestimmungen des Längenunterschiedes das arithmetische Mittel nehmen. Man wird indessen auch bei diesen Vorsichtsmafsregeln nie auf ein sehr genaues Resultat hoffen können.

Benzenberg hat die Beobachtungen des Verschwindens der Sternschnuppen zur Bestimmung des Längenunterschiedes vorgeschlagen. Diese Phänomene lassen sich nun zwar mit grofser Genauigkeit beobachten, sie haben indessen wieder den Nachtheil, dafs man nicht vorher weifs, wann und in welcher Gegend des Himmels eine Sternschnuppe erscheint.

Wenn man also auch an beiden Orten eine groſse Anzahl von Sternschnuppen beobachtet, wird man doch unter denselben nur wenige identische, zu deren Auffindung man überdies schon eine genäherte Kenntniſs des Längenunterschiedes nöthig hat, erhalten.

Sehr genaue Längenunterschiede findet man durch die Beobachtung von künstlichen Signalen, welche man durch die plötzliche Entzündung einer Quantität Pulver giebt. Wiewohl diese Methode nur auf Orte anwendbar ist, deren Entfernung von einander nicht mehr als etwa zehn Meilen beträgt, so kann man doch auch auf diese Weise durch die Verbindung mehrerer Signale Längenunterschiede von entfernteren Orten bestimmen. Es seien nämlich A und B die beiden Orte, deren Längenunterschied l man finden will und A_1, A_2, A_3 etc. dazwischen liegende Orte, deren unbekannte Längenunterschiede respective l_1, l_2, l_3 etc. sein mögen.*) Werden dann an den Orten A_1, A_3, A_5 etc. Signale zu den Ortszeiten t_1, t_3, t_5 etc. gegeben, so sieht der erste Ort A das Signal von A_1 zur Zeit $t_1 - l_1 = \Theta$, der Ort A_2 dagegen zu der Zeit $t_1 + l_2 = \Theta_1$. Ferner sieht der in A_2 befindliche Beobachter das in A_3 gegebene Signal zu der Zeit $t_3 - l_3 = \Theta_2$, der in A_4 stehende dagegen dasselbe Signal zu der Zeit $t_3 + l_4 = \Theta_3$ etc. Da aber die gesuchte Längendifferenz l der beiden äuſsersten Puncte gleich $l_1 + l_2 + \ldots + l_{n-1}$ ist oder:

$$l = (\Theta' - \Theta) + (\Theta_3 - \Theta_2) + (\Theta_4 - \Theta_3) \text{ etc.}$$

so ist also:

$$l = \Theta_{n-1} - (\Theta_{n-2} - \Theta_{n-3}) - \ldots - (\Theta_2 - \Theta_1) - \Theta$$

Man braucht daher auf den inneren Stationen, wo die Signale beobachtet werden, keine Zeitbestimmungen zu machen, sondern hat nur den Gang der Uhr zu kennen nöthig. Nur für die beiden äuſsersten Orte, deren Längenunterschied

*) Sodaſs $A_1 - A = l_1$, $A_2 - A' = l_2$ etc.

bestimmt werden soll, ist eine genaue Zeitbestimmung erforderlich.

Statt der Pulverblitze bedient man sich noch besser des von Gauſs erfundenen Heliotrops, eines Instruments, vermittelst dessen man das Sonnenlicht nach einem entfernten Beobachter hin reflectiren kann. Hat man dann das Heliotrop auf den anderen Beobachter gerichtet, so giebt das plötzliche Verdecken desselben ein Signal ab.

Ist man im Besitze einer guten tragbaren Uhr, so kann man durch unmittelbare Uebertragung der Zeit von einem Orte zum andern den Längenunterschied erhalten, indem man zuerst an dem einen Orte den Stand und Gang der Uhr bestimmt, dann die Uhr nach dem andern Orte überträgt und daselbst wieder eine Zeitbestimmung macht. Hat man nämlich am ersteren Orte den Stand der Uhr gleich Δu beobachtet und bezeichnet man den täglichen Gang mit $\frac{d.\Delta u}{dt}$ so wird der Stand der Uhr nach a Tagen gleich $\Delta u + a\,\frac{d.\Delta u}{dt}$ sein. Findet man nun für die von der ersten Beobachtungszeit a Tage entfernte Zeit u' durch Beobachtungen an dem andern Orte den Stand der Uhr gleich $\Delta u'$, so hat man, wenn man mit l die östliche Länge des zweiten Beobachtungsortes vom ersten bezeichnet, die Gleichung:

$$u' - l + \Delta u + \frac{d.\Delta u}{dt}\,a = u' + \Delta u'$$

also

$$l = \Delta u + \frac{d.\Delta u}{dt}\,a - \Delta u'$$

Dabei ist nun vorausgesetzt, daſs die Uhr in der Zwischenzeit der beiden Beobachtungen genau denselben Gang beibehalten hat. Da dies aber in aller Strenge selten oder nie der Fall sein wird, so muſs man, wenn man die Länge durch diese Methode genau bestimmen will, nicht blos eine Uhr von einem Orte zum andern übertragen, sondern deren so viele als möglich und nachher aus den durch jede Uhr gefundenen Längenunterschieden das Mittel nehmen. Auf diese Weise bestimmte man den Längenunterschied verschiedener Sternwarten z. B. der in Pulkowa und der in Greenwich. Ebenso findet man auf diese Weise die Länge zur See durch Chronometer, deren Gang und Stand gegen die Zeit eines Hafens man vor der Abreise feststellt.

28. Aufser den Beobachtungen von natürlichen oder künstlichen Signalen, die an den Orten, deren Längenunterschied bestimmt werden soll, zu gleicher Zeit gesehen werden und der Zeitübertragung durch Uhren bedient man sich zur Längenbestimmung auch solcher Phänomene am Himmel, welche zwar nicht für alle Orte der Erde in demselben Zeitmomente eintreffen, die man aber auf ein und dasselbe Zeitmoment so reduciren kann, dafs durch diese Reduction weiter kein Fehler hervorgebracht wird. Die Bestimmung der Länge durch solche Phänomene ist besonders vortheilhaft, weil dieselben der Art sind, dafs sie sich mit grofser Schärfe beobachten lassen und weil sie zugleich für einen grofsen Theil der Erde sichthar sind, sodafs dadurch die Längenunterschiede von sehr entfernten Orten bestimmt werden können. Solche Phänomene sind nun die Bedeckungen der Himmelskörper unter einander, also Bedeckungen von Fixsternen und Planeten durch den Mond, Sonnenfinsternisse und Vorübergänge des Mercur und der Venus vor der Sonnenscheibe. Da alle diese Himmelskörper mit Ausnahme der Fixsterne eine Parallaxe haben, die namentlich beim Monde sehr beträchtlich ist, also Beobachtern an verschiedenen Orten der Erdoberfläche in demselben absoluten Zeitmomente an verschiedenen Orten der Himmelskugel erscheinen, so werden die Bedeckungen derselben oder die Berührungen ihrer Ränder für verschiedene Orte nicht gleichzeitig eintreffen. Es bedarf also in diesem Falle einer Correction der Beobachtungen wegen der Parallaxe, indem man die Zeit kennen mufs, zu welcher die Himmelskörper einander bedeckt hätten, wenn dieselben keine Parallaxe gehabt hätten oder vielmehr, wenn dieselben vom Mittelpuncte der Erde aus beobachtet wären.

Man hat also zuerst die Längen- und Breitenparallaxen

sowie den scheinbaren Halbmesser der beiden Gestirne für die Zeit der beobachteten Ein- oder Austritte zu berechnen (oder auch die Parallaxe in Rectascension und Declination, wenn man lieber diese Coordinaten anwenden will). Dann erhält man in dem Dreiecke zwischen dem Pole der Ecliptic und den Mittelpuncten beider Gestirne, in welchem die drei Seiten (nämlich die scheinbaren Ecliptic-Poldistanzen beider Gestirne und die Summe oder Differenz ihrer Halbmesser) bekannt sind, den Winkel am Pole d. h. den Unterschied der scheinbaren Längen beider Gestirne zur Zeit der Beobachtung, woraus man durch Anbringung der Längenparallaxen den vom Mittelpuncte der Erde gesehenen Längenunterschied beider Gestirne für die Zeit der Beobachtung findet. Aus der Gröſse dieses Winkels und der bekannten relativen Geschwindigkeit beider Gestirne erhält man dann die Zeit der wahren Conjunction d. h. die Zeit, wann die beiden Gestirne vom Mittelpuncte der Erde aus gesehen dieselbe Länge hatten und zwar ausgedrückt in Zeit des Beobachtungsortes. Hat man nun auch an einem andern Orte eine Bedeckung beider Gestirne oder eine Berührung ihrer Ränder beobachtet, so erhält man auf dieselbe Weise die Zeit der wahren Conjunction in Zeit dieses Ortes ausgedrückt. Der Unterschied beider Zeiten ist dann der Unterschied der geographischen Längen der beiden Orte.

Wenn nun die Zeiten der Berührungen an beiden Orten vollkommen genau beobachtet wären, so würde man auf diese Weise eine genaue Längenbestimmung erhalten, wenn die Data, welche man zur Reduction auf den Mittelpunct der Erde anwendet, ganz genau waren. Da dieselben indessen immer kleinen Fehlern unterworfen sind, so muſs man noch den Einfluſs derselben auf das Resultat bestimmen und diese Fehler selbst durch die Combination der Beobachtungen zu eliminiren suchen.

Dies ist die ältere Methode, deren man sich früher immer bediente, um den Längenunterschied der Orte aus Beobachtungen von Verfinsterungen herzuleiten. Jetzt verfährt man auf etwas andre Weise. Indem man nämlich von der Gleichung ausgeht, welche die Bedingung der Berührung der Ränder der beiden Gestirne ausdrückt und nur geocentrische Gröſsen enthält, entwickelt man eine andre Gleichung, deren unbekannte Gröſse die Conjunctionszeit oder, da man diese selbst nicht zu kennen braucht, unmittelbar der Längenunterschied ist.

29. Man sieht die Ränder zweier Gestirne in Berührung, wenn das Auge sich in der beide Gestirne einhüllenden krummen Fläche befindet. Da nun die Himmelskörper so nahe kugelförmig sind, daſs man auf die kleine Abweichung von der Kugelgestalt hier keine Rücksicht zu nehmen hat, so wird die einhüllende Fläche die Oberfläche eines geraden Kegels sein und zwar wird es immer zwei einhüllende Doppelkegel geben, indem die Spitze des einen zwischen beiden Gestirnen, die des andern, vom gröſseren Gestirne aus gerechnet, jenseits des kleineren liegt. Befindet sich das Auge in der Oberfläche des ersteren Kegels, so sieht man die äuſsere Berührung der beiden Gestirne, im anderen Falle die innere.

Die Gleichung des geraden Kegels wird nun am einfachsten, wenn man dieselbe auf ein rechtwinkliges Axensystem bezieht, von welchem die eine Axe mit der Axe des Kegels selbst zusammenfällt. Ist dann der Kegel ein solcher, dessen Durchschnitte senkrecht auf die Axe Kreise sind, so ist die Gleichung der Oberfläche desselben bekanntlich:

$$x^2 + y^2 = (c-z)^2 \tang f^2$$

wo c die Entfernung der Spitze des Kegels von der Grundfläche der Coordinaten bezeichnet und f der Winkel ist, welchen die Axe des Kegels mit einer Seitenlinie desselben macht.

Man muſs nun die Gleichung desjenigen Kegels suchen, welcher die beiden Gestirne einhüllt und zwar bezogen auf ein Axensystem, dessen eine Axe durch die Mittelpuncte der beiden Gestirne geht. Setzt man dann in dieser Gleichung statt der unbestimmten Coordinaten x, y, z die Coordinaten eines Erdorts, auf dasselbe Axensystem bezogen, so erhält man die Grundgleichung der Theorie der Finsternisse. Zu dem Ende muſs man zuerst die Lage der geraden Linie bestimmen, welche die Mittelpuncte der beiden Gestirne verbindet. Ist aber a und d die Rectascension und Declination desjenigen Punctes, in welchem der Mittelpunct des entfernteren Gestirns vom Mittelpuncte des näheren aus gesehen wird oder in welchem die durch die Mittelpuncte beider Gestirne gehende gerade Linie die scheinbare Himmelskugel trifft, G die Entfernung beider Gestirne, bezeichnen ferner α, δ und Δ die geocentrische Rectascension, Declination und Entfernung des näheren Gestirns, α', δ' und Δ' dasselbe für das entferntere, so hat man die Gleichungen:

$$G \cos d \cos a = \Delta' \cos \delta' \cos \alpha' - \Delta \cos \delta \cos \alpha$$
$$G \cos d \sin a = \Delta' \cos \delta' \sin \alpha' - \Delta \cos \delta \sin \alpha$$
$$G \sin d = \Delta' \sin \delta' - \Delta \sin \delta$$

oder:

$$G \cos d \cos (a-\alpha') = \Delta' \cos \delta' - \Delta \cos \delta \cos (\alpha-\alpha')$$
$$G \cos d \sin (a-\alpha') = - \Delta \cos \delta \sin (\alpha-\alpha')$$
$$G \sin d = \Delta' \sin \delta' - \Delta \sin \delta$$

Wählt man den Aequatorealhalbmesser der Erde als Einheit, so muſs man, wenn Δ und Δ' in Theilen der halben groſsen Axe der Erdbahn ausgedrückt sind, jetzt $\frac{\Delta'}{\sin \pi'}$ und $\frac{1}{\sin \pi}$ statt Δ' und Δ nehmen, wo π die Horizontal-Aequatorealparallaxe des nähern und π' die mittlere Horizontal-Aequatorealparallaxe für das entferntere Gestirn bezeichnen und erhält dann:

$$\sin \pi \, G \cos d \cos (a-\alpha') = \Delta' \frac{\sin \pi}{\sin \pi'} \cos \delta' - \cos \delta \cos (\alpha-\alpha')$$
$$\sin \pi \, G \cos d \sin (a-\alpha') = - \cos \delta \sin (\alpha-\alpha')$$
$$\sin \pi \, G \sin d = \Delta' \frac{\sin \pi}{\sin \pi'} \sin \delta' - \sin \delta$$

Da nun auch:

$$\sin \pi \, G \cos d = \Delta' \frac{\sin \pi}{\sin \pi'} \cos \delta' \cos (a-\alpha') - \cos \delta \cos (a-\alpha)$$

so hat man:

$$\tang(a-\alpha') = \frac{\frac{\sin\pi'}{\Delta'\sin\pi}\,\frac{\cos\delta}{\cos\delta'}\,\sin(\alpha-\alpha')}{1-\frac{\sin\pi'}{\Delta'\sin\pi}\,\frac{\cos\delta}{\cos\delta'}\,\cos(\alpha-\alpha')}$$

und:

$$\tang(d-\delta') = -\frac{\frac{\sin\pi'}{\Delta'\sin\pi}\,\sin(\delta-\delta')}{1-\frac{\sin\pi'}{\Delta'\sin\pi}\,\cos(\delta-\delta')}$$

Da für Sonnenfinsternisse $\frac{\sin\pi'}{\sin\pi}$ eine kleine Gröſse ist, so erhält man hieraus nach Formel (12) in Nr. 11 der Einleitung:

$$\left.\begin{aligned} a &= \alpha' - \frac{\sin\pi'}{\Delta'\sin\pi}\,\frac{\cos\delta}{\cos\delta'}\,(\alpha-\alpha') \\ d &= \delta' - \frac{\sin\pi'}{\Delta'\sin\pi}\,(\delta-\delta') \end{aligned}\right\} \quad (A)$$

und, wenn man setzt:

$$g = \frac{G\sin\pi'}{\Delta'}$$

auch noch:

$$g = 1 - \frac{\sin\pi'}{\Delta'\sin\pi} \qquad (B)$$

Man denke sich nun ein rechtwinkliges Axensystem, dessen Durchschnittspunct im Mittelpuncte der Erde liegt. Die Axe der y sei nach dem Nordpole des Aequators gerichtet, die Axen der x und z sollen dagegen in der Ebene des Aequators liegen und zwar so, daſs die Axe der z und x nach Puncten gerichtet sind, deren Rectascensionen a und $90+a$ Dann sind die Coordinaten des näheren Gestirns in Bezug auf diese Axen:

$$z' = \Delta\cos\delta\cos(\alpha-a)\ ,\ y' = \Delta\sin\delta\ ,\ x' = \Delta\cos\delta\sin(\alpha-a)$$

Denkt man sich nun die Axen der y und z in der Ebene

der yz um den Winkel $-d$ gedreht*), sodafs dann die Axe der z nach demjenigen Puncte gerichtet ist, dessen Rectascension und Declination a und d ist, so erhält man für die Coordinaten des näheren Gestirns in Bezug auf dies neue Axensystem:

$$z = \frac{\sin\delta \sin d + \cos\delta \cos d \cos(\alpha - a)}{\sin\pi}$$

$$y = \frac{\sin\delta \cos d - \cos\delta \sin d \cos(\alpha - a)}{\sin\pi}$$

$$x = \frac{\cos\delta \sin(\alpha - a)}{\sin\pi}$$

oder auch:

$$\left.\begin{aligned} z &= \frac{\cos(\delta - d) \cos\tfrac{1}{2}(\alpha - a)^2 - \cos(\delta + d) \sin\tfrac{1}{2}(\alpha - a)^2}{\sin\pi} \\ y &= \frac{\sin(\delta - d) \cos\tfrac{1}{2}(\alpha - a)^2 + \sin(\delta + d) \sin\tfrac{1}{2}(\alpha - a)^2}{\sin\pi} \\ x &= \frac{\cos\delta \sin(\alpha - a)}{\sin\pi} \end{aligned}\right\} \quad (C)$$

Die Axe der z ist jetzt parallel der Linie, welche die Mittelpuncte beider Gestirne mit einander verbindet. Läfst man die Axe der z mit dieser Linie zusammenfallen, so werden die Coordinaten x und y jetzt die Coordinaten des Mittelpuncts der Erde in Bezug auf den neuen Anfangspunct, aber negativ genommen.

Die Coordinaten eines Erdorts, dessen verbesserte Polhöhe φ', dessen Sternzeit Θ und dessen Entfernung vom Mittelpuncte ϱ ist, sind nun, wenn man den Anfangspunct im Mittelpuncte der Erde, die Axe der ζ aber parallel der Linie annimmt, welche die Mittelpuncte beider Gestirne verbindet:

$$\left.\begin{aligned} \zeta &= \varrho\,[\sin d \sin\varphi' + \cos d \cos\varphi' \cos(\Theta - a)] \\ \eta &= \varrho\,[\cos d \sin\varphi' - \sin d \cos\varphi' \cos(\Theta - a)] \\ \xi &= \varrho \cos\varphi' \sin(\Theta - a) \end{aligned}\right\} \quad (D)$$

*) Der Winkel d mufs negativ genommen werden, da die Drehung von der positiven Seite der Axe der z nach der positiven Seite der Axe der y zu erfolgt.

Die Coordinaten dieses Ortes in Bezug auf ein Axensystem, dessen Axe der z die Verbindungslinie der Mittelpuncte beider Gestirne selbst ist, sind dann:

$$\xi - x \;,\; \eta - y \text{ und } \zeta$$

und die Gleichung, welche ausdrückt, daſs der durch ϱ, φ' und Θ bestimmte Ort der Erdoberfläche in der Fläche des beide Gestirne einhüllenden Kegels liegt, wird daher:

$$(x-\xi)^2 + (y-\eta)^2 = (c-\zeta)^2 \operatorname{tang} f^2$$

wo nun noch c und f durch Gröſsen ausgedrückt werden müssen, welche sich auf den Mittelpunct der Erde beziehen. Den Winkel f findet man aber, wie man sogleich sieht, durch die Gleichung:

$$\sin f = \frac{r' \pm r}{G}$$

wo r und r' die Halbmesser beider Gestirne bezeichnen und wo das obere Zeichen für äuſsere, das untere für innere Berührungen gilt. Da nun G in Theilen des Erdäquators ausgedrückt war, so müssen auch r und r' auf diese Einheit bezogen werden. Bezeichnet also k den in Theilen des Erdäquators ausgedrückten Mondhalbmesser und h den Halbmesser, in dem die Sonne in der Entfernung, welche gleich der halben groſsen Axe der Erdbahn ist, erscheint, so erhält man, da:

$$r' = \frac{\sin h}{\sin \pi'}$$

auch:

$$\sin f = \frac{1}{G \sin \pi'} \left[\sin h \pm k \sin \pi'\right]$$

oder:

$$\sin f = \frac{1}{\Delta' g} \left[\sin h \pm k \sin \pi\right] \qquad (E)$$

Es ist aber:

$$\log \sin \pi' = 5.6186145$$

ferner k nach Burkhardts Mondtafeln gleich 0.2725 und h nach Bessel gleich 15′ 59″.788, also ist:

$$\log[\sin h + k \sin \pi'] = 7.6688041 \text{ für äußere Berührungen}$$
$$\log[\sin h - k \sin \pi'] = 7.6666903 \text{ für innere Berührungen}$$

Nun ist noch die Gröſse c oder die Entfernung der Spitze des Kegels von der Ebene der xy auszudrücken. Es ist aber, wie man leicht sieht:

$$c = z \pm \frac{k}{\sin f} \qquad (F)$$

wo wieder das obere Zeichen für äuſsere, das untere für innere Berührungen gilt. Bezeichnet man dann $c \tang f$ d. h. den Radius des Durchschnitts des Schattenkegels mit der Ebene der xy durch l und $\tang f$ durch λ, so wird die allgemeine Gleichung der Finsternisse, die also ausdrückt, daſs der durch φ', Θ und ϱ bestimmte Ort der Erdoberfläche in der Oberfläche des beide Gestirne einhüllenden Kegels liegt:

$$(x-\xi)^2 + (y-\eta^2) = (l-\lambda\zeta)^2$$

Da die Gröſse l immer positiv ist, so muſs man $\tang f$ oder λ negativ nehmen, wenn man aus der Gleichung (F) für c einen negativen Werth findet.

Die Gröſsen, welche zur Berechnung von x, y, z und ξ, η und ζ nach den Gleichungen (C) und (D) dienen, werden aus den Monds- und Sonnentafeln entnommen. Da diese indessen immer mit kleinen Fehlern behaftet sind, so werden auch die berechneten Werthe von x, y etc. von den wahren verschieden sein. Sind daher Δx, Δy und Δl die Aenderungen, welche man zu den berechneten Werthen von x, y und l hinzuzufügen hat, um die wahren Werthe zu erhalten, so wird die vorige Gleichung:*)

$$(x+\Delta x-\xi)^2 + (y+\Delta y-\eta)^2 = (l+\Delta l-\lambda\zeta)^2$$

---

*) Fehler in a, d und λ werden hier vernachläſsigt, weil sich dieselben doch nicht aus den Beobachtungen der Finsternisse bestimmen lassen.

Es seien nun die Werthe von α, δ, π, α', δ' und π' aus den Tafeln oder astronomischen Ephemeriden für die Zeit T des ersten Meridians genommen. Die gesuchte Zeit des ersten Meridians, zu welcher ein Moment einer Finsternifs beobachtet ist, sei dann $T+T'$, so hat man, wenn x_0 und y_0 die Werthe von x und y für die Zeit T' und x' und y' die Differentialquotienten von x und y bezeichnen:

$$x = x_0 + x' T' \text{ und } y = y_0 + y' T'$$

Auf ähnliche Weise erhielte man auch die Gröfsen ξ, η und ζ aus zwei solchen Theilen zusammengesetzt. Da diese Gröfsen sich aber immer sehr langsam ändern und man in der Regel schon immer einen genäherten Werth für den Längenunterschied also für die der Beobachtungszeit entsprechende Zeit des ersten Meridians kennt, so kann man diese Gröfsen schon immer für diese Zeit als bekannt voraussetzen.

Die vorige Gleichung wird daher:

$$[x_0 - \xi + x' T' + \Delta x]^2 + [y_0 - \eta + y' T' + \Delta y]^2 = (l + \Delta l - \lambda \zeta)^2$$

Aenderten sich nun x und y der Zeit proportional, so wären x' und y' constant, und man hätte zur Berechnung derselben die Kenntnifs der Zeit $T'+T'$ nicht nöthig. Dies ist nun zwar nicht der Fall, da aber die Aenderungen von x' und y' sehr klein sind gegen die Aenderungen von x und y selbst, so kann man die obige Gleichung durch Näherungen auflösen, welche sehr schnell convergiren.

Setzt man nun:

$$\begin{aligned} x' i - y' i' &= \Delta x \\ y' i + x' i' &= \Delta y \end{aligned}$$

ferner:

$$\left.\begin{aligned} m \sin M &= x_0 - \xi & \qquad n \sin N &= x' \\ m \cos M &= y_0 - \eta & \qquad n \cos N &= y' \\ & l - \lambda\zeta = L \end{aligned}\quad (G)\right\}$$

so geht die vorige Gleichung über in:

$$(L + \Delta l)^2 = [m \cos (M - N) + n (T' + i)]^2 + [m \sin (M - N) - n i']^2$$

und man erhält hieraus, wenn man die Quadrate von i' und Δl vernachläſsigt, für $T'+i$ die quadratische Gleichung:

$$(T'+i)^2+\frac{2m}{n}\cos(M-N)(T'+i)=\frac{L^2-m^2\sin(M-N)^2}{n^2}-\frac{m^2\cos(M-N)^2}{n^2}$$
$$+\frac{2m}{n}\sin(M-N)\,i'+\frac{2L}{n^2}\Delta l$$

Löst man diese Gleichung nach $T'+i$ auf und bedenkt, daſs:

$$\sqrt{(x+\Delta x)}=\sqrt{x}+\frac{\Delta x}{2\sqrt{x}}$$

so findet man, wenn man setzt:

$$L\sin\psi=m\sin(M-N) \qquad (H)$$

$$T'=-\frac{m}{n}\cos(M-N)\mp\frac{L\cos\psi}{n}-i\mp\operatorname{tang}\psi\,i'\mp\frac{\Delta l}{n}\sec\psi$$

oder mit Ausnahme des Falles, daſs ψ sehr klein ist:

$$T'=-\frac{m}{n}\ \frac{\sin(M-N\pm\psi)}{\sin\psi}-i\mp\operatorname{tang}\psi\,i'\mp\frac{\Delta l}{n}\sec\psi$$

Da nun die Zeit des Eintritts immer früher als die des Austritts ist, also T' für den Eintritt einen kleineren positiven oder gröſseren negativen Werth haben muſs als für den Austritt, so gilt, wenn man den Winkel ψ immer im ersten oder vierten Quadranten nimmt, das obere Zeichen für den Eintritt, das untere dagegen für den Austritt, wie man sogleich aus der ersteren Form der Gleichung für T' sieht. Nimmt man aber für den Eintritt ψ in dem ersten oder vierten, für den Austritt dagegen in dem zweiten oder dritten Quadranten, so ist für beide Fälle:

$$T'=-\frac{m\sin(M-N+\psi)}{n\sin\psi}-i-i'\operatorname{tang}\psi-\frac{\Delta l}{n}\sec\psi$$

oder:

$$T'=-\frac{m}{n}\cos(M-N)-\frac{L\cos\psi}{n}-i-i'\operatorname{tang}\psi-\frac{\Delta l}{n}\sec\psi \quad (J)$$

Nur für ringförmige Sonnenfinsternisse ist der Austritt bei der inneren Berührung früher als der Eintritt. Man mufs also dann für den Eintritt ψ in dem zweiten oder dritten, für den Austritt dagegen in dem ersten oder vierten Quadranten nehmen.

Die Gleichung (J) löst man nun durch auf einander folgende Näherungen auf. Man berechnet zu dem Ende die Werthe x, y, z, a, d, g, l und λ nach den Formeln (A), (B), (C), (E) und (F) für mehrere auf einander folgende Stunden, sodafs man nach den Interpolationsformeln die Werthe von x_0 und y_0 sowie deren Differentialquotienten für eine jede Zeit finden kann. Dann nimmt man ein T' an, so genau als es die beiläufige Kenntnifs des Längenunterschiedes erlaubt, interpolirt für diese Zeit die Gröfsen x_0, y_0, x' und y' und findet dadurch mit Hülfe der Formeln (D), (G), (H) und (J) einen genäherten Werth für T''. Mit dem Werthe $T'+T''$ wiederholt man dann, wenn es nöthig ist, die vorige Rechnung. Bezeichnet man den in der letzten Näherung angenommenen Werth wieder mit T' und die gefundene Verbesserung mit T'', so ist dann $T'+T'' = t-d$, wo t die Beobachtungszeit und d den östlichen Längenunterschied des Beobachtungsortes vom ersten Meridian d. h. also desjenigen Meridians bezeichnet, dessen Zeit der Berechnung der Gröfsen x, y, z etc. zum Grunde liegt.

Es ist also:

$$\begin{aligned} d &= t-T+\frac{m}{n}\cos(M-N)+\frac{L}{n}\cos\psi+i+i'\operatorname{tang}\psi+\frac{\Delta l}{n}\sec\psi \\ &= t-T+\frac{m\sin(M-N+\psi)}{n\sin\psi}+i+i'\operatorname{tang}\psi+\frac{\Delta l}{n}\sec\psi \end{aligned} \qquad (K)$$

Da die Werthe von x' und y' so gefunden werden, dafs ihnen die mittlere Stunde als Zeiteinheit zum Grunde liegt, so setzt die obige Formel für d dieselbe Zeiteinheit voraus. Will man aber den Längenunterschied d in Zeitsecunden haben, so mufs man die Formel mit der Anzahl s von Secunden, die auf eine Stunde derjenigen Zeitart gehen, in welcher die Beobachtung ausgedrückt ist, multipliciren. Dadurch wird dann auch $t-T$ in Secunden derselben Zeitart, in der t angegeben ist, ausgedrückt oder T bezeichnet die mit t gleichmäfsig ausgedrückte Zeit.

Die Gleichung (K) giebt nun nicht den Längenunterschied des Beobachtungsortes vom ersten Meridian, sondern vielmehr eine Relation zwischen demselben und den Fehlern der Rechnungselemente. Hat man aber an verschiedenen Orten dieselbe Finsternifs beobachtet, so erhält man für einen jeden Ort so viele solcher Gleichungen, als man Momente der Finsternifs beobachtet hat. Durch die Combination dieser Gleichungen eliminirt man dann, wie man nachher sehen wird, die Fehler eines oder mehrerer Rechnungselemente und macht auf diese Weise das Resultat von den Fehlern der Tafeln so viel als möglich unabhängig.

Man mufs nun noch die Gröfsen i und i' entwickeln, welche durch die Gleichungen:

$$x'i - y'i' = \Delta x$$
$$y'i + x'i' = \Delta y$$

oder:

$$ni = \sin N\Delta x + \cos N\Delta y$$
$$ni' = \sin N\Delta y - \cos N\Delta x$$

bestimmt waren. Die Gröfsen x und y hängen von $\alpha-a$ $\delta-d$ und π ab. Nimmt man also diese Gröfsen als fehlerhaft an, so wird:

$$\Delta x = A\,\Delta(\alpha-a) + B\,\Delta(\delta-d) + C\,\Delta\pi$$
$$\Delta y = A'\Delta(\alpha-a) + B'\Delta(\delta-d) + C'\Delta\pi$$

wo A, B, C die Differentialquotienten von x in Bezug auf $\alpha-a$, $\delta-d$ und π, A', B', C' dagegen dieselben Differentialquotienten von y sind. Da nun $\Delta(\alpha-a)$, $\Delta(\delta-d)$ und $\Delta\pi$ immer nur kleine Gröfsen sind, so kann man in den Ausdrücken für die Differentialquotienten die Glieder, welche $\sin(\alpha-a)$ und $\sin(\delta-d)$ als Factor enthalten, vernachlässigen, dagegen $\cos(\alpha - a)$ und $\cos(\delta - d)$ gleich eins setzen und erhält dann:

$$A = \frac{\cos\delta}{\sin\pi}\cos(\alpha - a) = \frac{\cos\delta}{\sin\pi}$$

$$B = -\frac{\sin\delta\sin(\alpha - a)}{\sin\pi} = 0$$

$$C = -\frac{\cos\delta\sin(\alpha - a)\cos\pi}{\sin\pi^2} = \frac{x}{\tang\pi}$$

$$A' = +\frac{\cos\delta\sin d\sin(\alpha - a)}{\sin\pi} = 0$$

$$B' = \frac{\cos(\delta - d)}{\sin\pi} = \frac{1}{\sin\pi}$$

$$C' = -\frac{y}{\tang\pi}$$

Da nun i und i', also auch $\Delta(\alpha - a)$, $\Delta(\delta - d)$ und $\Delta\pi$ in Theilen des Radius ausgedrückt sind, so müssen diese Differentialquotienten, wenn man die Fehler der Elemente in Secunden erhalten will, mit 206265 dividirt werden. Setzt man dann:

$$\frac{s}{206265\,.\,n\sin\pi} = h$$

so wird:

$$i = h\sin N\cos\delta\,\Delta(\alpha - a) + h\cos N\,\Delta(\delta - d) - h\cos\pi\,\Delta\pi[x\sin N + y\cos N]$$
$$i' = -h\cos N\cos\delta\,\Delta(\alpha - a) + h\sin N\,\Delta(\delta - d) + h\cos\pi\,\Delta\pi[x\cos N - y\sin N]$$

also, wenn man die obere Gleichung mit $\cos\psi$, die untere mit $\sin\psi$ multiplicirt:

$$[i + i'\tang\psi]\,\frac{\cos\psi}{h} = \sin(N - \psi)\cos\delta\,\Delta(\alpha - a) + \cos(N - \psi)\,\Delta(\delta - d)$$
$$- \cos\pi\,\Delta\pi\,[x\sin(N - \psi) + y\cos(N - \psi)]$$

Damit erhält man dann:

$$d = t - T + \frac{m}{n}\,s\,\frac{\sin(M - N + \psi)}{\sin\psi} + h\,\frac{\sin(N - \psi)}{\cos\psi}\cos\delta\,\Delta(\alpha - a)$$
$$+ h\,\frac{\cos(N - \psi)}{\cos\psi}\,\Delta(\delta - d)$$
$$+ h\,\frac{1}{\cos\psi}\,206265\sin\pi\,\Delta l$$
$$- h\cos\pi\,\Delta\pi\left(\frac{x\sin(N - \psi) + y\cos(N - \psi)}{\cos\psi}\right)$$

oder auch, wenn man setzt:

$$\left.\begin{aligned}\varepsilon &= \sin N \cos\delta\,\Delta(\alpha-a) + \cos N\,\Delta(\delta-d)\\ \zeta &= -\cos N \cos\delta\,\Delta(\alpha-a) + \sin N\,\Delta(\delta-d)\\ \eta &= 206265 \sin\pi\,\Delta l\\ \Theta &= \cos\pi\,\Delta\pi\\ E &= \frac{x\sin(N-\psi)+y\cos(N-\psi)}{\cos\psi}\end{aligned}\right\}\qquad (L)$$

$$d = t - T + \frac{m}{n}\,.\,s\,\frac{\sin(M-N+\psi)}{\sin\psi} + h\varepsilon + h\zeta\,\mathrm{tang}\,\psi + h\eta\sec\psi - hE\Theta \quad (M)$$

Jede Beobachtung eines Moments einer Verfinsterung giebt nun eine solche Gleichung und da dieselbe fünf unbekannte Gröſsen enthält, so werden fünf solcher Gleichungen zur Bestimmung derselben hinreichen. Die Gröſsen η und Θ wird man aber in der Regel nicht bestimmen können, wenn nicht die Beobachtungen an Orten, welche sehr weit von einander entfernt liegen, angestellt sind. Indessen wird doch die Berechnung der Coefficienten immer den Einfluſs zeigen, welchen Fehler in den Werthen von π und l auf das Resultat haben können. Man wird also in der Regel immer nur den Mittagsunterschied von den Fehlern ζ und ε zu befreien suchen, aber die letztere Gröſse nur dann bestimmen können, wenn der Mittagsunterschied eines Ortes vom ersten Meridiane bekannt ist. Kennt man dann ε und ζ, so erhält man daraus die Fehler der Tafeln in Rectascension und Declination durch die Gleichungen:

$$\begin{aligned}\cos\delta\,\Delta(\alpha-a) &= \varepsilon\sin N - \zeta\cos N\\ \Delta\delta &= \varepsilon\cos N + \zeta\sin N\end{aligned}$$

Die sämmtlichen Formeln, deren man zur Berechnung des Längenunterschiedes aus einer Sonnen-Finsterniſs bedarf, sind nun also, noch einmal der Uebersicht wegen zusammengestellt die folgenden:

$$\left.\begin{aligned}a &= \alpha' - \frac{\sin\pi'}{\Delta'\sin\pi}\cdot\frac{\cos\delta}{\cos\delta'}(\alpha-\alpha')\\ d &= \delta' - \frac{\sin\pi'}{\Delta'\sin\pi}(\delta-\delta')\\ g &= 1 - \frac{\sin\pi'}{\Delta'\sin\pi}\end{aligned}\right\}\qquad (1)$$

wo α, δ und π Rectascension, Declination und Horizontal-Aequatorealparallaxe des Mondes, α', δ', Δ' und π' dagegen Rectascension, Declination, Entfernung und mittlere Horizontal-Aequatorealparallaxe der Sonne bezeichnen:

$$\left.\begin{aligned} x &= \frac{\cos\delta\sin(\alpha-a)}{\sin\pi} \\ y &= \frac{\sin(\delta-d)\cos\tfrac{1}{2}(\alpha-a)^2+\sin(\delta+d)\sin\tfrac{1}{2}(\alpha-a)^2}{\sin\pi} \\ z &= \frac{\cos(\delta-d)\cos\tfrac{1}{2}(\alpha-a)^2-\cos(\delta+d)\sin\tfrac{1}{2}(\alpha-a)^2}{\sin\pi} \end{aligned}\right\} \qquad (2)$$

$$\sin f = \frac{1}{\Delta'.g}\,[\sin h \pm k\sin\pi] \qquad (3)$$

wo:

$$\log\,[\sin h + k\sin\pi'] = 7.6588041$$

für äufsere Berührungen und:

$$\log\,[\sin h - k\sin\pi'] = 7.6666903$$

für innere Berührungen gilt:

$$= z \pm \frac{k}{\sin f} \qquad (4)$$

wo wieder das obere Zeichen für äufsere, das untere für innere Berührungen gilt.

$$\begin{aligned} \operatorname{tang} f &= \lambda \\ l &= c\lambda \end{aligned} \qquad (5)$$

wo λ immer dasselbe Zeichen wie c erhält:

$$\left.\begin{aligned} \xi &= \varrho\cos\varphi'\sin(\Theta-a) \\ \eta &= \varrho\,[\cos d\sin\varphi' - \sin d\cos\varphi'\cos(\Theta-a)] \\ \zeta &= \varrho\,[\sin d\sin\varphi' + \cos d\cos\varphi'\cos(\Theta-a)] \end{aligned}\right. \qquad (6)$$

wo φ' und ϱ die verbesserte Polhöhe des Beobachtungsortes und seine Entfernung vom Mittelpuncte, Θ dagegen die beobachtete Sternzeit eines Ein- oder Austritts bezeichnet.

Ist dann für eine Zeit T':

$$x = x_0 \qquad \frac{dx}{dt} = x'$$

$$y = y_0 \qquad \frac{dy}{dt} = y'$$

so berechnet man:

$$\begin{aligned} m \sin M &= x_0 - \xi & \qquad n \sin N &= x' \\ m \cos M &= y_0 - \eta & \qquad n \cos N &= y' \end{aligned} \qquad l - \lambda\zeta = L \qquad (7)$$

$$L \sin\psi = m \sin(M-N) \qquad (8)$$

wo für Eintritte ψ im ersten oder vierten, für Austritte im zweiten oder dritten Quadranten zu nehmen ist und:

$$T' = -s\,\frac{m}{n}\,\frac{\sin(M-N+\psi)}{\sin\psi} = -\frac{m}{n}\cos(M-N) - \frac{L\cos\psi}{n} \qquad (9)$$

Dann ist:

$$d = t - T - T' + h\varepsilon \mp h\zeta \operatorname{tang}\psi \qquad (10)$$

wo:

$$h = \frac{s}{206265 . n \sin\pi}$$

$$\varepsilon = \sin N \cos\delta\,\Delta(\alpha - a) + \cos N\,\Delta(\delta - d)$$

$$\zeta = -\cos N \cos\delta\,\Delta(\alpha - a) + \sin N\,\Delta(\delta - d)$$

also:

$$\cos\delta\,\Delta(\alpha - a) = \varepsilon \sin N - \zeta \cos N$$

$$\Delta(\delta - d) = \varepsilon \cos N + \zeta \sin N$$

Beispiel. Am 7. Juli 1842 fand eine Sonnenfinsternifs statt, bei welcher in Wien und Pulkowa die folgenden Momente beobachtet wurden:

Wien:

Innere Berührung beim Eintritt	$18^h\ 49'\ 25''.0$	mittlere Wiener Zeit
Innere Berührung beim Austritt	18 51 22 .0	

Pulkowa:

Aeufsere Berührung beim Eintritt	$19^h\ 7'\ 3''.5$	mittlere Pulkowaer Zeit
Aeufsere Berührung beim Austritt	21 12 52 .0	

Nach dem Berliner Jahrbuche hat man die folgenden Oerter der Sonne und des Mondes:

M.Berl.Zeit	α	δ	α'	δ'
17^h	105° 8′49″.93	+23°22′10″.35	106°50′38″.49	+22°33′24″.46
18^h	47 43 .31	15 0 .34	53 12 .37	33 7 .93
19^h	106 26 34 .14	7 40 .45	55 46 .24	32 51 .36
20^h	107 5 22 .32	0 10 .75	58 20 .09	32 34 .75
21^h	44 7 .75	22 52 31 .29	107 0 53 .94	32 18 .09
22^h	108 22 50 .34	44 42 .13	3 27 .78	32 1 .40

	π	log Δ'
17^h	59′ 55″.06	0.0072061
18^h	56 .37	56
19^h	57 .65	51
20^h	58 .91	46
21^h	60 0 .14	41
22^h	1 .35	36

Berechnet man nun zuerst die Gröſsen a, d und g nach den Formeln (1), so erhält man:

	a	d	log g
18^h	106° 53′ 21″.53	+ 22° 33′ 2″.04	9.9989808
19^h	55 50 .33	32 46 .47	11
20^h	58 19 .10	32 30 .87	15
21^h	107 0 47 .88	32 15 .25	19

Ferner findet man nach den Formeln (2), (3), (4) und (5):

	x	y	log z
17^h	− 1.5632144	+ 0.8246864	1.7585349
18^h	− 1.0061154	+ 0.7039354	1.7584833
19^h	− 0.4489341	+ 0.5827957	1.7583923
20^h	+ 0.1082514	+ 0.4612784	1.7582614
21^h	+ 0.6653785	+ 0.3393985	1.7580909
22^h	+ 1.2224009	+ 0.2171603	1.7578799

	l		log λ	
	Aeuſsere Berührung	Innere Berührung	Aeuſsere Berühr.	Innere Berühr.
17^h	0.5362314	0.0100548	7.6626222	7.6605084
18^h	0.5362001	0.0100860	23	85
19^h	0.5361450	0.0101409	25	87
20^h	0.5360655	0.0102198	26	88
21^h	0.5359622	0.0103227	27	89
22^h	0.5358345	0.0104499	29	91

Nun ist die Zeit der inneren Berührung beim Eintritt für Wien:

$$18^h\ 49'\ 25''.0$$

also die Sternzeit:

$$\Theta = 1^h\ 52'\ 29''.8 = 28^\circ\ 7'\ 27''.0$$

ferner ist:

$$\varphi = 48^\circ\ 12'\ 35''.5$$

also die verbesserte Polhöhe:

$$\varphi' = 48^\circ\ 1'\ 8''\ 9$$

und:

$$\log \varrho = 9.9991952$$

Nimmt man nun $T = 18^h\ 30'$ an, so erhält man für diese Zeit:

$$x = -0.727530 \qquad y = +0.643413$$

und nach den Formeln (6):

$$\xi = -0.654897 \qquad \eta = +0.635482 \qquad \log \zeta = 9.606857$$

ferner nach den Formeln in Nr. 15 der Einleitung:

$$x' = +0.557181 \qquad y' = -0.121139$$

also nach den Formeln (7), (8) und (9):

$$M = 276^\circ\ 13'\ 56'' \quad \log m = 8.863711 \qquad \log L = 8.077778$$
$$N = 102\ \ 15\ \ 58 \quad \log n = 9.756026$$
$$\psi = 39^\circ\ 56'\ 58''$$
$$T' = -\ 6'\ 40''.85$$

Man hat hier nun nicht nöthig, eine zweite Näherung zu machen und erhält daher nach der Formel (10):

$$d = +\ 0^h\ 12'\ 44''.15 + 1.7553\ \varepsilon + 1.4703\ \zeta$$

Aus der Beobachtung der inneren Berührungen beim Austritt findet man ebenso, wenn man dasselbe T beibehält:

$$\xi = -0.653763 \qquad \eta = +0.633338 \qquad \log \zeta = 9.612367$$
$$M = 277^\circ\ 46'\ 40'' \quad \log m = 8.871874 \qquad \log L = 8.078688$$
$$\psi = 150^\circ\ 54'\ 51''.5$$
$$T' = -\ 8'\ 54''.74$$

also:

$$d = +\ 0^h\ 12'\ 27''.26 + 1.7553\ \varepsilon - 0.9764\ \zeta$$

Auf gleiche Weise erhält man aus den Beobachtungen in Pulkowa, wenn man:

$$\varphi = 59^\circ\,46'\,18''.6$$

also:

$$\varphi' = 59^\circ\,36'\,16''.8$$

und:

$$\log \varrho = 9.9989172$$

nimmt:

$$d' = 1^h\,8'\,26''.57 + 1.7559\,\varepsilon + 0.5064\,\zeta$$
$$d' = 1^h\,8'\,22''.67 + 1.7541\,\varepsilon - 0.3034\,\zeta$$

Es ist also:

$$d'-d = +\,55'\,42''.42 - 0.9639\,\zeta$$
$$d'-d = +\,55\;\;55\;.41 + 0.6730\,\zeta$$

also:

$$d'-d = +\,55'\,50''.07$$

und:

$$\zeta = -\,7''.94$$

Um nun auch den Fehler ε zu bestimmen, mufs man die Länge eines der Orte von Berlin als bekannt annehmen. Da aber die Länge Wiens von Berlin

$$+\,0^h\,11'\,56''.40$$

beträgt, so erhält man aus der ersten Gleichung für d:

$$\varepsilon = -\,20''.55$$

Da nun ferner:

$$\cos\delta\,\Delta(\alpha - a) = \varepsilon \sin N - \zeta \cos N$$
$$\Delta(\delta - d) = \varepsilon \cos N + \zeta \sin N$$

so wird:

$$\cos\delta\,\Delta(\alpha - a) = -\,21''.78$$

und:

$$\Delta(\delta - d) = -\,3''.38$$

30. Für Sternbedeckungen durch den Mond werden die Formeln etwas einfacher. Da dann $\pi' = 0$ ist, so wird $a = \alpha'$, $d = \delta'$. Es fällt daher die Berechnung der Formeln (1) ganz fort und die Coordinaten des Erdorts werden vom Orte des Mondes ganz unabhängig, nämlich:

$$\xi = \varrho \cos \varphi' \sin (\Theta - \alpha')$$
$$\eta = \varrho [\sin \varphi' \cos \delta' - \cos \varphi' \sin \delta' \cos (\Theta - \alpha')]$$

Die dritte Coordinate ζ braucht man nicht, weil für diesen Fall f, also auch $\lambda = 0$ ist, indem der einhüllende Kegel in einen Cylinder übergeht. Der Halbmesser l des Durchschnitts dieses Cylinders mit der Grundebene der Coordinaten wird dann gleich dem Halbmesser des Mondes, also gleich k. Man hat daher auch nicht die Berechnung der Coordinate z nöthig; x uud y findet man aber aus den einfachen Gleichungen:

$$x = \frac{\cos \delta \sin (\alpha - \alpha')}{\sin \pi}$$
$$y = \frac{\sin \delta \cos \delta' - \cos \delta \sin \delta' \cos (\alpha - \alpha')}{\sin \pi}$$

Die allgemeine Gleichung der Finsternisse geht nun in die folgende über:

$$(k + \Delta k)^2 = (x + \Delta x - \xi)^2 + (y + \Delta y - \eta)^2$$

die man ganz so wie vorher auflöst. Setzt man wieder $t - d = T + T''$ und sind x_0 und y_0 die Werthe von x und y für die Zeit T, x' und y' die Differentialquotienten dieser Gröſsen, so berechnet man wieder die Hülfsgröſsen:

$$m \sin M = x_0 - \xi \qquad n \sin N = x'$$
$$m \cos M = y_0 - \eta \qquad n \cos N = y'$$
$$k \sin \psi = m \sin (M - N)$$

und erhält dann:

$$d = t - T + \frac{m}{n} s \frac{\sin (M - N + \psi)}{\sin \psi} + h \varepsilon + h \zeta \operatorname{tang} \psi$$

wo h, ε und ζ wieder dieselbe Bedeutung wie vorher haben.

Beispiel. 1849 Nov. 29 wurde zu Bilk der Ein- und Austritt des Sterns α Tauri am Mondrande beobachtet und zwar:

der Eintritt um $8^h\ 15'\ 12''.1$ mittlere Bilker Zeit
der Austritt um $9\ \ 18\ \ 19\ .\ 8$

Der Eintritt desselben Sterns wurde auch zu Hamburg beobachtet um:

$$8^h\ 33'\ 47''.2$$

mittlere Hamburger Zeit.

Der Ort des Sterns war an diesem Tage nach dem Nautical Almanac:

$$\alpha' = 4^h\ 11'\ 16''.24 = 62^\circ\ 49'\ 3''.6$$
$$\delta' = +\ 15^\circ\ 15'\ 32''.2$$

Ferner ist für Bilk:

$$\varphi' = 51^\circ\ 1'\ 10''.0$$
$$\log \varrho = 9.9991201$$

und für Hamburg:

$$\varphi' = 53^\circ\ 22'\ 4''.2$$
$$\log \varrho = 9.9990624$$

Endlich hat man nach dem Nautical-Almanac für die mittleren Greenwicher Zeiten 7^h, 8^h, 9^h die folgenden Oerter des Mondes:

	α	δ	π
7^h	$4^h\ 6'\ 2''.35$	$+\ 15^\circ\ 47'\ 24''.6$	$60'\ 50''.8$
8^h	$4\ \ 8\ \ 35\ .69$	$15\ \ 54\ \ 48\ .8$	$60\ \ 51\ .8$
9^h	$4\ \ 11\ \ 9\ .31$	$16\ \ 2\ \ 6\ .5$	$60\ \ 52\ .9$

Man erhält also für diese drei Zeiten:

	x	I. Diff.	y	I. Diff.
7^h	$-\ 1.240980$		$+\ 0.527577$	
		$+\ 0.606752$		$+\ 0.118741$
8^h	$-\ 0.634228$		$+\ 0.646318$	
		$+\ 0.606864$		$+\ 0.118656$
9^h	$-\ 0.027364$		$+\ 0.764974$	

Für den Eintritt für Bilk hat man nun:

$$\Theta = 0^h\ 49'\ 29''.93$$
$$\Theta - \alpha' = -\ 50^\circ\ 26'\ 34''.6$$

also:

$$\xi = -0.484015 \text{ und } \eta = +0.643216$$

Nimmt man nun $T = 7^h 50'$ an, so erhält man für diese Zeit:

$$x_0 - \xi = -0.251346 \qquad y_0 - \eta = -0.016682$$
$$x' = +0.606789 \qquad y' = +0.118713$$

also:

$$M = 266^\circ 12' 10'' \qquad N = +78^\circ 55' 50''$$
$$\log m = 9.401226 \qquad \log n = 9.791194$$

$$\psi = -6^\circ 43' 12''$$
$$T' = +\ 2'\ 0''.85$$

Die Beobachtung des Eintritts für Bilk giebt also zwischen dem Mittagsunterschiede von Greenwich und den Fehlern ε und ζ die Gleichung:

$$d = +27' 12''.95 + 1.5945\,\varepsilon - 0.1879\,\zeta$$

und auf dieselbe Weise erhält man aus dem Austritt für Bilk:

$$d = +27' 27''.10 + 1.5937\,\varepsilon + 0.5336\,\zeta$$

und aus der Beobachtung des Austritts für Hamburg:

$$d' = +40' 3''.76 + 1.5945\,\varepsilon - 0.1362\,\zeta$$

Man hat also die beiden Gleichungen:

$$d' - d = +12' 50''.81 + 0.0517\,\zeta$$
$$d' - d = +12\ 36\ .66 - 0.6698\,\zeta$$

woaus man:

$$d' - d = +12' 49''.80 \text{ und } \zeta = -19''.61$$

findet.

31. Die in Nr. 29 und 30 gegebenen allgemeinen Gleichungen für die Finsternisse und Sternbedeckungen dienen nun auch zur Vorausberechnung derselben für einen gegebenen Ort der Erde. Nimmt man für T eine der Mitte der Finsternifs nahe gelegene Zeit des ersten Meridians, am bequemsten eine runde Stunde und berechnet für diese Zeiten wieder die Gröſsen x_0, y_0, x', y' und L, so wird die allgemeine Gleichung der Finsternisse:

$$[x_0 + x' T' - \xi]^2 + [y_0 + y' T' - \eta]^2 = L^2 \text{ *)}$$

wo ξ und η die Coordinaten des Ortes auf der Oberfläche der Erde in dem gesuchten Momente der Finsterniſs $T + T'$ bezeichnen. Nennt man daher Θ_0 die der Zeit T entsprechende Sternzeit, so wird $\Theta_0 + d_0$ die Sternzeit des Ortes, für welchen die Finsterniſs berechnet wird; bezeichnet man also die zu $\Theta_0 + d_0$ gehörigen Werthe von ξ und η mit ξ_0 und η_0, so wird:

$$\xi = \xi_0 + \varrho \cos \varphi' \cos (\Theta_0 - a + d_0) \frac{d(\Theta - a)}{dT} \quad T'$$

$$\eta = \eta_0 + \varrho \cos \varphi' \sin (\Theta_0 - a + d_0) \frac{d(\Theta - a)}{dT} \quad T' . \sin d$$

Wenn man daher jetzt setzt:

$$m \sin M = x_0 - \xi_0 \text{ , } n \sin N = x' - \varrho \cos \varphi' \cos (\Theta_0 - a + d_0) \frac{d(\Theta - a)}{dT}$$

$$m \cos M = y_0 - \eta_0 \text{ , } n \cos N = y' - \varrho \cos \varphi' \sin (\Theta_0 - a + d_0) \frac{d(\Theta - a)}{dT} \sin d$$

$$\sin \psi = \frac{m}{L_0} \sin (M - N)$$

wo L_0 den zur Zeit T gehörigen Werth von L bezeichnet, so erhält man wieder:

$$T' = - \frac{m}{n} \cos (M - N) \mp \frac{L_0}{n} \cos \psi = t - T - d$$

wo ψ im ersten oder vierten Quadranten genommen werden muſs und das obere Zeichen für den Eintritt, das untere für den Austritt gilt, oder es wird, wenn:

$$- \frac{m}{n} \cos (M - N) - \frac{L_0}{n} \cos \psi = \tau$$

$$- \frac{m}{n} \cos (M - N) + \frac{L_0}{n} \cos \psi = \tau'$$

---

*) Für eine Sternbedeckung ist $L = k = 0.2725$.

die Zeit des Eintritts in mittlerer Ortszeit:

$$t = T + d + \tau$$

und die des Austritts:

$$t' = T + d + \tau'$$

Durch diese erste Annäherung erhält man die Zeiten der Ränderberührungen auf einige Zeitminuten genau, was für die Erleichterung der Beobachtungen der Finsternisse schon ausreicht. Will man die Zeiten genauer haben, so mufs man die Rechnung wiederholen, indem man einmal $T+\tau$ und dann $T+\tau'$ statt T' nimmt.

Zur Erleichterung der Beobachtungen ist es noch nöthig, diejenigen Puncte des Sonnenrandes (oder für Sternbedeckungen des Mondsrandes) zu bestimmen, an denen der Eintritt und Austritt erfolgt. Substituirt man aber in:

$$x_0 - \xi + x' T' \text{ und } y_0 - \eta + y' T' \text{ für } T'$$

den Werth:

$$-\frac{m}{n} \cos(M-N) \mp \frac{L}{n} \cos\psi$$

so erhält man:

$$x-\xi = [m \sin M \sin\psi \cos N \cos N - m \cos N \sin N \cos M \sin\psi$$
$$\mp m \sin M \cos N \sin N \cos\psi \pm m \cos M \sin N \sin N \cos\psi] \frac{1}{\sin\psi}$$

oder:

$$x-\xi = \mp \frac{m \sin(M-N)}{\sin\psi} \sin(N \mp \psi)$$
$$= \mp L \sin(N \mp \psi)$$

und ebenso:

$$y-\eta = \mp L \cos(N \mp \psi)$$

Es ist daher für den Eintritt:

$$x-\xi = -L \sin(N-\psi) = L \sin(N+180-\psi)$$
$$y-\eta = -L \cos(N-\psi) = L \cos(N+180-\psi)$$

und für den Austritt:

$$x-\xi = L \sin(N+\psi)$$
$$y-\eta = L \cos(N+\psi)$$

Nun sind $\xi - x$ und $\eta - y$, wie man in Nr. 29 gesehen hat, die Coordinaten des in dem Einhüllungskegel gelegenen Erdorts, bezogen auf ein Axensystem, dessen Axe der z die Verbindungslinie der Mitten beider Gestirne und dessen Axe der x dem Aequator parallel ist; $x - \xi$ und $y - \eta$ sind daher die Coordinaten eines Punctes, welcher in der Richtung der von dem Erdorte nach dem Berührungspuncte der beiden Gestirne gezogenen geraden Linie liegt und dessen Entfernung von der Spitze des Kegels gleich der des Erdorts von derselben ist. $\frac{x-\xi}{L}$ und $\frac{y-\eta}{L}$ sind also der Sinus und Cosinus desjenigen Winkels, welchen die Axe der y oder der durch den Punct z *) gehende Declinationskreis mit der Richtung von z nach dem Berührungspuncte macht. Da nun aber der Punct z dem Mittelpuncte der Sonne immer sehr nahe liegt, so kann man auch ohne merklichen Fehler $\frac{x-\xi}{L}$ und $\frac{y-\eta}{L}$ als den Sinus oder Cosinus desjenigen Winkels ansehen, welchen der durch den Mittelpunct der Sonne gehende Declinationskreis mit der Richtung vom Mittelpuncte der Sonne nach dem Berührungspuncte macht. Dieser Winkel ist daher für Eintritte:

$$\left.\begin{array}{ll} & N + 180 - \psi \\ \text{und für Austritte:} & \\ & N + \psi \end{array}\right\} \qquad (A)$$

Für ringförmige Sonnenfinsternisse wird dagegen $N + \psi$ der Winkel für den Eintritt bei der inneren Berührung, und $N + 180 - \psi$ der Winkel, in welchem der Austritt erfolgt.

Für eine Sonnenfinsternifs hat man also zuerst für eine der Mitte der Finsternifs nahe gelegene Zeit T' (am besten eine runde Stunde) desjenigen Meridians, für welchen die

---

*) Der Punct z ist derjenige Punct, in welchem die Axe der z oder die Verbindungslinie der Mitten beider Gestirne die scheinbare Himmelskugel trifft.

Sonnen- und Mondstafeln oder die Ephemeriden gelten, die Formeln (1), (2), (3), (4) und (5) in Nr. 29 und die Differentialquotienten x' und y' zu berechnen, ferner wenn Θ_0 die der mittleren Zeit T entsprechende Sternzeit und d_0 die östliche Länge des Ortes, für welchen man rechnet, bezeichnet:

$$\xi_0 = \varrho \cos \varphi' \sin (\Theta_0 + d_0 - a)$$
$$\eta_0 = \varrho \left[\cos d \sin \varphi' - \sin d \cos \varphi' \cos (\Theta_0 + d_0 - a)\right]$$
$$\zeta_0 = \varrho \left[\sin d \sin \varphi' + \cos d \cos \varphi' \cos (\Theta_0 + d_0 - a)\right]$$

Setzt man dann:

$$m \sin M = x_0 - \xi_0\,,\ n \sin N = x' - \varrho \cos \varphi' \cos (\Theta_0 + d_0 - a) \frac{d(\Theta_0 - a)}{dt}$$

$$m \cos M = y_0 - \eta_0\,,\ n \cos N = y' - \varrho \cos \varphi' \sin (\Theta_0 + d_0 - a) \frac{d(\Theta_0 - a)}{dt} \sin d$$

$$L_0 = l_0 - \lambda \zeta_0$$

$$\sin \psi = \frac{m}{L_0} \sin (M - N) \quad (\psi \text{ immer} < \pm 90^\circ)$$

$$-\frac{m}{n} \cos (M-N) - \frac{L_0}{n} \cos \psi = \tau$$

$$-\frac{m}{n} \cos (M-N) + \frac{L_0}{n} \cos \psi = \tau'$$

so wird die Zeit des Eintritts in mittlerer Ortszeit:

$$t = T + d_0 + \tau$$

und die Zeit des Austritts:

$$t = T + d_0 + \tau'$$

Den Ort des Ein- und Austritts am Sonnenrande findet man dann durch die Ausdrücke (A).

Für Sternbedeckungen werden die Formeln bei weitem einfacher. Man berechnet wieder für eine der Mitte nahe gelegene Zeit T des ersten Meridians:

$$x_0 = \frac{\cos \delta \sin (\alpha - \alpha')}{\sin \pi}$$

$$y_0 = \frac{\sin \delta \cos \delta' - \cos \delta \sin \delta' \cos (\alpha - \alpha')}{\sin \pi}$$

und die Differentialquotienten x' und y'. Ferner sucht man, wenn Θ_0 die der mittleren Zeit T entsprechende Sternzeit bezeichnet:

$$\xi_0 = \varrho \cos \varphi' \sin (\Theta - \alpha' + d_0)$$
$$\eta_0 = \varrho [\sin \varphi' \cos \delta' - \cos \varphi' \sin \delta' \cos (\Theta - \alpha' + d_0)]$$

Setzt man dann wieder:

$$m \sin M = x_0 - \xi_0, \quad n \sin N = x' - \varrho \cos \varphi' \cos (\Theta_0 + d_0 - \alpha') \frac{d\Theta}{dt}$$
$$m \cos M = y_0 - \eta_0, \quad n \cos N = y' - \varrho \cos \varphi' \sin (\Theta_0 + d_0 - \alpha') \frac{d\Theta}{dt} \sin \delta'$$

wo:

$$\log \frac{d\Theta}{dt} = 9.41916 \text{ *)}$$

$$\sin \psi = \frac{m}{k} \sin (M - N) \quad \psi < \pm 90_0$$

wo:

$$\log k = 9.43537$$

$$-\frac{m}{n} \cos (M-N) - \frac{k}{n} \cos \psi = \tau$$

$$-\frac{m}{n} \cos (M-N) + \frac{k}{n} \cos \psi = \tau'$$

so wird die Zeit des Eintritts in mittlerer Ortzeit:

$$t = T + \tau + d_0$$

und die Zeit des Austritts:

$$t' = T + \tau' + d_0$$

---

*) Da bei den hier vorkommenden Differentialquotienten die Stunde als Einheit zum Grunde liegt, so ist $\frac{d\Theta}{dt}$ die Aenderung des Stundenwinkels in einer mittleren Stunde. Nun enthält aber eine mittlere Stunde 3609″.86 Sternzeit. Multiplicirt man dies mit 15 und dividirt mit 206265, um den Differentialquotienten in Theilen des Radius auszudrücken, so erhält man:

$$\log \frac{d\Theta}{dt} = 9.41916$$

Den Winkel, welchen der Declinationskreis mit der Richtung nach dem Berührungspuncte macht, erhält man dann wieder nach den Ausdrücken A, nämlich für den Eintritt:

$$Q = N + 180 - \psi$$

und für den Austritt:

$$Q' = N + \psi$$

Beispiel. Wollte man für Juli 7 1842 die Zeiten der äufseren Berührungen von Sonne und Mond für Pulkowa berechnen, so könnte man $T = 19^h$ mittlere Berliner Zeit nehmen. Für diese Zeit ist nach Nr. 29:

$$x_0 = -0.44893\,,\ y_0 = +0.58280\,,\ x' = +0.55718\,,\ y' = -0.12133$$
$$a = 106^\circ 55'.8\,,\ d = +22^\circ 32'.8\,,\ l = 0.58614\,,\ \log\lambda = 7.66262$$

Ferner erhält man:

$$\Theta_0 = 2^h\ 3'\ 8''$$

und da der Längenunterschied zwischen Pulkowa und Berlin gleich:

$$+\ 1^h\ 7'\ 43''\ \text{ist,}\ \Theta_0 + d - a = 300^\circ 46'.9$$

also hiermit:

$$\xi_0 = -0.43861\,,\ \eta_0 = +0.69560\,,\ \log\zeta_0 = 9.75470\,,\ \log L_0 = 9.72716$$

Ferner ist:

$$\frac{d\xi_0}{dt} = \varrho \cos\varphi' \cos(\Theta_0 + d_0 - a)\ \frac{d(\Theta_0 - a)}{dt} = +\ 0.06762\ ^{*})$$

$$\frac{d\eta_0}{dt} = \varrho \cos\varphi' \sin(\Theta_0 + d_0 - a)\ \frac{d(\Theta_0 - a)}{dt} \sin d = -\ 0.04352$$

---

*) Es ist nämlich:

$$\frac{d\Theta_0}{dt} = 3609''.86$$

in Zeit oder:

$$+\ 57147''.90$$

ferner:

$$\frac{da}{dt} = +\ 148.78$$

also:

$$x' - \frac{d\xi_0}{dt} = +0.48956 \text{ und } y' - \frac{d\eta_0}{dt} = -0.07781$$

Daraus folgt dann:

$$M = 187^\circ\, 44'.1 \qquad N = 99^\circ\, 1'.9$$
$$\log m = 9.05628 \qquad \log n = 9.69522$$
$$\psi = 12^\circ\, 19'.0$$

also:

$$\tau = -1.057 \qquad \tau' = 1.046$$
$$= -1^h\, 3'.4 \qquad = +1^h\, 2'.8$$

Die Zeiten des Ein- und Austritts sind demnach:

$$t = 19^h\ \ 4'.3$$
$$t' = 21^h\, 10.5$$

Zeiten, die von den wirklich beobachteten nur 3′ abweichen. Durch eine Wiederholung der Rechnung mit $T = 18^h$ und $T = 20^h$ würde man diese Zeiten schon sehr genau erhalten.

Der Winkel, welchen die Richtung vom Mittelpuncte der Sonne nach dem Berührungspuncte mit dem durch den Mittelpunct der Sonne gehenden Declinationskreise macht, ist für den Eintritt 267° und für den Austritt gleich 111°. *)

32. Ein anderes Mittel zur Bestimmung der Länge gewährt die Beobachtung der Distanz des Mondes von bekannten Sternen oder von der Sonne, und da diese Methode den Vortheil gewährt, daſs man sich ihrer in jedem Augenblicke

---

also:

$$\frac{d\Theta_0}{dt} = 56999''.12$$

wovon der Logarithmus in Theilen des Radius ausgedrückt 9.41796 ist.

*) Ueber die Berechnungen der Finsternisse vergleiche man:
Bessel, Ueber die Berechnung der Länge aus Sternbedeckungen Astr. Nachr. Nr. 151 und 152 und Bessel's astronomische Untersuchungen Band II pag. 95 und folgende.

bedienen kann, wenn nur der Mond über dem Horizonte ist, so wird dieselbe vorzüglich zur See angewandt.

Zu dem Ende enthalten die nautischen Ephemeriden die Distanzen des Mondes von der Sonne, den hellsten Planeten und Fixsternen für jede dritte Stunde eines ersten Meridians berechnet und zwar so, wie dieselben vom Mittelpuncte der Erde aus erscheinen. Hat man daher an irgend einem Orte zu einer bekannten Zeit eine Distanz des Mondes von einem solchen Gestirne gemessen, so befreit man dieselbe von der Refraction und Parallaxe und erhält dadurch ebenfalls die Distanz des Mondes von dem Sterne, so wie sie in demselben Augenblicke vom Mittelpuncte der Erde aus beobachtet wäre. Sucht man dann aus den Ephemeriden diejenige Zeit des ersten Meridians, für welche dieselbe Distanz berechnet ist, so giebt diese Zeit mit der beobachteten Ortszeit verglichen, sogleich die Länge des Beobachtungsortes. Da indessen bei dieser Methode die Tafeln als richtig vorausgesetzt werden, also der Fehler derselben in dem Resultate nicht eliminirt ist, so gewährt dieselbe schon aus diesem Grunde lange nicht die Genauigkeit wie die Beobachtung der Finsternisse und Sternbedeckungen. Ueberdies läſst sich die Zeit der Ränderberührung zweier Gestirne viel genauer beobachten, als eine Distanz.

Zur Berechnung der Refraction und der Höhenparallaxe der beiden beobachteten Gestirne muſs man deren Höhen selbst kennen. Man beobachtet daher zur See kurz vor und nach der Messung der Distanz die scheinbaren Höhen beider Gestirne und da die Aenderungen derselben in kurzen Zwischenzeiten als der Zeit proportional angesehen werden können, so kann man durch eine einfache Proportion die scheinbaren Höhen der Gestirne für den Augenblick, wo die Distanz beobachtet ist, finden. Durch Anbringung der Refraction, der Parallaxe und des Halbmessers der Gestirne erhält man daraus die wahren Höhen der Mittelpuncte beider Gestirne.

Sicherer ist es indessen, die wahren und scheinbaren Höhen der beiden Gestirne durch Rechnung zu suchen. Man nimmt zu dem Ende den Längenunterschied des Beobachtungsortes vom ersten Meridian als näherungsweise bekannt an und sucht für die genäherte Zeit des ersten Meridians, zu welcher die Distanz beobachtet ist, den Ort des Mondes und des anderen Gestirns aus den Ephemeriden. Darauf berechnet man nach den Formeln in Nr. 6 des ersten Abschnitts die wahren Höhen der beiden Gestirne und, wenn man die Abplattung der Erde berücksichtigen will, wenigstens beiläufig auch die Azimute derselben. Nach den Formeln in Nr. 3 des dritten Abschnitts rechnet man dann die Höhenparallaxen, indem man für den Mond die strengen Formeln:

$$\frac{\Delta'}{\Delta} \sin p' = \varrho \sin p \sin [z - (\varphi - \varphi') \cos A]$$

$$\frac{\Delta'}{\Delta} \cos p' = 1 - \varrho \sin p \cos [z - (\varphi - \varphi') \cos A]$$

anwendet und sucht endlich für diese mit der Parallaxe behafteten Höhen mit Rücksicht auf den Stand der meteorologischen Instrumente die Refraction, nach deren Anbringung man die scheinbaren Höhen der beiden Gestirne erhält. Da man aber für die Berechnung der Refraction schon immer die scheinbaren d. h. die mit der Parallaxe und Refraction behafteten Höhen anwenden mufs, so hat man alle diese Rechnung doppelt zu machen.

Man beobachtet nun niemals die Distanz der Mittelpuncte der beiden Gestirne, sondern immer die Distanz ihrer Ränder: man mufs daher zu der beobachteten Distanz noch die Summe der scheinbaren Halbmesser der Gestirne addiren oder dieselbe davon abziehen, je nachdem man die Distanz der nächsten (inneren) oder entfernteren (äufseren) Ränder beobachtet hat. Ist aber r der Horizontalhalbmesser des Mondes, so ist der durch die Parallaxe vergröfserte Halbmesser:

$$r' = r\,[1 + p \sin h]$$

wo p die Horizontalparallaxe in Theilen des Radius bedeutet.

Da nun die Refraction den verticalen Halbmesser der

Gestirne verkleinert, während sie den horizontalen Halbmesser ungeändert läfst, so ist der in der Richtung der Distanz gezogene Halbmesser der Radius vector einer Ellipse, deren halbe grofse Axe der mit dem Horizonte parallele Halbmesser und deren halbe kleine Axe der verticale Halbmesser des Gestirns ist. Die Verkürzung des verticalen Halbmessers kann man nun nach den später in Nr. 36 des sechsten Abschnitts vorkommenden Formeln berechnen, man findet aber dafür auch in jedem nautischen Handbuche Tafeln, welche die Höhe des Gestirns zum Argumente haben. Nennt man dann π den Winkel, welchen die Richtung der Distanz mit dem durch das eine Gestirn gehenden Verticalkreise macht, h' die Höhe des andern Gestirns, Δ die Distanz beider Gestirne, so ist:

$$\sin \pi = \frac{\sin (A' - A) \cos h'}{\sin \Delta}$$

oder auch:

$$\cos \pi = \frac{\sin h' - \cos \Delta \sin h}{\sin \Delta \cos h}$$

mithin:

$$\operatorname{tang} \tfrac{1}{2} \pi^2 = \frac{\cos \tfrac{1}{2} (\Delta + h + h') \sin \tfrac{1}{2} (\Delta + h - h')}{\sin \tfrac{1}{2} (\Delta + h' - h) \cos \tfrac{1}{2} (h + h' - \Delta)}$$

Aus der Gleichung der Ellipse findet man dann aber leicht, wenn man den verticalen und horizontalen Halbmesser mit b und a bezeichnet:

$$r = \frac{b}{\sqrt{\cos \pi^2 + \frac{b^2}{a^2} \sin \pi^2}}$$

Nachdem man nun auf diese Weise die scheinbare Distanz der Mittelpuncte der beiden Gestirne berechnet hat, so erhält man hieraus in Verbindung mit den scheinbaren und wahren Höhen beider Gestirne die wahre Distanz der der Mittelpuncte, wie man dieselbe vom Mittelpuncte der Erde aus beobachtet hätte. Bezeichnet man nämlich mit H', h' und Δ die scheinbaren Höhen und die scheinbare Distanz der beiden Gestirne, mit E den Unterschied der beiden Azimute, so hat man im Dreieck zwischen dem Zenith und den scheinbaren Orten der beiden Gestirne:

$$\cos\Delta' = \sin H' \sin h' + \cos H' \cos h' \cos E$$
$$= \cos(H'-h') - 2\cos H' \cos h' \sin \tfrac{1}{2} E^2$$

Ebenso erhält man, wenn H, h und Δ die wahren Höhen und die wahre Distanz der beiden Gestirne bezeichnen:

$$\cos\Delta = \sin H \sin h + \cos H \cos h \cos E$$
$$= \cos(H-h) \quad 2\cos H \cos h \sin \tfrac{1}{2} E^2$$

und wenn man $2 \sin \frac{1}{2} E^2$ aus beiden Gleichungen eliminirt:

$$\cos\Delta = \cos(H-h) + \frac{\cos H \cos h}{\cos H' \cos h'} [\cos\Delta' - \cos(H'-h')] \qquad (a)$$

Setzt man nun:

$$\frac{\cos H \cos h}{\cos H' \cos h'} = \frac{1}{C} \qquad (A)$$

so wird in den meisten Fällen $C > 1$ sein und nur wenn die Höhe des Mondes sehr groſs und die Höhe des anderen Gestirns sehr klein ist, wird das Gegentheil statt finden. Setzt man ferner:

$$H'-h' = d' \text{ und } H-h = d \qquad (B)$$

und nimmt d' und d immer positiv, so wird es auch erlaubt sein:

$$\frac{\cos d'}{C} = \cos d'' \text{ und } \frac{\cos\Delta'}{C} = \cos\Delta'' \qquad (C)$$

zu setzen, weil für den Fall, daſs $C < 1$ ist, $\cos d'$ und $\cos\Delta'$ klein sind. Dadurch geht aber die Gleichung (a) über in:

$$\cos\Delta - \cos\Delta'' = \cos d - \cos d''$$

oder, wenn man die Sinus der halben Summe und Differenz der Winkel einführt und den Sinus des kleinen Winkels $\Delta - \Delta''$ mit dem Bogen vertauscht

$$\Delta - \Delta'' = (d - d') \frac{\sin \frac{1}{2}(d + d')}{\sin \frac{1}{2}(\Delta + \Delta'')}$$

Nimmt man nun hier zuerst sin $\frac{1}{2}(\Delta'+\Delta'')$ statt sin $\frac{1}{2}(\Delta+\Delta'')$ und setzt:

$$x = (d-d'') \frac{\sin \frac{1}{2}(d+d'')}{\sin \frac{1}{2}(\Delta+\Delta'')} \qquad (D)$$

so erhält man:

$$\Delta = \Delta'' + x \qquad (E)$$

eine Näherung, welche in den meisten Fällen schon genau sein wird. Ist aber Δ beträchtlich verschieden von Δ', so muſs man die letzte Rechnung wiederho'en, indem man mit dem eben gefundenen Δ ein neues x berechnet nach der Formel:

$$x = (d-d'') \frac{\sin \frac{1}{2}(d+d'')}{\sin \frac{1}{2}(\Delta+\Delta'')}$$ *)

Hier ist nun vorausgesetzt, daſs der Winkel E von einem Orte der Oberfläche der Erde und vom Mittelpuncte aus gesehen derselbe sei. In Nr. 3 des zweiten Abschnitts hat man aber gesehen, daſs die Parallaxe auch das Azimut des Mondes ändert und daſs man, wenn A und H Azimut und wahre Höhe bedeuten, zu dem vom Mittelpuncte der Erde gesehenen Azimut den Winkel:

$$\Delta A = + \frac{\varrho \sin p\,(\varphi-\varphi') \sin A}{\cos H}$$

addiren muſs, um das von der Oberfläche gesehene Azimut zu erhalten. Man hätte daher in der Formel für cos Δ nicht $\cos E = \cos(A'-a)$, sondern $\cos(E-\Delta A)$ anwenden müssen. Differenzirt man aber diese Formel, so erhält man:

$$d\Delta = -\frac{\cos H \cos h \sin (A-a)}{\sin \Delta}\, dA$$

also auch:

$$d\Delta = -\frac{\varrho \sin p\,(\varphi-\varphi') \cos h \sin A \sin (A-a)}{\sin \Delta}$$

---

*) Bremicker, über die Reduction der Monddistanzen. Astronomische Nachrichten Nr. 716.

Diese Correction hat man dann noch zu dem vorher berechneten Δ hinzuzufügen.

Beispiel. Am 2. Juni 1831 wurde an einem Orte, dessen nördliche Breite 19° 31′ und dessen geschätzte Länge von Greenwich 8^h 50′ östlich war, um 23^h 8′ 45″ wahre Zeit die Distanz der nächsten Ränder der Sonne und des Mondes:

$$\Delta' = 96° 47' 10''$$

gemessen. Das Barometer zeigte 29.6 englische Zolle, das Thermometer desselben 88° Fahrenheit, die Temperatur der Luft war 90° Fahrenheit.

Nach dem Nautical Almanac waren die Oerter des Mondes und der Sonne die folgenden:

M. Zeit Greew.		Rect. ☾	Decl. ☾	Parallaxe
Juni 2	12^h	336° 6′ 24″.0	− 10° 50′ 58″.0	56′ 44″.0
	13^h	38 4 .7	41 48 .4	45 .9
	14^h	337 9 45 .7	32 35 .0	47 .9
	15^h	41 27 .0	23 17 .9	49 .9

		Rect. ☉	Decl. ☉
Juni 2	12^h	70° 5′ 23″.2	+ 22° 11′ 48″.9
	13^h	7 56 .9	12 8 .4
	14^h	10 30 .5	12 27 .9
	15^h	13 4 .1	12 47 .3

Die beobachtete Zeit entsprach nun der Greenwicher Zeit 14^h 18″ 45″ und für diese Zeit erhält man:

Rect. ☾ =	337° 19′ 39″.6	Rect. ☉ =	70° 11′ 18″.5
Decl. ☾ =	− 10 29 41 .3	Decl. ☉ =	+ 22 12 33 .9
p =	56 48 .5	π =	8″.5

und damit die wahren Höhen und Azimute des Mondes und der Sonne für die Stundenwinkel:

$$+ 80° 2' 53''.8$$

und:

$$-\ 12^\circ\ 48'\ 45''.0$$

$$H = 5^\circ\ 41'\ 58''.4 \qquad h = 77^\circ\ 43'\ 56''.7$$
$$A = +\ 76^\circ 43'.6 \qquad a = -\ 75^\circ\ 4'.4$$

Die Parallaxe des Mondes nach der strengen Formel:

$$\text{tang}\ p' = \frac{\varrho \sin p \sin [z - (\varphi - \varphi') \cos A]}{1 - \varrho \sin p \cos [z - (\varphi - \varphi') \cos A]}$$

berechnet, ist $p' = 56'\ 35''.4$, also ist die scheinbare Höhe H' des Mondes gleich $4^\circ\ 45'\ 23''.0$. Hieran ist nun noch die Refraction anzubringen. Man sucht zu dem Ende einen genäherten Werth für dieselbe, berechnet damit die scheinbare Höhe und sucht hiefür noch einmal die Refraction, indem man zugleich auf den Stand der meteorologischen Instrumente Rücksicht nimmt. Dann erhält man $r = 9'\ 3''.2$, also wird die scheinbare Höhe des Mondes:

$$H' = 4^\circ\ 54'\ 26''.2$$

Für die Sonne wird:

$$h' = 77^\circ\ 44'\ 6''.5$$

Aus der Horizontalparallaxe findet man durch Multiplication mit 0.2725 den Horizontalhalbmesser des Mondes:

$$r = 15'\ 28''.8$$

und hiermit den durch die Parallaxe vergröſserten Halbmesser:

$$r' = 15'\ 30''.1$$

Die Verkleinerung des verticalen Halbmessers durch die Refraction beträgt $26''.0$, der Winkel π ist $5^\circ\ 48'$ also wird der Halbmesser des Mondes in der Richtung der gemessenen Distanz:

$$r' = 15'\ 4''.6$$

und da der Halbmesser der Sonne 15′ 47″. 0 war, so ist die scheinbare Distanz der Mittelpuncte der Sonne und des Mondes:

$$\Delta' = 97^\circ\, 18'\, 1''.6$$

Nach den Formeln (A), (B) und (C) erhält man ferner:

$$\begin{aligned} \log C &= 0.000463 \\ d &= 72^\circ\ \ 1'\ 58'' \\ d' &= 72\ \ 49\ \ 40 \\ d'' &= 72\ \ 50\ \ 48 \\ \Delta'' &= 97\ \ 17\ \ 33 \end{aligned}$$

und endlich durch eine doppelte Berechnung von x nach den Formeln (D) und (E) die wahre Distanz der Mittelpuncte der Sonne und des Mondes:

$$\Delta = 96^\circ\, 30'\, 39''$$

Für die wahren Greenwicher Zeiten 12^h, 13^h etc. sind nun aber die wahren Distanzen der Mittelpuncte beider Gestirne:

12^h	97° 43′ 0″.4
13^h	13 4 .5
14^h	96 43 6 .5
15^h	13 6 .2

also ist die wahre Greenwicher Zeit, welche der Distanz 96° 30′ 39″ entspricht, 14^h 24′ 55″.2. Da nun die wahre Ortszeit der Beobachtung 23^h 8′ 45″.0 war, so ist der Längenunterschied von Greenwich:

$$= 8^h\, 43'\, 49''\, 8$$

Der hier gefundene Meridianunterschied ist so nahe gleich dem vorher angenommenen, dafs aus der Berechnung der Oerter der Sonne und des Mondes für die nach letzterem gefundene Greenwicher Zeit, nur ein kleiner Fehler entstehen kann. Wäre der Unterschied bedeutend gewesen, so hätte man die Rechnung wiederholen müssen, indem man die Oerter von Sonne nnd Mond jetzt für die Greenwicher Zeit $14^h\, 24'\, 55''$ berechnet hätte.

Bessel hat in Nr. 220 der astronomischen Nachrichten*) eine andere Methode bekannt gemacht, durch welche man die Länge aus beobachteten Monddistanzen mit grofser Genauigkeit finden kann. Da man sich aber zur See immer der vorigen oder wenigstens einer ganz ähnlichen Methode bedient, auf dem Lande aber die Länge immer durch andre eine gröfsere Genauigkeit gewährende Mittel bestimmt werden kann, so ist es nicht weiter nöthig, die Besselsche Methode hier näher auseinander zu setzen.

33. Ein vorzügliches Mittel zur Längenbestimmung gewährt die Beobachtung der Culmination des Mondes an verschiedenen Orten. Wegen der schnellen Bewegung des Mondes ist nämlich die Sternzeit der Culmination des Mondes für einen jeden Ort der Erdoberfläche eine andre. Kennt man daher die Geschwindigkeit, mit welcher die Rectascension sich ändert, so kann man aus dem Unterschiede der Sternzeiten der Culmination an verschiedenen Orten deren Längenunterschied finden. Da die Beobachtungen im Meridiane angestellt werden, so gewährt diese Methode noch den Vortheil, dafs weder die Parallaxe noch die Refraction einen Einflufs darauf haben. Um nun auch von den Fehlern der Instrumente unabhängiger zu sein, beobachtet man an beiden Orten nicht die Sternzeit der Culmination selbst, sondern den Unterschied der Sternzeiten der Culmination des Mondes mit denen einiger seinem Parallele nahe stehender Sterne, welche in den astronomischen Ephemeriden schon im voraus angegeben werden, damit die Beobachter an den verschiedenen Orten auch dieselben Sterne wählen.

---

*) Diesem Aufsatze von Bessel ist auch das eben gegebene Beispiel entnommen.

Diese Methode zur Längenbestimmung wurde schon im vorigen Jahrhundert von Pigott vorgeschlagen, indessen hat erst die feinere Beobachtungskunst der neueren Zeit den dadurch gewonnenen Resultaten die nöthige Sicherheit gegeben.

Für irgend einen ersten Meridian seien für die Zeit T die Rectascension des Mondes gleich α, und deren Differentialquotienten $\frac{d\alpha}{dt}$, $\frac{d^2\alpha}{dt^2}$ etc. berechnet. An einem Orte, dessen östliche Länge d ist, sei dann zu einer Zeit, die der Zeit, $T + t$ des ersten Meridians entspricht, also zur Ortszeit $T + t + d$ die Culmination des Mondes beobachtet. Dann wird zu dieser Zeit die Rectascension des Mondes gleich:

$$\alpha + t \,.\, \frac{d\alpha}{dt} + \tfrac{1}{2}\, t^2 \frac{d^2\alpha}{dt^2} + \tfrac{1}{6}\, t^3 \frac{d^3\alpha}{dt^3} +$$

gewesen sein. Ist dann ebenso an einem andern Orte, dessen östliche Länge d' ist, die Culmination des Mondes zur Zeit $T + t'$ des ersten Meridians, also zur Ortszeit $T + t' + d'$ beobachtet, so gehört zu dieser Zeit die Rectascension:

$$\alpha + t' \frac{d\alpha}{dt} + \tfrac{1}{2}\, t'^2 \frac{d^2\alpha}{dt^2} + \tfrac{1}{6}\, t'^3 \frac{d^3\alpha}{dt^3} +$$

Da nun die Beobachtungen im Meridiane angestellt sind, so sind die Sternzeiten der Beobachtungen gleich der wahren Rectascension des Mondes. Nimmt man also an, daſs die Tafeln, aus denen man die Werthe von α und deren Differentialquotienten entnommen hat, die Rectascension des Mondes um die Gröſse $\Delta\alpha$ zu klein geben, so wird man, wenn man:

$$T + t + d = \Theta$$

und:

$$T + t' + d' = \Theta'$$

setzt, die folgenden Gleichungen haben:

$$\Theta = \alpha + \Delta\alpha + t \,.\, \frac{d\alpha}{dt} + \tfrac{1}{2}\, t^2 \frac{d^2\alpha}{dt^2} + \tfrac{1}{6}\, t^3 \frac{d^3\alpha}{dt^3} +$$

$$\Theta' = \alpha + \Delta\alpha + t' \frac{d\alpha}{dt} + \tfrac{1}{2}\, t'^2 \frac{d^2\alpha}{dt^2} + \tfrac{1}{6}\, t'^3 \frac{d^3\alpha}{dt^3} +$$

mithin:

$$\Theta' - \Theta = (t'-t)\,\frac{d\alpha}{dt} + \tfrac{1}{2}(t'^2-t^2)\,\frac{d^2\alpha}{dt^2} + \qquad (a)$$

Da nun aber auch:

$$d' - d = (\Theta'-\Theta) - (t'-t) \qquad (b)$$

so hat man also, um $d'-d$ berechnen zu können, nur noch $t'-t$ aus der Gleichung (a) zu bestimmen. Diese Gleichung ist nun keine reine Function von $t'-t$, indem sie auch t'^2-t^2 enthält, sie kann aber durch eine geschickte Wahl von T in eine solche verwandelt werden. Führt man nämlich statt der Zeit T das arithmetische Mittel der Zeiten $T+t$ und $T+t'$ d. h. die Zeit $T + \frac{1}{2}(t+t') = T'$ ein, so hat man statt der Zeiten $T+t$ und $T+t'$ jetzt respective $T' - \frac{1}{2}(t'-t)$ und $T' + \frac{1}{2}(t'-t)$ zu setzen. Nimmt man daher an, daſs α und die Differentialquotienten $\frac{d\alpha}{dt}$ etc. zur Zeit T' gehören, so erhält man die Gleichungen:

$$\Theta = \alpha + \Delta\alpha - \tfrac{1}{2}(t'-t)\,\frac{d\alpha}{dt} + \tfrac{1}{8}(t'-t)^2\,\frac{d^2\alpha}{dt^2} - \tfrac{1}{48}(t'-t)^3\,\frac{d^3\alpha}{dt^3}$$

$$\Theta' = \alpha + \Delta\alpha + \tfrac{1}{2}(t'-t)\,\frac{d\alpha}{dt} + \tfrac{1}{8}(t'-t)^2\,\frac{d^2\alpha}{dt^2} + \tfrac{1}{48}(t'-t)^3\,\frac{d^3\alpha}{dt^3}$$

mithin auch:

$$\Theta' - \Theta = (t'-t)\,\frac{d\alpha}{dt} + \tfrac{1}{24}(t'-t)^3\,\frac{d^3\alpha}{dt^3}$$

und, wenn man die letztere Gleichung so auflöſst, daſs man zuerst das zweite Glied der rechten Seite vernachlässigt, nachher aber den so gefundenen Werth von $t'-t$ in dies Glied substituirt:

$$t' - t = \frac{\Theta'-\Theta}{\frac{d\alpha}{dt}} - \frac{1}{24}\left(\frac{\Theta'-\Theta}{\frac{d\alpha}{dt}}\right)^3 \frac{d^3\alpha}{dt^3} \qquad (c)$$

Ist die Meridiandifferenz der beiden Orte nicht gröſser

als zwei Stunden, so ist das letzte Glied so klein, daſs man es ganz vernachlässigen kann.

Damit ist nun das Problem gelöst, doch sind für die practische Anwendung noch einige Berücksichtigungen nöthig. Man sieht übrigens, daſs die Auflösung wieder eine indirecte ist, weil die Bestimmung der Zeit T' schon eine genäherte Kenntniſs des Meridianunterschiedes erfordert.

Es seien nun Θ und Θ' in Sternzeit gegeben und der Unterschied $\Theta'-\Theta$ in Sternzeitsecunden ausgedrückt. Soll dann $t'-t$ ebenfalls in Secunden gefunden werden, so muſs $\frac{d\alpha}{dt}$ die Bewegung des Mondes während einer Zeitsecunde ausdrücken. Nennt man also h die Aenderung der Rectascension des Mondes im Bogen während einer Stunde Sternzeit, so ist:

$$\frac{d\alpha}{dt} = \frac{1}{15} \quad \frac{h}{3600}$$

In den Ephemeriden sind aber die Oerter des Mondes nicht für Sternzeit, sondern für mittlere Zeit angegeben; man wird also daraus die Bewegung des Mondes während einer Stunde mittlerer Zeit entnehmen. Da nun aber 366.24222 Sterntage gleich 365.24222 mittleren Tagen sind, also:

$$\text{ein Sterntag} = 0.9972693 \text{ mittleren Tagen}$$

ist, so erhält man, wenn h' die Bewegung des Mondes in Rectascension in einer Stunde mittlerer Zeit bedeutet:

$$\frac{d\alpha}{dt} = \frac{1}{15} \quad \frac{0.9972693}{3600} \; h' \qquad (d)$$

mithin:

$$t'-t = \frac{15 \times 3600}{0.9972693} \quad \frac{\Theta'-\Theta}{h'}$$

oder nach der Gleichung (b):

$$d'-d = (\Theta'-\Theta)\left(1 - \frac{15 \times 3600}{0.9972693\, h'}\right)$$

Beim Monde ist nun das zweite Glied in der Klammer immer gröfser als eins; schreibt man also:

$$d-d' = (\Theta'-\Theta)\left(\frac{15 \times 3600}{0.9972693\, h'} - 1\right) \qquad (e)$$

so ist, wenn $d-d'$ positiv und Θ die Zeit der Beobachtung an dem Orte ist, wo der Mond früher culminirte, der Ort, dessen Länge vom ersten Meridian d ist, der östlichere.

Man beobachtet nun niemals die Culmination des Mittelpuncts des Monds, dessen Ort in den Tafeln angegeben ist, sondern einen Rand; man mufs daher aus der Beobachtungszeit die Culminationszeit des Mittelpunctes berechnen. In Nr. 16 des sechsten Abschnitts wird man die Art und Weise der Reduction der im Meridian angestellten Beobachtungen des Mondes kennen lernen. Hier wird indessen das Folgende genügen. Der erste Rand heifst derjenige, welcher zuerst in den Meridian kommt, dessen Rectascension also kleiner ist als die des Mittelpuncts des Mondes. Um daher die Rectascension des Mittelpuncts zu erhalten, wird man, wenn der erste Rand beobachtet ist, zu der Beobachtungszeit eine Gröfse hinzuzufügen haben, dagegen wird man dieselbe Gröfse von der Beobachtungszeit abziehen müssen, wenn der zweite oder folgende Rand beobachtet ist. Diese Gröfse wird aber gleich sein der Zeit, welche der Halbmesser des Mondes braucht, um durch den Meridian zu gehen d. h. gleich dem dem Halbmesser entsprechenden Stundenwinkel. Denkt man sich nun das rechtwinklige Dreieck, dessen eine Ecke der Pol, die andre der im Meridiane befindliche Mondrand, die dritte der von der Parallaxe befreite Ort des Mittelpuncts des Mondes ist und bezeichnet die geocentrische Declination und den geocentrischen Halbmesser des Mondes durch δ und R, den Stundenwinkel des Mittelpuncts durch τ, so ist:

$$\sin\tau = \frac{\sin R}{\cos\delta}$$

oder:

$$\tau = \frac{1}{15}\,\frac{R}{\cos\delta}$$

wenn man τ gleich in Zeit erhalten will. Da nun aber die Rectascension des Mondes fortwährend wächst, so wird die Zeit, welche der Mond gebraucht, um den Stundenwinkel τ zu durchlaufen, gleich $\frac{\tau}{1-\lambda}$ sein, wenn λ die Zunahme der Rectascension in einer Zeitsecunde oder den durch die Gleichung (d) gefundenen Werth von $\frac{d\alpha}{dt}$ bedeutet. Da ferner auch δ und R mit der Zeit veränderlich sind, so hat man, wenn ϑ und ϑ' die Zeiten bedeuten, zu denen der Rand des Mondes im Meridiane beobachtet ist:

$$\Theta' - \Theta = \vartheta' - \vartheta \pm \left(\frac{R'}{\cos\delta'} - \frac{R}{\cos\delta}\right)\frac{1}{1-\lambda}$$

mithin nach Gleichung (e):

$$\lambda = \frac{0.9972693\,h'}{3600}$$

$$d - d' = \left[\vartheta' - \vartheta \pm \left(\frac{R'}{\cos\delta'} - \frac{R}{\cos\delta}\right)\frac{1}{1-\lambda}\right]\left(\frac{1}{\lambda} - 1\right) \qquad (A)$$

wo h' die Bewegung des Mondes in Rectascension in Zeit während einer mittleren Stunde ist und wo das obere oder untere Zeichen gilt, je nachdem der erste oder zweite Rand beobachtet ist.

Stände nun das Instrument, an welchem man die Culmination des Mondes an dem einen Orte beobachtet, nicht genau im Meridiane, so würde man also den Mond daselbst in einem Stundenwinkel beobachten und würde daher, wenn dieser gleich s ist, den Längenunterschied der beiden Orte um die Gröfse:

$$s\left(\frac{15 \times 3600}{0.9972693\, h'} - 1\right)$$

fehlerhaft finden. Für Reisende, für welche es immer Schwierigkeit hat, ein Instrument ganz genau in den Meridian zu bringen, würde also diese Methode nicht gut anwendbar sein, zumal da dieselbe auch eine sehr genaue Zeitbestimmung voraussetzen würde. Man vermeidet aber diese Fehler, wenn man solche Sterne mit dem Monde vergleicht, welche in dem Parallel desselben liegen, weil dann die Fehler des Instruments auf die Beobachtungen des Monds und Sterns denselben Einflufs haben. Beobachtet man also an beiden Orten statt der Rectascension des Mondes blos den Unterschied der Rectascensionen des Mondes und des Sterns, also die Zeit, welche zwischen den Durchgängen beider Gestirne verfliefst, so ist dieser Unterschied von den Fehlern des Instruments ganz unabhängig. Da man aber doch den Rectascensionsunterschied nicht für die Zeit der Culmination des Mondes beobachtet hat, sondern für die Zeit, wo derselbe in dem Stundenwinkel s stand, wo derselbe also durch den Meridian eines Ortes ging, dessen Längenunterschied von dem Beobachtungsorte gleich s ist, so erhält man den gesuchten Meridianunterschied der beiden Orte um die Gröfse s fehlerhaft. Man mufs daher zu dem gefundenen Längenunterschied noch den absoluten Werth des Stundenwinkels, in welchem man Mond und Stern beobachtet hat, mit positivem oder negativem Zeichen hinzulegen, je nachdem der Meridian des Instruments zwischen oder aufser denen der Orte liegt *). Wie man aber den

*) Man kann auch zu dem beobachteten Rectascensionsunterschiede des Mondes und Sterns die Gröfse:

$$\pm \frac{s\lambda}{1-\lambda}$$

hinzulegen.

also:

$$h' = 2' \, 9''.82$$

Hiermit erhält man dann nach Formel (e):

$$d - d' = + \, 12' \, 52''.83$$

Um so viel liegt also Hamburg östlicher als Bilk. *)

Anm. Da h ungefähr gleich $30'$ ist, so wird der Coefficient von $\vartheta' - \vartheta$ in der Gleichung (A) etwa 29. Die Beobachtungsfehler werden daher in dem Längenunterschiede etwa 29 mal vergrößert erscheinen, sodaß ein Fehler von $0''.2$ in $\Theta' - \Theta$ einen Fehler von etwa $6''$ in der Länge erzeugt.

---

*) Sind für beide Orte die Beobachtungszeiten eines Randes angegeben, so rechnet man bequemer nach Formel (A).

FÜNFTER ABSCHNITT.

Bestimmung der in der sphärischen Astronomie vorkommenden Constanten durch die Beobachtungen

In den vorigen Abschnitten sind die numerischen Werthe verschiedener Constanten angewandt, ohne daſs angegeben war, auf welche Weise diese Werthe aus den Beobachtungen hergeleitet sind. Es waren dies einmal die Constanten, welche sich auf die Gröſse und Gestalt der Erde beziehen und die Winkel, unter denen der Halbmesser der Erde von den verschiedenen Gestirnen aus erscheint, oder die Horizontalparallaxen der Gestirne, dann die Constanten, welche die Gröſse der Brechung der Lichtstrahlen in unserer Atmosphäre und die Geschwindigkeit des Lichts bestimmen, d. h. die Constanten der Refraction und Aberration, endlich die Constanten, welche sich auf die Lage der Axe der Erde gegen die Ebene der Ecliptic beziehen, oder die Constanten der Präcession und Nutation. Es ist nun also noch zu zeigen, durch welche Methoden die Werthe dieser Constanten aus den Beobachtungen bestimmt worden sind.

I. Bestimmung der Gestalt und Gröſse der Erde.

1. Die Gestalt der Erde ist, wie sowohl die Theorie zeigt als auch wirkliche Messungen ergeben haben, die eines an den Polen abgeplatteten Sphäroids, d. h. eines solchen, welches durch die Umdrehung einer Ellipse um ihre kleine Axe entsteht. Freilich könnte dies nur dann in aller Strenge der Fall sein, wenn die Erde ein flüssiger Körper wäre, das abgeplattete Sphäroid ist aber diejenige geometrische krumme Fläche, welche der wahren Gestalt der Oberfläche der Erde am nächsten kommt.

Die Dimensionen dieses Sphäroids werden durch Gradmessungen bestimmt, ein Verfahren, bei welchem man durch geodätische Operationen die Länge eines Gradbogens mifst und zugleich durch die Beobachtung der Polhöhen der Anfangs- und Endstation des gemessenen Bogens seine Gröfse in Graden bestimmt. Diese Methode ist schon sehr alt und schon Eratosthenes (etwa 300 v. Ch.) bediente sich derselben, um dadurch den Umfang der von ihm als kugelförmig betrachteten Erde zu bestimmen. Eratosthenes bemerkte nämlich, dafs die Städte Alexandrien und Syene in Aegypten nahe unter demselben Meridiane lagen. Ferner wufste er, dafs am Tage des Sommersolstitiums die Körper zu Syene keinen Schatten warfen und schlofs daraus, dafs dieser Ort unterm nördlichen Wendekreise lag. Er mafs daher an diesem Tage die Entfernung der Sonne vom Zenith von Alexandrien und fand dafür $7^0\ 12'$. Der Bogen des Meridians zwischen Syene und Alexandrien betrug daher ebenfalls $7^0\ 12'$ oder den funfzigsten Theil des Umfangs der Erde. Da nun Eratosthenes durch die Vermessungen der Aegyptischen Ländereien wufste, dafs die Entfernung der beiden Orte 5000 Stadien betrug, so fand er für den Umfang der Erde 250000 Stadien. Diese Bestimmung mufste nun aus verschiedenen Ursachen fehlerhaft sein. Einmal liegen nämlich die beiden Städte nicht unter demselben Meridian, sondern Syene etwa 3^0 östlicher als Alexandrien. Ferner liegt Syene nicht unter dem nördlichen Wendekreise, da die Polhöhe dieses Orts nach neueren Bestimmungen $24^0\ 8'$ ist, während die Schiefe der Ecliptic zu Eratosthenes Zeiten $23^0\ 44'$ betrug. Endlich war auch die Breite von Alexandrien und die Entfernung der beiden Orte von einander fehlerhaft bestimmt. Eratosthenes hat aber das Verdienst, die Messung der Erde zuerst versucht zu haben und zwar nach einer Methode, deren man sich noch jetzt zu diesem Zwecke bedient.

Nachdem Newton durch theoretische Betrachtungen gefunden hatte, dafs die Gestalt der Erde nicht kugelförmig, sondern sphäroidisch sei, reichte es nicht mehr hin, zur Bestimmung der Dimensionen der Erde eine Gradmessung an einem Orte anzustellen, sondern es mufsten dazu zwei Gradmessungen an zwei verschiedenen Orten der Erdoberfläche unter möglichst verschiedenen Polhöhen mit einander verbunden werden, um mit der Gröfse auch zugleich die Abplattung der Erde bestimmen zu können.

In Nr. 2 des zweiten Abschnitts waren nun für die Coordinaten eines Punctes auf der Erdoberfläche, bezogen auf ein in der Ebene des Meridians liegendes Axensystem, dessen Anfangspunct im Mittelpuncte der Erde und dessen Axen der x und y respective dem Aequator und der kleinen Axe parallel angenommen werden, die folgenden Ausdrücke gefunden:

$$x = \frac{a \cos \varphi}{\sqrt{1 - \varepsilon^2 \sin \varphi^2}}$$

$$y = \frac{a \sin \varphi \, (1 - \varepsilon^2)}{\sqrt{1 - \varepsilon^2 \sin \varphi^2}}$$

wo a und ε die halbe grofse Axe und Excentricität der Meridianellipse, φ die Polhöhe des Ortes der Oberfläche bezeichnen.

Ferner ist der Krümmungshalbmesser für einen Punct einer Ellipse, dessen Abscisse x ist:

$$r = \frac{(a^2 - \varepsilon^2 x^2)^{\frac{3}{2}}}{a b}$$

wo b die halbe kleine Axe bedeutet, oder, wenn man für x seinen eben gegebenen Werth setzt:

$$= \frac{a\,(1 - \varepsilon^2)}{(1 - \varepsilon^2 \sin \varphi^2)^{\frac{3}{2}}}$$

Ist daher G die Länge eines Meridiangrades in irgend einem Längenmaafse ausgedrückt und φ die Polhöhe seiner Mitte, so ist:

$$G = \frac{\pi\, a\,(1 - \varepsilon^2)}{180\,(1 - \varepsilon^2 \sin \varphi^2)^{\frac{3}{2}}}$$

wo π das Verhältnifs des Kreisumfangs zum Durchmesser $= 3.1415927$ ist. Hat man nun einen zweiten Meridiangrad G' gemessen und ist wieder φ' die Polhöhe seiner Mitte, sodafs man die Gleichung hat:

$$G' = \frac{\pi a \, (1 - \varepsilon^2)}{180 \, (1 - \varepsilon^2 \sin \varphi'^2)^{\frac{3}{2}}}$$

so findet man die Excentricität der Ellipse aus der Formel:

$$\varepsilon^2 = \frac{1 - \left(\frac{G}{G'}\right)^{\frac{2}{3}}}{\sin \varphi'^2 - \left(\frac{G}{G'}\right)^{\frac{2}{3}} \sin \varphi^2}$$

und, nachdem man diese kennt, aus einer der beiden Formeln für G oder G' auch die halbe grofse Axe der Erde.

Beispiel. Die Entfernung der Parallelen von Tarqui und Cotschesqui in Peru wurde von Bouguer und Condamine gemessen und dieselbe gleich 176875.5 Toisen gefunden. Die Polhöhen der beiden Orte wurden zu

$$-\;3^\circ\; 4'\; 32''.068$$

und:

$$+\;0^\circ\; 2'\; 31''.387$$

bestimmt.

Ferner fand Swanberg die Entfernung der Parallelen der beiden Orte Malörn und Pahtawara in Lappland gleich 92777.981 Toisen und deren Polhöhen gleich

$$65^\circ\; 31'\; 30''.265$$

und:

$$67^\circ\; 8'\; 49''.830$$

Aus der Gradmessung in Peru ergiebt sich für die Länge eines Grades unter der Polhöhe:

$$\varphi = -\;1^\circ\; 31'\; 0''.34$$
$$G = 56733.87 \text{ Toisen.}$$

und aus der Gradmessung in Lappland die Länge eines Grades unter der Polhöhe:

$$\varphi' = 66^\circ\; 20'\; 10''.05$$
$$G' = 57196.15 \text{ Toisen.}$$

Nach den vorher gegebenen Formeln erhält man hieraus:

$$\varepsilon^2 = 0.00643757$$
$$a = 3271651 \text{ Toisen.}$$

und da die Abplattung α der Erde gleich $1 - \sqrt{1-\varepsilon^2}$ ist:

$$\alpha = \frac{1}{310.14}$$

Solcher Gradmessungen sind nun mehrere an verschiedenen Orten der Erde mit der gröfsten Sorgfalt angestellt worden. Da man aber aus der Combination je zweier derselben für die Dimensionen der Erde immer verschiedene Werthe erhält, woran zum Theil die Beobachtungsfehler, hauptsächlich aber die Abweichungen der Erdoberfläche von der wahren sphäroidischen Gestalt Schuld sind, so mufs man aus allen diesen einzelnen Bestimmungen dasjenige Resultat suchen, welches sich an alle verschiedenen Gradmessungen am genauesten anschliefst.

2. Die Länge s des Bogens einer Curve wird gefunden durch die Formel:

$$s = \int \sqrt{1 + \frac{dy^2}{dx^2}}\; dx$$

Differenzirt man nun die in der vorigen Nummer gegebenen Ausdrücke für x und y nach φ und substituirt die Werthe von dx und dy in die Formel für s, so erhält man für die Länge eines Bogens eines elliptischen Erdmeridians vom Aequator bis zu einem Orte, dessen Polhöhe φ ist:

$$s = a\,(1-\varepsilon^2) \int \frac{d\varphi}{(1-\varepsilon^2 \sin\varphi^2)^{\frac{3}{2}}}$$

Entwickelt man den Ausdruck unter dem Integralzeichen in eine Reihe, so findet man:

$$[1-\varepsilon^2 \sin\varphi^2]^{-\frac{3}{2}} = 1 + \tfrac{3}{2}\,\varepsilon^2 \sin\varphi^2 + \frac{\frac{3}{2}\cdot\frac{5}{2}}{1\,.\,2}\,\varepsilon^4 \sin\varphi^4 + \frac{\frac{3}{2}\cdot\frac{5}{2}\cdot\frac{7}{2}}{1\,.\,2\,.\,3}\,\varepsilon^6 \sin\varphi^6$$

und hieraus, wenn man statt der Potenzen von $\sin\varphi$ die Cosinus der vielfachen Winkel einführt und die einzelnen Glieder nach der Formel:

$$\int \cos\lambda x\, dx = \frac{1}{\lambda} \sin\lambda x\, dx$$

integrirt:

$$s = a(1-\varepsilon^2)\,E\,[\varphi - \alpha \sin 2\varphi + \beta \sin 4\varphi \text{ etc.}]$$

wo:

$$E = 1 + \frac{3}{4}\varepsilon^2 + \frac{45}{64}\varepsilon^4 + \frac{175}{256}\varepsilon^6 +$$

$$E\alpha = \frac{3}{8}\varepsilon^2 + \frac{15}{32}\varepsilon^4 + \frac{525}{1024}\varepsilon^6 +$$

$$E\beta = \frac{15}{256}\varepsilon^4 + \frac{105}{1024}\varepsilon^6 +$$

Setzt man hier $\varphi = 180^0$, so erhält man, wenn man die mittlere Länge eines Meridiangrades mit g bezeichnet:

$$180\,g = a(1-\varepsilon^2)\,E\,.\,\pi$$

also auch:

$$s = \frac{180g}{\pi}\,[\varphi - \alpha \sin 2\varphi + \beta \sin 4\varphi - \ldots]$$

Die Entfernung der den Polhöhen φ und φ' entsprechenden Parallelkreise wird daher:

$$s' - s = \frac{180g}{\pi}\,[\varphi' - \varphi - 2\alpha \sin(\varphi'-\varphi)\cos(\varphi'+\varphi)$$
$$+ 2\beta \sin 2(\varphi'-\varphi)\cos 2(\varphi'+\varphi)]$$

oder, wenn man den gemessenen Bogen $\varphi'-\varphi = l$ und die Summe der Polhöhen $\varphi'+\varphi = 2L$ setzt, l in Secunden ausdrückt und unter w die Zahl 206264.8 versteht:

$$\frac{3600}{g}(s'-s) = l - 2w\alpha \sin l \cos 2L + 2w\beta \sin 2l \cos 4L.$$

Setzt man nun hier für l den beobachteten Werth der Differenz der Polhöhen und für $s'-s$ die gemessene Länge des Meridianbogens, so würde diese Gleichung nur erfüllt werden, wenn man für g und ε, also für g, α und β diejenigen Werthe nimmt, welche grade dieser Messung entsprechen. Nimmt man nun aber dafür diejenigen Werthe, welche sich aus allen Gradmessungen ergeben, so wird man, wenn die Gleichung erfüllt werden soll, den beobachteten Polhöhen kleine Correctionen hinzufügen müssen. Schreibt man also $\varphi + x$ und $\varphi' + x'$ statt φ und φ', wo x und x' kleine Gröſsen sind, deren Quadrate und Producte vernachläſsigt werden können, so erhält man, wenn man auch den Einfluſs dieser Aenderungen auf L unberücksichtigt läſst:

$$\frac{3600}{g}(s'-s) = l - 2w\alpha \sin l \cos 2L + 2w\beta \sin 2l \cos 4L + (x'-x)\varrho$$

wo:

$$\varrho = 1 - 2\alpha \cos l \cos 2L + 4\beta \cos 2l \cos 4L$$

man hat also auch:

$$x'-x = \frac{1}{\varrho}\left(\frac{3600}{g}(s'-s) - (l - 2w\alpha \sin l \cos 2L + 2w\beta \sin 2l \cos 4L)\right)$$

Eine jede Beobachtung der Polhöhen zweier Orte auf der Oberfläche der Erde und der Messung der Entfernung ihrer Parallelen giebt also für die an die beobachteten Polhöhen anzubringende Verbesserungen eine solche Gleichung. Hat man nun die Resultate mehrerer Gradmessungen, sodaſs man mehr solcher Gleichungen als unbekannte Gröſsen hat, so muſs man, wie die Wahrscheinlichkeitsrechnung lehrt, die Werthe der Unbekannten g und ε so bestimmen, daſs die Summe der Quadrate der übrig bleibenden Fehler $x'-x$ etc. ein Minimum wird. Nimmt man nun g_0 und α_0 als Näherungswerthe von g und α an und setzt:

$$g = \frac{g_0}{1+i} \text{ und } \alpha = \alpha_0(1+k)$$

und vernachläſsigt wieder die Quadrate und Producte von i und k, so erhält man:

$$x'-x = \frac{1}{\varrho}\left(\frac{3600}{g_0}(s'-s) - l\right) + \frac{2w}{\varrho}[\alpha_0 \sin l \cos 2L - \beta_0 \sin 2l \cos 4L]$$
$$+\frac{1}{\varrho}\;\frac{3600}{g_0}(s'-s)i + \frac{2w}{\varrho}\left[\alpha_0 \sin l \cos 2L - \alpha_0 \frac{d\beta_0}{d\alpha_0} \sin 2l \cos 4L\right]k$$

Hier bezeichnet β_0 den Werth, in welchen β übergeht, wenn man für α den Näherungswerth α_0 setzt. Um diesen ebenso wie den Differentialquotienten $\frac{d\beta_0}{d\alpha_0}$ zu erhalten, muſs man β durch α ausdrücken.

Es war aber:

$$\alpha = \frac{\frac{3}{8}\varepsilon^2 + \frac{15}{32}\varepsilon^4 + \frac{525}{1024}\varepsilon^6 +}{1 + \frac{3}{4}\varepsilon^2 + \frac{45}{64}\varepsilon^4 + \frac{1}{256}\varepsilon^6}$$

$$= \frac{3}{8}\varepsilon^2 + \frac{3}{16}\varepsilon^4 + \frac{111}{1024}\varepsilon^6$$

Ebenso ist:

$$\beta = \frac{15}{256}\varepsilon^4 + \frac{15}{256}\varepsilon^6$$

Kehrt man nun die Reihe für α um, so erhält man:

$$\varepsilon^2 = \frac{8}{3}\alpha - \frac{32}{9}\alpha^2 + 4\alpha^3$$

und, wenn man dies in den Ausdruck für β einführt:

$$\beta = \frac{5}{12}\alpha^2 + \frac{35}{108}\alpha^4$$

also auch:

$$\alpha\frac{d\beta}{d\alpha} = \frac{5}{6}\alpha^2 + \frac{35}{27}\alpha^4$$

Setzt man daher:

$$n = \frac{1}{\varrho}\left(\frac{3600}{g_0}(s'-s) - l\right)$$

$$+ \frac{2w}{\varrho}\left[\alpha_0 \sin l \cos 2L - \left(\frac{5}{12}\alpha_0^2 + \frac{35}{108}\alpha_0^4\right)\sin 2l \cos 4L\right]$$

$$(A) \qquad a = \frac{1}{\varrho}\frac{3600}{g_0}(s'-s)$$

und:

$$b = \frac{2w}{\varrho}\left[\alpha_0 \sin l \cos 2L - \left(\frac{5}{6}\alpha_0^2 + \frac{35}{27}\alpha^4\right)\sin 2l \cos 4L\right]$$

so erhält man die Gleichung:

$$(B) \qquad x'-x = n + ai + bk$$

und eine ähnliche Gleichung giebt die Verbindung des südlichsten Punctes einer Gradmessung mit einem jeden nördlicheren Puncte.

Die Summe der Quadrate der Verbesserungen, welche man an alle Polhöhen einer Gradmessung anzubringen hätte, ist also:

$$x^2 + [n + ai + bk + x]^2 + [n' + a'i + b'k + x]^2 + \ldots..$$

Soll nun hier x einen solchen Werth erhalten, daſs die Summe der Quadrate ein Minimum wird, so muſs:

$$x + [n + ai + bk + x]\frac{dx'}{dx} + [n' + a'i + b'k + x]\frac{dx''}{dx} + \qquad = 0$$

sein, oder da:

$$\frac{dx'}{dx} = \frac{dx''}{dx} \text{ etc.} = 1$$

ist, so muſs:

$$\mu x + [n] + [a]i + [b]k = 0$$

sein, wo μ die Anzahl der beobachteten Polhöhen und $[n]$, $[a]$ und $[b]$ die Summen aller einzelnen n, a und b bezeichnen.

Sollen dann ferner i und k solche Werthe erhalten, daſs dadurch die Summe der Quadrate der Fehler ein Minimum wird, so muſs:

$$[n + ai + bk + x]\frac{dx'}{di} + [n' + a'i + b'k + x]\frac{dx''}{di} + \ldots = 0$$

und:

$$[n + ai + bk + x]\frac{dx'}{dk} + [n' + a'i + b'k + x]\frac{dx''}{di} + \ldots = 0$$

sein, oder da:

$$\frac{dx'}{di} = \frac{dx''}{di} = \text{etc.} = a$$

und:

$$\frac{dx'}{dk} = \frac{dx''}{dk} \text{ etc.} = b$$

ist, so mus:

$$[an] + [aa]i + [ab]k + [a]x = 0$$

und:

$$[bn] + [ab]i + [bb]k + [b]x = 0$$

sein, wo wieder die Gröfsen $[an]$, $[aa]$ etc. die Summen aller einzelnen an, aa etc. bedeuten. Eliminirt man hier x durch die vorher gefundene Gleichung, so erhält man:

$$[an] - \frac{[a][n]}{\mu} + \left\{[aa] - \frac{[a][a]}{\mu}\right\} i + \left\{[ab] - \frac{[a][b]}{\mu}\right\} k = 0$$

und:

$$[bn] - \frac{[b][n]}{\mu} + \left\{[ab] - \frac{[a][b]}{\mu}\right\} i + \left\{[bb] - \frac{[b][b]}{\mu}\right\} k = 0$$

Jede Gradmessung liefert nun zwei solcher Gleichungen. Addirt man die entsprechenden Gleichungen zusammen und bezeichnet man die Summe aller Gröfsen:

$$[an] - \frac{[a][n]}{\mu} \text{ mit } (an_{,})$$

und ähnlich die übrigen Summen, so erhält man zur Bestimmung von i und k aus allen Gradmessungen die beiden folgenden Gleichungen:

$$0 = (an_{,}) + (aa_{,})\,i + (ab_{,})\,k$$
$$0 = (bn_{,}) + (ab_{,})\,i + (bb_{,})\,k$$

Multiplicirt man die erste Gleichung mit $\frac{(ab_{,})}{(aa_{,})}$ und zieht dieselbe dann von der zweiten Gleichung ab, so hat man:

$$(C)\quad 0 = (bn_{,}) - \frac{(an_{,})\,(ab_{,})}{(aa_{,})} + \left\{(bb_{,}) - \frac{(ab_{,})^2}{(aa_{,})^2}\right\} k$$

woraus man k findet, während dann eine der ersteren Gleichungen mit diesem Werthe von k den Werth von i ergiebt.

Als Beispiel sollen die folgenden Gradmessungen berechnet werden.

1) Gradmessung in Peru.

	Polhöhe	l	
Tarqui	− 3° 4′ 32″.068		Entfernung der Parallele
Cotchesqui	+ 0 2 31 .387	3° 7′ 3″.45	176875.5 Toisen

2) Gradmessung in Ostindien.

	Polhöhe	l	Entfernung der Parallele
Trivandeporum	+ 11° 44′ 52″.59		
Paudru	13 19 49 .02	1° 34′ 56.43	89813.010

3) Gradmessung in Preufsen.

Trunz	54° 13′ 11″.47		
Königsberg	54 42 50 .50	0° 29′ 39″.03	28211.629
Memel	55 43 40 .45	1 30 28 .98	86176.975

4) Gradmessung in Schweden.

Malörn	65° 31′ 30″.265		
Pahtawara	67 8 49 .830	1° 37′ 19″ 56	92777.981

Setzt man nun:

$$g = \frac{57008}{1+i} \text{ und } \alpha = \frac{1+k}{400}$$

so erhält man:

$$\log \alpha_0 = 7.39794$$

$$\log \left\{ \frac{15}{2}\, \alpha_0^{\,2} + \frac{35}{108}\, \alpha_0^{\,4} \right\} = 4.41567$$

$$\log \left\{ \frac{5}{6}\, \alpha_0^{\,2} + \frac{35}{27}\, \alpha_0^{\,4} \right\} = 4.71670$$

Setzt man ferner:

$$10000\; i = y$$
$$10\; k = z$$

so erhält man für die vier Gradmessungen die Gleichungen:

$$\begin{aligned}
1)\quad & x'_1 - x_1 = +\, 1''.97 + 1.1225\, y + 5.6059\, z \\
2)\quad & x'_2 - x_2 = +\, 0\,.94 + 0\; 5697\, y + 2.5835\, z \\
3)\quad & x'_3 - x_3 = -\, 0\,.37 + 0.1779\, y - 0.2852\, z \\
& x''_3 - x_3 = +\, 3\,.79 + 0.5433\, y - 0.9157\, z \\
4)\quad & x'_4 - x_4 = -\, 0\,.51 + 0\; 5839\, y - 1.9711\, z
\end{aligned}$$

und daraus:

	[n]	[a]	[b]	[an]	[aa]	[ab]
1)	+ 1''.97	+ 1.1225	+ 5.6059	+ 2.2113	+ 1.2600	+ 6.2924
2)	+ 0 .94	+ 0.5697	+ 2.5835	+ 0.5355	+ 0.3246	+ 1.4718
3)	+ 3 .42	+ 0.7212	− 1.2009	+ 1.9933	+ 0.3268	− 0.5482
4)	− 0 .51	+ 0.5839	− 1.9711	− 0.2978	+ 0.3409	− 1.1509

	[bn]	[bb]
1)	+ 11.0436	+ 31.4254
2)	+ 2.4284	6.6742
3)	− 3.3650	0.9198
4)	+ 1.0026	3.8853

und:

	$[an_{,}]$	$[aa_{,}]$	$[ab_{,}]$
1)	+ 1.1056	+ 0.6300	+ 3.1462
2)	+ 0.2678	+ 0.1623	+ 0.7359
3)	+ 1.1711	+ 0.1534	− 0.2595
4)	− 0.1489	+ 0.1705	− 0.5755

$(an_{,}) = +\ 2.3956,\ (aa_{,}) = +\ 1.1162,\ (ab_{,}) = +\ 3.0471,$

$[bn_{,}]$	$[bb_{,}]$
+ 5.5218	+ 15.7127
+ 1.2142	+ 3.3371
− 1.9960	+ 0.4391
+ 0.5013	+ 1.9426

$(bn_{,}) = +\ 5.2413,\ (bb_{,}) = +\ 21.4315$

Man erhält somit für die Bestimmung von y und z die beiden Gleichungen:

$$0 = +\ 2.3956 + 1.1162\, y + 3.0471\, z$$
$$0 = +\ 5.2413 + 3.0471\, y + 21.4315\, z$$

durch deren Auflösung man findet:

$$z = +\ 0.099012$$
$$y = -\ 2.4165$$

also:

$$i = -\ 0.00024165 \text{ und } k = +\ 0.0099012$$

mithin:

$$g = \frac{57008}{1-0.00024165} = 57021.79$$

und:

$$\alpha = \frac{1+0.0099012}{400} = 0.002524753$$

Da nun:

$$\varepsilon^2 = \frac{8}{3}\,\alpha - \frac{32}{9}\,\alpha^2 + 4\,\alpha^3$$

war, so erhält man:

$$\varepsilon^2 = 0.006710073$$

also für die Abplattung der Erde $\frac{1}{297.53}$

Ferner ist:

$$\log\frac{b}{a} = \log\sqrt{1-\varepsilon^2} = 9.9985380$$

und da:

$$a = \frac{180\,g}{(1-\varepsilon^2)\,E\pi}$$

war, so findet man:

$$\log a = 6.5147884$$

also:

$$\log b = 6.5133264$$

Auf diese Weise hat nun Bessel die Gröſse und Abplattung der Erde aus 10 verschiedenen Gradmessungen bestimmt *) und dafür die schon oben in Nr. 1 des zweiten Abschnitts angeführten Werthe erhalten:

die Abplattung $\alpha = \frac{1}{299.1528}$

Halbe groſse Axe a in Toisen = 3272077.14
Halbe kleine Axe b = 3261139.33

$$\log a = 6.5148235$$
$$\log b = 6.5133693$$

---

*) In Schumacher's astronomischen Nachrichten Nr. 333 und 438.

II. Bestimmung der Horizontalparallaxen der Gestirne.

3. Wenn man den Ort eines der Erde nahen Gestirns von zwei verschiedenen Puncten der Erdoberfläche aus beobachtet, so kann man dadurch die Parallaxe desselben oder, was dasselbe ist, seine Entfernung in Einheiten der halben grofsen Axe des Erdsphaeroids ausgedrückt, bestimmen. Da aber nach dem vorigen die Gröfse dieser Axe selbst bekannt ist, so kann man also die Entfernung des Gestirns auch in einem bekannten Längenmaafse ausdrücken.

Es soll nun angenommen werden, dafs die beiden Beobachtungsorte unter demselben Meridiane zu verschiedenen Seiten des Aequators liegen und dafs man an beiden Orten die Zenithdistanz des Gestirns bei seiner Culmination beobachtet habe. Dann ist nach Nr. 3 des zweiten Abschnitts die Höhenparallaxe des Gestirns an dem einen Orte gegeben durch die Gleichung:

$$\sin p' = \varrho \sin p \sin [z - (\varphi - \varphi')]$$

wo p die Horizontalparallaxe, z die beobachtete, von der Refraction befreite Zenithdistanz, φ und φ' die geographische und verbesserte Polhöhe und ϱ die Entfernung des Orts vom Mittelpuncte der Erde bezeichnen, Man hat also:

$$\frac{1}{\sin p} = \frac{\varrho \sin [z - (\varphi - \varphi')]}{\sin p'}$$

und ebenso für den zweiten Ort, dessen geographische und verbesserte Polhöhe $\varphi_,$ und $\varphi'_,$ und dessen Entfernung vom Mittelpuncte $\varrho_,$ ist:

$$\frac{1}{\sin p} = \frac{\varrho_, \sin [z_, - (\varphi_, - \varphi'_,)]}{\sin p'_,}$$

Betrachtet man nun die beiden Dreiecke, welche durch den Ort des Gestirns, den Mittelpunct der Erde und die beiden Beobachtungsorte gebildet werden, so ist in dem einen Dreiecke der Winkel am Gestirne p', der Winkel am Beobachtungsorte $180 - z + \varphi - \varphi'$ und der Winkel am Mittelpuncte $\varphi' \mp \delta$, wo δ die geocentrische Declination des Gestirns ist und wo das obere oder untere Zeichen gilt, je nachdem das Gestirn und der Beobachtungsort sich auf derselben oder auf verschiedenen Seiten des Aequators befinden. In dem anderen Dreiecke sind diese Winkel dagegen $p'_,$, $180-z_,$ $+\varphi_,-\varphi'_,$ und $\varphi'_,\pm\delta$. Man hat also:

$$p' = z-\varphi' \pm \delta$$
$$p'_, = z_,-\varphi'_, \mp \delta$$

und:

$$p'+p'_, = z+z_, - \varphi'-\varphi'_,$$

Bezeichnet man daher die bekannte Gröfse $p'+p'_,$ mit π, so erhält man die Gleichung:

$$\frac{\varrho \sin[z-(\varphi-\varphi')]}{\sin p'} = \frac{\varrho_, \sin[z_,-(\varphi_,-\varphi'_,)]}{\sin(\pi-p')}$$

woraus folgt:

$$\tang p' = \frac{\varrho \sin\pi \sin[z-(\varphi-\varphi')]}{\varrho_, \sin[z_,-(\varphi_,-\varphi'_,)] + \varrho \cos\pi \sin[z-(\varphi-\varphi')]}$$

oder auch:

$$\tang p'_, = \frac{\varrho_, \sin\pi \sin[z_,-(\varphi_,-\varphi'_,)]}{\varrho \sin[z-(\varphi-\varphi')] + \varrho_, \cos\pi \sin[z_,-(\varphi-\varphi')]}$$

Nachdem man dann p' oder $p'_,$ durch eine dieser Gleichungen gefunden hat, erhält man p entweder aus:

$$\sin p = \frac{\sin p'}{\varrho \sin[z-(\varphi-\varphi')]}$$

oder:

$$\sin p = \frac{\sin p'_,}{\varrho_, \sin[z_,-(\varphi_,-\varphi'_,)]}$$

Es war nun hierbei vorausgesetzt, dafs die beiden Orte auf verschiedenen Seiten des Aequators liegen, wie es auch für die Bestimmung von p am vortheilhaftesten ist. Ist dies aber nicht der Fall, sondern liegen die Orte auf derselben Seite des Aequators, so sind jetzt die Winkel am Mittelpuncte der Erde in den vorher betrachteten Dreiecken an dere, nämlich in dem einen Dreiecke $\varphi' \mp \delta$ und in dem andern $\varphi'_, \mp \delta$. Setzt man dann aber:

$$\pi = p'_, - p' = z_, - z - \varphi_, - \varphi)$$

so erhält man p' oder $p'_,$ durch dieselben Gleichungen wie vorher.

Liegen die beiden Orte nicht, wie es angenommen war, unter demselben Meridiane, so werden die beiden Beobachtungen nicht mehr gleichzeitig sein und man mufs dann die Aenderung der Declination in der Zwischenzeit in Rechnung bringen.

Auf diese Weise wurden in den Jahren 1751 und 1752 die Parallaxe des Mondes und des Mars bestimmt. Zu dem Ende beobachtete Lacaille die Zenithdistanz der beiden Gestirne bei ihrer Culmination am Cap der guten Hoffnung, während gleichzeitig Cassini in Paris, Lalande in Berlin, Zanotti in Bologna und Bradley in Greenwich beobachteten. Diese Orte sind sehr günstig gelegen. Der gröfste Unterschied der Polhöhen ist der vom Cap und Berlin und beträgt $86\frac{1}{2}^{0}$, der gröfste Unterschied der Längen ist dagegen der vom Cap und Greenwich, der $1\frac{1}{4}$ Stunde beträgt, eine Zeit, für welche man die Bewegung des Mondes in Declination vollkommen scharf in Rechnung bringen kann.

Die Beobachter fanden damals die Horizontalparallaxe des Mondes in seiner mittleren Entfernung von der Erde gleich 57′ 5″. Eine neue von Olufsen ausgeführte Berechnung aller dieser Beobachtungen, ergab aber dafür den Werth 57′ 2″, 64 unter der Voraussetzung, dafs die Abplattung der Erde $\frac{1}{302.02}$ ist. Mit dem wahrscheinlichsten Werthe $\frac{1}{299.15}$ der Abplattung erhält man dagegen 57′ 2″.80 *). In neuester Zeit beobachtete auch Henderson in den Jahren 1832 und 1833 am Cap der guten Hoffnung Meridianzenithdistanzen des Mondes, aus denen er in Verbindung mit gleich-

*) Astron. Nachrichten Nr. 326.

zeitigen Greenwicher Beobachtungen die mittlere Horizontalparallaxe 57′ 1″.8 fand *). In den Burkhardtschen Mondtafeln ist für diese Constante der Werth 57′ 0″.52 angenommen.

Für den Mond wird nun übrigens das Problem, seine Parallaxe aus Beobachtungen an verschiedenen Orten der Erde zu finden, nicht so einfach, wie dasselbe vorher aufgestellt war, weil man immer nur den Rand des Mondes an beiden Orten beobachten kann, also zur Reduction die Kenntniſs des Halbmessers nöthig hat, welcher selbst durch die Parallaxe geändert wird.

Bezeichnen r und r' den geocentrischen und scheinbaren Halbmesser des Mondes, Δ und Δ' die Entfernungen vom Mittelpuncte der Erde und dem Beobachtungsorte, so ist:

$$\frac{\sin r'}{\sin r} = \frac{\Delta}{\Delta'}$$

In dem Dreiecke, welches vom Mittelpuncte der Erde, dem Mittelpuncte des Mondes und dem Beobachtungsorte gebildet wird, hat man aber:

$$\frac{\Delta}{\Delta'} = \frac{\sin(180 - z')}{\sin(z' - p')}$$

wo z' den Winkel bezeichnet, den die Richtung vom Beobachtungsorte nach dem Mittelpuncte des Mondes mit der verlängerten Richtung vom Mittelpuncte der Erde nach dem Beobachtungsorte macht, oder da:

$$z' = z - (\varphi - \varphi') \pm r'$$

ist, wo z die beobachtete Zenithdistanz des Mondrandes bezeichnet und das obere oder untere Zeichen gilt, je nachdem der obere oder untere Rand beobachtet ist:

$$\frac{\Delta}{\Delta'} = \frac{\sin[z - (\varphi - \varphi') \pm r']}{\sin[z - (\varphi - \varphi') - p' \pm r']}$$

*) Astron. Nachrichten Nr. 338.

Führt man diesen Ausdruck in die Gleichung für $\frac{\sin r'}{\sin r}$ ein und eliminirt p' durch die Gleichung:

$$\sin p' = \varrho \sin p \sin [z - (\varphi - \varphi') \pm r']$$

so erhält man, wenn man der Kürze wegen $z - (\varphi - \varphi')$ blos durch z bezeichnet und ϱ gleich eins setzt:

$$\sin r' = \sin r + \sin r' \sin p \cos (z \pm r') + \tfrac{1}{2} \sin r' \sin p^2 \sin (z \pm r')^2$$

oder bis auf Gröſsen von der dritten Ordnung genau:

$$r' = r + \sin r \sin p \cos (z \pm r) + \tfrac{1}{2} \sin r \sin p^2 \sin (z \pm r)^2$$

Ist nun Z die geocentrische Zenithdistanz des Mittelpuncts des Mondes, so ist dieselbe durch die Zenithdistanz z des beobachteten Randes ausgedrückt:

$$Z = z \pm r' - \sin p \sin (z \pm r') - \frac{\sin p^3 \sin (z \pm r')^3}{6}$$

oder, wenn man für r' seinen eben gefundenen Werth substituirt:

$$Z = z \pm r \pm \sin r \sin p \cos (z \pm r) \pm \tfrac{1}{2} \sin r \sin p^2 \sin (z \pm r)^2$$
$$- \sin p \sin (z \pm r) - \frac{\sin p^3 \sin (z \pm r)^3}{6}$$

Entwickelt man diese Gleichung und vernachläſsigt wieder die Glieder, welche in Bezug auf p und r von einer höheren Ordnung als der dritten sind, so erhält man:

$$Z = z \pm r - \sin r^2 \sin p \sin z \pm \tfrac{1}{2} \sin r \sin p^2 \sin z^2$$
$$- \sin p \cos r \sin z + \tfrac{1}{2} \sin p \sin r^2 \sin z - \frac{\sin p^3 \sin z^3}{6}$$

oder, wenn man $1 - \frac{1}{2} \sin r^2$ statt $\cos r$ und wieder $\varrho \sin p$ statt $\sin p$ einführt:

$$Z = z \pm r - \varrho \sin p \sin z - \tfrac{1}{2} \varrho \sin p \sin z \sin r^2 \pm \tfrac{1}{2} \varrho^2 \sin p^2 \sin r \sin z^2$$
$$- \frac{\varrho^3 \sin p^3 \sin z^3}{6}$$

und endlich, wenn man:

$$\sin r = k \sin p$$

also:

$$r = k \sin p + \tfrac{1}{6} k^3 \sin p^3$$

setzt und auch wieder $z-\lambda$ statt z einführt, wo $\lambda = \varphi-\varphi'$ ist:

$$Z = z-\lambda - \sin p\,[\varrho \sin (z-\lambda) \mp k] - \frac{\sin p^3}{6}\,[\varrho \sin (z-\lambda) \mp k]^3$$

Ist dann D die geocentrische Declination des Mittelpunctes des Mondes, δ die beobachtete Declination des Randes, so ist, weil $D = \varphi'-z$ und $\delta = \varphi' - (z-\lambda)$:

$$D = \delta + \sin p\,[\varrho \sin (z-\lambda) \mp k] + \frac{\sin p^3}{6}\,[\varrho \sin (z-\lambda) \mp k]^3$$

Die Gröfsen ϱ und λ hängen nun von der Abplattung der Erde ab. Da es nun wünschenswerth ist, die Parallaxe des Mondes so zu finden, dafs man die Aenderung, welche eine andre Abplattung als die zum Grunde gelegte hervorbringt, leicht daran anbringen kann, so mufs man den Ausdruck so entwickeln, dafs derselbe die Abplattung explicite enthält. Nun war aber in Nr. 2 des zweiten Abschnitts gefunden:

$$\varphi-\varphi' = \frac{a^2-b^2}{a^2+b^2} \sin 2\varphi + $$

$$= \frac{1-\frac{b^2}{a^2}}{1+\frac{b^2}{a^2}} \sin 2\varphi +$$

Führt man hier die Abplattung α ein, gegeben durch die Gleichung:

$$1 - \frac{b^2}{a^2} = 2\alpha - \alpha^2$$

und vernachläfsigt die Glieder von der Ordnung α^2, so wird:

$$\varphi-\varphi' = \lambda = \alpha \sin 2\varphi$$

Ferner war:

$$\varrho^2 = x^2+y^2 = \frac{\cos\varphi^2}{1-\varepsilon^2 \sin\varphi^2} + \frac{(1-\varepsilon^2)^2 \sin\varphi^2}{1-\varepsilon^2 \sin\varphi^2}$$

$$= \frac{1-2\varepsilon^2 \sin\varphi^2 + \varepsilon^4 \sin\varphi^2}{1-\varepsilon^2 \sin\varphi^2}$$

Führt man auch hier wieder α ein durch die Gleichung:

$$\varepsilon^2 = 2\,\alpha - \alpha^2$$

und vernachläſsigt die Glieder von der Ordnung α^2, so erhält man:

$$\varrho = 1 - \alpha \sin \varphi^2$$

Damit wird dann der zuletzt für D gefundene Ausdruck der folgende:

$$D = \delta + [\sin z \mp k] \sin p - [\sin \varphi^2 \sin z + \sin 2\,\varphi \cos z]\, \alpha \sin p \\ + [\sin z \mp k]^3 \frac{\sin p^3}{6}$$

Eine solche Gleichung giebt also eine jede Beobachtung eines Mondrandes an einem Orte auf der nördlichen Halbkugel der Erde und es gilt hier das obere oder untere Zeichen, je nachdem man den oberen oder unteren Rand des Mondes beobachtet hat.

Für einen Ort auf der südlichen Halbkugel der Erde findet man ebenso:

$$D_, = \delta_, - [\sin z_, \mp k] \sin p_, - [\sin z_, \mp k]^3 \frac{\sin p_,^{\,3}}{6} \\ + [\sin \varphi_,^{\,2} \sin z_, + \sin 2\,\varphi_, \cos z_,] \sin p'$$

Es seien nun t und $t_,$ die den beiden Beobachtungen entsprechenden mittleren Zeiten irgend eines ersten Meridians, ferner sei D_0 die geocentrische Declination des Mondes für irgend eine Zeit T und $\frac{dD}{dt}$ die Aenderung der Declination des Mondes während einer Stunde mittlerer Zeit, positiv genommen, wenn der Mond sich nach dem Nordpole zu bewegt, so geben die beiden Gleichungen für D und $D_,$:

$$(t_, - t)\frac{dD}{dt} = \delta_, - \delta - [\sin z_, \mp k - \alpha (\sin \varphi_,^{\,2} \sin z_, + \sin 2\,\varphi_, \cos z_,)] \sin p_, \\ - [\sin z \mp k - \alpha (\sin \varphi^2 \sin z + \sin 2\,\varphi \cos z)] \sin p \\ - [\sin z_, \mp k]^3 \frac{\sin p_,^{\,3}}{6} - [\sin z \mp k] \frac{\sin p^3}{6}$$

Ist ferner p_0 die Parallaxe für die Zeit T und $\frac{dp}{dt}$ die stündliche Veränderung derselben, so wird:

$$\sin p = \sin p_0 + \cos p_0 \frac{dp}{dt} (t-T)$$

$$\sin p_{,} = \sin p_0 + \cos p_0 \frac{dp}{dt} (t_{,}-T)$$

mithin erhält man für die Bestimmung der Parallaxe zur Zeit T die Gleichung:

$$0 = \delta_{,}-\delta + (t-t_{,}) \frac{dD}{dt} - [(\sin z_{,} \mp k)^3 + \sin (z \mp k)^3] \frac{\sin p_0^{\,3}}{6}$$

$$- \frac{dp}{dt} \cos p_0 [(\sin z \mp k)(t-T) + (\sin z_{,} \mp k)(t_{,}-T)]$$

$$- [\sin z_{,} + \sin z \mp k \mp k] \sin p_0 + \alpha \sin p_0 \left\{ \begin{matrix} \sin\varphi^2 \sin z + \sin 2\varphi \cos z \\ + \sin\varphi_{,}^{\,2} \sin z_{,} + \sin 2\varphi_{,} \cos z_{,} \end{matrix} \right\} {}^{*)}$$

Sind nun an den beiden Orten verschiedene Ränder des Mondes beobachtet, so wird der Coefficient von $\sin p_0$ unabhängig von k und da diese Gröſse dann nur noch in den kleinen, mit $\sin p_0^3$ und $\frac{dp}{dt}$ multiplicirten Gliedern vorkommt, so wird auch der gefundene Werth von p_0 unabhängig von einem etwaigen Fehler in k. Da man nun ferner die Parallaxe aus früheren Bestimmungen als annähernd soweit bekannt voraussetzen kann, um damit das dritte und vierte Glied der Formel ohne merklichen Fehler zu berechnen, so kann man also die vier ersten Glieder als bekannt voraussetzen, weil alle darin vorkommenden Gröſsen entweder durch

---

*) Will man auf die zweiten Differentialquotienten Rücksicht nehmen, so muſs man noch das Glied hinzufügen:

$$+ \tfrac{1}{2} [(t-T)^2 - (t_{,}-T)^2] \frac{d^2D}{dt}$$

nimmt man aber:

$$T = \tfrac{1}{2} (t_{,} + t)$$

so fällt dies Glied fort.

die Beobachtungen gegeben sind oder aus den Mondstafeln entnommen werden können. Bezeichnet man daher die Summe dieser vier Glieder mit n, den Coefficienten von p sin p_0 mit a und den von α sin p_0 mit b, so erhält man die Gleichung:

$$0 = n - \sin p_0 \, (a - b\alpha)$$

aus welcher man p_0 als Function von α findet. Man will nun aber nicht allein die Horizontalparallaxe p_0, welche zur Zeit T statt findet, kennen, sondern die sogenannte mittlere Horizontalparallaxe d. h. den Werth, welchen die Horizontalparallaxe in der mittleren Entfernung des Mondes von der Erde *) hat. Ist aber K die in den Mondstafeln angenommene mittlere Horizontalparallaxe und π die aus denselben Tafeln für die Zeit T entnommene, so hat man, wenn man die gesuchte mittlere Horizontalparallaxe mit Π bezeichnet:

$$\sin p_0 = \frac{\Pi}{K} \sin \Pi = \mu \sin \Pi$$

also wird die Bedingungsgleichung jetzt:

$$0 = \frac{n}{\mu} - \sin \Pi \, (a - b\alpha)$$

Beispiel. Am 23sten Februar 1752 beobachtete Lalande in Berlin die Declination des unteren Randes des Mondes:

$$\delta = + 20^\circ \, 26' \, 25''.2$$

dagegen Lacaille am Cap der guten Hoffnung die Declination des oberen Randes:

$$\delta_{\prime} = + 21^\circ \, 46' \, 44''.8$$

Für die in der Mitte zwischen beiden Beobachtungen liegende mittlere Pariser Zeit:

$$T = 6^h \, 40'$$

---

*) Nämlich wenn diese Entfernung gleich der halben großen Axe der elliptischen Bahn des Mondes ist.

hat man ferner nach den Burkhardschen Mondstafeln:

$$\frac{dD}{dt} = -\ 34''.15$$

$$\pi = 59'\ 24''.54$$

$$\frac{dp}{dt} = +\ 0''.28$$

endlich ist:

$$\varphi = 52^\circ\ 30'\ 16''$$

und:

$$\varphi = 33\quad 56\quad 3 \text{ südlich.}$$

Da der östliche Meridianunterschied des Caps von Berlin 20′ 19″.5 beträgt und die stündliche Zunahme der Rectascension des Mondes gleich 38′ 10″ im Bogen war, so erfolgte die Culmination des Mondes in Berlin 21′ 11″ später als am Cap, mithin ist:

$$t - t_{,} = +\ 21'\ 11'' \text{ also } (t - t_{,})\ \frac{dD}{dt} = -\ 12''.06$$

ferner:

$$\delta_{,} - \delta = +\ 1^\circ\ 20'\ 19''.6$$

Das dritte Glied, welches von sin p^2 abhängt, erhält man, wenn man $k = 0.2725$ nimmt, gleich $-\ 0''.12$; es ist daher, wenn man das hier ganz unbedeutende in $\frac{dp}{dt}$ multiplicirte Glied vernachläſsigt:

$$n = +\ 1^\circ\ 20'\ 7''.42$$

oder in Theilen des Radius:

$$n = +\ 0.023307$$

und da die in den Burkhardtschen Mondstafeln angewandte Constante der Parallaxe:

$$K = 57'\ 0''.52$$

ist, so wird:

$$\mu = 0.01792$$

also:

$$\frac{n}{\mu} = + 0.022364$$

Berechnet man die Coefficienten a und b, so erhält man, da:

$$z = 32^0\ 3'\ 51'' \text{ und } z_1 = 55^0\ 42'\ 48''$$

war:

$$a = + 1.3571 \text{ und } b = + 1.9321$$

und somit für die Bestimmung von sin Π die Gleichung:

$$0 = + 0.022364 - \sin \Pi\ (1.3571 - 1.9321\ \alpha)$$

Eine solche Gleichung von der Form:

$$0 = \frac{n}{\mu} - x\ (a - b\alpha)$$

giebt nun die Verbindung je zweier Beobachtungen. Hat man nur eine solche Gleichung, so kann man daraus für einen bestimmten Werth von α denjenigen Werth suchen, welcher diese Gleichung erfüllt. So erhält man aus der vorigen Gleichung, wenn man $\alpha = \frac{1}{299.15}$ nimmt:

$$\log \sin \Pi = 8.21901$$
$$\Pi = 56'\ 55''.4$$

Hat man aber mehrere Gleichungen, so kann man diesen allen nicht mehr durch einen Werth von Π genügen, sondern man wird bei jeder einzelnen Gleichung, wenn man überall denselben Werth von Π substituirt, einen kleinen Fehler erhalten und nach den Principien der Wahrscheinlichkeitsrechnung wird dann derjenige Werth der wahrscheinlichste sein, welcher die Summe der Quadrate aller dieser Fehler v zu einem Minimum macht. Die Gleichung für das Minimum ist nun aber:

$$0 = v\ \frac{dv}{dx} + v'\ \frac{dv'}{dx} + \ldots.$$

oder da:

$$v = \frac{n}{\mu} - x\,(a - b\alpha) \text{ etc. und } \frac{dv}{dx} = a - b\alpha \text{ etc. ist:}$$

$$\left[\frac{n}{\mu}\,a\right] - \left[\frac{n}{\mu}\,b\right]\alpha = [aa]\,x - 2\,[ab]\,x\alpha + [bb]\,x\alpha^2$$

wo die in Klammern eingeschlossenen Gröſsen wieder dieselbe Bedeutung wie in Nr. 2 haben, sodaſs z. B.:

$$[aa] = aa + a'a' + a''a'' + \ldots..$$

Verbindet man damit die Gleichung:

$$0 = v\,\frac{dv}{d\alpha} + v'\,\frac{dv'}{d\alpha} +$$

oder:

$$\left[\frac{n}{\mu}\,b\right]\alpha = [ab]\,x\alpha - [bb]\,x\alpha^2$$

welche, wenn man α als gesuchte Gröſse betrachtete, den wahrscheinlichsten Werth für α gäbe, so erhält man:

$$\left[\frac{n}{\mu}\,a\right] = [aa]\,x - [ab]\,x\,.\,\alpha$$

also:

$$x = \frac{\left[\frac{n}{\mu}\,a\right]}{[aa]} + \frac{\left[\frac{n}{\mu}\,a\right]}{[aa]}\;\frac{[ab]}{[aa]}\;\alpha$$

Auf diese Weise wurde von Olufsen für die mittlere Horizontalparallaxe des Mondes der oben angeführte Werth 57′ 2″.80 gefunden. *) Da die Parallaxe des Mondes übrigens so groſs ist, so kann man dieselbe schon aus den Beobachtungen an einem und demselben Orte der Erde mit einiger Annäherung ableiten, indem man dem Zenithe nahe gelegene Beobachtungen, für welche die Höhenparallaxe gering ist, mit Beobachtungen in der Nähe des Horizontes verbindet, für welche die Parallaxe also nahe ihr Maximum er-

*) Astron. Nachrichten Nr. 326.

reicht. Auf diese Weise wurde auch die Mondsparallaxe von Hipparch entdeckt, indem derselbe in der Bewegung des Mondes ein Glied auffand, welches von der Höhe desselben über dem Horizonte abhing und die Periode eines Tages hatte.

4. Die Horizontalparallaxe der Sonne kann ihrer Kleinheit wegen durch diese Methode nicht mit Sicherheit gefunden werden, indessen wurden doch die ersten genäherten Bestimmungen derselben auf diese Weise erhalten. Im Jahre 1671 beobachteten nämlich Richer in Cayenne und Picard und Römer in Paris Meridianhöhen des Mars und fanden daraus nach der vorher gegebenen Methode die Horizontalparallaxe desselben gleich 25″.5. Kennt man nun aber die Parallaxe oder die Entfernung eines Planeten, so kann man daraus nach dem dritten Kepplerschen Gesetze, wonach die Cuben der halben grofsen Axen der Planetenbahnen sich wie die Quadrate der Umlaufszeiten verhalten, die Entfernungen aller übrigen und auch die der Sonne finden. So erhielt man aus der angegebenen Parallaxe des Mars die Parallaxe der Sonne 9″.5. Noch weniger genau wurde diese Constante durch die von Lacaille und Lalande angestellten, schon vorher erwähnten correspondirenden Beobachtungen bestimmt, nämlich gleich 10″.25. Wiewohl nun alle durch diese Methode bisher erlangten Resultate ungenügend sind, so wäre es doch immer wünschenswerth, dafs dieselbe einmal wieder ausgeführt oder auch die ganz ähnliche, von Gerling in Nr. 599 der astronomischen Nachrichten vorgeschlagene Methode der Beobachtung der Venus um die Zeit ihres Stillstandes zur Bestimmung der Sonnenparallaxe angewandt würde, weil durch die jetzt so sehr vervollkommneten Instrumente gewifs auch auf diesem Wege genauere Resultate zu erhalten wären.

Das geeignetste Mittel für die Bestimmung der Sonnenparallaxe gewähren indessen die Beobachtungen der Vorübergänge der Venus vor der Sonnenscheibe, welche zuerst von Halley zu diesem Zwecke vorgeschlagen wurden. Die Berechnung dieser Erscheinungen kann nach den in Nr. 29

und 31 des vorigen Abschnitts gegebenen Formeln ausgeführt werden. Etwas bequemer ist aber noch eine von Encke im astronomischen Jahrbuche für 1842 mitgetheilte Methode, welche zuerst die Erscheinung für den Mittelpunct der Erde bestimmt und dann hieraus dieselbe für jeden Ort auf der Oberfläche zu finden lehrt.

Bezeichnen α, δ, A und D die geocentrische Rectascension und Declination der Venus und der Sonne für eine der Conjunctionszeit nahe Zeit T eines ersten Meridians, so hat man in dem sphärischen Dreiecke, welches durch den Pol des Aequators und die Mittelpuncte der Venus und der Sonne gebildet wird, wenn man die Entfernung beider Mittelpuncte mit m und die Winkel am Mittelpuncte der Sonne und der Venus mit M und $180-M'$ bezeichnet, nach den Gaufsischen Formeln:

$$\sin\tfrac{1}{2}m\,.\,\sin\tfrac{1}{2}(M'+M) = \sin\tfrac{1}{2}(\alpha-A)\cos\tfrac{1}{2}(\delta+D)$$
$$\sin\tfrac{1}{2}m\,.\,\cos\tfrac{1}{2}(M'+M) = \cos\tfrac{1}{2}(\alpha-A)\sin\tfrac{1}{2}(\delta-D)$$
$$\cos\tfrac{1}{2}m\,.\,\sin\tfrac{1}{2}(M'-M) = \sin\tfrac{1}{2}(\alpha-A)\sin\tfrac{1}{2}(\delta+D)$$
$$\cos\tfrac{1}{2}m\,.\,\cos\tfrac{1}{2}(M'-M) = \cos\tfrac{1}{2}(\alpha-A)\cos\tfrac{1}{2}(\delta-D)$$

oder da für die Zeiten der Ränderberührungen $\alpha-A$ und $\delta-D$ mithin auch m und $M'-M$ kleine Gröfsen sind:

$$\begin{aligned} m\sin M &= (\alpha-A)\cos\tfrac{1}{2}(\delta+D) \\ m\cos M &= \delta-D \end{aligned} \qquad (A)$$

Setzt man dann auch:

$$\begin{aligned} n\sin N &= \frac{d(\alpha-A)}{dt}\cos\tfrac{1}{2}(\delta+D) \\ n\cos N &= \frac{d(\delta-D)}{dt} \end{aligned} \qquad (B)$$

wo $\frac{d(\alpha-A)}{dt}$ und $\frac{d(\delta-D)}{dt}$ die relative Aenderung der Rectascension und Declination in der zum Grunde gelegten Zeiteinheit bezeichnen, und nennt $T+\tau$ die Zeit, zu welcher eine Ränderberührung statt findet, so hat man:

$$[m\sin M + \tau n\sin N]^2 + [m\cos M + \tau n\cos N]^2 = [R\pm r]^2$$

wo R und r die Halbmesser der Sonne und der Venus bezeichnen und wo das obere Zeichen für äufsere, das untere für innere Berührungen gilt.

Aus dieser Gleichung erhält man:

$$\tau = -\frac{m}{n}\cos(M-N) \mp \frac{R \pm r}{n}\sqrt{1-\frac{m^2 \sin(M-N)^2}{(R\pm r)^2}}$$

Setzt man daher:

$$\frac{m \sin(M-N)}{R \pm r} = \sin\psi, \text{ wo } \psi < \pm 90^\circ \qquad (C)$$

so wird:

$$\tau = -\frac{m}{n}\cos(M-N) \mp \frac{R \pm r}{n}\cos\psi \qquad (D)$$

wo das obere Zeichen für den Eintritt, das untere für den Austritt gilt, sodafs also für den Mittelpunct der Erde in Zeit des angenommenen ersten Meridians der Eintritt zur Zeit:

$$T - \frac{m}{n}\cos(M-N) - \frac{R \pm r}{n}\cos\psi$$

und der Austritt zur Zeit:

$$T - \frac{m}{n}\cos(M-N) + \frac{R \pm r}{n}\cos\psi$$

erfolgt.

Bezeichnet man endlich mit $\odot$ den Winkel, welchen der vom Mittelpuncte der Sonne nach dem Berührungspuncte gezogene gröfste Kreis mit dem durch den Mittelpunct der Sonne gehenden Declinationskreise macht, so ist:

$$(R \pm r)\cos\odot = m\cos M + n\cos N.\tau$$
$$(R \pm r)\sin\odot = m\sin M + n\sin N.\tau$$

oder:

$$\cos\odot = -\sin N \sin\psi \mp \cos N \cos\psi$$
$$\sin\odot = \sin\psi \cos N \mp \cos\psi \sin N$$

mithin für den Eintritt:

$$\odot = 180 + N - \psi \qquad (E)$$

und für den Austritt:

$$\odot = N + \psi \qquad (F)$$

Die Formeln (*A*) bis (*F*) dienen also zur vollständigen Vorausberechnung der Erscheinung für den Mittelpunct der Erde. Um nun hieraus die Zeiten des Ein- und Austritts für einen Ort auf der Oberfläche der Erde zu berechnen, mufs man die zu einer Zeit von diesem Orte gesehene Distanz der Mittelpuncte beider Gestirne durch die vom Mittelpuncte der Erde gesehene Distanz ausdrücken.

Es ist aber:

$$\cos m = \sin \delta \sin D + \cos \delta \cos D \cos (\alpha - A)$$

Bezeichnet man nun mit α', δ', A' und D' die von dem Orte auf der Oberfläche gesehenen scheinbaren Rectascensionen und Declinationen der Venus und der Sonne und mit m' die scheinbare Distanz der Mittelpuncte beider Gestirne so ist auch:

$$\cos m' = \sin \delta' \sin D' + \cos \delta' \cos D' \cos (\alpha' - A')$$

mithin auch:

$$\begin{aligned}\cos m' = \cos m &+ (\delta' - \delta) [\cos \delta \sin D - \sin \delta \cos D \cos (\alpha - A)] \\ &+ (D' - D) [\sin \delta \cos D - \cos \delta \sin D \cos (\alpha - A)] \\ &- (\alpha' - \alpha) \cos \delta \cos D \sin (\alpha - A) \\ &+ (A' - A) \cos \delta \cos D \sin (\alpha - A)\end{aligned}$$

Nach den Formeln in Nr. 4 des zweiten Abschnitts war aber: *)

$$\begin{aligned}\delta' - \delta &= \pi [\cos \varphi \sin \delta \cos (\alpha - \Theta) - \sin \varphi \cos \delta] \\ D' - D &= p [\cos \varphi \sin D \cos (\alpha - \Theta) - \sin \varphi \cos D] \\ \alpha' - \alpha &= \pi \sec \delta \sin (\alpha - \Theta) \cos \varphi \\ A' - A &= p \sec D \sin (A - \Theta) \cos \varphi\end{aligned}$$

---

*) Es war nämlich nach den dortigen Formeln:

$$\delta' - \delta = \pi \sin \varphi \frac{\sin (\delta - \gamma)}{\sin \gamma} = \pi \sin \varphi [\sin \delta \operatorname{cotang} \gamma - \cos \delta]$$

wo π und p die Horizontalparallaxen der Venus und der Sonne bezeichnen; mithin erhält man, wenn man diese Werthe in die Gleichung für $\cos m'$ setzt:

$$\cos m' = \cos m$$

$$\begin{aligned}
&+[\cos\delta \sin D - \sin\delta \cos D \cos(\alpha - A)][\pi \cos\varphi \sin\delta \cos(\alpha - \Theta) - \pi \sin\varphi \cos\delta] \\
(a)\quad &+[\sin\delta \cos D - \cos\delta \sin D \cos(\alpha - A)][p \cos\varphi \sin D \cos(\alpha - \Theta) - p \sin\varphi \cos D] \\
&- \cos D \sin(\alpha - A) \,.\, \pi \sin(\alpha - \Theta) \cos\varphi \\
&+ \cos\delta \sin(\alpha - A) \,.\, p \sin(A - \Theta) \cos\varphi
\end{aligned}$$

Entwickelt man diese Gleichung, so findet man zuerst für den Coefficienten von $\cos\varphi$:

$$\begin{aligned}
&\pi\,[\sin\delta \cos\delta \sin D \cos(\alpha-\Theta) - \sin\delta^2 \cos D \cos(\alpha-\Theta) \cos(\alpha-A) \\
&\qquad - \cos D \sin(\alpha-\Theta) \sin(\alpha-A)] \\
&+ p\,[\sin\delta \cos D \sin D \cos(\alpha-\Theta) - \cos\delta \sin D^2 \cos(\alpha-\Theta) \cos(\alpha-A) \\
&\qquad + \cos\delta \sin(\alpha-\Theta) \sin(\alpha-A)]
\end{aligned}$$

oder da:

$$\sin\delta^2 = 1 - \cos\delta^2 \text{ und } \sin D^2 = 1 - \cos D^2 \text{ ist:}$$

$$\begin{aligned}
&\pi\,[(\sin\delta \sin D + \cos\delta \cos D \cos(\alpha-A)) \cos\delta \cos(\alpha-\Theta) - \cos D \cos(A-\Theta)] \\
&+ p\,[(\sin\delta \sin D + \cos\delta \cos D \cos(\alpha-A)) \cos D \cos(A-\Theta) - \cos\delta \cos(\alpha-\Theta)]
\end{aligned}$$

mithin:

$$\begin{aligned}
&\pi \cos m \cos\delta \cos(\alpha-\Theta) - \pi \cos D \cos(A-\Theta) \\
&+ p \cos m \cos D \cos(A-\Theta) - p \cos\delta \cos(\alpha-\Theta)
\end{aligned}$$

Sondert man hier alles ab, was sich auf einen bestimmten Ort der Erde bezieht, so erhält man:

$$\begin{aligned}
&[\pi \cos m \cos\delta \cos\alpha - \pi \cos D \cos A] \cos\Theta \\
&+ [p \cos m \cos D \cos A - p \cos\delta \cos\alpha] \cos\Theta \\
&+ [\pi \cos m \cos\delta \sin\alpha - \pi \cos D \sin A] \sin\Theta \\
&+ [p \cos m \cos D \sin A - p \cos\delta \sin\alpha] \sin\Theta
\end{aligned}$$

Da aber:

$$\operatorname{cotang} \gamma = \cos(\alpha-\Theta) \,.\, \operatorname{cotang} \varphi$$

so wird:

$$\delta' - \delta = \pi\,[\cos\varphi \sin\delta \cos(\alpha-\Theta) - \sin\varphi \cos\delta]$$

es wird daher das in cos φ multiplicirte Glied der Gleichung (*a*):

$$\begin{aligned}&[(\pi \cos m - p) \cos \delta \cos \alpha - (\pi - p \cos m) \cos D \cos A] \cos \varphi \cos \Theta \\ + &[(\pi \cos m - p) \cos \delta \sin \alpha - (\pi - p \cos m) \cos D \sin A] \cos \varphi \sin \Theta\end{aligned} \qquad (b)$$

Ferner wird der Coefficient von sin φ in der Gleichung (*a*):

$$\begin{aligned}&\pi\,[-\cos \delta^2 \sin D + \sin \delta \cos \delta \cos D \cos (\alpha - A)] \\ + &p\,[-\sin \delta \cos D^2 + \sin D \cos D \cos \delta \cos (\alpha - A)]\end{aligned}$$

oder da $\cos \delta^2 = 1 - \sin \delta^2$ und $\cos D^2 = 1 - \sin D^2$ ist:

$$\begin{aligned}&\pi\,[-\sin D + \sin \delta\,(\sin \delta \sin D + \cos \delta \cos D \cos (\alpha - A))] \\ + &p\,[-\sin \delta + \sin D\,(\sin \delta \sin D + \cos \delta \cos D \cos (\alpha - A))]\end{aligned}$$

Das in sin φ multiplicirte Glied der Gleichung (*a*) wird daher:

$$(\pi \cos m - p) \sin \delta \sin \varphi - (\pi - p \cos m) \sin D \sin \varphi$$

und die Gleichung (*a*) geht mithin über in die folgende:

$$\begin{aligned}\cos m' = \cos m& \\ &+ [(\pi \cos m - p) \cos \delta \cos \alpha - (\pi - p \cos m) \cos D \cos A] \cos \varphi \cos \Theta \\ (c) \qquad &+ [(\pi \cos m - p) \cos \delta \sin \alpha - (\pi - p \cos m) \cos D \sin A] \cos \varphi \sin \Theta \\ &+ [(\pi \cos m - p) \sin \delta \qquad - (\pi - p \cos m) \sin D] \sin \varphi\end{aligned}$$

Setzt man nun:

$$\begin{aligned}\pi \cos m - p &= f \sin s \\ -\pi \sin m &= f \cos s\end{aligned} \qquad (d)$$

so wird:

$$\pi - p \cos m = f \sin (s - m)$$

mithin:

$$\begin{aligned}\cos m' = \cos m& \\ &+ f\,[\sin s \cos \delta \cos \alpha - \sin (s - m) \cos D \cos A] \cos \varphi \cos \Theta \\ (e) \qquad &+ f\,[\sin s \cos \delta \sin \alpha - \sin (s - m) \cos D \sin A] \cos \varphi \sin \Theta \\ &+ f\,[\sin s \sin \delta \qquad - \sin (s - m) \sin D] \sin \varphi\end{aligned}$$

Setzt man ferner:

$$\begin{aligned}\sin s \cos \delta \cos \alpha - \sin (s - m) \cos D \cos A &= P \cos \lambda \cos \beta \\ \sin s \cos \delta \sin \alpha - \sin (s - m) \cos D \sin A &= P \sin \lambda \cos \beta \\ \sin s \sin \delta - \sin (s - m) \sin D &= P \sin \beta\end{aligned} \qquad (f)$$

so erhält man durch die Quadrirung dieser Gleichungen zur Bestimmung von P die folgende:

$$\begin{aligned} P^2 &= \sin s^2 + \sin(s-m)^2 - 2 \sin s \sin(s-m) \cos m \\ &= \sin s^2 - \sin s^2 \cos m^2 + \cos s^2 \sin m^2 = \sin m^2 \end{aligned}$$

Es wird daher erlaubt sein zu setzen:

$$\begin{aligned} \sin s \cos\delta \cos\alpha - \sin(s-m) \cos D \cos A &= \sin m \cos\lambda \cos\beta \\ \sin s \cos\delta \sin\alpha - \sin(s-m) \cos D \sin A &= \sin m \sin\lambda \cos\beta \\ \sin s \sin\delta - \sin(s-m) \sin D &= \sin m \sin\beta \end{aligned}$$

oder auch:

$$\begin{aligned} \sin m \sin(\lambda-A) \cos\beta &= \sin s \cos\delta \sin(\alpha-A) \\ \sin m \cos(\lambda-A) \cos\beta &= \sin s \cos\delta \cos(\alpha-A) - \sin(s-m) \cos D \qquad (g) \\ \sin m \sin\beta &= \sin s \sin\delta - \sin(s-m) \sin D \end{aligned}$$

Nun ist aber:

$$\begin{aligned} \sin s \cos\delta \cos(\alpha-A) - \sin(s-m) \cos D = \sin s [\cos\delta \cos(\alpha-A) - \cos m \cos D] \\ + \cos s \,.\, \sin m \cos D \end{aligned}$$

und:

$$\begin{aligned} \sin s \sin\delta - \sin(s-m) \sin D = \sin s [\sin\delta - \cos m \sin D] \\ + \cos s \,.\, \sin m \sin D \end{aligned}$$

Im Dreiecke, welches vom Pole des Aequators und den geocentrischen Oertern der Mittelpuncte der Sonne und der Venus gebildet wird, hat man aber auch, wenn man den Winkel an der Sonne mit M bezeichnet:

$$\begin{aligned} \sin m \sin M &= \cos\delta \sin(\alpha-A) \\ \sin m \cos M &= \sin\delta \cos D - \cos\delta \sin D \cos(\alpha-A) \qquad (h) \\ \cos m &= \sin\delta \sin D + \cos\delta \cos D \cos(\alpha-A) \end{aligned}$$

also wird:

$$\begin{aligned} \cos\delta \cos(\alpha-A) &= \cos D \cos m - \sin D \sin m \cos M \\ \sin\delta &= \sin D \cos m + \cos D \sin m \cos M \end{aligned}$$

und die Gleichungen (g) gehen daher in die folgenden über:

$$\begin{aligned} \sin(\lambda-A) \cos\beta &= \sin s \sin M \\ \cos(\lambda-A) \cos\beta &= \cos s \cos D - \sin s \sin D \cos M \qquad (i) \\ \sin\beta &= \cos s \sin D + \sin s \cos D \cos M \end{aligned}$$

wo s und M durch die Gleichungen (d) und (h) gefunden werden. Hat man dann aus den Gleichungen (i) λ und β bestimmt, so findet man nach (e) und (f) m' durch die Gleichung:

$$\cos m' = \cos m + f \sin m \,[\cos\lambda \cos\beta \cos\varphi \cos\Theta + \sin\lambda \cos\beta \cos\varphi \sin\Theta + \sin\beta \sin\varphi]$$

$$= \cos m + f \sin m \,[\sin\varphi \sin\beta + \cos\varphi \cos\beta \cos(\lambda - \Theta)]$$

Es sei nun T die mittlere Zeit des ersten Meridians, für welche die Gröfsen α, δ, A und D berechnet sind und L die hierzu gehörige Sternzeit, ferner sei l die östliche Länge des Ortes, auf welchen sich Θ und φ beziehen, so ist:

$$\Theta = l + L$$

also:

$$\lambda - \Theta = \lambda - L - l$$

Setzt man daher:

$$\left.\begin{aligned} \Lambda &= \lambda - L \\ \cos\zeta &= \sin\varphi \sin\beta + \cos\varphi \cos\beta \cos(\Lambda - l) \\ &\text{so wird:} \\ \cos m' &= \cos m + f \sin m \cos\zeta \end{aligned}\right\} \qquad (k)$$

Alle Orte, für welche $\cos\zeta$ gleich ist, sehen also in demselben absoluten Augenblicke, welcher der Sternzeit L oder der mittleren Zeit T des ersten Meridians entspricht, mithin jeder zu der mittleren Zeit $T + l$ des Ortes, dieselbe scheinbare Distanz m'. Um nun die Zeit zu finden, wann diese Orte die Entfernung m sehen, hat man:

$$dm = f \cos\zeta$$

mithin:

$$dt = -\frac{f \cos\zeta}{\frac{dm}{dt}}$$

Ist aber m eine kleine Gröfse, wie dies z. B. für die

Zeiten der Ränderberührungen der Fall ist, so hat man nach den Formeln (A):

$$m = (\alpha - A) \cos \tfrac{1}{2} (\delta + D) \sin M + (\delta - D) \cos M$$

$$\frac{dm}{dt} = \frac{d(\alpha - A)}{dt} \cos \tfrac{1}{2} (\delta + D) \sin M + \frac{d(\delta - D)}{dt} \cos M$$

oder nach den Formeln (B):

$$\frac{dm}{dt} = n \cos (M - N)$$

mithin:

$$dt = - \frac{f \cos \zeta}{n \cos (M - N)}$$

Wenn daher der Beobachter im Mittelpuncte zur Zeit T die Entfernung m sieht, so wird man an einem Orte auf der Oberfläche der Erde diese Entfernung zur Zeit des ersten Meridians:

$$T + \frac{f \cos \zeta}{n \cos (M - N)}$$

oder zur Ortszeit:

$$T + l + \frac{f \cos \zeta}{n \cos (M - N)}$$

sehen.

Um nun aus den Zeiten des Ein- und Austritts für den Mittelpunkt der Erde die Zeiten des Ein- und Austritts für einen Ort auf der Oberfläche zu finden, hat man nur $R \pm r$ und $\odot$ statt m und M zu nehmen und da nach den Formeln (E) und (F) für den Eintritt $\odot = 180 + N - \psi$ für den Austritt dagegen $\odot = N + \psi$ war, so wird man also zu den Zeiten des Ein- und Austritts für den Mittelpunct der Erde hinzuzulegen haben:

$$- \frac{f \cos \zeta}{n \cos \psi}$$

und:

$$+ \frac{f \cos \zeta}{n \cos \psi}$$

Die sämmtlichen Formeln für die Vorausberechnung eines Venusdurchgangs sind daher die folgenden:

Für den Mittelpunct der Erde.

Für eine der Conjunctionszeit nahe Zeit eines ersten Meridians suche man die Rectascensionen α, A und die Declinationen δ, D der Venus und Sonne und ebenso die Halbmesser r und R beider Gestirne. Dann berechne man:

$$m \sin M = (\alpha - A) \cos \tfrac{1}{2} (\delta + D)$$
$$m \cos M = \delta - D$$
$$n \sin N = \frac{d(\alpha - A)}{dt} \cos \tfrac{1}{2} (\delta + D)$$
$$n \cos N = \frac{d(\delta - D)}{dt}$$
$$\frac{m \sin (M - N)}{R \pm r} = \sin \psi, \ \psi < \pm 90^\circ$$
$$\tau = -\frac{m}{n} \cos (M - N) - \frac{R \pm r}{n} \cos \psi$$
$$\tau' = -\frac{m}{n} \cos (M - N) + \frac{R \pm r}{n} \cos \psi$$

so erfolgt der Eintritt zur Zeit:

$$t = T + \tau$$

wobei:

$$\odot = 180 + N - \psi$$

und der Austritt zur Zeit:

$$t' = T + \tau'$$

und es ist:

$$\odot = N + \psi$$

Für einen Ort, dessen östliche Länge l und dessen Polhöhe φ ist.

Für den Ein- und Austritt rechne man mit den entsprechenden Winkeln $\odot$ die Formeln:

$$\pi \cos (R \pm r) - p = f \sin s$$
$$-\pi \sin (R \pm r) = f \cos s$$
$$\frac{f}{n \cos \psi} = g$$

$$\sin(\lambda - A)\cos\beta = \sin s \sin \odot$$
$$\cos(\lambda - A)\cos\beta = \cos s \cos D - \sin s \sin D \cos \odot$$
$$\sin\beta = \cos s \sin D + \sin s \cos D \cos \odot$$
$$\Lambda = \lambda - L$$
$$\cos\zeta = \sin\beta \sin\varphi + \cos\beta \cos\varphi \cos(\Lambda - l)\ ^{*)}$$

wo L die den Zeiten t oder t' entsprechende Sternzeit ist. Dann ist in mittlerer Ortszeit die Zeit des Eintritts:

$$t + l - g \cos\zeta$$

und die Zeit des Austritts:

$$t' + l + g \cos\zeta$$

Diejenigen Orte, für welche die Gröſse

$$\sin\beta \sin\varphi + \cos\beta \cos\varphi \cos(\Lambda - l)$$

gleich ± 1 wird, sehen die Erscheinung unter allen Orten am frühesten oder spätesten. Die Dauer der Erscheinung kann also für einen Ort auf der Oberfläche um $2g$ von der Dauer der Erscheinung für den Mittelpunct verschieden sein und da nun für centrale Durchgänge sehr nahe:

$$g = \frac{\pi - p}{n}$$

ist, so kann also der Unterschied in der Dauer die doppelte Zeit betragen, welche die Venus braucht, um vermöge ihrer relativen Geschwindigkeit gegen die Sonne einen Bogen zu beschreiben, welcher gleich dem doppelten Unterschiede ihrer Parallaxe mit der der Sonne ist. Da nun der Unterschied dieser Parallaxen 23″ und die stündliche Bewegung der Venus zur Zeit ihrer Conjunction mit der Sonne 234″ beträgt, so kann dieser Unterschied nahe 12 Minuten ausmachen. Daraus sieht man also, daſs aus diesen Erscheinungen die Differenz der Parallaxen von Sonne und Venus und somit auch nach dem dritten Kepplerschen Gesetze die Parallaxe der Sonne selbst mit groſser Genauigkeit bestimmt werden kann.

---

*) ζ ist der Winkelabstand des Punctes, dessen Länge l und Breite φ ist, von einem Puncte, dessen Länge und Breite Λ und β ist.

Beispiel. Für den Venusdurchgang am 5. Juni 1761 hat man die folgenden Oerter der Sonne und der Venus:

M. Par. Zeit	A	D	α	δ
16^h	$74^\circ 17' 1''.8$	$+22^\circ 41' 3''.7$	$74^\circ 25' 50''.3$	$+22^\circ 33' 17''.6$
17^h	19 36 .4	41 19 .1	24 13 .2	32 32 .4
18^h	22 10 .9	41 34 .5	22 36 .2	31 47 .1
19^h	24 45 .5	41 49 .9	20 59 .2	31 1 .9
20^h	27 20 .1	42 5 .3	19 22 .2	30 16 .6

ferner:

$$\pi = 29''.6068 \qquad R = 946''.8$$
$$p = 8''.4408 \qquad r = 29''.0$$

Um nun hieraus die Zeit der äufseren Berührungen für den Mittelpunct der Erde zu berechnen, hat man für:

$$T = 17^h$$

$$\alpha - A = +4' 36''.8, \; \delta - D = -8' 46''.7, \; \frac{d\alpha}{dt} - \frac{dA}{dt} = -4' 11''.6$$
$$\frac{d\delta}{dt} - \frac{dD}{dt} = -60''.65, \; R + r = 975''.8$$

Damit erhält man:

$$M = 154^\circ 7'.2 \qquad N = 255^\circ 21'.9$$
$$\log m = 2.76746 \qquad \log n = 2\ 38028$$
$$M - N = 258^\circ 45'.3$$
$$\psi = -36\ \ 2.6$$

$$-\frac{m}{n}\cos(M-N) = +0.4756 \quad \tau = -2^h.8114 = -2^h 48' 41''.0$$

$$+\frac{(R+r)\cos\psi}{n} = +3.2870 \quad \tau' = +3\ .7626 = +3\ 45\ 45\ .4$$

Mithin erfolgte für den Mittelpunct der Erde:

der Eintritt um

$$14^h\ 11'\ 19''.0$$

mittlere Pariser Zeit, wobei:

$$\odot = 111^\circ\ 24'.5$$

und der Austritt um

$$20^h\ 45'\ 45''.4$$

mittlere Pariser Zeit, wobei

$$\odot = 219^\circ\ 19'\ 3$$

Will man nun die Zeiten des Austritts für Orte auf der Oberfläche der Erde haben, so hat man zunächst die Constanten λ, β und g zu berechnen. Man erhält aber:

$$s = 90^\circ\ 22'.7,\ \log f = 1.32564,\ \log g = 9.03764$$

und da:

$$\odot = 219^\circ\ 19'.3,\ D = 22^\circ\ 42'.3,\ A = 74^\circ\ 29'.3$$

so ist:

$$\lambda = 9^\circ\ 15'.9$$

und:

$$\beta = -\ 45^\circ\ 44'.4$$

Da ferner die mittlere Pariser Zeit $20^h\ 45'\ 45''.4$ der Sternzeit $1^h\ 45'\ 34''.6$ entspricht, so ist:

$$\Lambda = -\ 17^\circ\ 7'.7$$

Verlangt man nun z. B. die Zeit des Austritts für das Cap der guten Hoffnung, für welches:

$$l = +\ 1^h\ 4'\ 33''.5$$

und:

$$\varphi = -\ 33^\circ\ 56'\ 3''$$

so findet man:

$$\log \cos \zeta = 9.94643,\ g \cos \zeta = +\ 5'\ 47''.0$$

also die Zeit des Austritts:

$$t + l + g \cos \zeta = 21^h\ 56'\ 5''.9$$

mittlere Zeit des Caps.

Differenzirt man die Gleichung:

$$T = t + l + g \cos \zeta$$

so erhält man für die Aenderung von T' in Secunden:

$$dT = \frac{3600 \cos\zeta}{n \cos\psi} \; d(\pi - p)$$
$$= \frac{3600 \cos\zeta}{n \cos\psi} \; \frac{\pi - p}{p_0} \; dp_0 \;^{*)}$$
$$= 40.49 \; dp_0$$

sodaſs ein Fehler von $0''.13$ in dem angenommenen Werthe der Sonnenparallaxe die Zeiten der Ränderberührung um volle 5 Zeitsecunden ändert. Umgekehrt werden Fehler in der Beobachtung der Berührungszeit nur einen geringen Einfluſs auf die daraus hergeleitete Parallaxe haben und da sich die Beobachtungen des Ein- und Austritts der dunklen Scheibe des Planeten am Sonnenrande mit sehr groſser Schärfe anstellen lassen, so sieht man, daſs man auf diese Weise die Sonnenparallaxe mit sehr groſser Genauigkeit finden kann.

5. Um nun die vollständige Bedingungsgleichung zu erhalten, welche jede Beobachtung einer Ränderberührung giebt, geht man von der Gleichung aus:

$$[\alpha' - A']^2 \cos\delta_0^2 + [\delta' - D']^2 = [R \pm r]^2 \qquad (a)$$

wo α', A', δ' und D' die scheinbaren, mit der Parallaxe behafteten Rectascensionen und Declinationen der Sonne und der Venus sind, δ_0 das arithmetische Mittel $\frac{\delta' + D'}{2}$ bezeichnet. Da aber die Parallaxen beider Gestirne klein und ebenso für die Zeiten der Ränderberührungen die Unterschiede der Rectascensionen und Declinationen kleine Gröſsen sind, so kann man annehmen:

$$\alpha' - A' = \alpha - A + (\pi - p) \sec\delta_0 \, \varrho \cos\varphi' \sin(\alpha_0 - \Theta)$$
$$\delta' - D' = \delta - D + (\pi - p) \, [\varrho \cos\varphi' \sin\delta_0 \cos(\alpha_0 - \Theta) - \varrho \sin\varphi' \cos\delta_0]$$

wo:

$$\alpha_0 = \frac{\alpha + A}{2}$$

gesetzt ist.

*) Wo p_0 die mittlere Horizontal-Aequatoreal-Parallaxe der Sonne bezeichnet.

Führt man nun die folgenden Hülfsgröſsen ein:

$$\left.\begin{array}{c}\varrho \cos\varphi' \sin(\alpha_0-\Theta) = h \sin H \\ \varrho \cos\varphi' \sin\delta_0 \cos(\alpha_0-\Theta) - \varrho \sin\varphi' \cos\delta_0 = h \cos H\end{array}\right\} \quad (A)$$

so geht die Gleichung (a) in die folgende über:

$$[\alpha-A+(\pi-p)h\sin H\sec.\delta_0]^2\cos\delta_0{}^2+[\delta-D+(\pi-p)h\cos H]^2=[R\pm r]^2$$

Sind hier α, A, δ, D, π und p die aus den Tafeln genommenen Werthe, $\alpha+d\alpha$, $\delta+d\delta$, $A+dA$, $D+dD$, $\pi+d\pi$ und $p+dp$ dagegen die wahren Werthe und ist dt der Fehler in der angenommenen Länge des Beobachtungsortes, so wird diese Gleichung:

$$\left[\begin{array}{l}\alpha-A+(\pi-p)h\sin H\sec\delta_0+d(\alpha-A)\\ +d(\pi-p)h\sin H\sec\delta_0-\dfrac{d(\alpha-A)}{dt}dt\end{array}\right]^2\cos\delta_0{}^2$$

$$+\left[\delta-D+(\pi-p)h\cos H+d(\delta-D)+d(\pi-p)h\cos H-\frac{d(\delta-D)}{dt}dt\right]^2$$
$$=[R\pm r]^2$$

Entwickelt man diese Gleichung und vernachläſsigt die Quadrate und Producte von $\pi-p$ und den kleinen Aenderungen so erhält man, wenn man setzt:

$$\alpha-A+(\pi-p)h\sin H\sec\delta_0=A'$$
$$\delta-D+(\pi-p)h\cos H=D'$$

$$A'^2\cos\delta_0{}^2+D'^2-(R\pm r)^2$$
$$=-2A'\cos\delta_0{}^2d(\alpha-A)-2[A'h\sin H\cos\delta_0+D'h\cos H]d(\pi-p)$$
$$-2D'd(\delta-D)+2\left(A'\frac{d(\alpha-A)}{dt}\cos\delta_0{}^2+B'\frac{d(\delta-D)}{dt}\right)dt$$
$$+2(R\pm r)d(R\pm r)$$

Bezeichnet man aber:

$$A'^2\cos\delta_0{}^2+D'^2$$

mit m^2, so ist, da nahe:

$$m^2-(R\pm r)^2=2m[m-(R\pm r)]$$

$$m[m-(R\pm r)]=-A'\cos\delta_0{}^2d(\alpha-A)-D'd(\delta-D)$$
$$-[A'h\sin H\cos\delta_0+D'h\cos H]d(\pi-p)$$
$$+\left(A'\frac{d(\alpha-A)}{dt}\cos\delta_0{}^2+D'\frac{d(\delta-D)}{dt}\right)dt+(R\pm r)d(R\pm r)$$

Setzt man nun:

$$\left.\begin{aligned} A' \cos \delta_0 &= m \sin M \\ D' &= m \cos M \end{aligned}\right\} \qquad (B)$$

$$\left.\begin{aligned} \frac{1}{3600}\,\frac{d(\alpha-A)}{dt} &= n \sin N \\ \frac{1}{3600}\,\frac{d(\delta-D)}{dt} &= n \cos N \end{aligned}\right\} \qquad (C)$$

so erhält man die Bedingungsgleichung:

$$\begin{aligned} dt + \frac{(R\pm r-m)}{n\cos(M-N)} &= \frac{\sin M \cos\delta\, d\,(\alpha-A)}{n\cos(M-N)} + \frac{\cos M d(\delta-D)}{n\cos(M-N)} \\ &\quad + \frac{h\cos(M-H)}{n\cos(M-N)}\,\frac{\pi-p}{p_0}\,dt - \frac{d\,(R\pm r)}{n\cos(M-N)} \end{aligned} \qquad (D)$$

Wäre die Länge genau bekannt, also $dt = 0$, so könnte man die Divisoren weglassen. Behält man dieselben indessen bei, so wird dadurch $R\pm r-m$ in Zeitsecunden ausgedrückt, da:

$$n\cos(M-N) = \frac{dm}{dt}$$

ist.

Beispiel. Die innere Berührung beim Austritt wurde am Cap der guten Hoffnung beobachtet um:

$21^h\ 38'\ 3''.3$ mittlere Zeit.

Diese Zeit entspricht der mittleren Pariser Zeit:

$20^h\ 33'\ 29''.8 = 1^h\ 33'\ 16''.2$ Sternzeit.

Es war also:

$$\Theta = 2^h\ 37'\ 49''.7 = 39^\circ\ 27'\ 25''$$

Ferner hat man für die angegebene mittlere Pariser Zeit:

$$\begin{aligned} \alpha &= 74^\circ\ 18'\ 28''.05 & \delta &= 22^\circ\ 29'\ 51''.32 \\ A &= 74\ \ 28\ \ 46\ .41 & D &= 22\ \ 42\ \ 13\ .90 \\ \hline \alpha-A &= -\ \ 10'\ 18''.36 & \delta-D &= -\ \ 12'\ 22''.58 \end{aligned}$$

$\alpha_0 = 74^\circ\ 23'\ 37''$ $\qquad \alpha_0-\Theta = 34^\circ 56' 12''$ $\qquad \delta_0 = 22^\circ\ 36'\ 2''$

$(\pi - p)\,h \sin H = +\ 10''.07 \qquad H = 31^\circ\,34'.0 \qquad (\pi - p)\,h \sin H \sec \delta_0$

$(\pi - p)\,h \cos H = +\ 16\,.39 \quad \log h = 9.95835 \qquad = +\ 10''.90$

$$A' = -\ 10'\ 7''.46$$
$$D' = -\ 12\ \ 6\,.19$$

$$M = 217^\circ\,40'.7 \qquad N = 255^\circ\,19'.3$$
$$\log m = 2.96262 \qquad \log n = 8.82412$$

Da nun:

$$R - r = 917''.80$$

ist, und:

$$p_0 = 8''.57116$$

so erhält man:

$$-\ 5.3 = 10.684\, d(\alpha - A) + 14.986\, d\,(\delta - D)$$
$$+\ 42.240\, dp_0 + 18.934\, d(R - r)$$

Eine solche Gleichung von der Form:

$$0 = n + a d(\alpha - A) + b d(\delta - D) + c dp_0 + e d(R - r)$$

giebt dann eine jede Beobachtung einer inneren Berührung und aus allen diesen Gleichungen mufs man dann wieder, um die wahrscheinlichsten Werthe zu erhalten, diejenigen Werthe suchen, welche die Summe der Quadrate der übrig bleibenden Fehler zu einem Minimum machen. Bezeichnet man wieder:

$$an + a'n' + a''n'' +$$

durch [an] und entsprechend die übrigen Summen, so sind die vier Gleichungen, welche die aus den inneren Berührungen folgenden wahrscheinlichsten Werthe geben:

$$[aa]\,d(\alpha - A) + [ab]\,d(\delta - D) + [ac]\,dp_0 + [ae]\,d(R - r) + [an] = 0$$
$$[ab]\,d(\alpha - A) + [bb]\,d(\delta - D) + [bc]\,dp_0 + [be]\,d(R - r) + [bn] = 0$$
$$[ac]\,d(\alpha - A) + [bc]\,d(\delta - D) + [cc]\,dp_0 + [ce]\,d(R - r) + [cn] = 0$$
$$[ae]\,d(\alpha - A) + [be]\,d(\delta - D) + [ce]\,dp_0 + [ee]\,d(R - r) + [en] = 0$$

Auf diese Weise fand nun Encke *) aus der sorgfältig-

---

*) Encke, Entfernung der Sonne von der Erde aus dem Venusdurchgang von 1761. Gotha 1822.

Encke, Venusdurchgang von 1769. Gotha. 1824.

sten Discussion aller bei den Vorübergängen der Venus in den Jahren 1761 und 1769 angestellten Beobachtungen die Sonnenparallaxe gleich 8″·5776. In neuester Zeit hat Encke nach Auffindung des Originalmanuscripts von Hell's Beobachtungen des Venusdurchgangs von 1769 in Wardoe im nördlichen Lappland diesen Werth noch etwas geändert und dafür:

$$8''.57116$$

angenommen. Man erhält damit die Entfernung der Sonne von der Erde gleich 20682329 geographischen Meilen, von denen 15 auf einen Grad des Aequators gehen.

Nachdem man so die Horizontalparallaxe der Sonne kennt, findet man dieselbe für jedes andere Gestirn, dessen Entfernung vom Mittelpuncte der Erde in Einheiten der halben grofsen Axe der Erdbahn ausgedrückt Δ ist, durch die Gleichung:

$$\sin p = \frac{8''.57116}{\Delta}$$

Anm. Alles, was in Nr. 4 und 5 über die Venusdurchgänge gesagt ist, gilt auch für die Vorübergänge des Mercur vor der Sonne, die indessen weit weniger günstig für die Bestimmung der Sonnenparallaxe sind. Da nämlich für die Zeiten der unteren Conjunction des Mercur die stündliche Bewegung desselben 550″ beträgt, während die Differenz der Parallaxen von Mercur und Sonne im Mittel etwa 9″ ist, so wird der Coefficient von dp_0 für einen Venusdurchgang sich zu dem Coefficienten für einen Mercursdurchgang verhalten wie:

$$\frac{23}{9} \quad \frac{550}{234} \quad 1$$

also im ersteren Falle etwa 6 mal gröfser sein. Ein Fehler von 5″ in der Beobachtung der Zeit des Ein- und Austritts bei einem Mercursdurchgange wird daher schon einen Fehler von 0″ 8 in der Sonnenparallaxe hervorbringen. Wegen der starken Excentricität der Mercursbahn kann dies Verhältnifs indessen günstiger werden, wenn sich nämlich der Mercur zur Zeit seiner untern Conjunction zugleich im Aphel oder in seiner gröfsten Entfernung von der Sonne befindet.

III. Bestimmung der Constante der Refraction.

6. Die regelmäſsige tägliche Bewegung der Himmelskörper in einem Kreise um den Weltpol gewährt ein einfaches Mittel zur Bestimmung der Constante der Refraction. Vermöge dieser Bewegung erreicht nämlich ein jeder Stern, dessen Polardistanz kleiner als die Polhöhe ist, einmal im Meridiane seine gröſste und nach 12 Stunden bei der untern Culmination seine kleinste Höhe und zwar ist die Zenithdistanz des Sterns bei seiner oberen Culmination gleich $\delta - \varphi$*), bei der unteren dagegen gleich $180 - \delta - \varphi$. Miſst man nun die Meridianzenithdistanzen eines Sterns, welcher bei seiner oberen Culmination nahe durch das Zenith geht, wo die Refraction klein ist, und der also unter unserer Breite bei der unteren Culmination dem Horizonte nahe steht, so kann man aus diesen Beobachtungen, wenn man damit die eines zweiten Sterns verbindet, die Constante der Refraction finden. Man hat dann nämlich für den ersteren Stern die Gleichungen:

$$\delta - \varphi = z + \alpha \operatorname{tang} z$$
$$180 - \delta - \varphi = \zeta + \alpha \operatorname{tang} \zeta$$

wo z und ζ die bei der oberen und unteren Culmination gemessene Zenithdistanzen sind, und α die Constante der Refraction bezeichnet. Ebenso hat man für den zweiten Stern:

$$\delta' - \varphi = z' + \alpha \operatorname{tang} z'$$
$$180 - \delta' - \varphi = \zeta' + \alpha \operatorname{tang} \zeta'$$

Diese Gleichungen sind nun freilich nur annähernd richtig, da die Refraction in groſsen Zenithdistanzen nicht mehr der Tangente derselben proportional angenommen werden kann. Man wird indessen doch aus diesen Gleichungen schon genäherte Werthe der vier unbekannten Gröſsen δ, δ', φ und α erhalten und die mit diesem Werthe von α berechneten Re-

*) Wo $\varphi - \delta$ zu nehmen ist, wenn $\delta < \varphi$.

fractionstafeln werden wenigstens für nicht zu kleine Höhen die Refraction schon mit einiger Annäherung an die Wahrheit geben.

Setzt man nun aber die Refraction nicht mehr einfach der Tangente der Zenithdistanz proportional, sondern nimmt dafür das Gesetz an:

$$\alpha f(z, t, b)$$

wo $f(z, t, b)$ die in Nr. 7 und 10 des zweiten Abschnitts gegebene Function der scheinbaren Zenithdistanz und des Barometer- und Thermometerstandes ist, deren numerischer Werth sich für jede einzelne Beobachtung berechnen läfst, so kann man durch diese Methode die Refractionsconstante mit aller zu wünschenden Genauigkeit bestimmen. Durch Addition der beiden Gleichungen für die obere und untere Culmination eines Sterns erhält man nämlich:

$$90 - \varphi = \frac{z+\zeta}{2} + \alpha \frac{f(z, t, b) + f(\zeta, t', b')}{2}$$

Wären nun die Beobachtungen sowie die für φ und α angenommenen Werthe vollkommen genau und das angenommene Gesetz $f(z, t, b)$ der Refraction richtig, so würde diese Gleichung, wenn man die numerischen Werthe einsetzte, immer erfüllt werden. Da aber diese Voraussetzungen nie zutreffen werden, so wird man auch für die beiden Seiten der Gleichung niemals gleiche Werthe erhalten. Es sei nun $\varphi_0 + \Delta\varphi$ gleich der wahren Polhöhe φ, α_0 die den berechneten Refractionstafeln zum Grunde liegende Constante und $\alpha_0 + \Delta\alpha$ der wahre Werth der Refractionsconstante, so ist:

$$\frac{z+\zeta}{2} + \alpha_0 \frac{f(z, t, b) + f(\zeta, t', b')}{2}$$

das arithmetische Mittel der Zenithdistanzen, durch die aus den Tafeln genommenen Refractionen verbessert und wenn man diesen Werth mit Z bezeichnet, so erhält man die Gleichung:

$$90 - \varphi_0 - \Delta\varphi = Z + \Delta\alpha \frac{f(z, t, b) + f(\zeta, t', b')}{2}$$

oder, wenn man setzt:

$$Z + \varphi_0 - 90 = n$$

$$0 = n + \Delta\varphi + \Delta\alpha \frac{f(z,t,b) + f(\zeta,t',b')}{2}$$

Eine jede Beobachtung der Zenithdistanzen desselben Sterns bei seiner oberen nnd unteren Culmination wird also eine solche Gleichung geben, und wenn man deren mehrere hat, so wird man aus ihnen $\Delta\varphi$ und $\Delta\alpha$ durch die Methode der kleinsten Quadrate finden können.

In Nr. 9 und 10 des zweiten Abschnitts hat man aber gesehen, daſs der Ausdruck für die Refraction auſser der Constante α auch noch dic Constante β enthält, wo:

$$\beta = \frac{h-l}{hl}\,a$$

war und a die halbe groſse Axe des Erdsphäroids, l die mittlere Barometerhöhe an der Oberfläche des Meeres bezeichnete und h eine durch die Beobachtungen noch zu bestimmende Constante war. Nun ist das Gesetz für die Refraction nach den in Nr. 10 des zweiten Abschnitts gebrauchten Bezeichnungen:

$$(1-\alpha)\,\delta z = \sin z^2 \sqrt{\frac{2}{\beta}}\quad Q_n$$

und es wird daher:

$$(1-\alpha)\frac{d.\delta z}{d\beta} = -\frac{1}{\sqrt{2\beta^3}}\sin z^2\,Q_n + \sin z^2\sqrt{\frac{2}{\beta}}\;\frac{d\,Q_n}{d\beta}$$

wo der Werth $\frac{dQn}{d\beta}$ ebenfalls nach den Formeln in der angeführten Nummer berechnet werden kann. Bezeichnet man nun:

$$\tfrac{1}{2}\left(\frac{d.\delta z}{d\beta} + \frac{d.\delta\zeta}{d\beta}\right)$$

mit c, so hat man also, wenn die bei der Berechnung von Z benutzten Refractionstafeln auf dem genäherten Werthe

β_0 von β beruhten, der obigen Bedingungsgleichung noch das Glied $+ c\Delta\beta$ hinzuzufügen, sodafs diese jetzt wird:

$$0 = n + \Delta\varphi + \Delta\alpha \cdot \frac{f(z, t, b) + f(\zeta, t', b')}{2} + c \cdot \Delta\beta$$

Hat man nun durch die Methode der kleinsten Quadrate die Werthe von $\Delta\varphi$, $\Delta\alpha$ und $\Delta\beta$ gefunden und will man die Constante h selbst kennen, so erhält man, wenn h_0 mit dem Werthe β_0 berechnete genäherte Werth von h ist:

$$\Delta h = \frac{h_0^2}{a} \Delta\beta$$

IV. Bestimmung der Constante der Aberration.

7. Die Constante der Aberration ist, wie man in Nr. 13 des zweiten Abschnitts gesehen hat, bekannt, sobald die Geschwindigkeit der Bewegung der Erde und die Geschwindigkeit des Lichts gegeben sind. Die Winkelgeschwindigkeit der Bewegung der Erde war durch die Beobachtungen der Sonne schon von den Alten sehr genau bestimmt. Die Zeit, welche das Licht braucht, um den Halbmesser der Erdbahn zu durchlaufen wurde dagegen zuerst von dem dänischen Astronomen Olav Römer aus den Verfinsterungen der Jupiterstrabanten hergeleitet, indem derselbe im Jahre 1675 die Bemerkung machte, dafs diese Verfinsterungen zu der Zeit, wo die Erde zwischen der Sonne und dem Jupiter steht, um 8′ 13″ früher, dagegen zu der Zeit, wo die Sonne zwischen dem Jupiter und der Erde steht, um eben so viel später eintrafen, als die Vorausberechnung derselben angab. Da nun im ersteren Falle die Erde dem Jupiter um den ganzen Durchmesser der Erdbahn näher steht als im zweiten Falle, so kam Römer sogleich auf die richtige Erklärung dieser Erscheinung, dafs nämlich das Licht eine Zeit von 16′ 26″ brauche, um den Durchmesser der Erdbahn zu durchlaufen. Delambre bestimmte diese Zeit aus einer sehr sorgfältigen

Discussion der vorhandenen Beobachtungen von Verfinsterungen und fand damit die Aberrationsconstante gleich 20″.255, einen Werth, welchen Bessel auch in seinen Tabulis Regiomontanis beibehalten hat.

Man kann nun aber auch diese Constante aus den beobachteten scheinbaren Oertern der Fixsterne herleiten und zwar werden besonders Beobachtungen des Polarsterns zu diesem Zwecke geeignet sein, weil für denselben die Aberration wegen des Factors sec δ sehr vergröſsert erscheint. Vergleicht man nämlich die Rectascension α des Polarsterns, welche man zu der Zeit beobachtet hat, wo die Aberration in ihrem positiven Maximum ist, mit dem zur Zeit des negativen Maximums beobachteten Werthe α', so erhält man die Constante k der Aberration durch die Gleichung:

$$k = \tfrac{1}{2}\,(\alpha' - \alpha)\cos\delta$$

Will man dieselbe genauer finden, so muſs man eine groſse Anzahl von Beobachtungen zu diesem Zwecke anwenden. Ist nun α die Rectascension des Sterns, frei von Aberration, α' dagegen die scheinbare Rectascension, so ist:

$$\alpha' = \alpha - k\,[\cos\odot\cos\varepsilon\cos\alpha + \sin\odot\sin\alpha]\sec\delta$$

oder, wenn man setzt:

$$\cos\varepsilon\cos\alpha = a\sin A$$
$$\sin\alpha = a\cos A$$
$$\alpha' = \alpha - ka\sin(\odot + A)\sec\delta$$

Ist nun sowohl die mittlere Rectascension um $\Delta\alpha$, als auch die Constante der Aberration um Δk fehlerhaft, sodaſs $\alpha + \Delta\alpha$ und $k + \Delta k$ die wahren Werthe dieser Gröſsen sind, so würde die berechnete Rectascension mit der beobachteten abgesehen won den Beobachtungsfehlern nur dann übereinstimmen, wenn man für die mittlere Rectascension und die Aberrationsconstante die wahren Werthe $\alpha + \Delta\alpha$ und $k + \Delta k$ anwendete. Bezeichnet daher α' die beobachtete scheinbare Rectascension, so hat man also die Gleichung:

$$\alpha' = \alpha - ka\sin(\odot + A)\sec\delta + \Delta\alpha - \Delta k\,.\,a\sin(\odot + A)\sec\delta$$

oder, wenn man setzt:

$$\alpha - ka \sin(\odot + A) \sec\delta - \alpha' = n$$
$$0 = n + \Delta\alpha - \Delta k \,.\, a \sin(\odot + A) \sec\delta$$

Eine jede beobachtete Rectascension des Polarsterns wird eine solche Gleichung geben und aus der Verbindung aller dieser Gleichungen findet man dann die wahrscheinlichsten Werthe für $\Delta\alpha$ und Δk durch die Methode der kleinsten Quadrate.

Auf diese Weise bestimmte von Lindenau die Constante der Aberration gleich 20″.4486. In neuerer Zeit benutzte Peters zu diesem Zwecke die von Struve und Preufs in den Jahren 1822 bis 1838 in Dorpat beobachteten Rectascensionen des Polarsterns und suchte aufser der Constante der Nutation wovon später die Rede sein wird, auch die jährliche Parallaxe des Polarsterns. Für die Aenderung der Rectascension durch die letztere hat man aber nach Nr. 15 des zweiten Abschnitts den Ausdruck:

$$-\pi\,[\cos\odot \sin\alpha - \sin\odot \cos\varepsilon \cos\alpha] \sec\delta$$

oder, wenn man die vorher angewandten Hülfsgröfsen gebraucht:

$$-\pi a \cos(\odot + A) \sec\delta$$

Fügt man daher dies Glied der vorher gegebenen Bedingungsgleichung hinzu, sodafs diese die Form bekommt:

$$0 = n + \Delta\alpha - \Delta k \,.\, a \sin(\odot + A) \sec\delta - \pi \,.\, a \cos(\odot + A) \sec\delta$$

so erhält man aus allen Gleichungen, welche die einzelnen beobachteten Rectascensionen geben, durch die Methode der kleinsten Quadrate auch noch den Werth der jährlichen Parallaxe π. Auf diese Weise fand Peters*) aus 603 Bedingungsgleichungen, die aus eben so viel beobachteten Rectascensionen hergeleitet waren:

$$\Delta k = +\,0''.1705$$
$$\pi = +\,0''.1724$$

---

*) v. Lindenau hatte bei seinen Untersuchungen ebenfalls auf die Parallaxe Rücksicht genommen und dafür gefunden 0″.1444.

oder für die Constante der Aberration, da seinen Rechnungen der vorher angeführte Delambresche Werth derselben zum Grunde lag:

$$k = 20''.4255$$

Will man sich der Declinationen zur Bestimmung der Aberrationsconstante bedienen, so hat man:

$$\begin{aligned}\delta' - \delta = &+ k \cos \odot\, [\sin \alpha \sin \delta \cos \varepsilon - \cos \delta \sin \varepsilon] \\ &- k \sin \odot \cos \alpha \sin \delta\end{aligned}$$

oder, wenn man setzt:

$$\begin{aligned}\sin \alpha \sin \delta \cos \varepsilon - \cos \delta \sin \varepsilon &= b \sin B \\ - \cos \alpha \sin \delta &= b \cos B\end{aligned}$$

$$\delta' - \delta = + kb \sin (\odot + B)$$

Man wird daher für jede beobachtete Declination oder Meridianhöhe die Bedingungsgleichung erhalten:

$$0 = n' + \Delta\delta + \Delta k \,.\, b \sin (\odot + B)$$

wo:

$$n' = \delta + kb \sin (\odot + B) - \delta'$$

und δ' die beobachtete Declination, $\Delta\delta$ der Fehler der angenommenen mittleren Declination ist.

Durch solche Beobachtungen der Meridianzenithdistanzen der Sterne entdeckte Bradley die Aberration, indem er vom Jahre 1725 ab zu Kew vorzüglich den Stern γ Draconis, der nahe durch das Zenith des Ortes ging, verfolgte und eine periodische Aenderung seiner Zenithdistanz bemerkte, die von der Parallaxe, deren Auffindung der eigentliche Zweck dieser Beobachtungen war, nicht herrühren konnte. Die Erklärung dieser Erscheinung durch die Zusammensetzung der Bewegung des Lichts mit der Bewegung der Erde wurde indessen später von Bradley gegeben. Aus seinen zahlreichen Beobachtungen von γ Draconis und einigen anderen Sternen wurde von Busch der Werth der Aberrationsconstante gleich 20''.2116 bestimmt.*)

---

*) Das Instrument, dessen sich Bradley zu diesen Beobachtungen bediente war ein Zenithsector, d. h. ein Kreissector von sehr grofsem

Lundahl berechnete diese Constante, wie Peters aus den Rectascensionen so aus den Declinationen des Polarsterns, welche von Struve und Preufs in den Jahren 1822 bis 1838 in Dorpat beobachtet waren, indem er zu gleicher Zeit wieder die Parallaxe als zweite Unbekannte in die Bedingungsgleichungen einführte. Da die Parallaxe eines Sterns in Declination nach Nr. 15 des zweiten Abschnitts durch die Formel gegeben ist:

$$\delta'-\delta = -\pi \sin \odot \,[\cos \varepsilon \sin \alpha \sin \delta - \sin \varepsilon \cos \delta] \\ - \pi \cos \odot \sin \delta \cos \alpha$$

oder, wenn man wieder die vorher gebrauchten Hülfsgröfsen einführt durch:

$$\delta'-\delta = \pi b \cos (\odot + B)$$

so nehmen die Bedingungsgleichungen für die Bestimmung der Aberrationsconstante und der Parallaxe aus Declinationsbeobachtungen die Form an:

$$0 = n' + \Delta\delta + \Delta k \,.\, b \sin (\odot + B) + \pi b \cos (\odot + B)$$

Aus 102 solcher Gleichungen fand Lundahl:

$$\Delta k = +\,0''.2958$$
$$\pi = +\,0''.1473$$

oder da seinen Rechnungen ebenfalls der Delambresche Werth der Constante zum Grunde lag:

$$k = 20''.5508$$

Ebenso fand Peters aus seinen Beobachtungen an dem Repsoldschen Verticalkreise der Pulkowaer Sternwarte für diese Constante den Werth:

$$k = 20''.503$$

Struve wandte endlich zur Bestimmung der Zenithdistanzen mehrerer Sterne, welche nahe durch das Zenith der Pulkowaer Sternwarte gehen, ein im ersten Verticale aufge-

---

Halbmesser, womit er die Zenithdistanzen der Sterne bis etwas über 12° zu jeder Seite des Zeniths messen konnte.

stelltes Passageninstrument an, welches zu diesem Zwecke besonders geeignet ist *) und fand aus sieben Sternen mit sehr grofser Uebereinstimmung den Werth der Aberrationsconstante im Mittel gleich:

$$20''.4451$$

eine Zahl, die wohl nur äufserst wenig von der Wahrheit abweichen wird, da ja auch alle übrigen Bestimmungen eine ähnliche Vergrösserung des Delambreschen Werthes der Constante geben. Dieser letztere Werth liegt den in Nr. 14 des zweiten Abschnitts erwähnten Aberrationstafeln von Nicolai zum Grunde; ebenso sind die Angaben im Nautical Almanac mit dieser Constante berechnet. Die Rechnungen für das Berliner Jahrbuch sind dagegen noch mit dem von Bessel in seinen Tabulis Regiomontanis angewandten Werthe der Aberrationsconstante $20''.255$ ausgeführt.

V. Bestimmung der Constante der Nutation.

8. Umfassen die zur Bestimmung der Aberrationsconstante und der Parallaxe angestellten Beobachtungen einen Zeitraum von vielen Jahren, so kann man daraus auch die Constante der Nutation bestimmen, indem man den vorher gegebenen Bedingungsgleichungen noch das Glied:

$$+ c\Delta\nu$$

für die Rectascensionen und:

$$+ d\Delta\nu$$

für die Declinationen hinzufügt, wo $\Delta\nu$ die Aenderung des angenommenen Werthes ν der Nutationsconstante d. h. des Coefficienten von cos ☊ in dem Ausdrucke für die Nutation

---

*) Vgl. Nr. 19 des sechsten Abschnitts.

der Schiefe bezeichnet und c und d die Coefficienten sind, mit denen man die Constante v zu multipliciren hat, um die Nutation in Rectascension und Declination zu erhalten. Setzt man also:

$$n = \alpha - ka \sin(\odot + A) \sec\delta + cv - \alpha'$$
$$n' = \delta + kb \sin(\odot + B) \qquad + dv - \delta'$$

wo α' und δ' die beobachtete Rectascension und Declination bezeichnen, so werden die vollständigen Bedingungsgleichungen für die Bestimmung der Aberration, der Parallaxe und der Nutation:

für Rectascensionen:

$$0 = n + \Delta\alpha - \Delta k \,.\, a \sin(\odot + A) \sec\delta - \pi a \cos(\odot + A) \sec\delta + c\Delta v$$

und für Declinationen:

$$0 = n' + \Delta\delta + \Delta k \quad b \sin(\odot + B) + \pi b \cos(\odot + B) + d.\Delta v$$

Nun sind die vollständigen Ausdrücke für die Nutation in Länge und in der Schiefe der Ecliptic nach Bessel die folgenden, wenn die Constante:

$$v = 9''.6480\,(1+i)$$

angenommen wird:

$$\Delta\lambda = [-18''.0877 \sin \Omega + 0''.21720 \sin 2\Omega - 0''.21633 \sin 2☾](1+i)$$
$$- [1''.13640 - 2.86868\, i] \sin 2\odot$$

und:

$$\Delta\varepsilon = [+9''.6480 \cos \Omega - 0''.09428 \cos 2\Omega + 0.09391 \cos 2☾](1+i)$$
$$+ [0''.49330 - 1.24527\, i] \cos 2\odot$$

Nimmt man hier für i den Werth $+0.069541$, so erhält man für v den Lindenauschen Werth der Nutationsconstante und überhaupt für $\Delta\lambda$ und $\Delta\varepsilon$ die in Nr. 9 des dritten Abschnitts angegebenen Ausdrücke. Da dies i nun aber noch fehlerhaft ist, so setze man:

$$9''.6480\,(1+i) = 8''.97707 + x$$

wo also dann x die Verbesserung bezeichnet, die man an den Lindenauschen Werth der Nutationsconstante anzubringen hat, um den wahren Werth zu erhalten. Substituirt man den hieraus folgenden Werth für $1+i$ in die obigen Gleichungen für $\Delta\lambda$ und $\Delta\epsilon$, so erhält man, da die Nutation in Rectascension:

$$= \cos\varepsilon\Delta\lambda + \sin\varepsilon\Delta\lambda \operatorname{tang}\delta \sin\alpha - \Delta\varepsilon \cos\alpha \operatorname{tang}\delta$$

und in Declination:

$$= \cos\alpha \sin\varepsilon \Delta\lambda + \sin\alpha \Delta\varepsilon$$

ist, wenn man die Schiefe der Ecliptic für:

$$1800 = 23^\circ\, 27'\, 54''$$

anwendet, zuerst die in Nr. 9 des dritten Abschnitts gefundenen Ausdrücke (A) für $\alpha'-\alpha$ und $\delta'-\delta$ und dann noch die in x multiplicirten Glieder, deren Coefficient für die Rectascensionen:

$$\begin{aligned} c = &-1.7150 \sin ☊ - [0.7444 \sin ☊ \sin\alpha + 1.0000 \cos ☊ \cos\alpha] \operatorname{tang}\delta \\ &+ 0.0207 \sin 2 ☊ + [0.0090 \sin 2 ☊ \sin\alpha + 0.0098 \cos 2 ☊ \cos\alpha] \operatorname{tang}\delta \\ &- 0.0206 \sin 2 ☾ - [0\ 0090 \sin 2 ☾ \sin\alpha + 0.0097 \cos 2 ☾ \cos\alpha] \operatorname{tang}\delta \\ &- 0.2727 \sin 2 \odot - [0.1184 \sin 2 \odot \sin\alpha + 0.1291 \cos 2 \odot \cos\alpha] \operatorname{tang}\delta \end{aligned}$$

und für die Declinationen:

$$\begin{aligned} d = &- 0.7444 \sin ☊ \cos\alpha + 1.0000 \cos ☊ \sin\alpha \\ &+ 0.0090 \sin 2 ☊ \cos\alpha - 0.0098 \cos 2 ☊ \sin\alpha \\ &- 0.0090 \sin 2 ☾ \cos\alpha + 0.0097 \cos 2 ☾ \sin\alpha \\ &- 0.1184 \sin 2 \odot \cos\alpha + 0.1291 \cos 2 \odot \sin\alpha \end{aligned}$$

Nach diesen Ausdrücken sind also die Coefficienten c und d von $\Delta\nu$ in den vorher gegebenen Bedingungsgleichungen zu berechnen.

Bradley entdeckte die Nutation durch dieselben Beobachtungen der Zenithdistanzen von γ Draconis und 22 anderer Sterne, durch welche er auch die Aberration fand. Diese Beobachtungen reichen vom 19ten August 1727 bis zum dritten September 1747 und umfassen daher eine vollständige Periode der Nutation, da die Mondsknoten, von deren Länge die bedeutendsten Glieder der Nutation abhängen, in 18 Jahren und 219 Tagen volle 360 Grad der Ecliptic durchlaufen.

Busch fand aus diesen Beobachtungen die Constante der Nutation gleich 9″.23.

Die in den Tabulis Regiomontanis angewandte Constante 8″.97707 ist von Lindenau aus beobachteten Rectascensionen des Polaris hergeleitet, die für die Bestimmung dieser Constante besonders geeignet sind, da der Betrag der Nutation in Rectascension für den Polarstern wegen des Factors tang δ sehr vergröſsert wird. Lindenau verwandte dazu 800 Rectascensionen des Polarsterns, welche in einem Zeitraum von 60 Jahren von Bradley, Maskelyne, Pond, Bessel und von ihm selbst beobachtet waren.

In neuerer Zeit hat man aus den von Struve und Preuſs in den Jahren 1822 bis 1838 angestellten Beobachtungen des Polarsterns einen etwas gröſseren Werth für die Nutationsconstante gefunden, welcher nahe mit dem von Busch aus den Bradleyschen Beobachtungen hergeleiteten Werthe übereinstimmt. Lundahl bestimmte diese Constante aus den Beobachtungen der Declinationen und fand dafür den Werth 9.2164. Peters berechnete dagegen die Rectascensionen des Polarsterns und bestimmte daraus den Werth der Constante zu Anfang des Jahres 1800 zu 9″.2361.*) In seinem Werke „Numerus constans nutationis“ nimmt er dafür:

$$9''.2231$$

an, ein Werth, der aus den drei Bestimmungen von Busch, Lundahl und ihm selbst mit Rücksicht auf die denselben zukommende Sicherheit abgeleitet ist. In demselben Werke giebt Peters noch theoretische Untersuchungen über die Nutation und findet in dem Ausdrucke derselben noch einige kleine, von Bessel nicht berücksichtigte Glieder. Danach sind nämlich die Ausdrücke für die Nutation in Länge und in der Schiefe für das Jahr 1850 die folgenden:

$$\begin{aligned}\Delta\lambda = & -17''.2491 \sin \Omega + 0''.2073 \sin 2\,\Omega - 0''.2041 \sin 2\,☾ \\ & + 0''.0677 \sin (☾ - \Pi') - 1''.2692 \sin 2\odot + 0''.1277 \sin(\odot - \Pi) \\ & - 0''.0213 \sin(\odot + \Pi)\end{aligned}$$

*) Der Werth dieser Gröſse ist nämlich etwas veränderlich, da derselbe, wie die Theorie zeigt, von der Schiefe der Ecliptic und der Neigung der Mondsbahn gegen diese Ebene abhängt.

und:

$$\Delta\varepsilon = +\,9''.2235 \cos \Omega - 0''.0897 \cos 2\,\Omega + 0''.0886 \cos 2\,\text{☾}$$
$$+\,0''.5508 \cos 2\odot + 0''.0093 \cos(\odot + \Pi)$$

wo Π und Π' die Längen des Perihels der Erde und des Perigeums des Mondes bezeichnen, d. h. die Längen derjenigen Puncte der Bahnen, in denen die Erde der Sonne und der Mond der Erde am nächsten steht. Ganz auf dieselbe Weise wie in Nr. 9 des dritten Abschnitts findet man daraus die folgenden Ausdrücke für die Nutation in Rectascension und Declination für eben diese Epoche:

$$\begin{aligned}
\alpha' - \alpha = & -[15''.8234 + 6''.8666 \tan\delta \sin\alpha] \sin \Omega \\
& - 9''.2235 \tan\delta \cos\alpha \cos \Omega \\
& + [0''.1903 + 0''.0822 \tan\delta \sin\alpha] \sin 2\,\Omega \\
& + 0''.0896 \tan\delta \cos\alpha \cos 2\,\Omega \\
& - [0''.1872 + 0''.0813 \tan\delta \sin\alpha] \sin 2\,\text{☾} \\
& - 0''.0886 \tan\delta \cos\alpha \cos 2\,\text{☾} \\
& + [0''.0621 + 0''.0270 \tan\delta \sin\alpha] \sin(\text{☾} - \Pi') \\
& + 0''.000154 \tan\delta^2 \cos 2\alpha \sin 2\,\Omega \\
& - 0''.000160 \tan\delta^2 \sin 2\alpha \cos 2\,\Omega \\
& - [1''.1643 + 0''.5053 \tan\delta \sin\alpha] \sin 2\odot \\
& - 0''.5508 \tan\delta \cos\alpha \cos 2\odot \\
& + [0''.1172 + 0''.0508 \tan\delta \sin\alpha] \sin(\odot - \Pi) \\
& - [0''.0195 + 0''.0085 \tan\delta \sin\alpha] \sin(\odot + \Pi) \\
& - 0''.0093 \tan\delta \cos\alpha \cos(\odot + \Pi)
\end{aligned}$$

und:

$$\begin{aligned}
\delta' - \delta = & -6''.8666 \cos\alpha \sin \Omega + 9''.2235 \sin\alpha \cos \Omega \\
& + 0''.0822 \cos\alpha \sin 2\,\Omega - 0''.0896 \sin\alpha \cos 2\,\Omega \\
& - 0''.0813 \cos\alpha \sin 2\,\text{☾} + 0''.0886 \sin\alpha \cos 2\,\text{☾} \\
& + 0''.0270 \cos\alpha \sin(\text{☾} - \Pi') \\
& - 0''.000077 \tan\delta \sin 2\alpha \sin 2\,\Omega \\
& + [0''.000023 + 0''.000080 \cos 2\alpha] \tan\delta \cos 2\,\Omega \\
& - 0''.5053 \cos\alpha \sin 2\odot + 0''.5508 \sin\alpha \cos 2\odot \\
& + 0''.0508 \cos\alpha \sin(\odot - \Pi) \\
& - 0''.0085 \cos\alpha \sin(\odot + \Pi) \\
& + 0''.0093 \sin\alpha \cos(\odot + \Pi)
\end{aligned}$$

Nach diesen Formeln sind die in Nr. 9 des dritten Abschnitts erwähnten Tafeln von Nicolai in den Warnstorffschen

Hülfstafeln berechnet. Ebenso wird die Petersche Constante der Nutation bei der Berechnung des Nautical Almanac benutzt. Den Angaben des Berliner Jahrbuchs liegt dagegen die Lindenausche, in den Tabulis Regiomontanis angewandte Constante der Nutation zum Grunde.

VI. Bestimmung der Säculaīränderung der Schiefe der Ecliptic, der Constante der Präcession und der eigenen Bewegungen der Sterne.

9. Die Bestimmung der Constante der Aberration und Nutation setzt die Kenntnifs des Werthes der Präcessionsconstanten voraus, um die verschiedenen Beobachtungen der Sternörter auf eine bestimmte Epoche reduciren zu können. Da aber ebenso die Bestimmung der Werthe der Präcessionsconstanten die Kenntnifs der Werthe der beiden andern Constanten erfordert, so sieht man, dafs man die wahren Werthe der drei Constanten nur durch allmählige Näherungen erhalten wird.

Die der Zeit proportionalen Glieder der Säculaīränderungen der Sternörter enthielten drei Constanten, nämlich die jährliche Aenderung der Schiefe der Ecliptic, die Präcession durch die Planeten und die jährliche Lunisolarpräcession. Die jährliche Aenderung der Schiefe der Ecliptic ist in Nr. 5 des dritten Abschnitts zu:

$$-0''.48368 - 0''.0000054459\,(t-1750)$$

angegeben und dieser Werth war von Bessel dadurch erhalten, dafs er in den durch die Theorie gegebenen Ausdruck die numerischen Werthe der Massen der Planeten und derjenigen Gröfsen, welche die gegenwärtige Lage ihrer Bahnen bestimmen, substituirte. Durch Anwendung der neuesten Werthe der Planetenmassen fand Peters indessen einen etwas kleineren Werth für die jährliche Abnahme der Schiefe, nämlich 0″.4738, ein Werth der besser mit dem aus den Beobachtungen der mittleren Schiefe der Ecliptic (s. Nr. 3 des dritten Abschnitts) hergeleiteten Werthe übereinstimmt. Bessel fand nämlich durch Vergleichung der Bradleyschen Beobachtungen mit seinen eignen für die jährliche Abnahme der Schiefe den Werth:

$$-\ 0''.457$$

und mit diesem Werthe sind die mittleren Schiefen für die einzelnen Jahre in den Tabulis Regiomontanis berechnet.

Die Constante der Präcession durch die Planeten ist ebenfalls aus der Theorie der säcularen Störungen der Planeten entnommen. Vergleicht man nun die Rectascensionen und Declinationen eines und desselben Sterns zu verschiedenen Epochen, so erhält man durch die Division der Unterschiede mit der Zwischenzeit die Werthe der in Nr. 6 des dritten Abschnitts mit m und n bezeichneten Gröſsen für die in der Mitte zwischen beiden Epochen liegende Zeit und da:

$$m = \cos \varepsilon_0 \frac{dl}{dt} - \frac{da}{dt}$$

$$n = \sin \varepsilon_0 \frac{dl}{dt}$$

wo $\frac{da}{dt}$ die jährliche Präcession durch die Planeten und $\frac{dl}{dt}$ die jährliche Lunisolarpräcession bezeichnet, so findet man also, weil der Werth $\frac{da}{dt}$ aus der Theorie bekannt ist, sowohl aus den Rectascensionen als auch aus den Declinationen einen Werth der Constante der Lunisolarpräcession. Da nun aber die Ortsveränderung der Sterne nicht allein von der Präcession sondern auch von der eignen Bewegung derselben herrührt, so werden diese beiden Werthe in der Regel verschieden sein, selbst wenn die Beobachtungen zu beiden Epochen vollkommen genau waren. Ebenso wird man auch aus verschiedenen Sternen immer andere Werthe der Gröſsen m und n erhalten und da die eignen Bewegungen der Sterne ebenso wie die durch die Lunisolarpräcession hervorgebrachten Aenderungen der Zeit proportional sind, so wird man beide nicht von einander trennen können. Es bleibt daher nichts weiter übrig, als das Mittel aus den Bestimmungen der Präcessionsconstante durch sehr viele Sterne zu nehmen und dabei vorauszusetzen, daſs der Einfluſs der eignen Bewegungen der Sterne in diesem Mittelwerthe aufgehoben ist. Nachdem man dann so einen vorläufigen Werth für die Präcessionsconstante erhalten hat, kann man dadurch diejenigen Sterne ausfindig machen, welche eine starke eigne Bewegung haben und diese dann bei der definitiven Bestimmung der Präcessionsconstante von der Untersuchung ausschlieſsen. Auf diese Weise berechnete Bessel in den Fundamentis astronomiae den Werth dieser Constante aus einer Anzahl von 2300 Sternen, deren Oerter von Bradley für das Jahr 1755 und von Piazzi für das Jahr 1800 bestimmt waren und fand dafür für das Jahr 1750 50″.340499, einen Werth, den er später in 50″.37572 umänderte, nachdem er durch seine eignen Beobachtungen gefunden hatte, daſs Piazzi's Rectascensionen eine positive Correction erforderten, daſs also die frühere Bestimmung der Constante zu klein war. Bei diesen Untersuchungen wurden alle diejenigen Sterne, welche eine stärkere jährliche eigne Bewegung als 0″.3 im Bogen zeigten, ausgeschlossen.

Den Unterschied der beobachteten Oerter der Sterne zu verschiedenen Epochen mit dem Betrage der Präcession in der Zwischenzeit, welcher mit der so bestimmten Constante berechnet ist, sieht man dann als die eigne Bewegung der Sterne in der Zwischenzeit an. Halley war der erste, welcher im Jahre 1713 eine solche eigne Bewegung bei den Sternen, Sirius, Aldebaran und Arcturus*) entdeckte. Seitdem hat man aber bei sehr vielen Sternen mit Sicherheit eigne Bewegungen erkannt und man muſs annehmen, daſs solche allen Sternen zukommen, wenn dieselbe auch bei den mei-

*) Der letztere Stern hat eine eigene Bewegung von 2″ in Declination und ist daher mit den Zeiten des Hipparch schon über einen Grad am Himmel fortgerückt.

sten noch nicht nachgewiesen werden können, da sie sehr klein sind und noch innerhalb der Grenzen der Beobachtungsfehler liegen. Die gröſsten eignen Bewegungen kommen vor bei dem Stern 61 Cygni, dessen jährliche Aenderung in Rectascension und Declination 5″.1 und 3″.2 beträgt, dann bei α Centauri, dessen jährliche Bewegungen nach der Richtung der beiden Coordinaten 7″.0 und 0″.8 sind, endlich bei 1830 Groombridge, der sich 5″.2 in Rectascension und 5″.7 in Declination bewegt.

Der ältere Herschel fand zuerst in diesen Bewegungen der Sterne ein Gesetz auf, indem er durch die Vergleichung von vielen derselben die Bemerkung machte, daſs die Sterne im Allgemeinen sich von einem Puncte des Himmels in der Gegend von λ Herculis entfernen. Er gründete darauf die Vermuthung, daſs die eigne Bewegung der Sterne zum Theil nur scheinbar sei und durch die Bewegung unseres Sonnensystems nach diesem Puncte des Himmels zu hervorgebracht würde, eine Ansicht, welche die späteren Untersuchungen über diesen Gegenstand vollkommen bestätigt haben. Die jährliche eigne Bewegung der Fixsterne wird daher zusammengesetzt sein erstens aus der jährlichen eigenthümlichen Bewegung der einzelnen, vermöge welcher sich dieselben nach einem uns unbekannten Gesetze wirklich im Raume fortbewegen und aus der scheinbaren Bewegung, welche von der Bewegung unserer Sonne herrührt. Da der erstere Theil dieser Bewegung kein bestimmtes Gesetz befolgt, so werden vermöge derselben Sterne, welche in derselben Gegend des Himmels stehen, ihren Ort nach den verschiedensten Richtungen verändern. Die Richtung der scheinbaren Bewegungen der Sterne wird dagegen durch die Lage jedes Sterns gegen den Punct des Himmels, nach welchem hin sich die Sonne bewegt, vollständig bedingt. Nimmt man nun für diesen Punct einen bestimmten Punct an, dessen Rectascension und Declination A und D ist, so kann man für jeden einzelnen Stern diejenige Richtung berechnen, nach welcher sich derselbe scheinbar vermöge der Fortrückung der Sonne bewegen müſste. Vergleicht man dann diese Richtung mit der wirklich beobachteten Richtung, so kann man für einen jeden Stern die Bedingungsgleichung zwischen den Unterschieden der berechneten und der beobachteten Richtung und den Aenderungen der Rectascension und Declination A und D aufstellen und da derjenige Theil dieser Unterschiede, welcher von den eigenthümlichen Bewegungen der Sterne herrührt, kein bestimmtes Gesetz befolgt, also sich mit den zufälligen Beobachtungsfehlern vereinigt, so wird man aus einer sehr grofsen Anzahl solcher Bedingungsgleichungen durch die Methode der kleinsten Quadrate die wahrscheinlichsten Werthe der Correctionen dA und dD bestimmen können.

Es ist klar, dafs die Richtung der scheinbaren Bewegung eines Sterns mit dem gröfsten Kreise zusammenfällt, welcher den Ort des Sterns mit dem Puncte des Himmels verbindet, auf welchen zu sich die Sonne bewegt, weil dieser Punct, wenn man die Bewegung der Sonne als geradlienig voraussetzt, in der durch den Ort des Sterns und durch zwei Oerter der Sonne im Raume gelegten Ebene liegt. Ist a die als geradlienig betrachtete Veränderung des Orts der Sonne während der Zeit t, dividirt durch die Entfernung des Sterns von der Sonne, so hat man, wenn α und δ die Rectascension und Declination des Sterns zu Anfang der Zeit t, α' und δ' dieselben Gröfsen zu Ende der Zeit t bezeichnen und ϱ das Verhältnifs der Entfernungen des Sterns von der Sonne zu beiden Zeiten ist, die folgenden Gleichungen:

$$\varrho \cos\delta' \cos\alpha' = \cos\delta \cos\alpha - a \cos A \cos D$$
$$\varrho \cos\delta' \sin\alpha' = \cos\delta \sin\alpha - a \sin A \cos D$$
$$\varrho \sin\delta' = \sin\delta - a \sin D$$

aus denen man leicht erhält:

$$\cos\delta' = \cos\delta - a \cos D \cos(\alpha - A)$$

also:

$$\begin{aligned} \cos\delta' (\alpha' - \alpha) &= a \cos D \sin(\alpha - A) \\ \delta' - \delta &= -a [\cos\delta \sin D - \sin\delta \cos D \cos(\alpha - A)] \end{aligned} \qquad (A)$$

Man hat aber auch in dem sphärischen Dreiecke zwischen dem Pole des Aequators, dem Sterne und dem Puncte, dessen Rectascension und Declination A und D ist, wenn man die Entfernung des Sterns von diesem Puncte mit Δ und den Winkel am Sterne mit P bezeichnet:

$$\left.\begin{aligned} \sin\Delta \sin P &= \cos D \sin(\alpha - A) \\ \sin\Delta \cos P &= \sin D \cos\delta - \cos D \sin\delta \cos(\alpha - A) \end{aligned}\right\} \quad (B)$$

und da nun auch, wenn p den Winkel bezeichnet, welchen die Richtung der Bewegung des Sterns mit seinem Declinationskreise macht:

$$\operatorname{tang} p = \frac{\cos\delta' (\alpha' - \alpha)}{\delta' - \delta}$$

ist, so sieht man, daſs $p = 180 - P$ ist, oder daſs sich der Stern in der Richtung des gröſsten Kreises, welcher den Ort desselben mit dem Puncte, dessen Rectascension und Declination A und D, verbindet, von dem letzteren entfernt. Durch die dritte der Differentialformeln (11) in Nr. 9 der Einleitung erhält man aber:

$$dP = -\frac{\cos\delta \sin(\alpha - A)}{\sin\Delta^2}\, dD$$
$$+ \frac{\cos D}{\sin\Delta^2}\left[\sin\delta \cos D - \cos\delta \sin D \cos(\alpha - A)\right] dA$$

also:

$$dp = +\frac{\cos\delta \sin(\alpha - A)}{\sin\Delta^2}\, dD$$
$$- \frac{\cos D}{\sin\Delta^2}\left[\sin\delta \cos D - \cos\delta \sin D \cos(\alpha - A)\right] dA$$

Ist also p' der beobachtete Winkel, welchen die Richtung der eignen Bewegung mit dem Declinationskreise macht, von dem nördlichen Theile desselben durch Osten herum gezählt, sodaſs also:

$$\operatorname{tang} p' = \frac{\cos\delta' (\alpha' - \alpha)}{\delta' - \delta}$$

und p der mit den genäherten Werthen A und D nach den Formeln (B) berechnete Werth von $180 - P$, so erhält man für jeden Stern die Bedingungsgleichung:

$$0 = p - p' + \frac{\cos\delta \sin(\alpha - A)}{\sin\Delta^2} dD$$
$$- \frac{\cos D}{\sin\Delta^2} [\sin\delta \cos D - \cos\delta \sin D \cos(\alpha - A)]\, dA$$

oder:

$$0 = (p - p') \sin\Delta + \frac{\cos\delta \sin(\alpha - A)}{\sin\Delta} dD$$
$$- \frac{\cos D}{\sin\Delta} [\sin\delta \cos D - \cos\delta \sin D \cos(\alpha - A)]\, dA$$

und kann dann aus vielen Sternen durch die Methode der kleinsten Quadrate die wahrscheinlichsten Werthe von dD und dA finden.

Auf diese Weise bestimmte Argelander die Richtung der Bewegung des Sonnensystems*). Bessel hatte nämlich in seinen Fundamentis astronomiae die eigne Bewegung einer grofsen Menge von Sternen aus der Vergleichung von Bradley's und Piazzi's Beobachtungen hergeleitet. Argelander wählte nun alle diejenigen Sterne aus, welche in den 45 Jahren von 1755 bis 1800 eine gröfsere Bewegung als 5″ zeigten, beobachtete diese von neuem an dem Meridiankreise der Sternwarte in Abo und bestimmte die eignen Bewegungen durch die Vergleichung seiner eignen Beobachtungen mit den Bradleyschen genauer.**) Zur Berechnung der Richtung des Sonnensystems wurden dann 390 Sterne verwandt, deren jährliche eigne Bewegung 0″.1 im Bogen des gröfsten Kreises überstieg. Diese wurden nach der Gröfse der eigenen Bewegung in drei Klassen getheilt und aus jeder Klasse ein-

*) s. Astron. Nachrichten Nr. 363.

**) Argelander, DLX stellarum fixarum positiones mediae ineunte anno 1830. Helsingforsiae 1835.

zeln die an die angenommenen Werthe von A und D anzubringenden Correctionen bestimmt. Aus den drei nahe übereinstimmenden Resultaten ergaben sich dann mit Rücksicht auf die Sicherheit der einzelnen im Mittel die folgenden, auf den Aequator und das Aequinoctium für 1800 bezogenen Werthe von A und D:

$$A = 259^\circ\, 51'.8 \text{ und } D = +\, 32^\circ\, 29'.1$$

Werthe, welche sehr nahe mit den von Herschel angenommenen übereinstimmen. Lundahl bestimmte die Lage dieses Punctes noch aus 147 Sternen, welche der Aboer Catalog nicht enthielt, indem er die Bradleyschen Positionen mit Pond's Catalog von 1112 Sternen verglich und fand:

$$A = 252^\circ\, 24'.4 \text{ und } D = +\, 14^\circ\, 26'.1$$

Im Mittel aus beiden Bestimmungen erhält Argelander mit Rücksicht auf die Sicherheit der einzelnen:

$$A = 257^\circ\, 49'.7 \text{ und } D = +\, 28^\circ\, 49'.7$$

Ganz ähnliche Arbeiten wurden von O. von Struve und in neuester Zeit von Galloway unternommen. Der erstere verglich zu dem Ende 400 in Dorpat beobachtete Sterne mit den Bradleyschen Positionen und fand:

$$A = 261^\circ\, 23' \text{ und } D = +\, 37^\circ\, 36'$$

Galloway bestimmte dagegen die Richtung der Bewegung des Sonnensystems aus den eignen Bewegungen der südlichen Sterne und erhielt, indem er die Positionen, welche Johnson auf St. Helena und Henderson am Cap der guten Hoffnung beobachtet hatten, mit dem Sterncataloge von Lacaille verglich, für A und D die Werthe:

$$A = 260^\circ\, 1' \text{ und } D = +\, 34^\circ\, 23'$$

Nach der nahen Uebereinstimmung aller dieser Werthe zu urtheilen, wird somit der Punct, auf welchen zu sich unser Sonnensystem im Raume bewegt, mit ziemlicher Genauigkeit bestimmt sein.

10. Da die eignen Bewegungen der Sterne, welche durch die Bewegung unserer Sonne hervorgebracht werden, ein bestimmtes Gesetz befolgen, so dürfen dieselben eigentlich nicht mehr mit den zufälligen Beobachtungsfehlern zusammengeworfen werden, wie dies für die eigenthümlichen Bewegungen der Sterne erlaubt ist. Wenn man daher die Beobachtungen vieler Sterne zu verschiedenen Epochen zur Bestimmung der Präcessionsconstante mit einander vergleicht und das Mittel aus allen diesen Bestimmungen nimmt, so kann man wohl annehmen, daſs die eigenthümlichen Bewegungen in diesem Mittel einander aufheben, für die scheinbaren eignen Bewegungen ist diese Voraussetzung indessen nicht statthaft. Die von Bessel auf die angegebene Weise bestimmte Präcessionsconstante enthält daher noch einen Theil der Sonnenbewegung und namentlich ist dies der Fall mit dem aus den Declinationen gefundenen Werth der Constante *n*, da für diejenigen Sterne, welche Bessel zur Bestimmung der Präcession benutzt hat, die Aenderung der Declination durch die Bewegung der Sonne gröſstentheis in demselben Sinne geschieht.

O. v. Struve hat nun versucht, die Präcessionsconstante mit Rücksicht auf die eigne Bewegung des Sonnensystems zu bestimmen. 400 der von Struve und Preuſs in Dorpat beobachten Fixsterne fanden sich auch in dem aus Bradley's Beobachtungen hergeleiteten Catalog der Fundamenta. Struve reducirte nun zuerst alle Sternörter aus den Fundamentis mittelst Bessels Präcessionsconstante auf die Epoche der Beobachtung in Dorpat und leitete aus der Vergleichung mit wirklich daselbst beobachteten Oertern die eigne Bewegung der Sterne her. Dadurch erhielt er 800 Bedingungsgleichungen und da jede einzelne Bewegung eine Function der Correction der Präcessionsconstante und der Gröſse der Bewegung der Sonne war, so konnten beide aus diesen Bedingungsgleichungen bestimmt werden und die dann übrig bleibenden Fehler rührten theils von der eigenthümlichen Bewegung der Sterne, theils von Beobachtungsfehlern her. Die Richtung der Aenderung der Sternörter, welche durch die Bewegung der Sonne hervorgebracht wird, ist nach dem vorigen für jeden Stern gegeben. Da aber die Gröſse dieser Aenderung für die einzelnen Sterne nicht dieselbe sein kann, sondern sich umgekehrt wie die Entfernung derselben von der Sonne verhält, so muſste die gesuchte Bewegung in den Bedingungsgleichungen noch mit dem Factor $\frac{1}{\Delta}$ multiplicirt werden, wo Δ die Entfernung der einzelnen Sterne von der Sonne bezeichnet. Struve nahm nun die mittlere Entfernung der Sterne erster Gröſse als Einheit an, suchte also die Winkelgeschwindigkeit der Sonne, gesehen von einem Puncte in der Entfernung eins, welcher senkrecht gegen die Richtung dieser Bewegung liegt. Für die Entfernung der übrigen Sterne machte er dann eine Hypothese, welche sich auf die Anzahl der Sterne in den verschiedenen Gröſsenklassen gründet und wonach die mittlere Entfernung der Sterne zweiter Gröſse zu 1.71 angenommen wurde und so fort bis zu den Sternen 7ter Gröſse, deren mittlere Entfernung gleich 11.34 angenommen wurde. Indem nun Struve zuerst die Bewegung der Sonne auſser Acht lieſs, fand er für die Aenderung der Präcessionsconstante aus den Rectascensionen und Declinationen zwei einander widersprechende Werthe, indem der eine positiv, der andre negativ war. Mit Rücksicht auf die Bewegung der Sonne gaben aber die Rectascensionen $+ 1''.16$ und die Declinationen $+ 0''.66$. Daraus bestimmte Struve mit Rücksicht auf die Sicherheit dieser beiden Zahlen den Werth der Constante der allgemeinen Präcession für 1790 zu $50''.23449$. Ferner fand er die jährliche Winkelgeschwindigkeit der Sonne, gesehen von einem Puncte, welcher sich in der mittleren Entfernung der Sterne erster Gröſse befindet, aus den Rectascensionen gleich $0''.321$ und aus den Declinationen gleich $0''.357$.

Bei dieser Bestimmung der Präcessionsconstante und der

Sonnenbewegung und deren anscheinender Sicherheit darf man aber nicht außer Acht lassen, daſs dieselbe auf einer Hypothese beruht, nämlich auf dem vorausgesetzten Verhältniſse der mittleren Entfernungen der Sterne in den verschiedenen Gröſsenklassen. Auch ist es wohl nicht ganz zu billigen, daſs zur Bestimmung der Constanten eine so geringe Anzahl von Sternen, die überdies meist Doppelsterne sind, gewählt ist.

Zweckmäſsiger ist es vielleicht, den folgenden Weg einzuschlagen. Ist α und δ die beobachtete Rectascension und Declination eines Sterns zur Zeit t, sind ferner α' und δ' die beobachteten Werthe derselben Gröſsen zu einer andern Zeit t', so hat man die Gleichungen:

$$\alpha' = \alpha + (t'-t)\, m_0 + (t'-t)\, n_0 \operatorname{tang} \delta_0 \sin \alpha_0 + (t'-t)\, d\, m_0$$
$$+ (t'-t) \operatorname{tang} \delta_0 \sin \alpha_0\, dn_0 + (t'-t)\, a \,.\, \frac{\cos D_0}{\cos \delta_0} \sin (\alpha_0 - A_0)$$

und:

$$\delta' = \delta + (t'-t)\, n_0 \cos \alpha_0 + (t'-t) \cos \alpha_0\, dn_0$$
$$- (t'-t)\, a\, [\sin D_0 \cos \delta_0 - \cos D_0 \sin \delta_0 \cos(\alpha_0 - A_0)]$$

wo α_0, δ_0, m_0, n_0, A_0 und D_0 die Werthe von α, δ, m, n, A und D für die Zeit $\frac{t'+t}{2}$ bezeichnen und a die jährliche Sonnenbewegung aus der Entfernung des Sterns gesehen ist. Setzt man nun:

$$\frac{\alpha + (t'-t)\, m_0 + (t'-t)\, n_0 \operatorname{tang} \delta_0 \sin \alpha_0 - \alpha'}{t'-t} = \mu$$

$$\frac{\delta + (t'-t)\, n_0 \cos \alpha_0 - \delta'}{t'-t} = \nu$$

$$\cos \delta_0 = g \cos G$$

$$\sin \delta_0 \cos (\alpha_0 - A_0) = g \sin G$$

so erhält man für jeden Stern die Bedingungsgleichungen:

$$0 = \mu + dm_0 + dn_0 \operatorname{tang} \delta_0 \sin \alpha_0 + a \frac{\cos D_0}{\cos \delta_0} \sin (\alpha_0 - A_0)$$
$$0 = \nu + dn_0 \cos \alpha_0 + a g \sin (G - D_0)$$

oder wenn man auch noch die Aenderungen der Gröſsen A_0 und D_0 einführt, indem man die wahren Werthe derselben mit $A_0 + dA$ und $D_0 + dD$ bezeichnet: *)

$$0 = \mu + dm_0 + dn_0 \operatorname{tang} \delta_0 \sin \alpha_0 - \frac{\cos D_0}{\cos \delta_0} \cos(\alpha_0 - A_0)\, a \,.\, dA$$
$$+ [\cos D_0 - \sin D_0 \, dD] \frac{\sin(\alpha_0 - A)}{\cos \delta_0} \,.\, a$$

$$0 = \nu + dn_0 \cos \alpha_0 - g \cos(G - D_0)\, a\, dD + \cos D_0 \sin \delta_0 \sin(\alpha_0 - A_0)\, a\, dA$$
$$+ ag \sin(G - D_0)$$

Dies sind die vollständigen Bedingungsgleichungen, welche die Vergleichung zweier, zu verschiedenen Zeiten beobachteten Rectascensionen und Declinationen desselben Sterns giebt. Hätte man nun eine groſse Anzahl von Sternen, deren Entfernung von der Sonne gleich wäre, so würde man aus den Rectascensionen durch die Methode der kleinsten Quadrate die Gröſsen dm_0, dn_0, adA und:

$$a\,[\cos D_0 - \sin D_0 \, dD]$$

und ebenso aus den Declinationen die Werthe dn_0, adA, adD und a erhalten. Man würde also dadurch die Gröſsen a, dA, dD und die Aenderungen der Präcessionsconstanten dm_0 und dn_0 finden können und die so gefundenen Werthe dieser letzteren Gröſsen würden von dem Einflusse der scheinbaren eignen Bewegungen der Sterne gänzlich unabhängig sein. Da nun aber die Entfernungen der Sterne ganz unbekannt sind, so kann das a, welches in den Gleichungen für verschiedene Sterne vorkommt, nicht mehr als dasselbe angesehen werden, sondern ist in jeder Gleichung ein anderes. Betrachtet man aber dennoch dies a in einer sehr groſsen Anzahl von Gleichungen als gleich und löst dieselben nach der Methode der kleinsten Quadrate auf, so wird der dadurch gefundene Werth von a zwischen dem gröſsten und kleinsten der verschiedenen, in den einzelnen Gleichungen vorkommen-

---

*) $a.dA$ und $a.dD$ können als Glieder von derselben Ordnung wie a angesehen werden.

den Werthe von a liegen. Dann werden aber die gefundenen Aenderungen von m_0 und n_0 nicht mehr unabhängig sein von dem Einflusse der scheinbaren Bewegung, sondern nur von einem Theile, welcher indessen desto gröſser sein wird, je mehr sich die Verhältnisse der Entfernungen der verschiedenen zusammengenommenen Sterne der Einheit nähern.*)

---

*) Die von Struve gefundenen Werthe sind übrigens auch nur von einem Theile der scheinbaren Bewegung unabhängig, der desto gröſser ist, je näher die Entfernungen der Sterne einer Gröſsenklasse einander gleich und je mehr sich die zwischen den Entfernungen der einzelnen Gröſsenklassen angenommenen Verhältnisse der Wahrheit nähern.

SECHSTER ABSCHNITT.

Theorie der astronomischen Instrumente.

Ein jedes Instrument, mit welchem man die vollständige Bestimmung der Lage eines Gestirns gegen eine Grundebene machen kann, stellt ein auf diese Grundebene bezogenes rechtwinkliges Coordinatensystem dar. Es besteht nämlich ein solches Instrument im Wesentlichen aus zwei Kreisen, von denen der eine die Ebene der xy des Coordinatensystems vorstellt, während ein darauf senkrechter, das Fernrohr tragender Kreis sich um eine auf der ersteren Ebene senkrechte Axe des Instruments drehen läſst und also alle gröſsten Kreise, welche auf der Ebene der xy senkrecht stehen, vorstellen kann. Wäre ein solches Instrument vollkommen richtig, so würde man an den Kreisen unmittelbar die sphärischen Coordinaten desjenigen Punctes, nach welchem das Fernrohr hingerichtet ist, ablesen können. Bei jedem Instrumente muſs man aber Fehler voraussetzen, welche theils von der Aufstellung, theils von der nicht ganz mathematisch richtigen Ausführung desselben herrühren und welche bewirken, daſs die Kreise des Instruments nicht mit den Coordinatenebenen, welche sie repräsentiren, zusammenfallen, sondern einen kleinen Winkel mit denselben bilden. Es ist nun die Aufgabe, aus den an diesen Kreisen beobachteten Coordinaten die auf das rechtwinklige Axensystem bezogenen herzuleiten und zugleich die Abweichungen der Kreise des Instruments von den wahren Coordinatenebenen zu bestimmen.

Auſser diesen vollständigen Instrumenten giebt es nun noch andre, mit welchen man theils nur eine einzelne Coordinate, theils den relativen Ort zweier Sterne gegen einander beobachten kann. Für diese Instrumente mufs man ebenso die Methoden kennen lernen, durch welche man aus den an demselben gemachten Ablesungen die wahren Werthe der beobachteten Gröfsen erhalten kann.

I. Einige alle Instrumente allgemein betreffende Gegenstände.

1. Gebrauch des Niveau's bei Beobachtungen. Das Niveau dient dazu, die Neigung einer Linie gegen den Horizont zu finden. Es besteht aus einer geschlossenen Glasröhre, welche fast ganz mit einer Flüssigkeit angefüllt ist, sodafs nur ein kleiner, mit Luft angefüllter Raum übrig bleibt. Da nun der obere Theil der Röhre in einem Kreisbogen ausgeschliffen ist, so stellt sich die Luftblase in jeder Lage der Libelle so, dafs sie den höchten Punct dieses Bogens einnimmt. Der höchste Punct für die horizontale Lage der Libelle wird durch den Nullpunct bezeichnet und zu beiden Seiten desselben sind Theilstriche angebracht, welche von ihm aus nach jeder Seite hin gezählt werden. Könnte man nun das Niveau direct auf eine Linie aufsetzen, so würde man, um diese Linie horizontal zu stellen, die Neigung derselben gegen den Horizont nur so lange zu ändern haben, bis die Mitte der Blase den höchsten Punct einnimmt, also auf dem Nullpuncte steht. Da dies nun aber nicht angeht, so hat das Niveau immer zwei Stützen, mit welchen es aufgesetzt wird. Diese werden aber in der Regel nicht gleich lang sein. Es sei nun AB Fig 12 das Niveau, AC und BD seien die beiden Stützen, deren Länge a und b sein mag, und man denke sich das Niveau auf eine Linie, welche gegen den Horizont um den Winkel α geneigt ist, aufgesetzt und zwar so, dafs AC auf der niedrigeren, BD auf der höheren Seite steht. Dann wird A in der Höhe $a + c$ und B in der Höhe:

$$b + c + L \operatorname{tang} \alpha$$

stehen, wenn L die Länge des Niveau's ist. Freilich ist dies nicht ganz richtig, weil die Stützen AB und CD nicht senkrecht auf der horizontalen Linie stehen: da hier aber immer nur kleine Neigungen von wenigen Minuten, gewöhnlich von wenigen Secunden angenommen werden, so genügt diese Näherung vollkommen. Nennt man nun x den Winkel, welchen die Linie AB mit dem Horizonte macht, so wird:

$$\operatorname{tang} x = \frac{b - a + L \operatorname{tang} \alpha}{L}$$

oder:

$$x = \alpha + \frac{b-a}{L}$$

Kehrt man nun das Niveau um, sodafs B auf der niedrigeren Seite steht, nennt x' den Winkel, welchen AB jetzt mit dem Horizonte macht, so wird:

$$x' = \alpha - \frac{b-a}{L}$$

Man nehme nun noch an, dafs der Nullpunct fehlerhaft auf dem Niveau angegeben sei und dafs er um λ näher an B als an A stehe; dann wird man, wenn man das Niveau unmittelbar auf eine horizontale Linie aufsetzt, bei A ablesen $l + \lambda$, wenn $2\,l$ die Länge der Blase ist, dagegen $l - \lambda$ bei B. Denkt man sich dagegen das Niveau auf die Linie AB aufgesetzt, deren Neigung gegen den Horizont x ist, so wird man auf der Seite von A ablesen:

$$A = l + \lambda - rx$$

wo r der Halbmesser des Kreisbogens AB ist, nach welchem das Niveau ausgeschliffen ist, dagegen auf dem höheren Ende B:

$$B = l - \lambda + rx$$

Kehrt man aber das Niveau mit seinen Stützen um, sodafs B auf dem niedrigeren Ende zu stehen kommt, so wird man jetzt ablesen:

$$A' = l + \lambda + rx'$$
$$B' = l - \lambda - rx'$$

Substituirt man nun für x und x' die vorher gefundenen Werthe, so erhält man für die vier verschiedenen Ablesungen, wenn man die Ungleichheit der Stützen in Theilen des Niveau's u nennt:

$$A = l - r\alpha + \lambda - ru$$
$$B = l + r\alpha - \lambda + ru$$
$$A' = l + r\alpha + \lambda - ru$$
$$B' = l - r\alpha - \lambda + ru$$

Man ersieht hieraus, dafs man die zwei Gröfsen λ und ru nicht von einander trennen kann, dafs es also für die Ablesung ganz einerlei ist, ob der Nullpunct nicht in der Mitte ist oder ob die Stützen ungleich lang sind, Dagegen wird man durch die Combination dieser Gleichungen $\lambda - ru$ und α finden können.

Ist das Ende B der Blase auf einer bestimmten Seite der Axe eines Instruments, z. B. auf derjenigen, auf welcher sich der Kreis befindet und die man das Kreisende nennt, so wird man nach der Umkehrung des Niveaus A' auf dieser Seite ablesen. Nun ist:

$$\frac{B-A}{2} = -\lambda + ru + r\alpha$$
$$\frac{A'-B'}{2} = \lambda - ru + r\alpha$$

also:

$$\alpha = \frac{\frac{1}{2}\left(\frac{B-A}{2} + \frac{A'-B'}{2}\right)}{r} \, 206265$$

wenn man die Neigung gleich in Bogensecunden haben will. Die Gröfse $\frac{206265}{r}$ ist dann die Länge eines Niveautheils in Bogensecunden.

Will man also die Neigung einer Axe eines Instruments durch das Niveau bestimmen, so setzt man dasselbe in zwei verschiedenen Lagen auf die Axe und liest beide Enden der Blase in jeder Lage ab. Dann zieht man von der Ablesung auf der Seite des Kreisendes die an der andern Seite gemachte Ablesung ab und dividirt das arithmetische Mittel der in beiden Lagen gefundenen Werthe mit 2, dann ist dies die Erhöhung des Kreisendes der Axe in Theilen des Niveau's ausgedrückt. Multiplicirt man endlich diese Zahl mit dem Werthe eines Niveautheiles in Bogensecunden, so erhält man die Erhöhung des Kreisendes in Bogensecunden.

Wenn man annehmen könnte, daſs sich die Länge der Blase während der Beobachtung nicht ändert, so würde man auch:

$$\alpha = \frac{1}{2}\,\frac{(A' - A)}{r}$$

oder:

$$= \frac{1}{2}\,\frac{(B' - B)}{r}$$

haben d. h. die Neigung würde gleich der Hälfte der Bewegung des Niveaus an einem bestimmten Ende sein. Wäre endlich das Niveau vollkommen richtig, also $\lambda - r u = 0$, so würde man gar nicht nöthig haben, das Niveau umzukehren, sondern würde aus dem bloſsen Stande von B gegen A die Neigung finden, indem man den halben Unterschied der beiden Ablesungen nähme.

Um den Werth eines Niveautheils zu finden, befestigt man das Niveau an einem Höhenkreise und bewegt diesen, nachdem man den Stand der Blase abgelesen hat, um seine Axe. Geht dann die Blase durch α Theilstriche, während der Kreis durch β Secunden rotirt, so ist der Werth eines Niveautheils gleich $\frac{\beta}{\alpha}$ Secunden. Zugleich überzeugt man sich auf diese Weise von der Gleichheit der einzelnen Theile des Niveaus, indem die Blase, wenn man den Kreis immer um eine gleiche Anzahl von Secunden dreht, auch immer um eine gleiche Anzahl von Theilen fortrücken muſs.

Zur Bestimmung des Scalenwerthes kann man sich auch der Fuſsschrauben eines Theodolithen bedienen, wenn dieselben einen eingetheilten Kopf haben, an welchen man die Theile (gewöhnlich Hunderttheile) einer Schraubenumdrehung ablesen kann. Ein jeder Theodolith ruht nämlich auf drei Fuſsschrauben, welche nahe ein gleichseitiges Dreieck bilden. Wenn man nun das Niveau auf die horizontale Axe eines solchen Instruments aufsetzt und diese so stellt, daſs die Richtung derselben durch die mit dem eingetheilten Kopfe versehene Schraube a geht also auf der Verbindungslinie bc der beiden andern Schrauben senkrecht steht, so kann man aus einer Aenderung der Schraube a und der daraus entstehenden Bewegung des Niveau's die Länge eines Scalentheiles bestimmen, wenn man die Höhe eines Schraubenumgangs h und die Länge der Entfernung der Schraube a von der Verbindungslinie der beiden andern Schrauben kennt. Ist nämlich α der Theil eines Schraubenumgangs, um welchen die Schraube a gedreht ist, so ist $\frac{\alpha h}{f}$ die Tangente des Winkels, um welchen man die Neigung des Niveau geändert hat. Durch die Vergleichung dieses Winkels mit der Anzahl von Theilen, welche die Blase des Niveau's vermöge der Drehung der Schraube durchlaufen hat, erhält man dann den Werth eines Niveautheils.

Der vorher betrachtete Fall, daſs man durch das Niveau die Neigung einer Linie bestimmen will, auf welche man das Niveau aufsetzen kann, kommt bei den Instrumenten nie vor, sondern man sucht gewöhnlich die Neigung einer Axe, welche nur durch ein Paar Cylinder an den Enden angegeben ist, auf die man das Niveau aufsetzen muſs. Wiewohl nun die Axe der Cylinder mit der mathematischen Axe des Instruments zusammenfällt, so werden die Cylinder doch in der Regel von verschiedenem Durchmesser sein und es wird daher ein auf dieselben gestelltes Niveau nicht die Neigung der wahren Axe des Instruments angeben. Gewöhnlich liegen diese Cylinder in Lagern, welche durch zwei Ebenen gebildet werden, die um den Winkel $2\,i$ gegen einander geneigt sein mögen. Der Winkel zwischen den Haken des Niveau's, womit dasselbe auf die Axe aufgesetzt wird, sei $2\,i'$, der Radius des Zapfens an dem einen Ende (wofür hier wieder das Kreisende genommen wird) sei r_0, so wird bc (Fig. 13) oder die Erhöhung des Mittelpuncts des Zapfens über dem Zapfenlager gleich r_0 cosec i, ebenso wird:

$$ac = r_0 \operatorname{cosec} i'$$

also:

$$ab = r_0 [\operatorname{cosec} i' + \operatorname{cosec} i]$$

und an dem andern Ende der Axe wird:

$$a' b' = r_, [\operatorname{cosec} i' + \operatorname{cosec} i]$$

wenn $r_,$ der Radius des auf dieser Seite befindlichen Zapfens ist. Macht nun die Linie durch die beiden Puncte, in welchem die Zapfenlager zusammenstofsen, mit dem Horizonte den Winkel x, so wird man, wenn die Durchmesser der Zapfen einander gleich sind, durch das Niveau auch die Neigung x finden. Sind aber die Zapfen ungleich, so wird man für die Erhöhung b des Kreisendes finden, wenn auch x die Erhöhung des Zapfenlagers desselben Endes bezeichnet:

$$b = x + \frac{r_0 - r_,}{L} [\operatorname{cosec} i' + \operatorname{cosec} i]$$

wo L die Länge der Axe ist. Kehrt man dagegen das Instrument in seinen Zapfenlagern um, sodafs jetzt das Kreisende in dem tieferen Zapfenlager zu liegen kommt, so wird die Erhöhung des Kreisendes:

$$b' = -x + \frac{r_0 - r_,}{L} [\operatorname{cosec} i' + \operatorname{cosec} i]$$

sein. Aus beiden Gleichungen erhält man:

$$\frac{b' + b}{2} = \frac{r_0 - r_,}{2} [\operatorname{cosec} i' + \operatorname{cosec} i]$$

eine Gröfse, welche solange constant bleibt, als sich die Dicke der Zapfen nicht ändert.

Da man nun durch die Nivellirung die Neigung der mathematischen Axe der beiden Cylinder finden will, so muſs man von jedem b abziehen die Gröſse:

$$\frac{r_0 - r_{\prime}}{L} \text{ cosec } i'$$

oder, wenn man $\frac{r_0 - r_{\prime}}{L}$ eliminirt, die Gröſse

$$\frac{\frac{1}{2}(b + b') \text{ cosec } i'}{\text{cosec } i + \text{cosec } i'}$$

oder:

$$\frac{\frac{1}{2}(b + b') \sin i}{\sin i + \sin i'}$$

Ist die Correction, wie dies in der Regel der Fall ist, klein, so kann man $i = i'$ setzen und hat dann also an jede Nivellirung die Gröſse $-\frac{1}{4}(b + b')$ anzubringen, wo b und b' die in zwei verschiedenen Lagen der Axe gefundenen Nivellirungen bezeichnen.

Beispiel. An dem auf der Berliner Sternwarte im ersten Verticale aufgestellten Passageninstrumente wurden 1846 Aug. 22 folgende Nivellirungen gemacht.

Kreis Süd.

Kreis Ende	Kreis Ende
Objectiv Ost $\begin{pmatrix} 17.0 & 9.2 \\ 8.2 & 18.0 \end{pmatrix}$	Objectiv West $\begin{pmatrix} 6.9 & 19.5 \\ 16.1 & 10.3 \end{pmatrix}$

$$\frac{B-A}{2} = +3^p.90 \qquad\qquad -6^p.30$$

$$\lambda - ru = -8^p.80 \qquad\qquad \lambda - ru = -9^p.20$$

$$\frac{A'-B'}{2} = -4.90 \qquad\qquad +2.90$$

$$-0^p.50 \qquad\qquad -1.70$$

Also ist im Mittel bei Kreis Süd:

$$b = -1^p.10$$

oder da:

$$1^p = 2''\left(1 - \frac{1}{16}\right),\; b = -2''.06$$

Nun wurde umgelegt und wieder nivellirt:

Kreis Nord.

$$\text{Objectiv Ost}\ \overset{\text{Kreis}\quad\text{Ende}}{\begin{pmatrix} 11.2 & 15.9 \\ 20.3 & 6.8 \end{pmatrix}} \qquad \text{Objectiv West}\ \overset{\text{Kreis}\quad\text{Ende}}{\begin{pmatrix} 21.0 & 6.1 \\ 12.4 & 14.7 \end{pmatrix}}$$

Daraus findet man:

$$\begin{array}{rl} -\ 2^p.35 & \\ +\ 6\ .75 & -\ 9^p.10 \\ \hline +\ 2\ .20 & \end{array} \qquad \begin{array}{rl} +\ 7^p.45 & \\ -\ 1\ .15 & -\ 8^p.60 \\ \hline +\ 3\ .15 & \end{array}$$

also im Mittel:

$$b' = +\ 2^p.675 = +\ 5''.02$$

Man erhält mithin die Ungleichheit der Zapfen:

$$\tfrac{1}{4}\,(b'+b) = 0''.74$$

und es war also mit Rücksicht auf dieselbe die Neigung der Axe bei Kreis Süd gleich $-\ 2''.80$ und bei Kreis Nord gleich $+\ 4''.28$.

Die vorher gegebene Methode der Bestimmung der Neigung der Axe durch ein Niveau setzt voraus, dafs das Niveau in einer durch die Axe gehenden Ebene liegt. Um dies zu erreichen, berichtige man zuerst die Neigung der Axe durch die an dem Instrumente befindlichen Stellschrauben, bis man dieselben durch das Niveau nach der gegebenen Methode gleich Null findet. Darauf ändere man das Niveau selbst durch die an demselben angebrachten Correctionsschrauben, mittelst welcher man das eine Ende desselben erhöhen oder erniedrigen kann, so lange, bis die Endpuncte der Blase nach der Umkehrung des Niveau's denselben Ort einnehmen. Dann ist das Niveau in einer Ebene, welche der Umdrehungsaxe des Instruments parallel, also in diesem Falle horizontal oder wenigstens nahe horizontal ist. Bewegt man dann das Niveau ein wenig um die Axe des Instruments und geht dabei die Blase nicht aus ihrer Stellung, so ist dasselbe parallel der Axe. Geht indessen die Blase, wenn man das Niveau dem vor ihm stehenden Beobachter nähert z. B. nach der linken Seite, so ist die linke Seite desselben zu weit vom Beobachter entfernt. Man mufs dann diesen Fehler durch die mit den ersteren Correctionsschrauben unter rechten Winkeln stehenden Seitenschrauben corrigiren.

2. Der Nonius oder Vernier. Der Nonius oder Vernier dient dazu, an der auf den Kreisen der astronomischen Instrumente befindlichen Theilung in Grade und deren Unterabtheilungen noch kleinere Theile abzulesen und besteht aus einem mit der Theilung auf dem Kreise concentrisch sich bewegenden Gradbogen, welcher in andre Unterabtheilungen getheilt ist als ein gleicher Gradbogen auf dem Kreise. Das Verhältnifs der Theilung auf dem Nonius zu der auf dem Kreise bestimmt die Gröfse der vermittelst des Nonius noch abzulesenden Unterabtheilungen der Kreistheilung.

Hat man irgend einen in gleiche Theile getheilten Maafsstab (für Kreisbögen bleibt die folgende Betrachtung dieselbe), von denen jeder Theil gleich a ist, so läfst sich der Ort eines jeden Theilstriches auf dem Maafsstabe als ein Vielfaches von a ausdrücken. Es sei ferner y der Nullpunct des Nonius, durch welchen man an den astronomischen Instrumenten die Richtung der Alhidade oder des damit verbundenen Fernrohrs angiebt. Trifft dieser Nullpunct mit einem Striche der Theilung genau zusammen, so erhält man unmittelbar durch Ablesen an dem Kreise den Ort desselben. Liegt aber der Nullpunct des Nonius zwischen zwei Theilstrichen auf dem Kreise, so mufs nothwendig wegen der verschiedenen Entfernungen der einzelnen Theilstriche auf dem Nonius und dem Kreise irgend einer der übrigen Striche des Nonius mit einem Striche des Kreises coincidiren oder wenigstens von einem solchen Theilstriche um weniger entfernt sein, als der Unterschied der Entfernungen der Striche auf dem Nonius und der Theilung oder als die Gröfse beträgt, welche man überhaupt durch den Nonius ablesen kann. Es stehe dieser coincidirende Strich p Striche von dem Nullpuncte des Nonius ab, so ist die Abscisse desselben, wenn die Gröfse eines Theilstrichs des Nonius a' ist:

$$y + pa'$$

Ist dann $q\,a$ die Abscisse desjenigen Theilstrichs des

Kreises, welcher dem Nullpuncte des Nonius zunächst vorhergeht, so ist die Abscisse des coincidirenden Punctes des Kreises:

$$qa + pa$$

Es ist also:

$$y + pa' = qa + pa$$

also der gesuchte Ort des Nullpuncts des Nonius:

$$y = qa + p\,(a-a')$$

Ist dann:

$$ma = (m+1)\,a'$$

d. h. sind m Theile des Kreises auf dem Nonius in $m+1$ Theile getheilt, so ist:

$$= \frac{m}{m+1}$$

also:

$$y = qa + \frac{pa}{m+1}$$

Der Ort des Nullpuncts auf dem Nonius ist also gleich der Anzahl der ganzen Hauptabtheilungen auf dem Kreise, welche dem Nullpuncte vorhergehen, plus p Theilen, von denen jeder der $m+1$ste Theil der Hauptabtheilung ist und wo man die Zahl p findet, wenn man auf dem Nonius vom Nullpuncte ab die Anzahl der Striche bis zur Coincidenz zählt. Um nun diese Zählung zu erleichtern und zugleich die Multiplication mit $\frac{a}{m+1}$ unnöthig zu machen, sind die Zahlen $p\,\frac{a}{m+1}$ schon bei den Strichen des Nonius angegeben.

Man sieht übrigens, daſs wenn man die Zahl m nur groſs genug wählt, man so kleine Theile der Theilung vermittelst des Nonius ablesen kann, als man nur verlangt. Will man z. B. mit einem Instrumente, welches auf dem Kreise unmit-
10′ telbar angiebt, noch 10″ ablesen, so hat man einen Bogen

des Nonius, welcher gleich 590′ ist, in 60 Theile zu theilen, indem dann $\frac{a}{m+1} = 10''$ ist. Um nun die Ablesung zu erleichtern, müfste neben dem ersten Striche auf dem Nonius 10″ stehen, neben dem zweiten 20″ etc.; statt dessen werden aber nur die Minuten angegeben, sodafs bei dem sechsten Striche die Zahl 1, neben den zwölften die Zahl 2 steht.

Allgemein ergiebt sich die Zahl m aus der Gleichung:

$$a - a' = \frac{a}{m+1} \text{ oder } m = \frac{a}{a-a'} - 1$$

wenn man für $a-a'$ die Gröfse setzt, welche man mittelst des Nonins noch ablesen will und für a den Werth des Abstandes zweier Theilstriche des Kreises, beide natürlich in derselben Einheit ausgedrückt.

Bisher ist angenommen worden, dafs:

$$m a = (m+1)\, a'$$

dafs also die Zwischenräume zwischen den Theilstrichen auf dem Nonius kleiner sind, als die auf dem Kreise. Man kann indessen den Nonius auch so einrichten, dafs die Theilstriche auf demselben weiter von einander abstehen, als auf dem Kreise, indem man:

$$(m+1)\, a = m a'$$

nimmt. In diesem Falle wird:

$$a' - a = \frac{a}{m}$$

und:

$$y = q a - p\, (a' - a)$$

Dann ist also alles dasselbe wie vorher nur mit dem Unterschiede, dafs man jetzt die Coincidenz in entgegengesetztem Sinne zu zählen hat.

Bei Instrumenten, mit welchen man sehr genaue Beobachtungen anstellen will z. B. bei den Meridiankreisen, bedient man sich zum Messen der Unterabtheilungen der Kreistheilung der Schraubenmicroscope, welche über der Theilung des

Kreises so befestigt sind, daſs sie sich nicht mit derselben bewegen. Die Ablesung geschieht dann durch einen im Microscope zu beobachtenden beweglichen Faden, den man auf den nächsten Theilstrich des Kreises einstellt und dessen Verschiebung man an dem getheilten Kopfe der bewegenden Schraube abliest. Der Nullpunct dieses getheilten Schraubenkopfes entspricht also dem Nullpuncte beim Nonius, da man eigentlich immer den Abstand des beweglichen Fadens in der Stellung, wenn derselbe auf den Nullpunct eingestellt ist, vom nächsten Theilstriche miſst. Der Werth einer Schraubenumdrehung ist vorher in Secunden bestimmt und da man die Anzahl der ganzen Umdrehungen und deren Theile ablesen kann, so erhält man den Abstand des Nullpuncts vom Theilstriche in Secunden. Durch eine eigne Vorrichtung kann man es immer dahin bringen, daſs eine ganze Anzahl von Umdrehungen der Schraube genau gleich der Entfernung zweier zunächst liegender Theilstriche auf dem Kreise wird. Man kann nämlich zu dem Ende diese Microscope verlängern oder verkürzen und dadurch bewirken, daſs das Bild der Entfernung zweier Theilstriche gleich ist dem Stücke, um welches man den beweglichen Faden durch eine ganze Anzahl von Schraubenrevolutionen bewegt. Ist die ganze Anzahl von Schraubenrevolutionen gröſser als das Bild der Entfernung zweier Theilstriche, so muſs man das Objectiv des Microscopes dem Oculare näher bringen und dann, damit die Deutlichkeit des Sehens nicht gestört wird, das ganze Microscop wieder dem Kreise gehörig nähern.

3. Excentricitätsfehler bei getheilten Kreisen. Ein nicht zu vermeidender Fehler bei allen astronomischen Instrumenten ist der, daſs der Mittelpunct der Drehung der Alhidade verschieden ist von dem Mittelpuncte des Kreises oder der Theilung. Es sei C Fig. 14 der Mittelpunct der Theilung, C' der der Alhidade und es sei die Richtung $C'A'$ oder der Winkel OCA' gemessen gleich $A'-O$, wenn man die Winkel von O zu zählen anfängt. Dann hätte man, wenn keine Excentricität vorhanden gewesen wäre, den Winkel $ACO = A'C'O$ abgelesen. Nennt man nun r den Radius des Kreises CO und $A-O$ den Winkel $ACO = A'C'O$, so hat man:

$$A'P = r \sin(A'-O) \text{ und } C'P = r \cos(A'-O) - e$$
$$= A'C' \sin(A-O) \qquad\qquad = A'C' \cos(A-O)$$

wo e die Excentricität bezeichnet.

Multiplicirt man die erstere Gleichung mit $\cos(A'-O)$, die zweite mit $\sin(A'-O)$ und zieht die zweite von der ersteren ab, so erhält man:

$$A'C' \sin(A-A') = e \sin(A'-O)$$

Multiplicirt man dagegen die erstere Gleichung mit $\sin(A'-O)$, die zweite mit $\cos(A'-O)$ und addirt dieselben, so erhält man:

$$A'C' \cos(A-A') = r - e \cos(A'-O)$$

mithin ist:

$$\operatorname{tang}(A-A') = \frac{\frac{e}{r} \sin(A'-O)}{1 - \frac{e}{r} \cos(A'-O)}$$

oder nach Formel (12) in Nr. 11 der Einleitung:

$$A-A' = \frac{e}{r} \sin(A'-O) + \tfrac{1}{2} \frac{e^2}{r^2} \sin 2(A'-O)$$
$$+ \tfrac{1}{3} \frac{e^3}{r^3} \sin 3(A'-O) + \ldots$$

Da nun $\frac{e}{r}$ immer eine sehr kleine Gröſse ist, so kann man sich mit dem ersten Gliede der Reihe begnügen und es ist dann, wenn man $A-A'$ in Secunden haben will:

$$A-A' = \frac{e}{r} \sin(A'-O)\ 206265$$

woraus man sieht, daſs der Fehler $A-A'$ in Secunden wegen des groſsen Factors immer beträchtlich werden kann, wenn e auch nur ein sehr kleiner Theil von r ist.

Um nun nicht die Kenntniſs der Gröſse der Excentricität nöthig zu haben und um nicht bei jedem gemessenen

Winkel diese Correction wegen der Excentricität anbringen zu müssen, hat man bei jedem Instrumente mehrere Nonien, welche so angebracht sind, daſs der Fehler der Excentricität sich in dem Mittel aus den Ablesungen an den verschiedenen Nonien aufhebt. Besteht nämlich die Alhidade aus zwei gegen einander festen, zunächst einen beliebigen Winkel mit einander bildenden Armen, so hat man für den andern Arm, an welchem man die Ablesung B' gemacht hat, einen analogen Correctionsausdruck, sodaſs:

$$A = A' + \frac{e}{r} \sin (A' - O)$$

und:

$$B = B' + \frac{e}{r} \sin (B' - O)$$

also:

$$\tfrac{1}{2} (A+B) = \tfrac{1}{2} (A'+B') + \frac{e}{r} \sin [\tfrac{1}{2} (A'+B') - O] \cos \tfrac{1}{2} [A'-B']$$

Daraus folgt, daſs je geringer der Unterschied zwischen $\frac{1}{2}(A+B)$ und $\frac{1}{2}(A'+B')$ werden soll, desto näher der Winkel $A'+B'$ zwischen den Armen der Alhidade gleich 180° werden muſs. Ist $A'-B'$ genau gleich 180°, so ist das arithmetische Mittel aus den Ablesungen gleich dem arithmetischen Mittel aus den wirklich visirten Richtungen. Man bringt daher immer an den Instrumenten einen vollen Alhidadenkreis mit zwei einander genau gegenüberliegenden Nonien an und vermeidet dann durch Ablesung an beiden den Excentricitätsfehler vollständig.

Um nun den wirklichen Betrag der Excentricität zu finden, braucht man nur die Ausdrücke für A und B von einander zu subtrahiren. Dann erhält man:

$$B - A = B' - A' + 2 \frac{e}{r} \cos [\tfrac{1}{2} (A'+B') - O] \sin \tfrac{1}{2} (B' - A')$$

oder, wenn man annimmt, daſs die Alhidaden einen Winkel

mit einander bilden, der um den kleinen Winkel α von 180° verschieden ist, sodafs:

$$B-A = 180 + \alpha$$

$$B'-A' = 180 + \alpha + 2\,\frac{e}{r}\sin(A'-O)$$

$$= 180 + \alpha + 2\,\frac{e}{r}\cos O \sin A' - 2\,\frac{e}{r}\sin O \cos A'$$

Setzt man nun:

$$B'-A'-180 = [A'],\; 2\,\frac{e}{r}\cos O = z \text{ und } 2\,\frac{e}{r}\sin O = y$$

so wird:

$$[A'] = \alpha + z \sin A' - y \cos A'$$

und die drei unbekannten Gröfsen α, z und y werden nun durch drei Ablesungen beider Nonien gefunden werden können. Liest man nämlich nach einander bei:

$$A' = 0,\ 90°,\ 180° \text{ und } 270°$$

ab, so ist:

$$[0] = \alpha - 2\,\frac{e}{r}\sin O$$

$$[90] = \alpha + 2\,\frac{e}{r}\cos O$$

$$[180] = \alpha + 2\,\frac{e}{r}\sin O$$

$$[270] = \alpha - 2\,\frac{e}{r}\cos O$$

Daraus folgt:

$$[180] - [0] = \frac{4e}{r}\sin O$$

$$[90] - [270] = \frac{4e}{r}\cos O$$

aus welchen Gleichungen man $\frac{e}{r}$ und den Winkel O der Gröfse und dem Quadranten nach findet. Den Winkel α erhält man dann durch die vier ersteren Gleichuugen. Da indessen der eleganteren Form wegen eine Gleichung mehr mitgenommen ist als Unbekannte sind, so kann man nicht aus allen Gleichungen denselben Werth erhalten.

An dem Meridiankreise der Berliner Sternwarte wurde, während das eine Microscop auf 0°, 90°, 180° und 270° genau eingestellt wurde, an dem gegenüberliegenden Microscope im Mittel aus zwei Beobachtungen abgelesen:

$$180^\circ\, 0'\, 0''.30\,,\ 270^\circ\, 0'\, 3''.10\,,\ 0^\circ\, 0'\, 1''.50 \text{ und } 90^\circ\, 0'\, 0''.70$$

Hier ist also:

$$[0] = +\, 0''.30\,,\ [90] = +\, 3''.10\,,\ [180] = +\, 1''.50$$

und:

$$[270] = +\, 0''.70$$

und man erhält:

$$O = 26^\circ\, 33'.9$$

$$\frac{e}{r} = 0''.67$$

α im Mittel:

$$= +\, 1''.40$$

Zu jeder gemachten Ablesung A' an einem Nonius müſste man also immer die Correction hinzufügen:

$$+\, 0''.67 \sin (A' - 26^\circ\, 33'.9)$$

4. Genauer erhält man die Excentricität des Kreises, wenn man sich die Peripherie nicht blos in vier, sondern in eine groſse Anzahl von gleichen Intervallen theilt und in allen diesen Puncten die beiden Nonien abliest. Um diese Methode anwenden zu können, bedarf man aber einiger, die periodischen Functionen betreffenden Sätze, nämlich der folgenden:

$$\sum_{r=0}^{r=n-1} \sin r \,.\, \frac{2k\pi}{n} = 0$$

$$\sum_{r=0}^{r=n-1} \cos r \,.\, \frac{2k\pi}{n} = 0 \quad \text{im Allgemeinen}$$

dagegen $= n$, wenn k ein Vielfaches von n, deren Beweis zuvörderst gegeben werden soll.

Der letzte Fall ist an und für sich klar, da, wenn k ein Vielfaches von n ist, die Reihe aus n Gliedern besteht, deren jedes eins ist. Es sind also nur noch die beiden ersten Sätze zu beweisen.

Setzt man nun:

$$\cos r . \frac{2k\pi}{n} + i \sin r \frac{2k\pi}{n} = T^r$$

wo $i = \sqrt{-1}$ ist, so wird:

$$\sum_{r=0}^{r=n-1} \cos r . \frac{2k\pi}{n} + i \sum_{r=0}^{r=n-1} \sin r . \frac{2k\pi}{n} = \sum_{r=0}^{r=n-1} T^r = \frac{T^n - 1}{T - 1}$$

wenn man die geometrische Reihe auf der rechten Seite des Gleichheitszeichens summirt. Da nun:

$$T^n = \cos 2k\pi + i \sin 2k\pi = 1$$

ist, so wird:

$$\sum_{r=0}^{r=n-1} \cos r . \frac{2k\pi}{n} + i \sum_{r=0}^{r=n-1} \sin r \frac{2k\pi}{n} = 0$$

Trennt man nun das Reelle von dem Imaginären, so sieht man, dafs:

$$\sum_{r=0}^{r=n-1} \sin r . \frac{2k\pi}{n} = 0$$

ist und zwar ohne alle Ausnahme, weil rechts nichts Imaginäres vorkommt. Ferner wird auch:

$$\sum_{r=0}^{r=n-1} \cos r \quad \frac{2k\pi}{n}$$

im Allgemeinen gleich Null und nur dann von Null verschieden sein, wenn $T = 1$ ist. Dies geschieht, wenn:

$$\cos \frac{2k\pi}{n} + i \sin \frac{2k\pi}{n} = 1$$

also k ein Vielfaches von n ist. In diesem Falle wird die Reihe gleich n. Da nun:

$$\cos \alpha^2 = \tfrac{1}{2} + \tfrac{1}{2} \cos 2\alpha$$

so wird:

$$\sum_{r=0}^{r=n-1} \left(\cos r \frac{2k\pi}{n}\right)^2 = \sum_{r=0}^{r=(n-1)} \left\{\tfrac{1}{2} + \tfrac{1}{2} \cos r \frac{4k\pi}{n}\right\} = \tfrac{1}{2} n \text{ im Allgemeinen.}$$

$$= n \text{ im Ausnahmefall.}$$

Ferner wird:

$$\sum_{r=0}^{r=n-1} \cos r \frac{2k\pi}{n} \quad \sin r \frac{2k\pi}{n} = \sum_{r=0}^{r=n-1} \tfrac{1}{2} \sin r \frac{4k\pi}{n} = 0$$

und:

$$\sum_{r=0}^{r=n-1} \left(\sin r \frac{2k\pi}{n}\right)^2 = \sum_{r=0}^{r=n-1} \left\{1 - \cos r \frac{2k\pi^2}{n}\right\} = \tfrac{1}{2} n \text{ im Allgemeinen.}$$

$$= 0 \text{ im Ausnahmefall.}$$

Mit Hülfe dieser Sätze erhält man nun eine sehr bequeme Methode, die Excentricität der Kreise durch Ablesen der beiden Nonien in gleichen Intervallen, in welche man die ganze Peripherie getheilt hat, zu finden. Es war vorher die Gleichung gefunden:

$$[A] = \alpha - y \cos A' + z \sin A'$$

Denkt man sich nun die Peripherie in n Theile getheilt, so wird jeder Theil $\frac{2\pi}{n}$. Stellt man dann die Nonien nach einander auf 0, $\frac{2\pi}{n}$, $\frac{4\pi}{n}$ etc. ein und liest zugleich den gegenüberstehenden ab, so erhält man, wenn man beide Ablesungen von einander und von der Differenz noch 180° abzieht, das Resultat $\left[r \frac{2\pi}{n}\right]$ und hat dann n solcher Gleichungen:

$$\left[r \frac{2\pi}{n}\right] = \alpha - y \cos r \frac{2\pi}{n} + z \sin r \frac{2\pi}{n}$$

die man aus dieser Gleichung erhält, wenn man für r nach und nach die Werthe 0, 1, 2 etc. bis $n-1$ setzt. Um nun durch diese n Gleichungen die drei Unbekannten zu bestimmen, addire man dieselben sämmtlich zu einander, das erste Mal in der vorstehenden Form, das zweite Mal mit $\cos r \frac{2\pi}{n}$, das dritte Mal mit $\sin r \frac{2\pi}{n}$ multiplicirt. Dann erhält man mit Hülfe der vorher gegebenen Sätze die drei Gleichungen:

$$\sum_{r=0}^{r=n-1} \left[r \frac{2\pi}{n} \right] = n\alpha$$

$$\sum_{r=0}^{r=n-1} \left\{ \left[r \frac{2\pi}{n} \right] \cos r \frac{2\pi}{n} \right\} = -\tfrac{1}{2} n y$$

und:

$$\sum_{r=0}^{r=n-1} \left\{ \left[r \frac{2\pi}{n} \right] \sin r \frac{2\pi}{n} \right\} = +\tfrac{1}{2} n z$$

aus denen man α, y und z, mithin auch O und $\frac{e}{r}$ findet.

Es ist nun vortheilhaft für n eine durch drei theilbare Zahl zu nehmen, weil dann die Sinus und Cosinus der verschiedenen Winkel geschlossene Ausdrücke werden, deren Werthe man nicht erst in den Logarithmentafeln aufzusuchen hat. Außerdem ist es noch vortheilhaft, n von der Form $4a$ zu nehmen, weil dann jeder Quadrant in a Theile getheilt wird, die Werthe der Sinus und Cosinus also sich immer wiederholen. Um beides mit einander zu vereinigen, nimmt man für n eine durch 12 theilbare Zahl. Ist z. B.:

$$n = 12, \text{ also } \frac{2\pi}{n} = 30^\circ$$

so wird:

$$(A) \qquad n\alpha = [0] + [30] + [60] + \ldots + [270] + [300] + [330]$$

$$-\tfrac{1}{2} n y = [0] + [30] \cos 30 + [60] \cos 60 + \ldots + [300] \cos 300 + [330] \cos 330$$

Nun ist:

$$\cos 30 = \cos 330 = \tfrac{1}{2}\sqrt{3}$$

und:

$$\cos 60 = \cos 300 = \tfrac{1}{2}$$

Bezeichnet man daher die Summe zweier Glieder, welche einander zu 360° ergänzen:

$$[A] + [360 - A] \text{ mit } \underset{+}{[A]}$$

so erhält man:

$$-\tfrac{1}{2}\, ny = [0] + \underset{+}{[30]}\, \tfrac{1}{2}\sqrt{3} + \underset{+}{[60]}\, \tfrac{1}{2} - \underset{+}{[120]}\, \tfrac{1}{2} - \underset{+}{[150]}\, \tfrac{1}{2}\sqrt{3} - [180]$$

Hier kommen nun wieder Glieder vor, welche einander zu 180° ergänzen und die denselben Factor, aber entgegengesetzte Zeichen haben. Bezeichnet man dann wieder:

$$\underset{+}{[30]} - \underset{+}{[150]} \text{ mit } \underset{+-}{[30]}$$

und ähnlich die Differenzen je zweier anderen Glieder, welche einander zu 180° ergänzen, so erhält man endlich:

$$-\tfrac{1}{2}\, ny = \underset{-}{[0]} + \tfrac{1}{2}\sqrt{3}\, \underset{+-}{[30]} + \tfrac{1}{2}\, \underset{+-}{[60]} \qquad (B)$$

Ferner ist:

$$+\tfrac{1}{2}\, nz = [30] \sin 30 + [60] \sin 60 + \dots + [300] \sin 300 + [330] \sin 330$$

Da nun:

$$\sin A = -\sin (360 - A)$$

so hat man, wenn man:

$$[A] - [360 - A] \text{ mit } \underset{-}{[A]}$$

bezeichnet:

$$\tfrac{1}{2}\, nz = \tfrac{1}{2}\, \underset{-}{[30]} + \tfrac{1}{2}\sqrt{3}\, \underset{-}{[60]} + \underset{-}{[90]} + \tfrac{1}{2}\sqrt{3}\, \underset{-}{[120]} + \tfrac{1}{2}\, \underset{-}{[150]}$$

Da ferner die Glieder, welche einander zu 180° ergänzen, denselben Coefficienten haben, so wird, wenn man:

$$\underset{-}{[A]} + \underset{-}{[180 - A]} = \underset{-+}{[A]}$$

setzt:

$$\tfrac{1}{2}\, nz = \tfrac{1}{2} \underset{-+}{[30]} + \tfrac{1}{2}\sqrt{3}\, \underset{-+}{[60]} + \underset{-}{[90]} \qquad (C)$$

sodafs man jetzt die drei Unbekannten α, y und z nach den Formeln (A), (B) und (C) durch eine sehr bequeme Rechnung und ohne trigonometrische Tafeln nöthig zu haben, findet.

An dem Meridiankreise der Berliner Sternwarte wurden für ein Paar einander gegenüberstehender Microscope die folgenden Gröfsen:

$$B' - A' - 180^\circ$$

beobachtet:

[0] = + 0″.3	[180] = + 1″.5
[30] = + 3 .3	[210] = − 0 .6
[60] = + 3 .8	[240] = + 0 .7
[90] = + 3 .1	[270] = + 0 .7
[120] = + 4 .8	[300] = − 2 .5
[150] = + 6 .4	[330] = − 4 .8

Daraus erhält man zuerst die Summe aller dieser Gröfsen:

$$+ 16 \quad 7 = 12\, \alpha$$

also:

$$\alpha = + 1''.39$$

Ferner erhält man:

A	$\underset{+}{[A]}$	$\underset{+-}{[A]}$	$\underset{-}{[A]}$	$\underset{-+}{[A]}$
0°	+ 0.3	− 1.2		
30°	− 1.5	− 7.3	+ 8.1	+ 15.1
60	+ 1.3	− 4.2	+ 6.3	+ 10.4
90	+ 3.8		+ 2.4	+ 2 .4
120	+ 5.5		+ 4.1	
150	+ 5.8		+ 7.0	
180	+ 1.5			

und hieraus:

$$\tfrac{1}{2}\, ny = +\ \ 9''.62$$
$$\tfrac{1}{2}\, nz = +\ 18\ .96$$

also:

$$O = 26^{\circ}\ 54'.2$$

und:

$$\frac{e}{r} = 1''.772$$

5. Sind nun an einem Kreise mehrere Paare von Nonien angebracht, wie dies in der Regel der Fall ist, so müſste das arithmetische Mittel aus jedem Paare Nonien von dem Mittel aus jedem andern Paare für alle Einstellungen um eine Constante verschieden sein, wenn es auſser den von der Excentricität herrührenden Fehlern keine anderen gäbe. Dies wird aber in der Regel nie der Fall sein, da die Theilung selbst immer fehlerhaft sein wird. Welcher Art nun aber auch diese Fehler der Theilung sein mögen, so werden sie doch immer durch eine periodische Reihe von folgender Form dargestellt werden können:

$$a + a_{,} \cos A + a_{2} \cos 2A +$$
$$+ b_{,} \sin A + b_{2} \sin 2A +$$

wo A die Ablesung an dem einzelnen Nonius oder Microscope bezeichnet.

Wendet man nun i durch die Peripherie gleichmäſsig vertheilte Nonien an, sodaſs die Ablesungen bei einer Einstellung die folgenden werden:

$$A,\ A + \frac{2\pi}{i},\ A + 2\ \ \frac{2\pi}{i} +$$

und:

$$A + (i-1)\,\frac{2\pi}{i}$$

und nimmt das Mittel aus allen Nonien, so hebt eine groſse Anzahl von Gliedern der periodischen Reihe der Theilungsfehler einander auf, wie man leicht sieht, wenn man die trigonometrischen Functionen der zusammengesetzten Winkel auflöst und bedenkt, dafs:

$$\sum_{r=0}^{r=i-1} \sin r \frac{2k\pi}{i} = 0$$

und:

$$\sum_{r=0}^{r=i-1} \cos r \frac{2k\pi}{i} = 0$$

im Allgemeinen ist, aufser wenn k ein Vielfaches von i ist. Bei i Nonien werden also nur diejenigen Glieder übrig bleiben, bei denen das $i$fache des Winkels vorkommt. Man hebt also auch durch das Ablesen an mehreren Nonien einen grofsen Theil der Theilungsfehler auf und hierin besteht der wesentliche Nutzen von mehreren Paaren von Nonien. (Ueber die Bestimmung der Theilungsfehler der Kreise selbst siehe: Bessel, Königsberger Beobachtungen, Band VII).

Aufser der Theilung des Kreises kann aber auch die Theilung des Nonius fehlerhaft und namentlich die Länge desselben unrichtig sein. Man hatte aber in Nr. 2 dieses Abschnitts die Gleichung:

$$ma = (m+1)\, a'$$

wo a und a' die Entfernung zweier Theilstriche auf dem Kreise und auf dem Nonius bezeichnen. Ist nun die Länge des Nonius um die Gröfse Δl fehlerhaft, so wird jetzt:

$$ma = (m+1)\, a' + \Delta l$$

mithin nach den vorher gebrauchten Bezeichnungen:

$$y = qa + \frac{pa}{m+1} + p\frac{\Delta l}{m+1}$$

Wenn daher die Länge des Nonius um Δl zu grofs ist, so hat man zu jeder Ablesung die Correction hinzuzulegen:

$$-\frac{p}{m+1}\,\Delta l$$

wo p die Zahl des coincidirenden Strichs des Nonius und $m+1$ die Anzahl aller Striche auf demselben bezeichnet. Findet man z. B. an einem Instrumente, dessen Kreis von 10 zu 10 Minuten getheilt ist und an dem man mittelst des Nonius noch 10″ ablesen kann, sodafs 59 Theile des Kreises in 6 Theile getheilt sind, den Fehler:

$$\Delta l = + 5''$$

so hat man also zu jeder Ablesung die Correction $- \frac{p}{60} 5''$ hinzuzufügen, oder, da der 6te Strich des Nonius eine Minute angiebt, an jede auf dem Nonius abgelesene Minute die Correction $- 0''.5$ anzubringen.

Den Fehler selbst in der Länge des Nonius kann man aber immer mit Hülfe der Theilung des Kreises finden. Man stellt zu dem Ende den Nullstrich des Nonius nach einander auf verschiedene Theilstriche des Kreises ein und liest die Anzahl von Minuten und Secunden ab, welche dem letzten Hauptstriche auf dem Nonius entsprechen. Dann ist das arithmetische Mittel aus allen diesen Ablesungen die wahre Länge des Nonius.

II. Das Azimutal- und Höheninstrument.

6. Bei dem Azimutalinstrument stellt der eine der beiden Kreise die Ebene des Horizonts vor und soll daher genau horizontal liegen. Er ruht deshalb auf drei Schrauben, durch welche man seine Lage gegen den wahren Horizont vermittelst eines Niveau's, wie man nachher sehen wird, berichtigen kann. Da indessen diese Berichtigung selten ganz genau geschehen wird, so wird immer noch eine kleine Neigung des Kreises gegen den Horizont vorhanden sein. Es sei daher P der Pol dieses Kreises des Instruments, während der Pol des wahren Horizonts das Zenith Z ist und es sei i der Winkel, welchen die Ebene des Kreises mit der Ebene des Horizonts macht oder der Bogen des gröfsten Kreises zwischen P und Z. Durch den Mittelpunct dieses, in Grade und deren Unterabtheilungen getheilten, horizontalen Kreises des Instruments geht nun ein Zapfen, welcher die Nonien trägt, die in der Regel auf einem vollen, mit dem ersteren concentrischen Kreise angebracht sind. Der Nonienkreis trägt zwei Stützen, welche möglichst gleich sind und die an ihrem oberen Ende Pfannenlager haben, von denen man das eine vermittelst einer Schraube höher und niedriger stellen kann. In diesen Lagern liegt nun die horizontale Axe, welche das Fernrohr und den Höhenkreis trägt. Dieser Höhenkreis ist fest mit der Axe verbunden, dagegen läfst sich das Fernrohr zugleich mit dem, dem ersteren Kreise concentrischen Nonienkreise um die Axe bewegen. Da man nun auch den Nonienkreis des Azimutalkreises um seine Axe bewegen kann, so kann man das Fernrohr auf jedes beliebige Object einstellen und die demselben entsprechenden sphärischen Coordinaten an den Kreisen des Instruments ablesen. Der Winkel, welchen die Linie durch die beiden Zapfenlager mit dem horizontalen Nonienkreise macht, sei nun i' und es sei K der Punct, in welchem diese Linie nach der Seite des Kreisendes zu die scheinbare Himmelskugel trifft, ferner sei b die Höhe dieses Punctes über dem wahren Horizonte. Da man nun mit dem Instrumente immer nur Azimutalunterschiede mifst (wenn man für jetzt noch die Ablesungen an dem Höhenkreise aufser Acht läfst), so wird es gleichgültig sein, wo man die Azimute auf dem Instrumente zu zählen anfängt. Es wird aber bequem sein, den Anfangspunct derselben so anzunehmen, dafs er Bezug auf das Instrument hat und da nun P und Z sich nicht ändern, so lange man das Instrument nicht verrückt, K dagegen volle 360^0 durchlaufen kann, wenn man den Nonienkreis um seine Axe bewegt, so kann man als Anfangspunct der Zählung der Azimute auf dem Instrumente diejenige Ablesung nehmen, welche man macht, wenn K mit P und Z in einem Verticalkreise liegt. Diese Ablesung sei a_0. Für jede andre Ablesung nimmt man dann immer denjenigen Punct der Theilung, in welchem der verlängerte Bogen PK die Ebene des Kreises trifft und dies wird immer erlaubt sein, weil dieser Punct von den durch die Nonien angegebenen Puncten immer nur um einen constanten Winkel verschieden ist. Endlich soll mit A das auf dem wahren Horizonte, aber von demselben Anfangspuncte gezählte Azimut bezeichnet werden.

Denkt man sich nun drei auf einander senkrechte Coordinatenaxen, von denen eine senkrecht auf der Ebene des wahren Horizonts ist, die beiden andern aber in der Ebene desselben liegen und zwar so, daſs die Axe der y nach dem Puncte gerichtet ist, von welchem aus die Azimute nach der vorher gemachten Annahme gezählt werden, so sind die drei Coordinaten des Punctes K auf diese Axen bezogen:

$$z = \sin b \,,\; y = \cos b \cos A$$

und:

$$x = \cos b \sin A$$

Ferner sind die Coordinaten von K, bezogen auf drei rechtwinklige Coordinatenaxen, von denen eine senkrecht auf der horizontalen Ebene des Instruments steht, während die beiden andern in dieser horizontalen Ebene liegen und zwar so, daſs die Axe der x mit derselben Axe im vorigen System zusammenfällt:

$$z = \sin i' \,,\; y = \cos i' \cos (a-a_0) \,,\; x = \cos i' \sin (a-a_0)$$

Da nun die Axe der z im ersten System mit der Axe der z des andern Systems den Winkel i macht, so hat man nach der Formel (1) für die Transformation der Coordinaten:

$$\begin{aligned} \sin b &= \cos i \sin i' - \sin i \cos i' \cos (a-a_0) \\ \cos b \sin A &= \cos i' \sin (a-a_0) \\ \cos b \cos A &= \sin i \sin i' + \cos i \cos i' \cos (a-a_0) \end{aligned}$$

Da nun b, i und i', wenn das Instrument nahe berichtigt ist, kleine Gröſsen sind, so wird es erlaubt sein, die Cosinus dieser Winkel gleich eins zu setzen und die Sinus mit den Bogen zu vertauschen, sodaſs man erhält:

$$b = i' - i \cos (a-a_0) \qquad (a)$$

$$A = a - a_0$$

Das Fernrohr ist nun senkrecht auf der horizontalen Axe des Instruments befestigt. Die Gesichtslinie desselben sollte ebenfalls senkrecht auf dieser Axe sein, es soll indessen vorausgesetzt werden, daſs dies nicht der Fall ist, sondern daſs dieselbe mit der Seite der Axe nach dem Kreisende zu den Winkel $90+c$ macht, wo der kleine Winkel c der Collimationsfehler genannt wird. Diese Gesichtslinie wird bezeichnet durch die Linien von der Mitte des Objectivs nach einem im Brennpuncte des Fernrohrs befindlichen Fadenkreuze, welches sich vermittelst Schrauben senkrecht gegen die Gesichtslinie verschieben läſst, sodaſs man den Winkel c beliebig ändern kann.

Es sei nun das Fernrohr nach einem Puncte O des Himmels gerichtet, dessen Zenithdistanz z und dessen Azimut e ist. Dann sind die Coordinaten desselben bezogen auf die Axen der z und y nach I Nr. 1 : $\cos z$ und $\sin z \cos e$. Nun geht die Theilung auf dem Kreise von der Linken zur Rechten d. h. in derselben Richtung, in welcher man die Azimute im Horizonte herum zählt. Ist also das Kreisende links, so zeigt das Fernrohr nach einem Puncte, dessen Azimut gröſser ist als das des Punctes K und wenn man also die Axe der y nach dem Puncte gedreht denkt, wo sie in einem Verticalkreise mit K liegt, so werden dann die Coordinaten: $\cos z$ und $\sin z \cos (e-A)$. Dies gilt für Kreis links, während man für Kreis rechts $A-e$ statt $e-A$ nehmen muſs. Denkt man sich nun den Punct O auch auf ein Coordinatensystem bezogen, von denen die Axen der x und y in der Ebene des Instruments liegen und wo die Axe der y nach dem Puncte K gerichtet ist, so ist die Coordinate y des Punctes O gleich $-\sin c$ und da die Axen der z in beiden Systemen den Winkel b mit einander bilden, so hat man nach den Formeln für die Transformation der Coordinaten:

$$-\sin c = \cos z \sin b + \sin z \cos b \cos (e-A)$$

oder, da b und e kleine Gröſsen sind:

$$-c = b \cos z + \sin z \cos (e-A)$$

oder endlich, wenn man für A seinen vorher gefundenen Werth aus den Gleichungen (a) setzt:

$$0 = c + b \cos z + \sin z \cos [e - (a - a_0)]$$

Daraus folgt, dafs:

$$\cos [e - (a - a_0)]$$

eine sehr kleine Gröfse von der Ordnung der Gröfsen b und c ist. Schreibt man also dafür:

$$\sin [90 - e + (a - a_0)]$$

so kann man den Sinus mit dem Bogen vertauschen und man erhält:

$$0 = c + b \cos z + \sin z [90 - e + (a - a_0)]$$

Diese Formel gilt, wie schon oben bemerkt ist, für Kreis Ende links. Wäre das Kreisende rechts, so hätte man $A - e$ statt $e - A$ nehmen müssen und dann erhalten:

$$0 = c + b \cos z + \sin z [90 - (a - a_0) + e]$$

Man erhält daher das wahre Azimut e durch die Formeln:

$$e = a - a_0 + 90 + \frac{c}{\sin z} + b \operatorname{cotang} z \quad \text{für Kreis links}$$

und:

$$e = a - a_0 - 90 - \frac{c}{\sin z} - b \operatorname{cotang} z \quad \text{für Kreis rechts}$$

oder, wenn man A das an den Nonien des Instruments abgelesene Azimut und ΔA den Indexfehler der Nonien nennt, sodafs $A + \Delta A$ das vom Meridianpuncte des Kreises auf demselben gezählte Azimut ist:

$$e = A + \Delta A \pm c \operatorname{cosec} z \pm \operatorname{cotang} z$$

wo das obere Zeichen wieder für Kreis links, das untere für Kreis rechts gilt.

7. Man kann diese Formeln einfach geometrisch ableiten. Es sei Fig. 15 der Horizont in der Ebene des Papiers, dann wird der Verticalkreis, in welchem das Object liegt,

durch eine gerade Linie vorgestellt werden, in deren Mitte das Zenith Z liegt. Nimmt man nun an, dafs sich das Fernrohr um eine Axe bewegt, welche um b gegen den Horizont geneigt ist, so wird dasselbe jetzt einen gröfsten Kreis beschreiben, welcher zwar noch durch die Puncte A und B des Horizonts geht, aber um den Bogen b vom Zenith absteht. Nimmt man nun an, dafs man das Azimut A eines Objects O' abliest. so wird das mit dem Fehler der Neigung behaftete Fernrohr nach O zeigen, also wird man, wenn das Fernrohr rechts oder der Kreis links ist, ein zu kleines Azimut ablesen und man wird haben:

$$\sin OO' = \sin AO \sin b$$
$$= \cos z \,.\, \sin b$$

Man liest nun aber einen Azimutalwinkel ab d. h. den Winkel, unter welchem OO' von Z aus erscheint, mithin ist der Winkel OZO' die gesuchte Correction ΔA des Azimuts und da:

$$\sin OO' = \sin ZO \sin \Delta A$$

also:

$$\sin \Delta A = \operatorname{cotang} z \sin b$$

so hat man also bei Kreisende links zum abgelesenen Azimute die Correction wegen der Neigung b hinzuzufügen:

$$+\, b \operatorname{cotang} z$$

Ebenso kann man nun auch die durch den Collimationsfehler hervorgebrachte Correction des Azimuts finden. Es sei wieder AB der Verticalkreis, welchen die Gesichtslinie des Fernrohrs beschreiben würde, wenn der Collimationsfehler Null wäre. Ist aber $90 + c$ der Winkel, welchen die Gesichtslinie mit der Seite der Axe nach dem Kreisende zu macht, so beschreibt die Gesichtslinie bei der Umdrehung um die Axe einen Kegel, welcher auf der scheinbaren Himmelskugel einen kleinen Kreis abschneidet, dessen Abstand vom gröfsten Kreise AB gleich c ist. Fig. 16. Dann liest man wieder bei Kreisende links ein zu kleines Azimut ab und wenn man wieder den Winkel AZO mit ΔA bezeichnet, so ist:

$$\sin \Delta A = \frac{\sin c}{\sin z}$$

oder:

$$\Delta A = + c \operatorname{cosec} z$$

8. Es soll nun gezeigt werden, wie man die Gröfse der einzelnen Fehler des Instruments bestimmt, damit man ein jedes an einem solchen Instrument beobachtetes Azimut vermittelst der vorher gegebenen Formeln auf das wahre Azimut reduciren kann.

Den Fehler b findet man unmittelbar nach den in Nr. 1 dieses Abschnitts gegebenen Vorschriften, indem man ein Niveau auf die Zapfen der horizontal liegenden Axe des Instruments aufsetzt. Es war aber nach den Gleichungen (a) in Nr. 6:

$$b = i' - i \cos (a - a_0)$$

wo i die Neigung der Ebene des Horizontalkreises gegen den Horizont, i' dagegen die Neigung der horizontalen, das Fernrohr tragenden Axe gegen den Horizontalkreis ist. Diese Gleichung enthält drei Unbekannte, nämlich i', i und a_0, zu deren Bestimmung daher drei Nivellirungen in verschiedenen Stellungen der Axe gemacht werden müssen. Man nehme an, dafs man das Instrument auf einen beliebigen Werth a bei irgend einem Nonius eingestellt und dafs man in dieser Lage die Neigung der Umdrehungsaxe b gefunden hat. Dann stelle man nach einander auf $a + 120°$ und $a + 240°$ ein und es seien b_1 und b_2 die Neigungen, welche man in diesen beiden Lagen beobachtet. Substituirt man nun diese Werthe in die obige Formel, löst die Cosinus auf und bedenkt, dafs:

$$\cos 120 = - \tfrac{1}{2}$$

und:

$$\sin 120 = + \tfrac{1}{2} \sqrt{3}$$

ferner:

$$\cos 240 = -\tfrac{1}{2}$$

und:

$$\sin 240 = -\tfrac{1}{2}\sqrt{3}$$

so erhält man die folgenden drei Gleichungen:

$$b = i' + i\cos(a-a_0)$$
$$b_1 = i' + \tfrac{1}{2}\, i\cos(a-a_0) + \tfrac{1}{2}\, i\sin(a-a_0)\sqrt{3}$$
$$b_2 = i' + \tfrac{1}{2}\, i\cos(a-a_0) - \tfrac{1}{2}\, i\sin(a-a_0)\sqrt{3}$$

Addirt man diese drei Gleichungen, so findet man:

$$i' = \frac{b + b_1 + b_2}{3}$$

Zieht man aber die dritte Gleichung von der zweiten ab, so wird:

$$i\sin(a-a_0) = \frac{b_1 - b_2}{\sqrt{3}}$$

und, wenn man die zweite und dritte Gleichung addirt und davon die doppelte erste Gleichung abzieht:

$$i\cos(a-a_0) = \frac{b_1 + b_2 - 2b}{3}$$

Nivellirt man also die horizontale Axe in drei Stellungen, welche die Peripherie in gleiche Theile theilen, so kann man durch diese Formeln die Gröfsen i, i' und a_0 und damit die Neigung b für jede andere Einstellung nach der Formel:

$$b = i' - i\cos(a-a_0)$$

finden.

Um nun den Collimationsfehler zu finden, beobachtet man dasselbe Object sowohl bei Kreis rechts als auch bei Kreis links und liest beide Mal das Azimut ab. Ist a die Ablesung bei Kreis links, a' die bei Kreis rechts gemachte Ablesung, so hat man die beiden Gleichungen:

$$e = a - a_0 + 90 + b\ \text{cotang}\, z + c\ \text{cosec}\, z$$
$$e = a' - a_0 - 90 - b'\ \text{cotang}\, z - c\ \text{cosec}\, z$$

aus denen man erhält:

$$c \operatorname{cosec} z = \frac{a'-a}{2} - 90 - \frac{b'+b}{2} \operatorname{cotang} z$$

Kennt man also die Neigungen b und b' in beiden Lagen und liest man am Höhenkreise die Zenithdistanz z des Objects ab, so kann man also durch Beobachtung desselben Objects bei verschiedenen Lagen des Kreises den Collimationsfehler finden.

Hierbei ist aber vorausgesetzt, daſs sich das Fernrohr im Mittelpuncte der Theilung befindet oder daſs man, wenn dasselbe an dem einen Ende der Axe angebracht ist, ein unendlich entferntes Object beobachtet hat. Ist dies nun aber nicht der Fall, so muſs man an den gefundenen Collimationsfehler noch eine Correction anbringen. Wenn man nämlich ein Object O Fig. 17 mit dem Fernrohr, welches sich an dem Ende F der Axe befindet, beobachtet, so steht dies in der Richtung OF. Der Winkel OFK sei $90 + c_0$. Denkt man sich nun im Mittelpuncte des Kreises M ein Fernrohr nach O hin gerichtet, so wird der Winkel OMK nach dem vorigen gleich $90 + c$ sein. Ist O unendlich weit entfernt, sodaſs MO parallel OF wird, so wird man $90 + c_0$ statt $90 + c$ setzen können; ist dies aber nicht der Fall, so wird man haben:

$$c = c_0 + MOF$$

Da nun aber:

$$\operatorname{tang} MOF = \frac{\varrho}{\Delta}$$

ist, wenn man die Entfernung OM des Objects mit Δ und die halbe Axe des Instruments mit ϱ bezeichnet, so ist:

$$c = c_0 + \frac{\varrho}{\Delta}$$

Ist also das Fernrohr an einem Ende der Axe und liest man das Azimut desselben bei Kreis links ab, so wird man dasselbe um den Winkel $\frac{\varrho}{\Delta}$ zu klein, bei Kreis rechts daher um denselben Winkel zu grofs erhalten. Bezeichnet man daher die erstere Ablesung mit a', den Collimationsfehler mit c_0, so hat man die zwei Gleichungen:

$$e = a - a_0 + 90 + b \text{ cotang } z + \left(c_0 + \frac{\varrho}{\Delta}\right) \text{cosec } z$$

$$e = a' - a_0 - 90 - b' \text{ cotang } z - \left(c_0 + \frac{\varrho}{\Delta}\right) \text{cosec } z$$

aus denen man, wenn Δ anderweitig bekannt ist den Collimationsfehler bestimmen kann.

Wenn man kein irdisches Object zur Beobachtung anwenden kann, so kann man den Collimationsfehler auch durch einen Stern z. B. den Polarstern bestimmen. Stellt man nämlich zu einer Zeit t auf den Polarstern ein und liest das Azimut ab, kehrt man dann das Instrument um und bringt den Polarstern wieder zur Zeit t auf das Fadenkreuz, so hat man die beiden Gleichungen:

$$e = a - a_0 + 90 + b \text{ cotang } z + c \text{ cosec } z$$

und:

$$e' = a' - a_0 - 90 - b' \text{ cotang } z - c \text{ cosec } z$$

und da nun:

$$e' = e + \frac{dA}{dt}(t' - t)$$

ist, wo $\frac{dA}{dt}$ die Aenderung des Azimuts in der Einheit der Zeit bezeichnet, so erhält man:

$$c \text{ cosec } z = \frac{a' - a}{2} - 90 - \frac{dA}{dt} \frac{t' - t}{2} - \frac{b' + b}{2} \text{ cotang } z$$

Um endlich den Indexfehler ΔA zu bestimmen, stellt man wieder auf einen bekannten Stern, gewöhnlich den Polarstern ein und liest das Azimut A ab. Ist dann t der Stundenwinkel des Sterns, so erhält man das wahre Azimut e durch die Formeln:

$$\sin z \sin e = \cos \delta \sin t$$
$$\sin z \cos e = -\cos \varphi \sin \delta + \sin \varphi \cos \delta \cos t$$

und hat dann:

$$\Delta A = e - A \mp b \text{ cotang } z \mp b \text{ cosec } z$$

wo das obere Zeichen für Kreisende links, das untere für Kreis Ende rechts gilt.

9. Dient das Instrument nur zum Messen von Azimutalwinkeln, so heifst dasselbe Theodolith. Oft ist nun aber ein solches Instrument noch mit einem Höhenkreise verbunden, sodafs man mit demselben sowohl Azimute als auch Höhen beobachten kann. Dann ist an dem einen Ende der Axe, wie schon vorher angegeben, ein innerer, die Nonien tragender Kreis festgeklemmt und um diesen dreht sich der getheilte Kreis, welcher mit der Umdrehungsaxe fest verbunden ist. Hat man dann zuerst in einer Lage des Instruments auf ein Object eingestellt und die Nonien des Höhenkreises abgelesen, so dreht man das Instrument um 180° im Azimut und stellt wieder auf dasselbe Object ein. Zieht man nun die Ablesung in der zweiten Lage von der in der ersten ab oder umgekehrt, je nachdem die Richtung der Theilung ist und halbirt diesem Unterschied, so erhält man die Zenithdistanz des gemessenen Gegenstandes oder streng genommen die Entfernung von demjenigen Puncte, in welchem die senkrechte Umdrehungsaxe des Instruments die Himmelskugel trifft oder von dem früher mit P bezeichneten Puncte. Denkt man sich nun wieder das Coordinatensystem, dessen Ebene der xy die horizontale Ebene des Instruments ist, so wird die Coordinate z des Punctes O, auf welchen das Fernrohr gerichtet ist, für dies System gleich dem Cosinus von PO. Denkt man sich nun ein zweites Axensystem, in welchem die Axe der y der Axe des Instruments parallel, also nach dem vorher mit K bezeichneten Puncte gerichtet ist und wo die Axe der z mit P und K in einem Verticalkreise liegt, so sind die Coordinaten y und z des Punctes O für dies System = sin c und cos c cos z', wenn man den Winkel zwischen der Axe der z und dem Objecte z' nennt. Da nun die Axen der z in beiden Coordinatensystemen den Winkel i' mit einander ma-

chen, so hat man nach den Formeln für die Transformation der Coordinaten:

$$\cos PO = -\sin c \sin i' + \cos i' \cos c \cos z'$$
$$= \cos (i'+c) \cos \tfrac{1}{2} z'^2 - \cos (i'-c) \sin \tfrac{1}{2} z'^2$$

z' ist nun der wirklich am Höhenkreise abgelesene Winkel, dagegen ist PO die auf das Zenith des Instruments bezogene Zenithdistanz. Man findet aber, da:

$$\cos z' = \cos \tfrac{1}{2} z'^2 - \sin \tfrac{1}{2} z'^2$$
$$\cos PO - \cos z' = -2 \sin \tfrac{1}{2} (i'+c)^2 \cos \tfrac{1}{2} z'^2 + 2 \sin \tfrac{1}{2} (i'-c)^2 \sin \tfrac{1}{2} z'^2$$

Schreibt man nun:

$$2 \sin \tfrac{1}{2} [z'-PO] \sin \tfrac{1}{2} [z'+PO]$$

statt:

$$\cos PO - \cos z'$$

und setzt man $2z'$ statt $z' + PO$ und statt:

$$\sin \tfrac{1}{2} (z'-PO)$$

den Bogen, was immer erlaubt ist, wenn die Fehler des Instruments kleine Größsen sind, so erhält man:

$$PO = z' + \sin \tfrac{1}{2} (i'+c)^2 \operatorname{cotang} \tfrac{1}{2} z' - \sin \tfrac{1}{2} (i'-c)^2 \operatorname{tang} \tfrac{1}{2} z'$$

Der Winkel c wird bestimmt durch die Gesichtslinie des Fernrohrs. Da man nun die Zenithdistanzen gewöhnlich etwas rechts oder links von dem Mittelfaden einstellt, so wird dadurch c um diesen ganzen Winkel, um den man die Einstellung von der Mitte entfernt vorgenommen hat, geändert. Setzt man einmal der Einfachheit wegen $i' = 0$, da man es immer in der Gewalt hat, diesen Fehler sehr klein zu machen, so wird:

$$PO = z' + \sin \tfrac{1}{2} c^2 \operatorname{cotang} \tfrac{1}{2} z' - \sin \tfrac{1}{2} c^2 \operatorname{tang} \tfrac{1}{2} z'$$
$$= z' + 2 \sin \tfrac{1}{2} c^2 \operatorname{cotang} z'$$

wo der Werth $2 \sin \tfrac{1}{2} c^2$ natürlich in Secunden ausgedrückt, also mit 206265 multiplicirt sein mufs. Ist nun z. B. $c = 10'$, so wird:

$$2 \sin \tfrac{1}{2} c^2 = 0''.87.$$

Wenn daher z' ein kleiner Winkel ist, also das Object nahe am Zenith steht, so kann die Correction:

$$2 \sin \tfrac{1}{2} c^2 \operatorname{cotang} z'$$

sehr bedeutend werden. Es gilt daher die Regel, daſs wenn man Zenithdistanzen, welche weit kleiner als 45⁰ sind, zu nehmen hat, man sehr sorgfältig in der Mitte des Gesichtsfeldes, also so nahe als möglich am Fadenkreuze einzustellen hat. Nahe am Horizonte ist dies gleichgültig.

Bisher sind nun die Zenithdistanzen nicht auf das Zenith Z, sondern auf den Pol P des Instruments bezogen. Wenn aber P nicht mit Z zusammenfällt, so wird nicht PO sondern ZO die wahre Zenithdistanz sein. In diesem Falle bleibt indessen alles dasselbe wie vorher, nur hat man statt der Neigung i der horizontalen Axe des Instruments gegen die Ebene des Azimutalkreises jetzt die Neigung desselben gegen den Horizont:

$$i' - i \cos (a - a_0)$$

zu nehmen und von der Ablesung am Höhenkreise noch die Projection von PZ auf den Höhenkreis oder die Gröſse:

$$i \sin (a - a_0)$$

abzuziehen, sodaſs man hat:

$$ZO = z' - i \sin (a-a_0) + \sin \tfrac{1}{2} (b+c)^2 \operatorname{cotang} \tfrac{1}{2} z' - \sin \tfrac{1}{2} (b-c)^2 \operatorname{tang} \tfrac{1}{2} z'$$

Den Winkel:

$$i \sin (a - a_0)$$

bestimmt man durch ein am Nonienkreise befestigtes Niveau. Fiele nämlich der Pol des Instruments ins Zenith, so würde der höchste Punct des Nonienkreises in beiden Lagen des Instruments derselbe sein. Ist dies aber nicht der Fall, so wird in jeder Lage ein andrer Punct des Kreises am höchsten oder nach dem Zenith gerichtet sein. Man muſs daher in jeder Lage den Stand des Niveau's, welches den höchsten Punct bestimmt, ablesen. Die Theilung des Höhenkreises gehe nun bei Kreis links von der Linken zur Rechten, wenn man vor demselben steht. Ist dann ζ die Ablesung, welche man bei der Einstellung auf ein Object gemacht hat und Z' der unbekannte Punct des Zeniths des Kreises, so wird die Zenithdistanz:

$$Z' - \zeta \text{ bei Kreis links}$$

und:

$$\zeta' - Z' \text{ bei Kreis rechts}$$

wo ζ' die in der letzteren Lage gemachte Ablesung bezeichnet. Die Blase des Niveau's schlage nun bei Kreis links nach rechts aus, so wird man für die Zenithdistanz ζ einen zu grofsen Winkel ablesen und hat daher noch die Correction $- \frac{1}{2}(r-l)$ anzubringen, wo r den rechten, l den linken Ausschlag der Blase des Niveau's bezeichnet. Ist dann ε der Werh eines Niveautheils in Secunden, so wird die Zenithdistanz z', bei Kreis links:

$$z' = Z - \zeta + \tfrac{1}{2}(r-l)\,\varepsilon$$

und bei Kreis rechts:

$$z' = \zeta' - Z - \tfrac{1}{2}(r'-l')\,\varepsilon$$

mithin:

$$z' = \tfrac{1}{2}(\zeta'-\zeta) + \frac{\tfrac{1}{2}(r-l)\,\varepsilon - \tfrac{1}{2}(r'-l')\,\varepsilon}{2}$$

und:

$$Z = \frac{\zeta+\zeta'}{2} - \frac{\tfrac{1}{2}(r-l)\,\varepsilon + \tfrac{1}{2}(r'-l')\,\varepsilon}{2}$$

An die so bestimmte Zenithdistanz z' hat man dann noch wegen der Neigung b und des Collimationsfehlers c die Correction anzubringen:

$$+ \sin\tfrac{1}{2}(b+c)^2 \operatorname{cotang}\tfrac{1}{2}z' - \sin\tfrac{1}{2}(b-c)^2 \operatorname{tang}\tfrac{1}{2}z'$$

10. Aus den Formeln für das Azimutal- und Höheninstrument kann man die Formeln für die übrigen Instrumente leicht herleiten. Das Aequatoreal unterscheidet sich von diesem Instrumente nur dadurch, dafs statt des Horizonts eine andre Ebene, nämlich die des Aequators zum Grunde liegt. Ueberträgt man also die Gröſsen, welche man vorher auf den Horizont bezogen hatte, in Bezug auf den Aequator, so erhält man unmittelbar die Formeln für das Aequatoreal. Die Gröſse a wird dann der an dem Instrumente ablesene Stundenwinkel, i' wird die Neigung der Umdrehungsaxe, an welcher das Fernrohr befestigt ist, gegen die Ebene des dem Aequator parallelen Kreises, welcher der Stundenkreis des Instruments genannt wird. Ferner wird i die Neigung des Stundenkreises gegen dem Aequator und $90 + c$ ist wieder der Winkel, unter welchem die Gesichtslinie des Fernrohrs gegen die Umdrehungsaxe geneigt ist·

Ebenso leicht erhält man nun die Formeln für diejenigen Instrumente, mit welchen man nur in bestimmten Coordinatenebenen beobachtet. Das Mittagsfernrohr z. B. wird immer nur in der Ebene des Meridians gebraucht, also wird für dies Instrument die Gröſse $a - a_0 + 90$ nothwendig nur wenig von Null verschieden sein. Bezeichnet man die kleine Gröſse, um welche dieselbe von Null abweicht, durch $- k$, so gehen die in Nr. 6 für das Azimutalinstrument gegebenen Formeln über in:

$$e = - k + b \text{ cotang } z + c \text{ cosec } z \quad \text{Kreis links}$$
$$e = - k - b \text{ cotang } z - c \text{ cosec } z \quad \text{Kreis rechts}$$

Dies e wird nun bewirken, daſs man das Gestirn nicht genau in der Ebene des Meridians, sondern etwas entfernt davon beobachtet und zwar wird man das Gestirn, wenn e negativ ist, vor der Culmination beobachten. Es sei nun τ die Zeit, welche man zur Beobachtungszeit hinzuzulegen hat, um die Durchgangszeit durch den Meridian zu erhalten, so ist τ der Stundenwinkel des Gestirns im Augenblicke der Beobachtung, aber östlich positiv genommen. Da nun:

$$\sin \tau = - \sin e \frac{\sin z}{\cos \delta}$$

oder:

$$\tau = - e \frac{\sin z}{\cos \delta}$$

so gehen die vorigen Formeln über in:

$$\tau = -b\frac{\cos z}{\cos\delta} + k\frac{\sin z}{\cos\delta} - c\sec\delta \quad \text{Kreis links (Ost)}$$

und:

$$\tau = +b\frac{\cos z}{\cos\delta} + k\frac{\sin z}{\cos\delta} + c\sec\delta \quad \text{Kreis rechts (West)}$$

Dies sind die Formeln für das Mittagsfernrohr. Die Gröſse b bedeutet hier die Neigung der horizontalen Umdrehungsaxe gegen den Horizont und k ist das Azimut des Instruments, um welches dasselbe zu weit nach Osten gerichtet ist.

Auf ganz ähnliche Weise erhält man die Formeln für das Passageninstrument im ersten Vertical. Es ist nämlich nach Nr. 6 des ersten Abschnitts:

$$\operatorname{cotang} A \sin t = -\cos\varphi \operatorname{tang}\delta + \sin\varphi\cos t$$

oder, wenn man das Azimut e vom ersten Verticale ab zählt, sodaſs $A = 90 + e$ ist:

$$\operatorname{tang} e \sin t = \cos\varphi \operatorname{tang}\delta - \sin\varphi\cos t$$

Ist nun Θ die Zeit, zu welcher der Stern wirklich im ersten Verticale war, so wird:

$$0 = \cos\varphi \operatorname{tang}\delta - \sin\varphi\cos\Theta$$

oder, wenn man beide Formeln von einander abzieht:

$$\operatorname{tang} e \sin t = 2\sin\varphi \sin\tfrac{1}{2}(t-\Theta)\sin\tfrac{1}{2}(t+\Theta)$$

Hieraus erhält man, wenn e sehr klein, also t nahe gleich Θ ist:

$$e = (t-\Theta)\sin\varphi$$

oder:

$$\Theta = t - \frac{e}{\sin\varphi}$$

Setzt man nun hier für e den vorher gefundenen Ausdruck:

$$e = -k \pm b \operatorname{cotang} z \pm c \operatorname{cosec} z$$

so erhält man für das Passageninstrument im ersten Vertical die Formel:

$$\Theta = t + \frac{k}{\sin\varphi} \mp b\,\frac{\operatorname{cotang} z}{\sin\varphi} \mp c\,\frac{\operatorname{cosec} z}{\sin\varphi}$$

Diese Formeln werden in der Folge noch direct abgeleitet werden. Hier kam es nur darauf an, den Zusammenhang zwischen den verschiedenen Instrumenten zu zeigen.

III. Das Aequatoreal.

11. Wie das Höhen- und Azimutalinstrument dem ersten Coordinatensysteme der Höhen und Azimute entspricht, so hat man auch ein dem zweiten Coordinatensysteme der Stundenwinkel und Declinationen entsprechendes Instrument, das Aequatoreal, welches sich von dem ersteren nur dadurch unterscheidet, daſs der früher horizontal liegende Kreis jetzt dem Aequator parallel ist. Es sei nun P der Weltpol und Π der Pol des Aequator- oder Stundenkreises des Instruments, es sei ferner λ der Bogen des gröſsten Kreises, welcher zwischen diesen beiden Polen enthalten ist, und h der Stundenwinkel des Poles des Instruments. Endlich sei i' der Winkel, welchen die den Declinationskreis tragende Axe (die Declinationsaxe) mit dem Stundenkreise macht, und K der Punct in welchem die Verlängerung dieser Axe nach der Seite des Kreisendes zu die scheinbare Himmelskugel trifft und D die Declination dieses Punctes. Man nehme dann wieder als Anfangspunct der Zählung der Stundenwinkel auf dem Instrumente diejenige Ablesung t_0, welche man macht, wenn K mit P und Π in einem Declinationskreise liegt. Ferner nehme man für jede andre Ablesung immer denjenigen Punct der Theilung, in welchem dieselbe von dem verlängerten Bogen ΠK getroffen wird, ein Punct der immer um einen constanten Winkel von dem durch die Nonien angegebenen Puncte verschieden ist. Der Stundenwinkel, auf dem wahren Aequator aber von demselben Anfangspuncte gezählt, sei T.

Denkt man sich nun wieder drei auf einander senkrechte Coordinatenaxen, von denen die eine senkrecht auf der Ebene des wahren Aequators steht, während die beiden anderen in der Ebene desselben liegen und zwar so, daſs die Axe der y nach dem Puncte gerichtet ist, von dem aus die Stundenwinkel gezählt werden sollen, so sind die drei Coordinaten des Punctes K auf diese Axen bezogen:

$$z = \sin D, \; y = \cos D \cos T, \; x = \cos D \sin T$$

Ferner sind die Coordinaten von K, bezogen auf drei rechtwinklige Coordinatenaxen, von denen die eine senkrecht auf dem Stundenkreise des Instruments steht, während die beiden anderen in der Ebene desselben liegen und wo die Axe der x mit derselben Axe des vorigen Systems zusammenfällt:

$$z = \sin i', \; y = \cos i' \cos (t - t_0), \; x = \cos i' \sin (t - t_0)$$

Da nun die Axen der z in beiden Systemen den Winkel λ mit einander bilden, so hat man nach den Formeln für die Transformation der Coördinaten die folgenden Gleichungen:

$$\begin{aligned} \sin D &= \cos\lambda \sin i' - \sin\lambda \cos i' \cos (t - t_0) \\ \cos D \sin T &= \cos i' \sin (t - t_0) \\ \cos D \cos T &= \sin\lambda \sin i' + \cos\lambda \cos i' \cos (t - t_0) \end{aligned}$$

Da nun λ, i' und D, wenn das Instrument nahe berichtigt ist, sehr kleine Gröſsen sind, so erhält man hieraus:

$$\begin{aligned} D &= i' - \lambda \cos (t - t_0) \\ T &= t - t_0 \end{aligned}$$

Das Fernrohr ist nun an der Axe, welche den Declinationskreis trägt, befestigt und man nehme an, daſs die Richtung der Gesichtslinie desselben nach dem Objective zu mit der Seite der Axe nach dem Kreisende zu den Winkel $90 + c$ macht, wo c wieder der Collimationsfehler genannt wird. Ist nun das Fernrohr auf einen Punct des Himmels gerichtet, dessen Declination δ und dessen Stundenwinkel von dem angenommenen Anfangspuncte gezählt, τ ist, so sind die Coordinaten dieses Punctes:

$$z = \sin\delta,\ y = \cos\delta\cos\tau \text{ und } x = \cos\delta\sin\tau$$

Nun geht die Theilung auf dem Kreise von Süden durch Westen, Norden, Osten von 0^0 bis 360^0 oder von 0^h bis 24^h. Geht also das Kreisende in der Rectascension dem Fernrohre voran, so zeigt dieses nach einem Puncte, dessen Stundenwinkel kleiner ist als der des Punctes K. Denkt man also die Axe der y nach dem Puncte gedreht, wo dieselbe in einem Declinationskreise mit K liegt, wenn das Fernrohr auf das Object gerichtet ist, so werden dann die Coordinaten:

$$z = \sin\delta,\ y = \cos\delta\cos(T-\tau),\ x = \cos\delta\sin(T-\tau)$$

Folgt dagegen das Kreisende dem Fernrohre in der Rectascension, so mufs man für die Coordinaten nehmen:

$$z = \sin\delta,\ y = \cos\delta\cos(\tau-T),\ x = \cos\delta\sin(\tau-T)$$

Denkt man sich nun den Punct O, nach welchem das Fernrohr gerichtet ist, auf ein Axensystem bezogen, von welchem die Axe der y parallel der Declinationsaxe des Instruments, also nach K gerichtet ist und die Axe der x mit der entsprechenden Axe des vorigen Systems zusammenfällt, so sind die drei Coordinaten des Punctes O, wenn man mit δ' die am Kreise abgelesene Declination bezeichnet:

$$z = \sin\delta'\cos c,\ y = -\sin c$$

und:

$$x = \cos\delta'\cos c$$

Da nun die Axen der z in beiden Systemen den Winkel D mit einander bilden, so hat man nach den Formeln für die Transformation der Coordinaten:

$$-\sin c = \cos\delta \cos(\tau - T) \cos D + \sin\delta \sin D$$

oder:

$$-c = \cos\delta \cos(\tau - T) + D \,.\, \sin\delta$$

mithin, wenn man für D und T die vorher gefundenen Werthe setzt:

$$-c = [i' - \lambda \cos(t - t_0)] \sin\delta + \cos\delta \cos[\tau - (t - t_0)]$$

Daraus folgt, dafs:

$$\cos[\tau - (t - t_0)]$$

eine kleine Gröfse ist. Schreibt man also:

$$\sin[90 - \tau + (t - t_0)]$$

statt:

$$\cos[\tau - (t - t_0)]$$

so kann man den Sinus mit dem Bogen vertauschen und erhält dann den wahren Stundenwinkel:

$$\tau = 90 + (t - t_0) - \lambda \cos(t - t_0) \operatorname{tang}\delta + i' \operatorname{tang}\delta + c \sec\delta$$

wenn das Kreisende dem Fernrohre folgt, und:

$$\tau = (t - t_0) - 90 - \lambda \cos(t - t_0) \operatorname{tang}\delta - i' \operatorname{tang}\delta - c \sec\delta$$

wenn das Kreisende dem Fernrohre vorangeht.

Will man die Angaben der Nonien einführen, so ist, wenn t diese Ablesung am Nonius und Δt den Indexfehler desselben bezeichnet:

$$\tau = t + \Delta t - \lambda \sin(\tau - h) \operatorname{tang}\delta \pm i' \operatorname{tang}\delta \pm c \sec\delta$$

Da nämlich jetzt die Stundenwinkel vom Meridiane ab gerechnet sind, so ist, wenn das Kreisende folgt:

$$\tau - h = T + 90 = t - t_0 + 90$$

und wenn dasselbe vorangeht:

$$\tau - h = T - 90 = t - t_0 - 90$$

Die Coordinaten des Punctes, auf welchen das Fernrohr gerichtet ist, sind in Beziehung auf den wahren Aequator aber vom Meridiane des Instruments an gerechnet:

$$z = \sin\delta,\ y = \cos\delta \sin(\tau - h)$$

und:

$$x = \cos\delta \cos(\tau - h)$$

Dieselben Coordinaten bezogen auf drei Axen, von denen die der x mit der vorigen zusammenfällt, während die der z senkrecht auf dem Stundenkreise des Instruments angenommen wird, sind:

$$z = \sin\delta',\ y = \cos\delta' \sin(\tau' - h),\ x = \cos\delta \cos(\tau' - h)$$

wo $\tau' - h$ die Ablesung am Kreise ebenfalls vom Meridiane des Instruments ab gezählt ist. Da nun die Axen der z in beiden Systemen den Winkel λ mit einander bilden, so hat man die drei Gleichungen:

$$\begin{aligned} \cos\delta' \sin(\tau' - h) &= \cos\delta \sin(\tau - h) \\ \cos\delta' \cos(\tau' - h) &= \cos\delta \cos(\tau - h) \cos\lambda - \sin\delta \sin\lambda \\ \sin\delta' &= \cos\delta \cos(\tau - h) \sin\lambda + \sin\delta \cos\lambda \end{aligned}$$

Hieraus erhält man:

$$\begin{aligned} \sin\delta' &= \sin\delta + \lambda \cos\delta \cos(\tau - h) \\ \cos\delta' &= \cos\delta - \lambda \sin\delta \cos(\tau - h) \end{aligned}$$

also:

$$\delta = \delta' - \lambda \cos(\tau - h)$$

oder, wenn man mit $\Delta\delta$ noch den Indexfehler bezeichnet:

$$\delta = \delta' + \Delta\delta - \lambda \cos(\tau - h)$$

Diese Gleichung gilt, wenn die Theilung des Kreises im

Sinne der Declinationen fortgeht, im andern Falle muſs man nehmen:

$$\delta = 360 - \delta' - \Delta\delta + \lambda \cos(\tau - h)$$

Das vorige setzt nun aber voraus, daſs die Fehler c und i' Null sind. Ist dies nicht der Fall, so muſs man statt des an dem Kreise abgelesenen δ' in die beiden vorigen Formeln einführen: *)

$$\delta' - \sin\tfrac{1}{2}(i'+c)^2 \operatorname{tang}(45+\tfrac{1}{2}\delta) + \sin\tfrac{1}{2}(i'-c)^2 \operatorname{cotang}(45+\tfrac{1}{2}\delta)$$

12. Die Fehler i' und c kann man durch die Beobachtung zweier Sterne, von denen der eine dem Pole und der andre dem Aequator nahe steht und von denen jeder in beiden Lagen des Kreises beobachtet wird, finden. Dann erhält man nämlich für jeden Stern die beiden Gleichungen:

$$\tau = \tau' + \Delta\tau - \lambda \sin(\tau - h) \operatorname{tang}\delta + i' \operatorname{tang}\delta + c \sec\delta$$

wenn der Kreis folgt und:

$$\tau_{,} = \tau'_{,} + \Delta\tau - \lambda \sin(\tau_{,} - h) \operatorname{tang}\delta - i' \operatorname{tang}\delta - c \sec\delta$$

wenn der Kreis vorangeht. Folgen nun die beiden Beobachtungen schnell auf einander, sodaſs $\tau_{,}-\tau$ eine kleine Gröſse ist, so erhält man, wenn man die Sternzeiten der beiden Beobachtungen mit Θ und $\Theta_{,}$ bezeichnet:

$$i' \operatorname{tang}\delta + c \sec\delta = \frac{[\tau-\tau'] - [\tau_{,}-\tau'_{,}]}{2}$$

$$= \frac{[\Theta-\tau'] - [\Theta_{,}-\tau'_{,}]}{2}$$

und aus dieser Gleichung wird man in Verbindung mit der ähnlichen Gleichung, welche die Beobachtungen des zweiten Sterns geben, i' und c bestimmen können.

---

*) Vergl. Nr. 9 dieses Abschnitts.

Kennt man so die Fehler i' und c, so erhält man die Fehler der Aufstellung des Instruments, λ und h, und die Fehler der Nonien durch die Beobachtung eines bekannten Sterns. Man hat nämlich, wenn das Kreisende folgt:*)

$$\tau = \tau' + \Delta\tau - \lambda \sin(\tau - h) \operatorname{tang} \delta$$
$$\delta = \delta' + \Delta\delta - \lambda \cos(\tau - h)$$

wenn nämlich bei dieser Lage des Kreises die Theilung desselben im Sinne der Declination fortgeht. Für eine zweite Beobachtung desselben Sterns hat man ebenso:

$$\tau_, = \tau_,' + \Delta\tau - \lambda \sin(\tau_, - h) \operatorname{tang} \delta$$
$$\delta_, = \delta_,' + \Delta\delta - \lambda \cos(\tau_, - h)$$

Setzt man nun:

$$[\tau - \tau'] - [\tau_, - \tau_,'] = T$$

und:

$$[\delta - \delta'] - [\delta_, - \delta_,'] = D$$

so erhält man:

$$T = 2\lambda \operatorname{tang} \delta \cos\left(\frac{\tau_, + \tau}{2} - h\right) \sin\frac{\tau_, - \tau}{2}$$

und:

$$D = 2\lambda \sin\left(\frac{\tau_, + \tau}{2} - h\right) \sin\frac{\tau_, - \tau}{2}$$

oder:

$$\operatorname{tang}\left(\frac{\tau_, + \tau}{2} - h\right) = -\frac{D}{T} \operatorname{tang} \delta$$

und:

$$\lambda = \frac{\frac{1}{2} D}{\sin\left(\frac{\tau' + \tau}{2} - h\right) \sin\frac{\tau - \tau_,}{2}}$$

*) Wo jetzt τ' und δ' von den Fehlern c und i' schon befreit angenommen werden.

Die Indexfehler der Nonien erhält man dann aus den ursprünglichen Gleichungen für τ oder τ' und δ oder $\delta_{,}$. Da nun die am Instrumente abgelesenen Gröſsen τ', $\tau_{,}'$, δ' und $\delta_{,}'$ alle mit der Refraction behaftet sind, so muſs man auch für τ, $\tau_{,}$, δ und $\delta_{,}$ die scheinbaren, durch die Refraction geänderten Stundenwinkel und Declinationen anwenden. Hat man aber nicht sehr nahe am Horizonte beobachtet, so kann man für die Refraction den einfachen Ausdruck setzen:

$$dh = 57'' \operatorname{cotang} h$$

und erhält dann die entsprechenden Aenderungen des Stundenwinkels und der Declination durch die Formeln:

$$dt = -\ 57'' \operatorname{cotang} h \,.\, \frac{\sin p}{\cos\delta}$$

und:

$$d\delta = +\ 57''.\ \operatorname{cotang} h \quad \cos p$$

wo p der parallactische Winkel ist, welcher durch die Formeln gefunden wird (I Nr. 7):

$$\cos\varphi \cos t = n \sin N$$
$$\sin\varphi = n \cos N$$
$$\operatorname{tang} p = \frac{\cos\varphi \sin t}{n \cos(\delta + N)}$$

oder:

$$\cos h \sin p = \cos\varphi \sin t$$
$$\cos h \cos p = n \cos(\delta + N)$$

Die Höhe h findet man dann durch die Gleichung:

$$\sin h = n \sin(N + \delta)$$

Substituirt man diese Werthe in die Ausdrücke für dt und $d\delta$, so erhält man auch:

$$dt = -\frac{57'' \cos\varphi \sin t}{\cos\delta \sin(\delta + N)}$$
$$d\delta = +\ 57'' \operatorname{cotang}(N + \delta)$$

Da nun $\sin p$ immer das Zeichen von $\sin t$ hat, so wird der Stundenwinkel der Sterne durch die Refraction immer vermindert im ersten und zweiten Quadranten, dagegen vergröſsert oder der absolute Werth ebenfalls vermindert im dritten und vierten Quadranten.

Ist $\delta < \varphi$, so ist $\sin \delta \cos \varphi$ immer kleiner als $\cos \delta \sin \varphi$ also ist dann $\cos p$ immer positiv. Dann wird also die Declination durch die Refraction stets vergröſsert. Ist dagegen $\delta > \varphi$, so ist $\cos p$ im zweiten und dritten Quadranten von t immer positiv, dort wird also die Declination durch die Refraction immer vergröſsert. Im ersten und vierten Quadranten wird die Declination aber auch verkleinert und zwar ist dies der Fall für alle Stundenwinkel, welche gegeben sind durch die Gleichung:

$$\cos t < \frac{\tang \varphi}{\tang \delta}$$

Hat man nun die Fehler h und λ durch die Beobachtungen bestimmt und will dieselben wegschaffen, so kann man dies einfach durch die Verstellung der Rotationsaxe des Instruments in horizontaler und verticaler Richtung bewerkstelligen. Ist nämlich y der Bogen eines gröſsten Kreises, welcher vom Pole des Instruments senkrecht auf den Meridian gefällt ist und x die Entfernung der Projection auf den Meridian vom Weltpole, so ist:

$$\tang x = \tang \lambda \cos h$$

und:

$$\sin y = \sin \lambda \sin h$$

Man braucht also nur das eine Ende der Rotationsaxe durch die zu diesem Zwecke angebrachten Stellschrauben in horizontaler Richtung um y und in verticaler Richtung um x zu ändern.

IV. Das Mittagsfernrohr und der Meridiankreis.

13. Das Mittagsfernrohr ist ein Azimutalinstrument, welches in der Ebene des Meridians aufgestellt ist. Die horizontale Drehungsaxe des Instruments ist daher jetzt von Ost nach West gerichtet, damit das darauf senkrechte Fernrohr sich in der Ebene des Meridians bewegt.

Ruht diese Axe wieder auf zwei Stützen, welche auf einem Azimutalkreise befestigt sind, so hat man die Einrichtung eines tragbaren Passageninstruments. Bei den fest aufgestellten, grüſseren Instrumenten fällt dagegen dieser Azimutalkreis fort und die Zapfenlager der Drehungsaxe sind an zwei steinernen und von dem Beobachter isolirt aufgestellten Pfeilern befestigt. Das eine Zapfenlager ruht dann auf Schrauben, vermittelst welcher man dasselbe höher oder niedriger stellen kann, um die Horizontalität der Drehungsaxe zu berichtigen, das andre Zapfenlager läſst sich dagegen durch Schrauben parallel mit der Ebene des Meridians verschieben, sodaſs man hierdurch das Instrument so genau als möglich in den Meridian bringen kann.

Das eine Ende der Axe trägt einen Kreis, welcher bei einem blos zur Beobachtung der Meridiandurchgänge bestimmten Instrumente (Mittagsfernrohre oder Passageninstrumente) zum Auffinden der Sterne dient. Ist der Kreis so genau getheilt, daſs man damit auch die Meridianhöhen der Sterne beobachten kann, so heiſst das Instrument ein Meridiankreis. In der Folge soll der Höhenkreis des Instruments zuerst auſser Acht gelassen und dasselbe als bloſses Passageninstrument betrachtet werden.

Die Umdrehungsaxe treffe die scheinbare Himmelskugel nach der Seite des Kreisendes zu, welches auf der Westseite angenommen wird, in einem Puncte, dessen Höhe über dem Horizonte b und dessen Azimut $90 - k$, wo die Azimute wie gewöhnlich von Süden durch Westen herum von $0°$ bis $360°$ gezählt werden. Dann sind die drei rechtwinkligen Coordinaten dieses Punctes in Bezug auf ein Axensystem, dessen Axe der z senkrecht auf der Ebene des Horizonts ist, während die Axen der x und y in der Ebene desselben liegen und zwar so, dafs die positive Seite der Axen der x und y respective nach dem Süd- und dem Westpuncte gerichtet ist:

$$
\begin{aligned}
z &= \sin b \\
y &= \cos b \cos k \\
x &= \cos b \sin k
\end{aligned}
$$

Nennt man dann die Declination dieses Punctes n, den Stundenwinkel dagegen $90 - m$, so sind die Coordinaten desselben, bezogen auf ein Axensystem, dessen Axe der z senkrecht auf der Ebene des Aequators ist, während die Axe der y mit derselben Axe des vorigen Systems zusammenfällt:

$$
\begin{aligned}
z &= \sin n \\
y &= \cos n \cos m \\
x &= \cos n \sin m
\end{aligned}
$$

Da nun die Axen der z in beiden Systemen den Winkel $90 - \varphi$ mit einander bilden, so hat man die Gleichungen:

$$
\begin{aligned}
\sin n &= \sin b \sin \varphi - \cos b \sin k \cos \varphi \\
\cos n \sin m &= \sin b \cos \varphi + \cos b \sin k \sin \varphi \\
\cos n \cos m &= \cos b \cos k
\end{aligned}
$$

Ist das Instrument nahe berichtigt, sind also b und k und ebenso m und n kleine Gröfsen, deren Sinus man mit den Bogen vertauschen und deren Cosinus man gleich eins setzen kann, so erhält man hieraus die Näherungsformeln:

$$
\begin{aligned}
n &= b \sin \varphi - k \cos \varphi \\
m &= b \cos \varphi + k \sin \varphi
\end{aligned}
$$

oder auch die umgekehrten Formeln:

$$
\begin{aligned}
b &= n \sin \varphi + m \cos \varphi \\
k &= - n \cos \varphi + m \sin \varphi
\end{aligned}
$$

Nimmt man nun an, dafs die Gesichtslinie des Fernrohrs mit der Seite der Umdrehungsaxe nach dem Kreisende zu den Winkel $90 + c$ bildet und dafs dasselbe auf ein Object gerichtet ist, dessen Declination δ und dessen Rectascension um τ gröfser als die des culminirenden Punctes des Aequators ist, sodafs für obere Culminationen τ der östliche Stundenwinkel des Sterns ist oder die Zeit, welche der Stern braucht, um vom beobachteten Orte zum Meridiane zu gelangen, so sind die Coordinaten des Sterns in Bezug auf die Ebene des Aequators, wenn die Axe der x im Meridiane angenommen wird:

$$z = \sin\delta, \quad y = -\cos\delta\sin\tau$$

und:

$$x = \cos\delta\cos\tau$$

oder, wenn man die Axe der x in der Ebene des Aequators senkrecht auf der Umdrehungsaxe des Instruments annimmt:

$$z = \sin\delta, \quad y = -\cos\delta\sin(\tau - m)$$

und:

$$x = \cos\delta\cos(\tau - m)$$

Dann ist $\tau - m$ die Zeit, welche der Stern braucht, um von dem beobachteten Orte in den Meridian des Instruments zu gelangen d. h. in die Ebene, welche senkrecht auf der Umdrehungsaxe steht.

Denkt man sich nun ein zweites Coordinatensystem und zwar die Axe der x mit der vorigen zusammenfallend, die Axe der y dagegen nicht mehr in der Ebene des Aequators, sondern parallel der Umdrehungsaxe des Instruments, so wird:

$$y = -\sin c$$

und da die Axen der z in beiden Systemen den Winkel n mit einander bilden, so hat man nach den Formeln für die Transformation der Coordinaten:

$$\sin c = -\sin n\sin\delta + \cos n\cos\delta\sin(\tau - m)$$

Für untere Culminationen fällt zwar $\tau - m$ auf dieselbe Seite des Meridians des Instruments, da aber dann der Stern eher in den Meridian des Instruments kommt als an den Ort, an welchem derselbe beobachtet wird, so ist $\tau - m$ negativ zu nehmen, sodaſs man dann für die Coordinaten des Punctes, auf welchen das Fernrohr gerichtet ist, erhält:

$$z = \sin \delta, \quad y = + \cos \delta \sin (\tau - m)$$

mithin:

$$\sin c = - \sin n \sin \delta - \cos n \cos \delta \sin (\tau - m)$$

Für untere Culminationen hat man also nur das Zeichen des zweiten Gliedes in der Formel für c zu verändern; man kann daher auch als allgemeine Formel:

$$\sin c = - \sin n \sin \delta + \cos n \cos \delta \sin (\tau - m)$$

nehmen und hat dann nur für untere Culminationen $180 - \delta$ statt δ zu nehmen. Aus dieser Gleichung folgt nun:

$$\cos n \sin (\tau - m) = \sin n \operatorname{tang} \delta + \sin c \sec \delta$$

und, wenn man hierzu die identische Gleichung addirt:

$$\cos n \sin m = \cos n \sin m$$

so erhält man:

$$2 \cos n \sin \tfrac{1}{2} \tau \cos \left[\tfrac{1}{2} \tau - m\right] = \cos n \sin m + \sin n \operatorname{tang} \delta + \sin c \sec \delta \qquad (a)$$

Nimmt man nun an, daſs n, m und τ kleine Gröſsen sind, daſs also das Instrument in seinen Theilen nahe berichtigt ist, so erhält man die Näherungsformel:

$$\tau = m + n \operatorname{tang} \delta + c \sec \delta \text{ *)}$$

Dies ist die von Bessel vorgeschlagene Formel zur Berechnung der Beobachtungen am Passageninstrumente.

---

*) Wie man auch unmittelbar aus der Gleichung für $\cos n \sin (\tau - m)$ findet.

Kennt man nun τ und ist T die Uhrzeit der Beobachtung des Sterns, so ist die Uhrzeit, zu welcher der Stern im Meridiane war $T+\tau$. Ist dann Δt der Stand der Uhr gegen Sternzeit, so ist $T+\tau+\Delta t$ die Sternzeit, zu welcher der Stern im Meridiane war oder die Rectascension des Sterns. Nennt man diese α, so ist also:

$$\alpha = T + \Delta t + m + n \operatorname{tang} \delta + c \sec \delta$$

Kennt man also Δt, so kann man die Rectascension α des Sterns bestimmen und umgekehrt findet man, wenn man die Rectascension des Sterns kennt, durch die Beobachtung desselben am Passageninstrumente den Stand der Uhr.

Man kann nun auch τ durch b und k ausdrücken, indem man die früher gefundenen Relationen:

$$\cos n \sin m = \sin b \cos \varphi + \cos b \sin \varphi \sin k$$
$$\sin n = \sin b \sin \varphi - \cos b \cos \varphi \sin k$$

in die Gleichung (a) substituirt. Man erhält dann:

$$2 \sin \tfrac{1}{2} \tau \cos n \cos \left[\tfrac{1}{2} \tau - m\right] = \sin b \frac{\cos(\varphi-\delta)}{\cos \delta}$$
$$+ \cos b \sin k \frac{\sin(\varphi-\delta)}{\cos \delta} + c \sec \delta$$

und hieraus die Näherungsformel:

$$\tau = b \frac{\cos(\varphi-\delta)}{\cos \delta} + k \frac{\sin(\varphi-\delta)}{\cos \delta} + c \sec \delta$$

Diese Formel heifst die Mayersche, weil sich Tobias Mayer derselben zur Reduction seiner Meridianbeobachtungen bediente. Es ist dieselbe Formel, welche vorher aus den Formeln für das Azimutalinstrument hergeleitet wurde.

Hansen hat noch eine dritte Form der Gleichung für τ vorgeschlagen, welche für die Rechnung eigentlich am bequemsten ist. Addirt man nämlich die beiden Gleichungen:

$$\sin n \operatorname{tang} \varphi = \sin b \frac{\sin \varphi^2}{\cos \varphi} - \cos b \sin k \sin \varphi$$

und:

$$\cos n \sin m = \sin b \cos \varphi + \cos b \sin k \sin \varphi$$

so findet man:

$$\cos n \sin m = \sin b \sec \varphi - \sin n \tang \varphi$$

und, wenn man diesen Werth von $\cos n \sin m$ in die Gleichung (a) substituirt, so erhält man die Näherungsformel:

$$r = b \sec \varphi + n [\tang \delta - \tang \varphi] + c \sec \delta$$

Die gegebenen Formeln gelten alle, wenn das Kreisende nach Westen zu liegt. Für den Fall, daſs das Kreisende nach Osten gerichtet ist, wird die Höhe des westlichen Endes der Umdrehungsaxe gleich $-b$ und der Winkel, welchen die Gesichtslinie mit dem nach Westen gerichteten Ende der Axe macht $90-c$, während k dasselbe bleibt. Man hat also für diesen Fall nur die Zeichen von b und c zu ändern und es ist nach der Mayerschen Formel:

für obere Culminationen:

$$\text{Kreis-Ende West } \alpha = T + \Delta t + b \frac{\cos(\varphi-\delta)}{\cos \delta} + k \frac{\sin(\varphi-\delta)}{\cos \delta} + c \sec \delta$$

$$\text{Kreis-Ende Ost } \alpha = T + \Delta t - b \frac{\cos(\varphi-\delta)}{\cos \delta} + k \frac{\sin(\varphi-\delta)}{\cos \delta} - c \sec \delta$$

Für untere Culminationen hat man nur $180-\delta$ statt δ zu setzen, sodaſs man erhält:

$$\text{Kreis-Ende West } \alpha + 12^h = T + \Delta t + b \frac{\cos(\varphi+\delta)}{\cos \delta} + k \frac{\sin(\varphi+\delta)}{\cos \delta} - c \sec \delta$$

$$\text{Kreis-Ende Ost } \alpha + 12^h = T + \Delta t - b \frac{\cos(\varphi+\delta)}{\cos \delta} + k \frac{\sin(\varphi+\delta)}{\cos \delta} + c \sec \delta$$

Hat man viele Sterne auf einmal zu berechnen, so ist die Mayersche Form nicht die bequemste, sondern man wendet dann mit mehr Vortheil die beiden anderen Formeln an. Wählt man die Besselsche Form, so hat man:

$$n \tang \delta + c \sec \delta$$

an jede Beobachtung anzubringen und erhält dann den Uhrstand gleich:

$$\alpha - T - m$$

Bei der Hansenschen Formel hat man:

$$n\,[\text{tang}\,\delta - \text{tang}\,\varphi] + c\sec\delta$$

anzubringen und erhält dann den Uhrstand gleich:

$$\alpha - T - b\sec\varphi$$

14. Die Näherungsformeln kann man nun auch direct ableiten. Ist das Kreisende im Westen und um b über dem Horizonte, so wird das Fernrohr sich nicht im Meridiane bewegen, sondern den gröfsten Kreis $AZ'B$ Fig. 15 beschreiben. Hat man dann den Stern O beobachtet, so mufs man zu der Zeit der Beobachtung noch den Stundenwinkel:

$$\tau = OPO'$$

addiren. Es ist aber:

$$\sin\tau = \frac{\sin OO'}{\cos\delta}$$

und:

$$\text{tang}\,OO' = \text{tang}\,b\cos O'Z = \text{tang}\,b\cos(\varphi - \delta)$$

also auch:

$$\tau = b\,\frac{\cos(\varphi-\delta)}{\cos\delta}$$

Steht ferner das Instrument in dem Azimute k, so wird sich das Fernrohr in dem Verticalkreise ZA Fig. 18 bewegen. Man hat aber wieder, wenn O der beobachtete Stern ist:

$$\sin OPO' = \sin\tau = \frac{\sin OO}{\cos\delta}$$

und:

$$\text{tang}\,OO' = \text{tang}\,k\sin O'Z$$

mithin:

$$\tau = k\,\frac{\sin(\varphi-\delta)}{\cos\delta}$$

Macht endlich die Gesichtslinie des Fernrohrs mit der Seite der Axe nach dem Kreisende zu den Winkel $90 + c$, so wird sich dieselbe in einem kleinen Kreise parallel mit der Ebene des Meridians bewegen, sodafs man dann zur beobachteten Zeit den Stundenwinkel:

$$\tau = \frac{OO'}{\cos\delta} = c \sec\delta$$

hinzuzulegen hat. (s. Fig. 16).

Für die untere Culmination findet man die Formeln leicht auf dieselbe Weise.

15. Die Gesichtslinie des Fernrohrs des Passageninstruments ist wie immer durch die Richtung vom Mittelpuncte des Objectivs nach der Mitte des Fadenkreuzes bestimmt. Der senkrechte Faden stellt dann den Meridian dar, und an ihm werden die Durchgänge der Sterne beobachtet. Um nun aber den Beobachtungen eine gröfsere Sicherheit zu geben, beobachtet man die Antritte der Sterne nicht allein an diesem Mittelfaden, sondern man hat zu jeder Seite desselben noch eine Anzahl mit demselben paralleler Fäden, an denen man ebenfalls die Durchgänge nimmt. Damit man nun die Durchgänge immer an denselben Stellen der Fäden beobachtet, ist noch ein horizontaler, also gegen die vorigen senkrechter Faden eingezogen, in dessen Nähe man die Durchgänge nimmt. Diesen Faden stellt man dadurch genau horizontal, dafs man einen dem Aequator nahen Stern an demselben entlang durch das Feld gehen läfst und das Fadenkreuz mittelst einer zu dem Zwecke angebrachten Schraube so lange um die Axe des Fernrohrs bewegt, bis der Stern den Faden bei seinem Durchgange durch das Feld nicht mehr verläfst. Stehen nun die Fäden zu beiden Seiten des Mittelfadens immer gleich viel von demselben ab, so wird das arithmetische Mittel aus den Beobachtungen an allen Fäden die Zeit des Durchgangs durch den Mittelfaden sein. Gewöhnlich sind aber die Distanzen der Fäden etwas ungleich: überdies hat es ein Interesse, aus jedem einzelnen Faden die Zeit des Durchgangs durch den Mittelfaden zu erhalten, indem man in der gröfseren oder geringeren Uebereinstimmung dieser Zeiten eine Prüfung der Güte der Beobachtungen hat. Man mufs daher auch die an den einzelnen Seitenfäden beobachteten Durchgangszeiten auf den Mittelfaden reduciren können und dazu also die Distanzen der Fäden vom Mittelfaden kennen. Diese Distanz f eines Fadens vom Mittelfaden ist aber der Winkel am Mittelpuncte des Objectivs, welcher von der Richtung nach dem Mittelfaden und von der nach dem Seitenfaden gebildet wird. Nun war:

$$\sin(\tau - m)\cos n = \sin n \operatorname{tang}\delta + \sin c \sec\delta$$

Hat man nun an einem Seitenfaden beobachtet, so ist jetzt der Winkel, welchen die Richtung von der Mitte des Objectivs nach diesem Seitenfaden mit der Axe nach dem Kreisende zu macht, gleich:

$$90 + c + f \text{ *)}$$

wo f positiv oder negativ ist, je nachdem der Stern früher oder später an den Seitenfaden kommt als an den Mittelfaden. Ist dann τ' der östliche Stundenwinkel des Sterns zur Zeit seines Durchgangs durch den Seitenfaden, so hat man:

$$\sin(\tau' - m)\cos n = \sin n \operatorname{tang}\delta + \sin(c+f)\sec\delta$$

und, wenn man von dieser Formel die erstere abzieht:

$$2\sin\tfrac{1}{2}(\tau - \tau')\cos\left[\tfrac{1}{2}(\tau' + \tau) - m\right]\cos n = 2\sin\tfrac{1}{2}f\cos\left[c + \tfrac{1}{2}f\right]\sec\delta$$

Ist das Instrument nahe berichtigt, sodafs c, n und m kleine Gröfsen sind, so erhält man hieraus die folgende Näherungsformel, wenn man die Zeit $\tau - \tau'$, welche man zur Beobachtungszeit an einem Seitenfaden hinzuzulegen hat, um die Durchgangszeit durch den Mittelfaden zu erhalten, mit t bezeichnet:

$$\sin t = \sin f \sec\delta$$

Für Sterne in der Nähe des Pols, für welche $\sec\delta$ einen sehr grofsen Werth hat, mufs man sich dieser Formel

*) Siehe Fig. 17, wo O den Mittelpunct des Objectivs, M den Ort des Mittelfadens und F den des Seitenfadens bezeichnet.

bedienen: für Sterne, welche weiter vom Pole entfernt sind, reicht es dagegen hin, einfach:

$$t = f \sec \delta$$

zu nehmen.

Will man die Zeiten des Durchgangs durch den Mittelfaden nicht aus den einzelnen Seitenfäden haben, so kann man auch einfach so verfahren. Sind f', f'', f''' etc. die Distanzen der auf der Seite des Kreisendes stehenden Fäden, φ', φ'', φ''' etc. dagegen die Distanzen der auf der andern Seite des Mittelfadens stehenden Fäden, so berechne man ein für allemal:

$$\frac{f' + f'' + f''' + \ldots - \varphi' - \varphi'' - \varphi'''}{n} = a$$

wo n die Anzahl aller Fäden ist. Dann hat man zu dem arithmetischen Mittel aus den Beobachtungszeiten an allen Fäden die Gröfse:

$$\pm\ a \sec \delta$$

hinzuzulegen, wo das obere Zeichen für Kreis Ende West, das untere für Kreis Ende Ost gilt. Für untere Culminationen hat man die Zeichen umgekehrt zu nehmen.

Die Gleichung:

$$\sin t = \sin f \sec \delta$$

dient auch dazu, die Fädendistanzen selbst zu bestimmen, indem man die Durchgänge eines dem Pole nahen Sterns durch die Fäden beobachtet und dann:

$$f = \sin t \cos \delta$$

berechnet, wo t der Unterschied der Durchgangszeiten durch den Seitenfaden und Mittelfaden, in Bogen verwandelt, ist. Auf diese Weise erhält man die Werthe der Fädendistanzen sehr genau. Für den Polarstern z. B. ist:

$$\cos \delta = 0.02609$$

also bringt ein Fehler von einer Zeitsecunde in dem Unterschiede der Durchgangszeiten erst einen Fehler von etwa 0″.03 Zeit in der Fädendistanz hervor.

Gauſs hat eine andre Methode, die Abstände der Fäden in Fernröhren zu bestimmen, vorgeschlagen.

Da nämlich Strahlen, welche parallel auf das Objectiv eines Fernrohres fallen, in dem Brennpuncte desselben vereinigt werden, so treten nach dem Reciprocitätsgesetze des Lichts Strahlen, welche von einem im Brennpuncte des Objectivs befindlichen leuchtenden Puncte kommen, parallel aus dem Objective aus. Gehen die Strahlen von verschiedenen Puncten aus, welche alle dem Brennpuncte nahe liegen, so sind dieselben nach ihrem Durchgange durch das Objectiv gegen einander so geneigt, wie die von jenen Puncten nach dem Mittelpuncte des Objectivs gezogenen geraden Linien. Stellt man nun vor dem Objectiv des Fernrohrs ein zweites auf, durch welches man Gegenstände, die unendlich weit entfernt sind, deren Strahlen also das Objectiv parallel treffen, deutlich sieht, so wird man durch dies zweite Fernrohr einen im Brennpuncte des ersteren befindlichen leuchtenden Punct deutlich sehen. Ist daher im Brennpuncte des ersteren Fernrohrs ein System von Fäden, wie im Mittagsfernrohre, angebracht, so sieht man dasselbe durch das zweite Fernrohr deutlich, wenn die Fäden nur gehörig beleuchtet sind. Dies kann man aber immer einfach dadurch bewirken, daſs man das Ocular des ersteren Fernrohrs gegen den Himmel oder irgend einen hellen Gegenstand richtet. Ist dann das zweite Fernrohr mit einem Winkelinstrumente verbunden, durch welches man horizontale Winkel messen kann, so kann man damit die scheinbare Gröſse des Abstandes der Fäden ebenso wie andre Winkel messen.

Um das Fadenkreuz genau in den Brennpunct des Objectivs zu bringen, ändert man zuerst die Stellung des Oculars gegen das Fadenkreuz so lange, bis man dasselbe vollkommen scharf sieht. Dann ist das Fadenkreuz in dem Brennpuncte des Oculars. Darauf stellt man das Fernrohr auf irgend einen sehr weit entfernten terrestrischen Gegenstand oder auf einen Stern ein und ändert die Stellung des ganzen, das Fadenkreuz und das Ocular enthaltenden Theils des Instruments so lange gegen das Objectiv, bis man den

Gegenstand deutlich sieht. Ist dies der Fall, so ist das Fadenkreuz im Brennpuncte. Um sich vollkommen davon zu überzeugen, stellt man einen Faden auf ein sehr entferntes irdisches Object ein und bewegt das Auge vor der Ocularöffnung nach rechts oder links. Dann darf das Bild des Objects das Fadenkreuz nicht verlassen. Ist dies aber nicht der Fall, so ist es ein Zeichen, daſs das Fadenkreuz nicht genau im Brennpuncte steht und zwar steht dasselbe zu weit vom Objectiv, wenn bei der Bewegung des Auges das Auge und das Bild des Gegenstandes sich nach derselben Seite vom Fadenkreuze entfernen. Gehen aber das Auge und das Bild nach verschiedenen Seiten, so ist das Fadenkreuz dem Objective zu nahe. *)

Den 20sten Juni 1850 wurde der Polarstern bei seiner untern Culmination an dem Passageninstrumente der Bilker Sternwarte beobachtet, und es wurden die folgenden Durchgangszeiten durch die einzelnen Fäden erhalten:

Kreis West.

	II	*III*	*IV*	*V*
$13^h\ 32'\ 7''$	$19'\ 4''$	$13^h\ 5'\ 7''$	$52''\ 7''$	$12^h\ 38'\ 9''$

Es waren also die Unterschiede der Zeiten:

I – III	*II – III*	*III – IV*	*III – V*
$27'\ 0''$	$13'\ 57''$	$13'\ 0''$	$26'\ 58''$

Da die Declination des Polarsterns an dem Tage:

$$88^\circ\ 30'\ 18''.01$$

war, so findet man durch die Formel:

$$f = \sin t \cos \delta$$

*) Es ist übrigens klar, daſs die Fädendistanzen nur so lange dieselben bleiben, als die Entfernung des Fadenkreuzes von der Mitte des Objectivs nicht geändert wird. Man muſs daher das Fadenkreuz vor der Bestimmung der Fädendistanzen genau in den Brennpunct des Fernrohrs bringen und dann unverrückt in dieser Stellung lassen.

die folgenden Werthe der Fädendistanzen für den Aequator:

$I-III = 42''.17$ $II-III = 21''.84$, $III-IV = 20''.34$, $III-V = 42''.12$

An demselben Tage wurde der Stern η Ursae majoris beobachtet:

		I	II	III	IV	V
η Urs. maj.	Obere Culm.	18.5	50.3	$13^h\,41'\,24''.3$	$56''.0$	$30''.0$

Die Declination des Sterns ist $50^0\,4'$. Damit erhält man also die Fädendistanzen nach der Formel:

$$t = f \sec \delta$$

$I-III = 65''.70$, $II-III = 34''.02$, $III-IV = 31''.69$, $III-V = 65''.62$

Da der Stern zuerst an den ersten Faden trat, so hat man die Fädendistanzen zu den Beobachtungen an den beiden ersten Fäden zu addiren und von den Beobachtungen an den beiden letzten Fäden abzuziehen, man erhält also aus den Beobachtungen der einzelnen Fäden:

$13^h\,41'\,24''.20$
24 .32
24 .30
24 .31
24 .38

$13^h\,41'\,24''.30$

Das Mittel aus allen Fädendistanzen für den Aequator, wenn man dieselben für Faden *I* und *II* (die auf der Seite des Kreisendes stehen) positiv, für Faden *IV* und *V* negativ nimmt, ist:

$$a = +\,0''.31$$

Nimmt man nun das Mittel aus den Beobachtungen des Sterns η Ursae majoris an den einzelnen Fäden, so erhält man:

$$13^h\,41'\,23''.82$$

und wenn man dazu die Gröfse:

$$a \sec \delta = +\,0''.48$$

legt und zwar mit dem positiven Zeichen, weil der Stern bei Kreis West beobachtet wurde, so findet man für die Durchgangszeit durch den Mittelfaden im Mittel aus allen Fäden wie vorher:

$$13^h\ 41'\ 24''.30$$

16. Hat das Gestirn eine eigne Bewegung, so mufs hierauf bei der Reduction von dem Seitenfaden auf den Mittelfaden Rücksicht genommen werden. Da aber ein solches Gestirn auch einen mefsbaren Durchmesser und eine Parallaxe hat, so soll jetzt der allgemeine Fall betrachtet werden, dafs man den Rand eines solchen Gestirns an einem Seitenfaden beobachtet hat und daraus die Durchgangszeit des Mittelpuncts des Gestirns durch den Meridianfaden herleiten will.

Es war vorher die Gleichung gefunden, welche für Kreis West gilt:

$$\sin c = -\sin n \sin \delta + \cos n \cos \delta \sin (\tau - m)$$

Ist nun das Gestirn an einem Seitenfaden beobachtet, dessen Distanz vom Mittelfaden f ist und wo f positiv zu nehmen ist, wenn sich der Faden auf der Seite des Kreisendes befindet, so hat man wie vorher $c+f$ statt f zu setzen. Wenn man aber nicht den Mittelpunct, sondern den einen Rand eines Gestirns beobachtet, dessen scheinbarer Halbmesser h' ist, so hat man in der vorigen Gleichung:

$$c + f \pm h'$$

statt c zu nehmen, wo das obere Zeichen gilt, wenn der vorangehende, das untere, wenn der nachfolgende Rand beobachtet ist.*) Ist dann Θ die Sternzeit des Antritts an den Faden und α' die scheinbare Rectascension des Gestirns, so ist der östliche Stundenwinkel:

$$\tau = \alpha' - \Theta$$

---

*) Hätte man nämlich den vorangehenden Rand am Mittelfaden beobachtet, so würde der Mittelpunct an einem Seitenfaden, dessen $f = +h'$ wäre, in dem Augenblicke beobachtet sein.

und man hat daher, wenn δ' die scheinbare Declination des Gestirns bezeichnet, die folgende Gleichung:

$$\sin[c+f\pm h'] = -\sin n \sin\delta' + \cos n \cos\delta' \sin[\alpha'-\Theta-m]$$

wo das obere Zeichen gilt, wenn man den dem Mittelpuncte vorangehenden, das untere, wenn man den nachfolgenden Rand beobachtet hat. Bezeichnet man mit Δ die Entfernung des Gestirns vom Beobachter, wobei als Einheit die Entfernung vom Mittelpunct der Erde zum Grunde liegt, so hat man auch:

$$\begin{aligned}\Delta \sin[c+f\pm h'] = &-\Delta \sin n \sin\delta' \\ &-\Delta \cos n \cos m \cos\delta' \sin(\Theta-\alpha') \\ &-\Delta \cos n \sin m \cos\delta' \cos(\Theta-\alpha')\end{aligned}$$

oder da:

$$c,\ n,\ m,\ f,\ h'$$

also auch $\Theta-\alpha'$ kleine Gröſsen sind, deren Sinus man mit dem Bogen vertauschen und deren Cosinus man gleich eins setzen kann:

$$\Delta \cos\delta' \cos(\alpha'-\Theta) = +\Delta.f \pm \Delta.h' + m\Delta.\cos\delta' + n\Delta.\sin\delta' + c\Delta$$

Die scheinbaren Gröſsen kann man nun durch geocentrische ausdrücken. Man erhält nämlich nach den Formeln (a) in Nr. 4 des zweiten Abschnitts, wenn man statt der Entfernung vom Mittelpuncte der Erde die Horizontalparallaxe einführt:

$$\begin{aligned}\Delta \cos\delta' \cos\alpha' &= \cos\delta \cos\alpha - \varrho \sin\pi \cos\varphi' \cos\Theta \\ \Delta \cos\delta' \sin\alpha' &= \cos\delta \sin\alpha - \varrho \sin\pi \cos\varphi' \sin\Theta \\ \Delta \sin\delta' &= \sin\delta - \varrho \sin\pi \sin\varphi'\end{aligned}$$

woraus man leicht findet:

$$\begin{aligned}\Delta \cos\delta' \cos(\Theta-\alpha') &= \cos\delta \cos(\Theta-\alpha) - \varrho \sin\pi \cos\varphi' \\ \Delta \cos\delta' \sin(\Theta-\alpha') &= \cos\delta \sin(\Theta-\alpha)\end{aligned}$$

oder, wenn $\Theta-\alpha$ ein kleiner Winkel ist:

$$\begin{aligned}\Delta \cos\delta' (\Theta-\alpha') &= \cos\delta (\Theta-\alpha) \\ \Delta \cos\delta' &= \cos\delta - \varrho \sin\pi \cos\varphi' \\ \Delta \sin\delta' &= \sin\delta - \varrho \sin\pi \sin\varphi'\end{aligned}$$

Aus den beiden letzten Gleichungen erhält man noch

mit einer für diesen Fall vollkommen genügenden Annäherung:

$$\Delta = 1 - \varrho \sin \pi \cos (\varphi' - \delta)$$

Zuletzt hat man noch, wenn man mit h den wahren aus dem Mittelpuncte der Erde gesehenen Halbmesser des Gestirns bezeichnet:

$$\Delta h' = h$$

Substituirt man nun diese Ausdrücke für die scheinbaren Gröſsen in die oben gefundene Gleichung für:

$$\Delta \cos \delta' (\alpha' - \Theta)$$

so erhält man:

$$\cos \delta (\alpha - \Theta) = f [1 - \varrho \sin \pi \cos (\varphi' - \delta)] \pm h$$
$$+ [\cos \delta - \varrho \sin \pi \cos \varphi'] [m + n \operatorname{tang} \delta' + c \sec \delta']$$

oder:

$$(a) \qquad \alpha = \Theta \pm \frac{h}{\cos \delta} + f \frac{1 - \varrho \sin \pi \cos (\varphi' - \delta)}{\cos \delta}$$
$$+ \left[1 - \varrho \sin \pi \frac{\cos \varphi'}{\cos \delta'}\right] [m + n \operatorname{tang} \delta' + c \sec \delta']$$

wo im letzten Gliede δ' statt δ beibehalten ist, weil dasselbe in dieser Form bequemer ist. Die scheinbare Declination δ' kann man aber immer mit einer hier völlig genügenden Genauigkeit von einigen Minuten an dem Einstellungskreise des Instruments ablesen. Ist dies nicht der Fall, so muſs man auch im letzten Gliede die wahren geocentrischen Gröſsen anwenden. Es ist aber das letzte Glied in der Gleichung für

$$\Delta \cos \delta' (\alpha' - \Theta)$$
$$+ \Delta \cos \delta' m + \Delta \sin \delta' n + c \Delta$$

Setzt man hier für:

$$\Delta \cos \delta', \Delta \sin \delta'$$

und Δ die vorher gefundenen Ausdrücke und führt dann folgende Bezeichnungen ein:

$$m' = m - c \cos \varphi' \varrho \sin \pi$$
$$n' = n - c \sin \varphi' \varrho \sin \pi$$
$$c' = c - [m \cos \varphi' + n \sin \varphi'] \varrho \sin \pi$$

so werden die drei Glieder jetzt:

$$\cos\delta\,[m'+n'\,\mathrm{tang}\,\delta+c'\sec\delta]$$

mithin:

$$\alpha = \Theta \pm \frac{h}{\cos\delta} + f\,\frac{1-\varrho\sin\pi\cos(\varphi'-\delta)}{\cos\delta} + m'+n'\,\mathrm{tang}\,\delta+c'\sec\delta \qquad (b)$$

Hat nun das Gestirn eine eigne Bewegung, so erhält man die Zeit, zu welcher das Gestirn im Meridiane war, aus der beobachteten Durchgangszeit Θ durch einen Seitenfaden, wenn man zu Θ die Zeit hinzulegt, die das Gestirn braucht, um den Stundenwinkel $\alpha-\Theta$ zu durchlaufen. Diese Zeit ist aber gleich diesem Stundenwinkel selbst dividirt durch $1-\lambda$, wenn λ die Zunahme der Rectascension in Zeit in einer Secunde Sternzeit bedeutet. Setzt man nun:

$$\frac{1-\varrho\sin\pi\cos(\varphi'-\delta)}{(1-\lambda)\cos\delta} = F$$

so wird also die Reduction auf den Meridian:

$$= \pm\frac{h}{(1-\lambda)\cos\delta} + fF + \frac{m'+n'\,\mathrm{tang}\,\delta+c'\sec\delta}{1-\lambda}$$

oder auch:

$$= \pm\frac{h}{(1-\lambda)\cos\delta} + fF + \frac{1-\varrho\sin\pi\cos\varphi'\sec\delta'}{1-\lambda}\,[m+n\,\mathrm{tang}\,\delta+c\sec\delta]$$

Läſst man das Glied $\frac{h}{1-\lambda}\cos\delta$ fort, so erhält man die Zeit der Culmination nicht für den Mittelpunct, sondern für den beobachteten Rand. Läſst man dagegen auch im letzten Gliede den Nenner $1-\lambda$ fort, so gilt die Rectascension des Randes des Gestirns, welche man durch die auf diese Weise gefundene Sternzeit der Culmination erhält, nicht für die Zeit der Culmination selbst, sondern für die beobachtete Zeit des Durchgangs durch den Mittelfaden. Da:

$$1-\varrho\sin\pi\cos\varphi'\sec\delta'$$

immer nur wenig von der Einheit verschieden ist, so kann

man unter der Voraussetzung, dafs m, n und c sehr klein sind, diesen Factor auch mit 1 vertauschen.*)

In den Tabulis Regiomontanis hat nun Bessel eine Tafel gegeben, welche die Berechnung der Gröfse F für den Mond, auf welchen das vorige hauptsächlich Anwendung findet, erleichtert. Diese Tafel giebt nämlich den Logarithmen von:

$$1-\varrho \sin \pi \cos (\varphi'-\delta)$$

mit dem Argumente:

$$\log \varrho \sin \pi \cos (\varphi'-\delta)$$

und das Complement der Logarithmen von $1-\lambda$ mit dem Argumente der Aenderung der Rectascension in 12 Stunden mittlerer Zeit. Eine andre Tafel giebt den Logarithmen von F für die Sonne und die Gröfse $\frac{\lambda}{(1-\lambda)\cos\delta}$, beide für jeden Tag des Jahres.

Hat man übrigen ein Gestirn, welches eine eigne Bewegung hat, an allen Fäden beobachtet und stehen diese in nahe gleichen Abständen zu beiden Seiten des Mittelfadens, so braucht man den Werth F nicht zu kennen, indem man einfach das Mittel der Fäden nimmt und dazu die kleine Correction legt, welche von der Ungleichheit der Fäden abhängt.

Beispiel. Am 13ten Juli 1848 wurden in Bilk die Antritte des ersten Mondrands an die fünf Fäden des Passageninstruments bei Kreis West beobachtet:

I	$17^h\ 25'\ 42''.9$
II	$26\ \ 5\ .0$
III	$28\ .8$
IV	$26'\ 51''.0$
V	$27\ 14\ 8$

Die Distanzen der Fäden sind im Mittel aus vielen Beobachtungen:

I $42''.23$ *II* $21''.96$ *IV* $20''.32$ *V* $42''\ 30$

*) Vergl. über das vorige: Bessel Tabulae Regiomontanae pag. LII.

Um nun aus den einzelnen Fäden die Zeit des Durchgangs durch den Mittelfaden zu haben, ist zuerst F zu berechnen. Es war aber an dem Tage:

$$\delta = -\ 18^\circ\ 10'.6$$

die Aenderung der Rectascension in einer mittleren Stunde:

$$129''.8\ ,\ \pi = 55'\ 11''\ 0\ ,\ h = 60''.15$$

in Zeit; ferner ist für Bilk:

$$\varphi' = 51^\circ\ 1'.2\ \log \varrho = 9\ \ 99912$$

Da nun eine Stunde mittlere Zeit gleich 3609''.86 Sternzeit, so erhält man:

$$\lambda = 0.03596$$

und damit:

$$F = 0.03565$$

Multiplicirt man mit diesem Factor die Fädendistanzen, so werden diese:

$$45''.84 \qquad 23''.84 \qquad 22''.06 \qquad 45''.92$$

Es werden also die Durchgangszeiten durch den Mittelfaden aus den einzelnen Seitenfäden:

	$17^h\ 26'\ 28''.74$
	$28\ .84$
	$28\ .80$
	$28\ .94$
	$28\ .88$
im Mittel	$17^h\ 26'\ 28''.84$

Das Glied:

$$+\ \frac{h}{(1-\lambda)\cos\delta}$$

wird gleich:

$$+\ 65''.67$$

also wird die Zeit des Durchgangs des Mittelpuncts des Mondes durch den Mittelfaden:

$$17^h\ 27'\ 34''.51$$

An dem Tage war nun b und k, also auch m und $n = 0$, aber:

$$c = + 0''.09$$

Nimmt man daher den Factor:

$$\frac{1 - \varrho \sin \pi \cos \varphi' \sec \delta'}{1 - \lambda}$$

gleich 1, so erhält man die Zeit des Durchgangs des Mittelpuncts des Mondes durch den Meridian gleich:

$$17^h\ 27'\ 34''.60$$

Ist die Parallaxe des Gestirns gleich Null oder doch sehr klein, wie z. B. bei der Sonne, so wird die Formel für die Reduction auf den Meridian einfacher. Dann wird nämlich:

$$F = \frac{1}{(1 - \lambda) \cos \delta}$$

Gewöhnlich beobachtet man bei der Sonne auch die Antritte der beiden Ränder an die einzelnen Fäden, und nimmt dann zuletzt das Mittel aus den Beobachtungen beider Ränder, sodafs man das Glied $\frac{h}{(1 - \lambda) \cos \delta}$ nicht weiter zu berechnen hat

17. Es ist nun zu zeigen, wie man die Fehler des Passageninstruments durch die Beobachtungen bestimmt.

Die Neigung b der Axe des Passageninstruments wird immer durch das Niveau gefunden nach der in Nr. 1 dieses Abschnitts gegebenen Methode. Den Collimationsfehler wird man durch die Beobachtung eines irdischen Objects in zwei verschiedenen Lagen des Instruments wegschaffen oder doch sehr klein machen können, wie es in Nr. 1 des dritten Abschnitts gezeigt ist. Endlich wird man auch das Instrument auf die dort angegebene Weise sehr nahe in den Meridian bringen können. Nachdem dann das Instrument so weit berichtigt ist als möglich, mufs man die kleinen, noch übrig bleibenden Fehler durch die Beobachtungen bestimmen und dann dieselben bei jeder einzelnen Beobachtung gehörig in Rechnung bringen.

Hat man nun b durch das Niveau gefunden, so setze man:

$$T + \frac{b \cos(\varphi - \delta)}{\cos \delta} = t$$

Dann hat man nach der Mayerschen Formel für Kreis Ende West:

$$\alpha = t + \Delta t + k \frac{\sin(\varphi - \delta)}{\cos \delta} + c \sec \delta$$

Um nun den Fehler c zu finden, beobachtet man denselben Stern bei Kreis West und bei Kreis Ost und zwar wählt man hierzu immer einen dem Pole sehr nahen Stern, α oder δ Ursae minoris, einmal, weil man bei anderen, sich schneller bewegenden Sternen keine Zeit hat, um das Instrument zwischen den Beobachtungen der einzelnen Fäden umzulegen, dann aber auch, weil für diese Sterne der Coefficient $\sec \delta$ von c sehr groſs ist, also Fehler in den beobachteten Zeiten nur einen kleinen Einfluſs auf die Bestimmung von c haben. Beobachtet man nun einen der beiden Sterne bei Kreis West an einigen Fäden, so hat man, wenn t die hieraus im Mittel gefundene Durchgangszeit durch den Mittelfaden bezeichnet und schon wegen der Neigung corrigirt ist:

$$\alpha = t + \Delta t + k \frac{\sin(\varphi - \delta)}{\cos \delta} + c \sec \delta$$

Legt man nun das Instrument um und beobachtet wieder denselben Stern bei Kreis Ost an einigen Fäden, so ist, wenn t' jetzt das Mittel der auf den mittleren Faden reducirten, beobachteten Antritte bezeichnet und zwar wieder wegen der Neigung corrigirt:

$$\alpha = t' + \Delta t + k \frac{\sin(\varphi - \delta)}{\cos \delta} - c \sec \delta$$

Zieht man die beiden Gleichungen von einander ab, so erhält man daraus:

$$c = \frac{t' - t}{2 \sec \delta}$$

Hat man in der Richtung des Meridians ein irdisches

Object, an welchem eine Scale angebracht ist, (Meridianzeichen) so kann man, wenn man die Gröſse der einzelnen Scalentheile in Secunden kennt, durch die Beobachtung des Objects in beiden Lagen des Kreises die Gröſse des Collimationsfehlers finden. Dieser ist nämlich gleich der Hälfte der zwischen dem Mittelfaden in beiden Beobachtungen befindlichen Scalentheile. Wenn man kein irdisches Object hat, so kann man sich statt desselben ebenso bequem eines Fernrohrs bedienen, welches man dem Fernrohre des Passageninstruments gegenüber so aufstellt, daſs seine optische Axe der des anderen Fernrohrs parallel ist. Ist dann im Brennpuncte dieses Fernrohrs ein System von senkrechten Fäden angebracht, deren Abstand in Secunden man kennt, so kann man den Collimationsfehler wie vorher finden, wenn man den Ort beobachtet, in welchem der Meridianfaden einen durch die senkrechten Fäden des andern Fernrohrs gezogenen horizontalen Faden schneidet. Es versteht sich hierbei von selbst, daſs das zweite Fernrohr einen durchaus festen Stand haben muſs, damit seine Stellung sich nicht während der Beobachtung verändert.

Man kann den Collimationsfehler auch mit Hülfe eines horizontalen Spiegels und des Niveau's bestimmen. Stellt man nämlich unter das nach dem Nadir gerichtete Fernrohr des Passageninstruments einen horizontalen Spiegel *) und nimmt zuerst an, daſs die Umdrehungsaxe des Instruments genau horizontal und die optische Axe genau senkrecht auf der Umdrehungsaxe ist, so wird das von dem Fadenkreuze ausgehende Licht nach dem Durchgange durch das Objectiv parallel und senkrecht auf den Spiegel fallen, sodann von demselben parallel zurückgeworfen und durch das Objectiv wieder so gebrochen werden, daſs es sich in demselben Puncte vereinigt, von welchem es ausgegangen ist. Steht dagegen

---

*) Gewöhnlich bedient man sich hierzu einer mit Quecksilber angefüllten Schaale oder eines sogenannten Quecksilberhorizonts, weil sich die Oberfläche desselben von selbst horizontal stellt.

die optische Axe nicht senkrecht auf der Umdrehungsaxe, so wird das Spiegelbild nicht mit dem Fadenkreuze coincidiren, sondern es wird in der Nähe des Fadenkreuzes ein Bild desselben entstehen, dessen Entfernung vom Fadenkreuze selbst gleich dem doppelten Collimationsfehler ist. Durch die Schrauben, welche das Fadenkreuz senkrecht gegen die optische Axe bewegen, kann man dann das Spiegelbild genau zur Coincidenz mit dem Fadenkreuze, also den Collimationsfehler auf Null bringen. Man kann aber auch die Gröſse dieses Fehlers durch das Niveau finden. Bewegt man nämlich nicht das Fadenkreuz, sondern erhöhet man das Kreisende durch die dazu dienenden Schrauben, bis das Bild mit dem Fadenkreuze coincidirt, und nivellirt dann die Axe, so wird die gefundene Erhöhung des Kreisendes gleich dem Collimationsfehler des Instruments sein. War die ursprüngliche Neigung der Axe nicht gleich Null, sondern b die Erhöhung des Kreisendes und findet man dafür b', nachdem man die Bilder zur Coincidenz gebracht hat, so ist $b'-b$ gleich dem Collimationsfehler.

Um nun das Spiegelbild des Fadenkreuzes in dem Quecksilberhorizonte zu sehen, ist es nöthig, daſs man das Fadenkreuz beleuchte. Dies geschieht einfach dadurch, daſs man durch eine in der Ocularröhre angebrachte Seitenöffnung zwischen dem Fadenkreuze und dem Ocularglase eine um 45° gegen die Axe des Fernrohrs geneigte, spiegelnde Fläche anbringt, welche durch eben diese Oeffnung beleuchtet werden kann und die das Licht nach dem Objective hin reflectirt, aber nur die Hälfte des Sehfeldes verdeckt. Nach Gauſs ist es wesentlich erforderlich, um ein gleichmäſsig erleuchtetes Gesichtsfeld zu erhalten, daſs sich zwischen der spiegelnden Fläche und dem Fadenkreuze keine Linse befindet. Man muſs daher das vordere Glas der Ocularröhre nach dem Fadenkreuze zu vor der Beobachtung herausnehmen.

Nachdem nun die Neigung und der Collimationsfehler des Instruments gefunden sind, bleibt noch das Azimut desselben sowie der Stand der Uhr zu bestimmen übrig. Zu dem Zwecke muſs man die Beobachtungen zweier Sterne, deren Rectascensionen man kennt, mit einander verbinden. Hat die Uhr einen Gang, so mufs man zuerst den Stand der Uhr auf eine Zeit reduciren, indem man den Gang der Uhr zwischen den Beobachtungszeiten beider Sterne an die eine Zeit anbringt, damit in den, aus beiden Beobachtungen herzuleitenden Gleichungen Δt denselben Werth hat. Sind dann t_0 und t'_0 die wegen der Neigung, des Collimationsfehlers und des Ganges der Uhr verbesserten Zeiten der Durchgänge durch den Mittelfaden, so hat man die beiden Gleichungen:

$$\alpha = t_0 + \Delta t + k \frac{\sin(\varphi-\delta)}{\cos\delta}$$

$$\alpha' = t'_0 + \Delta t + k \frac{\sin(\varphi-\delta')}{\cos\delta'}$$

aus denen man die beiden Unbekannten Δt und k bestimmen kann.

Man erhält nämlich:

$$\alpha'-\alpha = t'_0-t_0 + k \left\{\frac{\sin(\varphi-\delta')}{\cos\delta'} - \frac{\sin(\varphi-\delta)}{\cos\delta}\right\}$$

$$= t'_0-t_0 + k \frac{\sin(\delta-\delta')}{\cos\delta\cos\delta'} \cos\varphi$$

also wird:

$$k = \frac{[\alpha'-\alpha - (t'_0-t_0)]}{\cos\varphi} \frac{\cos\delta \, . \, \cos\delta'}{\sin(\delta-\delta')}$$

Den Stand der Uhr erhält man dann, wenn man k bestimmt hat, aus einer der ursprünglichen Gleichungen für α und α'. Aus der Gleichung für k ersieht man, dafs es am vortheilhaftesten ist, δ und δ' so verschieden als möglich zu nehmen, wo möglich so, dafs:

$$\delta - \delta' = 90^\circ$$

ist. Man wird daher am besten einen dem Pole nahen Stern, α oder δ Ursae minoris mit einem Aequatorsterne verbinden, weil dann der Divisor $\sin(\delta-\delta')$ nahe gleich eins und der Zähler sehr klein wird. Kann man indessen keinen dieser Sterne beobachten, so mufs man einen nahe am Zenith culminirenden Stern mit einem andern, dessen Meridianhöhe sehr klein ist, verbinden.

Man kann auch k durch die Beobachtung der oberen und unteren Culmination desselben Sterns bestimmen. Da dann $\alpha'-\alpha = 12^h$ ist, so wird die eben gegebene Formel für k in diesem Falle, weil man für untere Culminationen $180-\delta$ statt δ nehmen mufs:

$$k = \frac{12^h - (t'_0 - t_0)}{\cos\varphi} \frac{\cos\delta^2}{\sin 2\delta}$$
$$= \frac{12^h - (t'_0 - t_0)}{2\cos\varphi \operatorname{tang}\delta}$$

Auch hier ist es wieder vortheilhaft, den Polarstern in seiner oberen und unteren Culmination zu beobachten, weil für diesen der Divisor tang δ am gröfsten wird. Uebrigens setzt diese Methode voraus, dafs man des festen Standes des Instruments während zwölf Stunden versichert sei. Ist dies nicht der Fall, so ist es vorzuziehen, das Azimut durch die vorher gegebene Methode zu bestimmen, indem man die Beobachtungen zweier Sterne mit einander verbindet.

Zu diesen Bestimmungen bedient man sich nun immer der sogenannten Hauptsterne, deren Rectascensionen und Declinationen auf das genaueste bekannt sind, da man zugleich dabei den Vortheil hat, dafs man die scheinbaren Oerter derselben nicht zu berechnen braucht, indem diese in den astronomischen Jahrbüchern von 10 zu 10 Tagen angegeben sind. In diesen Ephemeriden ist aber die tägliche Aberration noch nicht berücksichtigt, weil diese von der Polhöhe des Beobachtungsortes abhängt. In Nr. 16 des zweiten Abschnitts war nämlich für die tägliche Aberration in Rectascension der Ausdruck gefunden:

$$\alpha'-\alpha = 0''.3088 \cos\varphi \cos(\Theta-\alpha) \sec\delta$$

also ist für die obere Culmination und in Zeitsecunden ausgedrückt:

$$\alpha'-\alpha = 0''.0206 \cos\varphi \sec\delta$$

und diese Gröfse hat man noch zu den scheinbaren Oertern der Sterne hinzuzulegen oder von den Beobachtungszeiten abzuziehen. Will man also die tägliche Aberration berücksichtigen, so hat man nur in allen früheren Formeln statt c überall:

$$c' = c - 0''.0206 \cos \varphi$$

anzuwenden.

Beispiel. Den 5ten April 1849 wurde am Passageninstrumente zu Bilk beobachtet:

Kreis West.

	I	II	III	IV	V	Mittel
β Orionis	54″.8	15″.3	5^h 8′ 37″.4	58″.0	20″.1	5^h 8′ 37″.44
Polaris O	38′ 13″.0	51′ 14″.0				1 5 15 .25

$$b = -0''.03$$

Kreis Ost.

	II	III	Mittel
Polaris O	19′ 26″.0	1^h 5′ 25″.0	1 5 24 .57

$$b = +0''.05$$

Es waren aber die scheinbaren Oerter beider Sterne an dem Tage:

Polaris	$\alpha = 1^h\, 4'\, 17''.92$	$\delta = 88^\circ\, 30'\, 15''.5$
β Orionis	$\alpha' = 5\;\; 7\;\; 16\;.66$	$\delta' = -8\;\, 22'.8$

Bringt man nun zuerst die Correction wegen der Neigung an, so erhält man für die Durchgangszeiten durch den Mittelfaden:

Kreis West	β Orionis	5^h 8′ 37″.42
	Polaris	1 5 14 .33
Kreis Ost	Polaris	1 5 23 .05

Aus den Beobachtungen des Polarsterns bei Kreis West und Kreis Ost erhält man ferner den Collimationsfehler:

$$= +0''.114$$

und da die tägliche Aberration für Bilk gleich $0''.013 \sec \delta$ ist, so hat man also mit Rücksicht hierauf für den Collimationsfehler bei Kreis West zu nehmen $+ 0''.101$, bei Kreis Ost dagegen $+ 0''.127$. Corrigirt man nun die Beobachtungen bei Kreis West wegen des Collimationsfehlers, so findet man:

$$\beta \text{ Orionis} = t'_0 = 5^h\, 8'\, 37''.52$$
$$\text{Polaris} = t_0 = 1^h\, 5'\, 18''.20$$

Es ist also:

$$t'_0 - t_0 = 4^h\, 3'\, 19''.32 \qquad \alpha' - \alpha = 4^h\, 2'\, 58''.74$$

und da:

$$\varphi = 51^\circ\, 12'.5$$

ist, so erhält man daraus:

$$k = -\, 0''.85$$

Die wegen der Fehler des Instruments corrigirte Beobachtungszeit von β Orionis ist also:

$$5^h\, 8'\, 36''.78$$

mithin:

$$\Delta t = -\, 1'\, 20''.12$$

18. Ist das Passageninstrument mit einem Höhenkreise verbunden, um zugleich mit den Durchgangszeiten durch den Meridian die Zenithdistanzen oder die Declinationen der Sterne zu bestimmen, so nennt man dasselbe einen Meridiankreis. In Nr. 2 des dritten Abschnitts ist schon gezeigt worden, auf welche Weise man den Polpunct eines solchen Kreises durch die Beobachtung von Circumpolarsternen in ihrer oberen und unteren Culmination und daraus dann die Declinationen aller beobachteten Sterne findet, Zur grölseren Sicherheit wird man es nun aber nicht dabei bewenden lassen, die Sterne nur einmal in der Nähe des Mittelfadens auf den Horizontalfaden einzustellen, sondern man wird diese Einstellung öfter auch in einiger Entfernung vom Mittelfaden wiederholen, mufs aber dann die gemachten Ablesungen auf den Meridian reduciren.

Die Coordinaten eines Punctes der Himmelskugel, bezogen auf ein Axensystem, dessen Grundebene der Aequator ist und dessen Axe der x senkrecht auf der Umdrehungsaxe des Instruments steht, sind:

$$x = \cos\delta \cos(\tau - m)\,,\; y = -\cos\delta \sin(\tau - m) \text{ und } z = \sin\delta$$

Denkt man sich nun ein zweites Coordinatensystem, dessen Axe der x mit der vorigen zusammenfällt, während die Axe der y mit der horizontalen Axe des Instruments parallel ist, so sind die drei Coordinaten eines Punctes, auf welchen das Fernrohr gerichtet ist, wenn man mit δ' den vom Fernrohre durchlaufenen d. h. den am Kreise abgelesenen Winkel bezeichnet und bedenkt, daſs das Fernrohr einen kleinen Kreis an der Himmelskugel beschreibt, dessen Halbmesser $\cos c$ ist:

$$= \cos\delta' \cos c \;,\; y = -\sin c \text{ und } z = \sin\delta' \cos c$$

Da nun die Axen der y in beiden Systemen den Winkel n mit einander bilden, so erhält man nach den Formeln für die Transformation der Coordinaten:

$$\sin\delta = -\sin c \sin n + \cos c \cos n \sin\delta'$$
$$\cos\delta \cos(\tau - m) = \cos\delta' \cos c$$
$$\cos\delta \sin(\tau - m) = \sin\delta' \cos c \sin n + \sin c \cos n$$

also:

$$\operatorname{cotang}\delta \cos(\tau - m) = \frac{\cos\delta' \cos c}{-\sin n \sin c + \cos n \cos c \sin\delta'}$$

Diese Gleichung könnte man in eine Reihe entwickeln; da n aber immer sehr klein ist und auch c, selbst wenn man an einem entfernten Seitenfaden einstellt, doch nicht über 15 oder 20 Minuten beträgt, so kann man einfach schreiben:

$$\operatorname{tang}\delta = \operatorname{tang}\delta' \cos(\tau - m)$$

und erhält dann nach Formel (17) der Einleitung:

$$\delta = \delta' - \operatorname{tang}\tfrac{1}{2}(\tau - m)^2 \sin 2\delta - \tfrac{1}{2}\operatorname{tang}\tfrac{1}{2}(\tau - m)^4 \sin 4\delta$$

Diese Gleichung formt man nun noch so um, daſs die Coefficienten:

$$\sin\tfrac{1}{2}(\tau - m)^2 \text{ und } \sin\tfrac{1}{2}(\tau - m)^4$$

enthalten, weil man diese Gröſsen aus den schon früher erwähnten Tafeln (IV Nr. 6) entnehmen kann.

Man schreibt nämlich für:

$$\operatorname{tang}\tfrac{1}{2}(\tau - m)^2$$

jetzt:

$$\frac{\sin\tfrac{1}{2}(\tau - m)^2}{1 - \cos\tfrac{1}{2}(\tau - m)^2}$$

und entwickelt diesen Ausdruck in die Reihe:

$$\sin \tfrac{1}{2} (\tau - m)^2 + \sin \tfrac{1}{2} (\tau - m)^4 + \ldots$$

und da nun ebenso:

$$\tfrac{1}{2} \operatorname{tang} \tfrac{1}{2} (\tau - m)^4 = \tfrac{1}{2} \sin \tfrac{1}{2} (\tau - m)^4 + \ldots$$

so wird:

$$\delta = \delta' - \sin \tfrac{1}{2} (\tau - m)^2 \sin 2\,\delta - 2 \sin \tfrac{1}{2} (\tau - m)^4 \cos \delta^2 \sin 2\,\delta$$

Die Zeichen dieser Formel gelten für den Fall, daſs die Theilung an dem Kreise in demselben Sinne gezählt wird wie die Declinationen und daſs man einen Stern in der oberen Culmination beobachtet hat.

Wird die Theilung in entgegengesctztem Sinne gezählt, so erhält man:

$$\delta = \delta' + \sin \tfrac{1}{2} (\tau - m)^2 \sin 2\,\delta + 2 \sin \tfrac{1}{2} (\tau - m)^4 \cos \delta^2 \sin 2\,\delta$$

Da nun die Theilung der Kreise in einem Sinne von 0° bis 360° fortgeht, so wird, wenn bei der oberen Culmination die Theilung im Sinne der Declinationen gezählt wird, dies für die untere Culmination nicht der Fall sein. Man hat daher für unteren Culminationen die Zeichen der Correction zu ändern.

Man findet hiernach auch leicht die Correction der beobachteten Declination für den Fall, daſs man ein Gestirn beobachtet hat, welches einen Halbmesser, eine Parallaxe und eine eigne Bewegung hat, wie dies z. B. beim Monde der Fall ist. Hat man ein solches Gestirn an einem Seitenfaden beobachtet, so hat man nach dem vorigen die Gleichungen:

$$\cos c \cos \delta' = \cos \delta \cos (\tau - m)$$
$$\cos c \sin \delta' = \cos \delta \sin (\tau - m) \sin n + \sin \delta \cos n$$

Hier ist δ die scheinbare Declination des eingestellten Punctes des Randes und τ der östliche Stundenwinkel des Punctes zur Zeit der Beobachtung, δ' die am Kreise abgelesene Declination dieses Punctes. Nennt man nun aber δ die scheinbare Declination des Mittelpunctes des Mondes, τ

den scheinbaren Stundenwinkel desselben, so erhält man, je nachdem man den oberen oder unteren Rand eingestellt hat:

$$\cos c \cos (\delta' \mp x) = \cos \delta \cos (\tau - m)$$
$$\cos c \sin (\delta' \mp x) = \cos \delta \sin (\tau - m) \sin n + \sin \delta \cos n$$

wo:

$$\sin x \cos c = \sin h'$$

ist, wenn man mit h' den scheinbaren Halbmesser des Mondes bezeichnet.*) Aus diesen Gleichungen erhält man, wenn man statt $\cos c \sin x$ den Werth $\sin h'$ setzt, $\cos c \cos x$ eliminirt und die entstandene Gleichung mit Δ multiplicirt, wo Δ das Verhältnifs der Entfernung des Gestirns vom Beobachtungsorte zur Entfernung vom Mittelpuncte der Erde bezeichnet:

$$\begin{aligned} \pm \Delta \sin h' = {} & \Delta \cos \delta \sin \delta' \cos (\tau - m) \\ & - \Delta \cos \delta \cos \delta' \sin (\tau - m) \sin n \\ & - \Delta \sin \delta \cos \delta' \cos n \end{aligned}$$

oder, da man die Gröfse $\sin (\tau - m) \sin n$ vernachläfsigen und $\cos n$ gleich eins nehmen kann:

$$\begin{aligned} \pm \Delta \sin h' = {} & \Delta \cos \delta \,.\, \sin \delta' \cos (\tau - m) \\ & - \Delta \sin \delta \,.\, \cos \delta' \end{aligned}$$

Drückt man nun die scheinbaren Gröfsen durch geocentrische aus, indem man setzt:

$$\Delta \sin h' = \sin h$$
$$\Delta \cos \delta = \cos \delta_0 - \varrho \sin \pi \cos \varphi'$$
$$\Delta \sin \delta = \sin \delta_0 - \varrho \sin \pi \sin \varphi'$$

so erhält man leicht:

$$\pm \sin h - \varrho \sin \pi \sin (\varphi' - \delta') =$$
$$\sin (\delta' - \delta_0) - \cos \delta_0 \sin \delta' \tfrac{1}{2} (\tau - m)^2 \frac{1}{206265^2}$$

Bezeichnet man nun die Zeit der Beobachtung mit Θ,

---

*) Man findet dies sogleich, wenn man das rechtwinklige Dreieck betrachtet, welches vom Pole des Kreises des Instruments, dem Mittelpuncte des Mondes und dem eingestellten Puncte des Randes gebildet wird. In diesem ist der Winkel am Pole des Kreises gleich x, die gegenüberstehende Cathete gleich h'.

die Culminationszeit des Mittelpuncts des Gestirns mit Θ_0, so ist:

$$\tau = \Theta - \Theta_0$$

Hat aber das Gestirn eine eigne Bewegung in Rectascension und ist λ die Zunahme derselben in einer Secunde, so ist, wenn $\Theta - \Theta_0$ in Zeitsecunden ausgedrückt ist:

$$\tau = (\Theta - \Theta_0)(1 - \lambda) . 15$$

Vernachläſsigt man nun in $(\tau - m)^2$ die kleine Gröſse m und setzt:

$$\sin p = \varrho \sin \pi \sin (\varphi' - \delta')$$

so erhält man:

$$\sin (\delta_0 - \delta') = \sin p \mp \sin h - \tfrac{1}{4} \sin 2\, \delta' (\Theta - \Theta_0)^2 (1 - \lambda)^2 \frac{15^2}{206265^2}$$

Nun ist:

$$\sin (p \pm h) = \sin p \pm \sin h - 2 \sin p\, \tfrac{1}{2} h^2 \mp 2 \sin h \sin \tfrac{1}{2} p^2$$

also:

$$\sin p \pm \sin h = \sin (p \pm h) \pm \frac{p \pm h}{2} \sin p \sin h \frac{1}{206265}$$

mithin endlich:

$$\delta_0 = \delta' + p \mp h \mp \frac{(p \mp h)}{2} \sin p \sin h$$
$$- \frac{15^2}{4} \cdot \frac{1}{206265} \sin 2\, \delta' (1 - \lambda)^2 (\Theta - \Theta_0)^2$$

Dies ist die von Bessel in der Vorrede zu den Tabulis Regiomontanis pag. *LV* gegebene Formel. Das letzte Glied dieser Formel ist nichts weiter als das erste Glied der vorher gefundenen Reductionsformel auf den Meridian mal $(1 - \lambda)^2$.

Die gefundene wahre Declination des Mittelpuncts des Mondes gilt nun für die Zeit Θ. Will man dieselbe für eine andre Zeit Θ' haben, so muſs man noch das Glied:

$$+ \frac{d\delta}{dt} (\Theta' - \Theta)$$

hinzufügen, wo $\frac{d\delta}{dt}$ die Aenderung der Declination des Gestirns in der Einheit der Zeit bezeichnet.

19. Den Zenithpunct des Kreises kann man ebenso, wie es in Nr. 9 dieses Abschnitts bei dem Höhen- und Azimutalinstrumente gezeigt ist, durch Beobachtung eines und desselben Objects in verschiedenen Lagen des Kreises finden. Mit grofser Bequemlichkeit kann man hierzu das Fadenkreuz eines vor dem Fernrohre des Meridiankreises aufgestellten zweiten Fernrohrs gebrauchen. Hat man auf diese Weise den Zenithpunct und durch Beobachtung des Polarsterns in seiner oberen nnd unteren Culmination den Polpunct bestimmt, so ist der Unterschied beider gleich $90-\varphi$ oder gleich der Aequatorhöhe des Beobachtungsortes. Auf diese Weise erhält man also eine Bestimmung der Polhöhe, ohne die Kenntnifs der Declination eines Sterns nöthig zu haben. Denselben Zweck erreicht man, wenn man den Polarstern bei seiner oberen und unteren Culmination sowohl direct als auch sein Spiegelbild in einem Quecksilberhorizonte beobachtet, indem der Unterschied der auf den Meridian reducirten Ablesungen an dem Kreise die doppelte Höhe des Polarsterns bei der Culmination ist. Befreit man die Beobachtungen von der Refraction, so ist das arithmetische Mittel der Höhen bei der oberen und unteren Culmination gleich der Polhöhe des Beobachtungsortes, der halbe Unterschied dagegen gleich dem Polarabstande des Sterns.

Den Zenithpunct des Kreises kann man auch ohne Umkehren des Instruments finden, wenn man unter das senkrecht mit dem Objective nach unten gestellte Fernrohr einen Quecksilberhorizont stellt und das Fadenkreuz durch einen in der Ocularröhre angebrachten und durch eine Seitenöffnung erhellten Spiegel beleuchtet. Dann wird man in dem Fernrohre, wie in Nr. 17 dieses Abschnitts gezeigt ist, aufser dem Fadenkreuze auch noch das von dem Quecksilberhorizonte reflectirte Bild desselben erblicken und kann dann durch die Micrometerschraube, welche das Fernrohr bewegt, das Bild des horizontalen Fadens mit dem Faden selbst zur Coincidenz bringen. Ist dies der Fall, so ist das Fernrohr nach dem Nadir gerichtet und durch Ablesen der Nonien des Kreises in dieser Lage erhält man daher den Nadirpunct, mithin auch den Zenithpunct des Kreises.

20. Da die Metalle, aus welchen die einzelnen Theile eines Instruments verfertigt sind, ein wenig biegsam sind, so wird die Schwere einen Einfluſs auf die verschiedenen Theile des Instruments ausüben und namentlich würden das Fernrohr und der Kreis eine kleine Biegung erleiden. Ist das Fernrohr nach dem Zenith gerichtet, so wirkt die Schwere auf alle Theile desselben gleichmäſsig, sodaſs dann keine Biegung statt findet, dagegen wird die Biegung am gröſsten in der horizontalen Lage des Fernrohrs und man sieht leicht, daſs dieselben in jeder anderen Lage desselben dem Sinus der scheinbaren Zenithdistanz proportional ist.

Bessel hat eine sehr genaue Methode angegeben, diese Biegung des Fernrohrs durch die Beobachtungen zu bestimmen. Wenn man nämlich zwei mit Fadenkreuzen in ihren Brennpuncten versehene Fernröhre so aufstellt, daſs das Fadenkreuz des einen, durch das andre Fernrohr gesehen, mit dem Fadenkreuze des letzteren zusammenfällt, so sind die Gesichtslinien beider Fernröhre parallel. Wenn man daher das zwischen beiden befindliche Fernrohr des Instruments zuerst nach dem einen und dann nach dem anderen Fadenkreuze richtet, so ist die Gesichtslinie in beiden Lagen parallel. Das Fernrohr des Instruments wird dann also in genau diametral entgegengesetzten Lagen sein und wenn die Schwere keinen Einfluſs auf die Angaben des Instruments äuſsert, so muſs auch der Kreis desselben bei der Bewegung von einer Lage in die andre genau 180° durchlaufen. Durchläuft derselbe dagegen etwas mehr oder weniger als 180°, so ist der Unterschied der Einwirkung der Schwere zuzuschreiben, die also dadurch bestimmt werden kann.

Man stellt zu dem Ende zwei Fernröhre in der Höhe des Fernrohrs des Meridiankreises nördlich und südlich von demselben so auf, daſs sie ihre Objective dem Fernrohre des Instruments zuwenden. Nachdem dann die Fadenkreuze aller drei Fernröhre sorgfältig in die Brennpuncte gestellt sind, nimmt man das Objectiv und Ocular aus dem Fernrohre des

Meridiankreises heraus, sodafs das nördliche Fernrohr durch die leere Röhre hindurch mit dem südlichen gesehen werden kann. Dann richtet man das Fadenkreuz des einen genau auf das des andern, setzt das Objectiv und Ocular wieder ein und beobachtet die Winkel zwischen dem nördlichen und südlichen Fernrohre mit dem des Meridiankreises. Ist der Unterschied der Ablesungen genau gleich 180^0, so findet keine Biegung des Fernrohrs statt, im andern Falle erhält man aber die doppelte Biegungsconstante, indem man 180^0 von dem Unterschiede der Ablesungen abzieht. Ist diese Constante gleich b, so hat man dann an jede beobachtete Zenithdistanz die Correction $- b \sin z$ anzubringen.

Ueber den Einflufs der Schwere auf die Figur verticaler Kreise sehe man die Entwickelungen von Bessel in Nr. 577, 578 und 579 der astronomischen Nachrichten nach.

V. Das Passageninstrument im ersten Verticale.

21. Beobachtet man an einem mit einem Höhenkreise versehenen Passageninstrumente, welches im ersten Verticale aufgestellt ist, die Durchgangszeit eines Sterns und dessen Zenithdistanz, so kann man ähnlich wie im Meridian auch zwei Gröfsen α und δ oder φ bestimmen. Da indessen die Beobachtung der Zenithdistanz Schwierigkeiten hat, so beobachtet man gewöhnlich nur die Durchgangszeiten der Sterne, um daraus die Polhöhe oder die Declination der Sterne zu bestimmen. Zu dem Ende mufs man wieder aus der beobachteten Zeit und den Fehlern des Instruments die wahre Durchgangszeit durch den ersten Vertical berechnen können.

Die Umdrehungsaxe des Instruments treffe die scheinbare Himmelskugel nach Norden zu in einem Puncte, dessen scheinbare Höhe über dem Horizonte b und dessen Azimut von Norden ab gerechnet (positiv auf der Ostseite des Meridians) k ist. Dann sind die drei rechtwinkligen Coordinaten dieses Punctes in Bezug auf drei Axen, von denen die Axe der z senkrecht auf der Ebene des Horizonts ist, während die Axen der x und y in der Ebene desselben liegen und zwar so, dafs die positive Axe der x nach dem Nordpuncte, die positive Axe der y nach dem Ostpuncte gerichtet ist:

$$z = \sin b \ , \ y = \cos b \sin k \text{ und } x = \cos b \cos k$$

Nimmt man nun ein zweites Coordinatensystem an, dessen Axe der z der Weltaxe parallel ist und dessen Axe der y mit derselben Axe im vorigen Systeme zusammenfällt, wo also die positive Axe der x nach dem unter dem Horizonte befindlichen Durchschnittspuncte des Aequators und Meridians gerichtet ist, so sind die drei Coordinaten des Pols der Axe, wenn m dessen Stundenwinkel (ebenso wie das Azimut gezählt) und n das Supplement der Declination zu 180° ist:

$$z = \sin n \ , \ y = \cos n \sin m \ , \ x = \cos n \cos m$$

und da die Axen der z in beiden Systemen den Winkel $90-\varphi$ mit einander bilden, so erhält man die Gleichungen:

$$\begin{aligned} \sin b &= \sin n \sin \varphi - \cos n \cos m \cos \varphi \\ \cos b \sin k &= \cos n \sin m \\ \cos b \cos k &= \cos n \cos m \sin \varphi + \sin n \cos \varphi \end{aligned}$$

und:

$$\begin{aligned} \sin n &= \cos b \cos k \cos \varphi + \sin b \sin \varphi \\ \cos n \sin m &= \cos b \sin k \\ \cos n \cos m &= \cos b \cos k \sin \varphi - \sin b \cos \varphi \end{aligned}$$

Nimmt man nun an, dafs das Fernrohr mit der Seite der Umdrehungsaxe nach dem Kreisende zu den Winkel $90+c$ bildet und dafs dasselbe auf ein Object gerichtet ist, dessen Declination δ und dessen Stundenwinkel t ist, so sind die Coordinaten dieses Punctes in Bezug auf den Aequator, wenn man die Axe der x wieder nach dem Nordpuncte gerichtet annimmt:

$$z = \sin \delta \ , \ y = \cos \delta \sin t \text{ und } x = - \cos \delta \cos t$$

oder, wenn man die Axe der x in der Ebene des Aequators

in der Richtung der Umdrehungsaxe des Instruments annimmt:

$$z = \sin\delta$$
$$x = -\cos\delta\cos(t-m)$$

Nimmt man nun ein zweites Coordinatensystem an, in welchem die Axe der y mit der vorigen zusammenfällt, während die Axe der x der Umdrehungsaxe des Instruments parallel ist, so ist jetzt:

$$x = -\sin c$$

und da die Axen der z in beiden Systemen den Winkel n mit einander bilden, so hat man:

$$\sin c = -\sin\delta\sin n + \cos\delta\cos(t-m)\cos n$$

Löst man hier $\cos(t-m)$ auf und setzt für $\sin n$, $\cos n \cos m$ und $\cos n \sin m$ die vorher gefundenen Werthe, so erhält man, wenn man die Sinus der Gröſsen b, k und c mit dem Bogen vertauscht und die Cosinus gleich eins setzt:

$$\begin{aligned} c = & -\sin\delta\cos\varphi + \cos\delta\sin\varphi\cos t \\ & -[\sin\delta\sin\varphi + \cos\delta\cos\varphi\cos t]\, b \\ & +\cos\delta\sin t \,.\, k \end{aligned}$$

oder da:

$$\sin\delta\sin\varphi + \cos\delta\cos\varphi\cos t = \cos z$$

und:

$$\cos\delta\sin t = \sin z\sin A$$

oder, da A hier nahe gleich 90^0 ist:

$$\cos\delta\sin t = \sin z$$

wenn der Stern im Westen stehend angenommen wird:

$$c + b\cos z - k\sin z = -\sin\delta\cos\varphi + \cos\delta\sin\varphi\cos t$$

Ist dann Θ die wahre Sternzeit, zu welcher der Stern im ersten Vertical ist, also $\Theta-\alpha$ der Stundenwinkel des Sterns in diesem Augenblicke, so ist:

$$\cos(\Theta-\alpha) = \frac{\tang\delta}{\tang\varphi}$$

oder:

$$0 = -\sin\delta\cos\varphi + \cos\delta\sin\varphi\cos(\Theta-\alpha)$$

Zieht man diese Gleichung von der vorigen ab, so erhält man:

$$c + b\cos z - k\sin z = \cos\delta\sin\varphi \,.\, 2\sin\tfrac{1}{2}[\Theta-\alpha-t]\sin\tfrac{1}{2}[\Theta-\alpha+t]$$

Da nun c, b und k kleine Gröſsen, also auch $\Theta-\alpha$ und t wenig von einander verschieden sind, so kann man:

$$\sin t \text{ statt } \sin\tfrac{1}{2}[\Theta-\alpha+t]$$

und:

$$\tfrac{1}{2}[\Theta-\alpha-t] \text{ statt } \sin\tfrac{1}{2}[\Theta-\alpha-t]$$

setzen und erhält dann, wenn man bemerkt, daſs:

$$\cos\delta\sin t = \sin z \text{ ist:}$$

$$\Theta-\alpha = t + \frac{c}{\sin z\sin\varphi} + \frac{b}{\operatorname{tang} z\sin\varphi} - \frac{k}{\sin\varphi}$$

Hat man nun einen Stern zu der Uhrzeit T an dem Mittelfaden des Instruments beobachtet, so wird $T+\Delta t$ die wahre Sternzeit und der Stundenwinkel:

$$T+\Delta t-\alpha = t$$

sein. Man erhält daher:

$$\Theta = T+\Delta t + \frac{c}{\sin z\sin\varphi} + \frac{b}{\operatorname{tang} z\sin\varphi} - \frac{k}{\sin\varphi}$$

Diese Formel gilt, wenn das Kreisende nördlich und der Stern im Westen beobachtet ist. Hätte der Stern im Osten gestanden, so wäre:

$$\cos\delta\sin t = -\sin z$$

gewesen. Da nun die Gröſsen c, b und k ihre Zeichen behalten, so hat man nur in der vorigen Formel die Zeichen der Divisoren $\sin z$ und $\operatorname{tang} z$ zu ändern und erhält:

$$\Theta = T+\Delta t - \frac{c}{\sin z\sin\varphi} - \frac{b}{\operatorname{tang} z\sin\varphi} - \frac{k}{\sin\varphi} \qquad \left\{\begin{matrix}\text{Kreis Nord}\\ \text{Stern Ost}\end{matrix}\right\}$$

Für die Lage des Instruments, bei welcher der Kreis im Süden ist, ändern b und c ihre Zeichen; man hat daher:

$$\Theta = T + \Delta t - \frac{c}{\sin z \sin \varphi} - \frac{b}{\tan z \sin \varphi} - \frac{k}{\sin \varphi} \quad \left\{ \begin{array}{l} \text{Kreis Süd} \\ \text{Stern West} \end{array} \right\}$$

und:

$$\Theta = T + \Delta t + \frac{c}{\sin z \sin \varphi} + \frac{b}{\tan z \sin \varphi} - \frac{k}{\sin \varphi} \quad \left\{ \begin{array}{l} \text{Kreis Süd} \\ \text{Stern Ost} \end{array} \right\}$$

Kennt man nun Θ und α, so erhält man durch die Formel:

$$\tan \varphi \cos (\Theta - \alpha) = \tan \delta$$

die Polhöhe φ, wenn die Declination des Sterns bekannt ist oder die Declination, wenn die Polhöhe bekannt ist. Sind Θ und Θ' die Zeiten, zu denen der Stern im östlichen und westlichen Theile des ersten Verticals war, so ist $\frac{1}{2}(\Theta' - \Theta)$ der Stundenwinkel des Sterns in dem Augenblicke, wo derselbe im ersten Verticale war und man erhält:

$$\tan \varphi \cos \tfrac{1}{2}(\Theta' - \Theta) = \tan \delta$$

sodafs man dann also die Rectascension des Sterns nicht zu kennen braucht, um φ oder δ zu finden. Hat man nun das Instrument zwischen der Beobachtung des Sterns im Osten und im Westen umgelegt, also das eine Mal bei Kreis Nord, das andre Mal bei Kreis Süd beobachtet, so wird:

$$\tfrac{1}{2}(\Theta' - \Theta) = \tfrac{1}{2}(T' - T)$$

sodafs man dann also weder den Stand der Uhr noch die Fehler der Aufstellung des Instruments zu kennen braucht. Ein Beispiel hierzu findet man in Nr. 24 des vierten Abschnitts.

22. Die eben gegebenen Formeln gelten nur für eine sehr nahe richtige Aufstellung des Instruments, wenn also b, c und k kleine Gröfsen sind, deren Quadrate man vernachläfsigen kann. Häufig wendet man aber die Methode der Bestimmung der Polhöhe durch Beobachtungen im ersten Verticale auf Reisen an, wo man das Instrument nicht in einer so grofsen Nähe am ersten Verticale aufstellen kann, dafs die angeführte Bedingung erfüllt ist. Dann kann man also die eben gegebenen Näherungsformeln nicht anwenden. Es war nun vorher die strenge Gleichung gefunden:

$$\sin c = -\sin\delta \sin n + \cos\delta \cos n \cos(t-m)$$

oder, wenn man die Werthe für $\sin n$, $\cos n \cos m$ und $\cos n \sin m$ substituirt:

$$\sin c = -\sin b \sin\delta \sin\varphi - \sin b \cos\delta \cos\varphi \cos t - \cos b \cos k \sin\delta \cos\varphi$$
$$+ \cos b \cos k \sin\varphi \cos\delta \cos t + \cos b \sin k \cos\delta \sin t$$

Hätte man genau im ersten Verticale beobachtet, so wäre:

$$\sin\delta = \cos z \sin\varphi\,, \cos\delta \cos t = \cos z \cos\varphi$$

und:

$$\cos\delta \sin t = \sin z$$

Da nun aber angenommen wird, dafs das Instrument in einiger Entfernung vom ersten Verticale steht, so führe man die Hülfswinkel ein:

$$\sin\delta = \cos z' \sin\varphi'$$
$$\cos\delta \cos t = \cos z' \cos\varphi'$$
$$\cos\delta \sin t = \sin z'$$

Dadurch geht die Formel für $\sin c$ über in:

$$\sin c = -\sin b \cos z' \cos(\varphi-\varphi') + \cos b \cos k \cos z' \sin(\varphi-\varphi')$$
$$+ \cos b \sin k \sin z'$$

und man erhält:

$$\tang(\varphi-\varphi') = \frac{\sin c \sec z'}{\cos b \cos k \cos(\varphi-\varphi')} + \frac{\tang b}{\cos k} - \frac{\tang k \tang z'}{\cos(\varphi-\varphi')}$$

Aus dieser Formel sieht man, dafs man am vortheilhaftesten Sterne beobachtet, welche dem Zenith so nahe als möglich vorbeigehen, weil man selbst dann, wenn man k nur annähernd kennt, eine ziemlich genaue Polhöhe finden wird. Beobachtet man nun aber in verschiedenen Lagen des Instruments im Osten und im Westen, so kann man die Beobachtungen noch so mit einander combiniren, dafs die Fehler einander ganz aufheben. Die obige Formel gilt nämlich für Stern West und Kreis Nord. Für die übrigen Fälle erhält man die Formeln wie vorher, indem man für Stern Ost z negativ setzt:

$$\tan g(\varphi-\varphi') = \frac{\sin c \sec z'}{\cos b \cos k \cos(\varphi-\varphi')} + \frac{\tan g\, b}{\cos k} + \frac{\tan g\, k \tan g\, z'}{\cos(\varphi-\varphi')} \left\{\begin{matrix}\text{Kreis Nord}\\ \text{Stern Ost}\end{matrix}\right\}$$

$$\tan g(\varphi-\varphi') = -\frac{\sin c \sec z'}{\cos b \cos k \cos(\varphi-\varphi')} - \frac{\tan g\, b}{\cos k} - \frac{\tan g\, k \tan g\, z'}{\cos(\varphi-\varphi')} \left\{\begin{matrix}\text{Kreis Süd}\\ \text{Stern West}\end{matrix}\right\}$$

$$\tan g(\varphi-\varphi') = -\frac{\sin c \sec z'}{\cos b \cos k \cos(\varphi-\varphi')} - \frac{\tan g\, b}{\cos k} + \frac{\tan g\, k \tan g\, z'}{\cos(\varphi-\varphi')} \left\{\begin{matrix}\text{Kreis Süd}\\ \text{Stern Ost}\end{matrix}\right\}$$

Legt man also das Instrument zwischen den Beobachtungen des Sterns im Osten und im Westen um und berechnet $\varphi-\varphi'$ aus jeder einzelnen Beobachtung, so ist das Mittel frei von allen Fehlern des Instruments. Kann man nicht denselben Stern im Osten und Westen beobachten, so beobachtet man einen Stern im Osten und einen andern bei veränderter Lage des Instruments im Westen und verbindet dann die Resultate mit einander. Wählt man zwei solche Sterne aus, deren Zenithdistanzen im ersten Verticale nahe gleich sind, so hebt sich der gröfste Theil der von der Aufstellung des Instruments herrührenden Fehler auf und die Genauigkeit der Polhöhenbestimmung hängt dann noch allein von der Genauigkeit ab, mit welcher φ' bestimmt ist. Es war aber:

$$\tan g\, \varphi' = \frac{\tan g\, \delta}{\cos t}$$

also erhält man, wenn man die Formel logarithmisch geschrieben, differenzirt:

$$d\varphi' = \frac{\sin 2\varphi'}{\sin 2\delta} d\delta + \tfrac{1}{2} \sin 2\varphi' \tan g\, t\, dt$$

Auch hieraus sieht man wieder, dafs es am vortheilhaftesten ist, solche Sterne zu beobachten, welche nahe am Zenith durch den ersten Vertical gehen. Da nämlich:

$$\tan g\, t = \frac{\tan g\, z'}{\cos \varphi}$$

so wird der Coefficient von dt auch $\sin \varphi' \tan g\, z'$ geschrieden werden können, also für Zenithsterne sehr klein werden, und weil dann für solche Sterne δ nahe gleich φ ist, so wird dann ein Fehler in der Declination wenigstens nicht vergröfsert.

Hat man an mehreren Fäden beobachtet, so ist es nicht einmal nöthig, die Beobachtungen an den Seitenfäden auf den Mittelfaden zu reduciren, was bei diesem Instrumente eine etwas weitläuftige Rechnung giebt, sondern man kann aus der Verbindung von je zwei Beobachtungen an demselben Faden im Osten und im Westen eine Polhöhe ableiten*) und nachher das Mittel nehmen.

Schreibt man die Formel für tang $(\varphi - \varphi')$ so um:

$$\sin(\varphi-\varphi') = \frac{\sin c}{\cos b \cos k} \sec z' + \frac{\operatorname{tang} b}{\cos k} \cos(\varphi-\varphi') - \operatorname{tang} k \operatorname{tang} z'$$

löst man dann $\sin(\varphi - \varphi')$ auf, substituirt für $\sin\varphi'$ und $\cos\varphi'$ die Werthe:

$$\sin\delta \sec z' \text{ und } \cos\delta \cos t \sec z'$$

und setzt den Factor von tang b:

$$\cos(\varphi-\varphi')$$

gleich eins, so erhält man:

$$\sin(\varphi-\delta) = \cos\delta \sin\varphi . 2 \sin \tfrac{1}{2} t^2 + \frac{\sin c}{\cos b \cos k}$$
$$+ \frac{\operatorname{tang} b}{\cos k} \cos z' - \operatorname{tang} k \sin z'$$

Sind b, c und k kleine Gröfsen, so erhält man hieraus für die Bestimmung der Polhöhe durch Zenithsterne die folgenden bequemen Formeln, indem man noch $c + f$ statt f setzt:

$$\varphi - \delta = \sin\varphi \cos\delta \, 2 \sin \tfrac{1}{2} t^2 \pm f + b + c - k \sin z \text{ [Kreis Nord, Stern West]}$$
$$+ b + c + k \sin z \text{ [Kreis Nord, Stern Ost]}$$
$$- b - c - k \sin z \text{ [Kreis Süd, Stern West]}$$
$$- b - c + k \sin z \text{ [Kreis Süd, Stern Ost]}$$

---

*) Hat man nämlich an einem Seitenfaden, dessen Distanz f ist, beobachtet, so ist es dasselbe, als wenn man an einem Instrumente beobachtet hätte, dessen Collimationsfehler $c + f$ ist

An dem im ersten Verticale aufgestellten Passageninstrumente auf der Berliner Sternwarte wurde am 10. September 1846 der Stern β Draconis beobachtet.

Kreis Nord, Stern Ost.

I	*II*	*III*	*IV*	*V*	*VI*	*VII*
		19′ 9″.0	17^h 10′ 48″.0	5′ 24″.0	1′16″.5	16^h 55′ 6″.3

Kreis Süd, Stern West.

I	*II*	*III*	*IV*	*V*	*VI*	*VII*
1′ 5″.0	54′59″.7	50′47″.8	17^h 45 28.0	37′38″.0		

Die Neigung des Instruments war:

bei Kreis Nord = + 4″.64
bei Kreis Süd = − 3 .49

Ferner war:

$$\alpha = 17^h\ 26'\ 58''.59$$
$$\delta = 52\ 25\ 27\ .77$$
$$\Delta t = \quad -\ 54\ .52$$

und die Fädendistanzen sind im Bogen:

I	12′	31″	.16
II	6	43	.78
III	3	25	.17
V	3	23	.14
VI	6	34	.21
VII	12	22	.32

Um nun φ − δ zu berechnen, mufs man schon einen genäherten Werth von φ kennen. Nimmt man:

$$\varphi = 52°\ 30'\ 16''$$

so wird:

$$\log \sin\varphi \cos\delta = 9.684686$$

und man erhält:

Kreis Nord.

	III	*IV*	*V*	*VI*	*VII*
t	8′ 44″.11	17′ 5″.11	22′ 29″.11	26′ 36″.61	32′ 46″.81
$\log 2 \sin \frac{1}{2} t^2$	2.17552	2.75807	2.99648	3.14264	3.32351
$\sin\varphi\cos\delta 2 \sin \frac{1}{2} t^2$	1 12 .48	4 37 .18	7 59 .92	11 11 .94	16 59 .07
$\varphi - \delta$	4 37 .65	4 37 .18	4 36 .78	4 37 .73	4 36 .75

also im Mittel:

$$\varphi - \delta = 4' \, 37''.22 + 4''.64 + c + k \sin z$$

Ebenso findet man aus den Beobachtungen bei Kreis Süd im Mittel:

$$\varphi - \delta = 4' \, 53''.53 + 3.49 - c - k \sin z$$

mithin, wenn man die Resultate in beiden Lagen verbindet:

$$\varphi - \delta = 4' \, 49''.44$$
$$\varphi = 52^\circ \, 30' \, 17''.21$$
$$c + k \sin z = + 7''.58.$$

23. Die Formeln, durch welche man die Reduction von einem Seitenfaden auf den Mittelfaden erhält, findet man auf dieselbe Weise wie beim Passageninstrument. Hat man nämlich an einem Seitenfaden beobachtet, dessen Distanz vom Mittelfaden f ist, so ist es dasselbe, als wenn man an einem Instrumente beobachtet hat, dessen Collimationsfehler $c + f$ ist. Man hat daher die Gleichung:

$$\sin (c + f) = - \sin.\delta \sin n + \cos \delta \cos n \cos (t' - m)$$

wo t' der Stundenwinkel des Sterns in dem Augenblicke ist, in welchem man denselben am Seitenfaden beobachtet hat. Zieht man davon die Gleichung ab:

$$\sin c = - \sin \delta \sin n + \cos \delta \cos n \cos (t - m)$$

so erhält man:

$$2 \sin \tfrac{1}{2} f \cos [\tfrac{1}{2} f + c] = 2 \cos \delta \cos n \sin \tfrac{1}{2} (t - t') \sin [\tfrac{1}{2} (t + t') - m]$$

Da nun f immer nur wenige Minuten beträgt, so kann man für die linke Seite der Gleichung f setzen und findet dann:

$$2 \sin \tfrac{1}{2} (t - t') = \frac{f}{\cos \delta \sin \tfrac{1}{2} (t + t') \cos n \cos m - \cos \delta \cos \tfrac{1}{2} (t + t') \cos n \sin m}$$

oder, wenn man für $\cos n \cos m$ und $\cos n \sin m$ die in der vorigen Nummer gefundenen Ausdrücke durch b und k setzt:

$$2 \sin \tfrac{1}{2} (t - t') =$$
$$\frac{f}{\cos \delta \sin \varphi \sin \tfrac{1}{2} (t + t') [1 - b \operatorname{cotang} \varphi - k \operatorname{cotang} \tfrac{1}{2} (t + t') \operatorname{cosec} \varphi]}$$

Man muſs also bei der Reduction von einem Seitenfaden auf den Mittelfaden nicht die eigentliche Fädendistanz f anwenden, sondern die Gröſse:

$$\frac{f}{1-b \text{ cotang } \varphi - k \text{ cotang } \tfrac{1}{2}(t+t') \text{ cosec } \varphi} = f'$$

und es ist dann:

$$2 \sin \tfrac{1}{2}(t-t') = \frac{f'}{\cos\delta \sin\varphi \sin \tfrac{1}{2}(t+t')}$$

Um nun diese Gleichung auflösen zu können, müſste man t' schon kennen. Es ist aber:

$$\sin \tfrac{1}{2}(t+t') = \sin [t - \tfrac{1}{2}(t-t')]$$

Nimmt man dann für $\frac{1}{2}(t-t')$ die halbe Zwischenzeit, welche zwischen dem Durchgange durch den Seitenfaden und den Mittelfaden verflossen ist, so ist die rechte Seite der Gleichung bekannt und man kann daraus $t-t'$ berechnen. Weicht der gefundene Werth von dem angenommenen Werthe zu sehr ab, so muſs man die Rechnung mit dem neuen Werthe wiederholen. Vorher muſs man aber die reducirte Fädendistanz f' berechnen. Dabei kann man nun in der Regel das Glied b cotang φ fortlassen, weil b immer nur wenige Secunden betragen wird. Ist der Stern nicht sehr nahe am Zenith beobachtet und k eine kleine Gröſse, so kann man auch die Correction wegen k vernachlässigen und hat dann blos die eigentliche Fädendistanz f anzuwenden. Nahe am Zenith kann aber das Glied, welches k enthält, wenn dies nicht sehr klein ist, merklich werden. Es ist nämlich:

$$\text{tang } t \cos\varphi = \text{tang } z$$

und da f klein ist, so wird auch sehr nahe:

$$\text{tang } t' \cos\varphi = \text{tang } z'$$

sein, also auch:

$$\text{tang } \tfrac{1}{2}(t+t') \cos\varphi = \text{tang } \tfrac{1}{2}(z+z')$$

Statt des Factors von k kann man daher auch schreiben:

$$\text{cotang } \varphi \text{ cotang } \tfrac{1}{2}(z+z')$$

woraus man sieht, daſs die Correction sehr nahe am Zenith bedeutend werden kann.

Statt der indirecten Auflösung der Gleichung:

$$2 \sin \tfrac{1}{2} (t-t') = \frac{f'}{\cos\delta \sin\varphi \sin \tfrac{1}{2}(t+t')}$$

kann man auch die Auflösung durch eine Reihe anwenden. Die Gleichung kann man nämlich auch so schreiben:

$$\cos t' - \cos t = \frac{f'}{\cos\delta \sin\varphi}$$

woraus man nach Formel (19) in No. 11 der Einleitung erhält:

$$t' = t - \frac{f'}{\cos\delta \sin\varphi \sin t} - \tfrac{1}{2} \operatorname{cotang} t \left\{ \frac{f'}{\cos\delta \sin\varphi \sin t} \right\}^2$$

$$- \tfrac{1}{6} \left\{ \frac{f'}{\cos\delta \sin\varphi \sin t} \right\}^3 (1 + 3 \operatorname{cotang} t^2)$$

Ist nun das Instrument nahe richtig aufgestellt, so ist:

$$\cos\delta \sin t = \sin z$$

mithin:

$$t' = t - \frac{f'}{\sin z \sin\varphi} - \tfrac{1}{2} \operatorname{cotang} t \left\{ \frac{f'}{\sin z \sin\varphi} \right\}^2$$

$$- \tfrac{1}{6} [1 + 3 \operatorname{cotang} t^2] \left\{ \frac{f'}{\sin z \sin\varphi} \right\}^3 - \ldots.$$

Da in dieser Formel auch eine gerade Potenz von f vorkommt, so sieht man, daſs Fäden, welche gleich weit zu beiden Seiten vom Mittelfaden abstehen, hier nicht denselben Werth für $t'-t$ geben. Für ein negatives f wird nämlich:

$$t' = t + \frac{f'}{\sin z \sin\varphi} - \tfrac{1}{2} \operatorname{cotang} t \left\{ \frac{f'}{\sin z \sin\varphi} \right\}^2$$

$$+ \tfrac{1}{6} \; [1 + 3 \operatorname{cotang} t^2] \left\{ \frac{f'}{\sin z \sin\varphi} \right\}^3 - \ldots.$$

Um nun diese Reihen bequemer berechnen zu können, kann man sich eine Tafel berechnen, aus welcher man mit dem Argumente δ die Gröſse $\sin\varphi \sin z$ und ebenso $\tfrac{1}{2}$ cotang t und $\tfrac{1}{6}$ $(1 + 3 \operatorname{cotang} t^2)$ findet.

Man kann aber diese Reihenentwickelung nur dann anwenden, wenn der Stern nicht nahe am Zenith ist, weil im anderen Falle auch noch einige der folgenden Glieder mitgenommen werden müfsten.

Ist die Zenithdistanz klein, so bedient man sich mit Vortheil der folgenden Methode zur Berechnung von t'. Es war:

$$\cos t' = \cos t + \frac{f'}{\cos \delta \sin \varphi}$$

Zieht man den Ausdruck auf beiden Seiten von 1 ab und addirt auch 1, so erhält man durch die Division der entstehenden Gleichungen:

$$\operatorname{tang} \tfrac{1}{2} t'^2 = \frac{2 \sin \frac{1}{2} t^2 \cos \delta \sin \varphi - f'}{2 \cos \frac{1}{2} t^2 \cos \delta \sin \varphi + f'}$$

Da nun ferner:

$$\cos t = \frac{\operatorname{tang} \delta}{\operatorname{tang} \varphi}$$

ist, so wird:

$$1 - \cos t = 2 \sin \tfrac{1}{2} t^2 = \frac{\sin (\varphi - \delta)}{\cos \delta \sin \varphi}$$

und:

$$1 + \cos t = 2 \cos \tfrac{1}{2} t^2 = \frac{\sin (\varphi + \delta)}{\cos \delta \sin \varphi}$$

mithin wird:

$$\operatorname{tang} \tfrac{1}{2} t'^2 = \frac{\sin (\varphi - \delta) - f'}{\sin (\varphi + \delta) + f'}$$

und für ein negatives f

$$\operatorname{tang} \tfrac{1}{2} t'^2 = \frac{\sin (\varphi - \delta) + f'}{\sin (\varphi + \delta) - f'}$$

Die Fädendistanzen selbst bestimmt man, indem man einen dem Zenithe nahe stehenden Stern an den einzelnen Fäden beobachtet. Berechnet man dann aus den Beobachtungen an jedem Faden die Gröfse:

$$\sin \varphi \cos \delta \; 2 \sin \tfrac{1}{2} t^2$$

so geben die Unterschiede dieser Gröſsen die Fädendistanzen, weil für Zenithalsterne:

$$\varphi - \delta = \sin\varphi \cos\delta \, 2 \sin \tfrac{1}{2} t^2 \pm f + c + b + k \sin z$$

So hätte man z. B. in dem Beispiel der vorigen Nummer aus den Beobachtungen bei Kreis Nord die Fädendistanzen erhalten:

$$\begin{aligned} III &= 3' \, 24''.70 \\ V &= 3 \; 22 \; .74 \\ VI &= 6 \; 34 \; .76 \\ VII &= 12 \; 21 \; .89 \end{aligned}$$

Den 2ten October 1838 wurde der Stern α Bootis an dem im ersten Verticale aufgestellten Passageninstrumente in Berlin beobachtet.

Kreis Süd, Stern West.

	I	II	III	IV	V	VI	VII
α Bootis	44″.7	8″.3	50″.2	19^h 2′ 32″.2	13″.8	55″.4	1′ 19″.2

Die Fädendistanzen waren damals in Zeit:

$$\begin{aligned} I &= 51''.639 \\ II &= 25 \; .814 \\ III &= 12 \; .610 \\ V &= 13 \; .306 \\ VI &= 26 \; .523 \\ VII &= 52 \; .397 \end{aligned}$$

ferner war:

$$\Delta t = + 47''.5 \, , \alpha = 14^h \, 8' \, 16''.5 \, , \delta = + 20^\circ \, 1' \, 39'' \, , \varphi \; 52^\circ \, 30' \, 16''$$

Die Gröſsen b und k waren so klein, daſs man die reducirte Fädendistanz f' nicht zu berechnen br ucht. Damit erhält man nun:

$$t = 4^h \, 55' \, 3''.2 = 73^\circ \, 45' \, 48''.0 \; , \; \log \cos\delta \sin t \sin\varphi = 9.85244$$

und:

$$\log \operatorname{cotang} \tfrac{1}{2} t = 9.14552$$

Um nun das zweite Glied der Reihe zu berechnen, muſs

man $\frac{f'}{\sin\varphi \cos\delta \sin t}$ in Theile des Radius verwandeln, also mit 15 multipliciren und mit 206265 dividiren. Darauf hat man das Quadrat zu nehmen und um das Glied dann in Zeitsecunden zu verwandeln, hat man wieder mit 206265 zu multipliciren und mit 15 zu dividiren. Der Factor von

$$\left\{\frac{f'}{\sin\varphi \cos\delta \sin t}\right\}^2$$

wird daher:

$$\frac{15}{206265} \cdot \tfrac{1}{2} \operatorname{cotang} z$$

wovon der Logarithmus 5.00718 ist. Ebenso wird der Coefficient des dritten Gliedes, wenn man dasselbe in Zeitsecunden erhalten will:

$$\frac{1}{16} \left\{\frac{15}{206265}\right\}^2 [1 + 3 \operatorname{cotang} t^2]$$

Dies Glied hat aber in diesem Falle keinen Einfluſs mehr. Berechnet man z. B. die Reduction für den Faden I, so ist hier f negativ und man erhält:

$$-\frac{f}{\sin\varphi \cos\delta \sin t} = -\ 72''.533$$

$$+\frac{15}{206265} \cdot \tfrac{1}{2} \operatorname{cotang} t \left\{\frac{f}{\cos\delta \sin t \sin\varphi}\right\}^2 = +\ 0.053$$

also wird die Reduction auf den Mittelfaden für:

$$I = -\ 1'\ 12''.48$$

Ebenso erhält man:

$$II = -\ 36''.25$$
$$III = -\ 17\ .71$$
$$V = +\ 18\ .69$$
$$VI = +\ 37\ .24$$
$$VII = +\ 73\ .54$$

Es werden also die Beobachtungen der einzelnen Fäden auf den Mittelfaden reducirt:

$$
\begin{array}{r}
19^h\ 2'\ 32''.23 \\
32\ .05 \\
32\ .49 \\
32\ .20 \\
32\ .49 \\
32\ .64 \\
32\ .74 \\
\hline
\text{im Mittel}\quad 19^h\ 2'\ 32''.41
\end{array}
$$

Um nun auch ein Beispiel für die andre Art der Reduction zu haben, nehme man folgende Beobachtung von α Persei:

Kreis Süd, Stern West.

	I	II	III	IV	V
α Persei	4′ 26″.0	2′ 38″.0	1′ 48″.0	5^h 0′ 49″.2	59′ 52″.0

VI	VII
58′ 55″.2	57′ 2″.0

Berechnet man zuerst:

$$\text{tang}\ \tfrac{1}{2}\ t^2 = \frac{\sin(\varphi-\delta)}{\sin(\varphi+\delta)}$$

indem man:

$$\delta = 49^\circ\ 16'\ 26''.7$$

und:

$$\varphi = 52^\circ\ 30'\ 16''.0$$

nimmt, so erhält man:

$$t = 26^\circ\ 58'\ 58''.88$$

Nimmt man nun den ersten Faden, so ist f negativ, man hat also die Formel zu berechnen:

$$\text{tang}\ \tfrac{1}{2}\ t'^2 = \frac{\sin(\varphi-\delta)+f}{\sin(\varphi+\delta)-f}$$

Da nun:

$$f = 51''.639 = 12'\ 54''\ 585$$

oder in Theilen des Radius gleich 0.0037553 ist, so erhält man:

$$t' = 27^\circ\, 53'\ \ 6''.72$$

also:

$$\begin{aligned} t'-t &= \ 0^\circ\, 54'\ \ 7''.84 \\ &= \ 0^h\ \ 3'\, 36''.52 \end{aligned}$$

Ebenso erhält man für die übrigen Fäden:

II =	1′ 49″.05
III	53 48
V	56 .85
VI	1 53 .85
VII	3 46 .77

Bei diesem Sterne ist die Reihenentwicklung indessen noch mit mehr Bequemlichkeit anzuwenden, da bei Faden *III* und *V* das dritte Glied gar keinen Einfluſs mehr hat und auch bei dem ersten und siebenten Faden der Werth desselben nur 0″.12 ist.

24. Es ist nun noch zu zeigen, auf welche Weise man die Fehler des Instruments durch die Beobachtungen bestimmt.

Die Neigung b der Axe wird immer durch unmittelbare Nivellirung gefunden. Den Collimationsfehler kann man, wie man in No. 22 gesehen hat, bestimmen, wenn man dem Zenithe nahe stehende Sterne bei verschiedenen Lagen des Instruments im Osten und Westen beobachtet. Man erhält denselben auch, wenn man eine östliche und westliche Beobachtung desselben Sterns in einer Lage desselben Instruments mit einander verbindet. Es ist nämlich für Kreis Nord:

$$\Theta = T + \Delta t - \frac{c}{\sin z \sin \varphi} - \frac{k}{\sin \varphi}\ \text{[Stern Ost]}$$

$$\Theta' = T' + \Delta t + \frac{c}{\sin z \sin \varphi} - \frac{k}{\sin \varphi}\ \text{[Stern West]}$$

wo angenommen ist, daſs die Correction wegen der Neigung schon angebracht ist. Es ist also:

$$c = \sin \varphi \sin z \left[\tfrac{1}{2}(\Theta' - \Theta) - \tfrac{1}{2}(T' - T)\right]$$

wo $\frac{1}{2}$ $(\Theta'-\Theta)$ aus der Gleichung:

$$\cos \tfrac{1}{2}(\Theta'-\Theta) = \frac{\text{tang}\,\delta}{\text{tang}\,\varphi}$$

oder schärfer, wenn man $\frac{1}{2}$ $(\Theta'-\Theta) = t$ setzt, aus der Gleichung:

$$\text{tang}\,\tfrac{1}{2}t^2 = \frac{\sin(\varphi-\delta)}{\sin(\varphi+\delta)}$$

gefunden wird. Damit der Coefficient sin z recht klein wird, also Fehler in der Beobachtung der Zeiten T und T' keinen grofsen Einflufs auf den Werth von c erlangen, mufs man zur Bestimmung von c solche Sterne nehmen, welche so nahe als möglich beim Zenith durch den ersten Vertical gehen.

Addirt man die beiden Gleichungen für Θ und Θ', so erhält man:

$$k = \sin\varphi\,[\tfrac{1}{2}(T'+T) + \Delta t - \tfrac{1}{2}(\Theta+\Theta')]$$

oder da $\frac{1}{2}$ $(\Theta+\Theta') = \alpha$ ist:

$$k = \sin\varphi\,[\tfrac{1}{2}(T+T') + \Delta t - \alpha]$$

Für die Bestimmung von k wird man Sterne zu wählen haben, welche weit vom Zenith durch den ersten Vertical gehen, weil man für diese die Durchgänge durch die Fäden genauer beobachten kann. Im Jahre 1838 wurde an dem Passageninstrumente der Berliner Sternwarte beobachtet:

Kreis Süd.

Juni	25	α Bootis West	$19^h\ 8'\ 1''.44$
	26	α Bootis Ost	9 12 54 .49

wo die angesetzten Zeiten schon die Mittel aus den Beobachtungen an sieben Fäden sind. Juni 25 war $b = +\ 6''.42$, Juni 26 dagegen $+\ 7''.98$. Corrigirt man also die Zeiten wegen der Neigung durch Hinzufügung des Gliedes $+\dfrac{b}{\text{tang}\,z\,\sin\varphi}$ o hat man zur Beobachtung im Westen $-\ 0''\ 26$ in Zeit und zur Beobachtung im Osten $+\ 0''.32$ hinzuzulegen, so dafs man erhält:

$$T = 19^h\ 8'\ 1''.18$$
$$T' = 9\ 12\ 54\ .81$$

Es ist also:

$$\tfrac{1}{2}(T+T') = 14^h\ 7'\ 58''.00$$

und da:

$$\Delta t = +\ 20''.27 \text{ und } \alpha = 14^h\ 8'\ 16''.48$$

war, so erhält man:

$$k = +\ 1''.42 \text{ in Zeit.}$$

Anm. Ueber das Passageninstrument im ersten Verticale vergleiche man: Encke, Bemerkungen über das Durchgangs-Instrument von Ost nach West. Berliner astronomisches Jahrbuch für 1843 pag. 300 u. folgende.

VI. Höheninstrumente.

25. Die Höheninstrumente sind entweder ganze Kreise, Quadranten oder Sextanten. Die ganzen Kreise sind immer an einer verticalen Säule befestigt, welche um ihre Axe bewegt und durch eine senkrecht gegen dieselbe befestigte Libelle oder durch ein in der Höhlung der Axe hängendes Loth, welches durch zwei Kreuzmicroscope beobachtet wird, vertical gestellt werden kann.

Die Verticalität der Axe ist erreicht, wenn die Libelle bei dem Umdrehen der Säule um ihre Axe immer denselben Stand behält oder das Loth immer vor demselben Puncte der den Microscopen gegenüberstehenden Scale erscheint. Um den Kreis der Axe parallel, also ebenfalls vertical zu stellen, dient eine zweite Libelle, welche man auf die Enden der Axe des Kreises aufsetzen und dadurch die Neigung derselben ebenso wie beim Passageninstrumente berichtigen kann.

Für diese Instrumente gilt nun alles, was in No. 9 in Bezug auf die Höhenbeobachtungen mit einem Höhen- und Azimutalinstrumente gesagt ist. Der eine Kreis, gewöhnlich der Nonienkreis, ist fest mit der Säule verbunden und trägt, wie beim Höhen- und Azimutalkreise ein Niveau, während der getheilte Kreis sich zugleich mit dem Fernrohre bewegt. Um dann die Zenithdistanz eines Sterns zu bestimmen, beobachtet man denselben in zwei verschiedenen Lagen des Kreises und liefst aufser den Angaben desselben auch den Stand des Niveaus ab. Ist dann z die Ablesung in derjenigen Lage, in welcher die Theilung im Sinne der Zenithdistanzen fortgeht und sind a und b die Angaben der Endpuncte der Blase und zwar a die auf der Seite des Sterns, b die auf der Seite des Beobachters abgelesene, so ist, wenn man dieselben in der anderen Lage beobachteten Gröfsen mit z', a', b' und den Werth eines Niveautheils in Secunden mit ε bezeichnet, die Zenithdistanz:

$$z' = \tfrac{1}{2}(z-z') + \tfrac{1}{4}(a-b)\,\varepsilon - \tfrac{1}{4}(a'-b')\,\varepsilon$$

Sind die Fehler des Instruments nicht Null, sondern b die Neigung des verticalen Kreises gegen den Horizont und c der Collimationsfehler, so ist die wahre Zenithdistanz:

$$z = z' + \sin\tfrac{1}{2}(b+c)^2 \operatorname{cotang}\tfrac{1}{2}z' - \sin\tfrac{1}{2}(b-c)^2 \operatorname{tang}\tfrac{1}{2}z'$$

Diese Formel giebt zugleich ein einfaches Mittel an die Hand, um den Fehler b zu bestimmen, wenn das Instrument nicht so eingerichtet ist, dafs man denselben durch ein Niveau finden kann. Nimmt man nämlich an, dafs der Collimationsfehler berichtigt ist, was immer durch Einstellung auf ein irdisches Object in verschiedenen Lagen des Instruments erreicht werden kann, so wird die Gleichung:

$$\begin{aligned} z &= z' + \sin\tfrac{1}{2}b^2 \operatorname{cotang}\tfrac{1}{2}z' - \sin\tfrac{1}{2}b^2 \operatorname{tang}\tfrac{1}{2}z' \\ &= z' + 2\sin\tfrac{1}{2}b^2 \operatorname{cotang} z' \end{aligned}$$

Man wird daher diesen Fehler durch die Beobachtung zweier bekannten Sterne bestimmen können, wenn man dieselben so auswählt, dafs der eine nahe am Zenith, der andre in der Nähe des Horizonts, aber doch in einer solchen Höhe steht, dafs durch die Refraction keine Unsicherheit hervorgebracht wird. Bezeichnet man nämlich für den zweiten Stern die am Kreise abgelesene Zenithdistanz mit ς', die berechnete scheinbare dagegen mit ζ, so hat man die beiden Gleichungen:

$$z - z' = 2 \sin \tfrac{1}{2} b^2 \operatorname{cotang} z'$$
$$\zeta - \zeta' = 2 \sin \tfrac{1}{2} b^2 \operatorname{cotang} \zeta'$$

aus denen man erhält:

$$2 \sin \tfrac{1}{2} b^2 = [(z - z') - (\zeta - \zeta')] \frac{\sin z' \sin \zeta'}{\sin (\zeta' - z')}$$

Anm. Der Quadrant dient ebenfalls zur Beobachtung der Höhen der Gestirne und besteht aus einem Gradbogen, welcher gleich dem vierten Theile eines Kreises ist und um dessen Mittelpunct sich ein an einer Alhidade befestigtes Fernrohr bewegt. Ist ein solcher Quadrant an einer senkrechten Wand in der Ebene des Meridians befestigt, so heißt derselbe Mauerquadrant. Bei den tragbaren Quadranten, welche zu Höhenmessungen in allen Verticalkreisen dienen, ist dagegen der Gradbogen an einer verticalen Säule befestigt, welche auf drei Fußschrauben ruht und sich um ihre Axe bewegen läßt. Diese Instrumente sind jetzt gänzlich außer Gebrauch gekommen, indem die Mauerquadranten durch die Meridiankreise, die tragbaren Quadranten aber durch die ganzen Kreise und die Höhen- und Azimutalkreise verdrängt sind.

26. Das wichtigste Höheninstrument ist der Spiegelsextant, welcher nach seinem Erfinder auch der Hadleysche Sextant genannt wird.*) Dieses Instrument dient übrigens nicht allein zu Höhenbeobachtungen sondern allgemein zur Messung des Winkels zwischen zwei Objecten in jeder Richtung gegen den Horizont und da dasselbe keine feste Aufstellung erfordert, sondern die Beobachtungen mit demselben angestellt werden können, indem man das Instrument in der Hand hält, so wird es hauptsächlich zu Beobachtungen auf der See angewandt und zwar theils zur Bestimmung der Zeit und Polhöhe durch die Beobachtung von Sonnen- oder Sternhöhen, theils zur Bestimmung der geographischen Länge durch Beobachtung von Monddistanzen.

---

*) Eigentlich ist Newton der Erfinder dieses Instruments, da man nach Hadley's Tode unter dessen Papieren eine Beschreibung desselben von Newton's eigner Hand gefunden hat. Hadley hat indessen die Erfindung zuerst bekannt gemacht.

Der Spiegelsextant besteht im allgemeinen aus einem Kreissector, gleich dem sechsten Theile eines Kreises, um dessen Mittelpunct sich eine Alhidade bewegt, welche einen auf der Ebene des Sextanten senkrechten und durch den Mittelpunct desselben gehenden Spiegel trägt. Ein andrer kleiner Spiegel steht vor dem Objective des Fernrohrs des Sextanten, ebenfalls auf der Ebene desselben senkrecht und zwar parallel der Linie, welche den Mittelpunct des Kreisbogens mit dem Nullpuncte der Theilung verbindet. Beide Spiegel stehen einander parallel, wenn man die Alhidade auf den Nullpunct der Theilung stellt. Von dem kleinen Spiegel ist nur die untere Hälfte belegt, sodafs durch den oberen, freien Theil desselben Lichtstrahlen unmittelbar von einem Objecte in das Fernrohr gelangen können. Dreht man nun die Alhidade mit ihrem Spiegel so lange, bis ein Lichtstrahl von einem zweiten Objecte von dem grofsen Spiegel nach dem kleinen und von da in das Fernrohr reflectirt wird, so sieht man im Fernrohre die Bilder beider Gegenstände. Bringt man dieselben dann durch eine kleine Bewegung der Alhidade zur vollständigen Deckung, so ist der Winkel, welchen die beiden Spiegel mit einander bilden d. h. also der Winkel, um welchen man die Alhidade vom Anfangspuncte, wo beide Spiegel einander parallel waren, gedreht hat, die Hälfte desjenigen Winkels, um welchen die beiden Objecte von einander entfernt sind.

Zuvörderst ist klar, dafs, wenn beide Spiegel einander parallel sind, auch der directe und der zweimal reflectirte Lichtstrahl einander parallel sind. Verfolgt man nämlich den Weg der beiden Lichtstrahlen in umgekehrter Richtung, indem man dieselben vom Auge des Beobachters ausgehend denkt, so wird zuerst der Weg der beiden Lichtstrahlen derselbe sein. Der eine Strahl geht dann durch den oberen Theil des kleinen Spiegels nach dem Objecte A. Ist a der Winkel, unter welchem beide Lichtstrahlen den kleinen Spiegel treffen, so wird der andre Lichtstrahl unter dem Winkel a reflectirt und da der grofse Spiegel dem kleinen parallel ist, so fällt er auch auf diesen unter dem Winkel a und wird wieder unter dem Winkel α reflectirt. Dieser Winkel wird also ebenfalls das Object A treffen, wenn dasselbe unendlich weit entfernt ist, sodafs die Entfernung der beiden Spiegel von einander gegen die Entfernung desselben verschwindet.

Ist aber der grofse Spiegel unter dem Winkel γ gegen den kleinen Spiegel geneigt, so trifft der den kleinen Spiegel unter dem Winkel α verlassende Strahl jetzt den grofsen Spiegel unter einem andern Winkel β. Man hat aber in dem Dreiecke, welches die Richtungen der beiden Spiegel und die Richtung des reflectirten Strahls bilden:

$$180 - \alpha + \gamma + \beta = 180$$

oder:

$$\gamma = \alpha - \beta$$

Der Lichtstrahl verläfst dann den grofsen Spiegel unter dem Winkel β und diese Richtung wird die Richtung des vom Auge ausgehenden Lichtstrahls unter einem Winkel δ schneiden, welcher gleich dem Winkel zwischen den beiden Objecten ist, die man im Fernrohre beobachtet. In dem Dreiecke, welches der directe Lichtstrahl, der einmal reflectirte und der zweimal reflectirte mit einander bilden, hat man aber:

$$180 - 2\alpha + \delta + 2\beta = 180$$

also:

$$\delta = 2\alpha - 2\beta$$

oder:

$$\delta = 2\gamma$$

Der Winkel zwischen den beiden zur Deckung gebrachten Objecten ist daher gleich dem doppelten Winkel, welchen die beiden Spiegel mit einander bilden oder den die Richtung der Alhidade auf der Theilung angiebt. Zur gröfseren Bequemlichkeit ist nun die Theilung auf dem Gradbogen des Sextanten schon mit 2 multiplicirt, indem jeder halbe Grad für einen ganzen genommen ist und z. B. bei dem Striche, welcher dem zehnten Grade entspricht, schon die Zahl 20 hingeschrieben ist. Beobachtet man daher die Distanz zweier Objecte, so ist dieselbe unmittelbar gleich dem auf dem Sextanten abgelesenen Winkel.

Bei Höhenbeobachtungen vermittelst des Sextanten bedient man sich eines künstlichen Horizonts, gewöhnlich eines Quecksilberhorizonts und mifst die Distanz des in dem Quecksilberhorizonte reflectirten Bildes von dem Objecte, also die doppelte Höhe desselben. Auf der See beobachtet man dagegen unmittelbar die Höhen der Gestirne, indem man dieselben mit dem Meereshorizonte zur Deckung bringt.

27. Es ist nun zu untersuchen, welchen Einflufs Fehler des Spiegelsextanten auf die Beobachtungen mit demselben haben und wie man dieselben bestimmen kann. Zuerst kann eine Excentricität vorhanden sein oder der Mittelpunct der Distanz der Alhidade nicht mit dem Mittelpuncte der Theilung zusammenfallen. Dieser Fehler wird bei vollen Kreisen, wie man in Nr. 3 dieses Abschnitts gesehen hat durch die Ablesung an zwei Nonien, welche mit einander einen Winkel von genau 180 Grad bilden, eliminirt. Da dies hier nicht der Fall ist, so mufs man den Fehler durch die Nachmessung bekannter Winkel zwischen zwei Objecten zu bestimmen suchen, indem, wenn α dieser Winkel und s die auf dem Sextanten gemachte Ablesung ist:

$$\alpha - \tfrac{1}{2}s = \frac{e}{r} \sin \tfrac{1}{2}(s - O)\, 206265$$

oder:

$$\alpha - \tfrac{1}{2}s = \left[\frac{e}{r} \sin \tfrac{1}{2}s \,.\, \cos \tfrac{1}{2}O - \frac{e}{r} \cos \tfrac{1}{2}s \sin \tfrac{1}{2}O\right] 206265$$

Durch die Nachmessung dreier solcher Winkel wird man daher, $\frac{e}{r}$, $\sin \tfrac{1}{2} O$ und $\cos \tfrac{1}{2} O$, mithin auch den Winkel O bestimmen können.

Ferner können die beiden Flächen der Spiegel, welche parallel sein sollen, einen kleinen Winkel mit einander bilden. Es sei nun AB der auf die Vorderfläche MN des grofsen Spiegels auffallende Strahl (Fig. 19), so wird derselbe nach C gebrochen. Trifft der Strahl dann die hintere Fläche unter dem Winkel α, so wird er unter demselben Winkel reflectirt und an der Vorderseite des Spiegels nach der Richtung DE gebrochen. Sind dann beide Flächen des

Spiegels einander parallel, so ist der Winkel ABF gleich GDE, sind dagegen die Flächen beider Spiegel gegen einander geneigt, so ist dies nicht mehr der Fall. Es sei nun Winkel:

$$MNP = \delta$$

ferner seien die Einfallswinkel ABF und GDE gleich a und b und die Brechungswinkel $a_,$ und $b_,$, so ist:

$$a_, + \alpha = 90 + \delta$$
$$b_, + \alpha = 90 - \delta$$

also:

$$b_, = a_, - 2\delta$$

Ist aber $\frac{n}{m}$ das Brechungsverhältniſs für den Uebergang von Luft in Glas so ist auch:

$$\sin a_, = \frac{n}{m} \sin a, \quad \sin b_, = \frac{n}{m} \sin b$$

es ist also:

$$\sin a - \sin b = \frac{m}{n} [\sin a_, - \sin a_, \cos 2\delta + \cos a_, \sin 2\delta]$$

oder:

$$a - b = \frac{m}{n} 2\delta \frac{\cos a_,}{\cos a} = 2\delta \sqrt{\frac{m^2}{n^2} \sec a^2 - \text{tang } a^2}$$
$$= 2\delta \sqrt{\frac{m^2 - n^2}{n^2} \sec a^2 + 1}$$

a ist nun der Winkel, welchen die Richtung vom Auge nach dem zweiten Object mit dem Lothe auf dem groſsen Spiegel macht. Nennt man dann β den constanten Winkel, welchen die Richtung der Gesichtslinie des Fernrohrs mit dem Lothe auf dem kleinen Spiegel macht, γ den Winkel, welchen die beiden Objecte mit einander bilden, so ist:

$$a = \tfrac{1}{2}(\gamma + \beta)$$

und man hat:

$$a - b = 2\delta \sqrt{\frac{m^2 - n^2}{n^2} \sec \left(\frac{\beta + \gamma}{2}\right)^2 + 1}$$

Die an den Winkel γ anzubringende Correction ist nun

der Unterschied des Werthes für $\gamma = o$ von dem obigen Werthe, indem, wenn die Flächen beider Spiegel nicht parallel sind, auch der Nullpunct fehlerhaft ist. Es ist daher diese Correction x:

$$x = 2\delta \sqrt{\frac{m^2-n^2}{n^2} \sec \left(\frac{\beta+\gamma}{2}\right)^2 + 1} - 2\delta \sqrt{\frac{m^2-n^2}{n^2} \sec \frac{\beta^2}{2} + 1}$$

und diese Correction ist zu addiren, wenn die dickere Seite des Spiegels dem einfallenden Strahle zugekehrt ist, weil dann der reflectirte Strahl einen kleineren Winkel mit dem Lothe auf dem Spiegel macht als der einfallende, also auf dem Sextanten ein zu kleiner Winkel abgelesen wird. Dagegen ist die Correction zu subtrahiren, wenn die dünnere Seite des Spiegels dem einfallenden Strahle zugewandt ist.

Die Formel für x kann man noch etwas einfacher so schreiben:

$$x = 2\delta \frac{m}{n} \left\{ \sec \frac{\beta+\gamma}{2} \sqrt{1 - \frac{n^2}{m^2} \sin \left(\frac{\beta+\gamma}{2}\right)^2} - \sec \frac{\beta}{2} \sqrt{1 - \frac{n^2}{m^2} \sin \frac{\beta^2}{2}} \right\}$$

oder da $\frac{n}{m}$ sehr nabe gleich $\frac{2}{3}$ ist:

$$x = 3\delta \left\{ \sec \frac{\beta+\gamma}{2} \sqrt{1 - \frac{4}{9} \sin \left(\frac{\beta+\gamma}{2}\right)^2} - \sec \frac{\beta}{2} \sqrt{1 - \frac{4}{9} \sin \left(\frac{\beta}{2}\right)^2} \right\}$$

Um nun x zu bestimmen, messe man, nachdem man, wie man später sehen wird, den Nullpunct bestimmt hat, den Abstand zweier scharf begrenzter, über 100° von einander entfernter Objecte z. B. den Abstand zweier Fixsterne. Dann nehme man den grofsen Spiegel aus seiner Fassung heraus, setze ihn umgekehrt ein und messe, nachdem man den Nullpunct wieder bestimmt hat, denselben Winkel. Ist dann Δ die wahre Entfernung beider Sterne, so erhält man das zweite Mal:

$$\Delta - x = s'$$

wenn man das erste Mal:

$$\Delta + x = s''$$

abgelesen hat, also wird:

$$\delta = \frac{s' - s''}{b \sec \frac{\beta+\gamma}{2} \sqrt{1 - \frac{4}{9} \sin \left(\frac{\beta+\gamma}{2}\right)^2}}$$

Der Sextant kann nun aufserdem noch Fehler haben, die von der Stellung der Spiegel und des Fernrohrs abhängen. Denkt man sich das Auge O in dem Mittelpuncte einer Kugel, so wird die Ebene des Sextanten diese Kugel in einem gröfsten Kreise BAC Fig. 20 schneiden, welcher zugleich die Ebene darstellt, in welcher die beiden beobachteten Objecte liegen. OA sei die Gesichtslinie nach dem Objecte A. Trifft diese den kleinen Spiegel, so wird dieselbe von diesem nach dem grofsen Spiegel reflectirt und wenn p der Punct ist, in welchem das Loth auf dem kleinen Spiegel den gröfsten Kreis trifft, so wird der Lichtstrahl nach der Reflexion den gröfsten Kreis in dem Puncte B treffen, sodafs:

$$Bp = BA$$

ist. Bezeichnet ferner P den Punct, in welchem das Loth auf dem grofsen Spiegel die Kugel trifft, so wird der Lichtstrahl nach der zweiten Reflexion die Kugel in dem Puncte C treffen, sodafs:

$$PC = PB$$

ist und in dieser Richtung wird das zweite beobachtete Object liegen. Der Winkel zwischen den beiden Objecten ist dann AC, der Winkel zwischen den beiden Spiegeln pP und man sieht leicht, dafs AC gleich $2pP$ ist.

Dies ist der Fall, wenn die Gesichtslinie des Fernrohrs der Ebene des Sextanten parallel ist und beide Spiegel auf dieser Ebene senkrecht stehen. Es soll nun aber angenommen werden, dafs die Gesichtslinie des Fernrohrs gegen die Ebene des Sextanten um den Winkel i geneigt ist. Ist dann wieder BAC der gröfste Kreis, in welchem die Ebene des Sextanten die Kugel schneidet, so wird jetzt die Gesichtslinie des Fernrohrs die Kugel nicht mehr in dem Puncte A treffen, sondern in dem Puncte A', welcher um den Bogen i

eines gröfsten Kreises senkrecht über A liegt. Ferner wird der Strahl nach der Reflexion von dem kleinen und dem grofsen Spiegel die Kugel in den Puncten B' und C' treffen, welche um denselben Bogen i des gröfsten Kreises senkrecht unter B und über C liegen. Bezeichnet man dann den Pol des gröfsten Kreises ABC mit Q, so ist QAC der auf dem Sextanten abgelesene Winkel, dagegen der Bogen $A'C'$ der wahre Winkel zwischen den beiden beobachteten Objecten, und wenn man den erstern α, den letztern α' nennt, so hat man in dem sphärischen Dreiecke $A'QC'$:

$$\begin{aligned}\cos\alpha' &= \sin i^2 + \cos i^2 \cos\alpha \\ &= \cos\alpha + 2\, i^2 \sin \tfrac{1}{2}\alpha^2\end{aligned}$$

also nach Formel (19) der Einleitung:

$$\alpha' = \alpha - i^2 \operatorname{tang} \tfrac{1}{2}\alpha$$

Hat also das Fernrohr eine Neigung gegen die Ebene des Sextanten, so misst man alle Winkel mit demselben zu grofs. Die Gröfse des Fehlers kann man nun einfach bestimmen. In dem Fernrohr des Sextanten sind nämlich zwei Fäden angebracht, welche der Ebene desselben parallel sind und deren Mitte die Gesichtslinie des Fernrohrs bezeichnen soll.

Bringt man nun die Bilder zweier Objecte an einem Faden zur Berührung und neigt dann den Sextanten so, dafs die Bilder sich an dem andern Faden befinden, so müssen sie sich auch hier noch berühren, wenn die Gesichtslinie des Fernrohrs, also die Richtung nach der Mitte zwischen den beiden Fäden der Ebene des Sextanten parallel ist, weil man in dem Falle beide Male in gleichen Neigungswinkeln gegen die Ebene des Sextanten beobachtet hat. Berühren sich dagegen die Bilder das zweite Mal nicht mehr, so ist dies ein Zeichen, dafs die Gesichtslinie des Fernrohrs gegen die Ebene des Sextanten geneigt ist. Die Winkel, welche man auf dem Sextanten abliest, wenn man die Bilder an den beiden Fäden zur Berührung bringt, seien nun s und s', die Neigung des

Fernrohrs sei i, die Entfernung der beiden Fäden δ und die wahre Entfernung der beiden Objecte b, so ist das eine Mal:

$$= b + \left(\frac{\delta}{2} - i\right)^2 \text{tang } \tfrac{1}{2}\, s$$

und das andre Mal:

$$= b + \left(\frac{\delta}{2} + i\right)^2 \text{tang } \tfrac{1}{2}\, s'$$

also, wenn man:

$$\text{tang } \tfrac{1}{2}\, s' = \text{tang } \tfrac{1}{2}\, s$$

nimmt:

$$i = \frac{s' - s}{2\delta} \text{ cotang } \tfrac{1}{2}\, s$$

Wie man leicht sieht, gehört der kleinere Winkel immer zu demjenigen Faden, welcher am wenigsten von der Ebene des Sextanten abweicht oder die Richtung, welche der Ebene des Sextanten parallel ist, liegt um den Winkel $\frac{\delta}{2} - i$ von diesem Faden entfernt. Man mufs dann in dieser Entfernung einen dritten Faden einziehen und alle Berührungen an diesem beobachten oder, wenn man die Berührungen in der Mitte der ursprünglichen Fäden beobachtet, von allen gemessenen Winkeln die Gröfse i^2 tang $\frac{1}{2}\, s$ abziehen.

Die Ebene des kleinen Spiegels soll nun parallel der Ebene des grofsen Spiegels sein, wenn die Alhidade nach dem Nullpuncte gerichtet ist und zugleich sollen beide Spiegel auf der Ebene des Sextanten senkrecht stehen. Den Parallelismus der beiden Spiegel kann man leicht prüfen und den Fehler, wenn ein solcher vorhanden ist, corrigiren. Der kleine Spiegel hat nämlich zweierlei Correctionsschrauben. Die eine Schraube befindet sich auf der Rückseite des Spiegels und dreht denselben um eine auf der Ebene des Sextanten senkrechte Axe, die zweite Schraube dient dagegen dazu, die Ebene des Spiegels senkrecht gegen die Ebene des Sextanten zu stellen. Man bringe nun, indem man die Alhidade nahe auf den Nullpunct richtet, das direct gesehene und das zweimal reflectirte Bild eines unendlich weit entfernten Objects zur Deckung. Ist dies möglich, so stehen die beiden Spiegel einander parallel und der Punct, welchen die Alhidade angiebt, ist dann der eigentliche Nullpunct, von welchem aus alle Winkel gemessen werden müssen. Kann man aber keine Deckung hervorbringen, sondern gehen die beiden Bilder vor einander vorbei, so ist dies ein Zeichen, dafs die Ebene des kleinen Spiegels der des grofsen nicht parallel ist. Bringt man dann die beiden Bilder senkrecht unter einander, sodafs ihre Distanz ein Minimum ist, so sind die Durchschnitte beider Spiegel mit der Ebene des Sextanten parallel und durch die zweite der vorher erwähnten Schrauben kann man dann den kleinen Spiegel so weit bewegen, bis die Bilder einander decken, also die beiden Spiegel einander parallel sind. Der Punct, welchen dann die Alhidade angiebt, ist dann wieder der eigentliche Nullpunct. Zeigt die Alhidade auf den Winkel c, so nennt man c den Collimationsfehler des Sextanten, welchen man von allen beobachteten Winkeln abziehen mufs. Will man denselben fortschaffen, sodafs die Alhidade wirklich auf Null zeigt, wenn die Bilder desselben, unendlich weit entfernten Gegenstandes einander decken, so mufs man die Alhidade genau auf Null stellen und die beiden Bilder durch die Schraube auf der Rückseite des kleinen Spiegels zur Deckung bringen. Gewöhnlich läfst man aber diesen Fehler unverbessert und zieht denselben von allen beobachteten Winkeln ab. In der Regel bedient man sich der Sonne zur Bestimmung dieses Fehlers, indem man das reflectirte Bild zuerst den einen und nachher den anderen Rand des direct gesehenen Bildes berühren läfst. Hat man das erste Mal a, das andre Mal b abgelesen, so ist $\frac{a+b}{2}$ gleich dem Collimationsfehler c und $\frac{b-a}{2}$ oder $\frac{a-b}{2}$ je nachdem a kleiner oder gröfser als b ist, der Durchmesser der Sonne. Die eine der beiden Ablesungen wird dann immer auf den Excedens der Theilung fallen d. h. auf das Stück der Theilung vor dem Nullpuncte, also Winkel im vierten Quadranten geben. Man kann aber auch die Winkel auf dem Excedens vom Nullpuncte abzählen und dieselben negativ nehmen.

Bei den Beobachtungen der Sonne wendet man immer farbige Blendgläser zur Schonung an. Sind die beiden Flächen dieser Gläser nicht parallel, so erhält man die Bestimmung des Collimationsfehlers durch die Sonne fehlerhaft. Macht man nachher Sonnenbeobachtungen, so ist dieser Fehler unschädlich, wenn man nur dabei dieselben Blendgläser anwendet, welche man bei der Bestimmung des Collimationsfehlers benutzt hat. Stellt man dagegen andre Beobachtungen z. B. Beobachtungen von Monddistanzen an, so muſs man immer den Collimationsfehler durch einen Stern oder durch ein irdisches Object bestimmen.

Wenn man nun aber ein irdisches Object beobachtet, dessen Entfernung nicht als unendlich groſs gegen die Entfernung der beiden Spiegel angenommen werden kann, so muſs man an den so gefundenen Collimationsfehler c, noch eine Correction anbringen, um daraus den wahren Collimationsfehler c_0 zu erhalten, welchen man durch ein unendlich weit entferntes Object gefunden hätte. Ist nun Δ die Entfernung des Objects von dem kleinen Spiegel, f die Entfernung beider Spiegel, β der Winkel, welchen die Gesichtslinie des Fernrohrs mit dem Lothe auf dem kleinen Spiegel macht, so erhält man den Winkel c, welchen der directe und der zweimal reflectirte Strahl am Objecte mit einander bilden, nachdem man das directe Bild und das Spiegelbild zur Coincidenz gebracht hat, durch die Gleichung:

$$\operatorname{tang} c = \frac{f \sin 2\beta}{\Delta + f \cos 2\beta}$$

also:

$$c = \frac{f}{\Delta} \sin 2\beta - \tfrac{1}{2} \frac{f^2}{\Delta^2} \sin 4\beta$$

wo die rechte Seite der Gleichung mit 206265 multiplicirt werden muſs, wenn man c in Secunden haben will. Hätten nun die Spiegel parallel gestanden, so hätte der vom groſsen Spiegel reflectirte Strahl ein um den Winkel c von dem beobachteten entferntes Object getroffen und man hätte den wahren Collimationsfehler c_0 erhalten, wenn man dies Object mit dem vorigen hätte coincidiren lassen. Dann wäre aber $c + c_{,}$ der Winkel gewesen, welchen, welchen man auf dem Kreise abgelesen hätte. Es ist mithin:

$$c_0 = c_{,} + \frac{f}{\Delta} \sin 2\beta - \tfrac{1}{2} \frac{f^2}{\Delta^2} \sin 4\beta$$

Den Winkel β, der auch vorher schon gebraucht wurde, kann man leicht bestimmen, wenn man den Sextanten auf einem Stative befestigt und durch Einstellung auf ein irdisches Object den Collimationsfehler $c_{,}$ bestimmt. Sieht man dann durch ein mit einem Fadenkreuze versehenes Fernrohr in den grofsen Spiegel, bringt das Kreuz mit dem einmal reflectirten Bilde des Objects zur Deckung und mifst dann mit dem Sextanten den Winkel s zwischen dem Objecte und dem Fadenkreuze des Fernrohrs, so hat man:

$$s - c_0 = 2\beta - \frac{f}{\Delta} \sin 2\beta$$

Da aber auch:

$$c_0 = c_{,} + \frac{f}{\Delta} \sin 2\beta$$

so erhält man:

$$2\beta = s - c_{,}$$

Ist der kleine Spiegel gegen die Fläche des Sextanten um den Winkel i geneigt, so wird das Loth auf demselben die um das Auge des Beobachters beschriebene Kugel in dem Puncte p' treffen, welcher um den Bogen i eines gröfsten Kreises senkrecht über p liegt. Fig. 21. Dann trifft die Richtung des Strahls nach der Reflexion vom kleinen Spiegel die Kugel in dem Puncte B' und nach der Reflexion vom grofsen Spiegel in dem Puncte C'. Dann ist wieder AC der auf dem Sextanten abgelesene Winkel α, AC' dagegen der wirklich gemessene Winkel, gleich α'. Man hat dann, wie man leicht sieht:

$$BB' = CC' = 2 \cos \beta \,.\, i$$

wo β wieder der Winkel zwischen der Gesichtslinie des Fernrohrs und dem Lothe auf dem kleinen Spiegel, also gleich Ap ist. Ferner hat man:

$$\cos \alpha' = \cos \alpha \cos CC'$$
$$= \cos \alpha - 2 \cos \beta^2 i^2 \cos \alpha$$

oder nach Formel (19) der Einleitung:

$$\alpha' = \alpha + \frac{2 \cos \beta^2 i^2}{\text{tang}\, \alpha}$$

Wäre der grofse Spiegel gegen die Ebene des Sextanten um i geneigt und hätte man den kleinen Spiegel demselben parallel und das Fernrohr senkrecht auf beide gestellt, so würden jetzt p', P' A' und ebenso B' und C' in einem kleinen Kreise liegen, der um den Bogen i von dem gröfsten Kreise absteht, in welchem die Ebene des Sextanten die Kugel schneidet. Dann wäre der Winkel $p'P'$ zwischen den beiden Spiegeln oder $\frac{1}{2}\alpha'$ ebenso wie vorher, wo das Fernrohr um den Winkel i geneigt angenommen wurde:

$$\tfrac{1}{2}\alpha' = \tfrac{1}{2}\alpha - i^2 \text{tang}\, \tfrac{1}{4}\alpha$$

also:

$$\alpha' = \alpha - 2 i^2 \text{tang}\, \tfrac{1}{4}\alpha$$

Um diesen Fehler wegzuschaffen, bedient man sich gewöhnlich zweier rechtwinklig gebogener Metallplatten, welche in gleicher Höhe Diopteru haben. In der einen Platte ist nämlich in der senkrecht stehenden Fläche ein kleines Loch angebracht, die senkrechte Fläche der andern Platte ist dagegen durchbrochen und ein feiner Silberfaden horizontal so eingezogen, dafs derselbe genau die Mitte der Oeffnung schneidet, wenn beide Dioptern auf eine Ebene aufgesetzt werden. Man legt nun den Sextanten horizontal, stellt die erstere Diopter vor den grofsen Spiegel und dreht diesen vermittelst der Alhidade so lange, bis man durch die Oeffnung das Bild der Platte in dem Spiegel sieht. Darauf setzt man die andere Diopter ebenfalls vor den Spiegel, sodafs man auch den Faden durch die Oeffnung sehen kann. Geht dann der Faden genau durch die Mitte des Bildes, welches der Spiegel von der Oeffnung macht, so steht der grofse Spiegel senkrecht, weil dann die Oeffnung, ihr Spiegelbild und der Faden in einer geraden Linie liegen und dieser (wegen der gleichen Höhe des Fadens und der Oeffnung) der Ebene des Sextanten parallel ist. Ist dies nicht der Fall, so mufs man die Stifte, auf denen der grofse Spiegel ruht so lange ändern, bis man die Verticalität erreicht hat.

Vorzüglicher als die Spiegelsextanten sind die in neuerer Zeit in Gebrauch gekommenen Reflexionskreise, bei denen der kleine Spiegel durch ein Prisma ersetzt ist. Diese Kreise haben den grofsen Vortheil vor den Sextanten, dafs man den Excentricitätsfehler durch Ablesen an zwei diametral gegenüberstehenden Nonien eliminirt und dafs man damit alle Winkel von 0^0 bis 180^0 messen kann. Sonst gilt alles vom Spiegelsextanten gesagte auch für diese Instrumente.*)

VII. Instrumente, welche zur Messung des relativen Ortes nahe stehender Gestirne dienen. (Micrometer und Heliometer).

28. Fadenmicrometer an einem parallactisch aufgestellten Fernrohre.

Um die Rectascensions- und Declinationsunterschiede nahe stehender Gestirne zu messen, hat man in parallactisch aufgestellten Fernröhren (Aequatorealen) ein Fadenmicrometer, welches aus einem Systeme mehrerer paralleler Fäden, durchschnitten von einem verticalen besteht. Dies System von Fäden kann um die Axe des Fernrohrs gedreht werden, sodafs man die parallelen Fäden der Richtung der täglichen Bewegung parallel stellen kann, indem man einen dem

*) Vergl. Encke, über den Spiegelsextanten. Berliner astron. Jahrbuch für 1830.

Aequator nahe stehenden Stern längs dem einen Faden durchgehen läſst und das Fadenkreuz so lange dreht, bis der Stern denselben bei seinem Durchgange durch das Feld nicht mehr verläſst. Dann stellt der verticale Faden einen Stundenkreis vor. Läſst man also einen bekannten und einen unbekannten Stern durch das Feld des Fernrohrs gehen und beobachtet die Zeiten der Durchgänge durch den verticalen Faden, so ist der Unterschied dieser Zeiten unmittelbar gleich dem Rectascensionsunterschiede beider Sterne. Um nun auch Declinationsunterschiede messen zn können, hat man noch einen beweglichen, ebenfalls der Richtung der täglichen Bewegung parallelen Faden, welchen man vermittelst einer Schraube senkrecht gegen den verticalen Faden verstellen kann. An dem Instrumente kann man nun die Anzahl der ganzen Schraubenumgänge, um welche man den Faden fortbewegt hat und die Hunderttheile derselben an dem eingetheilten Kopfe der Schraube ablesen. Kennt man also den Werth einer Schraubenumdrehung in Secunden und ist die Schraube regelmäſsig, so kann man immer finden, um wie viel man die Schraube in einem gewissen Sinne verrückt hat. Läſst man dann ein Gestirn auf einem der parallelen Fäden durch das Feld des Fernrohrs laufen, schraubt den beweglichen Faden, bis derselbe das andre Gestirn deckt und liest dann die Stellung der Schraube ab, so erhält man den Declinationsunterschied beider Gestirne, wenn man nun auch die Stellung der Schraube abliest, nachdem man den beweglichen Faden zur Coincidenz mit dem Faden gebracht hat, auf welchem der erstere Stern lief und den Unterschied beider Ablesungen nimmt. Hat das eine Gestirn eine eigne Bewegung, so hat man darauf zu sehen, daſs man für die Zeit des Rectascensionsunterschiedes die Zeit des Durchgangs dieses Gestirns durch den Verticalfaden und ebenso für die Zeit des Declinationsunterschiedes die Zeit der Einstellung dieses Gestirns nimmt.

Um nun den Werth einer Schraubenumdrehung zu finden, verfährt man wie bei der Bestimmung der Fädendistanzen im Mittagsfernrohre, indem man den früher verticalen Faden der Richtung der täglichen Bewegung parallel stellt, und die Durchgangszeiten eines dem Pole nahe stehenden Sterns durch die parallelen Fäden, welche jetzt Stundenkreise vorstellen, beobachtet. Dann erhält man nach Nr. 15 dieses Abschnitts die Distanzen der Fäden in Bogensecunden und da man dieselben auch in Schraubenumgängen bestimmen kann, wenn man den beweglichen Faden nach und nach zur Coincidenz mit den einzelnen Fäden bringt, so erhält man dadurch den Werth einer Schraubenumdrehung in Bogensecunden.

Gewöhnlich ist ein solches Micrometer zugleich so eingerichtet, dafs man damit auch Distanzen und Positionswinkel d. h. die Winkel, welche die Verbindungslinien beider Sterne mit der Richtung des Declinationskreises oder des Parallels machen, bestimmen kann, indem man an einem am Oculare befindlichen getheilten Kreise ablesen kann, um wieviel man das Fadenkreuz gegen die Richtung der täglichen Bewegung gedreht hat. Die Distanzen mifst man dann, indem man einen der parallelen Fäden auf das eine Gestirn, den beweglichen auf das andre Gestirn und zugleich den früher verticalen Faden in die Verbindungslinie beider Gestirne bringt. Stellt man nachher den beweglichen Faden auf den durch das erstere Gestirn gehenden, so ist der Unterschied beider Ablesungen die Distanz der Gestirne. Liest man ferner den Positionskreis ab sowohl, wenn der eine Faden beide Gestirne schneidet, als auch, wenn dieser Faden der täglichen Bewegung parallel gestellt ist, so ist der Unterschied beider Ablesungen der Positionswinkel, vom Parallel ab gezählt. Gewöhnlich nimmt man aber den nördlichsten Theil des Declinationskreises als Anfangspunct der Positionswinkel und zählt dieselben durch Osten, Süden und Westen von 0° bis 360° herum. Nimmt man diese Zählungsart an, so mufs man also zu dem auf die vorher erwähnte Weise gefundenen Nullpuncte der Positionswinkel 90° hinzulegen.

Um nun aus diesen Beobachtungen den Rectascensions- und Declinationsunterschied beider Gestirne zu erhalten, mufs man die Relationen zwischen denselben und den Distanzen und Positionswinkeln kennen. Da aber in dem Dreiecke zwischen den beiden Sternen und dem Pole des Aequators die Seiten gleich Δ, $90-\delta$ und $90-\delta'$ und die denselben gegenüberstehenden Winkel gleich $\alpha'-\alpha$, $180-p'$ und p sind, wo p und p' die Positionswinkel und Δ die Distanz bezeichnen, so erhält man nach den Gaufsischen Formeln:

$$\begin{aligned}
\sin \tfrac{1}{2} \Delta \sin \tfrac{1}{2} (p'+p) &= \sin \tfrac{1}{2} (\alpha'-\alpha) \cos \tfrac{1}{2} (\delta'+\delta) \\
\sin \tfrac{1}{2} \Delta \cos \tfrac{1}{2} (p'+p) &= \cos \tfrac{1}{2} (\alpha'-\alpha) \sin \tfrac{1}{2} (\delta'-\delta) \\
\cos \tfrac{1}{2} \Delta \sin \tfrac{1}{2} (p'-p) &= \sin \tfrac{1}{2} (\alpha'-\alpha) \sin \tfrac{1}{2} (\delta'+\delta) \\
\cos \tfrac{1}{2} \Delta \cos \tfrac{1}{2} (p'-p) &= \cos \tfrac{1}{2} (\alpha'-\alpha) \cos \tfrac{1}{2} (\delta'-\delta)
\end{aligned}$$

Sind $\alpha'-\alpha$ und $\delta'-\delta$ kleine Gröfsen, sodafs man den Sinus mit dem Bogen vertauschen und den Cosinus gleich eins setzen kann, so ist auch Δ eine kleine Gröfse und da man dann auch p gleich p' nehmen kann, so erhält man:

$$\begin{aligned}
\cos \tfrac{1}{2} (\delta'+\delta) [\alpha'-\alpha] &= \Delta \sin p \\
\delta'-\delta &= \Delta \cos p
\end{aligned}$$

29. Aufser diesem Fadenmicrometer hat man noch andre, die indessen hier nur kurz erwähnt werden sollen, da dieselben fast gar nicht mehr im Gebrauche sind.

Das erste ist das Micrometer, dessen Fäden Winkel von 45^0 mit einander bilden Fig. 22. Stellt man den einen Faden *DE* der Richtung der täglichen Bewegung parallel, so kann man aus der Zeit $t'-t$, welche ein Stern braucht, um von *A* nach *B* zu gelangen, dessen Abstand vom Mittelpuncte finden, indem:

$$MC = \frac{t'-t}{2} 15 \cos \delta$$

Da man ebenso für einen zweiten Stern hat:

$$M'C = \frac{\tau'-\tau}{2} 15 \cos \delta'$$

so erhält man hieraus den Declinationsunterschied beider Sterne. Das arithmetische Mittel der Zeiten t und t' ist die Zeit, zu welcher der Stern in dem Stundenkreise *CM* war; ebenso ist $\frac{\tau'+\tau}{2}$ die Zeit, wann der zweite Stern in diesem

Stundenkreise war. Der Unterschied beider Mittel ist gleich dem Rectascensionsunterschiede beider Sterne.

Ein zweites Micrometer ist das Bradleysche Netz, bei welchem die Fäden ein Rhombus bilden, dessen kleinere Diagonale die Hälfte der größeren ist Fig. 23. Die kleinere Diagonale wird der täglichen Bewegung parallel gestellt. Läßt man nun einen Stern durch die Fäden laufen, so wird die halbe Zwischenzeit der Beobachtungen im Bogen des größten Kreises ausgedrückt gleich MD sein, sodaß:

$$MD = 15 \frac{t'-t}{2} \cos\delta$$

Für einen zweiten Stern erhält man:

$$M'D = 15 \frac{\tau'-\tau}{2} \cos\delta'$$

und daraus den Declinationsunterschied. Den Rectascensionsunterschied findet man ganz auf dieselbe Weise wie bei dem früheren Micrometer.

Diese Micrometer erfordern eine genaue Untersuchung, ob die Fäden einander unter den richtigen Winkeln schneiden. Auch haben sie das Unbequeme, daß sie des Nachts erleuchtet werden müssen, also zur Beobachtung sehr schwacher Objecte nicht angewandt werden können. Sie sind daher fast ganz durch die Kreismicrometer verdrängt, die sich einmal mit großer Genauigkeit ausführen lassen, dann aber auch den Vortheil gewähren, daß man sie immer ohne Beleuchtung anwendet.

30. Das Kreismicrometer besteht in einem genau kreisförmig abgedrehten Metallringe, der in einer im Brennpuncte des Fernrohrs angebrachten Glasplatte befestigt ist und daher im Gesichtsfelde des Fernrohrs freischwebend erscheint. An diesem Ringe werden die Ein- und Austritte der Sterne beobachtet. Dann ist das arithmetische Mittel der Zeiten des Ein- und Austritts die Zeit, zu welcher der Stern in dem durch den Mittelpunct des Kreises gehenden Stundenkreise war. Man erhält daher den Rectascensionsunterschied zweier Sterne grade so wie bei den vorher betrachteten Micrometern. Kennt man nun auch den Halbmesser des Kreises, so kann man auch, da die Gröſse der Sehnen bekannt ist, die Abstände vom Mittelpuncte und dadurch die Declinationsunterschiede erhalten.

Es seien t und t' die Zeiten des Ein- und Austritts des Sterns, dessen Declination δ und τ und τ' dasselbe für einen andern Stern, dessen Declination δ', so ist also:

$$\alpha'-\alpha = \tfrac{1}{2}(\tau'+\tau) - \tfrac{1}{2}(t'+t)$$

Bezeichnen dann μ und μ' die halben Sehnen, welche die Sterne beschreiben, so ist:

$$\mu = \frac{15}{2}(t'-t)\cos\delta$$

und:

$$\mu' = \frac{15}{2}(\tau'-\tau)\cos\delta'$$

Setzt man ferner:

$$\sin\varphi = \frac{\mu}{r}$$

$$\sin\varphi' = \frac{\mu'}{r}$$

wo r den Halbmesser des Kreises bedeutet, so erhält man, wenn man mit D die Declination des Centrums des Kreises bezeichnet.

$$\delta-D = r\cos\varphi$$
$$\delta'-D = r\cos\varphi'$$

also:

$$\delta'-\delta = r\,[\cos\varphi' \pm \cos\varphi]$$

je nachdem die Sterne zu verschiedenen Seiten oder auf derselben Seite des Mittelpuncts durch das Feld gegangen sind.

Am 11ten April 1848 wurde auf der Sternwarte zu Bilk an dem Ringmicrometer des sechsfüſsigen Refractors, dessen Halbmesser gleich 18′ 46″.25 ist, die Flora:

$$(\delta' = 24^\circ\, 5'.4)$$

und ein Stern, dessen scheinbarer Ort:

$$\alpha = 91^\circ\ 12'\ 59''.01$$
$$\delta = 24\quad 1\quad 9\ .01$$

war, mit einander verglichen. Es war:

$$\tau = 11^h\ 16'\ 35''.0 \text{ Sternzeit } t = 11^h\ 17'\ 53''.0$$
$$\tau' = \quad 17\ 25\ .5 \qquad t' = \quad 19\ 46\ .5$$
$$\tau'-\tau = 50''.5 \qquad t'-t = \quad 1'\ 53''.5$$

Man hat mithin:

$\log \tau'-\tau$	1.70329	$\log t'-t$	2.05500
$\log \mu'$	2.53878	$\log \mu$	2.89070
$\cos \varphi'$	9.97850	$\cos \varphi$	9.85941
$\delta-D'$	17′ 51″.9	$\delta-D$	13′ 34″.8

Da nun beide Gestirne auf derselben Seite des Mittelpuncts durchgegangen waren und zwar beide nördlich von demselben, so erhält man:

$$\delta'-\delta = +\ 4'\ 17''.1$$

Für die Zeiten, wo die Gestirne in dem Stundenkreise des Mittelpuncts waren, findet man:

$$\tfrac{1}{2}(\tau'+\tau) = 11^h\ 17'\ 0''.25 \quad \tfrac{1}{2}(t'+t) = 18'\ 49''.75$$

Es war also um:

$$11^h\ 17'\ 0''.25$$
$$\alpha'-\alpha = -\ 1'\ 49''.50 \quad \delta'-\delta = +\ 4'\ 17''.1$$
$$= -\ 27'\ 22''.50$$

Ist der äufsere Rand eines solchen Ringes ebenso genau kreisförmig abgedreht wie der innere Rand, so kann man die Ein- und Austritte an beiden Rändern beobachten. Man hat dann aber nicht nöthig, die Beobachtungen an jedem einzelnen Rande mit dem dazu gehörigen Halbmesser zu reduciren, sondern kann etwas kürzer nach den folgenden Formeln rechnen.

Ist μ die Sehne, r der Halbmesser des äufseren Ringes

und bezeichnen μ' und r' dasselbe für den inneren Ring, so ist:

$$\frac{15}{-}\cos\delta\,(t'-t) = \mu = r\sin\varphi$$

$$\frac{15}{2}\cos\delta'\,(t'_{,}-t_{,}) = \mu' = r\sin\varphi'$$

also:

$$\mu+\mu' = (a+b)\sin\varphi + (a-b)\sin\varphi$$

und:

$$\mu-\mu' = (a+b)\sin\varphi - (a-b)\sin\varphi'$$

wenn man:

$$\frac{r+r'}{2} = a \text{ und } \frac{r-r'}{2} = b$$

setzt. Daraus erhält man:

$$\frac{\mu+\mu'}{2} = a\sin\frac{\varphi+\varphi'}{2}\cos\frac{\varphi-\varphi'}{2} + b\cos\frac{\varphi+\varphi'}{2}\sin\frac{\varphi-\varphi'}{2}$$

$$\frac{\mu-\mu'}{2} = a\cos\frac{\varphi+\varphi'}{2}\sin\frac{\varphi-\varphi'}{2} + b\sin\frac{\varphi+\varphi'}{2}\cos\frac{\varphi-\varphi'}{2}$$

Durch Subtraction und Addition der beiden Gleichungen:

$$\delta-D = r\cos\varphi$$
$$\delta-D = r'\cos\varphi'$$

erhält man ferner:

$$(a-b)\cos\varphi' - (a+b)\cos\varphi = 0$$

oder:

$$b = a\,\frac{\sin\frac{\varphi+\varphi'}{2}\sin\frac{\varphi-\varphi'}{2}}{\cos\frac{\varphi+\varphi'}{2}\cos\frac{\varphi-\varphi'}{2}}$$

und:

$$\delta-D = a\cos\frac{\varphi+\varphi'}{2}\cos\frac{\varphi-\varphi'}{2} - b\sin\frac{\varphi+\varphi'}{2}\sin\frac{\varphi-\varphi'}{2}$$

also, wenn man den Werth von b in die Ausdrücke für:

$$\frac{\mu+\mu'}{2}\quad\frac{\mu-\mu'}{2} \text{ und } \delta-D$$

substituirt:

$$\frac{\mu+\mu'}{2} = a \frac{\sin \frac{\varphi+\varphi'}{2}}{\cos \frac{\varphi-\varphi'}{2}}$$

$$\frac{\mu-\mu'}{2} = a \frac{\sin \frac{\varphi-\varphi'}{2}}{\cos \frac{\varphi+\varphi'}{2}}.$$

und:

$$\delta - D = a \, . \frac{\cos\left(\frac{\varphi+\varphi'}{2}\right)^2 \cos\left(\frac{\varphi-\varphi'}{2}\right)^2 - \sin\left(\frac{\varphi+\varphi'}{2}\right)^2 \sin\left(\frac{\varphi-\varphi'}{2}\right)^2}{\cos \frac{\varphi+\varphi'}{2} \cos \frac{\varphi-\varphi'}{2}}$$

$$= a \frac{\cos\varphi \cos\varphi'}{\cos \frac{\varphi+\varphi'}{2} \cos \frac{\varphi-\varphi'}{2}}$$

Setzt man nun also:

$$\frac{\mu+\mu'}{2a} = \sin A \text{ und } \frac{\mu-\mu'}{2a} = \sin B \qquad (A)$$

so erhält man:

$$\cos A = \frac{\sqrt{\cos\varphi \cos\varphi'}}{\cos \frac{\varphi-\varphi'}{2}}$$

und:

$$\cos B = \frac{\sqrt{\cos\varphi \cos\varphi'}}{\cos \frac{\varphi+\varphi'}{2}}$$

also:

$$\delta - D = a \cos A \cos B \qquad (B)$$

Die Berechnung des Abstandes der Sehne des Sterns von des Mitte des Ringes ist somit auf die einfache Berechnung der Formeln (*A*) und (*B*) zurückgeführt.

Am 24sten Juni 1850 wurde der von Dr. Petersen entdeckte Comet an einem Ringmicrometer des sechsfüſsigen Fernrohrs der Bilker Sternwarte mit einem Sterne verglichen dessen scheinbarer Ort war:

$$\alpha = 223^\circ\, 22'\, 41''.30 \quad \delta = 59^\circ\, 7'\, 12''.19$$

während die Declination des Cometen gleich 59° 20'.0 angenommen wurde. Der Halbmesser des äufseren Ringes ist gleich 11' 21''.09, der des inneren Ringes:

$$r' = 9'\ 26''.29$$

also ist:

$$a = 10'\ 23''.69$$

Die Beobachtungen waren nun die folgenden:

C. nördlich von der Mitte		* südlich	
Eintritt *)	Austritt	Eintritt	Austritt
18^h 15' 54'' 20''	17' 21'' 48''	18' 55''.3 13''.0	21' 20''.5 37''.5

Damit erhält man:

$t'-t$ Aeufserer Rand	1' 54''	$t'-t$ *A.R.*	2' 42''.2
Innerer Rand	1' 1''		2 7.5
log d. Summe	2.24304		2.46195
log d. Diff.	1.72428		1.54033
cos *A*	9.92623		9.65138
cos *B*	9.99418		9.99749
	9.92041		9.64887
$\delta'-D =$	$+\ 8'\ 39''.26$	$\delta-D =$	$-\ 4'\ 37''.88$

also:

$$\delta'-\delta = +\ 13'\ 17''.14$$

Für den Rectascensionsunterschied erhält man dagegen:

$$\alpha'-\alpha = -\ 3'\ 25''.82 = -\ 51'\ 27''.30$$

31. Um zu sehen, unter welchen Umständen die Beobachtungen mit diesem Micrometer am vortheilhaftesten anzustellen sind, differenzirt man die Formeln:

$$r \sin\varphi = \mu\ ,\ r \sin\varphi' = \mu'\ ,\ r\cos\varphi' \mp r\cos\varphi = \delta'-\delta$$

---

*) Von den hinter einander stehenden Secunden gehört beim Eintritt die erstere zum äufseren, die zweite zum inneren Rande und umgekehrt beim Austritt.

Dann erhält man:

$$\sin\varphi\, dr + r\cos\varphi\, d\varphi = d\mu$$
$$\sin\varphi'\, dr + r\cos\varphi'\, d\varphi' = d\mu'$$
$$[\cos\varphi' \mp \cos\varphi]\, dr - r\sin\varphi'\, d\varphi' \pm r\sin\varphi\, d\varphi = d\,(\delta'-\delta)$$

oder, wenn man in der letzteren Gleichung $d\varphi$ und $d\varphi'$ mit Hülfe der beiden ersteren Gleichungen eliminirt:

$$[\cos\varphi \mp \cos\varphi']\, dr - \sin\varphi' \cos\varphi\, d\mu' \pm \sin\varphi \cos\varphi'\, d\mu$$
$$= \cos\varphi \cos\varphi'\, d\,(\delta'-\delta)$$

$d\mu$ und $d\mu'$ sind die Fehler der beobachteten halben Zwischenzeit. Nun sind die Beobachtungen nicht an allen Puncten des Micrometers gleich scharf, indem die Sterne nahe bei der Mitte schneller aus- und eintreten, also dort die Beobachtung sicherer ist als nahe am Rande. Man wird es indessen immer so einrichten können, dafs die Beobachtungen an ähnlichen Stellen in Bezug auf den Mittelpunct angestellt werden und so wird daher erlaubt sein, $d\mu = d\mu'$ zu setzen, sodafs man dann die Gleichung erhält:

$$[\cos\varphi \mp \cos\varphi']\, dr - \sin\,[\varphi' \mp \varphi]\, d\mu = \cos\varphi \cos\varphi'\, d\,(\delta'-\delta)$$

Will man also bei gegebenem r die Declinationsdifferenz zweier Sterne finden, so mufs man die Beobachtung so einrichten, dafs $\cos\varphi \cos\varphi'$ so nahe als möglich gleich 1, also $\sin\varphi$ und $\sin\varphi'$ sehr klein sind. Man mufs daher die Sterne so weit als möglich vom Mittelpuncte durch das Feld gehen lassen. Sind überdies beide Sterne auf einem Parallel, wo also das obere Zeichen gilt und $\varphi = \varphi'$ ist, so hat ein Fehler in der Bestimmung von r gar keinen Einflufs auf die Bestimmung des Declinationsunterschiedes. Für die Bestimmung des Rectascensionsunterschiedes ist es klar, dafs man die Sterne so nahe als möglich durch die Mitte des Feldes gehen lassen mufs, weil dort die Ein- und Austritte am schnellsten erfolgen, also sich auch am schärfsten beobachten lassen.

32. Häufig ändert das Gestirn, dessen Ort man durch das Kreismicrometer bestimmen will, seine Rectascension und Declination so schnell, dafs die Voraussetzung, dafs dasselbe in einer Secunde Sternzeit $15''\cos\delta$ im Bogen zurücklegt, und daſs die auf seinem Wege errichtete Senkrechte einen Declinationskreis vorstellt, merklich von der Wahrheit abweicht. In diesem Falle muſs man an den ohne Rücksicht auf die eigne Bewegung hergeleiteten Ort noch eine Correction anbringen. Nennt man d den Abstand des Gestirns vom Mittelpuncte des Ringes, so war:

$$d^2 = r^2 - (15\, t \cos \delta)^2$$

wo $t = \frac{1}{2}\,(t'-t'')$ gleich der halben Zwischenzeit zwischen dem Ein- und Austritte ist. Nennt man nun $\Delta\alpha$ die Zunahme der Rectascension des Gestirns in einer Zeitsecunde, so ist die Aenderung Δt von t, welche durch die Aenderung der Rectascension hervorgebracht wird, sodaſs $t+\Delta t$ die halbe Zwischenzeit bezeichnet, welche man beobachtet hätte, wenn die Aenderung der Rectascension gleich Null gewesen wäre:

$$\Delta t = -\frac{1}{15}\, t . \Delta\alpha$$

Es ist aber:

$$\Delta d = -\frac{15^2\, t \cos \delta^2}{d}\, \Delta t$$

also:

$$\Delta d = 15 . \frac{t^2 \cos \delta^2\, \Delta\alpha}{d}$$

oder da $15\, t \cos \delta = \mu$ ist:

$$\Delta d = \Delta\,(\delta - D) = \frac{\mu^2}{d} . \frac{\Delta\alpha}{15} \qquad (A)$$

Ferner ist die Tangente des Winkels n, welchen der wahre Weg des Gestirns mit dem Parallele macht:

$$\tang n = \frac{\Delta\delta}{(15 - \Delta\alpha) \cos \delta}$$

wo $\Delta\delta$ die Aenderung der Declination in einer Zeitsecunde bedeutet.

Es wird also das Stück des Weges des Gestirns zwischen dem Stundenkreise und dem auf den Weg des Sterns vom Mittelpuncte gefällten Perpendikel, wenn man dasselbe x nennt:

$$x = d \tan n = \frac{d\Delta\delta}{(15-\Delta\alpha)\cos\delta}$$

Da man nun zu der ohne Rücksicht auf die eigne Bewegung berechneten Durchgangszeit durch den Stundenkreis die Gröſse $\frac{x}{\cos\delta}$ oder:

$$+\frac{d\Delta\delta}{15\cos\delta^2 - 15\,\Delta\alpha\cos\delta^2}$$

zu addiren hat, so erhält man für diese Correction, wenn man die höhern Potenzen von $\Delta\alpha$ und $\Delta\delta$ vernachläſsigt:

$$\Delta\left(\frac{\tau'+\tau}{2}\right) = +\frac{d.\Delta\delta}{15\cos\delta^2} \qquad (B)$$

In dem vorher gegebenen Beispiele betrug die Aenderung des Ortes des Cometen in 24 Stunden in Rectascension $-1^\circ\,15'$ und in Declination $-1^\circ\,17'$, es war also:

$$\log\Delta\alpha = 8.71551\,n$$

und:

$$\log\Delta\delta = 8.72694\,n$$

ferner war:

$$\log d = 2.71538\ ,\ \log\mu = 2.52468$$

Damit erhält man:

$$\Delta(\delta-D) = -\,0''.75 \text{ und } \Delta\left(\frac{\tau'+\tau}{2}\right) = -\,7''.10$$

Den Einfluſs der Bewegung in Rectascension auf die Declination kann man noch bequemer so in Rechnung bringen, daſs man die Sehne mit $\frac{3600-\Delta'\alpha}{3600}$ multiplicirt, wo $\Delta'\alpha$ die Bewegung in Rectascension in Zeit in einer Stunde ist und mit dieser verbesserten Sehne den Abstand vom Mittelpuncte berechnet. Es ist aber:

$$\log\frac{3600-\Delta'\alpha'}{3600} = -\frac{M.\Delta'\alpha}{3600}$$

wo M gleich dem Modulus der Briggischen Logarithmen also gleich 0.4343 ist. Da nun diese Zahl sehr nahe 48 mal 15 mal 60 durch 100000 ist, so erhält man:

$$\frac{M\,\Delta'\alpha}{3600} = \frac{\Delta'\alpha.48.15}{60.100000}$$

Man hat also von dem constanten Logarithmus $\frac{15}{2}\,\frac{\cos\delta'}{r}$ nur so viel Einheiten der 5ten Decimale abzuziehen, als die 48stündige Bewegung in Rectascension Bogenminuten beträgt.

In dem vorher gebrauchten Beispiele ist die 48stündige Aenderung der Rectascension $= -2^\circ\,30' = -150'$. Der constante Logarithmus $\frac{15}{2}\,\frac{\cos\delta'}{2\,a}$ war: 7.48667. Man muſs daher jetzt für denselben 7.48817 nehmen und erhält dann:

$$\begin{array}{rl} & 2.24304 \\ & 1.72428 \\ \hline \cos A & 9.92563 \\ \cos B & 9.99415 \\ \hline \delta' - D = & 8'\,38''.50 \end{array}$$

33. Bisher ist vorausgesetzt worden, daſs man die Wege, welche die Sterne während ihres Durchgangs durch das Feld des Kreismicrometers beschreiben, als geradlinig betrachten kann. Sind aber die Sterne dem Pole so nahe, daſs diese Voraussetzung unrichtig ist, so muſs man an den nach den bisherigen Formeln berechneten Declinationsunterschied noch eine Correction anbringen. Die Rectascension bedarf dagegen keiner Correction, da das arithmetische Mittel aus den Zeiten des Ein- und Austritts auch in diesem Falle die Zeit des Durchgangs durch den Stundenkreis des Mittelpuncts giebt.

In dem sphärischen Dreiecke zwischen dem Pole des Aequators, dem Mittelpuncte des Micrometers und dem Puncte des Ein- oder Austritts hat man, wenn τ die halbe Zwischenzeit zwischen beiden Momenten bedeutet:

$$\cos r = \sin D \sin\delta + \cos D \cos\delta \cos 15\,\tau$$

oder:

$$\sin \tfrac{1}{2} r^2 = \sin \tfrac{1}{2} (\delta - D)^2 + \cos D \cos \delta \sin \left(\frac{15}{2} \tau\right)^2$$

also:

$$(\delta - D)^2 = r^2 - \cos \delta^2 (15 \tau)^2 - [\cos D - \cos \delta] \cos \delta (15 \tau)^2$$
$$= r^2 - \cos \delta^2 (15 \tau)^2 - (\delta - D) \sin \delta \cos \delta (15 \tau)^2$$

Zieht man auf beiden Seiten die Quadratwurzel aus, so erhält man, wenn man nur die erste Potenz von $\delta - D$ mitnimmt:

$$\delta - D = [r^2 - \cos \delta^2 (15 \tau)^2]^{\frac{1}{2}} - \frac{(\delta - D) \sin \delta \cos \delta (15 \tau)^2}{2 [r^2 - \cos \delta^2 (15 \tau)^2]^{\frac{1}{2}}}$$

Das erste Glied ist der in der Voraussetzung der geradlinigen Bewegung berechnete Declinationsunterschied, welcher mit d bezeichnet werden möge, das zweite Glied ist dagegen die gesuchte Correction. Es ist also:

$$\delta - D = d - \tfrac{1}{2} \sin \delta \cos \delta (15 \tau)^2$$

wo das zweite Glied noch mit 206265 dividirt werden mufs, wenn man die Correction in Secunden haben will. Für den zweiten Stern hat man nun ebenso:

$$\delta' - D = d' - \tfrac{1}{2} \sin \delta' \cos \delta' (15 \tau')^2$$

mithin:

$$\delta' - \delta = d' - d + \tfrac{1}{2} [\text{tang } \delta \cos \delta^2 (15 \tau)^2 - \text{tang } \delta' \cos \delta'^2 (15 \tau')^2]$$

wofür man ohne merklichen Fehler setzen kann:

$$\delta' - \delta = d' - d + \tfrac{1}{2} \text{tang } \tfrac{1}{2} (\delta + \delta') [\cos \delta^2 (15 \tau)^2 - \cos \delta'^2 (15 \tau')^2]$$

oder da:

$$\cos \delta^2 \, 15^2 \tau^2 = r^2 - d^2$$

und:

$$\cos \delta'^2 \, 15^2 \tau'^2 = r^2 - d'^2$$
$$\delta' - \delta = d' - d + \tfrac{1}{2} \text{tang } \tfrac{1}{2} (\delta' + \delta) (d' + d) (d' - d)$$

Man hat also zu dem in der Voraussetzung der geradlinigen Bewegung berechneten Declinationsunterschiede die Correction hinzuzufügen:

$$+ \tfrac{1}{2} \operatorname{tang} \tfrac{1}{2} (\delta' + \delta) \frac{(d' + d)(d' - d)}{206265}$$

Den 30sten Mai 1850 wurde der Comet von Petersen, als seine Declination 74° 9′ war, mit einem Sterne, dessen Declination 73° 52′.5 war, verglichen. Die Rechnung nach den gewöhnlichen Formeln ergab:

$$d = -\ 8'\ 56''.7\ ,\ d' = +\ 7'\ 36''.9$$

Damit erhält man dann:

$$\begin{aligned} \log (d' + d) &= 1.90200^{n} \\ \log (d' - d) &= 2.99721 \\ \text{Compl}\log 206265 &= 4.68557 \\ \text{Compl}\log 2 &= 9.69897 \\ \operatorname{tang} \tfrac{1}{2} (\delta' + \delta) &= \underline{0\ 54286} \\ & \ 9.82661^{n} \\ \text{Correct.} &= -\ 0''.67 \end{aligned}$$

Es war mithin der corrigirte Declinationsunterschied:

$$+\ 16'\ 32''.93$$

34. Um das Kreismicrometer anwenden zu können, ist immer die Kenntnifs des Halbmessers erforderlich. Zur Bestimmung desselben kann man sich verschiedener Methoden bedienen.

Beobachtet man zwei Sterne, deren Declination bekannt ist, so hat man:

$$\mu + \mu' = r [\sin \varphi + \sin \varphi'] = 2r \sin \tfrac{1}{2} (\varphi + \varphi') \cos \tfrac{1}{2} (\varphi - \varphi')$$
$$\mu - \mu' = r [\sin \varphi - \sin \varphi'] = 2r \cos \tfrac{1}{2} (\varphi + \varphi') \sin \tfrac{1}{2} (\varphi - \varphi')$$

Ferner ist:

$$r = \frac{\delta' - \delta}{\cos \varphi + \cos \varphi'} = \frac{\delta' - \delta}{2 \cos \frac{1}{2} (\varphi + \varphi') \cos \frac{1}{2} (\varphi - \varphi')}$$

also auch:

$$\frac{\mu + \mu'}{\delta' - \delta} = \operatorname{tang} \tfrac{1}{2} (\varphi + \varphi') \quad \frac{\mu - \mu'}{\delta' - \delta} = \operatorname{tang} \tfrac{1}{2} (\varphi - \varphi')$$

Setzt man daher:

$$\frac{\mu+\mu'}{\delta'-\delta} = \text{tang } A \text{ und } \frac{\mu-\mu'}{\delta'-\delta} = \text{tang } B$$

so wird:

$$\begin{aligned} r &= \frac{\delta'-\delta}{2 \cos A \cos B} \\ &= \frac{\mu+\mu'}{2 \sin A \cos B} \\ &= \frac{\mu-\mu'}{2 \cos A \sin B} \\ &= \frac{\mu}{\sin (A+B)} \\ &= \frac{\mu'}{\sin (A-B)} \end{aligned}$$

Die vorher in Nr. 31 gegebene Differentialgleichung zeigt, daſs man die Sterne zu beiden Seiten des Mittelpuncts möglichst nahe am Rande muſs durchgehen lassen, weil dann der Coefficient von dr ein Maximum und nahe gleich 2, der Coefficient von $d\mu$ dagegen nahe Null wird.

Man muſs also zu dieser Bestimmung des Halbmessers zwei Sterne auswählen, deren Declinationsunterschied nur etwas kleiner als der Durchmesser des Ringes ist.

Der Halbmesser des inneren Randes des zuerst in Nr. 30 erwähnten Micrometers wurde durch die Plejadensterne Asterope und Merope bestimmt, deren Declinationen:

$$\delta = 24^\circ\ 4'\ 24''.26$$

und:

$$\delta' = 23^\circ\ 28'\ 6''.85$$

waren und die halben Zwischenzeiten beobachtet: *)

$$18''.5 \text{ und } 56''.2$$

---

*) Die Plejadensterne eignen sich besonders zu diesen Bestimmungen, weil man unter denselben immer für jedes Micrometer passende finden wird. Die Oerter derselben sind auf das genaueste von Bessel bestimmt. Astron. Nachr. Nr. 430 und Bessel, astron. Untersuchungen. Band I.

Damit erhält man:

$$\begin{aligned} \log \mu+\mu' &= 2.71038 \\ \log \mu-\mu' &= \underline{2.41490} \\ \cos A &= 9.98825 \\ \cos B &= \underline{9.99693} \\ & \ 9.98518 \\ r &= 18'\,46''.5 \end{aligned}$$

Man kann den Halbmesser des Feldes auch aus den Durchgängen zweier Sterne, welche dem Pole nahe stehen, bestimmen, da die langsame Bewegung solcher Sterne den Einfluſs der Beobachtungsfehler vermindert. In diesem Falle kann man aber die eben gegebenen Formeln nicht anwenden, weil man den Weg solcher Sterne nicht mehr als geradlinig betrachten darf. In dem Dreiecke zwischen dem Pole, dem Mittelpuncte des Kreises und dem Puncte des Ein- oder Austritts hat man aber, wenn man die halbe Zwischenzeit zwischen beiden Momenten, in Bogen verwandelt, für den einen Stern mit τ, für den andern Stern mit τ' bezeichnet:

$$\begin{aligned} \cos r &= \sin \delta \sin D + \cos \delta \cos D \cos \tau \\ \cos r &= \sin \delta' \sin D + \cos \delta' \cos D \cos \tau' \end{aligned}$$

Setzt man unter dem Cosinuszeichen:

$$\frac{\delta+\delta'}{2} + \frac{\delta-\delta'}{2} \text{ statt } \delta \text{ und } \frac{\delta+\delta'}{2} - \frac{\delta-\delta'}{2} \text{ statt } \delta'$$

und zieht beide Gleichungen von einander ab, so erhält man:

$$\begin{aligned} \operatorname{tang} D = \operatorname{cotang} \frac{\delta-\delta'}{2} \sin \frac{\tau-\tau'}{2} \sin \frac{\tau+\tau'}{2} \\ + \operatorname{tang} \frac{\delta+\delta'}{2} \cos \frac{\tau-\tau'}{2} \cos \frac{\tau+\tau'}{2} \end{aligned}$$

Setzt man also:

$$\left.\begin{aligned} \operatorname{cotang} \frac{\delta-\delta'}{2} \sin \frac{\tau-\tau'}{2} &= a \cos A \\ \operatorname{tang} \frac{\delta+\delta'}{2} \cos \frac{\tau-\tau'}{2} &= a \sin A \end{aligned}\right\} \quad (A)$$

so erhält man D aus der Gleichung:

$$\tan D = a \sin \left\{ \frac{\tau + \tau'}{2} + A \right\} \qquad (B)$$

Nachdem man auf diese Weise D gefunden hat, kann man r aus einer der beiden folgenden Gleichungen berechnen:

$$\sin \tfrac{1}{2} r^2 = \sin \tfrac{1}{2} (\delta - D)^2 + \cos \delta \cos D \sin \tfrac{1}{2} \tau^2$$

oder:

$$\sin \tfrac{1}{2} r^2 = \sin \tfrac{1}{2} (\delta' - D)^2 + \cos \delta' \cos D \sin \tfrac{1}{2} \tau'^2$$

Setzt man hier:

$$\tan y = \frac{\sin \frac{1}{2} \tau}{\sin \frac{1}{2} (\delta - D)} \sqrt{\cos \delta \cos D}$$

oder: (C)

$$\tan y' = \frac{\sin \frac{1}{2} \tau'}{\sin \frac{1}{2} (\delta' - D)} \sqrt{\cos \delta' \cos D}$$

so erhält man:

$$\begin{aligned} \sin \tfrac{1}{2} r^2 &= \sin \tfrac{1}{2} (\delta - D)^2 \sec y \\ &= \sin \tfrac{1}{2} (\delta' - D)^2 \sec y' \end{aligned}$$

oder auch:

$$r = \frac{\delta - D}{\cos y} = \frac{\delta' - D}{\cos y'} \qquad (D)$$

Die Formeln (*A*), (*B*), (*C*) und (*D*) enthalten also die Auflösung dieser Aufgabe.

Wenn man den Halbmesser des Ringes nach dieser oder der vorigen Methode durch zwei Sterne bestimmt, so muſs man für den Declinationsunterschied beider Sterne immer den scheinbaren, durch die Refraction veränderten, anwenden. Nach Nr. 12 dieses Abschnitts sind aber die scheinbaren Declinationen, wenn die Sterne nicht nahe am Horizonte stehen:

$$\delta + 57'' \operatorname{cotang} (N + \delta)$$

und:

$$\delta' + 57'' \operatorname{cotang} (N + \delta')$$

wo:

$$\tan N = \operatorname{cotang} \varphi \cos t$$

und t das arithmetische Mittel aus den Stundenwinkeln beider Sterne ist.

Man erhält also für den Unterschied der scheinbaren Declinationen:

$$\delta' - \delta = \frac{57'' \sin(\delta' - \delta)}{\sin(N + \delta) \sin(N + \delta')}$$

wofür man sich auch erlauben kann zu schreiben:

$$\delta' - \delta = \frac{57'' \sin(\delta' - \delta)}{\sin[N + \frac{1}{2}\delta + \frac{1}{2}\delta']^2}$$

Den so verbesserten Declinationsunterschied hat man also immer für die Berechnung des Halbmessers anzuwenden.

Zur Bestimmung des Durchmessers des Ringes kann man sich auch der von Gaufs vorgeschlagenen Methode bedienen, indem man in das Objectiv des mit dem Kreismicrometer versehenen Fernrohrs mit einem andern an einem Winkelinstrumente befindlichen hineinsieht und den Durchmesser des Ringes unmittelbar mifst.

Hat man Sonnenflecken durch das Kreismicrometer beobachtet, so thut man gut, den Halbmesser des Ringes auch durch Sonnenbeobachtungen zu bestimmen, weil man in der Regel die Antritte der Sonnenränder an den Ring etwas anders beobachtet als die Antritte von Sternen. Dazu giebt nun die Beobachtung der äufseren und inneren Berührungen der Sonnenränder mit dem Kreise ein sehr einfaches Mittel. Berührt nämlich der erste Rand der Sonne den Ring, so ist die Entfernung des Mittelpuncts der Sonne vom Mittelpuncte des Ringes gleich $R+r$, wenn R der Halbmesser der Sonne, r der des Ringes ist. Denkt man sich dann den Weg der Sonne als geradlienig, so hat man ein rechtwinkliges Dreieck, dessen Hypothenuse $R+r$, dessen eine Cathete der Unterschied der Declination des Mittelpuncts der Sonne von der Declination des Mittelpuncts des Ringes und dessen andre Cathete die halbe Zwischenzeit der äufseren Berührungen im Bogen und multiplicirt mit dem Cosinus der

Declination ist. Man hat also, wenn t diese halbe Zwischenzeit bedeutet, die folgende Gleichung:

$$(R+r)^2 = (\delta - D)^2 + (15\, t \cos\delta)^2$$

Für die inneren Berührungen erhält man eine ähnliche Gleichung, in welcher nur die halbe Zwischenzeit t' der inneren Berührungen statt t und $R-r$ statt $R+r$ vorkommt, nämlich:

$$(R-r)^2 = (\delta - D)^2 + (15\, t' \cos\delta)^2$$

Wegen der eignen Bewegung der Sonne müssen übrigens beide Zwischenzeiten in wahrer Sonnenzeit ausgedrückt sein. Eliminirt man nun $(\delta - D)^2$ aus beiden Gleichungen, so erhält man:

$$(R+r)^2 - (R-r)^2 = (15 \cos\delta)^2\, [t^2 - t'^2]$$

also:

$$r = \frac{(15 \cos\delta)^2\, [t+t']\, [t-t']}{4\, R}$$

An dem einen Kreismicrometer des Refractors der Bilker Sternwarte wurde die Sonne beobachtet, als die Declination + 23° 14′ 50″ und der Halbmesser 15′ 45″. 07 war, und es wurden die folgenden Ein- und Austrittszeiten beobachtet:

	Aeufsere Berührung:	Innere Berührung:
Eintritt	10^h 31′ 8″.2 Sternzeit	10^h 32′ 30″.8
Austritt	34′ 47″.5	33 25 .3

Daraus erhält man die halben Zwischenzeiten in Sternzeit 1′ 49″.65 und 0′ 27″.25 die man mit 0.99712 zu multipliciren hat, um dieselben in wahrer Zeit auszudrücken, da die Bewegung der Sonne in Rectascension in einem Tage 4′8″.7 betrug. Es ist also:

$$t = 109''.33 \text{ und } t' = 27''.17$$

womit man erhält:

$$r = 9'\ 23''.52$$

Anm. Es ist klar, dafs man für den Halbmesser des Ringes nur so lange denselben Werth annehmen darf, als man die Entfernung des Ringes vom Objectiv nicht ändert. Wenn man daher den Halbmesser durch eine der vorher gegebenen Methoden bestimmt hat, so mufs man sich genau die Stelle bezeichnen, welche die das Micrometer enthaltende Ocularröhre bei der Beobachtung eingenommen hat und dieselbe dann bei späteren Beobachtungen mit diesem Micrometer immer wieder genau auf diese Marke einstellen.

Ueber das Kreismicrometer vergleiche man übrigens die Aufsätze von Bessel in Zach's monatlicher Correspondenz Band 24 und 26.

35. Das Heliometer. Ein von den bisher betrachteten Micrometern ganz verschiedenes ist das Heliometer. Dies besteht in einem Fernrohre, dessen Objectiv in zwei Hälften geschnitten ist, von denen jede vermittelst einer Schraube parallel mit der Schneidungslinie verschoben werden kann. Die ganze Anzahl von Schraubenwindungen, um welche man die eine Objectivhälfte verschoben hat, kann man an den Scalen ablesen, welche auf den die Objectivhälften tragenden Schiebern angebracht sind, die Theile der Umdrehungen liest man dagegen an den getheilten Köpfen der bewegenden Schrauben ab. Kennt man also den Werth einer Schraubenumdrehung in Secunden, so weifs man immer, um welchen Bogen man die Mittelpuncte der beiden Objectivhälften gegen einander verschoben hat. Bilden nun die Objectivhälften einen einzigen Kreis, fallen also deren Mittelpuncte zusammen, so wird man im Fernrohre von einem Gegenstande, auf welchen dasselbe gerichtet ist, nur ein einziges Bild sehen in der Richtung vom Mittelpuncte des Objectivs nach dem Brennpuncte. Verschiebt man aber die eine Objectivhälfte um eine Anzahl von Schraubenrevolutionen, so wird das erste Bild von der unbewegten Objectivhälfte unverändert geblieben sein, dagegen wird man ein zweites Bild des Objects sehen, welches durch die fortbewegte Objectivhälfte gebildet wird und in der Richtung vom Mittelpuncte dieser Objectivhälfte nach ihrem Brennpuncte liegt. Wenn daher ein zweites Object in der Richtung vom Mittelpuncte des bewegten Objectivs nach dem Brennpuncte des festen stände, so würden das Bild des ersteren Gegenstandes, von der festen Objectivhälfte gebildet und das durch die bewegte Objectivhälfte erzeugte Bild des zweiten Gegenstandes einander decken und den Winkel, um welche beide Gegenstände wirklich entfernt sind, würde man durch die Anzahl von Schraubenumdrehungen erhalten, um welche man die eine Objectivhälfte verschoben hat. Hierauf beruht der Gebrauch des Heliometers zum Messen von Distanzen.

Um nun die Schneidungslinie der beiden Objective immer in die Richtung der Verbindungslinie der beiden zu messenden Objecte bringen zu können, sind die die Objectivhälften tragenden Schieber so eingerichtet, daſs man dieselben um die Axe des Fernrohrs bewegen kann. Wenn daher das Heliometer auch einen Positionskreis hat, an welchem man die verschiedenen Lagen, in die man die Schnittlinie bringt, ablesen kann, so kann man mit einem solchen Instrumente auch Positionswinkel messen. Dazu ist es aber erforderlich, daſs das Heliometer parallactisch aufgestellt ist.

Das Ocular des Heliometers befindet sich nun ebenso wie das Objectiv auf einem beweglichen Schieber, dessen Stellung man an einer Scale ablesen kann. Ebenso kann das Ocular wie das Objectiv um seine Axe bewegt und die Lage desselben an einem kleinen Positionskreise, welcher in demselben Sinne wie der Positionskreis des Objectivs getheilt ist, abgelesen werden. Diese Einrichtung dient dazu, um den Brennpunct des Oculars immer auf das Bild im Fernrohre zu stellen. Bewegt man nämlich die eine Objectivhälfte aus der Stellung, in welcher ihr Mittelpunct mit dem der andern zusammenfällt, so rückt ihr Brennpunct von der Axe des Rohrs fort und der Brennpunct des Oculars fällt daher nicht mehr mit dem Bilde zusammen. Um dasselbe also deutlich sehen zu können, muſs das Ocular ebenso weit von der Axe entfernt werden können, als das Bild davon absteht. Man muſs also das Ocular senkrecht gegen die Axe verschieben können und damit die Verschiebung im rechten Sinne erfolgt, muſs dasselbe auch sammt seinem Schieber um die Axe des Fernrohrs gedreht werden können.

Die Richtung der Bewegung der Schieber wird nun nicht genau durch den Mittelpunct des Positionskreises gehen.

Die Angabe des beweglichen*) Schiebers, bei welcher die Entfernung des optischen Mittelpuncts des Objectivs von dem Mittelpuncte der Kreisdrehung ein Minimum ist, soll der Hauptpunct genannt werden. Dasselbe soll unter dem Hauptpuncte des Oculars verstanden werden. Diesen Hauptpunct kann man immer dadurch bestimmen, dafs man diejenige Stellung sucht, in welcher bei diametralen Stellungen des Objectivs das Bild irgend eines Gegenstandes im Fernrohre sich nicht im Sinne der Richtung der Schieber ändert. Hat man denselben gefunden, so kann man den Index des Schiebers des Objectivs auf die Mitte der Scale richten. Ebenso kann man nun auch den Hauptpunct des Oculars finden und es soll angenommen werden, dafs die für den Hauptpunct geltende Ablesung in allen drei Scalen, den beiden der Objectivschieber und der des Ocularschiebers, dieselbe und zwar gleich h ist. Man mufs dann dem Fadenkreuze des Oculars dasselbe Minimum der Entfernung vom Mittelpuncte der Kreisdrehung geben. Dies bewirkt man dadurch, dafs man das Fadenkreuz auf einen sehr weit entfernten Gegenstand einstellt und beide Positionskreise um 180° dreht. Steht dann das Bild an dem nämlichen Orte, so ist diese Bedingung erfüllt; hat sich das Bild indessen gegen das Fadenkreuz verschoben, so mufs man die Stellung desselben durch die Correctionsschrauben berichtigen.

Die Scale des einen Objectivschieber zeige nun, wenn das von demselben hervorgebrachte Bild auf das Fadenkreuz gebracht ist, s an, die von dem Indexfehler befreite Ablesung am Positionskreise des Objectivs sei p, zu gleicher Zeit stehe der Schieber des Oculars auf b, der Positionskreis auf π. Es sei ferner a die Entfernung des Hauptpunctes vom Mittelpuncte des Positionskreises und es seien t und δ die berichtigten Ablesungen am Stunden- und Declinationskreise des Instruments, die also denjenigen Punct des Himmels be-

---

*) Es wird nämlich im Folgenden immer angenommen, dafs man nur den einen Schieber bewegt und den anderen unverrückt stehen läfst.

zeichnen, nach welchem hin die Axe des Fernrohrs gerichtet ist. Man nehme dann wieder ein rechtwinkliges Coordinatensystem an. Die Coordinaten ξ und η sollen in der Ebene des Fadenkreuzes liegen und zwar soll die positive Axe der ξ nach 0°, die positive Axe der η nach 90° des Positionskreises gerichtet, also, wenn das Fernrohr nach dem Zenith zeigt, nach Osten gerichtet sein.

Endlich soll die positive Axe der ζ senkrecht auf der Ebene des Fadenkreuzes stehen und nach dem Objective zu gerichtet sein. Setzt man nun:

$$s-h = e \text{ und } \sigma-h = \varepsilon$$

nennt l die Brennweite des Objectivs in Einheiten der Scale ausgedrückt und nimmt a positiv, wenn der Hauptpunct nach der Seite der positiven η und der Positionswinkel im ersten oder vierten Quadranten liegt, so sind die Coordinaten des Punctes s:

$$e \cos p - a \sin p,\; e \sin p - a \cos p\;,\; l$$

und die des Punctes σ:

$$\varepsilon \cos \pi - a \sin \pi,\; \varepsilon \sin \pi - a \cos \pi\;,\; o$$

Die relativen Coordinaten von s in Bezug auf σ werden dann also sein:

$$\begin{aligned} \xi &= e \cos p - \varepsilon \cos \pi - a\,[\sin p - \sin \pi] \\ \eta &= e \sin p - \varepsilon \sin \pi + a\,[\cos p - \cos \pi] \\ \zeta &= l \end{aligned}$$

und wenn man coelestische Objecte beobachtet, deren Entfernung vom Brennpuncte des Fernrohrs in Vergleich mit e unendlich ist, so kann man diese Ausdrücke auch für die Coordinaten des Punctes s in Bezug auf den Brennpunct annehmen.

Diese Coordinaten mufs man nun in solche verwandeln, die sich auf die Ebene des Aequators und den Meridian beziehen und wo die positive Axe der x in der Ebene des Aequators nach 0°, die positive Axe der y nach 90° der Stundenwinkel, endlich die positive Axe der z parallel mit der Weltaxe nach dem Nordpole zu gerichtet ist.

Dazu denkt man sich zuerst die Axe der ξ des vorigen Systems in der Ebene der $\xi\zeta$ nach der Axe der ζ zu um den Winkel $90-\delta$ gedreht; dann werden die neuen Coordinaten schon in der Ebene des Aequators liegen und man wird haben:

$$\xi' = \xi \sin\delta + \zeta \cos\delta$$
$$\eta' = \eta$$
$$\zeta' = \zeta \sin\delta - \xi \cos\delta$$

Soll nun noch das Fernrohr nach dem Stundenwinkel t gerichtet sein, so hat man die Axe der ξ' in der Ebene der $\xi'\eta'$ um den Winkel $270+t$ vorwärts zu drehen, um dieselbe in die positive Axe der y zu verwandeln und hat dann die Gleichungen:

$$x = \xi' \cos t + \eta' \sin t$$
$$y = \xi' \sin t - \eta' \cos t$$
$$z = \zeta'$$

Durch Elimination von ξ', η' und ζ' aus diesen Gleichungen erhält man:

$$x = \zeta \cos\delta \cos t + \xi \sin\delta \cos t + \eta \sin t$$
$$y = \zeta \cos\delta \sin t + \xi \sin\delta \sin t - \eta \cos t$$
$$z = \zeta \sin\delta \qquad - \xi \cos\delta$$

oder, wenn man die Werthe von ξ, η, ζ aus den Gleichungen (a) substituirt:

$$x = l \cos\delta \cos t + [e \cos p - \varepsilon \cos \pi] \sin\delta \cos t + [e \sin p - \varepsilon \sin \pi] \sin t$$
$$\qquad - a [\sin p - \sin \pi] \sin\delta \cos t + a [\cos p - \cos \pi] \sin t$$

$$y = l \cos\delta \sin t + [e \cos p - \varepsilon \cos \pi] \sin\delta \sin t - [e \sin p - \varepsilon \sin \pi] \cos t$$
$$\qquad - a [\sin p - \sin \pi] \sin\delta \sin t - a [\cos p - \cos \pi] \cos t$$

$$z = l \sin\delta \qquad - [e \cos p - \varepsilon \cos \pi] \cos\delta \qquad + a [\sin p - \sin \pi] \cos\delta$$

Hieraus erhält man das Quadrat der Entfernung r des Punctes s vom Anfangspuncte der Coordinaten:

$$r^2 = l^2 + [e \cos p - \varepsilon \cos \pi]^2 + [e \sin p - \varepsilon \sin \pi]^2 + 4 a^2 \sin \tfrac{1}{2} (p - \pi)^2$$

Die Linie vom Anfangspuncte der Coordinaten nach dem

Puncte s macht dann mit den drei Coordinatenaxen Winkel, welche durch die Gleichungen gegeben sind:

$$\cos\alpha = \frac{x}{r}, \; \cos\beta = \frac{y}{r} \text{ und } \cos\gamma = \frac{z}{r}$$

Bezeichnet man aber mit δ' und t' die Declination und den Stundenwinkel des beobachteten Sterns oder desjenigen Punctes, in welchem die Linie vom Fadenkreuze nach dem Puncte s die scheinbare Himmelskugel trifft, so ist auch:

$$\cos\alpha = \cos\delta' \cos t', \; \cos\beta = \cos\delta' \sin t', \; \cos\gamma = \sin\delta'$$

Sezt man also:

$$\frac{e}{l} = D, \; \frac{\varepsilon}{l} = \Delta \text{ und } \frac{a}{l} = \alpha$$

so erhält man, wenn man auch der Kürze wegen:

$$1 + [D\cos p - \Delta\cos\pi]^2 + [D\sin p - \Delta\sin\pi]^2 + 4\alpha^2 \sin\tfrac{1}{2}(p-\pi)^2 = A$$

setzt:

$$\cos\delta' \cos t' = \frac{\cos\delta\cos t + [D\cos p - \Delta\cos\pi]\sin\delta\cos t}{\sqrt{A}}$$
$$+ \frac{[D\sin p - \Delta\sin\pi]\sin t}{\sqrt{A}}$$
$$- \frac{\alpha[\sin p - \sin\pi]\sin\delta\cos t - \alpha[\cos p - \cos\pi]\sin t}{\sqrt{A}}$$

(b)

$$\cos\delta' \sin t' = \frac{\cos\delta\sin t + [D\cos p - \Delta\cos\pi]\sin\delta\sin t}{\sqrt{A}}$$
$$- \frac{[D\sin p - \Delta\sin\pi]\cos t}{\sqrt{A}}$$
$$- \frac{\alpha[\sin p - \sin\pi]\sin\delta\sin t + \alpha[\cos p - \cos\pi]\cos t}{\sqrt{A}}$$

$$\sin\delta' = \frac{\sin\delta - [D\cos p - \Delta\cos\pi]\cos\delta}{\sqrt{A}}$$
$$+ \frac{\alpha[\sin p - \sin\pi]\cos\delta}{\sqrt{A}}$$

Man beobachtet nun immer zwei Objecte mit dem Heliometer. Es sei also zugleich mit dem Bilde des ersteren Sterns ein Bild eines andern Sterns, welches durch die zweite

Objectivhälfte hervorgebracht ist, auf dem Fadenkreuz, so wird man drei ähnliche Gleichungen haben, in denen:

$$\delta,\ t,\ \Delta,\ \pi,\ \alpha \text{ und } p$$

dieselben Werthe haben, aber D, δ' und t' in andre Gröſsen übergehen, welche für diesen Stern gelten und durch D', δ'' und t'' bezeichnet werden mögen. Dann hat man sechs Gleichungen, welche indessen eigentlich, wenn man die Winkel durch die Tangenten sucht, nur vieren entsprechen und in denen auf der rechten Seite alles durch die Ablesungen an dem Instrumente gegeben ist, nämlich δ und t durch die Ablesungen an dem Declinations- und Stundenkreise, D und Δ durch die Ablesungen an den Schiebern des Objectivs und Oculars, p und π durch die beiden Positionskreise. Man wird also aus diesen Gleichungen δ', t' und δ'', t'' finden können. Das Instrument giebt freilich die Gröſsen δ, t, Δ und π nicht mit derselben Genauigkeit wie die übrigen Gröſsen; da aber die beiden beobachteten Sterne immer sehr nahe stehen, also Fehler in diesen Gröſsen denselben Einfluſs auf beide Sterne haben, so wird man die Differenzen $\delta''-\delta'$ und $t''-t'$ immer mit aller Schärfe finden können.

Stehen die beobachteten Sterne dem Pole nahe, so muſs man δ'', δ', t'' und t' nach den strengen Formeln (b) berechnen. In der Regel wird man aber mit Näherungsformeln ausreichen, welche unmittelbar $\delta''-\delta'$ und $\alpha''-\alpha'$ geben. Zuerst wird es nun erlaubt sein, α gleich Null zu setzen. Löst man dann in der Gleichung für $\sin\delta'$ den Nenner in eine unendliche Reihe auf, so erhält man, wenn man nur die ersten Glieder mitnimmt:

$$\sin\delta - \sin\delta' = [D\cos p - \Delta\cos\pi]\cos\delta + \tfrac{1}{2}[D\cos p - \Delta\cos\pi]^2\sin\delta + \tfrac{1}{2}[D\sin p - \Delta\sin\pi]^2\sin\delta$$

oder nach Formel (20) der Einleitung, wenn man nur die Quadrate der in Klammern stehenden Gröſsen beibehält:

$$\delta' - \delta = -[D\cos p - \Delta\cos\pi] - \tfrac{1}{2}[D\sin p - \Delta\sin\pi]^2\operatorname{tang}\delta$$

Für den andern Stern hat man ebenso:

$$\delta'' - \delta = [D'\cos p - \Delta\cos\pi] - \tfrac{1}{2}[D'\sin p - \Delta\sin\pi]^2\operatorname{tang}\delta$$

also wird:

$$(c)\quad \delta''-\delta' = [D-D']\cos p + \tfrac{1}{2}\operatorname{tang}\delta\,[(D+D')\sin p - 2\Delta\sin\pi]\,[D-D']\sin p$$

eine Gleichung, durch welche man den Declinationsunterschied der beiden Sterne durch die an dem Instrumente gemachten Ablesungen findet.

Um nun auch den Rectascensionsunterschied zu erhalten, multiplicire man die erste der Gleichungen (b) mit sin t, die zweite mit $-$ cos t und addire beide, so wird:

$$\cos\delta'\sin(t-t') = \frac{D\sin p - \Delta\sin\pi}{\sqrt{1+[D\cos p-\Delta\cos\pi]^2+[D\sin p-\Delta\sin\pi]^2}}$$

Aehnlich erhält man:

$$\cos\delta''\sin(t-t'') = \frac{D'\sin p - \Delta\sin\pi}{\sqrt{1+[D'\cos p-\Delta\cos\pi]^2+[D'\sin p-\Delta\sin\pi]^2}}$$

Vernachläßigt man die Quadrate von D, D' und Δ und führt die Rectascensionen statt der Stundenwinkel ein, so gehen diese Gleichungen in die folgenden über:

$$\cos\delta'\,(\alpha'-\alpha) = D\sin p - \Delta\sin\pi$$
$$\cos\delta''\,(\alpha''-\alpha) = D'\sin p - \Delta\sin\pi$$

und wenn man hierin statt δ' und δ'' setzt:

$$\delta' = \tfrac{1}{2}(\delta'+\delta'') + \tfrac{1}{2}(\delta'-\delta'')$$
$$\delta'' = \tfrac{1}{2}(\delta'+\delta'') - \tfrac{1}{2}(\delta'-\delta'')$$

und den Sinus des kleinen Winkels $\delta'-\delta''$ mit dem Bogen vertauscht, dagegen den Cosinus gleich eins setzt, so erhält man:

$$(\alpha'-\alpha)\cos\tfrac{1}{2}(\delta'+\delta'') = [D\sin p-\Delta\sin\pi]\,[1+\tfrac{1}{2}\operatorname{tang}\delta\,(\delta''-\delta')]$$
$$(\alpha''-\alpha)\cos\tfrac{1}{2}(\delta'+\delta'') = [D'\sin p-\Delta\sin\pi]\,[1+\tfrac{1}{2}\operatorname{tang}\delta\,(\delta''-\delta')]$$

also:

$$(\alpha''-\alpha')\cos\tfrac{1}{2}(\delta'+\delta'') = (D'-D)\sin p + \tfrac{1}{2}\operatorname{tang}\delta\,[\delta''-\delta']\,[D'+D]\sin p - \operatorname{tang}\delta\,\Delta\sin\pi\,[\delta''-\delta']$$

oder wenn man für $\delta''-\delta'$ den vorher gefundenen Werth:

$$(D-D')\cos p$$

schreibt:

$$(\alpha''-\alpha')\cos\tfrac{1}{2}(\delta'+\delta'') = (D'-D)\sin p$$
$$-\tfrac{1}{2}\operatorname{tang}\delta\left[(D'+D)\sin p-2\Delta\sin\varkappa\right]\left[D'-D\right]\cos p \quad (d)$$

Setzt man nun:

$$u = -\tfrac{1}{2}\operatorname{tang}\delta\left[(D'+D)\sin p-2\Delta\sin\varkappa\right] \qquad (A)$$

so kann man auch in den Gleichungen (c) und (d) statt dieser kleinen Gröſse u den Sinus schreiben, während man in den ersten Gliedern der Gleichungen den Factor cos u hinzufügt und erhält dann:

$$\left.\begin{aligned}\delta''-\delta' &= -(D'-D)\cos(p+u)\\ \alpha''-\alpha' &= +(D'-D)\sin(p+u)\sec\tfrac{1}{2}(\delta'+\delta'')\end{aligned}\right\}\quad (B)$$

Bisher ist vorausgesetzt worden, daſs die Distanz blos einfach gemessen ist und es ist dann die Ablesung s eigentlich diejenige, für welche die Bilder der beiden Objectivhälften zusammenfallen. Hat man aber zwei Objecte a und b, so erhält man, wenn man die Objectivhälften aus einander schraubt, zwei neue Bilder a' und b' und kann dann das Bild a mit den Bilde b' zur Deckung bringen. Schraubt man nun die Objectivhälften wieder zurück und über den Punct hinaus, wo die Mittelpuncte zusammenfallen, so kann man auch das Bild b mit dem Bilde a' zur Deckung bringen und wird dann aus den Ablesungen in beiden Stellungen die doppelte Distanz erhalten.

Hat man also die Beobachtungen auf diese Weise angestellt, so muſs man $\tfrac{1}{2}(D'-D)$ statt $D'-D$ in die obigen Formeln setzen. Statt des Winkels $p+u$ giebt jede der Messungen $p'+u'$ und $p''+u''$, es wird also:

$$p = \frac{p'+p''}{2}\,,\; D'+D = s+s'-2h\,,\; \Delta = \sigma-h$$

und:

$$u = -\tfrac{1}{2}\operatorname{tang}\delta\left[(s+s'-2h)\sin p-2(\sigma-h)\sin\varkappa\right]$$
$$\delta''-\delta' = -\tfrac{1}{2}(D'-D)\cos(p+u)$$
$$\alpha''-\alpha' = +\tfrac{1}{2}(D'-D)\sin(p+u)\sec\tfrac{1}{2}(\delta'+\delta'')$$

Will man $\delta''-\delta'$ und $\alpha''-\alpha'$ gleich in Secunden und u in Minuten erhalten, so mufs man $\frac{D'-D}{2}$ mit dem Werthe eines Scalentheils in Secunden und den Ausdruck für u mit $\frac{206265}{60 \,.\, l}$ multipliciren. Man kann nun aber immer bewirken, dafs das von $p-\pi$ abhängige Glied zu vernachlässigen ist weil:

$$u = o, \text{ wenn } b = \frac{s'+s}{2}$$

ist. Man wird dies also durch die Stellung des Oculars immer wenigstens nahe einzurichten suchen, zumal da dann auch die Bilder im Fernrohre am deutlichsten erscheinen.

Bisher war nun angenommen worden, dafs der Ort des Gesichtsfeldes, wo man die Sterne zur Coincidenz bringt, der Durchschnittspunct des Fadenkreuzes ist. Wenn die Sterne aber nicht gar zu nahe beim Pole stehen, so genügt es vollkommen, wenn man die Coincidenz nach dem Augenmafse in der Mitte des Feldes beobachtet.

36. Hat das eine Gestirn eine eigne Bewegung in Rectascension und Declination, so mufs man hierauf natürlich bei der Reduction der Beobachtungen Rücksicht nehmen. Berechnete man aus jeder einzelnen Distanz in Verbindung mit dem Positionswinkel den Rectascensions- und Declinationsunterschied, so brauchte man nur das Mittel aus allen Bestimmungen für das Mittel der Beobachtungszeiten gelten zu lassen, da man die Bewegung in Rectascension und Declination immer als der Zeit proportional betrachten kann. Der Kürze wegen wird man es aber meist vorziehen, den Rectascensions- und Declinationsunterschied blos aus dem Mittel der gemessenen Distanzen und Positionswinkel zu berechnen. Da diese sich aber nicht immer der Zeit proportional ändern werden, so kann man das Mittel aus den beobachteten Distanzen und Positionswinkeln nicht unmittelbar für das Mittel der Zeiten gelten lassen, sondern mufs erst eine Correction an dasselbe anbringen, ähnlich wie bei der Reduction gemessener Zenithdistanzen auf das Mittel der Zeiten in Nr. 4 des vierten Abschnitts.

Es seien t, t', t'' etc. die einzelnen Beobachtungszeiten, T das Mittel aus allen und es sei:

$$t-T=\tau,\ t'-T=\tau',\ t''-T=\tau''\ \text{etc.}$$

Ferner seien p, p', p'' etc. die den einzelnen Zeiten entspre chenden Positionswinkel, P der zur Zeit T gehörige, $\Delta\alpha$ und $\Delta\delta$ die Bewegungen in Rectascension und Declination in einer Zeitsecunde, wo also τ, τ' etc. ebenfalls in Zeitsecunden ausgedrückt sein müssen. Dann ist:

$$p = P + \frac{dP}{d\alpha}\,.\,\Delta\alpha\ \ \tau + \tfrac{1}{2}\,\frac{d^2P}{d\alpha^2}\,\Delta\alpha^2\,.\,\tau^2$$
$$+ \frac{dP}{d\delta}\,\Delta\delta\,\tau + \tfrac{1}{2}\,\frac{d^2P}{d\,\delta^2}\,\Delta\delta^2\,\tau^2 + \frac{d^2P}{d\alpha\,d\delta}\,.\,\Delta\alpha\,.\,\Delta\delta\,.\,\tau^2$$

Solcher Gleichungen wird man nun so viele haben, als Positionswinkel gemessen sind und aus dem Mittel aller erhält man, wenn n die Anzahl der Beobachtungen ist:

$$P = \frac{p+p'+p''+\dots}{n}$$
$$- \left\{ \tfrac{1}{2}\,\frac{d^2P}{d\alpha^2}\,\Delta\alpha^2 + \frac{d^2P}{d\alpha\,d\delta}\,\Delta\alpha\,\Delta\delta + \tfrac{1}{2}\,\frac{d^2P}{d\,\delta^2} \right\} \frac{\Sigma\tau^2}{n}$$

wo man für:

$$\frac{\Sigma\tau^2}{n}\ \text{auch}\ \frac{2\,\Sigma\,2\sin\tfrac{1}{2}\,\tau^2}{n}$$

nehmen kann, wenn man sich der schon öfter erwähnten Tafeln bedienen will.

Ebenso erhält man für die zu dem arithmetischen Mittel der Zeiten gehörige Distanz D, wenn d, d', d'', etc. die einzelnen gemessenen Distanzen sind:

$$D = \frac{d+d'+d''+\dots}{n}$$
$$- \left\{ \tfrac{1}{2}\,\frac{d^2D}{d\alpha^2}\,\Delta\alpha^2 + \frac{d^2D}{d\alpha\,d\delta}\,\Delta\alpha\,\Delta\delta + \tfrac{1}{2}\,\frac{d^2D}{d\delta^2} \right\} \frac{\Sigma\tau^2}{n}$$

Man hat nun noch die einzelnen Differentialquotien zu bestimmen.

Es ist aber:

$$D \sin P = (\alpha - \alpha') \cos \delta$$
$$D \cos P = \delta - \delta'$$

oder:

$$\tang P = \frac{\alpha - \alpha'}{\delta - \delta'} \cos \delta$$

$$D^2 = (\alpha - \alpha')^2 \cos \delta^2 + (\delta - \delta')^2$$

und man erhält leicht:

$$\frac{dP}{d\alpha} = \frac{\cos \delta \cos P}{D}, \quad \frac{dP}{d\delta} = -\frac{\sin P}{D}, \quad \frac{dD}{d\alpha} = \cos \delta \sin P, \quad \frac{dD}{d\delta} = \cos P$$

$$\frac{d^2P}{d\alpha^2} = -\frac{2 \cos \delta^2 \sin P \cos P}{D^2}, \quad \frac{d^2P}{d\delta^2} = \frac{2 \sin P \cos P}{D^2}$$

$$\frac{d^2P}{d\alpha\, d\delta} = \frac{2 \cos \delta \sin P^2}{D^2} - \frac{\cos \delta}{D^2}$$

$$\frac{d^2D}{d\alpha^2} = \frac{\cos \delta^2 \cos P^2}{D}, \quad \frac{d^2D}{d\delta^2} = \frac{\sin P^2}{D}, \quad \frac{d^2D}{d\alpha \,.\, d\delta} = \frac{\cos \delta \sin P \cos P}{D}$$

Daraus findet man dann, wenn man zugleich setzt:

$$\Delta \alpha \cos \delta = c \sin \gamma$$
$$\Delta \delta = c \cos \gamma$$

$$P = \frac{p + p' + p'' + \ldots}{n} - \frac{\sin (P - \gamma) \cos (P - \gamma)}{D^2} c^2 \frac{\Sigma \tau^2}{n}$$

$$D = \frac{d + d' + d'' + \ldots}{n} - \tfrac{1}{2} \frac{\sin (P - \gamma)^2}{D} c^2 \frac{\Sigma \tau^2}{n}$$

oder, wenn M den Modulus der Briggischen Logarithmen bedeutet:

$$\log D = \log \frac{d + d' + d'' + \ldots}{n} - \tfrac{1}{2} \frac{M \sin (P - \gamma)^2}{D^2} c^2 \frac{\Sigma \tau^2}{n}$$

Um das zweite Glied von P in Bogenminuten, das zweite Glied von $\log D$ in Einheiten der fünften Decimale zu erhalten, mufs man, wenn R den Werth eines Scalentheils in Secunden bedeutet, D in Scalentheilen ausgedrückt ist und $\Delta \alpha$ und $\Delta \delta$ jetzt die Aenderungen der Rectascension und Declination in 24 Stunden in Bogenminuten bezeichnen, das erste Glied multipliciren mit:

$$\frac{60}{86400^2} \quad \frac{206265}{R^2}$$

und das andere mit:

$$\frac{100000\ .\ 60^2}{86400^2\ \ R^2}$$

Hat man aber die Tafeln für 2 sin $\frac{1}{2}\tau^2$ benutzt, sodaſs man genommen hat:

$$P = \frac{p+p'+p''+\ldots}{n} - 2\,\frac{\sin(P-\gamma)\cos(P-\gamma)}{D^2}\,c^2\,\frac{\Sigma\, 2 \sin\frac{1}{2}\tau^2}{n}$$

und:

$$\log D = \log\frac{d+d'+d''+\ldots}{n} - \frac{M \sin(P-\gamma)^2}{D^2}\,c^2\,\frac{\Sigma\, 2\sin\frac{1}{2}\tau^2}{n}$$

so muſs man die zweiten Glieder beider Gleichungen multipliciren mit:

$$\frac{60\ \ ..\ 206265^2}{86400^2.\ 15^2.\ R^2}$$

und:

$$\frac{100\,000\ .\ 60^2.\ 206295}{86400^2.\ \ R^2.\ 15^2}$$

37. Es ist nun noch zu zeigen, auf welche Weise man den Nullpunct des Positionskreises und die Gröſse eines Scalentheils bestimmen kann.

Der Nullpunct des Positionskreises soll da stehen, wo die Richtung der Schieber genau der Drehung des Fernrohrs um die Declinationsaxe entspricht. Hat man nun die beiden Objectivhälften bedeutend von einander entfernt, so drehe man die Schieber so, daſs die Nonien des Positionskreises auf 0° zeigen und bringe das eine Bild eines Objects in den Durchschnittspunct des Fadenkreuzes.*) Kann man dann durch alleinige Drehung des Fernrohrs um die Declinationsaxe auch das andre Bild genau in die Mitte des Fadenkreuzes bringen, so sind die Schieber dieser Drehung des Fernrohrs

*) Für diesen Zweck ist es gut, wenn man ein Fadenkreuz hat, welches aus doppelten, etwas von einander entfernten, parallelen Fäden besteht, sodaſs die Mitte des Feldes durch ein kleines Quadrat angegeben wird.

parallel, also ist dann der Collimationsfehler des Positionskreises gleich Null. Ist dies aber nicht der Fall, so mufs man das Objectiv ein wenig drehen, bis die Bedingung, durch blofse Drehung des Fernrohrs um die Declinationsaxe beide Bilder durch die Mitte des Fadenkreuzes zu führen, erfüllt ist. Die Zahl, auf welche dann der Nonius des Positionskreises zeigt, ist der wahre Nullpunct und der Unterschied von dem mit Null bezeichneten Puncte der Theilung der Collimationsfehler des Kreises.

Dies setzt nun voraus, dafs die Schieber sich geradlinig bewegen. Wäre dies aber nicht der Fall, so würde man bei verschiedenen Abständen der zwei Bilder von einander und bei verschiedenen Stellungen der Schieber an ihren Scalen auch verschiedene Collimationsfehler finden.

Dreht man das Fadenkreuz des Fernrohrs so um die Axe desselben, dafs ein dem Aequator naher Stern den einen Faden bei seinem Durchgange durch das Feld nicht verläfst, so ist derselbe dem Aequator parallel. Bewegt man dann die Schieber der Objective weit aus der Stellung, wo die Mittelpuncte der beiden Objectivhälften zusammenfallen und dreht zugleich das Objectiv um die Axe des Fernrohrs so lange, bis beide Bilder bei dem Durchgange durch das Feld auf dem Faden hingehen, so mufs der Positionskreis 90^0 oder 270^0 zeigen. Liest man aber $90^0 - c$ oder $270^0 - c$ in dieser Stellung ab, so ist c der Collimationsfehler des Kreises, welchen man zu allen Ablesungen an demselben zu addiren hat.

Die Gröfse eines Scalentheils des Objectivschiebers findet man durch die Messung eines Gegenstandes von bekanntem Durchmesser, etwa der Sonne oder des Abstandes zweier genau bestimmter Sterne, wozu sich namentlich die Plejadensterne eignen, deren Entfernungen von Bessel mit sehr grofser Schärfe gemessen sind. Man kann sich aber auch hier wieder der von Gaufs vorgeschlagenen, schon früher erwähnten Methode bedienen. Da nämlich die Axen der beiden Objectivhälften, wenn sie auch um eine grofse Anzahl Scalentheile von einander abstehen, doch parallel sind, so sieht man, wenn man ein für unendlich entfernte Gegenstände eingestelltes Fernrohr auf das Objectiv eines Heliometers richtet, das doppelte Bild, welches ein im Brennpuncte der einen Objectivhälfte ausgespannter Faden giebt. Stellt man also die eine Objectivhälfte in die Mitte der Scale, die andre Hälfte aber um eine grofse Anzahl von Scalentheilen davon entfernt und läfst dann das Fadenkreuz durch das gegen den hellen Himmel gerichtete Ocular erleuchten, so kann man mit einem zweiten Fernrohre, welches mit einem Winkel messenden Instrumente verbunden ist, den scheinbaren Abstand jener zwei Bilder messen. Indem man nun mit diesem Winkelabstande die Zahl der Scalentheile vergleicht, um welche man das eine Objectiv aus der Stellung, in welcher die Mittelpuncte zusammenfielen, fortgerückt hat, so erhält man die Gröfse eines Scalentheiles. Hat die eine Objectivhälfte keine Micrometertheilung, so mufs man die Beobachtung zwei Male bei verschiedenen Stellungen der mit einem eingetheilten Schraubenkopfe versehenen Objectivhälfte anstellen.

Es sei für die erste Messung S die Ablesung an dem Schieber mit der Micrometerschraube, S_0 die am zweiten Objectivschieber, s die am Ocularschieber, so hat man, wenn b und c die Winkel sind, welche die von den Puncten S_0 und S nach dem Brennpuncte gezogenen Geraden mit der Axe des Fernrohrs machen:

$$(s-S_0)\ R = 206265'' \text{ tang } b$$
$$(S-s\ )\ R = 206265'' \text{ tang } c$$

wo R die Gröfse eines Scalentheils bezeichnet. Ferner sei der gemessene Winkel zwischen den beiden Bildern des Fadenkreuzes gleich a, so ist:

$$a = b + c$$

Eliminirt man nun mit Hülfe dieser Gleichung die Winkel b und c aus den obigen beiden, so erhält man die quadratische Gleichung:

$$(s-S_0)\ (S-s) \text{ tang } a \ \frac{R^2}{206265^2} + (S-S_0)\ \frac{R}{206265} = \text{tang } a$$

deren Auflösung giebt:

$$\frac{R}{206265} = -\frac{(S-S_0) - \sqrt{(S-S_0)^2 + 4\,(s-S_0)\,(S-s)\,\text{tang}\,a^2}}{2\,(s-S_0)\,(S-s)\,\text{tang}\,a}$$

Ist nun blos eine Objectivhälfte mit einem eingetheilten Schraubenkopfe versehen, so mufs man eine zweite Beobachtung machen. Bei dieser sei S' der Stand des Schiebers mit getheiltem Schraubenkopfe, s' der des Ocularschiebers, der gemessene Winkel a'; dann erhält man für R eine ähnliche Gleichung, in welcher S', s' und a' an der Stelle von S, s und a stehen. Man kann nun aber die Messung stets so einrichten, dafs:

$$S'-S_0 = S_0-S \text{ und } s-S_0 = S_0-s'$$

ist und wird dann statt der eben gefundenen Gleichung für R die folgende schreiben können:

$$\frac{R}{206265} = -\frac{(S'-S) - \sqrt{(S'-S)^2 + 16\,(s-S_0)\,(S-s)\,\text{tang}\,\tfrac{1}{2}\,(a+a')^2}}{4\,(s-S_0)\,(S-s)\,\text{tang}\,\tfrac{1}{2}\,(a+a')}$$

Haben $s-S_0$ und $S-s$ gleiche Zeichen, so wird man, wenn man setzt:

$$\text{tang}\,\alpha = 4\,\frac{\text{tang}\,\tfrac{1}{2}\,(a+a')}{S'-S}\,\sqrt{(s-S_0)\,(S-s)}$$

für R erhalten:

$$R = 206265\,\frac{[\sec\alpha - 1]}{\text{tang}\,\alpha\,\sqrt{(s-S_0)\,(S-s)}}$$

$$= 206265\,\frac{\text{tang}\,\tfrac{1}{2}\,\alpha}{\sqrt{(s-S_0)\,(S-s)}}$$

Haben aber $s-S_0$ und $S-s$ verschiedene Zeichen, so wird man, wenn man setzt:

$$\sin\beta = 4\,\frac{\text{tang}\,\tfrac{1}{2}\,(a+a')}{S'-S}\,\sqrt{(s-S_0)\,(S-s)}$$

für R erhalten:

$$R = 206265\,\frac{1-\cos\beta}{\sin\beta\,\sqrt{(s-S_0)\,(S-s)}}$$

$$= 206265\,\frac{\text{tang}\,\tfrac{1}{2}\,\beta}{\sqrt{(s-S_0)\,(S-s)}}$$

Ist $s = S$ und $s' = S'$, so erhält man statt der quadratischen Gleichungen für R in beiden Beobachtungen die folgenden:

$$(S - S_0)\,\frac{R}{206265} = \text{tang}\;a$$

$$(S_0 - S')\,\frac{R}{206265} = \text{tang}\;a'$$

also:

$$R = 206265\,\frac{2\,\text{tang}\,\frac{1}{2}\,(a + a')}{S - S'}$$

oder auch die Näherungsformel:

$$R = \frac{a' + a}{S - S'}$$

Diese Vorschriften sind natürlich auch anwendbar, wenn man den Werth eines Scalentheils durch die Beobachtung des Sonnendurchmessers oder des Abstandes zweier Fixsterne bestimmt. Dann wird a und a' gleich dem Durchmesser der Sonne oder gleich der Entfernung der beiden Fixsterne.

Anm. Ueber das Heliometer vergleiche man:

Hansen, Methode mit dem Fraunhoferschen Heliometer Beobachtungen anzustellen.

Und Bessel, Theorie eines mit einem Heliometer versehenen Aequatoreals, im ersten Bande der astronomischen Untersuchungen und im 15ten Bande der Königsberger Beobachtungen.

VIII. Verbesserung der Micrometerbeobachtungen wegen der Refraction.

38. Die Beobachtungen an den verschiedenen Micrometern geben immer den scheinbaren Rectascensions- und Declinationsunterschied der Sterne theils unmittelbar, theils lassen sie denselben durch Rechnung finden. Wäre nun die Wirkung der Refraction auf beide Sterne dieselbe, so würde dieser beobachtete Unterschied der scheinbaren Oerter auch unmittelbar der Unterschied der wahren Oerter sein. Wegen der ungleichförmigen Wirkung der Refraction auf Gestirne in verschiedenen Höhen bedürfen aber die Micrometerbeobachtungen noch einer Verbesserung. Nur in dem Falle, wo die beiden Sterne auf demselben Parallele stehen, wo also die Beobachtungen an demselben Puncte des Micrometers geschehen, für welchen die Höhe also auch die Strahlenbrechung dieselbe bleibt, wird diese Correction gleich Null sein. *)

Die gewöhnlichen Refractionstafeln in den Tabulis Regiomontanis geben die Refraction für den Normalzustand der Atmosphäre (d. h. für die Barometerhöhe gleich 333.78 pariser Linien und für die Temperatur gleich 48°.75 Fahr.) unter der Form:

$$\alpha \text{ tang } z$$

wo z die scheinbare Zenithdistanz bedeutet, α dagegen ein mit der Zenithdistanz veränderlicher Factor ist, der für:

$$z = 45° \text{ gleich } 57''.682$$

ist und für wachsende Zenithdistanzen abnimmt, sodafs er z. B. für:

$$z = 85° \text{ nur gleich } 51''.310$$

ist. Aus diesen Tafeln kann man leicht andre berechnen, welche die wahre Zenithdistanz ζ zum Argumente haben und aus denen man dann die Refraction durch die Formel findet:

$$\varrho = \beta \text{ tang } \zeta$$

wo β wieder eine Function von ζ ist, Man hat daher:

$$\zeta = z + \beta \text{ tang } \zeta$$
$$\zeta' = z' + \beta' \text{ tang } \zeta'$$

also:

$$\zeta' - \zeta = z' - z + \beta' \text{ tang } \zeta' - \beta \text{ tang } \zeta$$

*) Diese Bemerkung gilt natürlich nicht für Micrometer, mit denen Positionswinkel und Distanzen gemessen werden.

oder auch, wenn man:

$$\zeta' - \zeta = (z' - z) \text{ mit } \Delta(z' - z)$$

bezeichnet:

$$\Delta(z' - z) = \beta' \operatorname{tang} \zeta' - \beta \operatorname{tang} \zeta \qquad (a)$$

Dies ist also der Ausdruck für die Correction, welche man dem beobachteten Unterschiede der scheinbaren Zenithdistanzen hinzuzufügen hat, um den Unterschied der wahren Zenithdistanzen zu erhalten.

Nennt man nun β_0 den zu:

$$\frac{\zeta' + \zeta}{2} = \zeta_0$$

gehörigen Werth von β, gegeben durch die Gleichung:

$$\varrho_0 = \beta_0 \operatorname{tang} \zeta_0$$

so wird:

$$\beta' \operatorname{tang} \zeta' = \beta_0 \operatorname{tang} \zeta' + \tfrac{1}{2} \frac{d\beta_0}{d\zeta_0} \operatorname{tang} \zeta' (\zeta' - \zeta) + \ldots$$

$$\beta \operatorname{tang} \zeta = \beta_0 \operatorname{tang} \zeta - \tfrac{1}{2} \frac{d\beta_0}{d\zeta_0} \operatorname{tang} \zeta (\zeta' - \zeta) + \ldots$$

Setzt man rechts in den zweiten und den folgenden Gliedern $\operatorname{tang} \zeta_0$ statt $\operatorname{tang} \zeta$ und $\operatorname{tang} \zeta'$, so heben sich die Glieder, welche die zweiten Differentialquotienten enthalten, in dem Unterschiede beider Gleichungen auf und man hat sehr nahe:

$$\beta' \operatorname{tang} \zeta' - \beta \operatorname{tang} \zeta = \beta_0 [\operatorname{tang} \zeta' - \operatorname{tang} \zeta] + \frac{d\beta_0}{d\zeta_0} \operatorname{tang} \zeta_0 \frac{\operatorname{tang} \zeta' - \operatorname{tang} \zeta}{\sec \zeta_0^{\,2}} 206265$$

Setzt man also:

$$k = \beta_0 + \frac{d\beta_0}{d\zeta_0} \frac{\operatorname{tang} \zeta_0}{\sec \zeta_0^{\,2}} 206265$$

so erhält man aus (a):

$$\Delta(z' - z) = k [\operatorname{tang} \zeta' - \operatorname{tang} \zeta] = k \operatorname{tang} \zeta' - k \operatorname{tang} \zeta$$

wo also k mit dem Werthe:

$$\zeta_0 = \frac{\zeta' + \zeta}{2}$$

zu berechnen ist, und da bis auf die zweiten Potenzen von $\zeta' - \zeta$ auch:

$$\tang \zeta' - \tang \zeta = \frac{\zeta' - \zeta}{\cos \zeta_0^{\,2}}$$

ist, so hat man:

$$\Delta (z' - z) = k \frac{\zeta' - \zeta}{\cos \zeta_0^{\,2}} \qquad (b)$$

Diese Formel setzt nun aber den Unterschied der wahren Zenithdistanzen als gegeben voraus. Führt man dafür den Unterschied der scheinbaren Zenithdistanzen ein, so mufs man die Formel noch mit $\frac{d\zeta_0}{dz_0}$ multipliciren und erhält dann:

$$\Delta (z' - z) = k \frac{d\zeta_0}{dz_0} \frac{z' - z}{\cos \zeta_0^{\,2}}$$

oder, wenn man jetzt setzt:

$$k = \frac{d\zeta_0}{dz_0} \left\{ \beta_0 + \frac{d\beta_0}{d\zeta_0} \frac{\tang \zeta_0}{\sec \zeta_0^{\,2}} \, 206265 \right\}$$

$$= \frac{d\zeta_0}{dz_0} \left\{ \beta_0 + \tfrac{1}{2} \frac{d\beta_0}{d\zeta_0} \sin 2\, \zeta_0 \; 206265 \right\} \qquad (A)$$

so erhält man endlich:

$$\Delta (z' - z) = k \frac{z' - z}{\cos \zeta_0^{\,2}} \qquad (B)$$

Um nun zu sehen, wie genau man durch diese Formeln den Unterschied der wahren Zenithdistanzen aus dem Unterschiede der scheinbaren Zenithdistanzen finden kann, diene das folgende Beispiel:

Wahre Zenithdistanz ζ	Scheinbare Zenithdistanz z	Refractioon
87° 20′	87° 5′ 27″.4	14′ 32″.6
30′	14 54 .8	15 5 .2
40′	24 20 .7	39 .3
50′	33 44 .5	16 15 .5
88° 0′	43 6 .4	53 .6

Hieraus erhält man die folgenden Werthe für β:

87° 20′	40″.6427
30′	39 .5209
40′	38 .2727
50′	36 .9073

und daraus nach den Formeln für die numerischen Differentialquotienten in Nr. 15 der Einleitung, die Werthe für $\frac{d\beta_0}{d\zeta_0}$ d. h. für die Aenderung von β_0 für eine Aenderung von einer Secunde in ζ_0:

87° 30′	− 0″.0019750
40′	0 .0021767
50′	0 .0023967

Berechnet man nun hiemit die Werthe von k, so findet man, da die Logarithmen von $\frac{d\zeta}{dz}$ die folgenden sind:

87° 30′	0.0271
40′	0.0287
50′	0.0307

die Werthe der Logarithmen von k:

	k	
87° 30′	6.0505	
		350
40′	6.0155	
		384
50′	5.9771	

wo k in Theilen des Radius ausgedrückt ist.

Es sei nun:

$$z = 87^\circ\, 10' \text{ und } z' = 87^\circ\, 50'$$

also:

$$z' - z = 40'$$

so gehört dazu nach den gewöhnlichen Refractionstafeln:

$$\zeta = 87^\circ\, 24'\, 47''.8$$
$$\zeta' = 88 \quad 7 \quad 23\ .0$$

also:

$$\zeta' - \zeta = +\, 42'\, 35''.2$$
$$\zeta_0 = 87^\circ\, 46'\, 5''.4$$

Nimmt man nun $z'-z$ und ζ_0 als gegeben an und berechnet $\Delta\,(z'-z)$ nach den vorher gegebenen Formeln (A)

und (B), so erhält man, da der dem Werthe ζ_0 entsprechende log k gleich 5.9925 ist:

$$\Delta(z'-z) = +\ 2'\ 35''.4$$

also:

$$\zeta'-\zeta = +\ 42'\ 35''.4$$

fast genau so, wie es die Refractionstafeln gaben.

Die Werthe von k kann man nun in Tafeln bringen, welche die wahre Zenithdistanz zum Argumente haben. Man findet solche Tafeln im dritten Bande der astronomischen Nachrichten in Bessels Aufsatze über die Correction wegen der Strahlenbrechung bei Micrometerbeobachtungen und in dessen astronomischen Untersuchungen Band I. Sie stimmen bis auf sehr groſse Zenithdistanzen mit den nach der Formel (A) berechneten k so nahe überein, daſs der Unterschied von gar keiner practischen Bedeutung ist.

Man braucht nun zur Berechnung des Unterschiedes der wahren Zenithdistanzen die wahre Zenithdistanz ζ_0 selbst. Da man indessen immer die Rectascensionen und Declinationen beider Sterne kennt, so findet man diese genau genug, wenn man dieselbe aus dem arithmetischen Mittel der Rectascensionen und Declinationen mit der bekannten Polhöhe des Beobachtungsortes berechnet. Dazu wendet man am bequemsten die folgenden Formeln an, da man auch, wie man sogleich sehen wird, die Kenntniſs des parallactischen Winkels η nöthig hat:

$$\begin{aligned} \sin\zeta \sin\eta &= \cos\varphi \sin t_0 \\ \sin\zeta \cos\eta &= \cos\delta_0 \sin\varphi - \sin\delta_0 \cos\varphi \cos t_0 \\ \cos\zeta &= \sin\delta_0 \sin\varphi + \cos\delta_0 \cos\varphi \cos t_0 \end{aligned}$$

Setzt man hier:

$$\begin{aligned} \cos n &= \cos\varphi \sin t_0 \\ \sin n \sin N &= \cos\varphi \cos t_0 \\ \sin n \cos N &= \sin\varphi \end{aligned}$$

so hat man:

$$\begin{aligned} \sin\zeta \sin\eta &= \cos n \\ \sin\zeta \cos\eta &= \sin n \cos(N+\delta_0) \\ \cos\zeta &= \cos n \sin(N+\delta_0) \end{aligned}$$

oder:

$$\text{tang}\,\zeta\,\sin\eta = \text{cotang}\,n\,.\,\text{cosec}\,(N+\delta_0)$$
$$\text{tang}\,\zeta\,\cos\eta = \text{cotang}\,(N+\delta_0)$$

Die Gröſsen cotang n und N kann man dann für eine bestimmte Polhöhe in Tafeln bringen, deren Argument t ist.

Hat man die in Nr. 6 des ersten Abschnitts erwähnten Tafeln, so erhält man auch durch diese die Höhe oder Zenithdistanz und den parallactischen Winkel. Den Zusammenhang der dortigen Formeln mit den eben gegebenen sieht man leicht.

39. Nachdem man den Unterschied der wahren Zenithdistanzen aus den scheinbaren berechnen kann, findet man dadurch leicht den Unterschied der wahren Declinationen und Rectascensionen zweier Sterne aus den beobachteten scheinbaren Unterschieden dieser Gröſsen. Ist nämlich β tang ζ die Refraction in der Zenithdistanz ζ, so ist:

$$\beta\,\frac{\text{tang}\,\zeta\,\sin\eta}{\cos\delta}\ \text{die Refraction in der Rectascension}$$

und:

$$\beta\,\text{tang}\,\zeta\,\cos\eta\ \text{die Refraction in der Declination.}$$

Es ist aber:

$$\beta'\,\text{tang}\,\zeta'\,\frac{\sin\eta'}{\cos\delta'} - \beta\,\text{tang}\,\zeta\,\frac{\sin\eta}{\cos\delta} = k\,\text{tang}\,\zeta'\,\frac{\sin\eta'}{\cos\delta'} - k\,\text{tang}\,\zeta\,\frac{\sin\eta}{\cos\delta}$$

$$= k\,\frac{d\,.\,\dfrac{\text{tang}\,\zeta_0\,\sin\eta_0}{\cos\delta_0}}{d\,\delta_0}\,(\delta'-\delta) + k\,\frac{d\,\dfrac{\text{tang}\,\zeta_0\,\sin\eta_0}{\cos\delta_0}}{d\,\alpha_0}\,(\alpha'-\alpha)$$

Ebenso erhält man:

$$\beta'\,\text{tang}\,\zeta'\,\cos\eta' - \beta\,\text{tang}\,\zeta\,\cos\eta = k\,\frac{d\,.\,\text{tang}\,\zeta_0\,\cos\eta_0}{d\,\delta_0}\,(\delta'-\delta)$$
$$+ k\,\frac{d\,.\,\text{tang}\,\zeta_0\,\cos\eta_0}{d\,\alpha_0}\,(\alpha'-\alpha)$$

und hier bezeichnen, wenn k den durch die Formel (A) der vorigen Nummer gegebenen Werth hat, $\delta'-\delta$ und $\alpha'-\alpha$ die scheinbaren Unterschiede der Declinationen und Rectascensionen beider Sterne.

Durch Differentiation der Formeln für:

$$\frac{\tan \zeta \sin \eta}{\cos \delta} \text{ und } \tan \zeta \cos \eta$$

erhält man aber:

$$\frac{d \dfrac{\tan \zeta \sin \eta}{\cos \delta}}{d\delta} = - \frac{\tan \zeta^2 \sin \eta \cos \eta - \tan \zeta \sin \eta \tan \delta}{\cos \delta}$$

$$\frac{d \,.\, \dfrac{\tan \zeta \sin \eta}{\cos \delta}}{dt} = 1 - \tan \zeta \cos \eta \tan \delta + \tan \zeta^2 \sin \eta^2$$

$$\frac{d \,.\, \tan \zeta \cos \eta}{d\delta} = - [\tan \zeta^2 \cos \eta^2 + 1]$$

$$\frac{d \,.\, \tan \zeta \cos \eta}{dt} = \tan \zeta^2 \cos \eta \sin \eta \cos \delta + \tan \zeta \sin \eta \sin \delta$$

Hiernach kann man nun die einzelnen Micrometer betrachten, deren Theorie in VI dieses Abschnitts gegeben ist. Da indessen die in Nr. 29 erwähnten Fadennetze jetzt so gut wie ganz außer Gebrauche sind, so wird auf diese im folgenden weiter keine Rücksicht genommen werden.

40. Micrometer, an denen der Rectascensionsunterschied durch Durchgänge durch Fäden, welche auf der Richtung der täglichen Bewegung senkrecht stehen, der Declinationsunterschied durch unmittelbare Messung bestimmt wird. Bei diesen Micrometern kommt nur die Wirkung der Refraction in dem Augenblicke der Durchgänge der Sterne durch denselben Stundenkreis, also nur der Unterschied beider Refractionen in Betracht, sofern derselbe vom Declinationsunterschiede abhängt.

Für den ersteren Stern ist daher die Correction der scheinbaren Rectascension und Declination:

$$\Delta\alpha = - \beta \frac{\tan \zeta \sin \eta}{\cos \delta} \qquad \Delta\delta = - \beta \tan \zeta \cos \eta$$

für den andern:

$$\Delta\alpha' = - \beta' \frac{\tan \zeta' \sin \eta'}{\cos \delta'} \qquad \Delta\delta' = - \beta' \tan \zeta' \cos \eta'$$

es ist also nach den Formeln in Nr. 39:

$$\Delta(\alpha'-\alpha) = -k \frac{d\,\frac{\tang \zeta_0 \sin \eta_0}{\cos \delta_0}}{d\,\delta_0} (\delta'-\delta)$$

$$\Delta(\delta'-\delta) = -k \frac{d\,.\,\tang \zeta_0 \cos \eta_0}{d\,\delta_0} (\delta'-\delta)$$

oder, wenn man die Werthe der Differentialquotienten substituirt:

$$\Delta(\alpha'-\alpha) = k(\delta'-\delta) \frac{\tang \zeta_0{}^2 \sin \eta_0 \cos \eta_0 - \tang \zeta_0 \sin \eta_0 \tang \delta_0}{\cos \delta_0}$$

$$\Delta(\delta'-\delta) = k(\delta'-\delta) [\tang \zeta_0{}^2 \cos \eta_0{}^2 + 1]$$

Diese Formeln lassen sich nun durch die in Nr. 38 gebrauchten Hülfsgröfsen cotang n und N bequemer ausdrücken. Substituirt man nämlich die dort gegebenen Werthe für:

$$\tang \zeta \sin \eta \text{ und } \tang \zeta \cos \eta$$

in die obigen Formeln, so erhält man:

$$\Delta(\alpha'-\alpha) = k(\delta'-\delta) \frac{\cotang n \cos(N+2\delta_0)}{\sin(N+\delta_0)^2 \cos \delta_0{}^2}$$

und:

$$\Delta(\delta'-\delta) = \frac{k(\delta'-\delta)}{\sin(N+\delta_0)^2}$$

41. Das Kreismicrometer. Wenn sich die Refraction während des Durchgangs der Sterne durch das Kreismicrometer nicht änderte, so würde jeder Stern eine dem Aequator parallele Sehne im Felde des Fernrohrs beschreiben und der aus den beobachteten Ein- und Austritten berechnete Rectascensions- und Declinationsunterschied wäre einfach wegen des Unterschieds der Refractionen, durch welche die Sternörter im Augenblicke des Durchgangs durch den Stundenkreis des Mittelpuncts geändert werden, zu corrigiren. Man wird also zuerst wie beim vorigen Micrometer haben:

$$\Delta(\alpha'-\alpha) = k(\delta'-\delta) \frac{\tang \zeta_0{}^2 \sin \eta_0 \cos \eta_0 - \tang \zeta_0 \sin \eta_0 \tang \delta_0}{\cos \delta_0} \qquad (a)$$

und:

$$\Delta(\delta'-\delta) = k(\delta'-\delta) [\tang \zeta_0{}^2 \cos \eta_0{}^2 + 1]$$

Da sich nun aber die Refraction während des Durchgangs der Sterne durch das Feld des Micrometers ändert, so ist es dasselbe, als wenn die Sterne eine eigne Bewegung in Rectascension und Declination hätten. Bedeuten aber h und h' die Aenderungen der Rectascension und Declination des einen Sterns in einer Zeitsecunde, so hat man dem aus den Beobachtungen berechneten Rectascensions- und Declinationsunterschiede nach Nr. 32 dieses Abschnitts die Correction hinzuzufügen:

$$\Delta\alpha = + \frac{\delta - D}{\cos\delta^2}\, h'$$

$$\Delta\delta = + \frac{\mu^2}{\delta - D}\, h$$

wo D die Declination des Mittelpuncts des Ringes und μ die halbe Sehne bezeichnet. Da nun hier:

$$h = k \frac{d\,\dfrac{\operatorname{tang}\zeta \sin\eta}{\cos\delta}}{dt}$$

und:

$$h' = k \frac{d\,.\operatorname{tang}\zeta\cos\eta}{dt}$$

so erhält man:

$$\Delta\alpha = k\,(\delta - D)\,\frac{\operatorname{tang}\zeta^2\cos\eta\sin\eta + \operatorname{tang}\zeta\sin\eta\operatorname{tang}\delta}{\cos\delta}$$

und ebenso für den anderen Stern:

$$\Delta\alpha' = k\,(\delta' - D)\,\frac{\operatorname{tang}\zeta'^2\cos\eta'\sin\eta' + \operatorname{tang}\zeta'\sin\eta'\operatorname{tang}\delta'}{\cos\delta'}$$

oder, wenn man in beiden Gleichungen ζ_0, η_0 und δ_0 statt ζ, η, δ und ζ', η', δ' schreibt, also die Glieder von der Ordnung $k\,(\delta - D)^2$ vernachläſsigt:

$$\Delta(\alpha' - \alpha) = k\,(\delta' - \delta)\,\frac{\operatorname{tang}\zeta_0^2\cos\eta_0\sin\eta_0 + \operatorname{tang}\zeta_0\sin\eta_0\operatorname{tang}\delta_0}{\cos\delta_0}$$

Vereinigt man dies mit dem ersten Theile der Correction des Rectascensionsunterschiedes, welcher durch die erste der Gleichungen (a) gegeben ist, so findet man:

$$\Delta(\alpha' - \alpha) = k\,(\delta' - \delta)\,\frac{\operatorname{tang}\zeta_0^2\sin 2\eta_0}{\cos\delta_0} \qquad (A)$$

Ferner ist:

$$\Delta\delta = \frac{\mu^2}{\delta - D} h$$
$$= \frac{r^2 - (\delta - D)^2}{\delta - D} h = \frac{r^2 - d^2}{d} h$$

Setzt man $\delta' - D = d'$ und bezeichnet mit h_0 den Werth von h für den Mittelpunct des Feldes, so wird:

$$\Delta(\delta' - \delta) = \left\{ \frac{r^2 - d'^2}{d'} - \frac{r^2 - d^2}{d} \right\} h_0$$
$$= \frac{r^2 (d - d')}{d d'} h_0 + \frac{d d' (d - d')}{d d'} h_0$$

also:

$$\Delta(\delta' - \delta) = -\frac{k(\delta' - \delta) r^2}{(\delta - D)(\delta' - D)} [1 - \text{tang}\,\zeta_0 \cos\eta_0 \,\text{tang}\,\delta_0 + \text{tang}\,\zeta_0{}^2 \sin\eta_0{}^2]$$
$$- k(\delta' - \delta) [1 - \text{tang}\,\zeta_0 \cos\eta_0 \,\text{tang}\,\delta_0 + \text{tang}\,\zeta_0{}^2 \sin\eta_0{}^2]$$

Vereinigt man dies mit dem ersten Theile der Correction der Declination, welche durch die zweite der Gleichungen (a) gegeben ist, so erhält man:

$$\Delta(\delta' - \delta) = k(\delta' - \delta) [\text{tang}\,\zeta_0{}^2 \cos 2\eta_0 + \text{tang}\,\zeta_0 \cos\eta_0 \,\text{tang}\,\delta_0]$$
$$- k(\delta' - \delta) \frac{r^2}{(\delta - D)(\delta' - D)}$$
$$\times [1 + \text{tang}\,\zeta_0{}^2 \sin\eta_0{}^2 - \text{tang}\,\zeta_0 \cos\eta_0 \,\text{tang}\,\delta_0]$$

als Ausdruck der vollständigen Correction des Declinationsunterschiedes. Gewöhnlich kann man nun hier die in tang ζ_0 multiplicirten Glieder fortlassen und erhält dann einfach:

$$\Delta(\alpha' - \alpha) = k(\delta' - \delta) \frac{\text{tang}\,\zeta_0{}^2 \sin 2\eta_0}{\cos\delta_0}$$
$$\Delta(\delta' - \delta) = k(\delta' - \delta)\,\text{tang}\,\zeta_0{}^2 \cos 2\eta_0 \qquad (B)$$
$$- k(\delta' - \delta) \frac{r^2}{(\delta - D)(\delta' - D)} [\text{tang}\,\zeta_0{}^2 \sin\eta_0{}^2 + 1]$$

Beispiel. Den 9ten September 1849 wurde in Bilk der Planet Metis mit einem Sterne verglichen, dessen scheinbarer Ort:

$$\alpha = 22^h\, 1'\, 59''.63\,, \quad \delta = -21^\circ\, 43'\, 27''\, 08$$

war. Um $23^h\, 23'\, 19''.3$ Sternzeit wurde beobachtet:

$$\alpha'-\alpha = +\ 1'\ 9''.65 \text{ in Zeit} = +\ 17'\ 24''.75$$
$$\delta'-D = -\ 5'\ 17''.5 \quad , \delta-D = +\ 6'\ 34''.2$$
$$\delta'-\delta = -\ 11'\ 51''.7 \text{ und es war } r = 9'\ 26''.29$$

Rechnet man nun mit:

$t_0 = 1^h\, 20'\, 45'' = 20^\circ\, 11', \delta_0 = -\ 21^\circ\, 49'.4$ und $\varphi = 51^\circ\, 12'.5$ ζ und η

so erhält man:

$$\text{cotang } n = 9.34516 \qquad N = 37^\circ\ 1'.9$$

und:

$$\eta = 12^\circ\ 55'.3 \qquad \zeta = 75^\circ\ 9'.6$$

Aus den Tafeln für k findet man für diese Zenithdistanz:

$$\log k = 6.4214$$

und damit wird nun die Rechnung für den Einfluſs der Refraction nach den Formeln (B) die folgende:

$\log k =$	6.4214	$\sin 2\eta_0$	9.6394		0.0667_n
$\log \delta'-\delta =$	2.8523_n		0.4273	$\cos \delta_0$	9.9677
$\text{tang } \zeta^2 =$	1.1536	$\cos 2\eta_0$	9.9542	$\Delta(\alpha'-\alpha) =$	$-1'.25$
	0.4273_n	I Glied $\Delta(\delta'-\delta) =$	$-2''.41$		
$\sin \eta^2$	8.6990				

$\log (\text{tang } \zeta^2 \sin \eta^2 + 1) =$	0.2335
$\log r^2$	5.5061
$k\,(\delta'-\delta)$	9.2737_n
	5.0133_n
$\log (\delta-D)\,(\delta'-D)$	5.0975_n
II Glied $\Delta\,(\delta'-\delta)$	$+\ 0''.82$

$$\Delta\,(\alpha'-\alpha) = -\ 1''.25$$
$$\Delta\,(\delta'-\delta) = -\ 3''.23$$

Mithin ist der wegen der Refraction verbesserte Rectascensions- und Declinationsunterschied:

$$\alpha'-\alpha = +\ 17'\ 23''.50$$
$$\delta'-\delta = -\ 11'\ 54''.93$$

42. Micrometer, durch welche Positionen und Distanzen gemessen werden. Bezeichnen $\alpha'-\alpha$ und $\delta'-\delta$ den mit Refraction behafteten Rectascensions- und Declinationsunterschied zweier Sterne, $a'-a$ und $d'-d$ den davon befreiten, so ist:

$$a'-a = \alpha'-\alpha - k(\delta'-\delta)\frac{d\dfrac{\tang\zeta\sin\eta}{\cos\delta}}{d\delta} - k(\alpha'-\alpha)\frac{d\,.\dfrac{\tang\zeta\sin\eta}{\cos\delta}}{d\alpha}$$

wo die Werthe der Differentialquotienten wieder für die in der Mitte zwischen beiden Sternen liegenden ζ, η und δ zu nehmen sind, oder:

$$d(\alpha'-\alpha) = -k(\delta'-\delta)\frac{d\dfrac{\tang\zeta\sin\eta}{\cos\delta}}{d\delta} + k(\alpha'-\alpha)\frac{d\dfrac{\tang\zeta\sin\eta}{\cos\delta}}{dt}$$

Auf gleiche Weise erhält man:

$$d(\delta'-\delta) = -k(\delta'-\delta)\frac{d\,.\tang\zeta\cos\eta}{d\delta} + k(\alpha'-\alpha)\frac{d\,.\tang\zeta\cos\eta}{dt}$$

Substituirt man die in Nr. 39 gefundenen Werthe der Differentialquotienten in diese Gleichungen, so werden dieselben:

$$\begin{aligned} d(\alpha'-\alpha) &= k(\delta'-\delta)\frac{\tang\zeta^2\sin\eta\cos\eta - \tang\zeta\sin\eta\tang\delta}{\cos\delta} \\ &\quad + k(\alpha'-\alpha)[\tang\zeta^2\sin\eta^2 - \tang\zeta\cos\eta\tang\delta + 1] \\ d(\delta'-\delta) &= k(\delta'-\delta)[\tang\zeta^2\cos\eta^2 + 1] \\ &\quad + k(\alpha'-\alpha)[\tang\zeta^2\cos\eta\sin\eta\cos\delta + \tang\zeta\sin\eta\sin\delta] \end{aligned}$$

Man hat nun aber, wenn Δ und π die scheinbare Distanz und den scheinbaren Positionswinkel bedeuten:

$$\cos\delta(\alpha'-\alpha) = \Delta\sin\pi$$

und:

$$\delta'-\delta = \Delta\cos\pi$$

also:

$$\tang\pi = \frac{\cos\delta(\alpha'-\alpha)}{\delta'-\delta}$$

und:

$$\Delta = \cos\delta(\alpha'-\alpha)\sin\pi + (\delta'-\delta)\cos\pi$$

Bezeichnen dann Δ' und π' die wahre Distanz und den wahren Positionswinkel, so hat man:

$$\pi' = \pi + \frac{\cos\pi \cos\delta\, d\,(\alpha'-\alpha) - \sin\pi\, d\,(\delta'-\delta)}{\Delta}$$

$$\Delta' = \Delta + \cos\delta d\,.\,(\alpha'-\alpha)\sin\pi + d\,(\delta'-\delta)\cos\pi$$

Substituirt man nun die vorher gefundenen Werthe von $d\,(\alpha'-\alpha)$ und $d\,(\delta'-\delta)$ und ordnet nach Potenzen von tang ζ, so erhält man, wenn man in die Ausdrücke von $d\,(\alpha'-\alpha)$ und $d\,(\delta'-\delta)$ statt $\alpha'-\alpha$ und $\delta'-\delta$ jetzt Δ und π einführt:

$$\begin{aligned}\pi' = \pi &+ k \operatorname{tang}\zeta^2 [\sin\pi\cos\eta\cos\pi\cos\pi + \sin\eta\sin\eta\sin\pi\cos\pi \\ &\qquad - \cos\eta\cos\eta\cos\pi\sin\pi - \sin\eta\cos\eta\sin\pi\sin\pi] \\ &- k\operatorname{tang}\zeta\,[\cos\pi\cos\pi\sin\eta\operatorname{tang}\delta + \sin\pi\cos\pi\cos\eta\operatorname{tang}\delta \\ &\qquad + \sin\pi\sin\pi\sin\eta\operatorname{tang}\delta] \\ &+ k\sin\pi\cos\pi - k\sin\pi\cos\pi\end{aligned}$$

oder einfacher:

$$\begin{aligned}\pi' = \pi - k\,[&\operatorname{tang}\zeta^2\sin(\pi-\eta)\cos(\pi-\eta) + \operatorname{tang}\zeta\sin\eta\operatorname{tang}\delta \\ &+ \operatorname{tang}\zeta\sin\pi\cos\pi\cos\eta\operatorname{tang}\delta]\end{aligned}$$

Ferner erhält man:

$$\begin{aligned}\Delta' = \Delta &+ k\,\Delta\operatorname{tang}\zeta^2[\sin\pi\cos\pi\sin\eta\cos\eta + \sin\pi^2\sin\eta^2 + \cos\pi^2\cos\eta^2 \\ &\qquad + \sin\pi\cos\pi\sin\eta\cos\eta] \\ &- k\,\Delta\operatorname{tang}\zeta\,[\cos\pi\sin\pi\sin\eta\operatorname{tang}\delta + \sin\pi\sin\pi\cos\eta\operatorname{tang}\delta \\ &\qquad - \sin\pi\cos\pi\sin\eta\operatorname{tang}\delta] \\ &+ k\,\Delta\,[\sin\pi^2 + \cos\pi^2]\end{aligned}$$

oder einfacher:

$$\begin{aligned}\Delta' = \Delta &+ k\,\Delta\,[\operatorname{tang}\zeta^2\cos(\pi-\eta)^2 + 1] \\ &- k\,\Delta\operatorname{tang}\zeta\sin\pi^2\cos\eta\operatorname{tang}\delta\end{aligned}$$

FSC
www.fsc.org
MIX
Papier | Fördert
gute Waldnutzung
FSC® C083411

Kolibri 360 GmbH
Ferdinand-Jühlke-Straße 7
99095 Erfurt, Deutschland
produktsicherheit@kolibri360.de